TRAITÉ

DE

THERMOMÉTRIE MÉDICALE

COMPRENANT

LES ABAISSEMENTS DE TEMPÉRATURE — ALGIDITÉ CENTRALE

ET

LA THERMOMÉTRIE LOCALE

PAR

P. REDARD

LAURÉAT DE L'INSTITUT (ACADÉMIE DES SCIENCES)
LAURÉAT DE LA FACULTÉ DE MÉDECINE DE PARIS
ANCIEN CHEF DE CLINIQUE CHIRURGICALE DE LA FACULTÉ, ETC.

Avec figures intercalées dans le texte

PARIS
LIBRAIRIE J.-B. BAILLIÈRE ET FILS
RUE HAUTEFEUILLE, 19, PRÈS LE BOULEVARD SAINT-GERMAIN.

—

1885

TRAITÉ

DE

THERMOMÉTRIE MÉDICALE

La première partie de ce Traité est la reproduction avec additions et modifications des Études de Thermométrie clinique, publiées par M. Redard. Paris-Lille. 1877.

SAINT-QUENTIN. — IMPRIMERIE J. MOUREAU ET FILS.

TRAITÉ

DE

THERMOMÉTRIE MÉDICALE

COMPRENANT

LES ABAISSEMENTS DE TEMPÉRATURE — ALGIDITÉ CENTRALE

ET

LA THERMOMÉTRIE LOCALE

PAR

P. REDARD

LAURÉAT DE L'INSTITUT (ACADÉMIE DES SCIENCES)
LAURÉAT DE LA FACULTÉ DE MÉDECINE DE PARIS
ANCIEN CHEF DE CLINIQUE CHIRURGICALE DE LA FACULTÉ, ETC.

Avec figures intercalées dans le texte

PARIS
LIBRAIRIE J.-B. BAILLIÈRE ET FILS
RUE HAUTEFEUILLE, 19, PRÈS LE BOULEVARD SAINT-GERMAIN.

1885

DE LA TEMPÉRATURE
DANS LES MALADIES

PREMIÈRE PARTIE

CHAPITRE PREMIER

DE LA TEMPÉRATURE A L'ÉTAT NORMAL. — VARIATIONS. INFLUENCE DE L'AGE.

Il importe d'abord de connaître le niveau physiologique de la température de l'homme, les influences principales qui, en dehors de l'état de maladie, peuvent amener des variations. A quel degré commence l'algidité?

Nous avons en outre à examiner si chez l'enfant et le vieillard la température est plus élevée ou plus abaissée que chez l'adulte. La fréquence de l'algidité à ces deux époques de la vie rend cette étude indispensable.

Les *variations* de la température à l'état hygide ont été l'objet de nombreuses recherches. On a pu établir que les oscillations de la température sont très restreintes, nous pouvons dire, par exemple, qu'au-dessus de 38°, il y a fièvre et qu'au-dessous de 36°,5 il y a algidité.

Wunderlich [1] considère 37°, 37°,5 comme étant la température des organes internes et 37° celle de l'aisselle fermée; au-

1. WUNDERLICH. *De la température dans les maladies*, trad. Labadie-Lagrave. 1872.

dessus de 37°,5, nous dit-il, la température doit être regardée comme suspecte ; au-dessous de 36°,25, il existe un état morbide.

A côté de ces données, on note des exagérations et des erreurs qui tiennent probablement à ce que les observations ont été prises en trop petit nombre et sans tenir compte des variations qui peuvent survenir chez un individu en bonne santé. Compton [1] pense, par exemple, qu'une température de 99 Fahr. (37°,2) et au-dessus indique toujours un état de maladie.

Du reste les auteurs qui se sont occupés de thermométrie médicale ont adopté des chiffres différents.

Pour nous, la température normale est de 37°,5 sous l'aisselle, de 38° dans les parties centrales et dans le rectum.

Les fluctuations *diurnes* de la température ont été étudiées par un certain nombre d'observateurs.

Voici ce que Davy [2] a constaté :

	Chaleur du dehors.	Langue.	Différence.
A six heures du matin	16°03	36°65	19°85
A neuf heures	18°88	36°37	17°49
A midi	25°45	36°94	11°49
A quatre heures	26°00	36°94	10°94
A six heures	21°64	37°22	15°58
A onze heures	20°54	36°65	16°11

Mantegazza [3] dans le but d'étudier les oscillations diurnes, a fait une série d'observations sur la température de l'urine.

Dans ses recherches cet auteur a le soin de chauffer d'abord son thermomètre jusqu'à 36°6, pour éviter que l'urine ne se refroidisse pendant que le thermomètre monte.

C'est dans la nuit, dit-il, que l'urine a le maximum de la température, elle s'échauffe à partir de 5 heures du matin et atteint un premier maximum entre 10 et 11 heures, retombe lentement et atteint un second maximum vers 5 heures du soir. Ces deux maxima sont à peu près identiques. La plus

1. COMPTON. *Temperature in acute Diseases. Dublin Quarterly Journal*, août 1866, p. 60.
2. J. DAVY. *Archiv. de Meckel*, t. II, p. 213.
3. MANTEGAZZA. *De la température des urines aux différentes heures du jour et sous différents climats. (Presse médicale belge*, t. XV, 14, 1863).

basse température, 36°4, a été observée en février, et la plus haute, 37°95, en juillet; la différence de température de l'air entre ces deux dates étant de 28°50.

John Southey Warther[1] conclut de 150 expériences que les variations quotidiennes ne dépassent pas deux degrés.

La température s'élève depuis le matin jusqu'à 11 heures et baisse ensuite progressivement jusqu'au soir, excepté à l'heure des repas où elle s'élève de nouveau.

Dans tous les faits précédents, nous devons remarquer que les maxima de température sont surtout observés après les repas.

Chossat[2], dans ses expériences physiologiques sur la chaleur, dit que chez les animaux, il existe ce qu'il appelle une *oscillation diurne* de la température animale.

Suivant ce physiologiste, la température s'abaisserait pendant la nuit et s'élèverait le matin. La différence de la température de midi et celle de minuit était en été de 0,90, en hiver de 0,70.

« Chez les animaux inanitiés, sans qu'aucune modification fût survenue, nous dit-il, on voyait la température osciller régulièrement chaque jour, s'abaissant le soir de quelques degrés et remontant le matin à l'état où elle était la veille, osciller avec une amplitude graduellement croissante. »

« Ce fait, ajoute le célèbre physiologiste, est d'autant plus curieux qu'il n'est que l'exagération d'un phénomène qui passe presque inaperçu à l'état normal. Il prouve évidemment que les combinaisons d'où résulte le dégagement de chaleur se font sous l'influence nerveuse. »

Chez l'homme, ces variations de température ne sont pas admises par Wunderlich, qui dit, en particulier, que le sommeil n'exerce aucune influence sur la température; la production et la perte de chaleur se faisant équilibre.

Bærensprung[3] dit aussi n'avoir pas trouvé de variations thermiques chez l'homme pendant le sommeil.

1. Warther. *The Lancet*, année 1867.

2. Chossat. *Recherches expérimentales sur l'inanition*. Mémoires de l'Académie des sciences, déposé en 1838, publ. t. VIII, p. 438, 1843. — *Oscillation diurne de la température*. (Soc. de phys. et d'histoire naturelle de Genève, 1831).

3. Bærensprung. *Recherches sur la température du fœtus et de l'homme*

Burdach [1] dit, au contraire, que le sommeil abaisse la température et il cite une observation de Martins qui, dans une nuit d'insomnie, vit sa main marquer 27°2 R. et 25°5 R. seulement après deux heures de sommeil.

Les conclusions de ceux qui nient que la température éprouve des modifications pendant la nuit ne s'accordent pas avec les résultats des analyses de l'air expiré faites à l'état de sommeil et à l'état de veille.

Prout avait vu que c'est vers le matin que la proportion d'acide carbonique dans l'air expiré commence à augmenter. Le maximum a lieu vers midi et le minimum vers minuit.

Voici ses analyses :

Acide carbonique pour 100	à midi	4,10
	à minuit	3,30

Il est impossible de voir une confirmation plus complète, des résultats obtenus sur les fluctuations quotidiennes de la chaleur.

Chossat se demandait même si cette moindre production d'acide carbonique et cet abaissement de la chaleur pendant la nuit résultait du ralentissement ou de la diminution de l'influence nerveuse, sous l'empire de laquelle, dit-il, se font les mouvements respiratoires et le dégagement de la chaleur.

Bærensprung [2] admet deux maxima et deux minima par jour.

Le 1er maximum	aurait lieu	à 11 heures du matin.
Le 2e	—	—	à 6 heures et 7 heures.
Le 1er minimum		—	à 12 heures 30.
Le 2e	—	—	à 4 heures du matin.

Jürgensen [3] a fait près de onze mille observations thermométriques en 41 jours. Voici ses conclusions :

1° La courbe thermique peut se diviser en deux périodes par chaque nyctimère, une période ascendante ou de température diurne et une autre période descendante ou de tem-

adulte en santé et en maladie. (Muller's Archiv. für Anat. etc., 1851, p. 9, 125, 164; 1852, p. 217, 286).

1. Burdach. *Traité de physiologie*, trad. Jourdan. Paris, 1841.
2. Bærensprung. *Loco citato*.
3. Jurgensen. *Deutsche. Archiv. fur Klin. Méd.* 1863.

pérature nocturne ; la première a une durée de 13 heures 50 minutes ;

2° La moyenne de la température diurne est de 38° avec oscillation positive ou négative pouvant aller à 1°, tandis que la moyenne de la température nocturne est de 37° 6, avec oscillation pour plus ou moins d'un dixième de degré ;

3° Le maximum de la température diurne est de 38° 4 ;

4° Le maximum se montre également entre 1 et 3 heures et entre 7 et 9 heures du soir et le minimum de la température nocturne est de 37° 4 se produisant entre 4 et 7 heures du matin ;

5° Enfin, la moyenne générale prise dans l'anus est 37°87.

Esching a fait aussi des observations très complètes et dont voici le résumé :

14 observations.	5 à 7 heures du matin,	avant le café	36°43.
10 observations.	7 à 9 heures du matin,	après le café	36°82.
8 observations.	9 à midi,	avant le dîner	36°93.
13 observations.	Midi à 2 heures du soir,	après le dîner	36°85.
2 observations.	4 à 6 heures du soir,	avant le café	36°91.
4 observations.	6 à 8 heures,	après le café	36°67.
15 observations.	8 à 10 heures,	travail	36°47.

Ici on trouve donc deux maxima dans la journée, un entre 9 heures et midi, un autre entre 4 et 6 heures du soir.

Damrosch [1] est arrivé aux mêmes résultats.

D'après Errico de Renzi [2] :

1° La température animale n'est pas tout à fait la même aux différentes heures de la journée ; elle présente des variations diurnes constantes et déterminées.

2° Elle va constamment en s'élevant à partir de la première heure du jour jusqu'à deux heures de l'après-midi, puis elle décroît d'une manière continue et graduelle.

3° La température animale que l'on observe à deux heures de l'après-midi, peut dépasser d'un ou deux degrés celle que l'on constate au commencement de la journée ou dans la

1. Damrosch. *Sur les fluctuations quotidiennes de la température de l'homme à l'état de santé.* (Deutsche Klinik. p. 29 à 35, 1853).

2. E. de Renzi. — Il Filiatre Sebezio, mars 1865, et Gazette hebd., 1865.

soirée. Ces variations paraissent être surtout marquées chez les animaux très jeunes.

4° Les variations diurnes ne sont produites ni par la digestion, ni par l'ingestion des aliments; elles s'observent également chez l'homme qui est à jeun et chez celui qui s'alimente.

5° Les aliments ingérés dans l'estomac produisent d'abord un abaissement, puis une élévation de la température. L'abaissement de température fait seulement défaut quand les aliments ingérés ont une température très élevée.

6° Les variations diurnes de la chaleur animale ne sont influencées que par les variations de la température extérieure. Toutefois, l'influence de la température du milieu ambiant sur la chaleur animale est assez limité.

7° L'obscurité abaisse la température : la variation diurne qui se produit pendant le jour ne saurait cependant être mise exclusivement sur le compte de la lumière solaire.

8° La variation diurne. fixe et régulière ne peut être expliquée que par l'intensité des fonctions organiques, variable aux divers moments du nyctimère.

M. Billet[1] donne le résultat suivant de ses observations :

A sept heures du matin, réveil	36°5
A onze heures, avant diner	36°4
A onze heures trois quarts	36°4
A une heure, en fumant	37°
A trois heures du soir, une h., après le café	37°4
A six heures, avant diner	37°2
Après avoir fumé	37°
Travail depuis huit heures	36°3
A trois heures et demie du matin	36°1

La température était prise sous l'aisselle.

William Ogle [2] a indiqué une température minima un peu plus basse que 36°2, le matin de 5 à 6 heures, et une température maxima un peu plus élevée que 38°, le soir à 7 heures, mais il a trouvé un minimum de 36°.1 pendant une matinée d'hiver et le maximum de 38° dans un bain turc.

1. BILLET. Etudes cliniques sur la température, le pouls et la respiration. *Thèse de Strasbourg*, 1869.

2. WILLIAM OGLE. *On the variations in the Temperature of the human body*. (St-Georges Hospital Reports, 1866, t I, p. 22-247).

D'après M. Paul Bert [1] la moyenne de température journalière existe vers dix heures.

Influence de l'âge. — I. — *Température chez le nouveau-né et l'enfant.* On a prétendu que l'âge exerçait une influence sur la température et il est très important d'être fixé sur cette question.

Despretz [2] donne les chiffres suivants :

35°06 après la naissance.
36°99 à 18 ans.
37°14 à 30 ans.
37°13 à 78 ans.

Bærensprung a établi la table suivante pour la température aux différents âges de la vie :

A la naissance.	37°08.
Peu après la naissance.	36°95.
Pendant les premiers 10 jours de la vie.	37°55.
Jusqu'à la puberté	37°63.
De 15 à 20 ans	37°39.
De 21 à 30 ans	37°08.
De 31 à 40 ans	37°11.
De 41 à 50 ans	36°94.
De 61 à 70 ans	37°09.
A 80 ans.	37°46.

De ce tableau l'auteur tire la conclusion que la température ne varie que très peu aux différentes périodes de la vie.

Après la naissance, elle s'abaisserait pour remonter un peu et devenir presque égale à celle que l'on observe de 15 à 20 ans.

La température moyenne, d'après ce tableau, serait, chez l'enfant, de 37°, 30, depuis la naissance jusqu'à la quinzième année.

1. P. Bert. Article *Chaleur du Dictionnaire de médecine et de chirurgie pratiques*, publié sous la direction de Jaccoud.
Voyez aussi :
Billroth. Dans *Arch. de phys. de Brown-Séquard*, t. I, 1868, p. 193.
Zimmermann. *Archiv. für Klin. Medicin.* t. VI, 5 et 6. 1869, p. 501.
2. Despretz. *Acad. des sciences*, 1823. *Annales de chimie et de physique*, 1824.

Chez le vieillard de 37°,04, de 41 à 50 ans et de 37°,17 pour l'extrême vieillesse.

D'après Bærensprung, la température du fœtus dépasse à peine celle du vagin et de l'utérus de la mère.

Il est important de noter dès à présent que l'enfant naissant est dans les mêmes conditions que les jeunes mammifères et nous aurons plus loin à examiner si le symptôme algidité, qui éclate si souvent chez lui avec une intensité effrayante, n'est pas amené par cette facilité très grande qu'il présente pour le refroidissement.

Depuis les travaux de W. Edwards [1] l'on sait du reste que cette différence dans les phénomènes de calorification est liée à une semblable différence dans la consommation d'oxygène, et Regnault a montré que ce mouvement d'ascension se fait jusqu'à l'état adulte, un déclin se produisant plus tard.

Edwards a aussi examiné les différences de température que pouvait présenter le nouveau-né, suivant qu'il était venu à terme ou avant terme, et il a trouvé que chez un fœtus de 7 mois, la température était seulement de 32° dans l'aisselle.

Sur 37 nouveau-nés que Bærensprung a examinés, la température dépassait 37°,5, chez 26 et chez un seul elle descendait au-dessous de 37°,75.

Certains auteurs prétendent que la température est assez élevée chez le nouveau-né et Liebig [2] donne, pour la température normale, le chiffre incroyable de 39° c.

M. H. Roger [3] a fait aussi un grand nombre d'observations desquelles il résulte : qu'au lieu d'un abaissement de température, il y a fort souvent une élévation au moment de la naissance. Cet auteur établit du reste plusieurs catégories :

1. W. Edwards. *Des phénomènes physiques de la vie*, 1824.

2. Liebig. *Chimie organique appliquée à la Physiologie et à la Pathologie*, trad. de Gerhardt, p. 21. Paris, 1841.

3. Roger (H.). *Des modifications que présente la température chez les enfants dans l'état physiologique et pathologique* (Acad. des sciences 1843). *Archives de médecine*, 4° série, t. IV, p. 117, 1844 ; t. V, p. 273, 467, 1844 ; t. VI, p. 137, 283, 1844 ; t. VII, p. 466, 1845 ; t. VIII, p. 17, 1845 ; t. IX, p. 261, 1845.

Recherches cliniques sur la température de l'enfance. Paris, 1872.

1° La catégorie des enfants naissants ;

2° Des nouveau-nés (de 1 à 7 jours) ;

3° Des enfants d'un âge plus avancé.

Chez les enfants âgés de 1 à 30 minutes, il a trouvé une légère élévation de la température ; chez deux sujets il a même vu que la température était supérieure à celle de la mère d'un demi-degré.

Bærensprung avait noté ce fait, lorsque le fœtus était encore contenu dans le sein maternel.

La chaleur ne tarde pas à diminuer sous l'influence du froid extérieur.

Chez les nouveau-nés, il a trouvé que la moyenne de toutes les températures individuelles était de 37°, 08 ; le minimum de 36° a été obtenu une fois, et le maximum 39°, une fois. Les différentes influences (respiration, circulation, âge, tempérament) ne paraissent pas avoir une action très nette sur la température ; les modifications sont très légères.

Chez les enfants, dans la première et la seconde enfance, la moyenne a été chez 25 sujets de 37°,21. La température est donc un peu au-dessous de celle des nouveau-nés.

M. Mignot [1], dans sa thèse sur la respiration, la circulation et la calorification chez le nouveau-né, a trouvé :

Dans une salle maintenue à une température de 15 à 16° :

Température.	Nomb. de cas.	Age.	Sexe.	Constitution.	Poids.	Insp.
37·7	1	5 jours.	Masc.	Forte.	132	48
37'3	2	4 jours.	Fem.	Grêle.	112	38
37'5	3	5 jours.	Masc.	Faible.	108	24
37'8	4	4 jours.	Masc.	Faible.	120	48
38'0	5	5 jours.	Masc.	Forte.	120	28
36'8	6	4 jours.	Masc.	Faible.	132	30
38'1	7	4 jours.	Masc.	Moyenne	120	36
37'4	8	7 jours.	Fém.	Forte.	132	36
37'4	9	3 jours.	Fém.	Forte.	120	33
37'9	10	5 jours.	Fém.	Faible.	134	38
38'0	11	5 jours.	Fém.	Forte.	132	»
37'9	12	3 jours.	Masc.	Forte.	132	»
37'6	13	4 jours,	Fém.	Forte.	»	»
37'8	14	5 jours.	Masc.	Forte.	132	42

1. MIGNOT. *Thèse de Paris*, 1851.

La moyenne de température dans ces différentes observations se trouve donc 37°.

Schäffer [1] dit avoir trouvé chez les nouveau-nés, avant la section du cordon ombilical, une température rectale supérieure à la température vaginale de la mère. Il a pu noter cette particularité seize fois sur vingt-trois cas; deux fois elle était inférieure.

Après la naissance, la température baisse et arrive souvent à 36°,75 environ, pour remonter de 0,1 à 0,2 et se maintenir à ce niveau assez bas. Du sixième au huitième jours, d'après Förster [2], une élévation se produirait.

Finlaysson [3] prétend que la température normale des petits enfants (quatorze mois), est plus basse qu'on ne l'admet généralement, et qu'elle est plus abaissée encore le soir que le matin. Sur soixante-huit enfants sains de vingt mois et chez lesquels le thermomètre était introduit dans le rectum, cet observateur trouva que la température est soumise à d'assez notables oscillations. Le soir, il a vu un abaissement de température pouvant aller de 1 à 3 degrés F., se produisant surtout entre sept et neuf heures, et atteignant son minimum vers deux heures du matin.

Les recherches de Wurster [4] confirment celles de Bærensprung et de Schaffer.

M. Andral [5], dans ses observations sur quinze sujets, a obtenu les résultats suivants :

Sur six nouveaux-nés, la température fut recherchée trois fois d'abord au moment où ils venaient au monde, puis de quinze à vingt minutes après leur naissance et enfin entre la huitième et la douzième heure.

1. SCHAFFER. *Dissertation*. Greifswald, 1863.
2. FÖRSTER. *Température des nouveaux-nés*. Journal für Kinderkrankh, 1862.
3. FINLAYSSON. *The normal temperature in Children Glascow medical Journal*, 1869-1870).

Voyez aussi :

SQUIRE (William). *De la température chez les enfants. Obst. Transact.*, t. XIII, p. 171.

4. WURSTER *Temp. des nouveau-nés* (Dis. inaug.), Zurich, 1870. *Berliner klinische Wochenschrift*, 1869.
5. ANDRAL. *Comptes rendus de l'Académie des sciences*, 1870, et *Gazette hebdomadaire de médecine*, 1870.

Voici le tableau que cet observateur a obtenu :

1er cas.	Naissance	38'4.	20 m.	après	37'9.	12 h.	après	37'5.
2e cas.	»	38'3.	16 m.	»	37'5.	12 h.	»	37'4.
3e cas.	»	38'2.	1,30 m.	»	37'6.	12 h.	»	37'3.
4e cas.	»	38'0.	1,20 m.	»	37'7.	8 h.	»	37'2.
5e cas.	»	37'8.	8,30 m.	»	37'4.	12 h.	»	37'3.
6e cas.	»	37'7.	15 m.	»	36'5.	8 h.	»	36'3.

Dans ces six cas l'on voit la température plus élevée au début s'abaisser bientôt.

Nous avons vu que MM. Henri Roger, Bærensprung avaient noté cette élévation.

M. Andral a pris la température utérine de la mère et en la comparant à la température rectale de l'enfant, il a toujours trouvé la première plus élevée que la seconde et il pense que c'est la chaleur communiquèe par l'utérus à l'enfant qui donne lieu à cette élévation de température.

Dans les neuf autres cas, deux fois la température fut prise une demi-heure après leur venue au monde ; elle fut chez l'un de 35°,6, chez l'autre de 36°, 2 ; chez deux autres elle était, deux heures après la naissance, de 36°, 8, et chez un quatrième, examiné entre la sixième et la septième heure, elle était de 37°, 1.

Chez les cinq autres, entre la vingt-et-unième et la vingt-sixième heure, elle oscilla entre 36°, 9 et 37°, 7.

M. Andral dit, qu'une fois passé la première heure de la vie extra utérine, la température du nouveau-né est semblable à celle de l'adulte.

L'on ne saurait regarder comme l'expression de la vérité cette opinion qui veut que la température soit plus basse chez les enfants pendant les deux premiers jours qui suivent la naissance.

Il est cependant un fait établi par tous les observateurs, c'est l'abaissement de la température rectale que l'on observe pendant la première demi-heure de la vie. Nous ne savons si nous devons l'attribuer à l'insuffisance de la respiration, si manifeste à cette époque de la vie, ou à l'évaporation trop rapide du liquide amniotique.

M. Lépine [1] a fait aussi quelques recherches sur la température des nouveau-nés et des enfants.

1. Lépine. *Gazette médicale*, 1870.

Dans cent observations, cet observateur a trouvé les résultats suivants :

Il a vu sur plus de dix cas, la température de l'enfant supérieure de deux dixièmes au moins à celle de la mère. Aussitôt après la naissance, la température a baissé avec une grande rapidité. Mais M. Lépine a remarqué, ainsi qu'Edwards, une grande différence entre les enfants robustes et les enfants débiles.

Pendant les huit premiers jours de la vie, il a trouvé une différence d'au moins deux dixièmes de degrés, suivant que les enfants étaient d'un gros ou d'un petit volume.

Chez les enfants dont le poids augmentait du cinquième au sixième jour, il a trouvé 36°,83.

Chez ceux dont le poids n'augmentait pas, 36°,62.

D'après Pilz [1], la température la plus élevée est celle de la naissance : 37°, 81 c. ; elle tombe, dans les premières heures, de 0,93, pour remonter ensuite et se maintenir à 37°,56 ; elle ne change pas sensiblement jusqu'à la puberté, elle baisse ensuite faiblement pour s'élever de nouveau à l'âge de la décrépitude.

Les conclusions précédentes nous paraissent devoir être admises. Cependant, nous dirons que si nous pouvons affirmer que les jeunes enfants possèdent déjà la faculté, si évidente dans l'âge adulte, de produire de la chaleur, ce qui frappe surtout chez eux à l'état physiologique ou pathologique, c'est la facilité qu'ils possèdent à se refroidir. Le moindre dérangement fonctionnel peut faire varier la température chez le nouveau-né, soit au-dessus, soit au-dessous de la normale. Les cris mêmes, poussés par les enfants, produisent généralement une élévation de température assez notable.

Un simple bain suffit pour faire baisser leur température de 1° et même quelquefois davantage. Chez le vieillard, cette même particularité existe.

II. — *Température chez le vieillard.* — Un grand nombre d'au-

1. Pilz. *Temp. normale de l'enfant* (in Jahrbucher fur Kinderheilk. Neue Folge, Bd IV, 4, p. 414. 1870).

Nota. — Dans presque toutes les observations des auteurs que nous venons de citer, la température a été prise dans le rectum.

teurs, considérant que les oxydations respiratoires sont moindres chez le vieillard que chez l'adulte, ont prétendu que les vieillards avaient une température plus basse que les adultes.

Cependant nous devons dire que cette température est la même à ces deux époques de la vie.

Bærensprung prétend que la température du vieillard est supérieure à celle de l'adulte et Moleschott pense que cette différence tient à la sécheresse de la peau qui empêche l'évaporation, d'où augmentation de la chaleur malgré le ralentissement de la combustion des tissus.

J. Davy [1] a vu, que chez un vieillard de quatre-vingt-huit ans, la température était, sous la langue, 37°, 5, l'air ambiant étant à 15°, 5 ; mais la température extérieure étant tombée à 36°, 7, le thermomètre ne donna plus que 35°, 5.

Lisle, pendant son internat à Bicêtre, a conclu, et cela avec raison, que chez le vieillard le pouls n'est pas plus lent, que la température n'est pas plus basse que chez l'adulte. Il n'existait pas dans ses observations la différence de 0, 2 à 0, 3, signalée par certains auteurs.

Charcot [2] admet que la température du vieillard est la même que celle de l'adulte. Il n'a jamais vu ce fait, que signale Bærensprung, que la température rectale s'élève vers la fin de la vie. Ses recherches tendent à lui démontrer que la seule différence qui existe entre le vieillard et l'adulte, c'est que chez le premier la température de l'aisselle est très inférieure à celle du rectum, tandis que cette différence est à peine sensible chez le second. Il a observé une femme de *cent trois ans* d'une santé parfaite ; elle présentait dans l'aisselle une température de 37°, 2/5, dans le rectum 38°, maximum de la température normale chez l'adulte.

M. Henri Roger a pris aussi la température de sept vieillards bien portant dont le plus jeune avait soixante-douze ans et le plus âgé quatre-vingt-quinze ans. Voici les résultats auxquels il est arrivé :

1. J. Davy. *Température des vieillards. Philos. Transactions*, t. CIV, p. 59, 1844.

2. Charcot. *Leçons cliniques sur les maladies des vieillards et les maladies chroniques*, 1874 ; *De l'importance de la thermométrie dans la clinique des vieillards* (Gaz. hebd., 1869).

	Respirations.	Pulsations.	Aisselle.	Bouche.
Moyenne	23	68	36,68	36,23
Minima	18	56	36	35,50
Maxima	26	76	37,10	37

Ainsi donc la température du vieillard est peu différente de celle de l'adulte; mais ce que nous avons dit pour l'enfant, trouve de nouveau sa place ici. Le vieillard est très sensible au refroidissement.

Disons, en terminant, que le sexe, la constitution, la race, l'alimentation, le mouvement ont une influence peu marquée sur la température animale.

Des observations que nous venons de citer, nous conclurons en disant que la température moyenne de l'homme adulte, prise dans la cavité axillaire étant 37°, la température sera 37°,2 dans la cavité buccale, la température du rectum de 37°, 5 à 37°,8.

La température de l'enfant et du vieillard diffèrent très peu de celle de l'adulte.

Une température sera sous-normale, lorsqu'elle oscillera entre 36°,2 et 36°, 5 dans le rectum. Si la température oscille entre 36° et 35°, on a une température de collapsus. Cependant, dans le collapsus modéré, on peut observer des températures oscillant entre 35°, 5 et 36°, au-dessous, on a le collapsus fatal ou collapsus dit algide.

CHAPITRE II

DE LA TEMPÉRATURE AXILLAIRE COMPARÉE A LA TEMPÉRATURE RECTALE.

En clinique, dans les maladies caractérisées par des élévations de température, l'exploration axillaire fournit généralement des renseignements suffisants. Il faut cependant remarquer que dans ces cas on ne peut obtenir l'état de la *température centrale* que donne, avec une approximation suffisante, l'exploration rectale ou vaginale.

Dans les maladies fébriles, la différence entre la température axillaire et rectale est peu marquée. Dans les maladies algides, au contraire, la température axillaire est quelquefois très basse, alors que la température rectale est élevée.

Dans la période d'algidité de la fièvre intermittente, alors que la température axillaire est abaissée, la température centrale est au contraire très élevée. (Sénac, Gavarret.)

Chez l'enfant, la température prise dans le rectum et dans l'aisselle présente des différences très marquées.

M. Henri Roger[1] a trouvé, à l'état normal et dans quelques maladies fébriles chez les enfants :

Température axillaire.	Température rectale.
38°2	38°2
37°8	38°2
37°6	37°4
37°	38°4

1. H. Roger. *Recherches cliniques sur les maladies de l'enfance.* Paris, 1872.

38°	. . . .	37°8
37°4	Méningite tuberculeuse.	37°8
38°2	Rougeole.	38°2
38°2	Scarlatine.	38°6
36°8	Méningite.	37°2

Finlayson a constaté qu'il y avait une différence en plus de 0,70 F., c'est-à-dire à peu près un tiers de degré centigrade entre les deux régions.

M. Gavarret [1] dit que, chez les enfants, le creux axillaire donne presque absolument la température centrale.

Dans ses premiers écrits, M. Roger admettait la même conclusion. Cet auteur pense aujourd'hui que la température rectale peut rendre des services et qu'il est indispensable de la rechercher.

D'après M. Mignot [2], les explorations thermométriques rectales ne donnent pas de résultats plus précis que celles faites dans le creux axillaire.

Pour le vieillard, personne, croyons-nous, ne nie qu'il existe un écart assez marqué entre la température axillaire et la température centrale à l'état physiologique ; la température centrale présente une grande fixité, tandis que la température axillaire varie beaucoup.

Si l'on aborde le domaine de la pathologie la différence va s'accentuer davantage, et si l'on compare la température axillaire à la température rectale dans le cours d'une maladie, il existe un désaccord considérable entre les deux courbes obtenues. On pourra, par exemple, avoir sous l'aisselle 36°.2, tandis que la température centrale indiquera 39°.

Que la température axillaire, à l'état normal, diffère fort peu de la température centrale, nous l'accordons : mais à l'état pathologique, et surtout à l'état d'algidité, il n'en est plus de même.

L'algidité, chez l'enfant en particulier, s'accuse davantage en raison de la facilité plus grande que possède l'enfant à se refroidir ; or il est évident que les parties les plus exposées au froid sont celles qui se refroidissent le plus. La tem-

1. GAVARRET. *Des phénomènes physiques de la vie*, 1869.
2. MIGNOT. *Gazette hebdomadaire*, 1869.

pérature de l'aisselle ne doit-elle pas, dans tous les cas, être plus abaissée que celle du rectum?

Chez l'adulte des différences très marquées ont été trouvées dans certaines maladies entre la température rectale et la température axillaire. Certains auteurs ne s'occupant que de la température axillaire nous ont donné des résultats que nous ne pouvons pas admettre. C'est ainsi que dans le choléra, on a affirmé qu'il existait un abaissement de température beaucoup plus considérable qu'il n'est en réalité et qui manque même le plus souvent.

Dans nos observations, nous avons pu vérifier ces faits.

Dans plusieurs cas, nous avons noté une différence de 3 à 4° entre la température rectale et la température axillaire.

Si chez l'enfant et chez l'adulte la température axillaire est, à l'état sain et dans quelques maladies fébriles, peu différente de la température centrale,il ne s'ensuit pas que dans l'état d'algidité, il en soit de même. Nous devons donc toujours prendre la température axillaire en même temps que la température rectale ou vaginale. Chez le vieillard et chez le noveau-né cette précaution est indispensable.

Dans nos recherches, dans celles d'un assez grand nombre d'auteurs, de M. Charcot en particulier, les températures ont été toutes prises dans le rectum; aussi donnent-elles une certitude que l'on cherche vainement dans certaines observations : les notions qu'elles fournissent sont d'une grande importance, car elles ont trait à l'algidité centrale.

CHAPITRE III

DES FLUCTUATIONS MORBIDES DE LA CHALEUR ANIMALE AU-DESSOUS DU NIVEAU NORMAL.

Les températures observées sur l'homme vivant ne dépassent pas, sauf de très rares exceptions, un cycle de 8 degrés. La température ne peut guère s'élever de quelques degrés sans atteindre bientôt, si elle s'élève de 4 degrés par exemple, ces chiffres de 41°, 42°5, qui indiquent que la mort arrivera dans un court espace de temps, si l'élévation se maintient.

Des expériences faites par Magendie et Cl. Bernard, en plaçant des animaux dans des étuves sèches dont la température était de 60° à 80° et jusqu'à 100°, ont démontré que sitôt que la température s'est élevée de 5 degrés, l'animal meurt subitement.

Obernier [1] est arrivé aux mêmes conclusions.

Vallin [2] a aussi fait des expériences semblables.

Chez l'homme, des températures très élevées ont été signalées. Ainsi Currie a observé sur un scarlatineux une température de 44°, 45°. Wunderlich a vu aussi une température de 44°.

Dans la grande majorité des cas, la température ne dépasse pas 41° 5 et même alors, si la maladie doit durer quelques jours, un pronostic fatal doit être porté.

1. Obernier. *Effets de l'échauffement de l'air extérieur.* Medizinisch. Centralblatt., p. 225, 1865. Centralblatt. d. Med. Wiss., p. 180, 1866.
2. Vallin. *Archives générales de médecine*, 1870-1872.

Quant aux abaissements de température, il importe de n'examiner que les températures qui sont prises dans les cavités naturelles bien abritées, la cavité rectale par exemple.

Il y a en outre des distinctions à faire suivant que l'on observe chez un adulte, un vieillard ou un enfant.

Dans les maladies qui sont caractérisées par un abaissement de température, nous pourrons voir des abaissements de température relativement très considérables suivies de guérison ; chez l'enfant, ces faits sont fréquents.

Chez l'adulte, au contraire, la température ne peut s'abaisser de 2° et même de 1°, sans que des troubles graves surviennent et amènent rapidement la mort.

Ce que la physiologie expérimentale nous permet d'observer se trouve réalisé dans l'état pathologique. Si l'on refroidit en effet graduellement des animaux en leur permettant, *au moyen d'une gradation insensible*, de s'accoutumer à leur nouvelle manière d'être, la vie peut se maintenir fort longtemps, mais *si l'on agit brusquement*, il suffira d'un abaissement de 2° à peine, pour que la mort arrive.

De même, si vous prenez un individu en parfaite santé et si, sous l'influence d'une force thermo-dépressive quelconque, vous abaissez *rapidement* et *brusquement* sa température, cet individu ne tardera pas à succomber, et cela, bien que sa température se soit seulement abaissée de 1° à 2°. Si, au contraire, la dépression se fait lentement, dans le cours d'une maladie chronique, etc., la vie peut se continuer.

Dans les plaies par armes à feu, où la température est rarement très abaissée, le pronostic est néanmoins toujours très grave, car, dans la plupart des cas, l'abaissement de température est brusque.

Nous nous étendrons du reste longuement plus loin sur les données précieuses au point de vue du pronostic, que peut donner l'étude de la température et sur les lois que l'on peut formuler en présence d'un nombre imposant de chiffres.

Chez l'adulte, dans la grande majorité des cas de maladies algides graves, la température descend jusqu'à 35° et 34°5.

Dans le choléra, la température ne s'abaisse guère que de 3 degrés, 4 degrés tout au plus.

Les températures de 33° et même de 32° sont tout à fait

exceptionnelles ; dans quelques cas très rares on a noté 28°, 26° et même 24°.

Lowenhardt [1], chez des aliénés, a trouvé des températures extraordinairement basses.

Dans quatre cas de manie, il a observé des températures de 25° 5, 23° 75 et 28° c.

Nous croyons qu'il y a peu d'observations où l'on ait signalé des températures aussi basses.

MM. Magnan et Duguet [2], Bourneville [3], Nicolaysen [4], etc. (voir pages 29 et 30), ont noté des abaissements de température de 27°, 24° chez des individus en état d'ivresse et exposés au froid. La guérison a été observée dans quelques-uns de ces cas.

L'expérimentation a permis de vérifier ce fait, que les fluctuations au-dessous de la normale ne peuvent être très considérables; au-dessous d'un certain chiffre la vie s'éteint.

Si chez certains malades, au-dessous de 35° la mort arrive fréquemment, chez les animaux on a pu établir une limite au-dessous de laquelle la vie n'est plus possible.

Ainsi donc, la température au-dessous de la normale, qui, au premier abord, paraît pouvoir osciller dans des limites assez étendues, ne possède pas en réalité cette faculté et ce n'est que dans quelques cas exceptionnels, à la suite de reroidissements extérieurs surtout, que l'on a pu voir la température considérablement abaissée ne pas être suivie de mort.

Les variations au-dessus du chiffre normal chez l'adulte ne peuvent dépasser 4°.

Au-dessous du niveau normal, les variations ne peuvent aussi dépasser le même chiffre.

Que la température s'élève ou s'abaisse le danger est le même. Nous serions même porté à penser que, dans quelques cas, il est beaucoup plus grand avec des abaissements thermiques.

Chez les enfants, chez les nouveau-nés, qui ressemblent sous bien des rapports à des animaux à sang froid, la température peut cependant s'abaisser d'une façon extraordinaire.

1. Lowenhardt. *Allg. Zeitschr. für Psych.*, t. XXV, p. 685, 1868.
2. Magnan et Duret. *Gazette des Hôpitaux*, n° 82, 1869.
3. Bourneville. *Gazette des Hôpitaux*, 1872. Comptes rendus de la Société de biologie, 1871.
4. Nicolaysen. *Jahresbericht der Med. Wiss.*, 1875.

Dans le sclérème, dans l'algidité progressive, dans le choléra infantile, la température oscille entre 31° et 32°, c'est-à-dire, chose incroyable, que la température peut baisser de 6°, 9°, 10°, 11°.

M. Roger dit que la température de l'enfant peut s'abaisser de 15°, et chez un nouveau-né il a observé le minimum de 22 degrés.

Dans un autre cas, il a vu un enfant qui présentait 24° dans la bouche, recouvrer sa température normale et guérir du choléra dont il était atteint.

Mais ces dernières températures ont été prises dans l'aisselle et c'est pourquoi elles ne nous inspirent pas une grande confiance ; les études auxquelles nous nous sommes livrés, nous ont appris à ne regarder comme exactes, que les températures rectales.

M. Hervieux [1] a observé un abaissement de 13°. Tous les degrés intermédiaires entre le degré physiologique et 23° ont été vus par cet auteur.

Dans certains cas de pneumonie chez les enfants, l'on observe des températures *axillaires* de 28° et quelquefois même de 24°.

Chez le vieillard, l'on n'a pas de ces températures aussi basses, cependant, dans certaines observations de collapsus profond, l'on a noté des températures de 30° ; mais dans tous ces cas la mort arrive infailliblement ; le vieillard ne peut,comme l'enfant, résister aussi facilement à ces abaissements de température.

M. Joffroy [2] a vu, dans le service de M. Charcot, une femme qui présentait des lésions multiples et un cancer du foie et qui avait une température de 34°. Cette température se maintint pendant 9 jours, au bout desquels la mort survint.

En résumé, malgré les quelques faits d'abaissement considérable de température signalés par les auteurs, l'on peut conclure que les fluctuations au-dessous de la normale, sont peu étendues ; leur étude permettra de juger de la gravité de la maladie.

1. Hervieux. *De l'algidité progressive des nouveau-nés* (Arch. gén. de méd., 5e série, t. VI, p. 559, 1855).
2. Joffroy. *Société de biologie*, 1869.

CHAPITRE IV

I. — ACTION DU FROID EXTÉRIEUR. — RÉSISTANCE AU FROID CHEZ L'HOMME. — II. — DES ABAISSEMENTS DE TEMPÉRATURE SOUS L'INFLUENCE DES BAINS, DE L'IMMOBILITÉ, DU BALANCEMENT.

I. *Action du froid extérieur.* — Chez l'homme à l'état sain, la résistance au froid, grâce à la faculté qu'il possède de *faire de la chaleur*, est considérable.

Cependant, lorsque le froid est excessif, la température centrale s'abaisse.

Chez les animaux d'une organisation élevée, nous trouvons une limite au refroidissement au-dessous de laquelle la mort survient.

Lorsque l'on place un animal dans un mélange réfrigérant, en l'empêchant autant que possible de faire des mouvements, l'on observe un refroidissement graduel, et l'animal ne tarde pas à succomber.

Claude Bernard[1] et Magendie [2], qui ont fait un très grand nombre d'expériences sur ce sujet, ont pu formuler une loi et dire : « Lorsque les animaux sont arrivés à 20°, ils ne peuvent plus se réchauffer, et la mort est inévitable. » Après la mort de l'animal, la température descend de 1 à 2 degrés.

Lorsque la réfrigération a continué pendant un certain temps, voici ce que l'on observe : l'animal qui s'était légèrement agité au début, finit par rester immobile ; la température descend jusqu'à 23°, la circulation et la respiration se font alors d'une façon très lente. Les phénomènes du côté du

1. CLAUDE BERNARD. *Leçons sur la chaleur animale*, 1876.
2. MAGENDIE. *Union médicale*, 1850.

système nerveux méritent toute notre attention, car dans l'étude que nous avons à faire, ces faits acquièrent une grande importance. Ce qui domine en effet tous les autres symptômes, *c'est la stupeur;* l'animal est abattu, ouvre ses yeux, ne cherche pas à s'échapper ; sa sensibilité est presque anéantie, et il faut lui imprimer des mouvements assez violents si l'on veut réveiller chez lui les fonctions qui sont sur le point de s'éteindre.

Horwath[1] (de Kiew) a vu, sur un lapin refroidi, en l'entourant de glace, la température étant de 73 Fah., que le cœur battait à peine. L'excitation du nerf vague fut inutile et les intestins immobiles ne répondaient plus aux excitations.

Tous ces phénomènes, nous dit-il, peuvent encore être observés lorsque la température est aux environs de 100° Fah.

Du côté du système musculaire, les forces diminuent ; l'animal peut pendant un certain temps encore exécuter des mouvements ; cependant le train postérieur paraît se paralyser le premier ; les animaux sont paraplégiques.

Au dernier degré du refroidissement, toute station est devenue impossible, l'animal se couche alors sur le côté et la mort ne tarde pas à survenir.

Si dans cet état, on remet les animaux en expérience dans les conditions normales et dans un milieu dont la température est assez élevée, les animaux restent encore couchés et présentent quelquefois des mouvements spontanés et réflexes ; ils manifestent quelquefois aussi de la sensibilité.

Les battements du cœur deviennent très peu fréquents, descendent de 12 et 20 par minute.

La respiration est, dans quelques cas, accélérée, souvent, au contraire, il est impossible de constater son existence.

Dans les cas d'accélération de la respiration, Walther[2] a vu que les mouvements respiratoires étaient quatre fois plus fréquents que les battements du cœur.

1. Horwath. *Wien. méd. Wochenschrift*, t. XX, p. 32, 1870 et *Centralblatt*, 1872-1873.

2. Walther. *Virchow's. Archiv. fur pathologische Anatomie*, t. XXV, p. 414, 1862 et *Reichert's. Archiv.*, 1865, p. 25.

En même temps que tous ces symptômes se manifestent, les sécrétions sont supprimées.

La limite du refroidissement a été fixée par Claude Bernard à 22° ; c'est le degré auquel la mort arrive.

M. Brown-Séquard [1], en expérimentant sur des cochons d'Inde adultes et des lapins âgés d'environ deux mois, a trouvé :

1° Que l'abaissement de la température avait lieu moins rapidement chez les cochons d'Inde que chez les lapins ;

2° Que chez les lapins, la température peut s'abaisser davantage que chez les cochons d'Inde ;

3° Que la mort est causée par un abaissement de température moindre chez les cochons d'Inde que chez les lapins ;

Ainsi chez les premiers, la température doit s'abaisser jusqu'à 24°, 5 ou même 22° quelquefois, pour que la mort survienne, tandis que chez les lapins, la mort n'a lieu qu'à 22°.

4° Que dans chacune de ces espèces prises à part, la mort a lieu à une température d'autant moins abaissée que l'abaissement a été plus rapide.

Ces derniers faits, du reste, avaient été signalés par Chossat et Prévost.

Ces deux derniers expérimentateurs avaient vu la mort survenir lorsque l'on abaissait la température d'un certain nombre de degrés. Dans un cas, le simple abaissement de la température à 26° a causé la mort ; dans un autre cas, l'abaissement a pu aller jusqu'à 17° c., sans que la mort survînt.

Walther a vu que le minimum de température où l'on aperçut des mouvements, de la sensibilité, des mouvements réflexes, fut 19° c. Dans quelques cas, l'animal peut rester dans un état semi-paralytique pendant un assez grand nombre d'heures, dix ou douze heures, par exemple. Il peut même vivre plus longtemps si l'on a soin de maintenir la température extérieure à un degré assez élevé.

Dans quelques cas, cependant, bien que l'on maintienne la

1. Brown-Séquard. *Journal de la Physiologie*, 1858.

température du milieu où l'on place l'animal refroidi, à 20° par exemple, la mort n'en survient pas moins.

Walther réchauffa ses animaux jusqu'à 28°, après les avoir refroidis jusqu'à 18° ; ils périrent néanmoins.

Après leur mort, cet observateur a remarqué que les muscles restent longtemps excitables et que par conséquent cet état est très favorable aux expériences physiologiques.

Les mouvements musculaires de ces animaux n'élèvent pas sensiblement la température. Elle s'élève cependant de 2° à 4° à la suite de contractions musculaires, mais lorsque le refroidissement a été très marqué, cette influence est presque insignifiante.

A l'autopsie de ces animaux, l'on retrouve ce que l'on a du reste observé chez l'homme qui est mort à la suite d'une exposition au froid prolongée ; il existe une suffusion sanguine quelquefois très considérable, des exsudats rapidement formés dans le parenchyme pulmonaire et les conduits aériens, du liquide épanché dans la plèvre, avec un engouement considérable.

Nous ferons remarquer que cette congestion interne se retrouve dans tous les cas d'algidité et, pour notre part, nous l'avons observée dans l'algidité traumatique.

Les expériences que l'on a entreprises pour réchauffer ces animaux sont variées et pourraient donner lieu à des applications utiles.

Claude-Bernard a remarqué que dans quelques cas, si l'on réchauffe les animaux, ils peuvent revenir à la vie.

Walther, dans ses nouvelles expériences, n'a pu observer que quelques cas où le réchauffement artificiel ait réussi.

Cependant il a noté que par un réchauffement artificiel au moyen d'une température allant jusqu'à 39°, l'on pouvait élever la température d'un animal refroidi jusqu'à 18° ou 20° ; mais dans ces cas, il faut un temps qui varie entre une et trois heures.

Dans un milieu à 40° c., la température de l'animal monte de 18° à 39° en deux ou trois heures.

Walther ne croit donc pas que le réchauffement artificiel est suffisant pour ranimer les animaux refroidis, il a proposé la respiration artificielle.

Dans ses expériences, il a porté ses animaux refroidis jusqu'à 18° c. dans un milieu dont la température était de 12° à 13° centigrades et il a pratiqué la respiration artificielle.

En introduisant alors un air qui se trouvait à une température inférieure à celle de l'animal, il a vu la chaleur revenir, et il attribue ce bénéfice aux combustions chimiques qui, sous l'influence d'une respiration plus active doivent se faire avec une grande intensité.

Il termine son intéressant travail en disant : « Je ne crois pas qu'un animal congelé puisse être rappelé à la vie par le réchauffement, en exceptant toutefois les amphibies.

» La première indication à remplir, lorsqu'il s'agit de rappeler à la vie les individus morts en apparence, par suite du refroidissement, c'est de les réchauffer, *non pas peu à peu, comme cela se pratique ordinairement, mais rapidement et promptement.*

» La respiration artificielle semble empêcher l'engouement pulmonaire, c'est pourquoi elle peut être d'une grande utilité chez les individus gelés. »

Walther pense que le réchauffement n'est pas un moyen très efficace. MM. Chossat, Cl. Bernard, Brown-Séquard en ont retiré cependant de très grands avantages.

En somme, nous pouvons affirmer que des animaux qui ont supporté des abaissements de température considérables, ont pu être rappelés à la vie par le réchauffement.

Dans ces cas, la température de l'animal se maintient à un niveau assez élevé pendant quelques jours, elle peut même atteindre 42° c. chez les lapins.

Cette réaction, que l'on signale dans toutes les expériences sur ce sujet, se rencontre dans un assez grand nombre de cas d'algidité, chez les blessés notamment que nous avons pu observer et qui présentaient des abaissements de température.

Ce qui nous a souvent frappé, et nous insisterons plus loin sur ce point, c'est cette réaction qui se produisait comme chez nos animaux refroidis et nous annonçait que tout espoir n'était pas perdu.

Résistance au froid chez l'homme. — L'homme exposé au froid présente les mêmes symptômes que les mammifères.

Il peut cependant résister à un abaissement de température considérable de — 39° Réaumur (Ross et Parry), de — 70° c. (Delisle, 1738).

Si le froid est excessif, s'il est soumis à des fatigues, des privations, à l'alcoolisme, la production de chaleur de l'homme devient insuffisante et il se met en équilibre avec la température du milieu ambiant.

Nous devons remarquer ici que, de même que chez les animaux, l'on peut fixer à 20° le chiffre auquel ils succombent, un certain nombre d'auteurs ont trouvé que chez l'homme, la mort arrive lorsque la température s'est abaissée jusqu'à 22°.

Les effets généraux sont d'abord une faiblesse générale que nous avons retrouvée chez nos animaux ; l'homme exposé au froid a de la tendance à s'assoupir.

Les battements du cœur, les mouvements respiratoires sont souvent très ralentis, d'autres fois, au contraire, accélérés. Les battements du cœur, dans quelques cas, sont à peine perceptibles (Gerdy [1], Cersoy [2], Ponte [3]).

D'après les expériences de Mathieu et Urbain [4], on sait aujourd'hui que, sous l'influence d'un refroidissement considérable, l'acide carbonique s'accumule dans le sang artériel et le transforme en sang veineux. Cet acide carbonique agit sur les parois du cœur et produit l'arrêt des battements de cet organe, en le paralysant.

On rencontre rarement les attaques de catalepsie et d'épilepsie signalées par Desgenettes [5] ; ce qui domine surtout, c'est la stupeur. Le malade n'est pas préoccupé de ce qui se passe autour de lui ; la sensibilité est en partie anéantie et

1. Gerdy. *Mémoire sur l'influence du froid sur l'économie animale* (Journal hebd. de médecine, t. VIII, 1830).

2. Cersoy. *Considérations sur les effets du froid dans leurs rapports avec l'économie animale* (Thèse de Paris, 1866).

3. Ponte. *Des effets physiologiques et pathologiques du froid* (Thèse de Paris, 1868).

4. Urbain et Mathieu. *Journal de physiologie*, 1868.

5. Desgenettes. *Histoire médicale de l'armée d'Orient*, t. I, p. 249.

Voyez aussi : Soulier. *De la mort par le froid extérieur au point de vue médico-légal* (Thèse de Paris, 1877).

lorsque le refroidissement est arrivé à un degré extrême, les mouvements réflexes ne s'exécutent plus.

C'est à ce moment que la mort arrive.

Du côté des organes, on retrouve à l'autopsie une suffusion sanguine considérable, et c'est ce qui a fait dire que les cadavres des individus qui ont succombé de la sorte offraient des lésions semblables à celles de l'asphyxie.

Comme chez les animaux, on retrouve des épanchements du côté de la plèvre, dans le péricarde, une congestion pulmonaire intense; le tissu pulmonaire ressemble au tissu de la période d'hépatisation de la pneumonie. Il y a des coagulations sanguines dans les cavités du cœur.

Les centres nerveux sont congestionnés (Jauffret, de Crecchio, Peter, Bourneville). — Ils présentent fréquemment des embolies.

Schrimpton a vu des inflammations gastro-intestinales, et mêmes des *ulcérations* occupant la fin de l'intestin grêle et le commencement du colon, ces lésions sont absolument semblables à celles décrites chez les brûlés.

Quant ou traitement, les moyens employés chez les animaux pour élever leur température peuvent rendre de grands services.

En résumé, les lésions expérimentales, les symptômes observés chez les animaux et l'homme exposé au froid, diffèrent peu.

Certaines maladies algides présentent les mêmes symptômes, les mêmes lésions anatomiques et nous pouvons dire que nous avons affaire à une mort par le froid.

Le refroidissement, surtout chez l'enfant et le vieillard, est, dans un grand nombre de cas, une maladie principale et entraîne à sa suite un certain nombre de complications, que l'on a regardées bien à tort comme la cause de l'algidité.

Dans le sclérème des nouveau-nés, en effet, l'œdème et l'induration du tissu cellulaire nous semblent être une conséquence des modifications apportées dans la circulation par un refroidissement intense.

L'enfant, on le sait d'ailleurs, est dans des conditions défavorables pour résister au froid. Cependant, disons dès à présent que plus l'enfant grandit, plus il semble que le froid agit sur lui d'une façon nuisible ; car, comme l'a dit Edwards : « C'est à mesure que la faculté de développer de la chaleur s'accroît, que la faculté de supporter l'abaissement de température diminue. » On comprend dès lors que si le froid dans les premiers jours de la vie amène un abaissement peu considérable, le fœtus pourra peut-être résister plus facilement. Cependant, dans la plupart des cas, la gravité du refroidissement est extrême, et, si le froid a commencé à agir, il est rare que le jeune enfant qui a présenté des abaissements de température considérables revienne à la vie, en recouvrant sa chaleur perdue.

Il existe un certain nombre d'observations dans lesquelles on peut noter des températures très basses, chez des individus exposés au froid.

M. le professeur Peter [1] a vu chez une femme exposée à un froids rigoureux, une température de 26°. Sous l'influence du réchauffement lent, la température remonta à 36°, 4 ; et la malade guérit.

MM. Magnan et Duguet [2] disent avoir vu chez une femme adonnée à l'ivrognerie, et qui avait couché en plein air pendant une nuit entière, exposée à une pluie glaciale, une température de 26° c. Cette température avait été prise dans le vagin.

Ce qui nous paraît extraordinaire en même temps qu'intéressant dans cette observation, c'est que malgré cette dépression de la température, cette femme n'éprouva pas de troubles sérieux, et deux jours après elle était complètement rétablie.

M. Bourneville [3] est venu à son tour communiquer à la Société de biologie l'observation d'un homme de trente-cinq ans qui s'était couché tout nu sur le parquet de sa chambre, dont la fenêtre était ouverte. C'était au mois de janvier, alors que la température était extraordinairement abaissée. La température rectale était de 27°,4, le pouls imperceptible. Deux heures après la température rectale était 28°,4. Le malade

1. Peter. *Société médicale des hôpitaux*, 1877.

2. Magnan et Duguet. *Gazette des hôpitaux*, n° 82, 1869.

3. Bourneville. *Gazette des hôpitaux*, 1872 et *Comptes rendus de la Société de biologie*, 1872.

mourut, et l'on observa une élévation de température *post mortem*.

La température rectale, cinq minutes après la mort était de 36°, 2. A onze heures, elle était redescendue à 34°,5.

L'autopsie ne permit de constater la lésion d'aucun organe important.

Cette observation est fort intéressante et mérite d'attirer notre attention. Elle se rapproche, sous beaucoup de rapports, de l'observation de M. Magnan ; mais nous devons faire remarquer que dans le dernier cas, bien que la température ne se soit pas abaissée autant que dans le premier, la mort n'a pas tardé à survenir.

Nicolaysen [1], Reincke [2], Weilland [3], G. Glaser [4], ont vu des températures de 24°,7, 32°,7 (mort) ; 28°,4, 26°,6 (guérison) et 30°,4, 24°, 26°,7 (guérison) chez des alcooliques, exposés au froid.

Dans presque toutes les observations que nous venons de citer, l'influence thermo-dépressive de l'ivresse est venu se joindre à celle du froid extérieur.

L'ingestion de liquides très froids peut amener chez l'homme et chez les animaux des abaissements de température souvent très considérables et la mort même quelquefois.

Claude Bernard a vu qu'en donnant à boire de l'eau froide à des chevaux à jeun, ceux-ci la prenaient en si grande quantité que la température générale du corps s'abaissait ; ils étaient pris de tremblement, et dans quelques cas l'animal succombait.

Lichtenfels et Fröhlich [5] ont répété des expériences semblables sur eux-mêmes et ils ont vu une diminution manifeste de la température de 1/10, se produire six minutes après avoir avalé la valeur d'une chopine de liquide à la température de 18°, et de 4/10 dans le même espace de temps si l'eau ingérée était à 16°,3.

1. Nicolaysen. *Jahrb. der med. Wiss.*, 1875.
2. Reincke. *Deutsch. Arch. für Klin. Med.*, 1875.
3. Weilland. *Liebermeister Fieberlehre*, p. 69.
4. G. Glaser. *Thèse de Berne*, 1879.
5. Fröhlich et Lichtefels. *Denksch. der Wiener Akad. mat. naturwissensch. Klasse*. 1852.

Winternitz[1], après avoir absorbé six verres d'eau à 4°,6, pris à des intervalles de 10 en 10 minutes, vit sa température s'abaisser de 1°,4 après 70 minutes.

Il fit encore une seconde expérience dans laquelle après l'ingestion de 4 verres d'eau à 6°,7, pris à des intervalles de 15 à 20 minutes, la température descendit de 0°,8.

Hagspiel [2] a vu qûe la température du rectum et des viscères pouvait tomber de 2 à 3 degrés, lors de l'application de la glace sur la paroi abdominale.

Dans un cas, la température de 37° tomba à 35°,25.

Influence des bains. — Kirejeff [3] a remarqué que dans un bain de siège froid la température générale s'abaissait; mais, après le bain, elle pouvait rapidement s'élever. Lehmann [4], Bock [5] ont fait des observations à peu près semblables.

Quant à l'influence des bains sur la température et sur les abaissements qu'ils peuvent produire, nous croyons ne pouvoir mieux faire que de citer les conclusions de Fleury [6]. Il résulte en effet de ses nombreuses expériences :

1° Qu'une immersion partielle suffisante d'une demi-heure dans de l'eau modérément froide de 15° à 9° peut abaisser la température de la partie immergée de 19° et même de 23°, de telle sorte qu'il n'existe plus entre la température de la partie vivante et de la partie immergée qu'une différence de 1°,5 au profit de la première ;

2° Cet énorme abaissement de la température partielle n'exerce aucune influence apparente sur la température générale prise sous la langue ;

3° Une douche générale suffisamment prolongée dans de l'eau modérément froide peut abaisser de 4° la température animale prise sous la langue ;

4° Pendant les quelques minutes qui suivent, la tempéra-

1. Winternitz. *Œsterr. Zeitschrift fur prakt. Heilkunde*, Wien., 1865.
2. Hagspiel. *Diss. Leipzig*, 1857.
3. Kirejeff. *Virchow's Arch. für path. Anat.* Bd XXII, 5, 6, p. 496, 1861.
4. Lehmann. *Ueber die Wirksamkeit warmer Sitzbäder*, etc. *Arch. des Vereins für Gemeinschaftliche Arbeiten zur Förderung der Wissenschaftl. Heilkunde von Vogel Nasse und Beneke*, Bd II, 1, Göttingen, 1856.
5. Bock (Hermann von)· *Die Hydrotherapie des Typhus* (Bayer ärtzl. Intellig. Blatt, 1 et 2, 1870.
6. Fleury. *Traité d'hydrothérapie*, 1872.

ture du corps, quelle que soit celle de l'atmosphère ambiante, baisse encore de quelques dixièmes de degré (4 à 5 dixièmes), et ce nouvel abaissement est également accompagné d'une nouvelle diminution dans la fréquence du pouls (1 à 2 pulsations);

5° Lorsque la température animale a été préalablement élevée de 3 à 4 degrés par le séjour dans une étuve sèche, les applications extérieures d'eau froide sous forme de douche ou d'immersion ramènent d'abord rapidement la température et le pouls à leurs chiffres primitifs et physiologiques et produisent ensuite des effets analogues à ceux que nous venons d'indiquer;

6° Les phénomènes sont suivis d'une réaction qui ramène plus ou moins rapidement la chaleur animale et le pouls à leurs chiffres primitifs et physiologiques;

7° Toutes choses égales d'ailleurs, la réaction est d'autant plus prompte et plus énergique que l'atmosphère est plus chaude, que le sujet se livre à un exercice plus violent et que l'eau frappe les tissus avec plus de force. Une douche, une affusion est suivie d'une réaction beaucoup plus forte qu'une immersion.

Speck [1] a constaté, au moment de l'application d'une douche froide, une petite élévation de la température buccale. Après 10 minutes de séjour dans un bain à 22°, un abaissement de 1°,23 se produisit.

Liebermeister [2] a vu qu'au début de l'application du froid, il ne se produisait jamais d'abaissement, mais il a constaté qu'un tel effet se montrait sous l'action de l'eau chaude.

Hopp [3] a noté que la température d'un chien mouillé montait à mesure que l'évaporation refroidissait la surface du corps, et Schuster [4] a fait voir qu'un bain, à 37°,6 élevait la température.

1. SPECK. *Arch. des Vereins fur gemeinschaftl. Arbeiten zur Forderung der Vissenchaft. Heilkunde*, p. 422. 1860.
2. LIEBERMEISTER. *Deutsche. W. Klinik.*, n° 40. p. 331. 1859, et *Pathologie et traitement de la fièvre, Leipzig*, 1875.
3. HOPP. *Virchow's Archiv. für path. Anat.* Band XI, p. 33, 1875.
4. SCHUSTER. *Deutsche Klinik*, n° 22 et *Virchow's Archiv. für pathol. Anat.* Band XLIII, p. 60, 1864.

Bærensprung [1] a bien soin de faire remarquer que, si l'eau est courante, la chaleur s'abaisse au contraire.

Kernig [2] a conclu de ses expériences que la perte de la cha leur est en raison directe des déperditions subies ; plus celles-ci sont considérables, plus grande est la réfrigération.

Horwath pense que la meilleure méthode est de refroidir les fébricitants à un faible degré mais d'un façon continue, à l'aide d'une forte ventilation, ou en les plaçant sur des matelas d'eau, dont on peut faire varier la température.

Heidenhain, voulant chercher à démontrer que la température abaissée qu'il observait lors de l'excitation d'un nerf sensitif, le sciatique par exemple, dépendait de la température ambiante, a mis un chien dans un bain à une température assez élevée, 39°, et, au lieu d'observer un abaissement de température, il a vu au contraire une élévation assez notable.

S'il mettait son animal dans un milieu à 16° c., la température s'abaissait, et à chaque excitation du sciatique, cet abaissement s'accentuait.

Ces expériences prouvent le rôle important que joue le réseau vasculaire périphérique qui, suivant qu'il se dilate ou se resserre, suivant que la circulation est plus ou moins rapide, permet à une plus ou moins grande quantité de sang de se mettre en rapport avec le milieu ambiant.

Les bains froids produisent plus d'effet chez les enfants que chez les adultes. Chez les premiers, le chiffre moyen de l'abaissement est de 2° c., tandis qu'il n'est que de 1°,5 chez les seconds.

Schäffer a constaté chez les nouveau-nés un abaissement de température de 0°,7 à 0°,8 après le premier bain.

L'indication de l'abaissement de la température que fournissait le thermomètre lorsqu'on se soumettait à une affusion froide, éveilla l'idée que ce moyen pourrait rendre de grands services dans les états fébriles.

A cet égard, on doit dire que c'est Brand [3] (de Stettin) qui a

1. Bærensprung. *Müller's Archiv. für Anatomie. Archiv. de Muller*, 1851-1852.

2. Kernig. *Experimentelle Beitrage zur Kenntniss der Varmeregulirung beim Menschen.* Thèse inaug. Dorpat, 1864.

3. Brand. *Die Hydrotherapie des Typhus.* Stettin, 1861. Berlin, 1868.

inauguré cette méthode, connue de nos jours sous le nom de méthode de Liebermeister.

Bartels, Jürgensen, Ziemssen, Obernier, Wahl, Barth, Mosler, Immermann, Leube, Dumontpallier, ont été ses dignes successeurs.

Voici comment Liebermeister opère :

Aussitôt qu'un typhique a une température de 39° on donne un bain à 22° que l'on refroidit jusqu'à 16°.

La température s'abaisse, mais pour remonter bientôt. C'est alors qu'il importe de donner un nouveau bain. Ce n'est pas, il faut le dire, par l'abaissement immédiat qui se produit que Liebermeister et Jürgensen jugent leur méthode favorable, mais par l'abaissement consécutif qui se produit et qui peut maintenir la température à un niveau assez bas.

Quant à la façon dont agit le froid sur notre organisme pour amener des variations de température, un grand nombre d'auteurs, n'admettent pas que l'action du froid se réduise à une simple soustraction de chaleur; le système nerveux doit prendre une grande part dans la manifestation de ce phénomène.

Les moyens brusques, affusions, douches, sont ceux qui abaissent le plus la température; plus la force de projection du liquide est grande, plus la température s'abaisse : il est évident que dans ces cas, les modifications thermiques observées dépendent du système nerveux.

Wahl[1] place l'action principale du froid dans son influence sur les nerfs et les centres nerveux : il prétend même que cette action fait défaut quand la température est en ascension et il conseille de n'appliquer le froid que pendant les rémissions ou au moment des exacerbations fébriles, parce que, dit-il, dans ce cas, l'élimination de la chaleur qui s'est accumulée exerce une influence salutaire.

L. Schrœder[2] a signalé ce fait : que les bains froids ne dimi-

1. WAHL (Ed. von). *De la régulation de la chaleur chez les fiévreux* Petersburger Zeitschr. Band XII, 6, p. 315-341, 1867 ; Schmidt's Jahrbücher, Band CXXXVIII, p. 78, 1868.

2. SCHRŒDER (L.). *Deutsches Archiv. fur Klin. Medicin*, Band VI, p. 385, 1869.

nuaient pas seulement la chaleur, mais qu'ils diminuaient aussi l'acide carbonique exhalé et l'urée excrétée, ralentissaient en un mot le mouvement de dénutrition.

Tout nous prouve que nous devons accorder à l'hydrothérapie une part de plus en plus grande dans notre médication, la thermométrie nous fournit un guide dans l'application de cette méthode.

Influence de l'immobilité. — Le froid seul n'agit pas pour amener des abaissements de température. Il suffit, en effet, d'immobiliser certains mammifères d'un petit volume, pendant un certain temps pour que la température baisse considérablement. Si on les maintient dans un état d'immobilité assez complète, ils se refroidissent bientôt à un tel point que la mort ne tarde pas à survenir. Cette modification imprimée à la température doit nous être connue, car dans nos expériences physiologiques nous serions exposé à de nombreuses erreurs.

Horwath [1], Schiff, ont vu que le fait seul de lier un lapin sans pratiquer sur lui aucune espèce d'expérience, suffit pour abaisser sa température de 2 degrés.

Le décubitus agit aussi sur la température.

On a déterminé expérimentalement quelle pouvait être la quantité de chaleur perdue chez un animal si l'on venait à le renverser sur le dos, dans l'immobilité; dans ces cas, l'on a vu la température s'abaisser chez le chien de 0,5 à 0,6 dixièmes.

Voyez aussi : BARTELS. *Congrès des Naturalistes et des Médecins*, tenu à Hanovre, 1865.

JÜRGENSEN. T. *Klinische Studien über die Behandlung des Abdominaltyphus mittels des kalten Wassers.* Leipzig, 1866 et *Deutsches Arch. für Klin. Med.* Band III, 1867.

OBERNIER (de Bonn) *Berliner klin. Wochenschr.*, Band IV, 89, 1867.

BARTH. *Beitrage zur Wasserbehandlung des Typhus*, 1866.

MOSLER. *Emploi de l'eau froide et de la quinine contre la fièvre typhoïde*, Greifswald, 1866.

VIGENAUD. *Des affusions froides comme agent antifébrile* (Thèse de Strasbourg, 1867).

ZIEMSSEN und IMMERMANN. *Traitement du typhus abdominal par l'eau froide.* Leipzig, 1870.

SCHUTZENBERGER. *La médication réfrigérante* (Gaz. méd de Strasbourg, 1871).

SAMUEL F. *Thèse de Montpellier*, 1871.

LEUBE. *Traitement des fiévreux par le froid, à l'aide de sachets de glace. Deutsches Archiv. für Klin. Med.*, 1871, p. 355.

1. HORWATH. *Physiologie de la chaleur; recherches sur le sommeil hivernal.* Centralblatt, n° 34, p. 531, 1871-72-73.

Kernig[1] a fait ses expériences sur l'homme et il a vu que le décubitus donne une diminution de quelques dixièmes dans la température.

Ce fait d'abaissement de température sous l'influence de la position est important à connaître, surtout chez les enfants, et M. Hervieux recommande avec juste raison, de ne pas maintenir le nouveau-né dans la position horizontale.

Influence du balancement. — Manassein[2] s'est livré à des expériences qui prouvent l'influence du *balancement* sur la température.

Après avoir enveloppé les lapins qu'il voulait soumettre à l'expérimentation dans une espèce de manchon, formé par de la ouate, Manassein les plaçait dans une caisse qui, suspendue, pouvait subir des oscillations variées.

Dans toutes les expériences sans exception (au nombre de 207), on a noté un abaissement de température.

Voici quelques-unes de ces expériences :

	Temp. anale.
Lapin blanc.	
9 h. 20 du matin.	40°1
Balancement pendant 15 m.	
9 h. 40 du matin.	39°4
Balancement pendant 15 minutes.	
	Temp. rectale.
9 h. 45 du matin	39°2
9 50 —	39°1
10 » —	39°3
10 10 —	39°4
10 45 —	39°6

Autre expérience : Lapin gris femelle âgé de cinq mois :

	Temp. rectale.
2 h. 55 de l'après-midi.	39°8
Balancement pendant 15 minutes.	
2 h. 20 de l'après-midi	39°35
2 25 —	39°35

1. KERNIG (Voldemar). *Loco citato.*
2. MANASSEIN. *Centralblatt, für die Medicinischen Wissenschaften*, 1871, p. 74. Voyez aussi : LARTET. — *Abaissement de la température centrale produit par l'ascension sur les hautes montagnes.* Comptes rendus de l'Académie des sciences, 1869.

2 h.	30 de l'après-midi		. . . . . .	39°30
2	35	—	. . . . . .	39°25
2	40	—	. . . . . .	39°2
2	45	—	. . . . . .	39°5
2	55	—	. . . . . .	39°7
3	»	—	. . . . . .	39°8

Chez un lapin le balancement fut continué pendant deux heures, voici les résultats obtenus :

La température initiale étant		. . . .	39°8
11 h. 35 du soir		. . . .	39°5
11 40	—	. . . .	39°2
11 45	—	. . . .	39°2
11 50	—	. . . .	39°8
11 55	—	. . . .	39°1

On donne à manger à l'animal :

12 h.	»	. . . .	39°1
12	5	. . . .	39°1
12	10	. . . .	39°3
12	55	. . . .	39°5
1	»	. . . .	39°5
1	50	. . . .	39°8
3	50	. . . .	39°8

Sur 56 expériences faites sur vingt-deux lapins le maximum de l'abaissement de température a été de 1°,2, le minimum de 0°,3, la moyenne de 0°,66.

On pourrait croire que cet abaissement de température tient à ce que le corps de l'animal mis successivement en contact avec de nouvelles couches d'air perd plus de chaleur qu'au sein de l'atmosphère tranquille.

Une expérience vient démontrer la fausseté de cette hypothèse ; si l'on enveloppe en effet l'animal d'une couche de ouate, l'abaissement de température est aussi considérable que lorsque l'on néglige de se servir de ce moyen.

Le balancement semble donc agir principalement sur le système nerveux, ce qui nous semble démontrer cette assertion, c'est que plus l'on balance brusquement l'animal, plus l'abaissement de température est considérable.

Si l'on a soin de bander les yeux de l'animal de façon à le

frapper d'une grande terreur, l'abaissement de température est considérable.

Manassein a vu que, sur des animaux chez lesquels il avait développé de la fièvre, l'abaissement de température sous l'influence du balancement était assez marqué.

Dans vingt-huit expériences, ce physiologiste a pu, à l'aide de balancements répétés, ramener la température fébrile à son niveau physiologique.

Ce curieux moyen d'abaisser la température pourrait-il être employé chez l'homme ? Il nous semble qu'en raison des difficultés que son application présenterait cette méthode ne doit pas être recommandée.

CHAPITRE V

DE L'INANITION. — DE SON INFLUENCE SUR LA TEMPÉRATURE.

L'inanition n'a été sérieusement étudiée que dans ces derniers temps. C'est grâce aux beaux travaux de Chossat [1] que cet état nous est maintenant parfaitement connu.

Un des points les plus curieux de cette étude, c'est l'influence de l'inanition sur la chaleur animale.

On avait bien remarqué que dans certaines maladies, où le malade était complètement privé d'aliments, il se produisait quelquefois un refroidissement, mais ce refroidissement n'avait jamais été constaté avant Chossat au moyen du thermomètre. — Depuis des observations ont été faites en assez grand nombre.

Après avoir soigneusement constaté chez les animaux les variations de la température et avoir vu que la température avait son maximum à midi et son minimum à minuit, Chossat les soumit à une abstinence complète et il se tint prêt à observer les moindres variations de température. Dès le premier jour, la température s'abaissa d'une façon insignifiante ; mais bientôt, elle s'abaissa à midi de 0°,52 ; l'abaissement s'accentua en-

1. Chossat. *Mémoire de l'Académie royale des sciences*, t. VIII, p. 438. 1843.

Voyez aussi : Redi. *Inanition*. Florence, 1684.

Collard de Martigny. *Journ. de physiologie, de Magendie* 1828.

J. Arnould. *Dict. encyclopédique des sciences médicales*, art. Famine.

Parrot. *Étude sur l'encéphalopathie urémique et le tétanos des nouveau-nés*. (Archives de médecine, 1872).

suite de plus en plus, et Chossat fut amené à conclure : « Que lorsque l'on soumet des animaux à l'abstinence, le *refroidissement diurne* tend progressivement à augmenter. » Quant à la température observée à minuit, elle fut de 3°,06 plus basse dans l'inanition que lorsque l'alimentation était normale. La réascension diurne se faisait plus rapidement et dès sept heures du matin, la chaleur était à peu près la même qu'à midi.

L'abaissement de la température sous l'influence de l'inanition est une chose maintenant indiscutable et l'on peut établir que :

1° L'oscillation diurne et moyenne de la chaleur animale qui dans l'état normal est 0°,74 devient 3°,38 ;

2° L'oscillation diurne initiale est d'autant plus étendue que l'inanition a fait plus de progrès, de telle sorte que l'oscillation de la fin de l'expérience est à peu près double de celle du début ;

3° Les heures de midi et minuit sont bien sans doute les époques du maximum et du minimum de la chaleur animale, mais l'oscillation diurne n'attend pas ces heures-là pour se développer.

C'est ainsi que, pendant les différentes parties du jour proprement dit, la chaleur se rapproche plus ou moins de celle de midi, tandis que pendant la nuit, elle se rapproche de celle de minuit ;

4° L'abaissement nocturne se prolonge d'autant plus avant dans la matinée et commence d'autant plus tôt dans l'après-midi que l'animal se trouve déjà plus affaibli par la durée préalable de l'inanition.

Dans l'alimentation insuffisante, des abaissements de température existent, abaissements presque aussi marqués que dans l'abstinence complète.

La chaleur prise à midi diffère quelque peu, il est vrai, de la température prise à midi ; mais la descente se fait d'une façon irrégulière et elle est souvent interrompue par des réactions.

C'est un fait auquel on ne se serait certainement pas attendu que celui de voir les abaissements de température aussi considérables dans l'abstinence complète que dans l'abstinence incomplète. Les abaissements de température sont surtout considérables le dernier jour de la vie.

Chossat, en effet, a obtenu, dans un grand nombre de cas, comme différence moyenne entre le pénultième et le dernier jour, les résultats suivants :

Refroidissement total et collectif le dernier jour :

12 pigeons ont perdu.	17°81
12 tourterelles.	18°99
2 poules	22°1
1 corneille	7°1
3 lapins.	37°1
Refroidissement moyen . .	14°0

Ainsi donc le refroidissement du dernier jour, comparé à celui des autres jours, a été de $\frac{14}{0,3}$ c'est-à-dire que le dernier jour de la vie la chaleur animale a en moyenne baissé 47 fois plus rapidement que dans chacun des jours précédents.

Ce qui étonne c'est la rapidité avec laquelle on voit un animal, qui ne baissait en moyenne que de 0°,3 par jour, se refroidir dans une proportion 47 fois plus forte et perdre 14° de chaleur.

Aussi, Chossat a-t-il insisté sur ce refroidissement comme cause de mort et sa pensée à ce sujet peut se résumer ainsi :

Les animaux ne mouraient pas de leur inanition, ils mouraient du froid.

Nous trouvons encore ici le danger que présente le symptôme refroidissement.

Dans les maladies chroniques (voir pages 56, 57, 58), l'inanition est probablement une des principales causes de l'abaissement de température. Dans les cas de manie, de folie, de mélancolie, les températures si basses qu'a observées Lowenhardt tiennent probablement en grande partie à l'inanition.

Dans la période cachectique de la syphilis, surtout chez les enfants, l'inanition doit aussi prendre part aux modifications imprimées à la température. Wunderlich a observé à sa clinique un cas où la température tomba au-dessous de l'état normal, six jours avant la mort et descendit successivement jusqu'à 25° c. (Mensuration rectale).

Si Chossat a pu dire que : « l'inanition est la cause de mort qui marche de front et en silence avec toute maladie dans laquelle l'alimentation n'est pas normale. Elle arrive à son terme naturel, quelquefois plus tard que la maladie qu'elle accompagne, et peut devenir ainsi maladie principale là où elle n'avait été d'abord qu'épiphénomène, » quel avantage immense d'avoir un moyen sûr de la reconnaître.

Le poids du corps pourra bien nous éclairer dans cette détermination difficile, mais le thermomètre nous renseignera bien mieux. Il nous indiquera, en effet, le moment précis où l'alimentation doit être commencée, où nous devons la cesser.

Il existe, à n'en pas douter, une fièvre d'inanition, de faiblesse, et nourrir est alors une indication vitale que nous ne devons pas négliger. N'oublions pas enfin que les symptômes de l'inanition décrits par Marotte, en imposent souvent pour une maladie adynamique.

On voit dès lors la difficulté qu'il y aura à discerner à la fin d'une maladie ce qui appartient à l'état morbide de ce qui tient à l'état d'inanition.

Le thermomètre nous montrera un abaissement de température plus considérable dans les cas d'inanition simple que dans les cas d'adynamie dans lesquels l'on observe le plus souvent des températures fébriles. — Il nous permettra de résoudre enfin ce problème si difficile : quand et comment faut-il nourrir les fièvres ?

Des abaissements de température causés directement par l'inanition en dehors des maladies fébriles, ont pu être observés.

Guislain avait noté que chez les mineurs du Bois-Mouzil qui avaient cruellement souffert de la faim, la température s'était abaissée.

Desbarreaux dit que chez un inanitié du nom de France, dont il raconte longuement l'histoire, la température était descendue au chiffre extraordinaire de 23° c.

Meermann enfin, dans un mémoire sur la fièvre de famine qui a sévi dans la Belgique en 1847, dit qu'aussitôt que les froids de l'hiver se firent sentir (le froid a probablement agi ici comme cause occasionnelle), les malheureux qui n'avaient qu'une nourriture insuffisante mouraient presque subitement et tombaient de toutes parts en si grand nombre que le pays s'en émut.

La température de leur corps s'abaissait jusqu'à 25° et même 20°.

CHAPITRE VI

INFLUENCE DES HÉMORRHAGIES SUR LA TEMPÉRATURE

Les anciens et avec eux Riolan pensaient que l'hémorrhagie diminuait la chaleur et ils avaient recours pour expliquer ce fait aux hypothèses les plus extravagantes.

Ils se représentaient l'ouverture de la saignée comme un soupirail par lequel la chaleur qui est « si active et si fugitive » pouvait s'échapper et par lequel un air frais pouvait s'introduire dans *les humeurs* et tempérer leur ardeur. »

Quesnay [1] disait : « On s'est aperçu que souvent la saignée affaiblissait la chaleur naturelle : mais on a remarqué en même temps que cet effet est presque toujours insuffisant dans les cas où la chaleur est excessive : que dans une fièvre, par exemple, qui dure plusieurs semaines la chaleur augmente malgré les saignées abondantes que l'on fait aux malades, etc. Ainsi, cette propriété de rafraichir qu'on regarde comme un des principaux effets de la saignée, me semble ne point s'accorder dans plusieurs cas avec l'expérience, ce qui a fait naître beaucoup de doutes sur l'usage de ce remède. »

Plus près de nous, Trousseau[2] n'admettait pas avec Broussais que les pertes de sang diminuaient la chaleur « stimulant principal de l'organisme. »

« Lorsqu'on saigne un malade à outrance, dit Trousseau, ou lorsqu'il y a eu une grande perte de sang, comme chez

1. Quesnay. *Traité des effets et de l'usage des saignées*, 1759, p. 8.
2. Trousseau. *Clinique médicale de l'Hôtel Dieu.*

une femme, par exemple, à la suite de couches, on a observé un fait curieux : c'est la fréquence du pouls.

Ce n'est pas tout. Suivant une observation du docteur Peter, la température s'élève alors et monte quelquefois de 39° à 40° au lieu de 37°, qui est le chiffre normal. Voici donc par le seul fait d'une grande émission sanguine une véritable fièvre, une fièvre véhémente qui s'allume.

Vous m'accorderez que la fièvre qui s'allume sous l'influence d'une grande hémorrhagie, ne devra pas céder à une nouvelle hémorrhagie provoquée par votre lancette. »

Examinons si l'hémorrhagie exerce une influence marquée sur la température à l'état normal. — Des expériences ont été entreprises à ce sujet et Marshall-Hall[1] a vu sur un chien terrier pesant 17 livres et à qui il avait enlevé 32 onces de sang, un abaissement de température de 37°5 à 29°45 ; à ce moment la mort eut lieu.

Chez un autre animal pesant 19 livres, la température tomba jusqu'à 31°65 après une émission de 30 onces de sang.

Busch[2] avait remarqué que lorsqu'il faisait périr un chien et lui ouvrait l'aorte abdominale la température du rectum tombait en cinq minutes de 30°6 R. à 28°8 R. et elle n'était plus que de 26°6 au bout d'une demi-heure.

Demarquay[3] a pratiqué des expériences intéressantes ; faisant une soustraction de sang à un chien, il a vu la température monter au lieu de s'abaisser.

Voici une de ses expériences :

« Le 9 mars 1837, je pris un chien de petite taille dont la température était 39° et une petite fraction.

» L'axillaire est mise à nu, le chien se repose. Je coupe l'axillaire et je favorise l'écoulement sanguin ; la température reste la même jusqu'à la syncope, alors le thermomètre baisse de 1/2 degré jusqu'à la mort.

» Des expériences nouvelles plus variées, ajoute M. Demarquay, ont besoin d'être faites sur ce sujet. Mais le fait de la

1. Marshall-Hall. *Art. Blowletting. In Cyclopedia of pract. Med.* Vol. I, 1883.

2. Busch. *Experimenta quædam de morte*, p. 21.

3. Demarquay. Recherches expérimentales sur la température animale. *Thèse inaugurale*, 1847.

persistance de la température, en dépit d'une hémorrhagie promptement mortelle est un fait assez intéressant. »

Frese [1] dans ses expériences sur ce sujet a vu une abondante saignée immédiatement suivie d'un abaissement de température; mais peu d'heures après il se produisait une augmentation de température qui dépassait rarement l'état thermique antérieur à l'opération.

Des expériences fort nombreuses de Bærensprung [2], on peut tirer les conclusions suivantes :

1° Pendant la durée de l'opération la température augmente lentement, fait que Bærensprung attribue avec un grand nombre d'auteurs et avec Demarquay, à l'agitation de l'animal, à la douleur ;

2° Pendant la période d'anémie, la température est abaissée. Cet abaissement, d'après Thierfelder, ne se maintiendrait pas plus de quarante-huit heures ;

3° Lorsque la température n'est qu'à quelques dixièmes au-dessous du point de départ, on la voit s'arrêter et rester là pendant quelques jours.

La saignée de la carotide produit au contraire une élévation de température ;

4° Les recherches de Marshall Hall prouvent que lorsque l'on saigne un animal jusqu'à la mort, la température tombe de plusieurs degrés immédiatement avant la mort.

Thierfelder [3] dit que les hémorrhagies, pour peu qu'elles soient abondantes, diminuent la température ; après quatre à six heures l'effet est manifeste, mais cette action ne dure que quarante-huit heures au plus.

D'après Chorasewski [4], une saignée modérée, faite sur un animal ou sur l'homme ne donne pas de résultats constants. Son influence sur la température est peu marquée.

Chez l'homme, dans les cas d'hémorrhagies en dehors d'états fébriles, on observe les mêmes résultats que chez les animaux.

Nous nous sommes souvent enquis pendant cette dernière

1. FRESE. *Virchow's Archiv.* Band XL. p. 302, 1867.
2. BÆRENSPRUNG. *Muller's Archiv. für Anat.* 1851, p. 9, 125, 164, et 1852, p. 217, 286.
3. THIERFELDER. *Arch. für Phy. Heilkunde*, 1855.
4. CHORASEWSKI. *Dissert. Inaugural. Greifswald.* 1874,

guerre de savoir si les hémorrhagies qui se produisaient chez nos blessés avaient quelque influence sur la température. Nous avions bien soin de nous mettre à l'abri de toute cause d'erreur et de ne prendre nos observations que chez des hommes qui n'avaient eu à subir aucune espèce de choc traumatique et principalement chez ceux dont les troncs artériels avaient été blessés par des balles.

Dans plusieurs observations, où l'hémorrhagie avait été notable, nous avons noté un léger abaissement de température, immédiatement après l'accident, bientôt suivi d'une élévation, durant en moyenne de 6 à 12 heures.

La courbe n° 1, a été prise sur un soldat qui, sept heures après sa blessure, présenta une hémorrhagie très abondante (de 1,200 grammes environ). Cette hémorrhagie venait de la fémorale qui fut liée. On observa dans ce cas une élévation de température qui se maintint pendant treize heures.

COURBE N° 1

Blessure de l'Artère fémorale

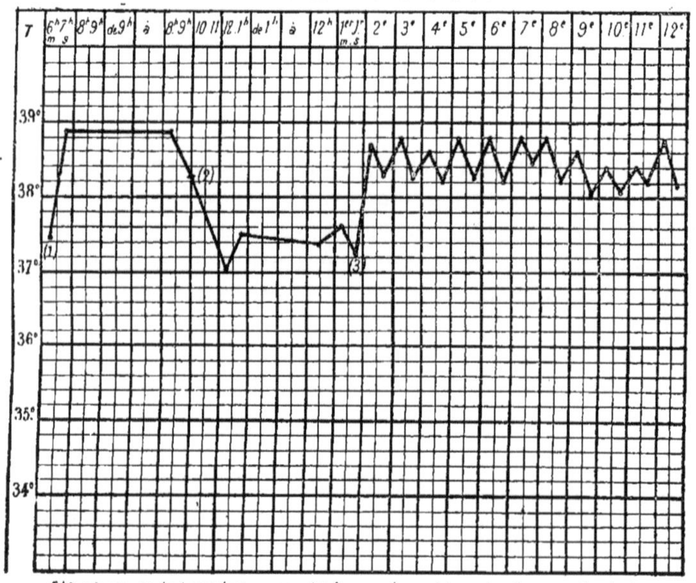

Élévation de la température sous l'influence d'une hémorrhagie assez abondante. (1) Hemorrhagie. Ligature (2) à la 14e heure (3) Le lendemain matin (4) Continuation de la fièvre.

(N. B.) Les chiffres 6. 7. 8. etc. représentent des heures, 1er. 2e. 3e etc des jours.

La température descendit à 37°5, le jour suivant.

Dans quelques hémorrhagies suivies de collapsus, la température s'abaisse considérablement. — Dans un cas recueilli dans le service de notre maître M. Verneuil, elle s'abaissa à 33°5.

Dans l'observation suivante empruntée à Lorain, on note un léger abaissement thermique, bientôt suivi d'élévation.

OBSERVATION I. — Accouchement normal. — Hémorrhagie grave. — Guérison.

Après l'accouchement accompagné d'une perte de sang de 2 litres et demi (estimé par la pesée).

TEMPÉRATURES.

Dates.	Vagin.	Bouche.	Aisselles.
22 novembre	37°3	36°3	36°7
23 —	38°4	37°8	37°5
24 —	39°6	38°5	38°5
25 —	38°6	39°6	39°9

Dans ce cas l'hémorrhagie a donc fait baisser simultanément la température de tout le corps, puis vingt-quatre heures après, les températures s'étaient relevées, celle du vagin plus vite que les autres.

Dans un grand nombre d'observations d'hémorrhagies puerpérales, Lorain [1] n'a noté que des dépressions thermiques très peu notables.

Il est à remarquer que dans les hémorrhagies abondantes, dans la syncope post hémorrhagique, la température périphérique *baisse*, alors que la température centrale est *élevée*.

En résumé, chez l'homme à l'état normal, la soustraction d'une petite quantité de sang, n'amène qu'une dépression thermique peu considérable.

Dans les hémorrhagies abondantes, on observe un abaissement de température centrale passager, suivi d'une élévation pouvant durer 10, 12 heures. Alors que la température

1. LORAIN. — *Des effets physiologiques des hémorrhagies spontanées ou artificielles (saignées).* — *Jour. de l'Anat. et de la Phys. de Robin*, 1870 et *Études de médecine clinique*, 1877.

des centres est élevée, la température périphérique se maintient abaissée.

Dans les affections fébriles, les hémorrhagies amènent de notables modifications de la température.

Dans la pneumonie, Bærensprung[1], Wunderlich ont noté après la saignée un abaissement de température, bientôt suivi d'une élévation au degré précédemment observé.

Dans les deux observations suivantes, on peut observer nettement l'influence de la saignée sur la température.

OBSERVATION II. — Pneumonie au troisième jour, saignée de 400 grammes :

Avant la saignée, température	39°5
Pendant la saignée, température . . .	39°
Un quart d'heure après, température .	38°2
Le soir	39°2

Il est permis de voir dans ce cas que la température n'a pas tardé à acquérir de nouveau un niveau assez élevé et le bénéfice obtenu n'a pas été de longue durée.

OBSERVATION III. — Pneumonie au quatrième jour, saignée de 300 grammes :

Avant la saignée, température	39°
Pendant	38°8
Après	38°7
Deux heures après	39°1

Sur sept saignées pratiquées par Bærensprung, dans trois cas il n'y eut aucun changement, dans deux cas il observa une élévation de température.

D'après Thomas, la saignée n'abaisse que passagèrement la température dans la pneumonie, elle n'a aucune influence sur la durée de la maladie ni sur la crise.

Cet auteur a observé dans quelques cas une chute de la température de 1° à 1°,5, mais sans durée, de façon que la prochaine exacerbation n'en avait pas moins lieu.

Voici les résultats observés par Bleuler et Niemeyer sur cinq sujets forts, de 20 à 22 ans. Après deux petites saignées de 4 à 5 onces (130 à 150 gr.), au troisième jour, la tempéra-

1. BÆRENSPRUNG. *Muller's Archiv. für Anat.* 1851, p. 9, 125, 164; 1852, p. 217, 286.

ture, deux fois, demeura au même niveau, une fois elle monta de 39°,7 à 40° ; dans les autres cas, il y eut une rémission le soir, de 40°,2 à 39°2. Dans trois cas une saignée de 8 à 10 onces (300 gr.), faite au deuxième jour, n'amena aucun changement notable dans la température ; au contraire, dans un cas, la température tomba de 40°,2 (soir) à 39°,2 (matin). Dans deux cas on vit la température tomber de 3 et 5 dixièmes de degré ; dans d'autres, l'action parut plus efficace.

Dans la fièvre typhoïde, les hémorrhagies amènent des abaissements de température souvent durables. Généralement cependant la température recouvre bientôt son élévation antérieure et peut même la dépasser.

Les épistaxis de la fièvre typhoïde amènent des abaissements de température. Leur action sur la température est en raison directe de leur abondance (Chaumanet[1]).

Dans les cas graves, lorsqu'elles coïncident avec d'autres hémorrhagies, elles s'accompagnent, au contraire, d'élévation (43° dans un cas de Lorain.).

En voici un exemple empruntée à Thierfelder :

OBSERVATION IV. — *Fièvre typhoïde.*

Femme de seize ans, débile, peu développée.

Le onzième jour, depuis midi jusqu'à minuit, épistaxis très abondante avec déglutition de beaucoup de sang (astringents, tamponnements employés sans succès).

La perte du sang peut être évaluée au moins à deux ou trois litres.

Jours de la maladie.	Température.	
	Matin.	Soir.
11	»	40°0
12	39°0	40°0
13	41°0	41°0
14	40°2	41°5
15	41°1	37°5
16	40°2	41°2
17	40°2	40°0
18	40°2	40°2
19	40°2	40°7
20	40°7	40°2

1. C. CHAUMANET. *Epistaxis de la fièvre typhoïde, leur influence sur la température, etc.* Thèse inaugurale. Paris, 1880.

Traube[1] dit que les saignées qu'il a pratiquées en assez grand nombre dans la fièvre typhoïde, ont toutes produit un abaissement de température.

Les hémorrhagies intestinales survenant dans le cours d'une fièvre typhoïde, abaissent la température.

Nous empruntons l'observation suivante à Jaccoud[2] :

Il s'agit d'un jeune homme de 21 ans qui a succombé au 15e jour d'une fièvre typhoïde.

La rémission anormale (courbe N° 2) que nous observons au dixième jour est le fait du vomissement et de la diarrhée survenus la veille.

COURBE N° 2.

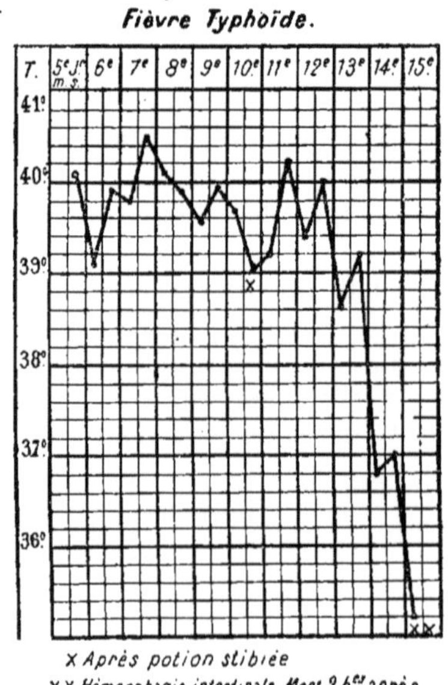

X Après potion stibiée
XX Hémorrhagie intestinale Mort 2 hres après

Le matin du 14e jour on constatait une chute de 2°,4. Qu'indiquait cette chute? Une hémorrhagie, et quoiqu'on n'en

1. Traube. *De l'influence des émissions sanguines sur la température du corps dans les maladies fébriles.* — *Froriep's Tagesberichte*, 1854, et *Deutch, Klinik.*, 1851-1852.

2. Jaccoud. *Leçons de clinique médicale faites à l'hôpital de la Charité*, Paris, 1869.

trouvât pas encore les traces, on pouvait affirmer qu'elle existait.

Au matin, l'abaissement de température était allé jusqu'à 35° ; on s'aperçut que les selles étaient teintes de sang.

Le collapsus s'empara du malade et quelques instants après sa mort, on put observer une élévation de température de 1°,4.

Dans une de nos observations on note aussi des abaissements de température (35°,8, 36°) se manifestant à deux reprises sous l'influence de l'hémorrhagie.

Le pronostic dans ce cas pouvait donc être regardé comme grave. — Le malade mourut en effet avec 36°.

Dans le cas où l'hémorrhagie n'est pas mortelle, comme dans un cas que nous avons pu observer, la température abaissée au moment de l'hémorrhagie, ne tarde pas à revenir à son niveau primitif.

Au 17e jour de la maladie on constata dans notre observation que la température qui était à 39°,2 avait subi un abaissement assez considérable jusqu'à 36°,9.

Notre attention étant éveillée, nous pûmes constater le lendemain matin une petite quantité de sang dans les selles, mais à ce moment la température était remontée à 39°.8. Le lendemain elle atteignait 39°.8. La maladie ne fut pas de nouveau troublée dans sa marche et la convalescence arriva bientôt.

L'épistaxis, l'apparition des règles pendant le cours d'une fièvre éruptive, la variole par exemple, comme nous avons pu le constater très souvent dans un service de varioleuses dont nous étions l'interne pendant la dernière épidémie, élève la température.

Dans une de nos observations de variole grave, en même temps qu'une hémorrhagie utérine très intense se produit, au dixième jour de la maladie, nous voyons la température s'élever de 39°,4 à 41°2.

La malade mourut avec une température très élevée.

Dans la tuberculose, au moment des hémoptysies et les jours qui suivent, on note une élévation de température, et cette hyperthermie peut aider le diagnostic.

Exceptionnellement chez des malades débilités et arrivés à la dernière période de leur affection, on voit les hémoptysies abondantes s'accuser par des abaissements de température.

Dans une de nos observations (courbe N° 3), il s'agissait d'un jeune ouvrier de 23 ans, atteint de tuberculose à marche assez rapide ; les premières atteintes de son mal remontaient à six mois, et nous pouvions à notre examen reconnaître des râles cavernuleux occupant principalement tout le côté gauche de la poitrine ; le côté droit présentait de la rudesse et du souffle.

COURBE N° 3.

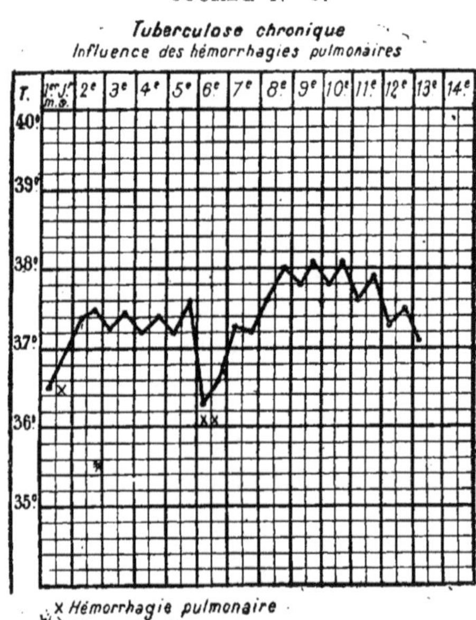

La température, lors d'une première hémorrhagie, était 36°,4. — C'était évidemment une température sous-normale.

La température le lendemain matin était remontée à 37°,4.

Mais cinq jours après, une nouvelle hémorrhagie assez abondante s'étant manifestée, nous trouvons le matin un abaissement de température assez considérable 36°,3.

Ce qu'il y a à remarquer dans ce fait, c'est l'ascension de la température 12 heures environ après l'hémorrhagie, et la température fébrile que nous observons pendant les 8e, 9e, 10e, 11e, 12e, 13e, 14e jour.

M. A. Ollivier[1] a vu plusieurs fois le thermomètre descendre à 36°,6, chez les cirrhotiques qui avaient des épistaxis et des hémoptysies.

En résumé : Les hémorrhagies, survenant dans les états fébriles, ont une influence manifeste sur la température.

A la suite d'une hémorrhagie, même peu abondante, il se produit un abaissement de la température générale durant 12 à 24 heures, bientôt suivi d'une élévation et du retour à l'état normal.

Dans les états généraux graves, dans les maladies chroniques avec cachexie, dans les maladies infectieuses, les abaissements de température hémorrhagiques sont quelquefois considérables, durent un certain temps et peuvent s'accompagner de collapsus. — Ils peuvent servir à établir le diagnostic et le pronostic.

La saignée, dans certaines maladies aiguës fébriles, déprime momentanément la température, qui ne tarde pas à recouvrer son niveau normal, elle ne paraît avoir aucune influence sur la durée de la maladie ni sur la crise.

Quant à la façon dont agit l'hémorrhagie et la saignée sur la température, il est probable que c'est en soustrayant les globules rouges, porteurs d'oxygène.

D'après l'hypothèse de plusieurs auteurs et de Hirtz en particulier, la diminution des corpuscules oxygénifères que nous obtenons par notre saignée, ralentit la combustion interne, d'où l'abaissement de température.

Si les abaissements de température, sont plus considérables et plus constants dans les maladies fébriles graves, cela paraît tenir à ce que dans ces cas les ressources de l'organisme sont moindres (Lorain.).

Terminons ce chapitre en citant les expériences d'Heidenhain[2] qui donnent une explication satisfaisante de l'élévation et de l'abaissement de la température à la suite des hémorragies.

Heidenhain démontre d'abord que la suppression de l'abord du sang où sa soustraction rapide par une saignée, par exemple,

1 Ollivier. Dans thèse Auzuin, *De la Cirrhose*, 1874.

2. Heidenhain. *Pflüger's Archiv.*, 1870 et *Centralblatt für med. Wissensch.*, 1871.

n'empêche pas immédiatement la production de chaleur, elle l'augmente au contraire. En comprimant l'aorte abdominale, il a vu la température monter.

Heidenhain prétend que la température s'élève, lorsque le sang arrive en moins grande quantité et lorsque son cours est ralenti.

Voici une expérience concluante : « Si au moyen d'une poire en caoutchouc dont la canule est mise dans l'artère carotide d'un chien, on enlève une certaine quantité de sang, l'on voit aussitôt la température monter dans la veine cave inférieure ; mais si l'on rend à la circulation le sang enlevé, la température redescend aussitôt.

Heidenhain s'appuie sur ces faits de modifications thermiques sous l'influence du ralentissement et de la soustraction de sang, pour expliquer l'élévation de température *post mortem*.

Ainsi donc, d'après ce physiologiste, les élévations et les abaissements de température observées lors des hémorrhagies, tiendraient aux variations de pression.

Faites descendre rapidement la pression artérielle en enlevant une grande quantité de sang, et en diminuant en même temps la rapidité de son cours ; vous voyez immédiatement se produire une *élévation de température*, persistant un certain temps.

Lorsque la pression remonte, la température *s'abaisse* aussitôt.

Dans les expériences d'Heidenhain lorsque l'hémorrhagie était très abondante, bien que la respiration artificielle fût régulièrement entretenue, on voyait que des oscillations se produisaient dans la pression ; le thermomètre *montait* et *baissait* en même temps que le manomètre *s'élevait* ou *s'abaissait*.

CHAPITRE VII

ANÉMIE, CHLOROSE, MALADIES CHRONIQUES. — CACHEXIES. — DIABÈTE.

Les *anémiques* présentent rarement des abaissements de température. Wunderlich, Lorain n'ont jamais noté dans leurs recherches de températures basses.

Dans certaines formes d'anémie, avec lésions de viscères importants, on note des abaissements de température. Ce fait a été vérifié par Immermann [1].

On peut observer chez ces malades des collapsus rapides avec abaissement thermique à la suite d'une médication perturbatrice, telle que les bains froids, ou à la suite de l'administration de certains médicaments, le sulfate de quinine, la digitale.

Dans la *chlorose*, les variations de la température sont peu importantes.

D'après Bærensprung, les filles chlorotiques ont une moyenne de 37°,44 au lieu de 37°, chiffre que cet auteur regarde comme la température normale de la femme.

Bouillaud, Andral, Immermann ont toujours trouvé la température normale dans la chlorose.

Dans l'affection désignée dans ces derniers temps sous le nom d'*anémie pernicieuse progressive*, on peut observer, d'après M. le professeur Lépine [2] des abaissements de température assez considérables accompagnant le collapsus. Dans un cas,

1. IMMERMANN. *Deutsches Archiv.*, 1869.
2. LEPINE, *Revue mensuelle*, 1877.

cet auteur a noté une température vaginale de 34°,8 le matin et de 34°, 7 le soir, la veille de la mort.

Un certain nombre de *maladies chroniques* présentent à leur dernière période des abaissements de température. Parmi ces maladies nous devons citer la tuberculose (voir p. 64), les affections cardiaques (voir p. 60, 61), rénales (voir p. 74, 75), le diabète.

Dans les maladies chroniques, à une période avancée, le collapsus avec abaissement considérable de la température, est fréquemment observé.

Dans la cachexie *cancéreuse*, il est rare de trouver la température abaissée.

Dans un très grand nombre d'observations que nous avons recueillies sur ce sujet, nous notons que la température est normale.

On peut cependant observer dans quelques cas exceptionnels des abaissements de température.

Lorsque des tumeurs de mauvaise nature occupent les voies digestives, et lorsque l'inanition vient joindre ses effets à ceux de l'affection principale, les abaissements de température se montrent au début de l'affection.

Nous signalons dans notre Chapitre X un certain nombre d'observations de cancer de l'estomac, du foie, de l'œsophage dans lesquelles on trouve des températures très basses.

La *polyurie* s'accompagne quelquefois d'abaissements de température. Dans une de nos observations nous trouvons des chiffres très bas. Pendant plusieurs mois la température a oscillé entre 35°, 5 et 36°.

Dans ce cas, le malade était débilité et très amaigri.

Diabète. — Dans le cours du diabète on observe très fréquemment des dépressions de la température.

Selon Fœrster [1] la température chez les diabétiques est toujours au-dessous de la normale de 1° 1/2 à 3° Fahr.

A une période avancée, elle est presque toujours au-dessous de 97° F. (36° c.) et descend au-dessous de 94°,5 Fahr (34°,9 c.)

Au début, elle oscille entre 96°,5 Fahr. (36° c.) et 97° Fahr. (36°,5).

1. Fœrster. *Journal of Anat. and Physiol.*, 1869.

Le soir la température est plus élevée en moyenne de 0°,8 que le matin.

« Il n'existe pas, dit Falck, de relation entre la marche de la température et l'excrétion du sucre dans les vingt-quatre heures. »

Les complications du côté du poumon (pneumonie, phthisie), élèvent souvent la température.

Les abaissements de température ont été notés par un grand nombre d'auteurs.

Donné [1] a vu la température descendre souvent au-dessous de 36°.

Jordao [2], Griesinger [3], Rosenstein [4], Lomnitz [5], Jaccoud [6], Lecorché [7], l'ont trouvée entre 35° et 36°.

Da Camara Leme [8], Senator [9], Dickenson [10], Vogel [11], Kien [12], ont noté des températures de 34°, 34°,5.

Kussmaul [13] a vu le thermomètre descendre en quatorze heures de 38° à 35°,9.

Dans ces cas, il s'agit presque toujours de malades arrivés à une période avancée de leur affection, très amaigris et dont la peau est privée de la couche adipeuse protectrice.

1. Donné. *Arch. génér. de méd.*, 1835.
2. Jordao. *Considérations sur un cas de diabète* (Thèse de Paris, 1857).
Estudos sobre a diabete. Lisboa, 1864.
3. Griesinger. *Arch. für phys. Heilkunde*, 1859-60-62.
4. Rosenstein *Virchow's Arch. für pathol. Anatomie*. 1857.
5. Lomnitz. *Zeitsch. f. rat. Med.*, 1857.
6 Jaccoud. Art. *Diabète* du nouveau *Dictionnaire de médecine et chirurgie pratiques*.
7. Lecorché. *Du Diabète*. Paris, 1878.
8. Da Camara Leme, cité par Jordao.
9. Senator. *Ziemssen's Handbuch der speciellen Pathologie*.
10. Dickenson, cité par Sénator.
11. Vogel. *Virch Handb. der Pathologie*. Erlangen, 1863.
12. Kien. *Gazette médicale de Strasbourg*, 1878.
Voyez aussi : Scharlau. *Die Zuckerharnruhr*. Berlin, 1846.
Von Siebert. *Deutsche Klinik*, 1852.
13. Kussmaul. *Deutsches Arch. für Klin. Med.*, Band IV.

CHAPITRE VIII

DES ABAISSEMENTS DE TEMPÉRATURE DANS LES MALADIES DU CŒUR.

Dans les affections cardiaques, dans les cas surtout où le ralentissement de la circulation est très marqué et dans lesquels les échanges se font difficilement, des abaissements de température sont observés.

Dans la syncope, les abaissements de température sont assez fréquents, dans quelques cas on dirait qu'il existe une *véritable source de froid* car on voit la température descendre au-dessous de la température ambiante.

M. Brown Séquard nous a raconté le fait suivant : Chez un jeune fille dans un état de syncope profond, le thermomètre que ce professeur avait placé *dans la main de la malade* descendit au bout de quelques instants à une température inférieure de 1° à celle du milieu ambiant ; il n'existait pas cependant de transpiration au moment de la syncope.

M. Charcot cite le cas curieux d'une vieille femme qui présenta un abaissement de température très considérable à la suite de rupture du cœur.

Cette femme était tombée le matin en syncope dans son dortoir ; elle fut amenée à l'infirmerie où on la trouva dans un état lypothymique qui dura toute la journée.

Une seconde syncope survint vers le soir et la mort arriva tout à coup. Pendant toute la durée de cette longue syncope, les battements du cœur restèrent faibles, intermittents et la température rectale était de 36°. A l'autopsie, on trouva une rupture du cœur avec épanchement considérable de sang dans le péricarde [1].

M. Liouville[2] chez une femme de 83 ans, soignée à la Salpêtrière, dans le service de M. le professeur Vulpian pour une bronchite et qui fut prise tout à coup de dypsnée, avec affaiblissement des battements de cœur, nota une température de 34°,2.

Le soir, la température remonta à 36° dans l'aisselle et à 37°,8 dans le rectum, 2 heures plus tard la malade mourut. Trois quarts d'heure après la mort, le thermomètre marquait 34° dans l'aisselle et 36° dans le vagin. A l'autopsie on constata une rupture du cœur, conséquence d'une endocardite ancienne.

La myocardite, survenant dans le cours d'une maladie grave s'accompagne fréquemment de collapsus algide se terminant généralement par la mort.

M. Hayem [3] a observé plusieurs fois cet accident dans la fièvre typhoïde.

Stokes [4] avait signalé le collapsus tenant à la myocardite dans le typhus.

A la période d'asystolie il n'est pas rare de trouver des températures très basses.

Seitz [5] rapporte plusieurs observations dans lesquelles le fait est noté.

Dans un cas d'insuffisance mitrale avec rétrécissement et épanchement séreux dans le péricarde, cet auteur a noté à la période d'asystolie des températures de 35°,2, de 34°,8 et de 34°.

Chez un autre malade atteint de lésion cardiaque avec asystolie, il nota des températures de 35°, 35°,4, des oscillations entre 35° et 36° se produisirent jusqu'au moment de la mort, la température remonta à ce moment à 40°.

Dans la cachexie cardiaque à la dernière période des ma-

1. Charcot. *De l'état fébrile chez les vieillards*, 1866.
2. Liouville. *Société de biologie*, 1868.
3. Hayem. *Manifestations cardiaques de la fièvre typhoïde*. Paris, 1875.
4. Stokes. *Traité des maladies du cœur*, trad. Sénac, 1864.
5. Seitz. *Cœur forcé*. Berlin, 1875.

ladies de cœur à longue durée, Wunderlich, Farre [1] ont noté des abaissements de température.

Dans les vices de conformation du cœur (Lauenstein [2]), dans la cyanose, on note des abaissements de température. (Caillot, Laennec, Gintrac, Franck.)

Dans la cyanose, M. Bouchut [3] a noté des abaissements de température de 33° et 35° c.

MM. Bourneville et d'Olier [4] ont vu dans quatre cas des températures de 31°, de 27°,9 de 30°.

D'après ces derniers auteurs, l'abaissement de la température, se produisant d'une façon continue, indiquerait une terminaison fatale, dans les cas ou la température se relève, le pronostic est moins grave, et la guérison peut survenir.

Chez les cardiaques, atteints d'hydropisie avec altération du sang, la température est presque toujours abaissée.

La péricardite peut s'annoncer par un abaissement de température.

M. Charcot [5] a le premier signalé ce fait chez les vieillards et a insisté sur son importance au point de vue du diagnostic. Plus d'une fois, M. Charcot, guidé par le tracé thermométrique, a été conduit à examiner le cœur et à reconnaître le début d'une péricardite qui aurait pu échapper à l'observation.

Dans deux observations de Lorain [6], on note un abaissement de température, annonçant le début d'une péricardite.

M. Letulle [7] a cité deux observations de M. Brouardel dans lesquelles une péricardite amena dans le cours d'une fièvre typhoïde, un abaissement de la courbe thermique.

Dans une observation, présentée par M. C. de Boyer [8] à la Société anatomique, nous voyons la température descendre au moment de la mort à 34°,5 chez une petite fille de 9 ans, atteinte d'endopéricardite avec myocardite, pendant la

1. FARRÉ, cité par Gintrac. Art. Cyanose. du *Dictionnaire de médecine et de chirurgie pratiques*.
2. LAUENSTEIN. *Deutsch. Arch. für Klin. Med. XVI.*
3. BOUCHUT. *Gazette des hôpitaux*, 1873.
4. BOURNEVILLE ET D'OLIER. *Progrès médical*, 1880.
5. CHARCOT. *Maladies des vieillards*.
6. LORAIN. *Médecine clinique*, 1877.
7. LETULLE. *Gazette médicale*, 1878 *et* 1880.
8. C. DE BOYER. *Société anatomique*, 1875.

convalescence d'une fièvre typhoïde à marche irrégulière.

M. Bouchut [1] a aussi noté des abaissements de température dans les péricardites des enfants.

De ces faits on peut conclure :

1° Que l'abaissement de température se montrant brusquement dans le cours d'une maladie doit faire soupçonner l'existence d'une péricardite ;

2° Que ces abaissements de température, lorsqu'ils persistent, sont l'indice de péricardites graves, compliquées, d'endocardite et surtout de myocardite, survenant dans le cours de maladies graves, chez les enfants, les vieillards, et chez les individus débilités.

1. Bouchut. *Gazette des hôpitaux*, 1873.

CHAPITRE IX

ABAISSEMENT DE LA TEMPÉRATURE DANS LES MALADIES DE L'APPAREIL RESPIRATOIRE.

Dans les maladies du poumon, lorsqu'une grande surface respiratoire est supprimée, on observe des abaissements de température.

Dans la pneumonie, on peut noter un abaissement de la température au moment du frisson (Bouchard)[1].

Dans le cours régulier d'une pneumonie, dit Wunderlich, on peut voir survenir brusquement, en dehors du collapsus, un abaissement de température.

La chute de température peut aller de 1° à 5°.

Les bas degrés thermiques ne se maintiennent d'ordinaire que pendant un temps très court ; aussitôt après la température remonte.

Ces abaissements intercurrents ne doivent pas être pris pour un signe de guérison ; ils n'indiquent pas un pronostic grave.

Nous signalerons plus loin les abaissements de température observés au moment de la *crise* et du *collapsus* des affections pulmonaires et particulièrement l'algidité dans la pneumonie des enfants et des vieillards.

La pleurésie diaphragmatique, le pneumo-thorax sont des maladies qui donnent souvent lieu à des abaissements de température (Charcot).

Dans ces cas l'algidité centrale peut parfois persister ou progresser jusqu'a la mort, tandis que d'autre fois, elle fait

1. BOUCHARD. *Société clinique*, 1879.

bientôt place à une élévation excessive de la température.

Frantzel a souvent noté des températures de 36° au début du pneumo-thorax : il regarde cet abaissement comme un signe fâcheux.

Dans une observation de pleurésie droite avec grand épanchement, citée par Chatelin [1], on voit la température à 36°.2 se relever après la ponction.

Nous avons souvent noté des abaissements de température après la thoracentèse.

Dans l'apoplexie pulmonaire, on observe un abaissement de température au moment de l'accident (Benni [2], Oulmont [3]).

Dans la *phthisie pulmonaire chronique* nous avons fréquemment observé des abaissements de température à la dernière période de cette affection.

Lorsque les malades sont épuisés par les sueurs, la diarrhée, les vomissements, les abaissements sont souvent très notables et peuvent atteindre 35° et même 34°.

Nous empruntons à Jochmann [4] l'observation suivante :

Observation V. — Tuberculisation chronique des deux poumons, surtout du poumon gauche. Exacerbation aiguë avec pleurite légère. Dilatation et hypertrophie du cœur gauche.

Infiltration tuberculeuse probable et destruction du corps des neuvième, dixième et onzième vertèbres.

Sulfate de quinine, 20 centigrammes par jour depuis le 30 mars.

Date.	Respiration.	Pouls.	Température.	Température.
20 mars.	Matin 22	Matin. 88	Matin. 37°75	Soir. 38°2
21	24	90	38°2	38°75
22	28	92	38°2	39°2
23	28	108	39°	38°975
34	26	84	38°025	36°9
25	28	96	37°4	35°2

1. Chatelin. *Thèse de Paris*, 1880.
2. Benni. *Thèse de Paris*, 1867.
3. Oulmont. *Société anatomique*, 1876.
4. Jochmann. *Beobachtungen über die Korperswarme in chronischen fieberhaften Krankheiten*. Berlin, 1853.

Date.		Respiration.		Pouls.		Température.		Température.
26	Matin.	26	Matin.	92	Matin.	37°	Soir.	40°025
27		24		68		35°35		36°3
28		26		96		37°95		40°9
29		26		80		35°6		36°6
30		26		90		37°2		40°4
31		24		76		35°8		36°55
1er avril.		26		84		37°35		37°09
2		28		94		38°4		38°
3		28		82		37°8		»
4		24		88		38°15		»

Dans ce cas, on note des abaissements de température assez marqués, la maladie n'approchait cependant pas de sa dernière période.

Sydney Ringer[1], Bilhaut[2] Williams [3] ont démontré que la température dans les derniers jours de la vie des phthisiques peut atteindre les chiffres de 35°, 34°,5. Cet abaissement est un signe pronostique grave et qui précède généralementl'agonie.

D'après Williams, on observe habituellement dans ces cas, une ascension après deux heures de l'après-midi et une chute rapide après dix heures du soir, le matin la température peut s'abaisser jusqu'à 34°,4.

Dans la phthisie aiguë, d'après Wunderlich, il n'est pas rare d'observer de profonds collapsus.

Dans un cas, cet auteur a observé la veille de la mort, une température de 35° et le jour de la mort 35°,9.

Dans l'asphyxie, mode habituel de terminaison des affections pulmonaires, on ne note pas d'abaissement de température :

Cl. Bernard, Brown Séquard [4] ont signalé au contraire dans leurs expériences une élévation.

Voici une des expériences de Claude Bernard :

Sur un pigeon avant l'asphyxie, la température du cloaque était	43°1
3 minutes après la ligature de la trachée, la température est	43°2
3 minutes 1/2	43°3
5 minutes 1/2	43°9

1. Sydney Ringer. *Température dans la phthisie pulmonaire.* Londres, 1865.

2. Bilhaut. *Température dans la phthisie pulmonaire.* Thèse de Paris, 1872.

3. Williams. *The Lancet,* 1875.

4. Brown-Séquard. *Société de Biologie,* 1856.

L'élévation de température est notée dans toutes les observations semblables ; elle est générale. Si l'on prend la température dans le sang artériel, l'on voit cependant que l'élévation est précédée d'un abaissement.

M. Peter[1] a signalé l'élévation de température chez l'homme, dans l'asphyxie, tenant à une altération pulmonaire ou à un trouble de l'innervation.

Chez les animaux curarisés et immobiles, Cl. Bernard a vu la température baisser d'une manière très nette, pour se relever légèrement avant la mort. D'après ces expériences, Cl. Bernard attribue l'élévation de température des cas précédents aux mouvements convulsifs qui se produisent chez les animaux que l'on prive d'air.

L'asphyxie par le gaz oxyde de carbone, amène un abaissement de température considérable.

Voici une expérience qui le démontre :

Un lapin dont la température initiale est. . . . . 38°
est soumis aux inhalations d'oxyde de carbone.
10 minutes après, sa température est descendue à. . . . 37°5

Il y a donc un abaissement de température assez considérable dans l'asphyxie ou mieux dans l'empoisonnement par l'oxyde de carbone.

Il sera donc désormais facile au moyen du thermomètre de différencier l'asphyxie par privation d'air de l'asphyxie par les gaz.

1 PETER. *Union médicale*, 1868, et *Clinique*, t. II.

CHAPITRE X

ABAISSEMENTS DE TEMPÉRATURE DANS LES MALADIES DE L'APPAREIL DIGESTIF. — MALADIES DU FOIE.

Les maladies de l'appareil digestif ne s'accompagnent d'abaissements de température que dans les cas où l'inanition vient compliquer la maladie principale. Les déperditions exagérées par le tube intestinal sont aussi une cause importante d'hypothermie.

Dans les rétrécissements, dans les paralysies de l'œsophage, alors que la déglutition est impossible et que le malade s'inanitie, la température s'abaisse et le malade succombe avec les symptômes notés par Chossat dans ses expériences.

M. Verneuil [1] a plusieurs fois observé des abaissements de température allant jusqu'à 35°, 35° 1/2 dans des cas de rétrécissements de l'œsophage.

Dans un cas d'épithelioma de l'œsophage, compliqué de fistule broncho-œsophagienne, Schneider [2] a noté, pendant les derniers jours de la vie, une température oscillant entre 30°1, et 31°5.

Dans les *maladies de l'estomac*, qui s'accompagnent de troubles digestifs tels que le malade ne peut plus se nourrir et succombe à l'inanition, les abaissements de température sont fréquents.

1. A. Verneuil. *Académie de médecine*, 1876.
2. Schneider. *Broncho-œsophagealer Fistel in Folge von Epithelial Krebs*. Berl. Klin. Wochens. Band V, 31 et 32. 1868.

Dans les cas de cancer de l'estomac, de cancer du foie, nous avons souvent observé des abaissements de température.

Dans la courbe 4, on voit la température rectale osciller aux environs de 36° et s'abaisser jusqu'à 35°8, au moment de la mort. Il s'agissait d'un malade atteint de cancer de l'estomac et arrivé à la période cachectique.

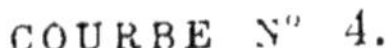
COURBE N° 4.

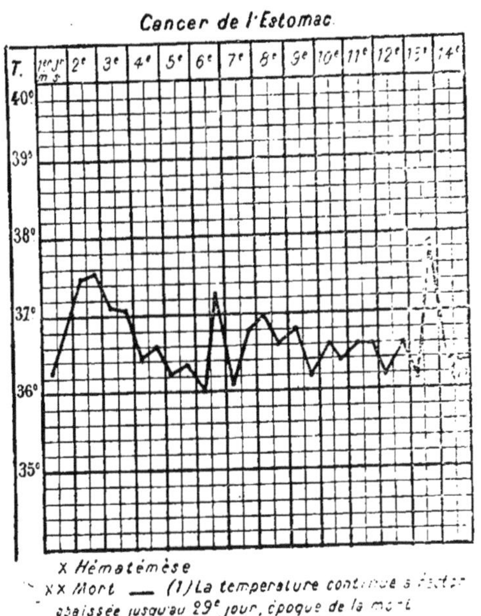

Dans une observation, recueillie dans le service de M. Charcot et publiée par M. Joffroy[1], on voit une température extraordinairement basse persister pendant une assez longue période. Il s'agissait d'une femme qui possédait des habitudes alcooliques invétérées. Elle avait en outre de la diarrhée, des vomissements, de l'amaigrissement. L'examen de l'abdomen démontrait la présence de liquide dans la cavité péritonéale. A l'autopsie on trouva un cancer du foie.

1. Joffroy. *Société de biologie*, 1870. — Voyez aussi les observations de M. Hanot *Comptes rendus des séances de la Société de biologie*, 15 avril, 1871.

Le 20 juin, la température était de	36°5
Le soir, température rectale.	36°5
Le 23 juin, température rectale	34°2/5
Le soir.	35°3/5
Le 24, matin	35°3/5
Le soir.	36°2/5
Le 25, matin	34°3/5
Le soir.	36°3/5
Le 26, matin, coma.	34°
Le soir.	36°7
Le 27, température rectale	36°
Le soir.	36°7
Le 28.	34°4
La malade a repris connaissance, le soir. .	35°7
La malade meurt.	

Da Costa [1] a noté, dans un cas de cancer de l'estomac pris pour une cirrhose du foie, une température au-dessous de 100° (Fah. 30°,4).

Des abaissements semblables ont été trouvés par cet auteur dans trois cas de cancer de l'estomac.

Dans un cas de cancer du foie, cet observateur nota 99 F. pendant plusieurs jours. Dans un cas de cancer mésentérique, la température ne dépassa jamais 98 F.

M. Peter[2] rapporte le fait suivant : « Chez une malade atteinte de cancer de l'estomac, et qui entra dans la salle Saint-Charles le 29 janvier, pour y mourir le 20 février, la température qui était à l'entrée de 37°2 et de 37°3 le soir, tombait graduellement à 36°6 le matin, et à 36°9 le soir, puis à 36° le 7, à 35°6 le 8. La température se relevait un peu du 9 au 10, jour où la malade n'avait pas vomi et avait pu assimiler quelque nourriture ; elle allait de 36°2 à 37°6. Puis elle baissait de nouveau du 11 au 19, veille de la mort, où elle tombait à 35°7, le matin et à 35°2 le soir. »

Dans un cas de cancer du duodenum, M. Peter a aussi noté, un mois avant la mort, un abaissement de température aux environs de 35°. La température ne remonta jamais au-dessus de 36°2.

1. Da Costa. *Temperature of body in Cancer and Tuberculosis. British and for. med. chir. Review*. T. XXIX, p. 535. 1867.

2. Peter. *Clinique médicale*, t. II, p. 813.

Le *vomissement* s'accompagne fréquemment de température de collapsus.

Dans les *vomissements incoercibles*, amenant l'épuisement et l'inanition, la température s'abaisse d'une façon notable.

Les vomissements opiniâtres des hystériques, d'après certains auteurs, ne modifiraient point la température. (Empereur [1]).

Dans un cas d'*anorexie hystérique*, Gull [2] a vu la température descendre de 1° au-dessous de la normale.

La *diarrhée*, les évacuations séreuses abondantes, abaissent dans certains cas la température d'une manière considérable.

Dans le choléra, chez les enfants surtout, il faut certainement attribuer à la diarrhée une grande part dans les abaissements de température que l'on observe.

La diarrhée seule produite par le calomel, d'après Traube, donnerait lieu à des abaissements de température.

Cet auteur cite trois observations où il a vu des évacuations artificielles provoquées par le calomel produire une diminution de la température.

Thierfelder n'admet pas ce dernier fait. Cependant il a vu le calomel au moment de la défervescence amener des abaissements de la température.

« La diarrhée, dit Wunderlich, surtout celle qui est artificiellement provoquée, abaisse ordinairement une haute température. Après une constipation opiniâtre et une élévation thermique persistante, il suffit d'une abondante évacuation alvine pour amener l'abaissement de la température ; mais la réaction qui lui succède est d'ordinaire assez considérable pour que la température puisse même dépasser son degré antérieur d'élévation. »

Dans les diarrhées non compliquées, Burkart [3] a pu observer des chiffres de 35°, 34°5 et 34°1. Lebert, à la suite de déjections abondantes, a noté des températures axillaires de 35°, 34° et même 31°.

Burkart a signalé les abaissements de température dans des cas de *dysenterie* très graves, au moment de la mort.

1. EMPEREUR. *Thèse de Paris*. 1876.
2. GULL. *British medical Journal*. 1873.
3. BURKART. *Berlin. Klin. Wochenschrift*, 1872.

Chez un malade il a vu la courbe thermométrique descendre progressivement de 37°7 à 36°3, dans les quatre derniers jours, et, chez un autre, de 37° à 35°1 dans les cinq derniers jours. Dans un cas de dysenterie compliquée d'infarctus dans le poumon droit et dans la rate, il nota le chiffre de 35°8.

Dans la *dysenterie chronique*, nous possédons peu d'observations où la température a été notée avec soin.

Dans un cas, M. Libermann [1] a noté des températures au-dessous de 36°, oscillant entre 36° et 37° et descendant même à 35°, lorsque les évacuations alvines avaient été fréquentes.

M. Antoine [2] dit avoir vu la température varier de 35°,5 à 37° dans cette affection.

Dans un cas compliqué de fièvre palustre, il observa des températures de 36°3 à 36°5 dans l'intervalle des accès.

Maladies du foie. — Lorsque la bile ne peut s'écouler et se résorbe, on note des modifications de la température analogues à celles observées à la suite des injections expérimentales de ce liquide dans le sang.

L'*ictère simple* s'accompagne fréquemment d'abaissements de température.

On a noté dans plusieurs cas des abaissements de température de 34°,5 à 35°.

Murchison [3] a souvent trouvé la température au-dessous de la normale dans les cas d'obstruction biliaire.

Le même auteur a signalé, dans quelques cas d'*ictère grave*, des températures centrales basses : « Cette absence d'appareil fébrile, dit-il, est de la plus haute importance pour distinguer l'atrophie aiguë du foie des autres maladies caractérisées par l'état typhoïde. »

Ces abaissements de la température *centrale*, lorsqu'ils ne sont pas temporaires, et qu'ils se produisent vers la fin de la maladie, indiquent généralement un pronostic grave. (Voy. obs. des thèses de Dupau [4] et de Mossé [5].)

1. LIBERMANN. *In thèse* de Roux, 1877.
2. ANTOINE. *Essai sur la diarrhée endémique de Cochinchine*, thèse de Paris, 1874.
3. MURCHISON. *Maladies du foie*, trad. J. CYR, 1878.
4. DUPAU. *Thèse de Paris*, 1876.
5. MOSSÉ. *Thèse de Paris*, 1879.

Les *inflammations du parenchyme hépatique*, avec suppuration ou abcès, ne s'accompagnent pas toujours d'élévation de température. Murchison a publié plusieurs observations dans lesquelles on notait des abaissements de température.

Dans les *coliques hépatiques*, on observe généralement au moment des accès avec frisson, un refroidissement périphérique considérable, la température centrale peut s'élever. Voici la courbe que nous avons obtenue dans un cas :

COURBE N° 5.

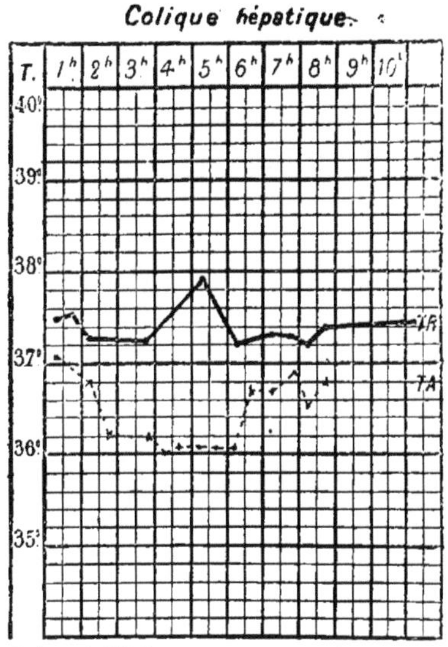

La ligne pointillée (.....) indique la tempre Axillaire
La ligne (—) indique la température Rectale.
(Les chiffres 1, 2, 3, représentent des heures)

Leichtenstern[1] a trouvé dans l'aisselle 35°5. Frerichs[2], 36°1, 35°3, dans le rectum.

Dans la *cirrhose*, dans le *cancer du foie* (Voir p. 68, 69) à la dernière période, lorsque les malades sont débilités par la diarrhée, l'ascite, la température s'abaisse.

1. Leichtenstern. *Ziemssen's Handbuch*, Leipzig, 1876. Band VII.
2. Frerichs. *Traité pratique des maladies du foie*, etc. Paris, traduction. 1866.

CHAPITRE XI

AFFECTIONS RÉNALES. — URÉMIE.

C'est à l'urémie, qui accompagne si fréquemment les affections rénales à leur période ultime, qu'il faut attribuer les abaissements de température signalés par les auteurs.

Kien [1], un des premiers, publia en 1865 une observation d'une femme de 36 ans qui, atteinte de néphrite interstitielle et d'urémie, succomba avec une température de 36°,4, 36°,8.

W. Roberts [2], en 1868, indiqua nettement l'importance que pouvait avoir la constatation de l'abaissement de température dans le diagnostic de l'urémie, et publia une observation où la température s'abaissa à 34°,7, 35°,8.

Billroth ayant constaté un abaissement très marqué de la température (30°, 35°) dans un cas de néphrite très aiguë, avec anurie presque complète et fonte purulente de la prostate et des corps caverneux, attribua ce résultat à la rétention de certains principes de l'urine et principalement au carbonate d'ammoniaque.

Hutchinson [3], Thaon [4], Hirtz, signalèrent dans l'urémie des températures de 34°,4, de 35°,8.

Dans un cas de Bagenski, pendant des accidents urémiques, dus à une néphrite supposée consécutive à des calculs rénaux, la température était 33°,8 le matin et le soir.

1. Kien. *Virchow's Archiv für pathologische Anatomie*, t. XIV et *Gazette médicale de Strasbourg*. 1868.
2. W. Roberts. *The Lancet* 1868.
3. Hutchinson. *American Journal of the med. Sciences*, 1870.
4. Thaon. *Société anatomique*. 1870.

M. Bourneville [1] réunit six observations inédites et publia un important travail sur ce sujet.

Dans deux observations de M. Bourneville on note des abaissements considérables; dans un cas chez un malade âgé de 67 ans, qui présentait une néphrite parenchymateuse, la température six heures avant la mort était 33°,6.

La température relevée d'heure en heure donna chaque fois un léger abaissement 32°,4, puis 32°,2. L'agonie survenant, la température rectale fut 31°,5.

Dans le deuxième cas, chez un malade qui avait une dégénérescence kystique du rein, la température rectale prise à neuf heures du matin était 30°,1.

M. Bourneville donne les conclusions suivantes :

1° L'urémie s'accompagne toujours d'un abaissement de température considérable ;

2° Cet abaissement s'accuse de plus en plus à mesure que la maladie approche de sa terminaison.

Comparant la marche de la température de l'urémie à celle de l'éclampsie, cet auteur fait remarquer :

1° Qu'au début, il y a une élévation de la température dans l'éclampsie puerpérale et un abaissement dans l'urémie ;

2° Que dans le cours du mal éclamptique, la température monte de plus en plus et avec une grande rapidité, tandis qu'elle s'abaisse progressivement dans l'urémie ;

3° Que ces différences s'accentuent encore davantage aux approches et au moment même de la mort, dans l'éclampsie, la température arrive à un chiffre très élevé 41°, dans l'urémie au contraire, elle descend très bas, bien au-dessous du chiffre normal.

Un grand nombre d'observations ont été publiées depuis ces premiers faits et dans toutes on a signalé l'hypothermie, marchant de pair avec l'urémie.

Rares, dans la néphrite parenchymateuse, les abaissements de température sont au contraire presque constants dans la néphrite interstitielle à marche chronique s'accompagnant

1. BOURNEVILLE. *Mouvement médical*, 1870 et *Etudes cliniques et thermométriques sur les maladies du système nerveux*. 2e partie. — Urémie et éclampsie.

d'urémie, de troubles profonds de la circulation, de la respiration, et de la nutrition.

Dans les affections chirurgicales du rein, dans la rétention complète ou incomplète, dans les néphrites survenant comme conséquence d'un obstacle à l'émission de l'urine, dans la néphrite suppurée, l'hypothermie a été signalée depuis longtemps par MM. Billroth, Demarquay, Verneuil, Guyon.

Dans la thèse de M. Bazy [1] on trouve un certain nombre d'affections chirurgicales du rein, s'accompagnant d'abaissements de température.

Chez un malade atteint de rétrécissement de l'urèthre ancien, avec rétention incomplète d'urine, pyelo-néphrite, cachexie urinaire, le thermomètre descendit à 36°,5.

Chez un autre qui présentait un rétrécissement ancien et infranchissable, et chez lequel l'urèthre s'étant rompu, il survint une infiltration d'urine, on nota les derniers jour de la vie 36°,8, 35°,7. A l'autopsie on trouva une néphrite interstitielle.

Dans une observation de MM. Debove et Dreyfous [2], la température s'abaissa les premiers jours entre 36° et 37°, puis entre 35°,5 et 37°,8, à la fin elle s'éleva à 38°,5, 39°5 et 38°. Il existait dans ce cas de l'anurie persistante consécutive à une compression des uretères, à une dilatation des calices et à une néphrite interstitielle aiguë.

Dans un cas de néphrite interstitielle avec urémie arrivé à la dernière période, nous avons trouvé des abaissements de température considérables 3[illegible]°,2, 36°,3.

Glaser [3] a observé dans des cas d'urémie des températures de 35°,3.

Observation VI. — *Néphrite et Urémie*. — Homme de 65 ans. On note les chiffres thermométriques suivants :

30 octobre, température. . . . { 35°5 matin. / 35°9 soir.

Jusqu'au 11 novembre, variations de température entre 37°2 et 35°5. — Diarrhée, vomissements, grande quantité d'albumine dans l'urine.

1. Bazy. *Thèse de Paris*, 1880.
2. Debove et Dreyfous. *Société médicale des hôpitaux*, 1879.
3. Glaser. *Loco citato*.

11 novembre, température. . . .	35°2	matin.	
	34°6	soir.	
12 novembre, température. . . .	33°1	matin,	7 h. 30.
	32°8	»	11 h.
	32°4	soir,	4 h.
	33°1	»	7 h.
13 novembre, température. . . .	31°4	matin.	7 h.
	30°7	»	10 h.
	29°	soir.	1 h.
	28°5	»	3 h.
	28°6	»	6 h.

La mort survint à 10 heures.

Dans l'observation suivante, intéressante à plusieurs titres, l'abaissement de température, observé à la fin de la maladie, est certainement sous la dépendance de l'affection rénale.

OBSERVATION VII. — *Erysipèle phlegmoneux chez une malade atteinte de néphrite interstitielle. — Mort rapide*, par E. Valude [1].

Rosalie B..., amenée le 24 octobre 1881, dans le service de M. Gosselin, est couchée au n° 5 de la salle Sainte-Catherine. Elle est entrée à l'hôpital de la Charité pour un érysipèle du bras droit, dont le début remonte à deux jours. Gonflement œdémateux de tout le membre avec une rougeur limitée à la partie interne du bras. En ce point les douleurs sont vives à la pression, mais nulle part on ne perçoit la mollesse spéciale au phlegmon diffus. Température axillaire 39°,4. Le bras est entouré de cataplasmes.

Le lendemain, la rougeur envahit tout le bras déjà tuméfié. Dès lors les phénomènes généraux prennent une gravité extrême qui va rapidement en empirant. La langue est sèche, noirâtre et fendillée, la soif brûlante. Le pouls est petit : la température reste, le matin, à 39°,4 et le soir à 38°.

La connaissance est encore conservée, mais la malade ne retient ni son urine ni ses matières fécales. Le membre tout entier est maintenu dans l'élévation et entouré de compresses imbibées d'alcool.

Le lendemain, le même traitement est continué, le doigt explorateur n'ayant pu faire découvrir de fluctuation. La rougeur érysipélateuse gagne du terrain et envahit successivement l'épaule droite, la région scapulaire, le dos. De larges phlyctènes pleines

1. VALUDE. *France médicale*, n° du 4 février 1882.

d'une sérosité rouge se développent aux points de départ de la phlegmasie, à la partie interne du bras et du coude.

Le matin et le soir la température se maintient à 38°,6.

Le jour suivant M. Berger, déclarant l'intervention opportune, pratique dans les tissus enflammés cinq incisions qui ne donnent que du sang mêlé à de la sérosité, le pus n'étant pas collecté en foyer.

Les douleurs locales sont un peu calmées par cette opération, mais l'état général s'aggrave de plus en plus. La langue torréfiée est collée au plancher de la bouche, la soif est extrême, le pouls petit, fréquent. Des troubles dans l'idéation et une certaine agitation ne tardent pas à se manifester.

Température le matin, 38° ; le soir, 38°,4.

Le lendemain la prostration devient extrême, les extrémités se refroidissent graduellement

La température est, le matin, 36°,2 ; à la visite du soir le malade est dans un collapsus algide qui ne lui laisse aucune connaissance ; la température est de 36°,1 et la mort arrive le soir à 8 heures, quatre jours après son entrée à l'hôpital.

A l'*autopsie* le poumon est congestionné et le cœur gorgé d'un sang noir et fluide.

Le foie, augmenté de poids et de volume, semblait un peu gras.

Les reins, du poids de 225 grammes chacun, étaient gros, bosselés, blanchâtres.

L'examen histologique a fait voir une stéatose assez peu prononcée du foie et dans les reins une néphrite interstitielle arrivée à un degré assez avancé.

En résumé, l'hypothermie, signalée dans les affections rénales, se rencontre principalement dans l'urémie qui accompagne les affections du rein consécutives aux maladies des voies urinaires, fréquemment à la période ultime de la néphrite interstitielle, plus rarement dans la néphrite parenchymateuse.

D'après Mac Bride [1], l'abaissement de température se produit principalement dans les circonstances suivantes :

1° Dans les affections rénales consécutives aux maladies des voies urinaires, surtout lorsqu'il y a suppression complète de l'urine ;

1. Mac Bride. *Arch. of medecine.* New-York, 1880.

2° Dans l'urémie survenant chez des personnes âgées;

3° Dans l'urémie consécutive à une affection rénale très ancienne avec complication de vomissements, de diarrhée et d'hémorragies ;

4° Dans l'urémie liée à la cachexie cancéreuse et au marasme.

CHAPITRE XII

DES ABAISSEMENTS DE TEMPÉRATURE DANS LES LÉSIONS DU SYSTÈME NERVEUX.

Les faits très nombreux contenus dans ce chapitre démontrent l'influence du système nerveux sur la production de la chaleur animale.

Nous examinerons successivement les abaissements de température dans les lésions du système nerveux central (moelle et cerveau), et du système nerveux périphérique (nerfs).

I. — LÉSIONS DU SYSTÈME NERVEUX CENTRAL.

§ I. — *Lésions de l'Encéphale.* — Les lésions *expérimentales* de l'encéphale donnent lieu a des abaissements de température très considérables.

Chossat [1], à la suite de lésions du cerveau en divers points, nota des températures de 23°, 24°.

Brown Séquard a pu obtenir chez l'animal des abaissements de température de 10° en 2 heures en mettant à nu l'encéphale et en enlevant couche par couche et d'avant en arrière, le cerveau et le cervelet.

Tscheschichin [2] a fait voir qu'en lésant un point de la partie supérieure de la moelle, placé à la limite du bulbe et de la protubérance et qu'il appelle centre modérateur de la calorification, la température s'abaissait considérablement.

1. CHOSSAT. *Mémoire sur l'influence du système nerveux sur la chaleur animale*. Thèse de Paris. 1820.

2. TSCHESCHICHIN. *Reichert's u. Du Bois Reymond's Archiv für Anat.*, p. 152. 1866.

J. Schreiber[1], lésant la protubérance, le cervelet, les pédoncules ou les hémisphères cérébraux sur des lapins, observait toujours un abaissement de température rectale de 1° à 6°, si les animaux étaient placés dans un milieu à température relativement basse.

Si au contraire, il maintenait les animaux dans un milieu à 30°, ou s'il les enveloppait de ouate et de laine, la température s'élevait de 1° à 3° dans le rectum.

Schreiber conclut de ces expériences que l'animal, dont l'encéphale est lésé, n'augmente ni ne diminue sa production de chaleur, mais qu'il se réchauffe ou se refroidit plus facilement sous l'influence du milieu ambiant qu'un animal sain.

La commotion de l'encéphale, d'après les expériences de Chossat, de Brown Séquard, produit des abaissements de température.

Dans un cas de commotion violente de l'encéphale, Chossat a noté une température de 22°,3.

Les expériences récentes de M. Duret[2], ont confirmé les résultats obtenus par Chossat et Brown Séquard.

« Après un choc grave, dit ce savant expérimentateur, toujours la température s'élève, c'est ce qui résulte de toutes nos observations.

Si la violence traumatique à été excessive, et si la mort survient dans la première période, l'élévation de la température est continue, et le thermomètre atteint 41° et même 42°. Il est rare qu'un choc très grave ne provoque pas cette élévation de température. Dans les chocs moins graves, l'élévation ne dépasse pas 39° à 40°. »

Deuxième phase. — Après quelques minutes 3 à 6 et 12 à 15, l'abaissement survient, progressivement de 41° la température descend à 34°,2.

Troisième phase. — Le lendemain, la température s'est élevée de nouveau, et le thermomètre marque 38°,8.

L'expérience suivante de M. Duret démontre nettement l'existence de ces diverses phases :

Coup violent sur le devant de la tête : tétanisme ; résolution :

1. J. Schreiber. *Pflüger's Archiv fur gesammte Physiologie.* Band VIII, p. 576 à 596, 1874.
2. Duret. *Thèse de Paris*, 1878.

spasmes musculaires ; contractures consécutives ; lésions bulbaires.

Avant l'expérience, T. R. 38°8.

3/4 de minutes après le choc		....	39°8
8 minutes	—	....	39°4
12 minutes	—	....	39°2
20 à 25 minutes	—	....	38°2
30 minutes	—	....	38°2
3/4 d'heure	—	....	38°
1 heure	—	....	37°6
1 heure 15 minutes	—	....	37°2
2 heures	—	....	36°4
4 heures	—	....	35°
8 heures	—	....	34°2
Lendemain matin	—	....	38°8

Lésions traumatiques de l'encéphale. — Chez l'homme, les lésions traumatiques de l'encéphale, s'accompagnent de modifications thermiques notables dont la connaissance est utile au diagnostic et au pronostic.

Nous avons recueilli pendant notre internat plusieurs cas de *fracture du crâne* avec lésion de l'encéphale dans lesquels nous avons suivi attentivement la marche de la température.

OBSERVATION VIII. — *Fracture du crâne. — Abaissement de la température. — Réaction. — Mort*

X..., âgé de 15 ans, est apporté le 15 juin dans la salle Saint-Louis. Service de M. Verneuil.

Ce jeune ouvrier, qui travaillait sur un échafaudage, est tombé de la hauteur d'un troisième étage sur le pavé.

Deux heures après l'accident, le blessé est dans l'état suivant :

Perte absolue de connaissance. — Résolution générale. — Contracture du côté gauche. Le pincement du côté droit fait contracter la face.

Baillements continuels.

Respiration irrégulière et inégale.

Pouls très ralenti.

Plaie de la base du crâne. – Hémorrhagie nasale et par l'oreille. Ecchymose sous-conjonctivale de l'œil droit.

Il ne paraît pas exister de fracture en d'autres régions.

La colonne vertébrale n'est pas fracturée.

On diagnostique une fracture de la base du crâne.

Les extrémités sont refroidies.

A 2 heures la température axillaire est. . . 36°6
A 3 heures — . . . 36°5
A 3 heures 1/2 — . . . 33°6
A 4 heures — . . . 38°
A 5 heures — . . . 38°1
A 6 heures — . . . 38°2
A 7 heures — . . . 38°6

Le malade succombe dans la soirée avec une températ. de 38°6.

L'autopsie confirme le diagnostic. Contusion cérébrale en plusieurs points.

OBSERVATION IX. — *Fracture de la base du crâne.* — *Mort.* — *Marche de la température.* — Service de M. Richet.

Mossin, Ernest, âgé de 9 ans, chute le 21 février 1876, de la hauteur d'un 4e étage. Hôtel-Dieu, salle Sainte-Marthe, 9.

Perte absolue de connaissance. — Paralysie faciale à droite.

Le bras et la jambe gauches sont immobiles et insensibles.

Ecoulement de sang par la narine droite.

A la région occipitale gauche, bosse sanguine avec enfoncement de l'occipital.

COURBE N° 6.

Fracture du Crâne.

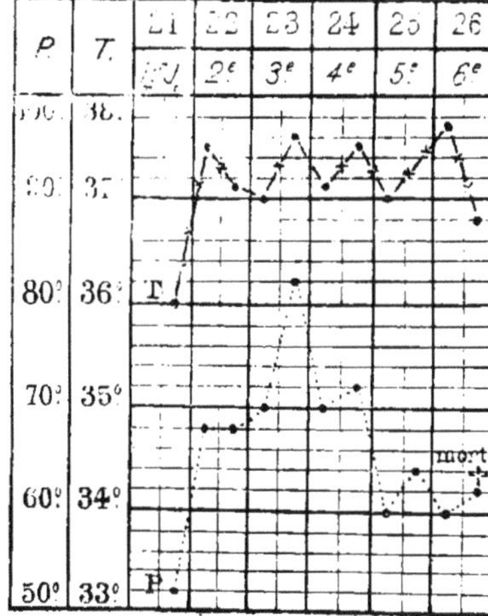

Pouls à 52. Respiration ralentie (8).

Température rectale. . . . . 36°

Le 22 au matin. — Coma. — Agitation. — Paralysie complète du côté gauche, du côté de l'avant-bras gauche, contracture des fléchisseurs.

Hypéresthésie très marquée du côté droit.

Ecchymose palpébrale à l'angle interne des 2 yeux.

Température rectale . . . . 37°,5

Le 22 au soir, même état . . . . 37°,1

Le 23, même état, agitation.

Température rectale, le matin. . . 37°

— le soir. . . . 37°,6

Le 24, quelques mouvements du côté gauche. Contracture de ce côté.

Température rectale, le matin. . . 37°,1

— le soir. . . . 37,5

Le 25, même état.

Température rectale, le matin. . . 37,°

— le soir. . . . 37°,5

Le 26. La contracture du membre gauche a disparu.

La paralysie faciale droite a augmenté.

Coma.

Le malade meurt à 1 heure du matin.

Température rectale, le matin. . . 37°,7

— le soir. . . . 36°,8

A l'autopsie, fracture partant de la partie moyenne du pariétal gauche, se dirigeant en dedans, en arrière et en bas, traversant l'occipital au niveau de la fosse occipitale supérieure gauche, passant à droite au niveau de la protubérance occipitale et allant se terminer au trou occipital, après avoir traversé la fosse occipitale inférieure droite Caillots sanguins sous la pie-mère.

Hémisphère droit, face externe. — A la partie postérieure du lobe frontal (circonvolution frontale ascendante), partie ramollie et colorée par le pigment sanguin; cette altération (contusion) comprend toute la substance corticale, pénètre même dans la substance blanche. Les mêmes altérations à l'extrémité du lobe sphénoïdal, face extérieure et face inférieure. — Si l'on écarte la scissure de Sylvius, on constate plusieurs taches ecchymotiques sur la circonvolution qui la borde.

Deux autres contusions moins étendues, à la face externe du lobe occipital, l'une large comme une pièce de 1 franc, l'autre comme 1 centime.

Hémisphère gauche. — Rien, sauf à l'extrémité postérieure du lobe occipital presque détruite par une contusion profonde.

Cervelet. — Même altération profonde du bord postérieur du lobe droit. Les deux fosses sphénoïdales, la dure-mère sont recouvertes de caillots se prolongeant dans la fente sphénoïdale.

OBSERVATION X. — *Fracture du crâne. — Déchirure du cerveau. — Abaissement notable de la température. — Contusion cérébrale du côté opposé à la fracture. — Mort.* — Service de M. Richet.

X..., 24 ans, maçon, chute d'un échafaudage à la hauteur d'un 2e étage sur le pavé de la rue. A son entrée, perte de connaissance, résolution musculaire générale, écoulement de sang par le nez et l'oreille. Refroidissement périphérique très marqué principalement aux mains.

Sur la courbe de la température on voit :

A son entrée, température rectale		. .	35°,8
2 heures après l'accident.		. . . . . .	
4 heures	—	. . . .	35°,2
5 heures	—	. . . .	36°
7 heures	—	. . . .	36°,2
8 heures	—	. . . .	37°,1

Le malade meurt.

A l'autopsie : Fracture du rocher à gauche. — Déchirure du cerveau. — Contusion cérébrale du côté opposé à la fracture.

OBSERVATION XI. — *Fracture de la base du crâne. — Déchirure du cerveau. — Mort. — Autopsie.* — Communiquée par le Dr Le Gros Clark.

Henry S..., âgé de 58 ans, chute d'un lieu élevé. Au moment de son admission, le 14, signes de commotion et plaie de l'occiput. — Pas de paralysie localisée. — Refroidissement.

Pouls 76. Température (98°3 F. . . . . . 36°8

Le 16, sa perte de connaissance continue.

Pouls 79. Température 100°2. . . . . . 38°

Le 17, température 38° (106°4 F.).

Le 20, il meurt.

A l'autopsie fracture de la base du crâne. La face antérieure et la surface de chaque hémisphère est déchirée dans une grande étendue.

Dans deux autres observations de fracture du crâne, suivies de mort, avec déchirure cérébrale et hémorrhagie que nous avons recueillies dans le service de M. Richet, la température a présenté la même marche que dans les observations précédentes.

Après s'être abaissée chez un des malades à 34°,6, elle est remontée au bout de trois heures à 37°, et s'est maintenue 8 heures à ce niveau. La mort survint ensuite.

Chez l'autre blessé, la température s'est maintenue constamment abaissée entre 35°,5 et 34°,5, jusqu'au moment de la mort. A ce moment on notait 34°.

Dans la contusion cérébrale, nous avons noté des abaissements de température, 36°,5, 35° dans un cas.

Dans la compression, dans la commotion cérébrale, les abaissements de température nous ont paru beaucoup plus rares et beaucoup moins marqués que dans les cas de fracture du crâne avec déchirure et contusion cérébrale.

Dans la commotion cérébrale le chiffre le plus bas que nous ayons observé est 36,°7.

Observation XII. — *Commotion de l'encéphale avec fracture.— Abaissement de la température.* — Service de M. Labbé. — Observation recueillie par M. Budin.

Le 29 juin 1879, on apporta dans le service de M. le docteur Léon Labbé, à la Pitié, une petite fille de 3 ans, qui venait d'être violemment jetée par terre devant la porte de l'hôpital par une voiture. Il n'existait aucune lésion des membres. Mais la tête avait porté sur un pavé et l'enfant avait immédiatement perdu connaissance.

L'accident était arrivé à 8 heures 10 minutes : je la reçus et la fis mettre dans un lit ; elle était dans le coma et vomissait. Je pris pour la première fois sa température à 9 heures du matin, cinquante minutes après l'accident et continuer à la prendre moi-même sans changer de thermomètre, jusqu'au moment où la mort arriva.

29 juin, 9 heures T. R. 35°4. P. 80.

11 heures T. R. 36°8. P. 92.

A 1 heure, l'enfant urine involontairement.

A 2 heures, elle s'agite, se découvre.

A 3 heures 30, T. R. 38°,8. P. 136.

A 6 heures 15 minutes, T. R. 39°,4. P. 160.

On constate l'existence d'une ecchymose sous la conjonctive gauche, et l'on fait appliquer à 7 heures, une sangsue derrière l'oreille gauche.

A 10 heures du soir, T. R. 39°,5. P. 180.

Le 30, 6 heures du matin, T. R. 39°,9. P. 200, il ne peut être compté que difficilement.

La nuit a été très agitée, l'enfant a crié deux fois.

A 9 heures du matin, T. R. 40°. P. 200.

A 6 heures du soir, T. R. 40°,6. P. 200.

A 7 heures et demie, T. R. 41°8.

L'enfant succombe à 8 heures du soir.

L'autopsie n'a pas été autorisée.

De l'examen des observations précédentes, on peut tirer les conclusions suivantes :

1° Quelques heures après les lésions traumatiques graves de l'encéphale (fracture du crâne, contusion, déchirure cérébrale), la température *s'abaisse*.

Cet abaissement peut être considérable et atteindre dans quelques cas les chiffres de 34°,5, 35°, 35°,5 ;

2° Cinq ou six heures après l'accident la température *s'élève* et atteint 38°, 38°5 ;

3° Si la violence traumatique a été considérable, le malade peut mourir en hypothermie; la mort survient souvent avec des élévations de température ;

4° Lorsque la température s'est abaissée au-dessous de 35°, lorsqu'elle s'est élevée dans les premières heures de l'accident au-dessus de 38°, 38°2, le pronostic est très grave ;

5° Dans les cas où la vie se prolonge et où le malade guérit, la température élevée d'abord, descend les jours suivants au chiffre physiologique, pour remonter ensuite vers le 3° ou 4° jour ;

6° Dans la commotion, la compression cérébrale, la température varie peu, elle ne s'abaisse que de quelques degrés ;

7° L'étude de la température dans les lésions traumatiques de l'encéphale peut fournir de précieuses indications au point de vue du pronostic et du diagnostic. Elle peut faciliter le diagnostic des fractures du crâne ; indiquer s'il existe une contusion ou une compression cérébrale; faire prévoir l'issue de l'accident.

Lésions pathologiques de l'encéphale. — Dans l'*atrophie du cerveau*, on a noté une diminution de chaleur considérable ; dans un cas d'hydropisie sous-arachnoïdienne, Greenhow [1] a noté :

1. Greenhow. *Transactions of the Chirurg. Society*, v. III, p. 164, 1870.

Température axillaire.	36°4
Les jours suivants	31°1
—	35°3
—	34°1
—	33°6
—	32°4

Le jour de la mort, la température n'était plus que de 30° Elle s'éleva de 0°,5 quelques instants avant la mort.

La température de l'aisselle droite était plus élevée que celle de l'aisselle gauche, celle du rectum était d'environ 0°,5 plus élevée.

A l'autopsie, on trouva une hydropisie sous-arachnoïdienne et ventriculairre.

Headlam [1] décrit un cas d'atrophie du cerveau avec épanchement œdémateux arachnoïdien, la température axillaire et rectale, 6 heures avant la mort s'abaissa à 36°,4, 35°,3, 34°,1, 33°,6.

Glaser [2] dans un cas d'*hydrocéphalie*, observé à la clinique du professeur Demme, nota une température de 28°.

Dans un autre cas d'*hydrocéphalie*, on trouva, le jour de l'entrée à l'hôpital 35°.

Le 21	décembre,	temp. axil. . .	28°4
22	»	temp. rect. . .	30°6
	»	soir.	31°
23	»	. . . .	30°
24	»	. . . .	29°
25	»	avant la mort	27°

Dans la *méningite tuberculeuse*, M. Hirtz a signalé comme un signe pathognomonique un abaissement de température au moment de la période prodromique ; quelle que soit l'explication que l'on donne de ce fait, nous devons l'admettre et dans nos examens cliniques il peut nous rendre quelques services.

Vers le milieu de la méningite, M. Roger a noté aussi chez les enfants un abaissement de température.

M. Decaisne a noté chez quatre enfants âgés de trois à six

1. HEADLAM. *Schmidt' s Jahrbücher*, 1871. Band, CL, p .143.
2. GLASER. *Ueber Vorkommen und Ursachen abnorm Niedriger Kœrpertemperaturen. Inaugural Dissertation.* Bern, 1878.

mois, cet abaissement de température au moment de la deuxième période.

La température a oscillé chez les quatres malades entre 32° et 35° pendant deux ou trois jours : après ce temps, elle s'est élevée considérablement.

Dans l'observation suivante de *rhumatisme cérébral*, on note à la dernière période de la maladie des abaissements de température.

Il est probable que l'hypothermie a été dans ce cas sous la dépendance de lésions cérébrales (méningite?).

Nous n'avons trouvé dans les auteurs aucun fait semblable.

Observation XIII. — *Rhumatisme cérébral. — Abaissement de température pendant les derniers jours de la maladie. Guérison. — Communiquée par M. le professeur* Ch. Bouchard.

Bl... Fanny, âgée de 31 ans, entrée le 24 juin 1880 dans le service de M. le professeur Ch. Bouchard.

Déjà atteinte d'un rhumatisme avec fièvre, elle présente aujourd'hui tous les signes d'un rhumatisme cérébral, délire, coma, sueurs profuses, céphalalgie, épistaxis, etc.

Les températures observées pendant le cours de la maladie sont les suivantes :

Le 24 juin,	soir,	temp. rect.	40°4	
25 »	mat.		38°8	
»	soir,		38°8	— Douleurs articulaires, premier bruit du cœur prolongé. Sueurs.
26 »	mat.		37°	
»	soir.		38°	
27 »	mat.		38°2	
»	soir.		39°4	
28 »	mat.		37°5	
»	soir.		38°6	
29 »	mat.		38°6	— Douleurs articulaires. —
»	soir.		38°6	Vésicatoires sur les cuisses, épaules. — Le délire et le coma ont disparu. — Céphalalgie.

Du 29 juin au 7 juillet, la température oscille entre 37 et 38°. L'état général est bon. Amélioration sensible.

Le 8 juillet,	temp.	mat.	36°4
»	»	soir.	36°
9 »	»	mat.	35°7
»	»	soir.	36°2
10 »	»	mat.	36°5
»	»	soir.	37°
11 »	»	mat.	37°2
»	»	soir.	37°4
12 »	»	mat.	36°7

La malade entre en convalescence et sort guérie.

Un certain nombre de lésions des centres nerveux donnent lieu très fréquemment à un refroidissement périphérique qu'il est facile de constater.

Chez les *apoplectiques*, plusieurs auteurs ont même insisté sur ce fait.

Le thermomètre permet de constater que ce refroidissement est réel, et qu'il existe un abaissement de température dans les cavités centrales.

Wepfer[1], Portal[2], virent des apoplectiques qui se refroidissaient avant de mourir. Abercrombie[3], dans plusieurs observations, s'exprime ainsi : « Il était froid et pâle ; il était frissonnant ; au début, il était froid, puis la chaleur survint. »

Cette, réaction qui n'avait pas échappé à la sagacité d'Abercrombie, est importante à noter et le thermomètre nous indique qu'elle existe réellement.

Les auteurs du siècle dernier n'ajoutent rien ou presque rien, car ils se contentaient d'une exploration grossière avec la main, qui ne pouvait donner des renseignements exacts sur l'état de la calorification.

M. Charcot fit au contraire des recherches précises au moyen du thermomètre; les résultats qu'il a obtenus ont été publiés par MM. Lépine, Durand, Bourneville [4], et méritent une sérieuse attention. (Courbe 7.)

1. WEPFER. *Obs. anat. de apoplexia.* Schaffouse, in-8, 1658.
2. PORTAL. *Observations sur la nature et le traitement de l'apoplexie et sur les moyens de la prévenir.*
3. ABERCROMBIE *Des maladies de l'encéphale et de la moelle épinière* (Trad. Gendrin, 2e édition. Paris, 1835).
4. BOURNEVILLE. *Etudes de Thermométrie clinique dans l'hémorrhagie cérébrale* (thèse de Paris, 1870).

COURBE N° 7.

Hémorrhagie cérébrale.

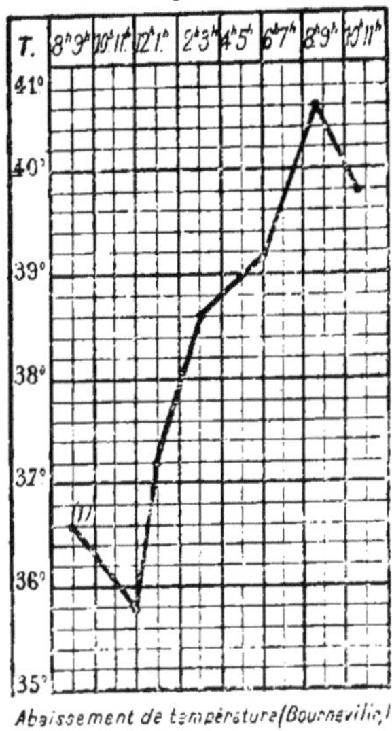

Abaissement de température (Bourneville)
(1) Température rectale
(Les chiffres 1.2.3. représentent des h.

« Dans l'état apoplectique grave, lié à l'hémorrhagie cérébrale et au ramollissement du cerveau, a dit M. Charcot [1], on peut observer, en l'absence de complication inflammatoire viscérale, une série de modifications de la température centrale répondant à trois périodes successives (voir p. 92).

» Dans la première période, comprenant les premières heures qui succèdent à l'attaque le chiffre thermométrique s'abaisse en général au-dessous de 37° 5 et 36°.

» Enfin, dans la dernière période qui aboutit nécessairement et rapidement à la mort, il y a une élévation de la température au-dessus de 39°, 40° ou même 41°. Il importe de remarquer que ces chiffres élevés peuvent être atteints avant que les premiers phénomènes extérieurs de l'agonie se soient prononcés. »

1. Charcot. *Mémoires de la Société de Biologie*, t. IV, p. 92, 1867 et *Leçons cliniques sur les maladies des vieillards*. 2e édition. Paris, 1874. — *De l'importance de la thermométrie dans la clinique des vieillards*. *Gazette hebdomadaire*, t. VI, p. 742. 1869.

Le fait le plus saillant, c'est l'abaissement initial de la température.

Dans un assez grand nombre de faits, M. Charcot a observé des températures s'abaissant jusqu'à 35°, 35°,8, 36° le plus souvent.

C'est généralement une heure, deux heures au plus tard après l'ictus apoplectique que l'abaissement de température se manifeste.

Voici un tableau de M. Bourneville, dans lequel après se trouvent relatées la plupart des observations où l'abaissement initial de la température a pu être noté. Il donne une idée très nette des limites que peut acquérir cette diminution de chaleur.

Noms des malades.		Température.	Heures après l'attaque.	Noms des observateurs.
Marquis.	Observation I.	36°6	1 heure.	Bourneville.
—	—	36°4	2 heures.	—
—	—	35°8	3 heures.	—
Denaut..	Observation II.	37°4	au moment de l'attaque.	—
—	—	36°	1 heure après.	—
Lemoine.	Observation III.	37°	1 heure 1/2.	—
—	—	37°	—	—
—	—	36°	—	—
Hubert..	Observation IV.	37°6	20 minutes.	—
Huteau..	—	36°	1 heure.	—
Thomas.	—	36°6	—	Lépine.
Bertat...	—	37°2	moins de 1/2 h.	—
Buyck...	—	36° à peine.	—	—
Baudois.	—	36°	1 heure 1/2.	—
Garnier..	—	36°4	1/2 heure.	—
Moglet..	—	36°4	—	Hallopeau.
Mathe...	—	35°6	1 heure.	Joffroy.
Dubois...	—	35°6	1 heure 1/2.	Michaud.
Colinet...	—	36°	—	—
Potron...	—	37°	2 heures.	Lépine.
Prevost..	—	36°8	—	—
Lepokt..	—	36°9	5 heures.	Joffroy.
Pernot...	—	35°4	7 heures.	Michaud.

Une fois que la température s'est ainsi abaissée, des changements importants surviennent dans sa marche.

Généralement la température reste quelques instants au niveau auquel elle se trouvait. Cette température peut même rester très basse et, dans un cas, M. Lépine a observé une période stationnaire de trois jours.

Des oscillations se produisent dans ces cas, et la température s'élève et descend successivement.

Mais au bout d'un certain temps très variable, qui ne dépasse pas trois jours en général, la température s'élève considérablement, et atteint les chiffres de 40°, 41°, 42°, dans les cas mortels.

Cette élévation de température avait été notée par un grand nombre d'auteurs.

Nous avons vu Abercrombie signaler cette réaction et Trousseau a souvent insisté dans ses cliniques sur le mouvement fébrile, commençant de vingt à vingt-quatre heures après le début de l'ictus apoplectique.

Dans les cas qui doivent se terminer par la mort, nous voyons toujours une élévation de température.

Portal, sans se servir du thermomètre, avait noté l'élévation de la température après la mort. « La chaleur du corps, dit-il, devient plus vive qu'elle ne l'avait été dans les derniers moments de la vie, et elle était si considérable vingt-quatre heures après la mort, que je dus différer au lendemain l'ouverture du corps. » Morgagni, ajoute-t-il, avait déjà observé ce fait.

En résumé, dans l'hémorrhagie cérébrale, il existe trois périodes : une période initiale, dans laquelle il se produit quelques instants après l'ictus apoplectique un abaissement de température atteignant en moyenne 36°.

Une période stationnaire pendant laquelle la température subit successivement, quelquefois, des élévations et des abaissements jusqu'au moment où la période suivante, période ascendante, se montre.

A ce moment, coïncidant avec les autres symptômes qui caractérisent la fièvre, la température s'élève considérablement ; et dans les cas malheureux, atteint les chiffres de 40° à 41°.

Telle est la marche type de la température. Les exceptions sont rares, et lorsqu'elles se présentent, elles peuvent fournir des indications précieuses.

Un abaissement de température qui se produit une fois que la période ascendante est complètement établie, indique ou qu'une nouvelle hémorrhagie s'est produite, ou qu'une syncope est survenue.

Si la température subit une élévation brusque, il est permis de supposer que la lésion a atteint les centres modérateurs que les expérimentateurs ont décrits.

M. Charcot, dans un cas où la température s'était élevée jusqu'à 42° 6 trouva à l'autopsie une thrombose oblitérant l'artère carotide gauche.

Dans le *ramollissement cérébral*, la température présente quelques particularités importantes à noter.

On connaît la difficulté excessive qu'il y a souvent dans certains cas à faire un diagnostic entre une hémorrhagie cérébrale et un ramollissement du cerveau ; dans ces cas la thermométrie, comme nous allons le voir, peut être d'un très grand secours.

L'abaissement initial de la température existe quelquefois, les températures observées ont été 37°, 2, — 37°, 8 ; mais il peut aussi manquer et c'est là le cas le plus fréquent.

Dans une observation de M. Bourneville, nous pouvons noter la série suivante :

2 heures	après l'attaque	36°6
12	—	37°8
24	—	38°2
36	—	38°4
48 et 60	—	38°2
72	—	40°2

Lorsque l'abaissement de température existe, il est beaucoup moins marqué que dans l'hémorrhagie cérébrale.

Des différences très importantes existent entre ces deux maladies au point de vue de la température à la période dite stationnaire. Dans le ramollissement cérébral, en effet, la température s'élève brusquement après l'attaque. — Dans toutes les observations que M. Charcot a pu prendre, jamais un fait semblable n'a été vu dans l'hémorrhagie cérébrale ; jamais non plus dans l'hémorrhagie la température ne redescend au chiffre physiologique, comme cela se voit dans le ramollissement cérébral.

La période ascendante du ramollissement diffère de la période ascendante de l'hémorrhagie, en ce que dans l'hémorrhagie cette élévation thermique se produit un ou deux jours après l'ictus apoplectique. Dans le ramollissement la période stationnaire peut durer plusieurs jours.

Dans ce dernier état, les températures n'atteignent jamais le niveau thermique de 40°, 41°, 42° que nous avons noté dans l'hémorrhagie cérébrale.

La température de la période terminale est généralement moins élevée aussi dans le ramollissement.

M. Hutin [1], dans un travail récent, basé sur un grand nombre d'observations thermométriques dans l'hémorrhagie cérébrale et le ramollissement, arrive aux mêmes conclusions que MM. Charcot et Bourneville.

« L'abaissement de quelques dixièmes de degré dans l'hémorrhagie cérébrale ou le ramollissement, dit cet auteur, au moment de l'ictus apoplectique n'est pas un signe suffisant pour faire diagnostiquer immédiatement la lésion, mais il permet au moins d'éliminer aussitôt toute une série d'affections (hystérie, alcoolisme, etc.). »

Il est inutile de faire ressortir davantage les indications que peuvent nous fournir le thermomètre dans le diagnostic de l'hémorrhagie cérébrale et du ramollissement; des différences très nettes existent dans la marche de la courbe thermométrique, et les lois de M. Charcot sont établies sur un nombre assez considérable d'observations pour que nous les adoptions entièrement. Mais là ne s'arrête pas le bénéfice que nous donne le thermomètre, il ne nous permet pas seulement de distinguer l'hémorrhagie cérébrale du ramollissement du cerveau, il nous permet encore de diagnostiquer les autres états si nombreux qui se cachent sous le symptôme *apoplexie*.

Les attaques *apoplectiformes* donnent lieu en effet à des modifications particulières de la température. — Westphal a démontré que la température, dans ces cas, s'élève jusqu'à 39° environ, qu'il y ait ou non des convulsions.

1. Hutin. *De la température dans l'hémorrhagie cérébrale et le ramollissement* (thèse de Paris, 1877).

Elle s'abaisse rapidement, si le cas est favorable; mais si la mort doit arriver, elle persiste et va même en augmentant. Ces caractères, on le voit, ne sont pas ceux de l'hémorrhagie cérébrale, et le diagnostic devient facile.

Les attaques *apoplectiformes*, qui se montrent dans le cours de la *paralysie générale*, s'accompagnent presque toujours d'après Westphal[1], Mickle[2], Hanot, Magnan[3] d'*élévation de la température*.

Dans la *sclérose en plaque* (Zenker, Nicolas), dans les *tumeurs cérébrales* (Ladame[4]), dans l'*ataxie locomotrice*, dans les pneumonies séniles, les attaques apoplectiformes s'accompagnent d'élévation de la température.

Les attaques apoplectiques dues à l'urémie donnent lieu au contraire, à des abaissements extraordinaires de la température.

Dans les attaques *épileptiformes*, quelque temps après l'attaque, il y a élévation de la température ; dans l'hémorrhagie cérébrale, au contraire, nous savons qu'il y a abaissement.

C'est là un point dont l'importance nous paraît très grande.

Nous devons encore attirer l'attention sur un fait singulier signalé par Williams[5] et Clouston[6], et qui peut aider à prévoir le début de l'attaque d'épilepsie ; nous voulons parler de l'abaissement initial de la température avant l'attaque.

Nous dirons, en terminant, qu'en présence d'un apoplectique, le thermomètre peut nous indiquer la lésion qui a amené le symptôme que nous observons.

Si nous avons, en effet, lors d'une première exploration, un abaissement de température, nous pouvons rejeter l'idée que nous avons affaire à des attaques apoplectiformes ou épileptiformes. — Dans les empoisonnements qui produisent le

1. Westphal. *Griesinger Archiv für Psychiatrie*, 1, 337.
2. Mickle. *Journal of ment. Sciences*, 1877.
3. Magnan. *Gazette des hôpitaux*, 1868.
4. Ladame (Paul). *De la température de l'homme. Recherches physiologiques et pathologiques*. Société des sciences naturelles de Neuchatel, 3 mai 1866, et Paris, Broch. Sandoz, 1866.
5. Williams. *Abaissement de la température chez les aliénés*. Medical Times, n° 86, 1867.
6. Clouston. *On Bromide of potassium in Epilepsy* (Journal of mental science, octobre 1868, p. 305, et de la Température dans la folie, *idem*, 1868, p. 14.).

coma (arsenic, alcool), les abaissements de températures sont très considérables.

Il ne reste donc plus pour faire le diagnostic qu'à examiner s'il existe un ramollissement cérébral ou une hémorrhagie.

Si l'abaissement de température est très peu considérable nous devons penser surtout à l'hémorrhagie cérébrale ; mais si nous continuons notre exploration, tous nos doutes s'évanouiront, l'élévation plus considérable de la température, le peu de durée de la période stationnaire nous indiqueront s'il existe une hémorrhagie cérébrale ou un ramollissement.

Dans l'*hémorrhagie méningée*, Lépine [1] a signalé l'abaissement de température au moment des attaques apoplectiformes, une légère élévation quelques heures après.

Dans la *méningite cérébro-spinale* Ziemssen et Hess [2], ont trouvé deux fois la température rectale de 36°,5, Grimshaw [3], a noté 36°,1, 35°,6, 35°. Wunderlich 36°,2, 36°,3.

Les maladies chroniques de l'encéphale donnent lieu à des abaissements de température très marqués.

Dans la *folie*, dans la *manie* surtout, des abaissements de température ont été notés. Plusieurs aliénistes se sont servis du thermomètre dans leurs cliniques et ce sont les résultats qu'ils ont obtenus que nous allons examiner.

On s'est bien vite aperçu, ce qu'il était du reste facile de prévoir à l'avance, qu'il n'existait aucun cycle régulier dans les différentes formes de folie.

Les températures sous-normales s'observent très souvent.

Williams [4], qui a pu observer à l'asile général de Northampton et de Sussex, a vu que dans quatre cas de manie aiguë, la plus basse température était 98° F.

La plus haute température 96° F.

	La plus haute.	La plus basse.
4 cas de manie chronique	97° F.	95°6 F.
4 cas de mélancolie	97°4 F.	95° F.
4 cas de démence.	96°4 F.	64°6 F.
4 cas de mélancolie (attonita). .	95° F.	95°5 F.

1. LÉPINE. *Société de biologie*, 1867.
2. ZIEMSSEN et HESS. *Arch., f. Klinische Medicin*, 1866, 1, 72 und 366.
3. GRIMSHAW. British medical. Journal 24 octobre 1868 et *Schmidt's s Jahrbücher*, 1871. Band CLII, 36.
4. WILLIAMS. *On Temperature in Insanity*. Medical Times and Gazette, 1867, t. II. p. 228.

Paralysie générale :

	La plus haute.	La plus basse.
2 cas au 1er degré.	98° F.	97°2 F.
3 cas au 2e degré	98° F.	96°4 F.
4 cas au 3e degré	96°4 F.	95° F.
Manie épileptique	98°6 F.	96° F.
Phthisical manie	105° F.	99° F.

Dans la manie, la température s'élève au moment de la période d'exaltation. L'exploration thermométrique peut servir dans quelques cas en indiquant le moment précis auquel la dépression commence, auquel l'exaltation cesse, annonçant même à l'*avance* l'accès qui va survenir.

Dans la manie dite *à double forme*, la température s'abaisse et s'élève en même temps que le malade présente de l'exaltation et de la dépression. Dans la manie chronique, on a pu observer des abaissements de température de 6°.

Lowenhardt[1] vient de publier quatre observations de manie ; il a noté, dans ses observations, des températures extraordinairement basses.

Dans un de ces cas, en effet, la température se maintint pendant plusieurs semaines entre 25° c. et 30°, et pendant les trois derniers jours entre 25° c. et 31°,35 c.

Dans le deuxième cas, la température fut la veille de la mort de 30°,8 et peu avant la mort 29° c.

Dans le troisième cas, on observa dans les cinq derniers jours une température oscillant entre 23°,75 et 31°,5.

Dans le quatrième cas, enfin, le malade présenta les deux derniers jours une température variant entre 28° et 31°,8.

Avec ces températures, dit Lowenhardt, les malades ne semblaient pas plongés dans la stupeur. Avant leur attaque de manie, ils étaient adonnés à l'alcool. Leur trouble mental se présentait sous la forme d'exaltation, la fureur se manifesta même à certains moments ; il y avait en outre une grande agitation, insomnie et tendance à se déshabiller et à déchirer les vêtements.

1. LOWENHARDT. *Ueber eine Form von Manie mit tiefer Temperatur senkung.* — Allg Zeitschr. fur Psychiatrie, t. XXV, 5 et 6, p 685, 1868. Schmidt's Jahrbücher, n° 3, p. 297, 1870, et 38° Congrès des médecins et naturalistes allemands à Stettin, septembre 1863 ; Schmidt's Jahrb. Bd CXX, p. 272, 1863.

Des bains froids leur avaient été administrés; une diarrhée incœrcible existait chez ces quatre maniaques. La température tomba en général plus ou moins rapidement dans le cours des six ou huit dernières semaines et dans deux des cas, elle continua à descendre jusqu'à la mort, tandis que dans le troisième cas, la température devenue très basse remonta relativement beaucoup la quatrième semaine qui précéda la mort pour s'abaisser de nouveau rapidement et d'une façon constante jusqu'au terme fatal.

Il y avait de grandes variations entre la température du matin et celle du soir.

Lowenhardt pense que les bains fréquents ne doivent pas avoir agi comme cause bien efficace de l'hypothermie; il admet la *paralysie d'un centre régulateur de la chaleur par une lésion cérébrale.*

Le tracé du pouls, nous dit-il, est celui qu'on observe dans la paralysie du système nerveux vaso-moteur.

L'abaissement de la température est aussi un des signes les plus fréquents de la *mélancolie* (Marcé). Les formes de mélancolie avec stupeur (mélancolie attonita) présentent des abaissements de température souvent très considérables ; quelquefois, il est vrai, la température peut monter brusquement.

Dans un cas, Williams a vu la température qui était le le matin 98°,8 F. monter le soir de 5° ; le malade succomba bientôt.

M. Lamoure [1], interne à l'Asile d'aliénés de Ville-Evrard, a étudié la marche de la température dans la *lypémanie* avec stupeur.

Voici les conclusions de cet auteur :

1° Dans la lypémanie avec stupeur, on observe un abaissement général de la température ;

2° Cet abaissement de température est à peu près de 1° 5.

3° Cet abaissement de température est en raison directe du degré de la stupeur.

1. Lamoure. *De l'abaissement de la température dans la lypémanie avec stupeur* (thèse de Paris, 1878, n° 10).

L'observation suivante démontre que, dans certains cas, la température peut considérablement s'abaisser.

OBSERVATION XIV. — *Lypémanie avec stupeur.* — *Abaissement de la température.*

Mlle P..., âgée de 24 ans, entre à l'asile de Ville-Évrard le 20 juillet.

Au début, accès nerveux hystériformes, auxquels ont succédé de la prostration avec stupeur. L'état général est mauvais, conséquence du peu de nourriture que prend la malade, qui se borne au régime lacté.

Maigreur, décoloration des téguments.

Mutisme absolu ; la malade marmotte quelques mots inintelligibles, etc.

	Température axillaire.	
	Matin.	Soir.
23 juillet	36°2	36°5
24 »	35°8	36°
25 »	35°2	35°7
26 »	36°	35°8
27 »	35°4	35°5
28 »	35°5	35°
29 »	35°	34°8
Moyenne. . . .	35°6	

L'état général s'aggrave et la malade meurt le 29 juillet, dans le marasme le plus complet.

L'épilepsie, l'état de mal épileptique, se différencie de l'éclampsie (Dieudé[1]) au moyen du thermomètre par ce fait que dans l'éclampsie, la température est toujours très élevée, dans l'épilepsie elle s'abaisse ou tout au moins s'élève légèrement (Bourneville).

Clouston qui a fait des recherches sur 2,000 aliénés a vu que dans quelques cas, la température s'élevait et cela surtout chez les fous tuberculeux.

La paralysie générale lui a offert moins souvent des élévations de température, mais la manie aiguë, l'épilepsie, la mélancolie s'accompagnaient toujours de températures fébriles.

Cet aliéniste se trouve donc en désaccord avec Williams et

1. DIEUDÉ. *Contribution à l'étude clinique de la température dans l'éclampsie puerpérale* (thèse de Paris, 1875).

un grand nombre d'auteurs, lorsqu'il nous dit que la *seule affection dans le cours de laquelle il a rencontré un abaissement de température, est la forme confirmée de la paralysie générale.*

Pour Clouston, le signe caractéristique de toutes les maladies mentales, c'est que la différence entre les températures du matin et du soir est plus faible que chez les sujets sains. Cela est dû principalement à une élévation de la température du soir et non à l'élévation de la température du matin.

Chez les individus atteints de paralysie générale, la moyenne de température du soir est plus élevée que la moyenne des températures du matin.

Dans tous les cas de folie, même d'idiotisme, la température est beaucoup plus élevée le soir.

Cet observateur a vu aussi que dans les cas d'exaltation, au lieu d'un abaissement de température, on obtenait une élévation.

Dans les cas d'épilepsie, il a noté l'abaissement de température au début de l'attaque : quant à l'abaissement de température à la fin de l'attaque, il ne se produit que lorsque l'épileptique se met à dormir.

Lorsque la maladie fait des progrès, l'abaissement de la température porte surtout sur la température du matin. Tels sont les résultats auxquels est arrivé Clouston. Sans prétendre qu'ils ne sont pas l'expression de la vérité, car nous n'avons pu nous livrer à des recherches sur ce sujet, nous avons cependant un reproche grave à adresser à cet aliéniste : celui de prendre trop rapidement ses températures, et de ne pas laisser son thermomètre assez longtemps en place.

Pour la température axillaire, il faut au *moins dix ou douze minutes* pour obtenir la température véritable. Or, Clouston ne laisse son thermomètre en place que deux ou trois minutes ; pour nous ce temps est insuffisant, et nous craignons que des erreurs n'aient été commises. D'un autre côté, si Clouston n'a vu des abaissements de température que dans la manie, un trop grand nombre d'aliénistes ont signalé des températures sous-normales dans d'autres affections mentales, pour que ces abaissements de température n'existent pas.

Dans l'idiotie, dans l'imbécillité on a aussi signalé des abaissements de température, d'autant plus grands que la maladie est plus avancée. Williams prétend même que suivant le degré de température observé, il peut dire à quelle catégorie de malades appartient un idiot.

Chez un idiot qui ne pouvait ni voir, ni entendre, ni accomplir aucun des actes de la vie sociale, la température était 92° F.

Dans la paralysie générale, certains auteurs ne sont pas d'accord avec Ludwig Meyer qui prétend que dans ces cas on a le plus souvent une élévation de température.

Krafft Ebbing, Williams et les auteurs cités plus haut ont vu, au contraire, des abaissements de température.

Pendant l'attaque d'épilepsie, la température reste élevée (Charcot et Bouchard) ; après l'attaque, l'on peut voir un abaissement de température allant jusqu'à 5°.

Avant l'attaque même, nous l'avons vu, d'après Clouston et Williams, il y aurait un abaissement de température. Ce fait est fort intéressant et demande à être vérifié ; on comprend en effet combien il serait important de prévoir une attaque, sachant surtout que Brown-Séquard a démontré que par des excitations périphériques pratiquées au début de l'attaque, on pouvait arrêter l'accès épileptique.

Le thermomètre nous rendra donc chez les aliénés de grands services, il pourra nous faire prévoir le début des maladies fébriles dont ne se plaignent pas souvent les malades de nos asiles ; il nous indiquera enfin, par le degré des abaissements de température observés, la gravité et les différentes phases de la maladie.

Influence de l'état moral. — Les émotions vives, ainsi que l'a démontré M. le professeur Verneuil [1], agissent sur l'encéphale à la manière d'une commotion ou d'un choc. C'est ainsi que la frayeur, la joie, la colère, produisent des modifications dans la température.

La frayeur abaisse la température.

« Les impressions morales pénibles, dit C. Bernard, amènent un abaissement de température mesurable, qui correspond

1. VERNEUIL. Art. Commotion du *Dict. encycl. des sciences médicales*.

à des troubles de la circulation capillaire et par suite de la nutrition, pouvant amener des lésions organiques intimes, quand elles sont intenses et prolongées. »

La joie, l'espérance, la colère et en général toutes les passions excitantes augmentent la température.

Ch. Martin[1], qui s'est fait remarquer par sa patience dans les recherches thermométriques, a vu la température monter de 28°,4 R, à 30° dans un violent accès de colère, mais il la vit bientôt descendre à 27° sous l'empire de la frayeur et remonter ensuite à 29°.

Currie[2] a insisté sur l'influence qu'exerce l'état moral de l'homme sur la conservation de sa chaleur propre.

La température de la peau d'un homme sur lequel il fit des expériences baissa de 28°,4 à 25° sous l'influence du froid : la seconde fois que le sujet, doué d'un caractère craintif, se soumit à l'expérience, sa chaleur, qui n'était que de 27°,5, tomba à 22°,6.

Krimer attribue à la stupéfaction et à la peur de l'animal auquel il sciait le crâne, les abaissements de température qu'il observait dans toutes ses expériences.

Nous pensons aussi devoir attribuer une certaine part dans les abaissements de température que nous avons signalés chez tous les blessés atteints de traumatismes graves, à la terreur qu'inspire un champ de bataille, et aux passions déprimantes auxquelles sont le plus souvent en proie les combattants.

N'est-ce pas là peut-être l'explication de ce fait qui avait tant frappé Dupuytren ; la fréquence beaucoup plus grande de la stupeur après les blessures chez les jeunes conscrits que chez les troupes aguerries ?

Nous pouvons dire enfin que pendant la dernière guerre civile, les accidents d'abaissement de température compliqués de stupeur nous ont paru beaucoup plus fréquents chez les soldats insurgés que chez les soldats de nos troupes régu-

1. Ch. Martin. *De Animalium calore*, 1740.
2. Currie. *Philosoph. Transact.*, 1792, p. 211 218, et *Medical Reports on the effects of water cold and warm as a remedy in fever and other diseases, etc.* London, 5e édition, 2 vol., 1814.

lières; l'état moral différent dans les deux cas, doit, selon nous, nous expliquer ces faits.

§ II. — *Lésions de la moelle épinière.* — Brodie [1] vit qu'en décapitant des animaux, après leur avoir lié les vaisseaux du cou, et en leur coupant la moelle épinière, bien que la circulation pût continuer au moyen de la respiration artificielle, la température s'abaissait d'une façon très rapide, et baissait encore plus rapidement si l'on n'avait pas soin de pratiquer l'insufflation.

Hale [2] fit remarquer qu'un animal soumis à la respiration artificielle d'un air très froid, après avoir été mis à mort par la section de la moelle épinière, se refroidissait plus vite qu'un autre abandonné à lui-même après sa mort; il cite cependant des cas dans lesquels dans l'espace d'une heure la chaleur diminua de 10° F seulement sous l'influence de la respiration artificielle d'un air très froid, et de 14° 1/2 sans cette influence.

Westrumb [3], Emmert [4], Gamage, et Krimer [5] vérifièrent ce fait.

Legallois [6], par de remarquables expériences, démontra que chez les animaux auxquels on tranche la tête, le refroidissement est plus rapide lorsqu'on emploie la respiration artificielle. Cependant il fait remarquer que ce serait une erreur grossière de croire que l'abaissement de température est dû à la respiration artificielle; car il a vu que la différence obtenue, suivant que l'on se servait ou que l'on ne se servait pas de ce moyen, était tout au plus de 2° R, au bout d'une heure et demie.

Voici le tableau des abaissements de température que Chossat [7] obtenait suivant qu'il lésait les centres nerveux dans un point plus ou moins élevé.

1. Brodie. *Philosophical Transactions*, p. 36, 1810, p. 378, 1812. — *Medico Chir. Transact.*, t. XV, p. 146 ; t. XX, p. 118, 1837.
2. Hale. *Chaleur animale* (Examen de la théorie de B. Brodie). *Meckel's Archiv für Anat.* Bd III, p. 429 à 436, 1814.
3. Westrumb. *Meckel's Deutsches Archiv.*, t. II, p. 533.
4. Emmert. *Meckel's Deutsches Archiv.*, t. I, p. 184.
5. Krimer. *Medicinisch chirurg. Zeitung*, 1818, t. II.
6. Legallois *Œuvres*. Paris, 1824, t. II.
7. Chossat. *Mémoire sur l'influence du système nerveux sur la chaleur animale* (thèse de Paris, 1820).

Section du cerveau au-devant du pont de Varole, respiration spontanée	24°
Commotion violente du cerveau, insufflation pulmonaire .	22°3
Section de la moelle épinière dans le 1er espace intervertébral dorsal, respiration spontanée	25°2
Section de la moelle épinière dans le 2e espace.	25°
— — 3e espace.	21°7
— — 6e espace.	19°8
— — 8e espace.	26°
— — 9e espace.	26°
— — 10e espace.	28°
Paraplégie par la ligature de l'aorte descendante avant sa sortie du thorax.	28°3
Mort par immersion dans un mélange réfrigérant	26°
Moyenne. . . . . 24°5	

Les expérimentateurs qui, dans ces dernières années, se sont livrés à des études sur l'influence du système nerveux sur la chaleur, ont vu que la lésion de la moelle amenait souvent des abaissements de température.

Cl. Bernard [1] démontra qu'on pouvait amener le refroidissement d'un animal à sang chaud, en faisant la section de la moelle épinière au niveau de l'union de la région dorsale et de la région lombaire, et que dans ces conditions chez un lapin opéré cinq heures auparavant, on voyait la température tomber de 40° à 24°.

Brown-Séquard, dans un grand nombre d'expériences, a vu survenir un collapsus profond, une suspension complète des mouvements réflexes et le passage du sang rouge dans les veines en même temps que des abaissements de température assez considérables, à la suite de lésions traumatiques de la moelle.

Heidenhain [2] admet que c'est surtout la moelle allongée qui exerce une influence très grande sur la calorification.

Partant de ce fait que l'excitation des nerfs sensibles à l'état normal *abaisse la température*, et voyant d'autre part *qu'aucune modification thermique ne se produit* lorsque la moelle allongée est séparée de la moelle épinière, il conclut d'abord

1. Cl. Bernard. *Chaleur animale*, 1876.
2. Heidenhain. *Plüger's Archiv für Physiologie*, 1870.

que la moelle allongée est le centre vers lequel doivent converger toutes les causes modificatrices de la chaleur animale.

Lorsque le cerveau était séparé de la moelle par une section qui passait par le pédoncule droit du cervelet, les corps quadrijumeaux, et qui allait jusqu'à la base, en séparant transversalement le pont de Varole de la moelle allongée, *l'excitation des nerfs sensibles produisait absolument le même effet que lorsque l'on opérait à l'état normal.*

« C'est donc bien par la moelle allongée, dit Heidenhain, que l'excitation du nerf sciatique abaisse la température. » Pour pousser plus loin sa démonstration, ce physiologiste excite directement la moelle allongée et voici les résultats qu'il obtient dans une de ses principales expériences :

« Une aiguille électrique isolée jusqu'à sa pointe est introduite par l'os occipital jusqu'à la base du crâne ; une autre aiguille est enfoncée dans la partie supérieure de la moelle cervicale. La température est mesurée dans la veine cave inférieure toutes les quinze secondes. »

La température avant la section du pneumo-gastrique étant 37°89

Après cette section on obtient :

37°89, —88 —84 —81 —79 —76 —74 —71 —71 —69 —74 —72 —72

Pendant l'excitation de la moelle allongée :

37°72, —72 —72 —69 —64 —49 —41 —39

Après l'excitation :

37°47, —48 —49 —49 —51 —52 —52 —54 —56 —57 —57 —57 —58
—59 —60 —60 —60 —60

Pendant une nouvelle excitation :

37°58, —50 —50

Après :

37°51, —57 —57 —59 —59

L'abaissement de température est dans ce cas très manifeste.

Heidenhain a vu aussi qu'en suspendant la respiration, la température s'abaissait sensiblement ; il pense que c'est par l'excitation de la moelle allongée qui se produit probablement dans de semblables circonstances.

Voici du reste la principale conclusion d'Heidenhain : « Lorsque la moelle allongée est excitée, soit directement (par l'électricité ou la suspension de la respiration), soit indirectement (par l'excitation d'un nerf périphérique), la température centrale descend rapidement et d'une façon notable.

D'autres observateurs en produisant des lésions de la moelle, disent au contraire avoir vu des élévations considérables de la température. Tscheschichin [1] dit avoir trouvé un *centre modérateur*, qui, lorsqu'il est séparé de la moelle, n'agit plus et par conséquent amène la production de la fièvre.

Pour léser ce centre « il faut passer par la partie supérieure de l'occiput et couper avec précaution la moelle allongée à la partie postérieure du pont de Varole. »

Bruck et Gunther [2] qui ont en partie répété les expériences de Tscheschichin, lésaient la moelle sans ouvrir le crâne. Ils ont aussi noté une élévation de température ; mais ce qu'il faut remarquer avec eux, c'est que l'irritation de la moelle allongée qu'ils produisaient dans la région du bord postérieur du pont de Varole et du bord antérieur de la moelle allongée, au moyen de deux aiguilles qu'ils enfonçaient dans cette région, et qu'ils laissaient un certain temps, donnait lieu à une élévation de température, mais *l'élévation de température était le plus souvent précédée d'un abaissement.*

Ces expériences ne nous paraissent pas en désaccord avec celles de Heidenhain ; ce dernier auteur ne produisant qu'une excitation passagère, Tscheschichin, Bruck et Gunther une excitation durable.

Fischer [3] pense qu'il existe dans la moelle un centre dépresseur dont l'irritation détermine un abaissement de température et dont la paralysie produit au contraire une élévation. Ce centre se trouve, d'après cet auteur, dans les cordons de la partie cervicale de la moelle.

Naunyn et Quincke [4] ont répété les expériences de Brodie, et ont vu qu'en coupant et en écrasant la moelle épinière sur des chiens, *la température s'abaissait considérablement.*

Dans leurs premières expériences surtout, cet abaissement était très marqué.

1. Tscheschichin. *Archiv für Anatomie Reichert's*, 1866.
2. Bruck et Gunther. *Pflüger's Archiv für Physiologie*, 1870.
3. Fischer. *Einfluss der Ruckenmarks Verletzungen auf die korperwarme-Centralblatt*, 1869, p. 259.
4. Naunyn et Quincke. *Arch. für Anatomie und Physiologie von Reichert et Dubois Reymond*, 1869.

Pensant que cette modification thermique était peut-être due à la perte exagérée qu'amène la paralysie du système vaso-moteur, ces deux observateurs eurent soin dans de nouvelles expériences de mettre leurs animaux dans un milieu dont la température était assez élevée.

Ils disent que dans ces conditions, ils n'ont pas observé d'abaissement, mais au contraire une élévation assez considérable; ils prétendent en outre *qu'en restreignant la production thermique par l'administration préalable de quinine aux animaux*, ils ont observé des abaissements très grands.

Ces résultats ne sont pas confirmés par les expériences de Riégel, de Rosenthal [1], de Pochoy [2], de Parinaud [3]. Riégel et Rosenthal ont vu la température centrale baisser progressivement chez des animaux dont la moelle était coupée à la région cervicale et placés dont des caisses chauffées, lorsque la température était modérée. En chauffant davantage l'air de la boîte, la température des animaux s'élevait, mais cette élévation n'était ni plus rapide ni plus considérable que chez un animal sain.

M. Pochoy a répété ces expériences sur des cochons d'Inde et n'a nullement obtenu les mêmes résultats que Naunyn et Quincke; il a toujours vu les sections de la moelle suivies d'un abaissement de température.

Cet auteur a vu la température d'un chien dont la moelle avait été coupée, s'abaisser dans une chambre dont la température était de 22° à 28°.

Il pense que dans les expériences des auteurs allemands, le calorimètre a échauffé les chiens.

M. Parinaud est amené à des résultats semblables et pense que la théorie de Naunyn et Quincke n'est pas admissible. D'après cet auteur la moelle épinière intervient dans la chaleur animale par des nerfs distincts des vaso-moteurs; elle agit d'une manière immédiate sur la source du calorique par l'incitation nutritive qu'elle exerce sur les tissus.

1. Riégel et Rosenthal. Voyez Vulpian. Leçons sur l'appareil vasomoteur.

2. Pochoy. *Recherches expérimentales sur les centres de température.* Paris, 1870.

3. Parinaud. *De l'influence de la moelle épinière sur la température.* (Archives de Physiologie normale et Pathologique, 1877, p. 62 et 310.)

A la suite des sections transversales de la moelle, produites chez les animaux, M. Parinaud a noté des abaissements très considérables de la température centrale, jusqu'au moment de la mort, même quand la température ambiante atteint 28° et 30°.

Cet abaissement de la température centrale, d'après l'auteur, est produit par le refroidissement des parties paralysées dont la température profonde reste, pendant tout le temps de l'expérience, inférieure à celles des régions encore soumises à l'influence de la moelle.

M. Parinaud constate que dans les parties paralysées la température cutanée s'élève.

« Les sections de la moelle agissent donc, dit-il, de deux manières sur la thermalité des tissus. En diminuant les combustions intimes des éléments anatomiques, *elles les refroidissent;* en paralysant les vaso-moteurs, *elles les réchauffent.* Au point de vue de l'abaissement de la température centrale, ces deux effets s'ajoutent, car les parties paralysées produisent moins de calorique et elles en perdent davantage par suite de la circulation plus active de la peau qui augmente l'évaporation, le rayonnement, le refroidissement par contact. »

J. Schreiber[1], Schroff[2], Israel[3] ont aussi observé dans des lésions expérimentales de la moelle épinière des abaissements de température.

En résumé, quelles que soient les explications que l'on donne de tous ces faits contradictoires, nous pouvons dire que la lésion partielle ou totale de la moelle épinière abaisse, dans un grand nombre de cas, la température centrale.

L'excitation directe ou indirecte passagère de la moelle allongée abaisse la température.

Les excitations prolongées sont celles qui s'accompagnent le plus souvent d'élévations de température.

Les abaissements et les élévations de température observés à la suite des lésions de la moelle sont liés en grande partie aux modifications de la circulation périphérique, et la

1. SCHREIBER. *Plüger's Archiv für Physiologie*, 1874, VIII, 576.
2. SCHROFF. *Schmidt's Jahresbericht*, 1876, I, 204.
3. ISRAEL. *Arch. für Anatomie und Physiologie*, 1877.

dépression thermique centrale s'explique par la paralysie des vaisseaux cutanés.

Lésions traumatiques de la moelle épinière. — A la suite de *lésions traumatiques* accidentelles de la moelle, semblables à celles que les physiologiques ont pu produire expérimentalement, des élévations considérables de températures ont été notées par Brodie (43°,9), Billroth, Quincke, Weber, Le Gros Clark (voir Obs. XV), d'autres auteurs ont pu voir de véritables abaisssements.

Fischer [1] a observé deux cas de plaies de la moelle épinière, dans lesquels la température fut, dans l'un de 34° dans le rectum, dans l'autre de 32°,2 sous l'aisselle.

J. Teale [2] de Scarborough vitla température descendre à 30° dans un cas de luxation de la première vertèbre thoracique.

Dans des cas de fracture la colonne vertébrale, avec lésions médullaires, Hutchinson [3], Hans Reynold de Zwickein [4] ont noté des abaissement de températures dans le rectum de 33°,9, 35°,4, 31°,8.

Boursier [6] dans un cas de fracture de la colonne vertébrale au niveau des cinquième, sixième et septième cervicale avec division complète de la moelle a trouvé une température de 34°,2.

J. Smith [6] rapportel'observation d'un homme qui, à la suite d'une chute suivie de paralysie, mais sans section de la moelle, présenta une température de 35°.

Reynold rapporte un cas de luxation avec fracture de la sixième et septième vertèbre cervicale. Le malade resta couché tout nu pendant une heure, sur une table et fut ensuite chloroformé. Sa température axillaire descendit à 30°,9 et sa température rectale à 31°,8.

Peu à peu sa température s'éleva jusqu'à la mort à 34°,8 et 37°,3.

1. Fischer (de Breslau). *Berl. Klin. Wochenschr.*, 1871.
2. Teale. *Medical Times*, 1875.
3. Hutchinson. *Lancet*, 1875.
4. H. Reynold *Berlin, Klin. Wochensch.*, 1877, n° 39.
5. Boursier. *Société anatomique*, 1879.
6. Smith. *Med. Times*, 1873, I, 326.

Voyez aussi Leriche. *Effets variés des traumatismes du rachis.* (Lyon medical, t. V, 1870.

La moelle était complètement écrasée à la hauteur de la sixième vertèbre cervicale.

OBSERVATION XV. — *Fracture de la colonne vertébrale dans la région cervicale. Mort. Autopsie.* — Communiquée par M. LE GROS CLARK.

T. H. B., âgé de 18 ans, gymnasiarque. Chute d'un lieu élevé, sur la tête.

Il présente les signes d'une compression de la moelle. Les extrémités inférieures sont insensibles, paralysées.

Trente-six heures après l'accident, délire furieux.

Le 25, temp. de l'aisselle	à 9 h.	(104° F.)	40°
	à 10 h.	(103°5 F.)	39°7
Le 26, temp. de l'aisselle	à 9 h.	(104°5 F.)	40°3
	à 10 h.	(104° F.)	40°
Le 27, température	à 9 h. 30	(102° F.)	38°9
Le 28, temp. de l'aisselle	à 10 h. 30	(106° F.)	41°2
au niveau du pied		(104°4 F.)	40°3

Il meurt dans un spasme violent.

Un quart d'heure après la mort, la température de l'aisselle est (110° F.) 43°.

A l'autopsie : Fracture de la 5e vertèbre cervicale.

OBSERVATION XVI. — *Fracture et luxation de la 6e et 7e vertèbre cervicale, fracture de la base du crâne, hémorrhagie entre la dure-mère et l'arachnoïde au voisinage de la fracture; abaissement considérable de la température.* — Communiquée par M. LE GROS CLARK.

A. B. R., 22 ans. Chute d'un lieu très élevé.

Il fut reçu à l'hôpital le 24 janvier, avec les signes d'un choc violent. Il est dans la stupeur et la prostration.

La température une heure après son admission :

à 7 h. 15 est (93°5 F.) 34°6
à 9 h. est (92°3 F.) 34°1

Mort le 26.

Voici la marche de la température dans ce cas.

24 janvier	7 h. 15	93°5 F.)	34°	
	9 h	(92°3 F.)	33°5	
25 janvier	9 h.	(91°2 F.)	33°	
	1 h.	(90°6 F.)	32°6	
	6 h.	(87°2 F.)	31°	
	12 h.	(84° F.)	40°	
26 janvier	9.h. 45	(86° F.)	30°	
	3 h.	(81°7 F.)	27°5	dans l'aisselle.
		(82°15 F.)	28°	rectum.
			30°	
			12°	rectum.

A l'autopsie, fracture et luxation de la 6e et 7e vertèbre cervicale; fracture de la base du crâne. Épanchement sanguin au voisinage de la fracture.

Dans deux observations récentes, Nieden[1] signale à la suite de fracture et de luxation de la colonne vertébrale des abaissements de température considérables.

OBSERVATION XVII. — Un cocher de 60 ans, qui tomba d'une échelle, se luxa la septième vertèbre cervicale sur la première dorsale. Mouvements de la tête, de la nuque, des membres supérieurs simplement douloureux; mais paralysie de la sensibilité et de la motilité de tout le reste du corps à partir du troisième espace intercostal. Dix heures après l'accident, la température était de 35°1 ; jusqu'au commencement du troisième jour, la température monta lentement jusqu'à 37° ; mais, le quatrième jour, elle retomba à 35°4. Dans la nuit du sixième jour 32°3 ; le septième, 31°1 ; les huitième et neuvième, 29°1. Le dixième jour la mort survint, la température fut de 27°2 et de 27° ; dix minutes après la mort, elle monta de trois dixièmes.

OBSERVATION XVIII. — A la suite d'une chute survint une paralysie des quatre membres, et de l'anesthésie à partir du deuxième espace intercostal (fracture au niveau de la troisième et quatrième vertèbre cervicale). Les premières températures furent de 33°4, 33°2, 32°. Huit heures après l'accident, 33°3, malgré les tentatives pour le réchauffer. La température se mit alors à monter lentement : 37°3, treize heures après l'accident ; elle était à 39°2, au moment de la mort, dix-neuf heures après la chute.

Il n'existe dans la science qu'un très petit uombre d'observations de lésions pathologiques de la moelle avec abaissements de température.

Jackson [2], dans un cas d'hémorrhagie médullaire extraméningée, trouva une diminution notable de la température.

Mannkoff[3] dans un cas de myélite signale le collapsus et un abaissement de température de 35°,2.

1. NIEDEN. *Berlin. Klin. Wochenschr.*, 1878.
2. JACKSON. Cité par Hayem. *Des hémorrhagies de la moelle,* (thèse d'agrégation, 1872).
3. MANNKOFF. Cité par Dujardin-Beaumetz. *De la myélite aiguë* (thèse d'agrégation, 1872).

II. — LÉSIONS DU SYSTÈME NERVEUX PÉRIPHÉRIQUE.

Irritation des nerfs sensitifs. Influence de la douleur. — Les degrés et la nature de la douleur sont variables à l'infini; lorsque l'on excite chez un animal un nerf sensitif, cette excitation retentit sur plusieurs systèmes, le système circulatoire, nerveux, musculaire.

Si nous voulons donc dégager nettement ce qui appartient à l'élément douleur dans nos résultats thermométriques, la difficulté est extrême.

Les premiers observateurs ne se sont peut-être pas assez mis à l'abri de ces erreurs; ils provoquaient de la douleur et constataient le résultat thermométrique sans se préoccuper des causes accessoires qui pouvaient troubler le phénomène.

Un assez grand nombre d'auteurs parmi lesquels Demarquay[1] avaient conclu à l'élévation de température par la douleur.

D'après Krimer, l'irritation d'un nerf donne lieu à une augmentation de température.

Il est vrai que Krimer se préoccupe peu de la température générale et il n'observe que la température du membre où se rend le nerf excité.

Earle[2] a trouvé la température d'un bras, siège de vives souffrances, à la suite d'une blessure, plus élevée de 1°,3 R. que sous la langue.

Voici comment Demarquay a pratiqué ses expériences sur les animaux :

Première expérience. — 21 janvier 1847. — Je fis fixer un chien dont la température était de 38°, le thermomètre resta dans le rectum.

Je fendis alors lentement l'aisselle jusqu'aux vaisseaux axillaires et pendant l'expérience le thermomètre monta de 38° à 38°5.

A la même époque, je pratiquai la désarticulation de l'épaule d'un autre chien et je constatai que cette expérience avait également donné lieu à une augmentation de 0°5 ou de 0°75 au thermomètre.

1. Demarquay. *Recherches expérimentales sur la température animale.* Thèse inaugurale. Paris, 1847.

2. Earle. *On the influence nervous system in regulating animal Heat.* — Medico-chir. Transactions, t. VII, p. 173, 1819.

L'irritation d'une partie enflammée donne également lieu à une augmentation de température. Sur un chien dont le péritoine était fortement enflammé, si j'irritais cette membrane avec un thermomètre, il y avait élévation sensible de la température.

Deuxième expérience. — Après avoir déterminé à l'avance la température d'un chien vigoureux, je mis le plexus brachial à nu; lorsque le chien fut reposé, j'excitai les nerfs à l'aide d'un scalpel, et je vis monter le mercure du thermomètre placé dans le rectum de l'animal pendant l'expérience.

Ces résultats ne peuvent, suivant nous, amener à des conclusions très nettes. Dans les circonstances où l'on excitait le nerf sensitif, pouvait-on dire que l'élévation de température tenait à la douleur? Nous appuyant sur de récentes expériences, nous pouvons dire que les erreurs tiennent en grande partie à la modification imprimée à la température par les mouvements que fait l'animal soumis à une vive douleur. Les recherches d'Helmholtz, Solge, Heidenhain, Meierstein, Thiry, démontrent en effet, que le mouvement élève la température.

Cl. Bernard, après avoir introduit un thermomètre dans la carotide d'un chien, met à découvert un filet du plexus cervical, et excite le bout central de ce nerf, il note d'abord une élévation, puis un abaissement de température.

Dans une autre expérience, après l'électrisation du bout central du nerf auriculaire (plexus cervical) la chaleur de l'oreille du lapin baissa considérablement.

Le nerf sensitif, dit Cl. Bernard, ne saurait agir ici par lui-même sur la température du corps; il n'est en somme, que l'agent indirect du refroidissement. L'agent direct, c'est le sympathique; c'est dans les centres nerveux que le premier nerf réagit sur le second.

Mantegazza[2] a fait, en 1866, des expériences très consciencieuses dont voici les principales conclusions: 1° Les douleurs intenses transmises par les nerfs rachidiens et la peau produisent rapidement un abaissement notable de la température soit dans le rectum, soit aux oreilles;

1. Cl. Bernard. *Chaleur animale*, 1876.
2. Mantegazza. *Gazetta medica Lombardia italiana*, n° 26-29, 1862, 1866, et *Gaz. hebd. de méd. et de chir.* 2e série, t. III, p. 558, 1866.

2° Chez le lapin, la diminution varie de 0°,68 à 2°,48 : moyenne 1°,27 ;

3° La température diminue sensiblement pendant la première minute de la douleur, mais elle arrive à son maximum dix ou douze minutes après qu'elle a cessé d'être ressentie ;

4° La durée de l'abaissement peut être de une heure et demie et au-dessus ;

5° L'abaissement de la température est plus marqué lorsque la douleur ne s'accompagne pas de contraction musculaire ;

6° La douleur produit chez les poules un abaissement de température de 0°,66 à 1°,76 : moyenne, 1°,37 ;

7° Chez les petits oiseaux, le mouvement de la température survient généralement d'une manière subite au moment où la douleur est ressentie, et le chiffre normal se rétablit plus rapidement que chez les lapins ;

8° Chez ces animaux, l'abaissement de température a duré une heure et au delà ;

9° Chez l'homme, la douleur exerce la même influence que chez les animaux ;

10° L'abaissement grave et durable de la température, produit par une douleur dont la durée est de dix minutes, doit supposer qu'il faut en chercher l'explication dans une perturbation des phénomènes chimiques de la calorification et que la seule diminution de la température par les nerfs vaso-moteurs n'en rend pas suffisamment compte.

Dans les brûlures, Mantegazza a, en outre, constaté les modifications thermiques qu'il a observées dans la douleur. Nous aurons à examiner si l'élément douleur doit entrer en ligne de compte pour expliquer les abaissements de température observés à la suite d'accidents semblables.

Brown Séquard[1] croit qu'il existe des fibres nerveuses particulières non sensibles dans presque tous les organes et la peau. Si l'on vient à exciter ces fibres, l'on obtient du refroidissement et quelquefois des syncopes. Il pense en outre

1. Brown Sequard. *Experimental Researches applied to physiology and pathology. Philadelp. med. Exam.* 1853, et Brown Sequard et Lombard. *Des effets de l'irritation des nerfs sensibles sur la température.* Archives de physiologie, t. I, p. 688, 1868.

que l'*irritation des nerfs capables de provoquer de la douleur* produit une élévation de température.

Les battements du cœur sont dans ce dernier cas notablement augmentés.

De nouvelles et concluantes expériences faites en 1870 et 1872 par Heidenhain, qui avait déjà communiqué au Congrès d'Innsprück une partie de ses résultats, nous permettent d'affirmer que la douleur abaisse la température.

Ces recherches ont été faites sur des chiens soumis au curare; d'après l'auteur, grâce à ce précieux agent, l'on peut se mettre à l'abri des erreurs de température causées par les mouvements de l'animal en expérience.

Heidenhain se servait d'un appareil thermo-électrique ou quelquefois du thermomètre.

Le premier fait constaté fut que, lorsqu'on excitait un nerf sensitif ou mixte, le sciatique par exemple, et que l'on introduisait une aiguille électrique dans la cavité d'un vaisseau, la température baissait aussitôt de 0°.1 à 0°,2 pendant une minute à une minute et demie. L'excitation des nerfs de sensibilité abaisse la température non seulement dans les deux ventricules, dans la veine cave, dans les veines hépatiques, mais encore dans l'intestin, dans la cavité abdominale.

Voici une des principales expériences d'Heidenhain :

Expérience du 10 *mai*. — Excitation du bout central du nerf sciatique sectionné.

Déterminations de température dans le cœur gauche, faites toutes les quinze secondes.

Section des deux nerfs vagues :	
Pendant la période de repos	37°65, —66 —65 —56
— d'excitation . .	37°66, —54 —50
Après l'excitation.	37°51, —52 —58 —59 —59
Pendant l'excitation	38°58, —53 —51
Après l'excitation.	37°52, —55 —55
Après un certain temps	
Avant l'excitation	37°68, —69 —69 —69
Pendant l'excitation	37°69, —68 —62 —61
Après l'excitation.	37°62, —65 —68 —68
Pendant l'excitation	37°68, —65 —61
Après l'excitation.	37°62, —64 —68 —68

1. HEIDENHAIN. *Pflüger's Arch. für Physiologie*, 1870, p. 504 à 565 et 1871-1872, p. 77 à 114.

Heidenhain a remarqué que quelques moments après l'excitation, la température qui s'était abaissée ne tardait pas à remonter avec une très grande rapidité. Si l'excitation était. répétée, un abaissement de température durable se produisait.

La température s'abaissait même avec des excitations passagères, telles que section ou ligature d'un nerf de sensibilité.

Ce phénomène de l'abaissement de température est, d'après Heidenhain, sous l'influence du système nerveux et même d'une partie limitée de ce système, la moelle allongée.

Un fait qui a une grande importance au point de vue des *théories nerveuses de la fièvre*, c'est que chez les animaux fébricitants, lorsqu'on excite les nerfs sensitifs, l'abaissement de température ne se produit plus.

Riegel [1] ne partage pas l'opinion d'Heidenhain et met en doute la constance de l'abaissement de la température centrale sous l'influence de la douleur.

Naumann [2] a constaté dans ses expériences qu'à la suite de l'irritation de la peau chez des sujets sains, par les épispastiques, il se produit un abaissement de la température centrale précédé presque toujours d'une légère élévation.

Les sinapismes ne donnent pas lieu à des modifications thermiques dans les endroits où ils sont appliqués ; mais un fait incontestable et qui semble prouver que la douleur abaisse la température, c'est que la *chaleur générale* s'abaisse et Naumann, qui a constaté le fait, attire justement l'attention sur ce point.

Rohrig [3] a vu la température rectale tomber à 18° en une heure vingt minutes, chez un lapin dont la peau rasée avait été mouillée avec de l'huile de moutarde.

Jacobson[4] pense que dans ces conditions le refroidissement n'est pas un fait constant, il n'a noté que dans cinq cas sur

1. RIEGEL. *Ueber den Einfluss des Nervensystems auf den Kreislauf und die Körpertemperatur. Arch. f. Physiol.* Band IV, p. 350-434. Bonn. 1871 et *Centralblatt*, 1872.

2. NAUMANN. *Ossv. Vierteljahrschrift für praktische Heilkunde*. Band, XCIII, p. 133, 1867 et *pfluger's Arch., für Physiologie*, 1870.

3. ROHRIG. *Physiologische Untersuchungen uber den Einfluss von Hautreizen auf circulation, Athmung and Korpertemperatur. Deutsche Klinik*, 1873, no 23.

4. JACOBSON. *Ueber den Einfluss von Hautreizen auf die Korpertempe-*

trente-et-un un abaissement de la température axillaire, dix fois sur dix-huit sujets, un abaissement de la température rectale.

Dans les maladies fébriles, à la suite d'irritations de la peau, cet auteur a vu baisser la température axillaire deux fois sur vingt-trois cas. Dans le rectum, il ne constata aucune modification de la température dans quatre cas.

M. le professeur Vulpian [1] a provoqué des dépressions thermiques assez marquées en injectant sous la peau d'un cobaye de l'huile de moutarde.

D'après M. Vulpian il se produit dans ces expériences non seulement un épuisement plus ou moins marqué de l'activité vaso-motrice des centres nerveux, mais encore un certain degré d'affaiblissement de leur influence sur la nutrition et les combustions internes et, par suite, une diminution du travail thermogène dans toutes ces parties.

D'après ces expériences, et avec la majorité des expérimentateurs, nous concluerons, que l'excitation des nerfs sensitifs et la douleur *abaissent* la température dans la majorité des cas.

La lésion des nerfs mixtes et sympathiques produit aussi des modifications de la température.

Provencal, avait vu, avant Legallois, Arnold, Duméril et Demarquay, l'abaissement de température, à la suite de la section du pneumo-gastrique.

Samuel [2] pense que l'abaissement de température observé dans le cas de section du pneumo-gastrique est probablement dû à la dyspnée qui se montre aussitôt après l'expérience.

Chossat prétend avoir vu que l'écrasement et le tiraillement du nerf grand sympathique faisaient diminuer la chaleur animale d'environ 5°.

Ce grand physiologiste avait donc été bien près de faire la découverte qui devait illustrer Claude Bernard.

L'influence que possède l'excitation, l'irritation ou la section du sympathique sur la chaleur animal est trop connue pour que nous y insistions.

ratur. Archiv für pathologische Anatomie und Physiologie von Virchow, t. LXVII, 1876.

1. VULPIAN. *Leçons sur le système Vaso-moteur*, 1875.

2. SAMUEL. *Ueber Entstellung der Eingenwarme und des Fiebers*. 1876, p. 50, et 62.

CHAPITRE XIII

DES ABAISSEMENTS DE TEMPÉRATURE APRÈS LES GRANDS TRAUMATISMES.

Après de grands traumatismes, principalement à la suite de blessures de guerre, d'accidents de chemins de fer, on observe un ensemble de symptômes d'une gravité extrême auquel on a donné le nom de *choc chirurgical* (shock), *stupeur traumatique*.

Parmi les symptômes du choc traumatique, il y en a un qui a particulièrement attiré notre attention et que nous avons étudié dès l'année 1870, l'*algidité traumatique*.

Les chirurgiens ont signalé de tout temps, à la suite de blessures graves, le refroidissement de la peau.

Ils décrivent les blessés couverts d'une sueur froide qui donne à la main une sensation spéciale ; tous les cliniciens ont remarqué le refroidissement tégumentaire dans les hernies étranglées, les plaies par armes à feu, les accidents de chemin de fer.

Dupuytren [1] disait dans son admirable chapitre de la stupeur traumatique : « La diminution de chaleur, portée quelquefois jusqu'à froid glacial, est un autre effet de stupeur. »

Ce n'est que dans ces dernières années que l'on a constaté mathématiquement au moyen du thermomètre l'abaissement de température à la périphérie et dans les cavités centrales.

1. Dupuytren. *Leçons orales*, vol. V.

Sous la direction de notre maître Demarquay, nous avons recueilli, en 1870-71, sur des blessés de guerre, un grand nombre d'observations qui nous ont permis d'arriver à des conclusions au point de vue du pronostic et du diagnostic.

Les travaux de Furneaux Jordan[1], de Le Gros Clarke[2], que nous ne connaissions pas au moment de la publication de notre premier travail sur ce sujet, contiennent des conclusions qui se rapprochent des nôtres.

Pendant notre internat et notre clinicat dans les hôpitaux de Paris (1874-83), nous avons recueilli un grand nombre d'observations (nous citons plus loin les principales), sur des blessés à la suite de grands traumatismes, écrasements, accidents de chemins fer.

Les résultats ont été les mêmes que ceux obtenus sur des blessés de guerre ; nous maintenons donc nos premières conclusions.

Dans un grand nombre de nos observations, nous avons pris simultanément la température axillaire, et la température rectale, il existe une différence assez marquée (5 à 6 dixièmes de degré) entre ces deux températures. Nous pensons que la température rectale peut seule donner des indications précises, et la plupart de nos explorations ont été faites dans des cavités centrales.

Nous avons noté les températures des blessés sitôt qu'ils arrivaient dans nos ambulances ou nos hôpitaux généralement trois ou quatre heures après que la blessure venait d'être reçue ; nous avons recueilli aussi quelques températures au moment ou le blessé venait d'être relevé sur le champ de bataille et obtenu ainsi la courbe complète de la température pendant les premières heures qui suivent le traumatisme.

Les principaux symptômes que nous avons observés chez nos blessés, sont les suivants :

1. FURNEAUX JORDAN. *The British medical Journal*, vol. I, 1867, et *Surgical Enquiries on shock after surgical opérations and injuries*. London, 2e édition.

2. LE GROS CLARKE. *Lectures on the principles of surgical diagnosis, especialy in relation to shock and visceral lésions*. London, 1870.

Le blessé, qui n'a généralement pas perdu connaissance, a un faciès hébété, abattu ; les narines sont dilatées : les yeux ternes à demi ouverts, sans expression ; les pupilles dilatées ; il paraît peu préoccupé de sa blessure, il ne frisonne pas ; il est dans la stupeur (forme dépressive du choc).

Il ne se plaint pas, il n'accuse aucune souffrance et l'on peut explorer les blessures les plus graves sans qu'il s'y oppose.

D'autres fois au contraire, et nous avons souvent vu ce fait chez les soldats de l'armée insurgée (1870), il y a du délire, de la loquacité ; souvent le malade se plaint, se lamente, annonce sa mort prochaine. Dans cette forme de choc traumatique (forme érethique de Dupuytren, Travers, Fischer), on note le rétrécissement de la pupille, des vomissements, un tremblement général et des spasmes.

La respiration est fréquente, superficielle ; le pouls petit, très accéléré.

Dans la forme torpide de la stupeur, les mouvements sont difficiles ; l'activité cardiaque est singulièrement diminuée, dans un assez grand nombre de faits nous n'avons pas trouvé de diminution des battements du cœur ; généralement cependant le pouls est petit, imperceptible.

La respiration se fait d'une façon très lente.

Le blessé a souvent des vomissements.

Nous attirons l'attention sur ce fait que nous avons fréquemment observé chez les blessés par armes à feu, *la suppression presque complète des urines pendant huit, dix, douze heures après le traumatisme.*

L'urine ne contient ni sucre, ni albumine, excepté dans les lésions des centres nerveux (fracture du crâne).

La température du corps entier est considérablement abaissée au simple toucher, les mains, les pieds, les oreilles sont très refroidis ; le refroidissement, d'après nos observations, commence par les extrémités ; il s'empare du sujet sans *que celui-ci se plaigne de ce symptôme*. Quand nous interrogions les blessés, afin de savoir s'il ressentaient un refroidissement, ils nous répondaient souvent négativement.

On constate un abaissement réel de la température, non seulement sous l'aisselle, mais dans le rectum.

Si la blessure est très grave, si le blessé à été violemment ébranlé par un obus, un biscaïen, la température axillaire peut s'abaisser jusqu'à 35° dans l'aisselle et dans le rectum jusqu'à 35°,5.

Arrivé à ce degré de l'échelle thermométrique, le refroidissement continue, la stupeur augmente, la peau se ride, les muscles deviennent rigides, l'haleine froide et le malade succombe.

Si le traumatisme a été moins violent, la température peut s'abaisser, mais elle n'atteint presque jamais un chiffre inférieur à 36°.

Dans ces cas, quatre ou cinq heures après la blessure, le pouls qui était très ralenti, commence à s'accélérer, la respiration ne présente plus ce ralentissement de mauvais augure que nous avons signalé. Au bout de quatre à cinq heures, fait très important et sur lequel nous reviendrons, la température remonte, mais elle ne s'arrête pas au niveau normal, elle s'élève encore, et nous avons ainsi des températures fébriles.

C'est à ce moment surtout qu'il se fait une exhalation de liquide sanguinolent à la surface de la plaie et qu'une véritable hémorrhagie peut survenir.

Plus le choc a été considérable, plus la température s'élève, de telle sorte qu'il n'est pas rare d'observer des températures de 39°.

Si l'abaissement de température à été peu considérable, l'élévation est peu intense, et l'on peut dire que : « La réaction est en raison directe de l'abaissement. »

Si l'élévation consécutive est très grande, le danger n'est pas moindre que si la température reste abaissée, car des accidents rapides vont survenir qui menaceront la vie du blessé.

Dans presque tous les cas de choc traumatique, nous avons noté des abaissements de température.

La mensuration de la température après de grands traumatismes nous fournit des indications précieuses; elle nous indique d'une façon précise la gravité du cas, son pronostic, elle indique si l'intervention chirurgicale doit être utile ou nuisible.

Les observations résumées qui suivent font saisir nettement les indications fournies par l'observation de la température dans les traumatismes.

OBSERVATION XIX. — X..., soldat de ligne a reçu un fracas énorme de la jambe droite par un éclat d'obus.

La température prise immédiatement après l'accident est de 36°, 8.

L'amputation est pratiquée et l'on observe la série des chiffres suivants :

Matin. . . . . 37°
Soir. . . . . 39°
Matin. . . . . 38°
Soir. . . . . 39°3
Guérison.

OBSERVATION XX. — X..., Joseph, sergent-major, a un fracas assez considérable du tibia par éclat d'obus. Le blessé n'a fait aucune libation.

Température deux heures après l'accident. 36°4
Amputation du membre sept heures après.
Immédiatement après l'amputation . . . . 36°7
Le lendemain. . . . . 38°6

OBSERVATION XXI. — X..., soldat du 13e de ligne, a une fracture complète et comminutive du fémur par un éclat d'obus, siégeant vers le tiers supérieur, à quelques centimètres au-dessous de l'articulation coxo-fémorale.

Température prise immédiatement après la blessure. 36°4
Le lendemain. . . . . 38°3

Résection partielle du fémur ; l'on peut observer la série des chiffres suivants :

Soir. . . . . 39°
Matin. . . . . 38°6
Soir. . . . . 39°
Matin. . . . . 38°5
Soir. . . . . 39°4
Matin. . . . . 40°
Guérison.

OBSERVATION XXII. — X..., soldat du 113e de ligne est amené à notre ambulance. Il a été blessé derrière une barricade et sa blessure consiste en une fracture comminutive de l'humérus vers le tiers supérieur ; le malade est dans le calme le plus parfait.

La températaure prise immédiatement est . . 36°9
Le lendemain. . . . . 38°4

Observation XVIII. — T..., âgé de 25 ans, blessé par un éclat d'obus, sa blessure consiste en un fracas énorme du tibia avec fracture comminutive de fémur.

Température deux heures après l'accident. 36°1
Réaction le lendemain . . . . 38°4
Amputation. — Guérison.

Observation XXIV. — N..., 45 ans, garde national, a eu un fracas de jambe assez considérable par un éclat d'obus, le malade reconnaît lui-même avoir fait de copieuses libations.

Température deux heures après l'accident. . . . 36°3
L'amputation est décidée et pratiquée sans accident, le malade soumis aux inhalations de chloroforme a une température rectale de. . . . . 36°8
Huit heures après . . . . 38°
Le lendemain. . . . . 38°2
Soir . . . . 39°2
Matin . . . . 38°9
Soir . . . . 39°1

Observation XXV. — N..., fracture comminutive de jambe par balle.

Température. . . . . 36°8
Le lendemain soir . . . . 38°7

Observation XXVI. — X..., blessé à la porte Dauphine, a eu le pied droit enlevé par un éclat d'obus. Il a en outre un fracas énorme du tibia.

Température rectale trois heures après l'accident.
Une heure du soir . . . . 35°8
Il meurt à quatre heures avec . . . . . . 35°

Observation XXVII. — Fracas considérable de la jambe gauche, éclat d'obus, les os sont fracturés dans une assez grande étendue. Le blessé nous paraît avoir fait des libations.

Température deux heures après l'accident. 36°7
L'amputation est pratiquée, température . 36°6
Le même jour à deux heures . . . . 38°
— . . . . 39°3
— 39
Amputation. — Guérison.

Observation XXVIII. — V..., fracture comminutive et complète du coude par éclat d'obus.

Stupeur considérable. Etat ivre au moment de sa blessure.

Température rectale. . . . . 35°9

Le malade meurt trois heures après.
Élévation *post mortem* de la température.
Trois heures après nous observons . . . . 38°5

Observation XXIX. — B..., 28 ans, fracas énorme de la jambe gauche, la jambe est presque détachée. Hémorrhagie à peu près nulle.

Température rectale . . . . 36°
Guérison.

Observation XXX. — Fracture comminutive de l'humerus par balle. Ivresse.

Température. . . . . 36°3

Observation XXXI. — X..., capitaine du génie, fracture du fémur. — Fracture de l'humérus par éclat d'obus. — Plaies multiples.

Température . . . . 35°7°
Sous l'aisselle. . . . . 35°2
Mort quatre heures après l'accident.

Observation XXXII. - X..., 20 ans, soldat de ligne, fracture de la clavicule par balle.

Température . . . . 36°8 aisselle.
Le soir. . . . . 37°2
Guérison.

Observation XXXIII.— X. 40 ans, fracture comminutive du fémur. — Fracture du tibia. — Plaie pénétrante de l'abdomen. — Stupeur.

Température six heures après. . . . . . . 34°9
Le malade meurt bientôt.
Deux heures après la mort . . . . 35°5

Observation XXXIV. — T..., 28 ans, fracture du crâne.

Température rectale . . . . . 34°9 sous l'aisselle
Mort deux heures après avec 34°.

Observation XXXV. — Fracture du radius et du cubitus droit par éclat d'obus. — Stupeur considérable.

Température. . . . . 35°6
Mort deux heures après.
Elévation *post mortem* de la température jusqu'à 38°.

Observation XXXVI. — X..., capitaine, fracture du radius par balle. — Hémorrhagie assez considérable.

Température. . . . . 36°7
Le soir . . . . 37°

Observation XXXVII.— X..., 26 ans, fracture de l'humérus au tiers supérieur par éclat d'obus. — Ivresse.

Mort.

Température. . . . . 36°

Observation XXXVIII. — X..., 23 ans, plaie pénétrante de poitrine.

Température. . . . . 35°8

Mort.

Observation XXXIX. — X..., Jérôme, soldat du 53° de ligne, fracture du maxillaire par balle. — Stupeur.

Température. 36r5

Guérison.

Observation XL. — Soldat du génie, 28 ans, fracas du femur par éclat d'obus. — Fracture de l'humérus.

Température. . . . . 35°9

Mort.

Observation XLI. — Garde national, ablation presque complète de l'humerus par éclat d'obus. A eu une hémorrhagie assez abondante. — Libations.

Température. . . . . 35°6

Le malade meurt quatre heures après.

Observation XLI. — X..., mobile, 21 ans, fracture complète du fémur au tiers supérieur.

Température . . . . 36°7

Observation XLIII. — X..., soldat du 63e de ligne, 28 ans, fracture comminutive du fémur.

Température prise immédiatement après l'accident. 36°4

Observation XLIV. — X..., soldat du 43e de ligne, 23 ans, fracture de l'humérus au tiers supérieur (balle).

Température. . . . . 36°9

Le lendemain. . . . . 38°3

Observation XLV. — T..., 33 ans fracture complète du fémur par éclat d'obus.

Température . . . . 36°6

Observation XLVI. — 25 ans, fracas énorme du tibia, avec fracture comminutive du fémur. Le malade a fait de nombreuses libations.

Température deux heures après l'accident. . . 36°4

Le lendemain. . . . . 3°48

Observation XLVII. — Contusion des deux jambes, avec plaie peu considérable. Libations copieuses.

Température. . . . . 36°3
Le soir, délire . . . . 39°

L'abaissement de température dans ce cas nous semble produit par l'état d'ivresse dans lequel se trouve le blessé.

Observation XLVII. — N..., 40 ans, fracas des deux jambes par éclat d'obus.

Température. . . . . 36°3
Mort.

Observation XLVIII. — Blessure par le recul d'un obusier. — Fracture du tibia. — Libations.

Température. 3

Observation XLIX. — 23 ans, plaie de la face par éclat d'obus. Lésion de l'artère temporale. Commotion cérébrale.

Température. . . . . 36°5
Le soir . . . . 38°

Observation L. — N..., 43 ans, fracas considérable de jambe par éclat d'obus. — Le malade reconnait avoir fait des libations.

Température huit heures après l'accident. 35°3
Le lendemain. . . . . 36°8
Mort.

Observation LI. — M. Jules, 23 ans, plaie de tête par éclat d'obus sans fracture des os du crâne. — Perte de connaissance.— Commotion.

Température. . . . . 36°5
Le soir, délire . . . . 39°

Observation LII. — Fracture comminutive de jambe par balle. — Pas de libation.

Température. . . . . 36°8
Le lendemain. . . . . 38°7

Observation LIII. — J..., 40 ans, ablation complète du pied par éclat d'obus. — Fracture comminutive du fémur.

Température axillaire. . . . . . . 34°9
Mort.

Observation LIV. — 38 ans, garde national, fracas énorme de la jambe gauche par éclat d'obus. — Stupeur.

Température . . . . 35°9
Le soir. . . . . 38°3
Mort.

OBSERVATION LV. — Fracas de jambe par éclat d'obus. Stupeur.

Température. . . . . 35°9
A cinq heures. . . . . 38°3
Il meurt avec . . . . 35°

Elévation assez notable de la température *post mortem*.

OBSERVATION LVI. — Ablation de la jambe gauche par éclat d'obus. — Délire coïncidant avec de l'élévation de température. Mort. (Voir courbe N° 8.)

La température prise trois heures après l'accident, à une heure du soir est de . . . . 35°6
Il meurt le lendemain matin avec. . . 39°

COURBE N° 8.

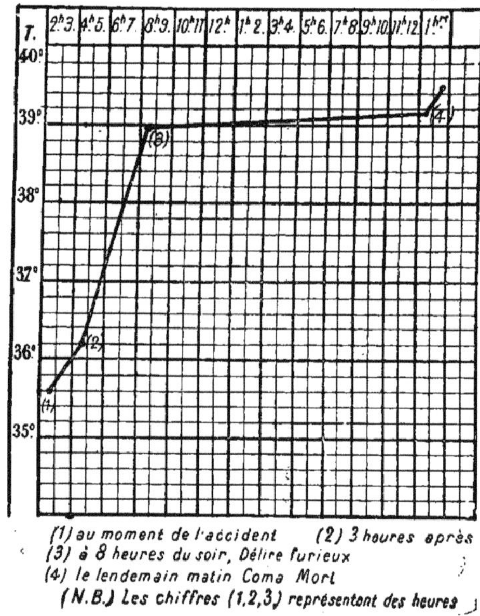

OBSERVATION LVII. — Fracture du fémur près de l'articulation coxo-femorale par éclat d'obus. (Voir courbe N° 9.)

Température. . . . . 35°5
Deux heures après. . . . . 35°5
Meurt bientôt . . . . 34°

COURBE N° 9.

Plaie par Arme à feu.

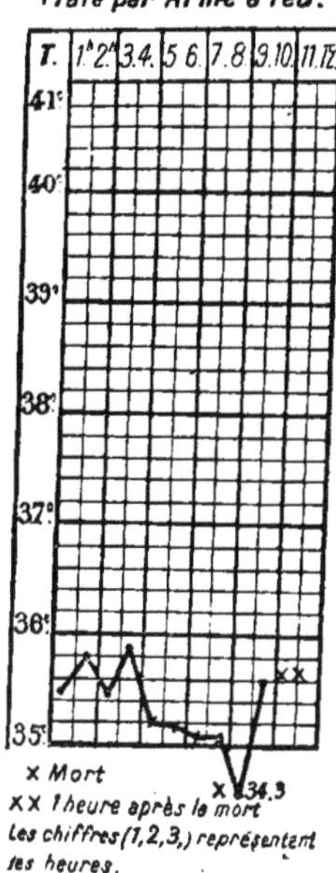

OBSERVATION LVIII. — N..., 39 ans, fracas de jambe gauche par éclat d'obus.

Température. . . . . 36°7
Amputation . . . . 36°5
Le soir. . . . . 38°
Guérison.

OBSERVATION LIX. — Contusion générale. — Plaie de la face par éclat d'obus.

Température. . . . . 36°6
Guérison.

OBSERVATION LIX. — 20 ans, garde national, fracture comminutive du coude, fracture de la partie supérieure de la cuisse avec plaie. — Stupeur.

Température. . . . . 35°7
Mort.

OBSERVATION LX. — M..., 30 ans. fracas considérable de la jambe gauche par un éclat d'obus. — Libations.

Température deux heures après l'accident. 36°7

L'amputation est pratiquée immédiatement ; après l'opération la température est de 36°6.

Guérison.

Mort.

Observation LXI. — 39 ans, plaie superficielle de la main. — Etat d'ivresse très marqué.

Température. . . . . 36°2

Le soir. . . . . 37°2.

Observation LXII. — Long, lieutenant de la garde nationale, 40 ans, fracture comminutive du radius (balle). — Fracture du maxillaire inférieur.

Température. . . . . 36°6

Observation LXIII. — S... Jean, 27 ans, a été blessé à Vaugirard, a eu les deux jambes fracassées par un obus ; les os sont littéralement broyés ; le malade au moment de sa blessure était ivre. — Délire. (Voir courbe N° 10.)

Température. . . . . 35°8

Mort le lendemain.

COURBE N° 10.

Plaie par Arme à feu.

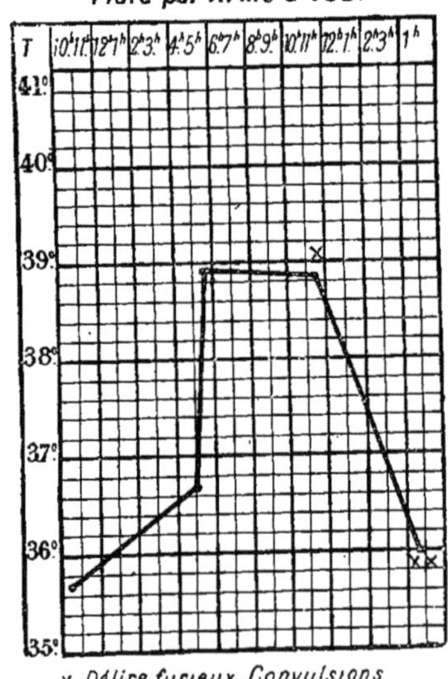

× Délire furieux. Convulsions

× × Mort. Les chiffres (1,2,3,) représentent des heures

Dans les observations qui suivent, on observe des élévations de température quelques heures après l'abaissement.

OBSERVATION LXIV. — J. Bernier, plaie de la région frontale externe gauche par éclat d'obus. Contusion cérébrale sans fracture du crâne.

Le blessé n'a pas repris connaissance. Quatre heures après l'accident.

Température axillaire.	36°3
4 heures après.	38°
6 heures après, le soir	40°
Le lendemain matin.	38°3
Le soir.	40°
Le matin.	39°5
Le soir.	40°6
Le matin.	39°
Le soir.	40°
Le matin.	39°5
Le soir.	41°

Le malade meurt et, quelques jours après, à l'autopsie on trouve un abcès cérébral occupant la deuxième circonvolution.

OBSERVATION LXV. — Fracture comminutive de jambe au tiers supérieur.

Immédiatement après la blessure, 36°7. Quatre heures après l'amputation de la cuisse est pratiquée. 60 gr. de chloroforme ont été administrés.

Abaissement de la température jusqu'à.	36°
Le soir	38°
Le lendemain.	37°5
Le soir	37°8
Suppuration.	
Le matin	38°5
Le soir	39°
Le matin	38°

Le blessé continue à présenter des températures élevées. Il sort guéri.

OBSERVATION LXVI. — Le blessé a reçu une balle à la partie externe de la cuisse. Il n'y a pas de fracture. Pas d'hémorrhagie.

Le blessé au moment de sa blessure était dans un état d'ivresse complète.

Sa température est. . . . . 36°2

On pratique l'extraction de balle sans accidents.

Le soir . . . . 38°3
Le lendemain matin . . . . 37°3
— soir . . . . 37°6
Le lendemain matin . . . . 37°4
— soir . . . . 37°5
La suppuration s'établit . . . . 38°9

Observation LXVII. — 25 ans, a reçu un éclat d'obus qui a fracturé le tibia à la partie supérieure ; il existe au niveau du creux poplité, une grande perte de substance.

Le malade a eu une hémorrhagie assez violente. Stupeur.

La température est. . . . . 35°9

Vingt-quatre heures après l'accident, l'amputation de la cuisse est pratiquée.

La chloroformisation a duré vingt minutes. 45 grammes de chloroforme sont employés.

La température s'est abaissée à. . 35°6
Quatre heures après. . . . . . . 35°9
Le soir, délire furieux . . . . . . 39°2
Le matin. . . . . 39°
Le soir. . . . . 39°4

La mort arrive dans l'après-midi à trois heures.

Observation LXVIII. — Ecrasement du membre inférieur droit. Cette blessure résulte d'un accident de chemin de fer. L'hémorrhagie a été nulle.

La température est. . . . . 36°2
L'amputation de cuisse est pratiquée, chloroformisation . . . . 36°
Le soir. . . . . 36°7
Le lendemain au matin. . . . . 39°
Le soir. . . . . 39°5
Le matin. . . . . 39°5
Le soir. . . . . 39°5
Le matin. . . . . 41°
Le soir. . . . . 41°5

Le malade meurt dans la soirée.

Observation LIX. — Fracture des malléoles compliquée de plaie. (Voy. la courbe N° 11). Exemple de la longue durée de la fièvre traumatique.

Température.	36°5
Le soir.	38°
Le lendemain matin	37°7
— soir	37°8
Le lendemain matin	37°5

COURBE N° 11.

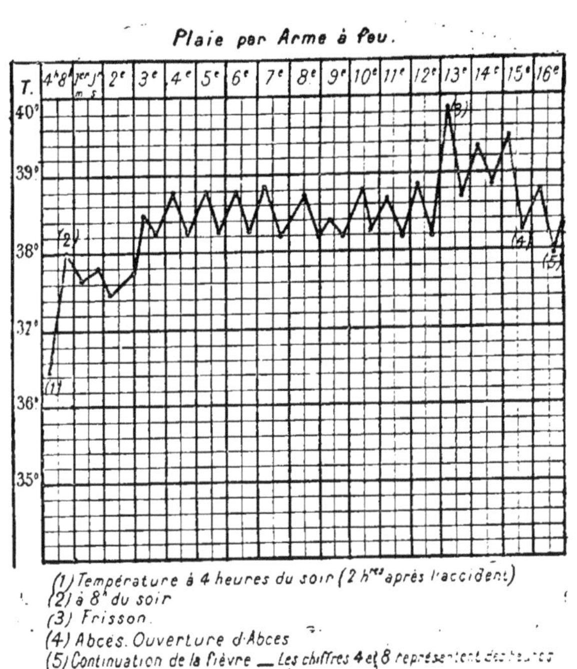

Observation LXX. — L..., 24 ans. Fracture de l'humérus par balle. Le malade a fait de nombreuses libations. Légère hémorrhagie. (Voy. courbe N° 12).

Température	36°5
Le soir.	38°
Le matin.	37°5
Le soir.	38°
Le matin.	38°3
Le soir.	38°7

COURBE N° 12.

Plaie par Arme à feu.

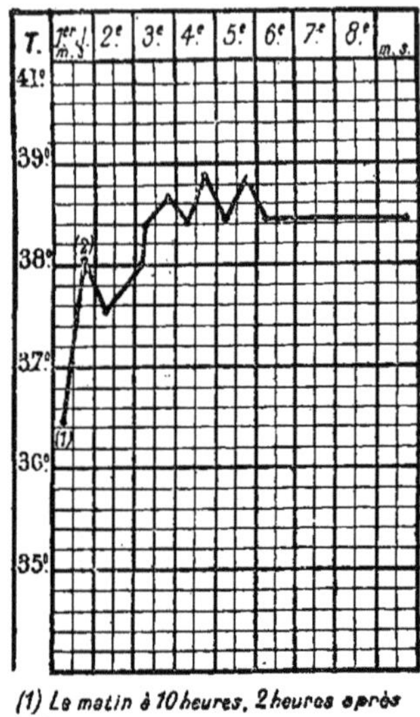

(1) Le matin à 10 heures, 2 heures après la blessure
(2) Le soir à 8 heures

Observation LXX. — N. Bowman, 38 ans, a eu la jambe gauche fracassée par un éclat d'obus ; les deux os sont complètement fracturés.

L'hémorrhagie est nulle.

Température, immédiatement après l'accident, 36°5.

L'amputation est pratiquée (36°5), sept heures après.

Avant l'amputation. . . . . 36°5
Après l'amputation pratiquée avec le secours du chloroforme. . . . . 36°5
Le soir, huit heures après l'opération. . . 38°
Le matin. . . . . 38°5
Le soir. . . . . 38°9
Le matin. . . . . 37°7
Le soir. . . . . 39°
La fièvre continue.

Observation LXXII. — Martineau a eu le pied droit enlevé par un éclat d'obus. Le tibia du côté gauche a été violemment contusionné. Il existe une perte de substance ; l'os est à nu : Alcoolisme. Nous ne constatons pas de fracture.

Température. . . . . 35°7
A 4 heures de l'après-midi . . . . 36°2
Le soir délire furieux. . . . . 39°
Le lendemain matin, le malade est dans le coma et la température est. . . . . . . 39°2

Mort dans la journée

Voyez les courbes 13 et 14.

COURBE N° 13.

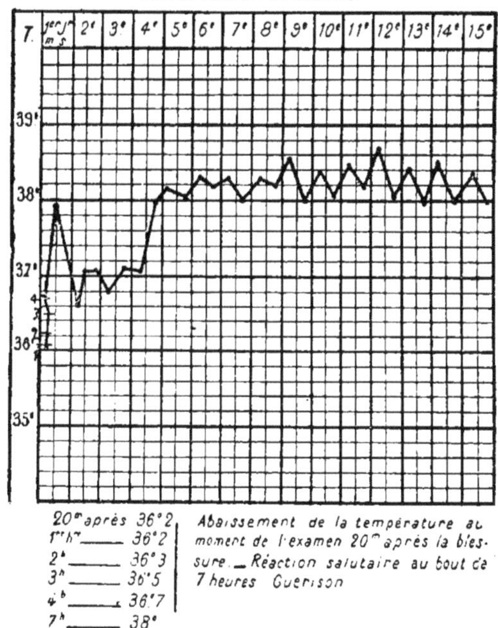

COURBE N° 14.

Coup de feu dans le genou
Amputation.

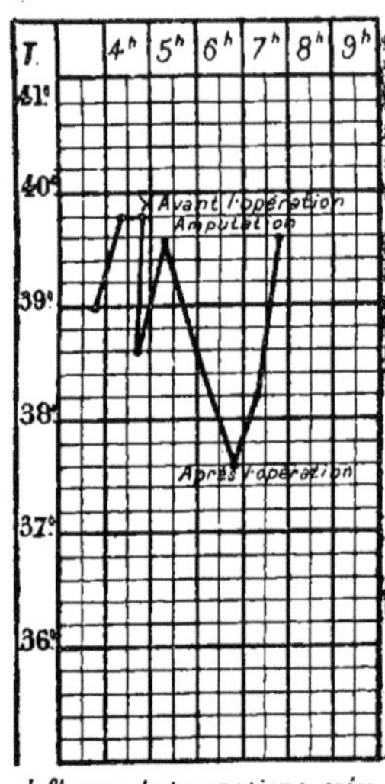

Influence du traumatisme opératoire sur la température.
Les chiffres (4,5,6,) représentent des heures

Nous avons recueilli pendant notre internat un grand nombre d'observations qui confirment entièrement les conclusions que nous donnons plus loin. Ces faits prouvent que les traumatismes graves, de même que les blessures de guerre, s'accusent par des abaissements de température, indices précieux de l'intensité du choc chirurgical.

Nous ne citerons que trois observations, dans les deux premières, l'abaissement de température très notable annonçait une mort prochaine, dans la troisième, il se produisit une réaction salutaire et le malade guérit.

OBSERVATION LXXIII. — *Fracture comminutive de jambe à la suite d'un accident de chemin de fer. — Choc traumatique. — Abaissement notable de la température. — Mort.*

X..., âgé de 28 ans, employé au chemin de fer du Nord, est apporté le 22 mai 1877, à l'hôpital Lariboisière. Les roues d'un wagon lui ont écrasé le membre inférieur gauche. Nous constatons une fracture comminutive de jambe avec plaie. Les os sont complètement broyés et réduits en de nombreuses esquilles. Le malade est dans la stupeur la plus complète. Son haleine est refroidie, ses extrémités sont très froides. Le pouls est à 92.

La température axillaire est. . . . . 35°1
— rectale. . . . . 36°

Il n'y a pas d'hémorrhagie sérieuse.

M. le docteur Delens appelé, se décide à pratiquer l'amputation de cuisse à 7 heures du soir.

On administre une petite quantité de chloroforme.

Après l'opération, perte d'une très petite quantité de sang.

A 7 h. 55, température axillaire . . . . . 35°
— rectale. . . . . . . 35°6
A 8 h., température axillaire . . . . 35°2
A 9 h. — — . . . . 35°6
A 10 h. — — . . . . 35°2
A 11 h. — — . . . . 35°3
A 12 h. — — . . . . 35°2

La stupeur continue et le malade meurt dans la nuit.

OBSERVATION LXXIV. — *Fracture comminutive de la jambe au tiers inférieur avec plaie au niveau de la malléole interne et issue des fragments chez un alcoolique. — Choc traumatique. — Abaissement de température. — Mort.*

Service de M. Pollaillon à l'hôpital de la Pitié.

X..., 40 ans, employé à la Halle aux vins, d'une assez bonne santé, robuste, mais qui est adonné depuis longtemps à l'alcoolisme, reçoit avec une grande violence, le 22 mai 1878, une barrique de vin sur la jambe gauche. Nous constatons une fracture comminutive de la jambe gauche au tiers inférieur avec issue du tibia au niveau de la malléole interne.

Hémorrhagie en nappe assez abondante.

Le malade, au moment de son accident, n'était pas en état d'ivresse.

Stupeur assez marquée. — Refroidissement des extrémités.

Température axillaire à 8 heures du soir. 35°8

Nous réduisons assez facilement le fragment et nous appliquons un appareil de Scultet. Ecoulement sanguin assez considérable qui empêche l'occlusion de la plaie que nous tentons au moyen du coton collodioné.

Température à 9 heures. . . . . 35°6
— à 10 heures . . . . 35°9
— à 11 heures . . . . 36°

Le malade est pris de délire violent dans la nuit.

Température à 3 heures. . . . . 36°8

Chloral. — Potion calmante et le lendemain nous apprenons que le délire a continué et que le malade a succombé.

Remarque. — La gravité de ce cas nous paraît tenir à l'alcoolisme qui, ainsi que nous l'avons signalé, existait depuis de longues années. L'autopsie n'a pu être pratiquée.

OBSERVATION LXXV. — *Fracture comminutive de la jambe droite. — Choc traumatique. — Abaissement de température —Réaction. —Guérison.* Service de M. Verneuil a l'hôpital de la Pitié.

X..., 39 ans, très robuste, entré le 20 avril 1878 dans les salles de M. le professeur Verneuil à l'hôpital de la Pitié. Une roue de voiture a passé sur le membre inférieur droit.

Nous constatons une fracture comminutive de la jambe avec plaie et issue du fragment inférieur du tibia.

Le tibia est réduit, occlusion avec du coton collodioné.

Stupeur peu marquée, refroidissement des extrémités.

Température axillaire	à 6 heures	du soir.	36°1
—	à 8 heures	—	36°2
—	à 9 heures	—	36°1
—	à 10 heures	—	36°6
—	à 11 heures	—	36°7
Le lendemain au matin.			37°9

Application d'un appareil ouaté de Scultet.—Lavage de la plaie avec acide phénique. — Pansement antiseptique.

Le soir		38°
Le 21 avril	au matin	37°6
—	au soir	38°
Le 22 avril	au matin	37°7
—	au soir	37°8
Le 23 avril	au matin	37°9
—	au soir	38

Le malade a guéri sans accident et sa température n'a jamais dépassé 38°.

OBSERVATION LXXIII. — *Fracture comminutive de jambe et du genou. — Choc traumatique. — Hémorrhagie. — Abaissement de température. — Réaction.* — Service de M. Armand Després, à l'hôpital Cochin.

X..., âgé de trente-cinq ans, d'une excellente santé, très robuste, entre à l'hôpital Cochin le 24 mai 1880. Une voiture chargée lui a écrasé le membre supérieur gauche. On constate une fracture comminutive de jambe et du genou, avec issue des fragments et plaie.

Il y a eu une hémorrhagie sérieuse, le malade a perdu un litre de sang environ.

Trois heures après, on constate de la stupeur, du refroidissement des extrémités, du ralentissement du pouls et de la respiration.

Injection sous-cutanée d'éther. — La température axillaire à ce moment est . . . . . . 35°.

Dans le rectum . . . . 36°,6.

L'amputation de la cuisse est décidée et pratiquée au tiers inférieur.

Une petite quantité de chloroforme est administrée.

La température après l'opération est :

Dans l'aisselle . . . . . . 35°.
Dans le rectum . . . . . . 36°.

Le soir, à neuf heures, la température axillaire est 35°,6.

Le matin, 25, la température est 38°.

Guérison.

OBSERVATION LXXIV. — *Polype naso-pharyngien.— Hémorrhagie.— Collapsus avec abaissement de température. — Injections sous-cutanées d'éther. — Guérison.* — Service de M. Verneuil.

Jeune malade, âgé de douze ans environ, auquel on pratique l'extirpation d'un polype naso-pharyngien.

Cette opération est suivie d'une hémorrhagie abondante.

Au moment de l'opération, la température est à 36°,5.

Une heure après. . . . . 34°,5.
Deux heures après . . . . 33°,5.

A ce moment survient un vomissement de sang mélangé de salive. M. Verneuil attribue l'abaissement considérable de la température à ce vomissement.

La température remonte à 34°,5.

Le malade est plongé dans un coma profond.

On pratique une injection sous-cutanée de quarante gouttes d'éther et, à la dépression, succède un bien-être accompagné d'*une élévation de température.*

Le malade rentre dans les conditions ordinaires des opérés.

OBSERVATION LXXV. — *Fractures compliquées multiples. Pas d'hémorrhagie. — Mort.* — Service de M. Polaillon à l'hôpital de la Pitié. Communiquée par E. Gaucher, interne du service.

X..., âgée de cinquante-six ans, renversée par un tramway.

Ecrasement de l'avant-bras droit.

Plaies par écrasement de la main gauche.

Fracture de la branche montante du maxillaire.

Température, 34°5.

Amputation de l'avant-bras au 1/3 supérieur.

L'opération est faite à dix heures du matin.

La malade meurt à une heure et demie.

Température rectale, 34°.

OBSERVATION LXXVI. — *Ostéosarcome du fémur gauche. — Désarticulation de la hanche* [1]. — Recueillie par M. Ménard, interne du service.

T..., âgée de neuf ans. Service de M. Lannelongue, salle Sainte-Eugénie, n° 8.

Tumeur de la partie antérieure de la cuisse. Désarticulation de la hanche.

1/4 d'heure après l'opération,		température	36°,6.
2 heures 1/2 après l'opération,		—	36°,6.
Vers 4 heures 1/2,		—	37°,2.
Le lendemain,		—	38°,2.
Le jour suivant, le matin,		—	38°,2.
—	le soir,	—	39°,4.
—	le matin,	—	38°,4.
—	le soir,	—	39°,4.

Cinq jours après, la cicatrisation est en bonne voie.

OBSERVATION LXXVII. — *Ecrasement du pied. — Amputation de jambe. — Abaissement de température après l'accident. — Fièvre chirurgicale. — Mort. — Autopsie.* — Communiquée par Le Gros Clarke.

J. T..., 43 ans, robuste, non alcoolique, eut son pied écrasé par les roues d'un train de chemin de fer.

Au moment de son admission, à 7 heures 30 du matin, une demi-heure après son accident, les extrémités étaient froides.

La température (96°,4 F), 35°,8.
Le pouls . . . . . 86.

Fracture comminutive avec plaie des os du pied.

A 9 heures 30, deux heures plus tard, la température s'est élevée et est devenue normale.

Le chloroforme étant administré, M. L. Clarke fait l'amputation de la jambe au tiers supérieur.

Légère hémorrhagie quatre heures après l'opération.

Le 5 février, insomnie, spasme musculaire.

Le 7, température à 9 heures 30', 40°. Pouls 116.

1. T. PIÉCHAUD. Que doit-on entendre par l'expression de choc traumatique ? Paris, Thèse d'agrégation en chirurgie, 1880.

Le 9, nuit très agitée, délire, langue sèche.

Température 40°. Pouls 124.

Le 10, le 12, le délire continue et le malade meurt avec une température de 40°.

A l'autopsie, on ne trouve dans aucun viscère des traces d'abcès secondaires se rattachant à la pyoémie.

Remarque. — Cette observation doit être regardée, dit M. Clarke, comme un cas de *shock* profond, avec excitation nerveuse consécutive.

« Je regarde, dit cet auteur, la déchirure des tissus nerveux du pied, comme ayant exercé une influence importante sur la marche et l'issue de ce cas. Cette lésion nerveuse, en effet, a exercé une impression très vive sur les centres nerveux. »

Notons, chez ce malade, l'abaissement de température considérable, 35°,8, immédiatement après l'accident, et l'excitation réactionnelle consécutive se traduisant par des températures de 39°, 40°, 41°.

OBSERVATION LXXVIII. — *Alice P..., âgée de 23 ans. — Température. — Pouls. — Respiration avant, pendant, après une opération de résection de l'épaule.* — F. Jordan [1].

	POULS	RESPIRATION	TEMPÉRATURE
1 heure avant l'opération.	92	18	(98°8F) 37°1
Sous l'influence du chloroforme..............	92	Irrégulière	(98°8F) 37°1
Incision des parties molles	92	»	(98°8F 37°1
Application de la scie sur les os.................		»	(98°8F) 37°1 (98°6F) 37°
Section des os...........	92	»	(98°8F 37°
Quinze minutes après l'opération..............	82	16	98°0F) 36°1
Six heures après........	108	22	102°0F) 38°8
Second jour, matin.....	106	28	(100°0F) 37°8
Second jour, soir........	126	30	(102°4F) 39°
Troisième jour, matin...	120	28	(102°0F) 38°
Troisième jour, soir.....	128	30	102°4F) 39°

1. FURNEAUX-JORDAN. — *On shock after surgical operations and injuries. British medical Journal.* I, for. 1867. London, p. 73, 136, 164, 192, 219, 257, 281 et *Surgical Inquiries*, second edition. Part. I, pag. 1 à 60.

Remarque. — Dans ce cas, dit Jordan, on note nettement l'abaissement de température sous l'influence de la section des os, et l'abaissement consécutif à l'opération, suivi d'une réaction favorable.

OBSERVATION LXXIX. — *James G..., âgé de 35 ans. — Pouls, respiration, température après une amputation de cuisse* (Jordan).

	POULS	RESPIRATION	TEMPÉRATURE
Quelques instants avant l'opération	120	28	(99°2F) 37°25
Pendant la chloroformisation	120	Irrégulière	(99°2F) 37°25
Incision des parties molles	120	Irrégulière	(99°2F) 37°25
Application de la scie sur les os	plus lent	Irrégulière	(99°2F) 37°25 (98°8F) 37°2
Fin de l'opération	110	Irrégulière Lente	(99°F) 37°
Trente minutes après l'opération	105	30	(96°4F) 35°9
Une heure après	112	36	(96°8F) 36°
8 heures après	140	40	(97°0F) 36°2
Second Jour, matin	144	40	(99°6F) 37°5
— soir	156	38	(102°0F) 38°9

OBSERVATION LXXX. — *Aaron B..., âgé de 4 ans. — Température, pouls, respiration avant, pendant, après une opération de lithotomie. — Guérison* (Jordan).

	POULS	RESPIRATION	TEMPÉRATURE
Avant l'opération	100	20	(98°8F) 37°2
Quinze minutes après			(98°4F) 36°9
Six heures après	130	26	(99°8F) 37°2
Second jour, matin	120	20	(100°0F) 37°8
Second jour, soir	140	20	(100°0F) 39°5
Troisième jour, matin	136	22	(100°2F) 38°
Troisième jour, soir	130	22	(100°2F) 39°
Quatrième jour, matin	116	20	(99°8F) 37°7
Quatrième jour, soir	100	20	(100°8F) 38°4
Cinquième jour, matin	69	20	(99°4F) 37°4

Remarque. — Dans ce cas, la température n'est pas descendue au-dessous de (98° F) 36°.

OBSERVATION LXXXI. — *Elisa G... — Pouls, respiration, température avant, pendant, après une amputation de cuisse. — Mort tardive.* (Jordan).

	POULS	RESPIRATION	TEMPÉRATURE
Avant la chloroformisation	110	26	(97° F) 36°5
Pendant —	110	26 Irrég.	(97° F) 36°5
Pendant l'incision......	110	26 Irrég.	(97° F) 36°5
Application de la scie...	accélération	26	(97° F) 36°5
			(96°8F) 36°
Section des os..........	105	26 Irrég.	(97° F) 36°5
Quinze minutes après l'opération.................	100	28	(96°6F) 36°8
Soixante minutes après..	108	28	(97°8F) 37°
Six heures après........	96	25	(97° F) 36°5
Huit heures après.......	92	26	(97°2F) 36°8
Onze heures après.......	94	21	(97°2F) 36°8

Remarque. — Dans cette observation, on ne note pas de réaction semblable à celle du cas précédent.

OBSERVATION LXXXII. — *Joseph W... — Température, pouls, respiration avant, pendant et après une amputation de cuisse. — Guérison.* (Jordan).

Avant le chloroforme . . . . (98°,4 F) 36°,8.
Pendant l'anesthésie. Incision . (98°,4 F) 36°,8.
Application de la scie . . . (98°,4 F) 36°,8.
15 minutes après l'opération . (97°,» F) 36°,».
60 minutes après . . . . . (98°,5 F) 36°,7.
6 heures après . . . . . . (99°,2 F) 37°,2.
Second jour, matin. . . . . (99°,2 F) 37°,2.
Second jour, soir . . . . . (99°,4 F) 37°,4.

Joseph W... était âgé de 10 ans et d'une extrême faiblesse, due à l'existence d'une périostite aiguë durant depuis longtemps.

Dans ce cas, on voit nettement l'abaissement de température sous l'influence de la section des os, l'influence du choc sur la température a été assez marqué, puisque la température est descendue rapidement à (97° F) 36°.— La réaction s'est faite lentement et sans accident.

OBSERVATION LXXXIII. — *P. P..., âgé de 63 ans. — Pouls. — Respiration. — Température. — Amputation au-dessous du genou. — Gangrène sénile* (Jordan).

	POULS	RESPIRATION	TEMPÉRATURE
Le soir de l'opération...	84	17	(99° F) 37°6
Deux heures après......	97	18	(98°6F) 37°
Le soir de l'opération...	88	17	(98°0F) 37°
Le 2e jour, au matin....	120	28	(103°6F) 39°6
Le 2e jour, au soir......	120	28	(103°6F) 39°6
Le 3e jour, au matin.....	112	28	(101°9F) 38°7
Le 3e jour, au soir......	148	33	(98°6F) 37°
Le 4e jour, au matin.....	100	19	(100°6F) 37°8
Le 4e jour, au soir......	108	28	(102°2F) 39°

OBSERVATION LXXXIV. — *Bridget, F., âgé de 47 ans. — Amputation de la mamelle. — Cancer de la mamelle. — Pouls, respiration, température avant, pendant, après l'opération* (Jordan).

	POULS	RESPIRATION	TEMPÉRATURE
Le soir avant l''opération.	82		(98°5F) 37°2
Quelques instants avant.			(98°0F) 37°
Trois heures après......	80	31	(97°6F) 36°5
Six heures après........	104	25	(99°0F)37°25
Le 2e jour, matin.......	92	29	(98° F) 37°
Le 2e jour, soir.........	108	24	(100°4F) 38°
Le 3e jour, matin.......	108	30	(100°4F) 38°

Remarque. — Dans ce cas, on note un léger abaissement de température bientôt suivi d'une réaction favorable.

OBSERVATION LXXXV. — *Fracture comminutive du fémur et du genou. — Résection primitive. — Fracture de la base du crâne. — Mort. — Autopsie. — Abaissement de la température.* — Communiquée par Le Gros Clarke.

M. A. T..., âgé de 19 ans, fit une chute de trente pieds sur une cour pavée. Reçu à l'hôpital le 27 avril, trois heures après l'accident, on constate une fracture comminutive avec plaie du genou.

Au moment de son admission, stupeur, refroidissement des extrémités, pouls petit.

Quatre heures après l'accident, une réaction s'étant faite, on pratique la résection du genou.

La stupeur continue, la face était hébétée, les pupilles dilatées, etc. — Parésie du bras et de la jambe gauche.

Il reste dans cet état de torpeur pendant le reste de son séjour à l'hôpital, il ne recouvre pas connaissance, sa langue devient sèche ; les mouvements de la jambe et du bras droit ne peuvent plus s'accomplir, mais les mouvements réflexes s'obtiennent par le pincement. Il meurt quatre jours après son admission.

A l'autopsie, fracture de la base du crâne, allant de la portion pétreuse du temporal à l'autre. Epanchement de sang au niveau de la fracture. La partie antérieure et moyenne des lobes cérébraux sont déchirés.

Voici la marche de la température dans ce cas :

Au moment de l'admission, le 27 avril, 8 heures 45.

	Température	(96° F) 35°,6,	Pouls	58.
Le 28, au soir.	—	(98° F) 36°,7,	—	104.
Le 29, au matin,	—	(99° F) 37°,25,	—	124.
— le soir, aisselle droite,		(100°,5 F) 38°,»	} Pouls 120.	
— aisselle gauche,		(99°,4 F) 37°,5		
Le 30, au matin,		(101° F) 38°,5.		
— le soir, aisselle droite,		(101°,8 F) 38°,6.		
— aisselle gauche,		(99°,5 F) 37°,5.		

Les abaissements de température ne se montrent pas seulement à la suite des grands traumatismes, nous avons souvent noté une dépression thermique dans le cas de lésions légères, s'accompagnant de douleurs vives.

A la suite de cautérisations, d'injections de liquides irritants sous la peau, dans l'intérieur des articulations, etc., on observe des dépressions thermiques de quelques dixièmes de degré.

La température s'élève au bout de deux heures et devient fébrile (38°, 38°,5).

Dans un cas à la suite d'une injection de teinture d'iode dans le genou, nous avons vu la température descendre à 35°,9, mais elle remonta bientôt à 38° et resta à ce niveau pendant plusieurs jours.

Dans des observations que M. Gripat[1] a prises dans le service de Maisonneuve, on note une descente assez remarquable de la température immédiatement après des cautérisations ignées.

Un fait intéressant à noter, c'est que dans ces cas de cautérisation, la réaction, comme chez les blessés, est très rapide et le fastigium peut être atteint le premier jour. Dans la courbe N° 15, on observe une température élevée le soir de l'opération.

COURBE N° 15.

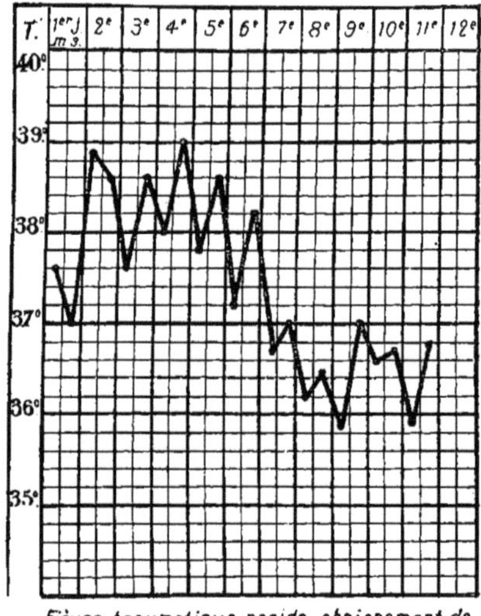

Fièvre traumatique rapide, abaissement de température le 7e 8e 9e 10e 11e jour

Dans une observation de Montgomery[2], on note un abaissement de température quelque temps après l'injection de teinture d'iode dans le genou pour hydarthrose; la

1. Lucas-Championnière. *De la fièvre traumatique*, thèse de concours pour l'agrégation en chirurgie, 1872.

2. Montgomery. Dans l'art. de John Simon. *Holmes System of Surgery*, 1870.

fièvre traumatique se développa rapidement dans ce cas et dura trois jours.

Bærensprung signale l'abaissement de température immédiatement après l'accouchement (36°,2, en moyenne 37°).

Winckel[1] a observé cet abaissement, bientôt suivi d'élévation, au bout de trois, quatre heures.

Schrœder[2] et Grünevald ont vu des températures de 36°,6 chez trois nouvelles accouchées, de 36° chez neuf et 37° chez quarante-sept.

L'hypothermie, dans ce cas, nous paraît due au traumatisme de l'accouchement, à son retentissement sur les organes de l'abdomen.

Nous verrons, plus loin, que les hernies, les ovariotomies, etc., s'accompagnent très fréquemment d'algidité.

Pendant notre dernière guerre en France, nous avons très fréquemment observé le choc traumatique avec abaissement de température.

Cette fréquence nous paraît due aux conditions morales fâcheuses de notre armée, au rôle joué par une artillerie formidable.

Les abaissements de température ont été, dans un grand nombre de cas, très considérables.

L'abaissement de température indique l'intensité du choc ; plus le choc est grave, plus les abaissements de température sont marqués.

Les chiffres notés le plus souvent sont : 35°,5, 35°,4, 36°.

La température a oscillé entre 34°,2 et 37°, entre 35°,5 et 37°. Nous avons observé tous les chiffres intermédiaires.

Le chiffre le plus bas a été 34°,2 (température rectale).

A la période de réaction, nous avons fréquemment obtenu 38°, 38°,5, 39°, 40° et 41°.

Les blessures par obus produisent plus souvent la stupeur que les blessures par balle.

Les lésions de l'abdomen, de la poitrine, du crâne, donnent les abaissements de température les plus considérables. (A la suite d'une fracture du crâne, nous avons observé une tempé-

1. WINCKEL. *F. Temperatur studien bei der Geburt und in Wochenbett Monatschrift für Geburtskunde*, 1862-1863.
2. SCHRŒDER. *Monatschrift fur Geburtskunde*, 1866.

rature de 34°). Viennent ensuite les lésions du membre inférieur et supérieur.

L'ouverture des articulations, la contusion violente des os, les grandes amputations, les désarticulations, s'accompagnent avec une grande intensité des symptômes du choc et de l'agidité.

Pendant la guerre civile de 1871, nous avons toujours trouvé des différences dans l'intensité du choc, entre les soldats de l'armée régulière et ceux de la Commune.

Dans l'observation, nous voyons des lésions traumatiques exactement semblables à celles du fédéré de l'observation, et cependant, au point de vue des résultats thermométriques, des différences très notables existent.

Chez l'un nous trouvons. . 36°,8.
Chez l'autre . . . . . . 35°,3.

Nos recherches ultérieures nous ont appris que les traumatismes de la chirurgie courante s'accompagnent, de même que les plaies par armes à feu, mais avec une intensité bien moindre, d'hypothermie et de stupeur.

Les lésions légères avec douleurs très vives, sont suivies d'abaissements de température avec réaction.

Au point de vue du pronostic et du diagnostic, voici nos conclusions :

Lorsqu'après un traumatisme la température s'abaisse à un certain niveau, la mort survient.

Pour les blessés par armes à feu : Tout blessé qui présente une température au-dessous de 35°,5 succombe dans la majorité des cas.

L'élévation réactionnelle consécutive est proportionnelle à l'abaissement primitif de la température.

Tout blessé chez lequel une réaction salutaire ne se produit pas au bout de quatre à cinq heures, chez lequel la réaction n'est pas en raison directe de l'abaissement, doit être considéré comme très gravement atteint.

Si la température atteint un niveau très élevé, le pronostic doit être réservé.

Plus le blessé est soumis à des passions dépressives, plus il est effrayé, etc., plus les abaissements de température sont considérables.

L'*alcoolisme aigu ou chronique*, est une cause très efficace des abaissements de température.

L'idée qui se présente immédiatement à l'esprit de l'observateur, c'est de rechercher quelle est la cause de cet abaissement singulier de température accompagnant le choc traumatique.

Rechercher la cause de l'hypothermie, c'est rechercher la cause de cet état encore mal défini désigné sous le nom de *choc traumatique*. Nous croyons utile de résumer ce que nous savons sur cette question.

Les causes du choc traumatique sont multiples.

Les causes *d'ordre sensitif, psychique*, jouent un grand rôle dans la production de cet état.

Un blessé qui vient d'avoir un membre emporté sur le champ de bataille, un ouvrier qui a sa main écrasée à la suite d'un accident, se trouvent dans des *conditions morales* particulières qui influent sur la production de la stupeur et de l'hypothermie.

On a évidemment exagéré l'influence des émotions et du système nerveux sur la production des maladies ; mais il n'y a pas lieu de rejeter complètement cet élément qui existe en réalité.

Des modifications se produisent, à la suite d'émotions vives, dans la sphère vaso-motrice et des observations de Burdach et de Martin ont démontré que la température pouvait s'abaisser sous cette influence.

N'est-ce pas à l'état moral que nous devons attribuer cette différence dans la fréquence de la stupeur qu'avait noté Dupuytren chez le jeune conscrit et chez le vétéran ?

La différence que nous avons notée entre le soldat régulier et le soldat insurgé doit, en grande partie, être rapporté à cette cause.

Pour C. Bernard, une des principales causes des abaissements de température après les grands traumatismes est l'état moral dans lequel se trouve le blessé.

L'émotion dépressive [1], d'après nous, se joint aux autres

1. LE GROS CLARKE. *Lectures on the Principles of surgical Diagnosis*, 1870, p. 69 et suivantes, cite l'observation d'un homme de 63 ans qui

causes qui produisent les symptômes du choc traumatique.

La douleur doit jouer aussi un très grand rôle, et nous attribuons une influence très marquée dans la production des phénomènes du choc aux lésions nerveuses, aux tiraillements, à la déchirure des cordons nerveux, à l'excitation des extrémités terminales des nerfs observées dans les traumatismes.

L'*hémorrhagie*, à moins d'être très abondante, n'est qu'une cause prédisposante. — Nous devons noter que nous avons rarement vu des hémorrhagies dans la période de stupeur et d'algidité qui suit le traumatisme. Ce n'est qu'au moment de la période de réaction que l'hémorrhagie se produit, et dans ces cas elle est souvent très grave.

La *commotion*, l'*ébranlement* mécanique portant sur des parties riches en nerfs peuvent amener d'abord une *stupeur locale*, puis plus tard un choc avec hypothermie et les autres symptômes décrits par les auteurs.

L'*alcoolisme* exerce aussi son influence sur la production des phénomènes du choc et de l'hypothermie ; nous pensons qu'un grand nombre d'abaissements de température notés dans nos observations tiennent uniquement à cet élément.

L'*alcoolisme chronique* en amoindrissant l'individu rend plus facile l'action de la commotion.

Un léger traumatisme survient-il chez des individus alcooliques, cet accident qui, chez un homme en bonne santé, produit des troubles insignifiants, amène chez le blessé alcoolique une dépression considérable (Verneuil).

Nous avons recueilli un certain nombre de faits qui démontrent la gravité des accidents primitifs du traumatisme chez les alcooliques.

En résumé, nous admettons que l'émotion, la douleur, l'hémorrhagie, l'alcoolisme, la commotion, l'ébranlement

se coupe la langue avec un rasoir. L'hémorrhagie ne fut pas excessive et la guérison eut lieu. — Une heure après l'accident sa température était de 32°,85 c., sa température normale était 35°,634. Il est probable que dans ce cas l'abaissement de température s'est produit en grande partie sous l'influence de l'émotion.

physique se transmettant aux nerfs périphériques, sont les causes principales du choc traumatique et de l'hypothermie.

Ces différents éléments agissent sur le système nerveux en produisant des phénomènes d'arrêt sur le cœur, le poumon, etc. (Brown Séquard).

Les modifications brusques de la température qui, après s'être abaissée, remonte brusquement pour s'abaisser quelquefois de nouveau, nous paraissent sous la dépendance du système nerveux vaso-moteur.

M. Vulpian se rattache à cette opinion.

« Il y a là un phénomène de *choc*, dit M. Vulpian[1]. L'action qu'exercent les centres nerveux sur la thermo-genèse s'affaiblit; il y a, de plus, *un trouble plus ou moins profond des mouvements du cœur* ; ceux de l'appareil *respiratoire* peuvent devenir plus lents et moins larges. Les fonctions de l'appareil *vaso moteur* peuvent éprouver aussi une *perturbation considérable*, les *petits vaisseaux se dilatent peut-être*, au bout de quelques instants, dans toute l'étendue du corps ; et s'il en est ainsi, les *pertes du calorique*, qui ont lieu par la surface cutanée, augmentent dans une grande proportion. Il faut tenir compte aussi, dans certains cas, de la douleur causée par la blessure. Tels sont, sans doute, les différents facteurs physiologiques qui concourent à produire l'abaissement de température dans ces conditions. »

La thermométrie pratiquée après les traumatismes permet d'élucider ces deux questions tant controversées :

Un malade étant dans la stupeur à la suite d'une blessure grave, à quel moment convient-il de faire une opération jugée nécessaire ?

Convient-il de donner du chloroforme ?

Il est évident, nos observations le démontrent, *que tant que l'abaissement de température continue, il faut se garder expressément d'opérer ;* toutes les opérations faites dans ces conditions ont donné lieu à un abaissement de température plus considérable, indiquant un pronostic grave.

Guthrie[2], qui a préconisé les amputations primitives, a ce-

1. Vulpian. *Leçons sur l'appareil vaso-moteur*, t. II, p. 279.
2. Guthrie. *Comment. on the Surgery of war*. London, 1853. 6e édition.

pendant donné le sage conseil de laisser passer les phénomènes de stupeur avant d'opérer. Mais, dit-il, lorsque le soldat, au bout de deux, quatre, six heures après l'accident, commencera à sortir de son état de stupeur, lorsque le pouls redeviendra normal, lorsqu'il aura cessé d'être indifférent à tout ce qui l'environne, lorsqu'il commencera à se plaindre d'engourdissement ou de douleur siégeant dans la partie blessée, alors le moment propice sera venu.

Nous pensons, nous appuyant sur de nombreuses observations, que cette règle d'attendre que le blessé ne présente plus aucun des signes du choc traumatique doit être suivie.— Bien plus, nous recommanderons d'attendre un temps assez long, 12 à 24 heures, après toute disparition de la stupeur, et de l'abaissement de température. Il y a, d'après nous, un grand avantage à attendre que le blessé ne se ressente plus des accidents primitifs de sa blessure. *Opérer trop tôt* augmente l'ébranlement nerveux causé par la blessure, on inflige en effet dans ces cas un nouveau traumatisme qui excède les forces du blessé, sous le poids duquel il tombe et meurt.

Disons enfin que, contrairement à Lister et avec Savory [1], nous considérons comme *très dangereux* l'administration du chloroforme chez des blessés atteints de choc.

Le chloroforme est en effet un agent stupéfiant qui agit sur la température en la déprimant.

Si l'on administre à un blessé qui présente de la stupeur un agent dépressif tel que le chloroforme ou l'opium, son état s'aggrave.

La physiologie expérimentale ne nous permet-elle pas aussi de reproduire ces accidents? Si l'on prend un animal préalablement influencé par un agent déprimant, la réfrigération artificielle détermine un abaissement de température beaucoup plus rapide, beaucoup plus considérable.

Dans de très nombreuses observations nous voyons la température du blessé qui s'était élevée subir, sous l'influence

1. SAVORY. *A System of Surgery* (Holmes). Vol. I. Collapse... p. 764 à 783. Vol. I. 2e édition, 1870.

du chloroforme et d'un nouveau traumatisme, une dépression quelquefois aussi considérable que celle primitivement observée. Citons une de nos observations dans laquelle le chloroforme eut une action manifestement nuisible.

Observation LXXXVI. — Le nommé Odillon, 27 ans, reçut à la partie inférieure de la cuisse un éclat d'obus qui produisit des ravages considérables.

Le fémur au 1/3 inférieur était en partie réduit en poussière. L'articulation du genou était complètement ouverte.

Le blessé était dans la stupeur la plus complète :

La température est alors à	35°,8
2 heures après, sa température remonte à .	36°
Le soir	37°
Le lendemain au matin	37°,8

COURBE N° 16.

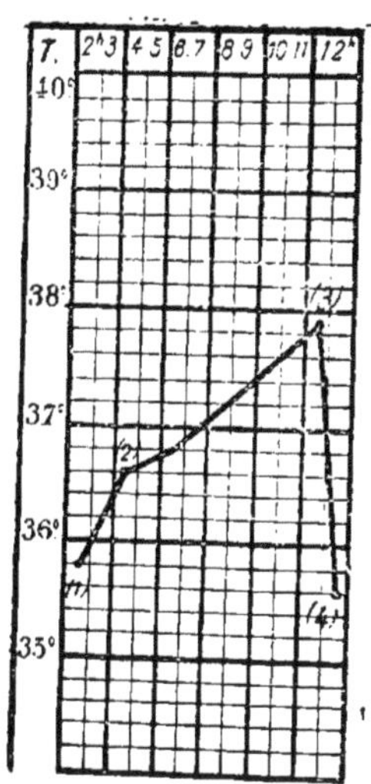

Influence du traumatisme operatoire avec chloroformisation sur la marche de la température
(1) après l'accident. (2) 4 heures après. (3) amputation
(4) a partir de ce moment refroidissement Mort
(Observation) Fracture complète du fémur Amputation

La température était donc redevenue normale et tout faisait

penser que le blessé se trouvait dans de bonnes conditions pour subir une opération

L'amputation de la cuisse fut pratiquée ; 40 grammes de chloroforme furent administrés.

Le réveil fut long à se produire. Le facies était hébété et la température nous *indiquait que l'issue devait être fatale* (35°,6).

En effet, à partir de ce moment, l'abaissement de température et la stupeur faisaient des progrès et trois heures après nous observions 35°,4. La mort arrivait au bout d'une heure.

Il est impossible, dans ce cas, de ne pas accuser le nouveau traumatisme et la chloroformisation d'avoir amené cet état fatal.

Nous avons recueilli de nombreuses observations, absolument semblables.

Les expériences de Vigouroux [1] ont, du reste, démontré que l'influence des irritations des nerfs sensitifs n'était nullement abolie chez les animaux anesthésiés, qu'elle paraissait même exaltée au point d'arrêter les mouvements du cœur. On ne peut donc admettre, d'après cela, que le chloroforme administré chez des malades atteints de choc traumatique supprime les fâcheux effets du traumatisme opératoire sur le système nerveux et sur la température.

Nous sommes donc loin de partager l'avis des chirurgiens qui prétendent que le chloroforme empêche la stupeur consécutive aux opérations chirurgicales et qui recommandent, pour éviter cet état, de donner de l'opium.

Sans prétendre, comme Magendie, que la douleur est une chose utile, nous dirons que, dans certains cas, le moyen dont on se sert pour la supprimer peut amener des résultats plus déplorables que ceux dus à cette douleur elle-même.

Nous nous opposons de même formellement à ce que l'on donne de l'opium dans le cas de stupeur.

La thermométrie, on le voit par les indications précises qu'elle fournit, indique le moment exact auquel notre intervention peut se faire sans danger.

Tant que la température reste basse, et l'on ne saurait trop insister sur un pareil sujet, il faut se garder d'opérer. Il

1. Vigouroux. Académie des sciences, 1881.

faut attendre, en de pareilles circonstances, que la température se soit élevée, que la réaction se soit faite. Cette réaction doit être en raison directe de l'abaissement de température primitivement observé.

Dans ces cas, il faut agir encore avec une réserve extrême, *supprimer, si c'est possible, le chloroforme*, ou tout au moins en donner de très petites quantités.

Il faut, en résumé, *attendre que la température se soit élevée et se soit maintenue élevée pendant un certain temps, opérer le plus tard possible, supprimer l'administration d'agents stupéfiants, tels que le chloroforme et l'opium.*

Résumé des conclusions principales :

1° *Tout blessé qui présente une température au-dessous de 35° succombe dans la majorité des cas.*

2° *Si l'élévation réactionnelle consécutive est proportionnelle à l'abaissement primitif de la température, le pronostic est benin.*

3° *Le pronostic est très grave : lorsque la température reste très abaissée pendant plusieurs heures ; lorsqu'une réaction, en raison directe de l'abaissement, ne se montre pas au bout de quatre à cinq heures ; lorsqu'une élévation très considérable de la température se montre quelques heures après la blessure.*

4° *Le chloroforme, l'opium, etc., sont formellement contre-indiqués.*

5° *Toute intervention chirurgicale doit être retardée dans tous les cas où la température est au-dessous de 35°,5, 36°.*

Ainsi donc le thermomètre nous fournit des renseignements précieux dans le choc traumatique, il nous indique le degré d'intensité du choc, il sert à établir le dagnostic et le pronostic des grands traumatismes.

Il nous renseigne enfin sur le moment où notre intervention chirurgicale est exempte de dangers.

Les conclusions de Ashhurst, Jordan et de Le Gros Clarke sont intéressantes à rapprocher de celles que nous venons de donner :

D'après Ashhurst [1], la chute de 1° ou davantage est un signe de pronostic grave ; mais, dans des cas très exceptionnels,

1. JOHN ASHHURST. *The Principles and Practice of Surgery. Shock and Collapse.* Philadelphie, 1871.

cet auteur a trouvé une basse température de 32°,8 compatible avec la guérison. Cet auteur signale un cas d'hypothermie de 27°,6 qui n'a pas été suivi de mort.

« 1° La température de la fièvre de réaction, dit Jordan, peut s'élever très lentement après la blessure ou l'opération, et atteindre (101° F) 38° et (103° F) 39°, avant le matin du second jour.

2° Lorsque la température reste abaissée pendant plusieurs jours, après une blessure ou une opération graves, on peut prévoir un résultat défavorable.

3° Lorsque la température, surtout lorsqu'elle a été basse pendant quelque temps, s'élève à (103° F) 39°, (105° F) 40°, (106° F) 41°, c'est un cas fatal, mais communément dans la mort à la suite de blessures, la température n'atteint pas ces degrés.

4° La température n'est pas modifiée par l'administration du chloroforme.

5° La température n'est pas influencée par l'incision des parties molles, de quelque étendue qu'elle soit.

6° La température baisse immédiatement au moment de la section des os, de 1 à 4 dixièmes de degrés.

7° La température tombe dans quelques cas graves de choc à (97° F) 36° ou 36° et quelques dixièmes. Chez l'enfant, elle ne tombe pas aussi bas que chez l'adulte ; chez l'homme âgé elle descend plus bas.

8° Il est très rare, quels que soient l'âge et les circonstances, de voir, au moment d'un choc très intense, même au moment de la mort, la température descendre au-dessous de (97° F) 36° ; elle n'est probablement jamais descendue à (96° F) 35°.

9° Dans la fièvre de réaction, spécialement dans la première période, les variations du soir et du matin sont moins régulières que dans les fièvres médicales ; dans les périodes plus avancées, l'absence d'abaissement le matin indique cependant un état fâcheux.

10° La concordance entre la température et le pouls et principalement entre le pouls et la respiration est moins marquée dans la fièvre du choc que dans les fièvres médicales.

11° Le thermomètre fournit les meilleurs renseignements (plus importants que ceux donnés par le pouls et la respiration) et renseigne sur le degré du choc, sur la réaction et sert puissamment au pronostic. »

D'un autre côté, Le Gros Clarke est arrivé aux résultats suivants :

« 1° L'examen de la température dans les lésions traumatiques, dit cet auteur, est un élément capital de pronostic et de diagnostic qui indique l'intensité du choc, l'énergie de la réaction.

2° Dans les cas de schock peu graves, on peut avoir des abaissements de températures de 1 à 2 degrés, une ou deux heures après l'accident.

3° Au bout de 36 à 48 heures, il se produit une réaction et la température s'élève à 38°,385.

4° A la suite d'opérations importantes, la température peut baisser de 1/2 degré.

5° Le chloroforme n'exerce pas sur la température une influence marquée.

6° On observe rarement des températures au-dessous de (97° F) 36°.

7° Dans la réaction succédant à une opération, si la température dépasse (104° F) 40°, le pronostic est défavorable.

8° Il n'y a pas la même concordance entre l'état du pouls, de la température et de la respiration dans les fièvres succédant aux traumatismes que dans les fièvres médicales.

Contrairement à Furneaux Jordan, Le Gros Clarke n'a pas observé dans les amputations une modification de la température au moment de la section de l'os.

A consulter :

LAUDER BRUNTON. *On the Pathology and Treatment of Shock and Syncope* (Saint-Bartholemew's Hospital, 1874).

H. FISCHER. *Ueber den Shock Vortrag. gehalten in der chirurgischen Klinik zu Breslau.* Ende Januar. 1870. Sammlung Klinischer Vorträge herausg. von Richard Volkmann. N° 10. Leipzig, 1870.

BLUM (Albert). *Du Shock traumatique* (Arch. gén. de méd., 1876).

VERNEUIL. Article *Commotion*. Dictionnaire encyclopédique des sciences médicales.

MANSELL MOULIN. *Encyclopédie de chirurgie.* art Shock. Paris, 1884, t. I. Libr. J. B. Baillière.

CHAPITRE XIV

DE LA TEMPÉRATURE DANS LES LÉSIONS DE L'ABDOMEN. — PLAIES PÉNÉTRANTES. — ÉTRANGLEMENTS. — HERNIES.

Il est certains organes, principalement les organes contenus dans la cavité abdominale et dans la cage thoracique qui jouissent d'une très grande sensibilité. Lorsqu'ils sont lésés des modifications notables surviennent dans la température.

On a étudié expérimentalement qu'elle était l'influence des plaies pénétrantes de l'abdomen sur la température et Demarquay [1] est arrivé à des résultats intéressants.

Voici quelques-unes de ses expériences :

« Un chien griffon adulte avait une température de 38° 1/2.

» Le ventre étant incisé et le péritoine ouvert, le thermomètre marque dans le rectum et dans le péritoine 38 1/2 plus une petite fraction.

» L'animal est fort agité.

» Faisant sortir quelques anses intestinales, munies d'épiploon, on pratique la réduction; une suture réunit le ventre. La température était dans le rectum : 39° et une fraction.

» Une heure après l'opération : 39° 1/2.

» Trois heures après l'opération : 39 2/3.

» Le lendemain, le chien était triste, sa température était : 39°. »

Cette expérience, dit Demarquay, prouve que la lésion du péritoine, l'issue des intestins au dehors, sans compression de ces derniers, n'amène qu'une augmentation de température, contrairement à ce que l'on observe dans les étranglements.

1. DEMARQUAY. *Recherches expérimentales sur la température animale.* Thèse de Paris, 1847.

Désirant savoir si le taxis agissait considérablement sur la température, cet observateur a fait les deux expériences suivantes :

« On ouvre la cavité abdominale à un chien dont la température est 39° : les intestins sortent en partie, on les réduit. L'opération est longue et difficile et immédiatement après l'expérience, la température est de 38° dans le rectum.

« *Autre expérience.* — Sur un chien adulte de moyenne taille, le thermomètre marquait dans le rectum 38°. Après avoir fait sortir une partie des intestins et les avoir réduits, la température descendit à 36°. »

Lorsque Demarquay liait une partie de l'intestin, les abaissements de température étaient très considérables.

Dans un cas, la température descendit de 39° à 36°.

Si la ligature de l'intestin était faite très haut et le plus près possible de l'estomac, l'abaissement de température était alors très considérable.

Dans quelques expériences que nous faisions récemment dans le laboratoire de C. Bernard, nous avons noté que l'ouverture de la cavité abdominale chez les chiens s'accompagnait d'abaissements de température.

Dans un cas la température initiale étant. .	39°2
Au bout de 2 heures, elle était	38°
Au bout de 3 heures.	37°5
Au bout de 7 heures.	38°5

Le lendemain la température était très élevée 40°.

Dans l'expérience suivante on note un abaissement très notable de la température sous l'influence de l'injection d'un liquide caustique dans la cavité péritonéale.

Expérience par MM. Ch. Richet, Reynier, Piéchaud [1].

Lapin. — Injection de 1 gr. de perchlorure de fer dans la cavité péritonéale.

A 9 h. 5	T.	39°1	(avant l'injection).
A 10 h. 50	T.	34°4	
A 1 h.	T.	33°7	

1. T. Piéchaud. *Que doit-on entendre par l'expression de choc traumatique ?* Paris. Thèse d'agrégation en chirurgie, 1880.

A 3 h. 30 T. 32°4, l'animal est très affaissé, très morne, répondant à peine aux excitations extérieures.

A 6 h. 15 T. 31°6, l'animal est mourant, presque immobile, faisant à peine quelques mouvements respiratoires, incapable de mouvements volontaires, ayant cependant encore quelques réflexes. Il y a une très grande analogie entre ce lapin et un lapin profondément chloralisé.

Il meurt sans cris et sans convulsion à 6 h. 50.

Wegner [1], ouvrant largement la cavité abdominale à un animal et exposant le péritoine à l'air a vu la température tomber rapidement à 23 ou 25° ; les intestins se paralysent, les battements du cœur et les mouvements de la respiration s'affaiblissent et la mort termine l'expérience en six ou huit heures.

Wegner considère l'hypothermie comme la principale cause de la mort.

Pour cet auteur la principale cause de l'abaissement de la température réside dans le froid extérieur.

Plus la température de l'air est basse, plus l'hypothermie est notable.

En maintenant la température du laboratoire où il expérimentait à un degré assez élevé, Wegner a vu que la température s'abaissait d'une façon bien moins notable.

Dans des expériences très intéressantes, Samuel [2] a démontré que les abaissements de température dans les cas de plaies pénétrantes ne se produisaient que lorsque le grand sympathique abdominal n'était pas intéressé.

Exposant l'intestin d'un animal à l'air, il enlevait le plexus cœliaque ou les capsules surrénales, il liait ou perforaït l'intestin et voyait dans tous les cas, la température s'abaisser.

Extirpant la rate ou sectionnant le pneumo-gastrique audessous du diaphragme, il ne notait pas d'abaissement de température.

Ces résultats expérimentaux ont une importance considérable, dans l'explication des troubles qui surviennent dans les lésions de l'abdomen, ils permettent d'établir que l'hypo-

1. Wegner. *Archiv für Klin. Chirurgie*. Berlin, 1877.

2. Samuel. *Exper. Untersuchungen*. Leipzig, 1873.

thermie et le collapsus observé ont pour origine un réflexe qui se transmet en grande partie par le grand sympathique abdominal.

Placé pendant cette dernière guerre, dans un service de chirurgie très important, nous avons fréquemment pris la température dans des cas de plaies pénétrantes de l'abdomen. Les résultats sont tout à fait semblables à ceux obtenus par l'expérimentation.

Observation LXXXVII. — Un jeune élève en pharmacie se trouvait sur l'avenue d'Eylau, lorsqu'il fut frappé à la région iliaque gauche par un éclat d'obus.

Il en résulta une plaie pénétrante de l'abdomen et lorsque nous fûmes appelé à examiner le malade, nous pûmes constater qu'une large ouverture permettait à plusieurs anses intestinales de venir faire hernie.

L'hémorragie était presque nulle, le malade était pâle, mais ce qui attirait surtout l'attention, c'était le froid que l'on sentait, si l'on venait à toucher ses mains. — Le blessé ne se plaignait pas et c'est à peine si l'on pouvait saisir de temps à autre sur son visage stupéfié, la trace de quelque impression douloureuse.

Nous primes aussitôt la température dans le rectum, qui fut 36°.

Le lendemain, le malade vivait encore et l'on constatait une température de 39°.

Mort dans la journée.

Observation LXXXVIII. — B..., capitaine, blessé par un éclat d'obus. Il existe des lésions multiples et notamment une plaie abdominale profonde et pénétrante.

Le malade est considérablement refroidi et meurt trois heures après avec la température une 35°4.

Observation LXXXIX. — Fracture du tibia : fracture comminutive du fémur, plaie pénétrante de l'abdomen avec issue des intestins.

Le malade avait fait de copieuses libations.

La température rectale 36°.

Une heure après, la température axillaire atteignait le chiffre extraordinaire de 34°,9.

A partir de ce moment et jusqu'à la mort le malade se refroidit et nous trouvons successivement 34°,5 : 34°,4.

Observation XC. — X..., 36 ans, blessé par un éclat d'obus. Il est atteint d'une fracture du fémur et d'une plaie pénétrante profonde au niveau de l'hypochondre droit, il n'y a pas issue des intestins. C'est le malade chez lequel nous avons trouvé la température la plus basse.

La température axillaire était. . . . 34°2
2 heures après . . . . 34°
Il meurt bientôt.

Observation XCI. — E..., 27 ans, soldat au 90e de ligne, blessé par une balle entrée par la fesse droite. Perforation du rectum et la vessie.

Sur le champ de bataille, le blessé a eu une forte hémorragie. La température est 36°,3.

La courbe n° 17 nous indique la marche qu'a suivie la fièvre urineuse dans ce cas.

COURBE N° 17

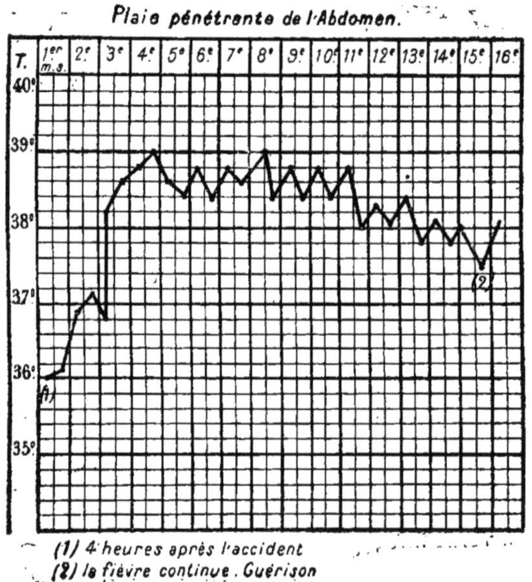

Le blessé est sorti des ambulances complètement guéri.

Observation XCII. — X..., soldat de ligne, plaie pénétrante de l'abdomen par balle.

La température est. . . . . 36°
Au bout de 4 heures. . . . . 35°6
Le blessé meurt bientôt.

Dans les deux cas suivants, on aurait pu penser à une plaie pénétrante de l'abdomen : l'absence de modification de la température indiquait que la plaie n'était pas pénétrante.

OBSERVATION XCIII. — Ce militaire se trouvait en embuscade et les ennemis étaient cachés à quelque distance dans un bois.

Il se trouvait dans la demi-flexion et il fut frappé à quelques centimètres au-dessus de l'ombilic.

A ce niveau l'on voit une ouverture faite d'abord à la tunique et à une forte ceinture en laine, roulée plusieurs fois autour de son abdomen. On trouve une balle dans les plis de ce vêtement.

Deux ouvertures se présentent sur les parois abdominales ; l'une plus grande que l'autre. La balle avait-elle pénétré ? C'est ce que le thermomètre allait nous dire.

Le blessé ne présentait aucun symptôme algide et sa température était 37°,3.

En présence de ce résultat il n'était plus permis de douter. La balle n'avait pas lésé les intestins.

Cette observation, en outre de l'intérêt qu'elle présente au point de vue de la température, est un exemple très net de la réflexion que les muscles et les aponévroses peuvent faire subir à certains projectiles.

OBSERVATION XCIV. — Belnot, soldat du train, reçoit une balle qui pénètre dans la région fessière un peu en arrière du grand trochanter.

Le blessé n'éprouve pas d'abord une grande douleur, l'hémorragie est nulle et il peut marcher.

La température est normale. L'ouverture d'entrée de la balle est à quelques centimètres en arrière du grand trochanter ; elle se continue par un trajet fistuleux, très sinueux, remontant de haut en bas dans la direction de la vessie.

Un stylet introduit très profondément ne donne aucune notion utile et il est impossible par ce seul examen de se rendre compte de la profondeur du trajet et par conséquent des désordres que la balle peut avoir produits.

D'autres signes auraient même pu faire croire que des parties importantes avaient été intéressées. En effet, en faisant uriner immédiatement le malade, on constatait la présence du sang dans les urines.

L'exploration thermométrique nous rassurait cependant complètement, nous pouvions affirmer qu'il n'existait pas de lésion abdominale ou péritonéale qui nous aurait donné la température hypo-physiologique de l'étranglement.

En continuant nos explorations, nous trouvions par le toucher rectal au niveau de la prostate une tumeur assez résistante formée par la balle. L'extraction fut pratiquée sans accident.

Dans ce cas, la thermométrie nous a fourni de précieuses indications, car en admettant même que nous n'ayons pas pu reconnaître par l'exploration le siège de la balle, les résultats obtenus au moyen du thermomètre nous auraient suffi pour porter un pronostic favorable.

Dans les cas de contusion grave de l'abdomen, on peut aussi noter, ainsi que le démontre l'observation suivante, des abaissements de température.

OBSERVATION XCV. — *William F., âgé de 14 ans. — Contusion de l'abdomen. — Contusion probable du foie.* (Jordan.)

	Pouls.	Respiration.	Température.
2 heures après le coup.	112	41	36° (97° F.)
Le premier jour au soir.	124	33	38° (100°,5 F.)
Le 2e — matin.	136	38	38°,6 (102°,0 F.)
Le 2e — soir.	132	33	38°,8 (102°,6 F.)
Le 3e — matin.	128	36	38°,1 (100°,6 F.)

Au moment de son entrée à l'hôpital, William présentait tous les signes du collapsus.

La réaction dans ce cas a été très marquée et très lente à se produire.

Dans les opérations chirurgicales sur l'abdomen on constate aussi très souvent les symptômes du collapsus et l'abaissement de température.

Dans les deux courbes suivantes, (Courbe 18 et 19), on note des abaissements de température notables après des opérations de *taille*.

COURBE N° 18

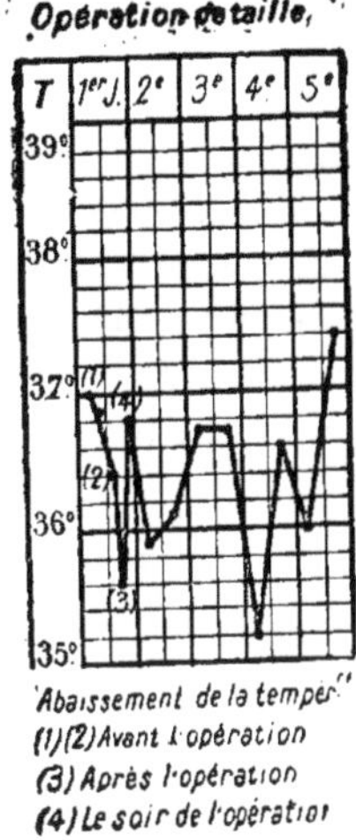

Abaissement de la tempre
(1)(2) Avant l'opération
(3) Après l'opération
(4) Le soir de l'opération

COURBE N° 19

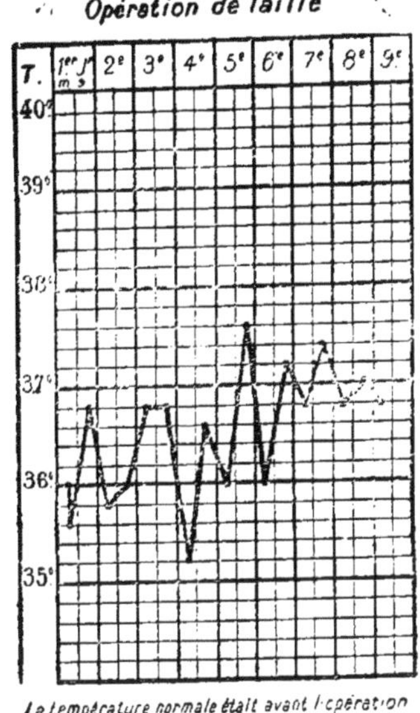

La température normale était avant l'opération 37°, immédiatement après l'opération la tempre s'était abaissée à 35°6. (Cheviet)

Dans la Courbe n° 18 nous observons un abaissement de température de 35°,6, au quatrième jour l'abaissement persistait et atteignait 35°,1.

Dans l'ovariotomie, Barnes, Kœberlé, Spencer Wells, Courty, regardent comme la cause de mort la plus importante et la plus immédiate, le choc ou le collapsus.

Les abaissements de température que l'on observe à la suite de cette opération indiquent, lorsqu'ils dépassent 2°, 3°, un pronostic fatal.

La durée de l'opération, l'hémorragie, la chloroformisation prolongée, l'état général du malade, sont des éléments qui accentuent les phénomènes de collapsus et les abaissements de température notables, indices d'une terminaison fatale.

Dans la gastrotomie on note aussi des abaissements de température.

Dans la gastrostomie, à l'action déprimante de l'opération, vient se joindre les effets de l'inanition, suite de la lésion antérieure de l'estomac ou de l'œsophage. On note en effet dans cette opération des abaissements de température très notables, et d'après M. Verneuil, une des causes principales de la mort à la suite de cette opération réside dans le collapsus très grave, accusé par des abaissements de température.

Nous pensons qu'il est utile avant de pratiquer une opération de gastrostomie de se renseigner sur l'état de la température. Si l'individu inanitié présente une température basse, il faut retarder l'intervention chirurgicale, s'il est possible, où si l'on est obligé d'opérer, on doit savoir que le pronostic de l'opération est très grave, que l'on est exposé au collapsus et à toutes ses conséquences. Il faut surtout éviter de donner du chloroforme en trop grande quantité qui augmente, on le sait (page), les phénomènes de collapsus.

ÉTRANGLEMENTS. — HERNIES. — Lorsqu'il se produit un étranglement, on peut établir comme règle générale que la température centrale et périphérique *s'abaissent.*

A la période ultime de ces affections, lorsque l'intestin se sphacèle et qu'une *péritonite* se déclare, la température s'élève.

Nous voulons surtout signaler ici, l'abaissement de température que l'on observe dans les étranglements, les hernies ; le pronostic en effet, la thérapeutique peuvent être éclairés par la thermométrie.

Nous citerons d'abord quatre observations de hernie dans lesquelles nous avons pu noter très exactement la température.

OBSERVATION XCVI. — J. B..., 39 ans, porteur d'une hernie inguinale droite. Cette hernie, du volume d'une grosse noix, et qui existait depuis l'âge de douze ans, s'était étranglée il y avait environ vingt-six heures.

Le taxis avait été modérément appliqué.

Il y avait des vomissements fécaloïdes, la face était grippée, le pouls accéléré et en touchant les membres nous constations un froid manifeste :

La température axillaire est. . 36°
La température rectale. . . . 37°2

La réduction étant impossible, la kelotomie fut pratiquée.

Sous l'influence de l'opération et du chloroforme, la température s'abaissa dans :

Le rectum à.	36₀
Sous l'aisselle	35°5
6 heures après, temp. rectale. .	36°
— temp. axillaire .	35°3
6 heures après, temp. rectale. .	35°8
— temp. axillaire .	35°3

La malade meurt dans la nuit.

Observation XCVII. — J..., Adolphe, 26 ans, porteur d'une hernie crurale gauche assez volumineuse. A vu son mal apparaître à l'âge de quinze ans. Il y avait six heures, sous l'influence d'un effort, (l'appareil qu'il portait, étant du reste insuffisant), il avait ressenti une douleur au niveau de l'aine gauche. Impossibilité de réduire la tumeur. Peu incommodé au début, il n'avait pas tardé à voir survenir des vomissements et des douleurs de ventre excessives.

Le malade était couché dans son lit et son visage exprimait la souffrance. La température était de 36°7 dans le rectum.

Après quelques tentatives peu laborieuses, la réduction put se faire.

Immédiatement après cette opération qui fut faite pendant que le malade était soumis aux inhalations de chloroforme, la température fut 36°,4.

Mais ce qu'il faut remarquer, c'est que la température, deux heures après, était remontée à 37°2.

Le soir, elle s'était élevée, car nous trouvions 38°.

Observation XCVIII. — V..., 34 ans, hernie inguinale droite. La hernie de ce malade est étranglée depuis trente-quatre heures.

Des tentatives de taxis ont été faites à deux reprises différentes.

Il existe une dépression des forces considérables, les vomissements fécaloïdes ont cessé, la température est 35°,5.

Le pronostic, d'après cela, était très grave ; on pratiqua néanmoins la kélotomie, mais la coloration noirâtre des parties à réduire indiquait qu'une portion de l'intestin avait cessé de vivre depuis quelque temps. On établit un anus contre nature.

La température après l'opération descendit à.	35°3
3 heures après	35°3
Le soir	35°3

Le malade mourut bientôt

Observation XCIX. — J. B..., 49 ans. Hernie crurale gauche

étranglée, depuis neuf heures environ. Les vomissements sont très fréquents, les douleurs abdominales vives, le ballonnement du ventre est assez considérable.

La température est . . . . 36°7
Le taxis est pratiqué, la température s'abaisse à. 36°4

La kelotomie est pratiquée. Le chloroforme est administré pendant une demi heure environ.

La température descend à. . 36°2
3 heures après . . . . . . 37°6

Ce qu'il faut remarquer dans cette observation, c'est que dès le soir, c'est-à-dire huit heures après l'opération, nous trouvions déjà une température fébrile de 38°.

Cependant, les suites de la maladie ne nous ont pas montré l'existence d'une péritonite grave qu'indiquait une ascension thermique aussi rapide.

Kocher (cité par Glaser) a vu la température tomber à 35°, dans un cas d'étranglement herniaire. M. Berger a constaté plusieurs fois l'hypothermie.

A la suite d'un simple pincement latéral de l'intestin, Leroux, cité par Loviot, a vu une température de 36° avant l'opération.

Dans sa thèse, Bulteau cite plusieurs observations où à la suite d'occlusion intestinale on note 36°, 35°5, 35°. Dans un cas de Legroux, on trouve 35°5 le matin et 35o le soir, dans un cas de Legendre, 35°4.

Dans plusieurs cas d'étranglements internes cités par Duplay, la température fut toujours au-dessous de la normale.

Dans une observation de Schutzenberger, cité par cet auteur, le thermomètre descendit graduellement à 37°, 36°6 et 36°, au moment où des vomissements fécaloïdes apparaissaient. A l'autopsie, on constata une péritonite consécutive à une lésion de l'appendice cæcal, sans étranglement.

Voici la courbe que nous avons observée dans un cas d'étranglement interne (courbe n° 20).

(1) BULTEAU. De l'*occlusion intestinale au point de vue du diagnostic et du traitement*. Thèse de Paris 1878.

(2) LEGROUX-LEGENDRE. *Progrès médical*, 1877.

(3) DUPLAY. *Quelques faits de péritonites simulant l'étranglement internes*. (*Arch. génér. de méd.* Nov. 1876, p. 513.)

COURBE N° 20

Etranglement interne.

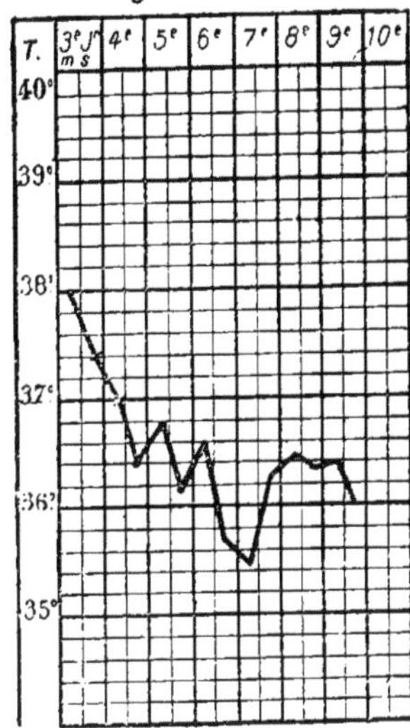

Abaissement de température dans l'étranglement interne

Les exemples que nous venons de donner suffisent pour montrer les indications que la thermométrie peut fournir dans les cas d'étranglements internes, de hernies, au point de vue du diagnostic et du pronostic.

Un abaissement *brusque* de température dans le cours d'une affection abdominale indique un étranglement, une occlusion aïgue ou une perforation.

Chez un malade porteur d'une hernie assez volumineuse qui présentait depuis quelques jours des troubles gastriques et intestinaux, nous avions noté au troisième jour de sa maladie un abaissement brusque de sa température.

L'intervention chirurgicale fut néanmoins différée, le malade mourut bientôt et à l'autopsie, on trouva un étranglement assez serré.

On peut donner cette règle qui rend de très-grands services dans les cas de diagnostic difficiles :

L'étranglement, l'occlusion intestinale aïgue, au début, alors qu'il n'existe pas de complication, sont toujours accompagnés d'hy-

pothérmie ; la péritonite au contraire s'accuse par des températures au-dessus de la normale.

On doit remarquer que, dans les étranglements internes, la réaction, comme dans les cas de traumatismes, est très prompte et souvent en raison directe de l'abaissement de température primitivement observé.

L'élévation de température se montrant pendant un certain temps indique l'existence d'une péritonite consécutive à l'étranglement.

Le pronostic sera d'autant plus grave que l'abaissement de température sera plus considérable.

L'intervention chirurgicale (chloroforme, taxis, kélotomie) dans presque tous les cas de hernie, abaisse la température; c'est pourquoi nous ne devons agir qu'avec une extrême prudence.

Les douleurs très vives de l'abdomen abaissent aussi la température, mais dans ces cas nous croyons que l'abaissement de température ne se manifeste qu'à la périphérie.

Dans un cas de colique hépatique très violente cité plus haut qui a duré douze heures, nous avons pris chaque heure la température axillaire et la température rectale.

Dans la courbe (nº 5, page 72), on voit la température rectale diamétralement opposée à la température axillaire; tandis que la température axillaire était assez basse 36°, la température rectale approchait de 38°.

Dans la plupart des crises douloureuses causées par des maladies des organes digestifs, l'algidité peut être observée. Dans ces cas, la température n'est pas seulement abaissée à la périphérie, mais encore dans les cavités centrales.

L'avortement, surtout s'il survient dans le cours d'une maladie fébrile, abaisse quelquefois considérablement la température. Nous pouvons voir dans la courbe nº 21, la température s'abaisser considérablement au moment de l'avortement. Un abcès de la trompe de Fallope existait, et cette lésion explique les températures de 30° et 40° degrés, notées avant l'abaissement de la température.

COURBE N° 21

Influence de l'avortement sur la température.

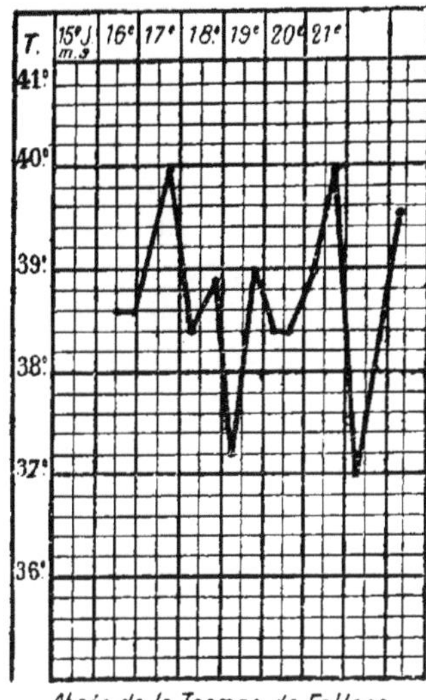

Abcès de la Trompe de Fallope

Dans des cas de *tympanite*, et c'est un fait qui n'est guère connu des chirurgiens, l'on observe des abaissements de température.

Recklinghausen avait déjà remarqué que la présence du gaz acide carbonique dans l'intestin causait toujours du frisson et même des abaissements de température pouvant aller jusqu'à 1° ou 2°.

Simons[1] a répété une partie de ces expériences et il s'est non seulement servi du gaz acide carbonique, mais de l'oxyde de carbone, de l'hydrogène, il a prouvé que dans tous ces cas des abaissements de température se produisaient.

Lorsqu'on avait soin de chauffer le gaz, l'abaissement de température était insignifiant.

1. Simons. *Provisional Communication on a new cause for Depression of the animal heat on gazes (acide carbonique) depressing temperature. Brit. and for. med. chir. Review*. p. 233. Janvier 1871.

L'injection sous-cutanée du gaz ou son injection dans l'intestin produisaient le même effet; l'abaissement commençait immédiatement après l'injection et atteignait son maximum au bout de deux à six heures; la température s'élevait graduellement ensuite. Le maximum de dépression obtenu a été 10° C. Le pouls et la respiration tombaient en même temps.

Dans certains cas de tympanites, de pneumatoses chez l'homme, des abaissements de température sont observés. Ces abaissements sont périphériques, lorsqu'ils sont centraux, ils indiquentque la pneumatose est grave et liée à des lésions anatomiques de l'intestin. Nous ne possédons que peu d'observations sur ce point il est à désirer que des études spéciales soient faites sur ce sujet.

Dans les cas de lésions graves de l'intestin et particulièrement dans les hernies étranglées, tant que la température est *basse* et le pouls petit, le chloroforme devient un agent extrêmement dangereux et qu'il ne faut administrer que très-prudemment et à faibles doses.

CHAPITRE XV

DES ABAISSEMENTS DE TEMPÉRATURE DANS LES PLAIES PÉNÉTRANTES DE POITRINE.

Nos recherches expérimentales nous ont démontré que les plaies pénétrantes de poitrine, abaissaient presque autant la température que les plaies de l'abdomen.

Nous ne citerons qu'une de nos expériences :

Sur un chien griffon très vigoureux que nous maintenons fixé pendant quelques instants sur une table, et dont la température rectale est 39°,4, nous faisons, à l'aide d'un couteau que nous introduisons entre la huitième et neuvième côte, une plaie de médiocre étendue qui va atteindre le poumon.

L'expérience est commencée à onze heures et demie.

L'animal s'agite violemment et pousse des cris.

Malgré cela, la température à midi est déjà . 38°
A 1 heure, le chien s'agite toujours. . . . . 37°6
A 1 heure 1/2. . . . . 37°6

La respiration est très accélérée et l'animal paraît visiblement gêné.

Cependant, probablement sous l'influence des cris et de son agitation :

La température est revenue à. . . . 38°
Mais à 3 heures 1/2 l'on constate. . . 37°
A 3 heures 3/4 . . . . 36°2

A partir de ce moment, l'abaissement de température ne se continue plus.

Dans d'autres expériences nous avons vu aussi des abaissements de température.

Chez l'homme les plaies pénétrantes de poitrine s'accompagnent d'abaissements de température.

Observation C. — D..., sergent-major, a reçu, à quelques centimètres au-dessous de la clavicule droite, une balle qui est venue se faire jour à la partie externe du thorax au niveau de la septième côte droite qui est fracturée.

Le blessé est dans l'anxiété la plus grande, la respiration est très fréquente. La stupeur et l'anéantissement des forces sont considérables.

La température axillaire est. . . . 35°5
On observe une 1/2 heure après. . . 35°4
1 heure après . . . . 35°3

Le malade meurt bientôt.

A l'autopsie on trouve dans la plèvre un vaste épanchement sanguin.

Dans notre observation CI, la balle n'avait pu être extraite; elle avait pénétré à la partie postérieure du thorax.

Le blessé était plongé dans la stupeur et sa température était. 36°3
Le soir, c'est-à-dire 7 heures après . . . . 36°8
Le lendemain matin. . . . . 37°
Le soir . . . . 37°9
Le matin. 40°
Pleuro-pneumonie.

Cette température se maintient pendant quelques jours au bout desquels la mort survient.

Observation CI. — *Plaie pénétrante de poitrine. — Pas d'épanchement sanguin. — Blessure probable du poumon. — Abaissement de température. — Guérison.* (Thèse de M. Ch. Nélaton[1].)

D..., 49 ans, entre le 9 février dans le service de M. Cusco.

Cet homme s'est donné un coup de couteau dans la région précordiale.

Voici l'état dans lequel le trouve M. Mathieu, interne du service :

Le blessé est étendu sur le dos dans un état syncopal des plus inquiétants, son oppression est extrême, le moindre mouvement détermine des accès de suffocation. Par la plaie il ne s'échappe plus de sang, il s'en est écoulé assez pour tacher le devant de sa

1. Ch. Nélaton. *Des épanchements de sang dans les plèvres consécutifs aux traumatismes.* Thèse de Paris, 1880.

chemise. Point d'hémoptysie. Point d'emphysème. Le pouls est filiforme. La température rectale donne 36°,4.

La plaie siège au-dessous du bord inférieur de la quatrième côte gauche, à un centimètre du sternum, directement sur le trajet de la mammaire interne.

En raison de la faiblesse du blessé, on ne pratique pas l'auscultation.

Dans la journée, la température remonte à 37°.

Le lendemain on constate la résonnance normale des deux côtés du thorax et le murmure vésiculaire est net. T. 38°, matin. F. 38,2, soir.

Le 11, état général parfait.

18 février, le malade peut être considéré comme guéri.

Ces exemples suffisent pour démontrer que les abaissements de température sont fréquents dans les plaies pénétrantes de poitrine ; les modifications de température observées peuvent utilement servir au diagnostic et au pronostic.

CHAPITRE XVI

DES ABAISSEMENTS DE TEMPÉRATURE DANS LES BRULURES. — SUPPRESSION DES FONCTIONS DE LA PEAU.

Dans les brûlures que nous avons pu observer assez fréquemment chez des blessés de guerre, nous avons aussi noté des abaissements de température considérables.

En voici quelques exemples :

OBSERVATION CII. — X..., tirailleur, a eu un caisson de poudre qui a éclaté près de lui. La blessure qui en est résultée est très considérable ; tout le visage, le cou et la partie supérieure du thorax sont le siège d'une brûlure au second degré.

Le malade est dans un état de stupeur manifeste ; il ne répond à aucune des questions qu'on lui adresse et n'accuse aucune douleur.

La température du creux axillaire est de. . . .	34°6
8 heures après (délire)	38°6
Le lendemain au matin.	38°5
— soir	38°7
— matin.	36°

Le malade meurt bientôt avec une température de 38°

COURBE N° 22

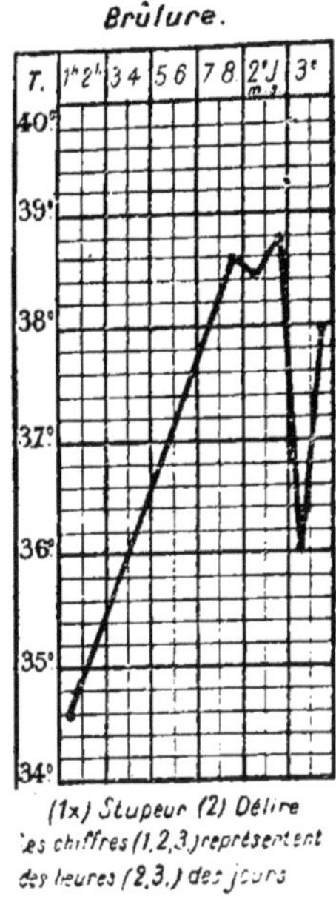

(1x) Stupeur (2) Délire
les chiffres (1, 2, 3,) représentent
des heures (2, 3,) des jours

OBSERVATION CIII. — C. X... a eu aussi un caisson de poudre qui a éclaté près de lui.

Il est atteint d'une brûlure assez profonde de toute la cuisse gauche, ainsi que dans la fesse correspondante. Il nous semble être dans un certain état d'ébriété.

La température prise immédiatement (8 h.) est de 36°3
A 11 heures. . . . . 36°4
A 1 heure de l'après-midi. . . . . 37°7
A 2 heures. . . . . 38°3

OBSERVATION CIV. — D..., 23 ans, il est atteint de contusions nombreuses et a en outre une vaste brûlure, au troisième degré, de toute la partie supérieure du thorax et de la face : le malade est dans une très grande stupeur.

Sa température prise immédiatement est de 35°
2 heures après. . . . . 34°
Le malade meurt bientôt avec . . . . . 34°2

Dans les observations qui précèdent nous venons de voir constamment un abaissement de température très considérable (34°,6, 36°,3, 35°,7). — Dans les deux premières, la réaction s'est produite environ huit heures après l'accident. Dans la première observation on note, au moment de la mort, un nouvel abaissement de température.

Dans la troisième, la mort est arrivée sans réaction.

Billroth[1] qui a observé de ces cas de brûlures considérables a vu la température s'abaisser dans un cas jusqu'à 33° centigrades.

Ladé a constaté dans un cas une température de 33° dans l'aisselle. — Falck[2] a vu chez des lapins sous l'influence de brûlures, la chaleur centrale descendre à 19°.

Ces abaissements de température ne se montrent que dans les cas de brûlures étendues et très graves, elles indiquent presque toujours un pronostic fatal.

Quant aux causes probables de l'abaissement de température dans les vastes brûlures, de nombreuses théories ont été émises.

Billroth, qui s'est particulièrement occupé de cette question, nous dit que deux hypothèses ont été données pour expliquer la cause du danger que présentent les brûlures ; d'après la première la mort serait l'effet d'une paralysie réflexe du système nerveux à la suite d'une surexcitation très vive émanant d'un foyer périphérique, d'après la seconde, l'agent mortifère serait la suppression de la perspiration cutanée.

S'appuyant sur les expériences d'Edenhuisen qui, en injectant du carbonate d'ammoniaque chez un animal, a vu un abaissement de température en rapport avec la quantité de substance injectée, Billroth veut attribuer l'abaissement de la température dans les vastes brûlures à la rétention de l'ammoniaque dans les tissus qui agirait à la façon d'un poison.

Toutefois tout en constatant l'identité des lésions chez les brûlés et les animaux soumis aux injections expérimentales (hypérémies des organes internes, ecchymoses), il lui a été impossible de retrouver le phosphate ammoniaco-magnésien dans le tissu cellulaire sous-cutané.

1. BILLROTH. *Archiv f. Klin. Chirurgie.* Band VI, 1864.
2. FALCK. *Virchow's Archiv für pathologische Anatomie*, 1871.

Plus heureux que Billroth, Lang[1] (de Gottingen) trouvant des cristaux de phosphate ammoniaco-magnésien dans le tissu cellulaire des animaux vernissés, pense que les brûlés succombent à l'urémie.

D'après Küss[2], l'abaissement de température tiendrait au ralentissement progressif de la respiration.

La respiration en effet est un acte purement réflexe, dit ce savant professeur, les surfaces qui en sont le point de départ sont non seulement la muqueuse pulmonaire, mais encore la surface cutanée.

Si la surface cutanée n'existe plus, l'acte réflexe est supprimé et les malheureux blessés oublient en quelque sorte de respirer.

Les phénomènes de combustion diminuent dès lors rapidement et les malades meurent d'asphyxie lente.

M. Feltz[2] qui a démontré expérimentalement que dans les brûlures, il se formait dans les vaisseaux de véritables thromboses, qui, en se détachant, allaient échouer dans le poumon et formaient ainsi de véritables embolies, ne serait pas éloigné de croire que le refroidissement et la mort sont la suite de la diminution du champ pulmonaire. Sans pouvoir nous prononcer définitivement sur cette question, nous serions cependant porté à admettre avec un grand nombre d'auteurs que c'est dans le système nerveux qu'il faut chercher la cause de ces modifications thermiques.

Le professeur Vulpian[4] paraît se rattacher à cette opinion :

« Je crois, dit-il, que l'ébranlement violent, le choc des centres nerveux déterminé par la brûlure, joue le principal rôle dans le cas dont il s'agit. Mais je ne serais pas éloigné de penser que sous l'influence de la brûlure, le sang qui n'est pas coagulé immédiatement, subit des modifications telles qu'il peut devenir un agent toxique : ramené dans la circulation générale, il peut agir comme tel sur le système nerveux

1. Lang (de Gottingen). *Gazette méd. de Strasbourg*, 1873.
2. Kuss. *Physiologie*, Paris, 1883.
3. Feltz. *Traité des embolies capillaires*. Paris.
4. Vulpian. *Leçons sur les vaso-moteurs*. Paris, 1875.

central et sur la substance organisée des diverses autres parties du corps, et troubler ainsi plus ou moins profondément, soit directement, soit par l'intermédiaire des centres nerveux, les actes physico-chimiques qui s'opèrent dans cette substance et qui donnent naissance à la chaleur animale. »

Du refroidissement par suppression des fonctions de la peau. — Becquerel et Breschet[1], Fourcault[2], signalèrent les premiers l'abaissement de température chez les animaux recouverts d'un enduit imperméable. Des lapins perdirent en une heure et demie 14° à 18° c.

Gerlach[3], Valentin[4], Edenhuizen[5], Laschkewitsch[6], répétèrent ces expériences et obtinrent des résultats semblables.

Valentin observa qu'en se refroidissant, les animaux subissaient un ralentissement très marqué des mouvements respiratoires et que les quantités d'oxygène absorbé et d'acide carbonique exhalé diminuaient dans une proportion considérable. Pour cet auteur la mort survient par le fait même *du refroidissement*, car si l'on place, dit-il, l'animal dans une étuve à 35° ou 38° c. on peut le rappeler à la vie.

Edenhuizen a vu que le refroidissement survenait même chez les animaux partiellement recouverts. L'algidité était proportionnelle à l'étendue de la surface cutanée enduite.

Pour cet auteur, les abaissements de température tiennent à une véritable intoxication du sang par le produit de la sécrétion excrémentitielle de la peau anormalement retenu (carbonate d'ammoniaque).

1. Breschet et Becquerel. *Compte rendu des séances de l'Académie des sciences*. Oct. 1841.
2. Fourcault. *Académie des sciences*, 1843.
3. Gerlach. *In Müller's Archiv.* 1851.
4. Valentin. *Archiv für phys. Heilkunde.* 1858, p. 433.
5. Edenhuizen. *Zeitschr. für rat. Med.* Leipzig, 1863, p. 25.
6. Laschkewitsch. *Des causes de l'abaissement de la température par la suppression de la perspiration cutanée* (*Arch. für Anat. Phys. und wiss. Med.* 1868, p. 61 et 1868 *Schmidt's Jahrbücher*.

Voyez aussi :

Sokoloff. *Centralblatt*, 1872.
Feinberg. *Virchow's Archiv, für path. anat.* 1874.
Erler. *Relation de l'acide carbonique exhalé avec la température. Dissert.* Kœnisberg, 1875.

Pour d'autres, la mort tient à la suppression des échanges gazeux qui se font par la peau.

Laschkewitsch, Lomikowsky, attribuent la mort à l'augmentation de perte de chaleur,

Les extrémités vernissées présentaient dans leurs expériences une augmentation de température de 1°, 2° sur les parties non vernissées.

Pour Laschkewitsch, la mort par suppression artificielle de la perspiration cutanée a pour cause prochaine l'augmentation de la perte de chaleur. Il faut chercher, dit-il, les conditions de ce refroidissement dans l'hypérémie de la peau et du tissu cellulaire sous-cutané, analogue au phénomène qui se produit après la section des nerfs sympathiques après laquelle on voit la température de la tête et du cou s'élever, tandis que celle du sang s'abaisse.

CHAPITRE XVII

DE LA VALEUR DES ABAISSEMENTS DE TEMPÉRATURE DANS LES FIÈVRES. — RÉMISSIONS. — DU COLLAPSUS.

Si l'on suit attentivement la marche d'une maladie cyclique au moyen du thermomètre, il arrive qu'à un certain moment l'on observe un abaissement de température. Cet abaissement peut être peu considérable ; la température reste fébrile ; c'est alors une rémission ; il peut l'être davantage, la température devient quelquefois sous-normale et dans quelques cas graves extrêmement abaissée.

Il importe de savoir ce que nous indiquent ces abaissements de température.

Observe-t-on des abaissements profonds et durables qui annoncent la convalescence, on se trouve en présence de ce que les anciens appelaient la *perturbatio critica*, la crise.

La doctrine des crises, dont le principal élément est ce que Wunderlich a appelé la défervescence (*protrahirte defervescence*) a tour à tour été défendue et combattue ; mais le thermomètre a permis de voir qu'elle était fondée sous bien des points.

La défervescence qui est caractérisée par un abaissement de température de 1° à 5° quelquefois, est un état qui nous indique, comme on l'a dit, *que la maladie est jugée :* la convalescence est proche, et par conséquent, notre intervention est inutile, nous pouvons annoncer hardiment la guérison.

Les abaissements de température peuvent être très rapides et en quatre, douze, vingt-quatre heures, l'on peut voir la température descendre de 2° à 3° pour revenir à l'état normal et tomber même au-dessous.

Dans la *fièvre récurrente*, on observe fréquemment au moment de la défervescence par laquelle s'annonce la rémission, un abaissement rapide de la température.

Griesinger [1], Wunderlich, Obernier [2], Lebert, Wyss, Bock [3], Riess [4] ont noté des chiffres de 34°,2, 33°,9, 33°,7, 34°,6, 35°.

Dans les simples rémissions, les mêmes auteurs ont trouvé 34°,6, 35°,6.

Ces particularités que nous venons de signaler dans la façon dont la température s'abaisse se rencontrent dans les fièvres éphémères, et constituent le type de *défervescence tres rapide*.

La *défervescence rapide* s'observe dans les inflammations franches, les fièvres éruptives, la pyémie, la fièvre puerpérale.

La température suit dans son déclin la même marche qu'elle avait suivie dans son ascension, et la rémission s'observe en vingt-quatre, vingt-huit heures.

Ces deux premiers types constituent à proprement parler la crise.

Le troisième type de défervescence, *le type trainant*, est plus lent, et il faut de trois à cinq jours avant que la rémission arrive.

La défervescence se fait *en terrasse*, comme l'a dit Michael [5], et comme il l'a décrit dans ses études sur les fièvres intermittentes.

Ces abaissements de température qui se produisent à la fin de la maladie constituent donc la guérison ; mais cet état si désirable peut être confondu avec d'autres modifications qui sont d'une gravité exceptionnelle.

L'on peut, en effet, pendant le fastigium, voir tout à coup la température baisser et l'on comprend de quelle impor-

1. Griesinger. *Malad. infect.* Trad. Lemattre, 1868 et 2e édition 1877.
2. Obernier. *Virchow's Archiv, für Path. Anat.* 1869.
3. Wyss, Bock. *Studien über feb. recurrent*, 1869.
4. Riess. *Berl. klin. Wochenschr*, 1868.
5. Michael. *Archiv. f. phys. Heilkunde*, Band xv. 39. 1856.

tance il est de connaître le cycle habituel de la maladie pour ne pas croire a une défervescence.

Ces états se produisent fréquemment dans les fièvres graves, dans la fièvre typhoïde surtout, à la suite d'hémorragies internes très abondantes, de diarrhées très profuses, de sueurs.

Si l'abaissement de température se continue, on se trouve en présence de cet état si grave décrit avec tant de soin dans ces dernières années : *le collapsus.*

La difficulté est très grande lorsque le collapsus, au lieu de se produire pendant la période d'état, survient à la période de déclin ; l'erreur devient d'autant plus facile que le malade ne nous avertit pas par ses plaintes de l'état grave dans lequel il se trouve et qu'il faut chercher soigneusement les signes du collapsus.

Définir cet état est une chose qui dans l'état actuel de la science, est assez difficile ; il est probable que, comme le frisson, c'est un dérangement général de l'organisme sous la dépendance du système nerveux. Nous allons essayer de décrire la façon dont le collapsus survient dans la plupart des cas.

Dans les cas *légers* de collapsus, le malade n'accuse pas de phénomènes alarmants, la température peut se maintenir à un niveau élevé elle baisse cependant généralement ; ce qui attire surtout l'attention c'est un *refroidissement périphérique ;* le nez, les mains sont froides ; ce refroidissement est quelquefois généralisé à la périphérie, il peut occuper une partie du corps, être localisé à un seul côté.

Bientôt, la respiration se ralentit, le pouls est à peine perceptible et le malade est pâle, inerte, les joues creuses, couvert d'une sueur froide, semblable à un cadavre.

Dans les collapsus *intenses* les signes précédents sont à leur maximum, il suffit de quelques heures pour que le malade se trouve dans un état très grave.

La courbe n° 23 a été prise dans le cours d'une fièvre typhoïde où il se produisit, au seizième jour, un collapsus qui devint mortel.

COURBE N° 23

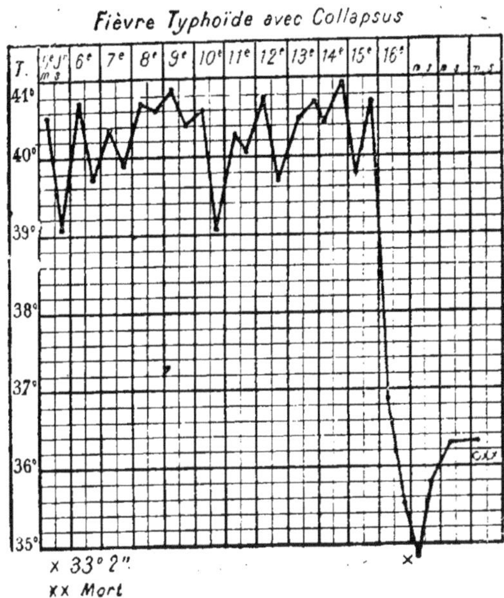

Dans ce cas la température s'est extraordinairement abaissée puisqu'elle est descendue jusqu'à 33° 2.

Dans d'autres cas de collapsus, la température peut s'élever au contraire beaucoup, et le danger est encore très grand, mais nous n'avons à décrire dans ce traité que le collapsus *à température descendante*.

Tantôt, le collapsus est le signe d'une terminaison fatale ; d'autres fois, il est vrai, le danger est moins grand. Ainsi donc cet acte pathologique, qui n'est pas une maladie, va devenir souvent une maladie principale, et l'on comprend qu'il attire toute notre attention et réclame des secours prompts et efficaces.

C'est avec le thermomètre que nous devons mesurer son intensité.

Au début, alors que le malade n'accuse aucune sensation, un refroidissement du nez, des membres, du front, existe le plus souvent; le thermomètre ne nous donnera pas seulement un abaissement de température à la périphérie, mais encore dans les cavités centrales.

Ce qu'il faut surtout remarquer, c'est que si l'élévation considérable de température est un signe grave, l'abaissement n'a pas une moins grande gravité.

Souvent aussi l'on voit une élévation thermique anormale et excessive servir de cause déterminante au collapsus et amener des abaissements notables de température.

La température auparavant plus ou moins élevée descend jusqu'au niveau normal ou a peu près, très souvent même au-dessous (en général, elle se tient entre 35° et 37°) et cela avec une certaine rapidité, dans l'espace de quelques heures, souvent même dans un plus bref délai. La diminution de température peut être de 6° ou 8° dans une journée. Cet abaissement peut durer quelques heures ou se prolonger pendant plusieurs jours, la température peut revenir ensuite normale ou monter jusqu'à un degré élevé ; d'autre fois le malade succombe en plein collapsus (Wunderlich)[1].

Lors donc que dans le cours ou à la fin d une maladie, on observe des abaissements de température, il ne faut pas se hâter dans ses conclusions ; on doit examiner comment la réaction se produit. Si la température, tombée au-dessous de la normale, remonte brusquement, et que les différences sont considérables, de 6° par exemple, il s'agit d'un accès de collapsus. Cet état est d'une gravité exceptionnelle, si au lieu de survenir dans le cours de maladies fébriles aiguës, il se montre dans les maladies chroniques.

Les températures du collapsus sont d'autant plus graves qu'elles se montrent à une période plus avancée de la maladie.

Dans quelques cas rares, le malade entre en convalescence, présente une température normale, sous-normale le plus souvent, puis tout à coup sans cause extérieure appréciable un abaissement de température se produit et le malade que l'on croyait sauvé succombe.

1. WUNDERLICH. *Le collapsus dans les maladies fébriles.* (*Arch. d. Heilk.* Band II, p. 289. 1861.)

Wunderlich classe les collapsus avec abaissement de température de la façon suivante :

Collapsus de *défervescence définitive ;*
— de *rémission ;*
— de *fièvre intermittente ;*
— d'*agonie ;*
— *provoqué.*

La défervescence peut dégénérer en collapsus. Les principaux signes qui permettent de distinguer ces deux états sont les suivants : un ralentissement du pouls et de la respiration et une régularité parfaite indiquent la *défervescence*, ou tout au plus à un collapsus très léger.

Dans les formes graves de collapsus, au contraire, une accélération notable se produit dans le pouls et la respiration. Weber [1] a justement insisté sur ces faits.

1° *Le collapsus de défervescence* s'observe principalement dans la pneumonie, dans les exanthèmes aigus.

Dans la variole, la scarlatine, Wunderlich a signalé le collapsus, avec des températures centrales de 36°,2, 36°3.

La rougeole, l'érysipèle, présentent aussi cette variété de collapsus.

Chez le vieillard on observe dans cette forme de collapsus des abaissements de température de 6° à 8° se produisant dans l'espace de quelques heures.

Les courbes 24 et 25 sont des exemples de collapsus de défervescence dans l'érysipèle et la scarlatine.

2° *Le collapsus de rémission* se présente principalement dans la fièvre typhoïde, le typhus (Stokes [2]). Il est exceptionnel de le rencontrer dès la fin de la première semaine.

Griesinger cite un cas où, au septième jour d'une fièvre typhoïde, la température s'abaissa brusquement dans l'espace de douze heures, de 40°,1 à 36°,8 ; cet abaissement s'accompagnait de tous les signes d'un collapsus intense [3].

1. Weber. *Med. chirurgical Transactions*. Vol. XLVIII, 1865.
2. Stokes. *Maladies du cœur*. Trad. Sénac, 1864.
3. Griesinger. *Des maladies infectueuses*. Trad. Lemattre, 2e édit., 1877.

COURBE N° 24 COURBE N° 25

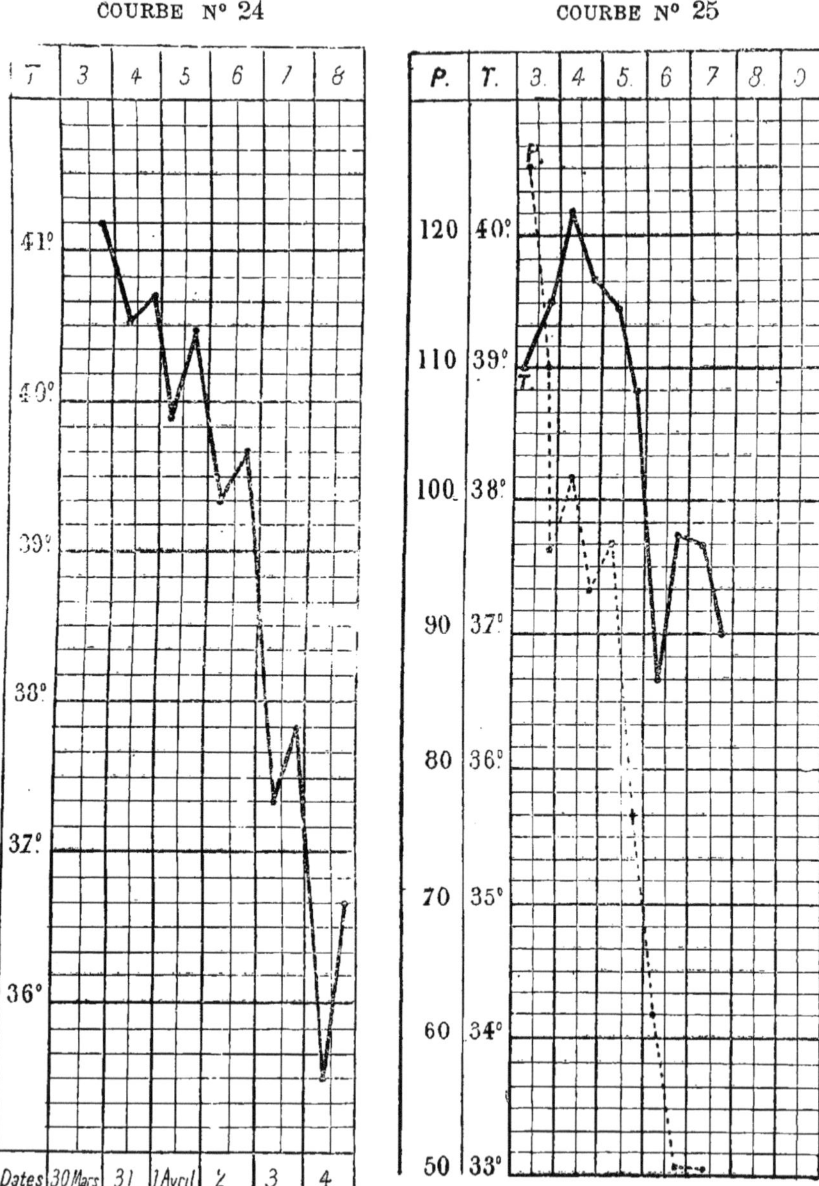

Les abaissements de température tenant au collapsus ne doivent pas etre confondus avec les rémissions observées du septième au dixième jour, signalées dans le *stade* dit *amphibole*, par Wunderlich.

Le collapsus avec température basse, s'observe principalement à la fin de la deuxième semaine, ou au commencement de la troisième.

Il se montre à la suite de diarrhées intenses, principalement à la suite d'*hémorragies intestinales*, d'*épistaxis graves*, de *perforations intestinales*, de *sueurs abondantes*, et Griesinger l'a observé assez souvent à la suite d'*avortements*, survenant dans le cours d'une fièvre typhoïde.

Une médication pertubatrice, l'*état d'épuisement*, l'*inanition* (Wunderlich), l'*alcoolisme* (Hayem), la *septicémie* (Griesinger)[1], l'*ictère*, le *choléra* (Friedlander)[2], la *fièvre jaune*, la *peste* sont des causes communes de collapsus à température descendante.

Il est à remarquer que l'état du cœur joue un rôle capital dans la production de cet état morbide. L'influence de l'affaiblissement du cœur, de la myocardite, de la dégénérescence graisseuse du cœur est aujourd'hui reconnue par tous les auteurs (Wunderlich, Griesinger, Ackermann, Hayem, Dieulafoy, Desnos et Huchard[3]).

Le froid extérieur peut en outre être l'occasion du développement d'un collapsus grave ainsi que le démontre l'observation suivante que nous empruntons à Glaser :

OBSERVATION CV. — Une fille d'auberge, accouchée depuis deux mois, était malade depuis quatorze jours quand on l'apporta à l'hôpital, à peine vêtue, par une température de 2° à 3°.

A ce moment elle était dans un état alarmant, le pouls battait soixante fois par minute, il était petit et dur. Sous l'influence d'un bain chaud, la température qui était dans l'aisselle 26°,25, remonta un peu.

Au bout d'une heure, elle atteignait 26°,8 ;

Après deux heures, 27°,6 ;

Après trois heures et demie, 31°,8 ;

1. GRIESINGER. *Maladies infectieuses*, 2e édition, par Vallin, 1877.
2. FRIEDLANDER. *Arch. der Heilkunde*, 1867.
3. DESNOS et HUCHARD. *Myocardite varioleuse*, 1874.

Après cinq heures, 36°,3 ;

Après sept heures. 39°,2 ;

A partir de ce moment, un typhus normal se développa, mais il se compliqua d'accidents de décubitus et se termina par la mort.

3° *Le collapsus de fièvre intermittente* se présente pendant la période de frisson, à la fin de l'accès. (Voy. *fièvre algide.*)

4° *Le collapsus d'agonie* a été décrit avec grand soin par Wunderlich [3].

Dans ce que l'on a appelé le *stade proagonique*, on peut voir survenir des températures de collapsus. Ce stade en effet s'annonce tantôt par des élévations de température, tantôt par des abaissements; tantôt encore des modifications insignifiantes sont observées.

Dans la forme descendante du stade proagonique que l'on observe notamment dans un grand nombre de cas de méningite de la base, de typhus abdominal, de pleurésie et de pneumonie l'on peut trouver quelquefois des températures oscillant entre 34° et 36°.

Cette forme est certainement la plus fréquente.

Le stade proagonique peut être de courte durée ; il peut cependant durer quelquefois un à deux jours avec 1° ou 2° d'abaissement de température.

Les cas où il existe une grande difficulté et ou le pronostic est incertain sont ceux dans lesquels l'on observe une *marche descendante* de la température, pendant que les autres symptômes graves persistent.

5° Dans *le collapsus provoqué* nous retrouvons les différents cas que nous avons signalé à propos du collapsus de rémission. Nous répéterons ici que les principales causes qui provoquent le collapsus, sont les hémorragies, les perforations, les médications perturbatrices, l'inanition, l'alcoolisme, etc.

Le collapsus que l'on pourrait appeler *à forme sidérante*, se présente dans la fièvre jaune, la peste, le typhus, et dans l'intoxication palustre.

1. WUNDERLICH. *Stade proagonique dans les maladies fébriles.* (*Arch. der Heilkunde*, t. IX, p. 1).

Le pronostic du collapsus est presque toujours grave.

« Depuis longtemps, dit Wunderlich, on le regarde comme un signe de très grand danger. »

Les malades peuvent échapper à une première atteinte, mais s'il en survient une seconde, ils succombent généralement.

Le collapsus est surtout grave lorsqu'il se montre prématurément. Dans la fièvre typhoïde cet état est surtout grave lorsqu'il survient à la fin de la première ou de la deuxième semaine.

« Mes observations, dit Griesinger, me font surtout considérer comme dangereux ces cas où l'on voit fréquemment alterner une violente exacerbation fébrile et un état de collapsus ; ils prennent rarement une marche favorable et se terminent souvent d'une façon fatale. »

Lorsque le pouls et la respiration présentent une très grande irrégularité, lorsque le délire survient, le pronostic est fatal.

Les cas les plus graves sont ceux ou avec un refroidissement périphérique, la température est abaissée dans les cavités centrales.

Quant aux lésions matérielles du collapsus, les *principales siègent dans le muscle cardiaque.*

Le collapsus primitif semble surtout résulter d'un dérangement de l'organisme qui se trouve sous la dépendance du système nerveux. Les pertes thermiques sont alors rapides, et il ne s'établit pas de compensation.

Si des pertes abondantes se produisent par les sueurs, par les hémorragies, il nous semble fort probable que la production exagérée de chaleur ne suffit pas ; l'algidité apparaît avec ses conséquences fatales.

On trouverait ainsi une explication de la localisation du froid à la périphérie en admettant que la compensation n'a pu se faire en même temps dans toutes les parties du corps et surtout sur la surface tégumentaire qui se trouve dans les conditions les plus défavorables. — Ce que l'on peut affirmer, c'est que cet épiphénomène se présente surtout à la fin des maladies graves où l'anatomie pathologique nous apprend que le muscle cardiaque a subi des dégénérescences.

Dans l'agonie, l'abaissement collapsique de la température pourrait bien tenir, comme on l'a fait remarquer, à ce que les sources de la chaleur seraient en quelque sorte anéanties, en même temps que les pertes seraient considérables.

Dans la convalescence, les abaissements de température que l'on observe sont moins graves, parce que si les pertes thermiques sont exagérées par les sueurs surtout, la dépense est moindre, puisque la fièvre et l'autophagie n'existent plus; la compensation peut dès lors s'établir.

CHAPITRE XVIII

DES RÉMISSIONS. — VALEUR DES ABAISSEMENTS RELATIFS DE LA TEMPÉRATURE DANS LES MALADIES FÉBRILES.

Après s'être élevée à un certain niveau, la température dant les maladies fébriles subit des variations et les abaissements de température que l'on observe alors constituent des rémissions. Ces rémissions, on le sait, varient suivant les maladies dans lesquelles on les observe et sont la source de précieuses indications.

Dans les états morbides à court stade (stade pyrogénétique), la température après s'être élevée fréquemment s'abaisse de même, plus rarement elle monte et descend graduellement.

Si la température ne s'abaisse pas, la mort du malade survient.

Le stade pyrogénétique, polyhémère, présente des rémissions tous les matins avec une exacerbation de quelques dixièmes; c'est ce stade qui est caractéristique de la fièvre typhoïde.

Lorsque la température est arrivée à son fastigium dans les maladies cycliques, on observe une température maximum qui est rarement dépassée; seulement tous les matins il se produit un abaissement de température. En ne nous occupant pas des complications qui peuvent survenir et amener par conséquent des abaissements, nous pouvons dire que les rémissions se font suivant différents modes : Tantôt l'exacerbation et l'abaissement de température se font régulièrement et c'est le cas le plus fréquent dans quelques maladies aiguës et dans beaucoup de maladies chroniques ; d'autrefois, au contraire, l'on observe de nombreuses irrégularités.

Dans la pyémie, dans la péritonite, dans la péricardite, on trouve des alternatives de températures très élevées et très abaissées ; ce qui constitue le cas grave, c'est l'irrégularité et l'absence de rémission.

On peut dire, en effet, que dans le fastigium, les grandes exacerbations suivies d'abaissement profond de la température n'ont pas de caractère fâcheux.

Dans la fièvre typhoïde, le typhus, l'alternance d'élévation et d'abaissement de température n'indique pas un danger ; des influences extérieures peuvent, du reste, amener ces modifications dans la température.

« Dans les cas bénins, dit Wunderlich, l'extrémité inférieure de la ligne de rémission qui formait un angle très aigu avec la ligne d'ascension, donne en s'éloignant un angle qui va en augmentant à mesure que l'on marche vers la guérison. »

Dans certaines maladies il se produit un abaissement de température vers le dixième ou le douzième jour ; la rémission que l'on observe alors forme un contraste frappant avec les rémissions profondes que l'on avait notées précédemment. Cet abaissement est loin d'être défavorable ; il constitue au contraire un signe évident de bénignité ; à partir de ce moment, l'on peut voir de nouvelles rémissions se produire. La température vespérale s'abaisse graduellement, et vers la troisième semaine, l'on peut avoir des températures normales.

Si, en même temps que cet abaissement matinal arrive, il y a un abaissement vespéral, le cas est au contraire défavorable.

On observe du reste assez souvent ces abaissements intermittents ; dans certaines maladies, ils ne constituent à proprement parler ni un danger ni un signe favorable, et l'on ne sait le plus souvent à quoi les rattacher.

Les médicaments employées semblent souvent les produire; d'autre fois l'on dirait que la fièvre qui se trouvait sous l'influence d'un foyer inflammatoire et qui a cessé en même temps que la maladie locale, recommence à s'allumer en même temps qu'un nouveau foyer se produit.

Dans les pneumonies, ces abaissements intermittents peuvent apparaître au second jour, ce sont pour ainsi dire des accès et la maladie n'en guérit pas moins bien.

Ces abaissements pseudo-critiques peuvent dans quelques cas créer de véritables difficultés pour le diagnostic.

CHAPITRE XIX

FIÈVRE INTERMITTENTE. — FIÈVRES DITES ALGIDES.

Tous les auteurs qui se sont occupés de la fièvre intermittente palustre, des accès fébriles de la phthisie, de l'infection purulente, etc., ont signalé le refroidissement périphérique au moment de la période de frisson. Ce n'est que dans ces dernières années que, grâce au thermomètre, on a pu indiquer la mesure exacte du refroidissement, *l'augmentation de la chaleur intérieure* (aisselle, rectum) alors qu'à la périphérie on note un refroidissement et que le malade accuse une sensation de froid.

De Haen [1] signale le fait en ces termes : « Tempore frigoris homini intolerabilis cumpalus contractione minore thermometrum signat octo gradus ultra calorem naturalem. » t. II, p. 142.

Cet auteur revient même à plusieurs reprises sur la distinction qu'il faut faire entre la sensation subjective de la chaleur et l'élévation objective de la chaleur hygide. Sénac disait aussi avoir vu que pendant le frisson la température du corps s'élevait.

M. Gavarret [2] s'est livré sur ce sujet à des observations nombreuses. Dans six cas, il a toujours noté l'elévation de température pendant le frisson.

Voici le résumé de ses observations :

1er Malade.	Quelques heures avant l'accès.	36°
	Le même jour pendant le stade de frisson.	40°

1. De Haen. *De supputando calore corporis humani. Ratio medendi*, t. II, 1788.

2. Gavarret. *Recherches sur la température dans la fièvre intermittente.* Journal l'*Expérience*, t. IX, p. 29. 1839.

2e Malade,	1er accès : au jour de l'apyrexie	35°
	Pendant le stade de chaleur . . .	39°
	2e accès : pendant le stade de chaleur. . .	37°
	3e accès : ne compren. que le stade de sueur.	37°
3e Malade.	Fièvre tierce, jour d'apyrexie.	36°
	jour d'accès, frisson	38°
	chaleur	39°
4e Malade.	État normal.	36°
	Stade de chaleur	42°
5e Malade.	Fièvre tierce, état normal	36°5
	1er accès : stade de frisson.	40°
	2e accès : stade de frisson.	40°
	stade de chaleur.	41°
	3e accès : stade de frisson.	40°
	stade de chaleur.	41°
6e Malade.	Stade de sueur.	39°

M. Gavarret conclut ainsi :

« De ces six observations, il résulte évidemment que dans les fièvres intermittentes de nos pays, la sensation quelquefois très intense de froid, accusée par les malades pendant le premier stade de l'accès, n'est autre chose qu'une aberration de la sensibilité générale. »

Dans ces observations, M. Gavarret prenait la température dans la cavité axillaire, négligeant ainsi les renseignements qu'aurait pu fournir la comparaison des résultats obtenus par l'exploration thermométrique de la peau, de la bouche, du rectum.

Lorain [1], dans de nombreuses observations a noté la température de la peau, de l'aisselle, du rectum, et voici ses conclusions :

S'il est vrai que dans les fièvres intermittentes paludéennes au moment de la période initiale ou de *froid*, ainsi que l'ont remarqué De Haen et Gavarret, la température monte dans l'aisselle et dans le rectum, il faut ajouter, que pendant ce temps la température de la peau de la main baisse. (Lorain, p. 48.)

Lorsque les sueurs surviennent, la température prise dans le rectum se maintient élevée, elle baisse à la périphérie

1. Lorain. *De la température du corps humain.* Paris, 1877, t. II, p. 10 à 50.

(peau, bouche). Bientôt la température centrale et périphérique redeviennent normales, l'accès est terminé.

Dans un cas de fièvre intermittente, la comparaison de la température cutanée et de la température axiliaire, nous a donné les résultats consignés dans la courbe suivante. Courbe n° 26.

COURBE N° 26.

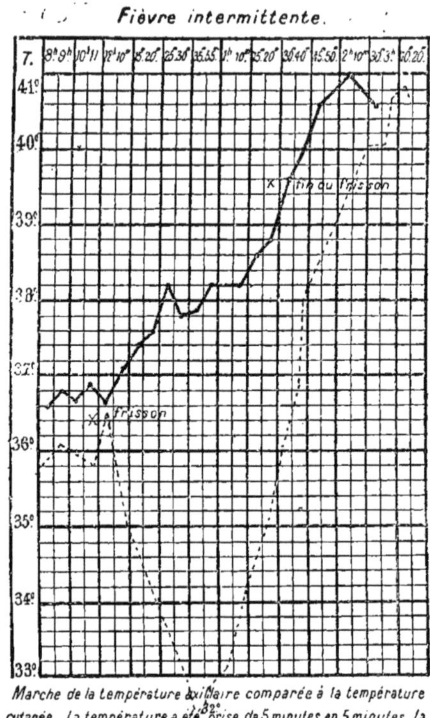

Marche de la température axillaire comparée à la température cutanée. La température a été prise de 5 minutes en 5 minutes, la ligne (___) représente la tempre axillaire, la ligne (....) représente la température cutanée

Dans certains cas, dans la période *entre les accès*, on peut observer des températures sous normales. (Lorain).

Lorain dans une observation constate qu'entre les accès, dans le jour intermédiaire, les températures et le pouls tombent au dessous de l'état normal, pouls à 48, température rectale, 36°,6. « C'est là un fait important, dit cet auteur, et qu'il faut rapprocher de l'abaissement qui suit immédiatement la défervescence dans les maladies aiguës fébriles. Il a pu arriver que cet abaissement fut imputé à l'action de la quinine dans les fièvres traitées par ce médicament. Or, ici, il n'y a pas eu de traitement, et l'abaissement est bien le résultat spontané d'une sorte de réaction spontanée qui n'a pas été signalée jusqu'ici dans les traités classiques. »

Wunderlich [1], Michael [2], ont publié des observations dans lesquelles après l'accés fébrile simple de la fièvre tierce ou de la fièvre quarte, le thermomètre descend très bas souvent au dessous de la normale, à 35°,8 ou 35°,6.

Dans les accès de fièvre de la phthisie, de l'état puerpéral, de la lithiase biliaire, de l'endocardite ulcéreuse, de la septicémie, de l'infection purulente on note au moment du frisson les mêmes particularités thermométriques que nous venons de signaler pour la fièvre intermittente d'origine paludéenne.

Jochmann [3], Traube [4], Thierfelder [5], et Bærensprung [6], ont confirmé le fait pour les phthisiques, pour les affections dans lesquelles on observe la fièvre hectique.

Frerichs[7], au moment d'un frisson symptomatique de lithiase biliaire a noté une température de 40°. (Magnin [8]).

Notre courbe N° 27 est un exemple rare d'abaissement de température à la période de frisson dans un cas de pyémie à la suite d'une blessure légère.

L'abaissement de température observé dans ce cas rendait le diagnostic difficile, cependant en l'absence de périodicité et de l'apyrexie on devait rejeter l'idée de l'existence d'une fièvre intermittente palustre.

1. WUNDERLICH. *Handbuch der Pathologie und Therapie*. Stuttgard, 1852-1856.
2. MICHAEL. *Archiv für physiologische Heilkunde*. B. XV. 39, 1856.
3. JOCHMANN. *Beobachtungen über die Korperswarme in chronischen fieberhaften Krankeiten*. Berlin, 1853.
4. TRAUBE. *Deustche Klinik*, 1851, n° 46 et 1852.
5. THIERFELDER. *Archiv für physiologische Heilkunde*, t. XIV, p. 173, 1855.
6. BÆRENSPRUNG. *Muller's Archiv*. 1851. p. 173.
7. FRERICHS. *Traité pratique des maladies de foie*, trad. française, 1866.
8. MAGNIN. *Lithiase biliaire. — De la fièvre symptomatique des lésions du foie*. Thèse de médecine de Paris. 1869.

COURBE N° 27.

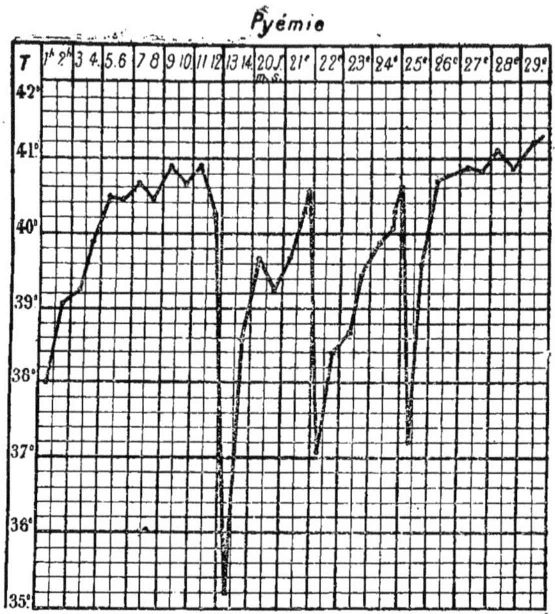

Exemple curieux d'abaissement de température à la période du frisson. Difficulté du diagnostic au début, mais la périodicité ne se produisant pas, nous avons pu rejeter le diagnostic de fièvre intermittente qui aurait pu être posé et accepter celui de pyémie.

Marche du frisson. Les chiffres (1, 2, 3, 4, 5, 6, 7, 8, etc) représentent des heures. On voit à la 12e heure un abaissement de température se produire. Les chiffres (20, 21, 22, etc) représentent les jours de la maladie.

Fièvres dites algides. — Le terme algidus (froid) a été appliqué pour la première fois en 1712 par Torti [1] à une variété de fièvre pernicieuse qui se fait surtout remarquer par un refroidissement périphérique considérable.

Nous ne pouvons mieux faire que de citer les paroles même de Torti ; la description de la fièvre algide nous est donnée d'une façon nette et précise.

« Tertiana perniciosa hominem jugulat, cùm frigus quoddam mortiferum incipienti paroxysmo jungitur, quod non ut assolet in benignis, paulatim evanescit, ut illud sensim calor excipiat ; sed protrahitur et protrahitur, maximamque

1. Torti. *Therapeutice specialis ad febres periodicas perniciosas*, etc., 1712 ; *nova editio, curantibus Tombeur et O. Brixhe*. Leodii, 1821, t. I, p. 382.

partem paroxysmi occupat, ita ut, nec pulsus resurgat nec calor ad tactum conspicuus erumpat : quamobrem post horas et horas ægrotantem adhuc in principio accessionis diceres. Siticulosus est propterea gemebundus, anxius, cadaverosus. Si in ipsa accessione, quâ primo se prodit *symptoma istud ferox*, æger satis non cedat, ægre saltem et nonnisi post longum tempus incipi tantillum incalescere et pulsus antea abscondi-tus sese nonnihil exerere, ita ut tamen parum frequentiæ, aut celeritatis supra statum naturalem ostendat, sitque adhuc non parum depressus, cum miti ad tactum calore, voce tamen paululum clangosâ et linguâ nonnunquam scabrâ, urinâ vero, vel copiosâ simul ac tenui, vel paucâ ac impense rubra. »

Torti, on le voit, avait bien compris la gravité de l'algidité, *symptoma istud ferox*, et avait exactement observé les différentes phases de cette affection.

Dans les chapitres suivants, Torti cite plusieurs observations où il a vu des refroidissements considérables chez ses malades. Voici comment il s'exprime [1]. Observation de J. Barberius.

« Accessione corripitur (erat autem dies morbi quinta) adeo perseveranter frigescit, ut nunquam frigori succedat consuetus calor. Jamque plures horæ erant elapsæ ab invasione accessionis et tamen nec pulsus elevebatur, sed summe depressus, frequens ac humilis permanebat, qualis videlicet fuerat in ipsa invasione, nec caro ullum calorem externum acquirebat, cum tamen ille intense sitiret et in se contractus, ac non nihil hebes de nulla alia re conquereretur. »

Et il ajoute plus loin à propos de l'observation de J. Salviolus [2].

« Carnem universi corporis sentio frigidam ut marmor. »

Bien avant Torti, Galien avait dit : « Frigebant his multum extremitates ac vix calor his revocari poterat. »

Ramazzini [3] de Modène avait vu : « que les fièvres se compliquaient vers le cinquième ou sixième mois de l'épidémie, que les malades finissaient par ne plus se réchauffer.

1. Torti. *Therapeutice*, Nova editio, Leodii, 1821, t. II, p. 47.
2. Torti, t. II, p. 49.
3. Ramazzini. *De abusu chinæ-chinæ dissertatio*.

« Gelidus toto manat corpore sudor, præcipue circa caput et collum. Extremitates evadunt frigidæ ac lividæ, dum corripiuntur convulsionibus quæ tragediam claudunt, » avait dit Baumer [1].

Lauter (Hist. méd. bienn. morb. rural. etc.), a vu aussi des fièvres qu'il appelait *malignes* « qui présentaient un froid rigide et véhément, en sorte que le tronc du corps restait immobile pendant plusieurs heures et qu'on avait continuellement besoin de le ranimer par des fomentations, et l'application de linges chauds ; quelquefois les extrémités inférieures étaient glacées jusqu'au gras des jambes, et les extrémités supérieures jusqu'au carpe, tandis que le reste de ces parties se trouvait dans un état agréable de chaleur. (Casus XIII.) »

Les auteurs modernes Alibert [2], Maillot [3], Bailly [4] nous ont encore donné des descriptions de la fièvre dite algide.

La fièvre pernicieuse algide n'est pas constituée, comme les premiers auteurs l'avaient signalé, par une exagération des phénomènes de frisson, et il n'est pas vrai, que le froid dure depuis le commencement jusqu'à la fin de l'accès.

On peut observer des stades de frisson, de chaleur tout à fait semblables à ceux que l'on observe dans la fièvre intermittente simple ; mais ce n'est que plus tard que l'algidité et le collapsus surviennent et c'est alors, comme l'a si bien dit Borsieri, que le malade : « Cadaveris imaginem refert. » C'est le troisième stade qui est véritablement le stade pernicieux de la fièvre algide.

A ce moment le malade ne tremble pas, ne frissonne point; il se plaint au contraire d'une sensation de chaleur très vive ; la respiration, le cœur, se ralentissent, la peau devient cyanosée; la stupeur est considérable. On observe, en un mot,

1. BAUMER. *Dissertatio inaugur. med. de febre putridâ in Bengalia. Anno* 1762.

2. ALIBERT. *Traité des fièvres intermittentes*, 1804.

3. F. G. MAILLOT. *Traité des fièvres ou irritations cérebro-spinales intermittentes.* Paris, 1836. — *Recherches sur les fièvres intermittentes du nord de l'Afrique.* 1836.

4. E. M. BAILLY. *Mémoire sur l'anatomie pathologique des fièvres intermittentes pernicieuses et sur l'altération de la chaleur animale dans les fièvres algides.* (Revue médicale, 1825.)

dans ces cas tous les signes que nous avons signalés *dans le collapsus* des fièvres.

Aussi pour la majorité des auteurs les fièvres algides ne doivent-elles pas être décrites à part, comme des maladies spéciales ; de même que dans les pyrexies, le collapsus peut survenir dans le cours de fièvres palustres, avec cette particularité cependant qui avait frappé les anciens, c'est qu'il est très fréquent et très grave dans certaines formes d'accès intermittents.

Le froid commence toujours par les extrémités ; les mains, les pieds ont une température très abaissée ; et dans plusieurs observations la température de la bouche est descendue à 30°

La température rectale, de même que dans la fièvre intermittente simple peut être élevée. Elle est plus souvent abaissée, et Wunderlich, Griesinger, Michael ont signalé des températures centrales de 34°, 35°,6, 35°,8.

Il existe généralement une différence de 1, 2, 3, degrés entre la température centrale et la température axillaire.

La température axillaire est extraordinairement abaissée et il est fréquent de trouver des chiffres de 34°, 36°, et même 23°, 24°.

Au moment de la mort, la température peut s'abaisser de quatre degrés sous l'aisselle et de 3° dans le rectum.

Dans les cas heureux l'algidité dure, six, dix, douze heures.

Libermann n'a jamais vu durer cet etat plus de douze heures. Si à ce moment une rémission ne survenait pas, dit cet auteur, le malade mourait.

Bell [1] signale le collapsus et l'algidité dans la fièvre syncopale (fating fever).

Dans les fièvres pernicieuses dites diaphorétiques, Murray [2] a constaté, dans l'Inde, l'algidité périphérique, le collapsus avec suppression des urines.

1. Bell. *Fièvre syncopale de Perse*. 1843.
2. Murray. *Canstatt's Jahresbericht*. 1841, p. 10.

CHAPITRE XX

DE LA TEMPÉRATURE DANS LE CHOLÉRA

Les mensurations thermométriques faites dans cette affection, type des maladies algides, ont donné des résultats variables, suivant que la température était prise à la périphérie ou dans les cavités centrales.

Littré, en 1832, avait insisté le premier sur le refroidissement dans le choléra. Casper, Czermak, Magendie[1] publièrent ensuite le résultat de leurs recherches.

Voici les chiffres obtenus par Magendie :

Dans la bouche	30°
—	30°
—	30°
—	25°
—	28°
—	29°
—	31°
—	30°
—	23°
—	25°
—	25°
Aux pieds	25°
—	21°
—	18°

Burguières[2], Monneret[3], signalent aussi le refroidissement,

1. Magendie. *Leçons sur le choléra*, 1832.
2. Burguières. *Étude sur le choléra morbus observé à Smyrne, en* 1849. Paris, in-8.
3. Monneret. *Compendium de médecine, art. chaleur*, t. II, 1846.

Henri Roger[1] Ross, Mair, Reinhardt, Leubuscher, Hubenet viennent ensuite.

Voici le tableau des observations de Czermak :

		Temp. R.	Temp. Cent.
1° Femme de 27 ans guérie. —	Langue..........	23°1/4	28°8
—	Mains...........	21°1/2	26°4
—	Pieds............	19°3/4	24°8
—	Sang.............	24°3/4	30°8
2° Femme de 39 ans guérie. —	Langue..........	19°3/8	24°6
—	Mains...........	19°3/8	24°6
—	Sang.............	20°3/8	25°3
3° Femme de 54 ans guérie. —	Langue..........	24°1/8	30°
—	Mains...........	25°1/8	31°4
—	Pieds	23°	29°8
—	Scorbicule du cœur	25°1/10	31°3
—	Sang.............	26°	32°2
4° Femme de 21 ans morte. —	Langue..........	19°	23°0
—	Mains...........	18°	22°5
—	Sang.............	21°3/4	27°0
5° Femme de 62 ans guérie. —	Langue..........	22°1/8	27°7
—	Mains...........	22°1/8	27°7
—	Sang.............	22°1/4	27°8
6° Homme de 60 ans guéri. —	Langue..........	25°1/8	31°3
—	Mains...........	23°3/4	29°8
—	Sang.............	27°	33°7
7° Homme de 32 ans mort. —	Langue..........	21°	26°2
—	Mains...........	20°1/2	26°6
—	Sang.............	30°3/4	26°8

Chez un cholérique qui se plaignait de chaleur, Baerensprung avait observé :

26°25	dans la bouche, au lieu de.........	37°
30°6	sur la poitrine, au lieu de..........	34°
26°25	dans la main, au lieu de...........	34°
35°	dans le rectum, au lieu de.........	38°

1. H. Roger. *Archives générales de médecine*, 1844 et 1845. et Soc. méd. des hôpitaux et *Recherches cliniques sur les maladies de l'enfance*, 1872.

Voyez les courbes thermométriques dans : Robbe. *Du choléra épidémique*. Thèse de Paris, 1871, et dans Gripat. *Etude sur le choléra*. Angers, 1874.

Ces observations ne nous donnent que le degré de la température périphérique.

Les premières observations de Goppert de Lockstat sont susceptibles du même reproche.

Henri Roger dans le choléra des enfants a noté les chiffres suivants :

Observation CVI.

	Age.	Pouls.	Temp. ax.	Observations.
	—	—	—	—
17 novembre	4 1/2	124	37°1	choléra algide 7° jour.
18 —	—	132	37°4	guérison.
18 soir.	—	132	37°8	—
19 —	—	112	36°7	—
20 —	—	120	37°	—
21 —	—	120	38°7	—
22 matin.	—	132	38°	—
22 soir.	—	128	36°4	—
23 —	—	140	37°4	—
24 matin.	—	128	38°5	congestion pulmonaire.
24 soir.	—	140	39°6	—
25 matin.	—	128	38°2	—
25 soir.	—	140	39°9	—
26 matin.	—	132	39°2	—
26 soir.	—	160	39°3	—
27 matin.	—	140	39°9	—
27 soir.	—	136	37°7	—
28 nov. soir.	—	120	39°	—

Observation CVII.

	Age.	Pouls.	Température.	Observations.
	—	—	—	—
17 novembre.	8 1/2	124	35°2	choléra grave 4° jour.
18 matin.	—	120	35°6	—
18 soir.	—	104	36°	—
19 —	—	104	36°7	convalescence.
20 —	—	112	36°6	–
21 —	—	80	36°8	—
22 au 26 novemb.	—	88 à 100	36°5 à 37	guérison.

Observation CVIII. — Choléra algide. — 1er jour.

	Age.	Pouls.	Temp. aisselle.	Bouche.	Mains.	
	—	—	—	—	—	
17 avril mat.	13 ans.	100	37°75	31°51	35°	
18 —	—	108	36°	35°50	33°	guéri.
19 —	—	102	36°50	34°	25°	
22 —	—	108	37°	37°	35°	

Ce ne sont encore là que des températures prises à la périphérie, et nous ne croyons pas que l'on puisse adopter aujourd'hui, sans restriction, l'opinion de Roger : « Il suffit de jeter les yeux sur le tableau de nos expériences pour voir que l'abaissement de la chaleur animale est un fait incontestable » et plus loin « ce n'est pas seulement un refroidissement partiel. »

Briquet et Mignot[1] ont pris la température du sang qui sort de la veine, mais ces observateurs se sont aperçus des erreurs qu'ils commettaient ; dans plusieurs cas, ils trouvèrent la température du sang contenu dans la palette, inférieure de 5 à 6 degrés à celle de l'aisselle.

Ces auteurs admettent que la température axillaire et du vagin diffèrent peu,

Jusqu'en 1866, on n'avait pas encore fait de recherches précises sur la *température centrale;* dans le choléra, les auteurs trouvèrent ce résultat inattendu que la *température centrale est souvent très élevée* (Zimmermann, Guterbock[2], Charcot[3]).

Güterbock a noté des températures centrales très élevées. Le travail de cet observateur est basé sur quarante-cinq cas; sur ces quarante-cinq cas, il n'y a eu une diminution réelle de la température de 0°5 à 1 degré que six fois. Le refroidissement périphérique était très intense alors que l'on observait des températures de 39°, 40° dans le rectum.

1. Briquet et Mignot. *Traité du choléra morbus*, 1850. — Mignot. *Température des cholériques* (*Gazette hebdomadaire*, 1867).

2. Guterbock. *Virchow's Archiv für path. Anat.* B. XXXVIII, p. 30, 1867.

3. Charcot. *Température rectale dans le choléra* (*Gaz. méd.*, 1866, p. 11).

La température s'est élevée rapidement au moment de la mort et quelque temps après la mort.

Ces résultats ont surtout été très nets sur douze malades où l'on a pris la température peu avant la mort, pendant l'agonie et dans l'heure qui suivait le décès.

Dans la période, dite de réaction, il n'y eut pas d'augmentation de chaleur, mais le plus souvent un abaissement de la température interne, correspondant à une élévation de la température des extrémités.

Voici les résultats obtenus par Mackenzie [1].

Chez une femme qui était dans un collapsus extrême, la température de l'aisselle ne dépassait pas 90°2 F., (32 c.) tandis que dans le vagin, elle était de 102°4 (F). (39 c.)

Les observations furent répétées deux fois. La malade paraissait dans le plus grand danger. Le nombre des respirations était de quarante-deux par minute.

Dix-neuf heures après la température axillaire était de 96° F. (35,5 c.)

Dans le rectum 100° F., (37,8 c.) vingt-huit respirations. — Le pouls était imperceptible.

Dans l'après-midi du même jour, la température de l'aisselle était 93°8 F. (33,5 c.)

Dans le vagin 94°4, (34,6 c.) pas de pouls.

Plus tard, le délire rendit presque impossible l'observation.

En résumé, on trouve dans l'aisselle :

90°2 (32 c.)	96° (35,5 c.)	93°8 (35,5 c.)

Mais dans le vagin :

102°4 (39 c.)	100° (37.8 c.)	94°4 (34.6 c.)

On voit par ces exemples que l'exploration rectale ou l'exploration vaginale donne des résultats essentiellement différents de ceux obtenus par la recherche de la température périphérique.

Voici le résumé des observations de M. Charcot :

Dans la première observation, la température rectale était.	38°2
Dans la deuxième..	40°8
Avant la mort..	40°

1. Mackenzie (F.). *Température des cholériques*. *Medical Times and Gazette* N° 841 et *Gazette hebdomadaire* du 18 octobre 1866.

Dans la troisième . . . . 38°2
38°

Dans la quatrième, le 5 novembre, matin . . . . 37°6
— — soir . . . . 38°4
— 7 novembre . . . . 38°

Dans la cinquième, la moyenne de la température rectale fut. 37°
— la température axillaire s'était abaissée à 36°

Dans la sixième observation, température rectale . . . . 37°8
— température axillaire . . . . 36°2

Dans la septième observation, la température rectale fut . . 36°2

Dans la neuvième observation, température axillaire . . . . . . 37°6
— température rectale . . . . 39°6

Enfin dans la dixième observation, la température fut successivement dans le rectum :

38°4 — 38°2 — 37°2 — 37°4

« L'on voit, ajoute Charcot, que dans les observations 3, 4, 6, des chiffres élevés, tels que 37°8, 38°4, ont été obtenus au moment où les symptômes d'algidité et la cyanose cholérique étaient le plus prononcés. Ces résultats tendent évidemment à confirmer l'opinion émise par plusieurs observateurs, à savoir que chez les cholériques, le refroidissement reste superficiel et ne s'étend pas aux parties centrales. »

Lorain[1], est arrivé aux mêmes conclusions que Charcot et Güterbock.

Les températures maxima et minima qu'il a pu observer dans le rectum sont :

Minima.		*Maxima.*	
Dans 1 cas.	34°	Dans 5 cas.	40°
Dans 2 cas.	35°	Dans 15 cas.	39°
Dans 28 cas.	37°	Dans 27 cas.	38°
Dans 11 cas.	38°	Dans 2 cas.	37°

En comparant la température de l'aisselle à celle du rectum :

Minima.		*Maxima.*	
Une fois.	33°	Dans 3 cas.	37°
Dans 4 cas.	34°	Dans 7 cas.	38°
Dans 24 cas.	35°	Dans 10 cas.	37°
Dans 16 cas.	36°	Dans 8 cas.	36°
Dans 1 cas.	37°	Une fois.	35°

1. Lorain. *Le choléra observé à l'hôpital Saint-Antoine. Paris* 1868.

Cet auteur pense donc que la température dans le choléra oscille dans des limites étroites et s'écarte peu de son chiffre normal; la température de la peau et de l'aisselle oscillent dans des limites très larges.

« Il semble, dit-il, qu'il y ait une loi d'après laquelle la constance même de la température rectale est maintenue par les écarts de la température de la peau et de la bouche, celles-ci se refroidissant ou s'échauffant selon l'état de la calorification centrale; il y a émission à la surface, ou concentration par le retrait de la chaleur périphérique, suivant la production plus ou moins grande de la chaleur intérieure.

Nous pensons donc que le refroidissement et l'échauffement du corps dans le choléra ne peuvent être étudiés utilement dans un seul point. — Il faut comparer entre elles les températures des régions centrales (rectum) de la peau et de la bouche. — La seule partie du corps où l'on puisse bien étudier la température centrale, c'est le rectum. »

Nous devons faire remarquer qu'il importe beaucoup, afin d'éviter toute erreur, de noter exactement la période à laquelle se font les observations thermométriques.

Dans la période d'invasion, Friedlander[1] a observé, avant toute évacuation, un abaissement de la température rectale chez les individus en proie à une maladie fébrile, dans le courant de laquelle survenait le choléra.

Dans la période dite des évacuations, les températures du vagin, du rectum et de l'aisselle ne présentent pas de variations importantes. Dans cette période comme dans celle dite de réaction, l'exploration axillaire peut donc suffire.

C'est *à la période asphyxique* que se montrent les plus grands écarts entre la température centrale et la température axillaire. Il existe aujourd'hui un très grand nombre d'observations dans lesquelles on trouve un abaissement réel de la température centrale.

Dans la septième observation de Charcot, chez une femme de soixante-quinze ans, habituellement bien portante mais affaiblie, la température rectale était 36°2.

1. FRIEDLANDER. *Influence dépressive sur la température du choléra survenant dans le cours d'une fièvre typhoïde. Archiv der Heilkunde*, 1867. Bd VIII, p. 439. Leipzig.

Dans l'observation citée par Bærensprung la température rectale était 35°6.

Lorain a observé un cas dans lequel la température rectale était . . . . 34°

Dans deux cas . . . . 35°

Dans dix cas. . . . . 36°

Schmidt[1], dans des cas de catarrhe cholérique, a observé des températures centrales assez basses.

Ces abaissements de température constituent du reste un danger presque aussi grand que les élévations, et coïncident avec les symptômes les plus alarmants, tels que la cyanose, l'asphyxie, l'anurie.

Les évacuations semblent être la cause principale de ces abaissements. Les ascensions et les descentes brusques de la température périphérique, beaucoup plus variable que la température centrale, peuvent se présenter dans les cas relativement bénins ; à moins de complications, la température, après s'être abaissée brusquement, s'élève de nouveau, mais d'une façon très lente ; les différences entre la température centrale et la température périphérique sont très minimes. On observe le plus souvent, par exemple, sous l'aisselle 35°9 tandis que la température rectale est seulement de 37°. Dans les cas mortels, la différence tend à s'accentuer et avec 26°, l'on observe les températures hyperpyrétiques signalées par Guterbock, 40°, 42°4.

Dans presque toutes les périodes de l'algidité cholérique, la température de la bouche ne s'élève pas au-dessus de 31° cependant dans un certain nombre de cas, on a pu observer des guérisons bien que la température se fut abaissée jusqu'à 26°.

L'influence des complications, de la convalescence, se traduisent généralement par des élévations de température. Cependant l'algidité centrale peut se montrer à cette période.

Voici, au point de vue du pronostic, les conclusions de Lorain :

« 1° Lorsque toutes les températures sont au-dessus du niveau normal, le pronostic est favorable, et c'est à tort que

1. *Schmidt's Jahresbericht*, 1870, p. 88 et 238.

l'on a pu dire que les malades retombaient d'une rèaction franche dans l'algidité. — On a même été induit en erreur parce qu'on a pris le pouls seul comme indice de réaction ;

2° Un abaissement continu et général de la température, alors même qu'il est peu considérable est un signe très fâcheux;

3° L'abaissement rapide des températures périphériques, si considérable qu'il soit, n'est pas d'un pronostic fâcheux à moins qu'il ne se prolonge. »

« Quand le centre baisse et que la périphérie baisse davantage il y a chance de guérison; si le centre baisse et non la périphérie, la mort survient. Lorsque dans la réaction, le rectum marque une température normale et même supérieure, si l'aisselle reste peu élevée, et si la bouche est basse, il y a une fausse réaction et le pronostic est grave. Lorsque les températures s'éloignent à peine du type normal, le pronostic est bénin. Les meilleurs cas sont les cas francs, c'est-à-dire ceux où l'algidité est excessive dès le début avec réaction rapide. Un retour d'algidité est d'un pronostic funeste. »

Wunderlich donne dans son traité les mêmes conclusions pronostiques, basées sur un très grand nombre d'observations.

Les travaux plus récents de Weyrich[1], Zorn[2], Erman[3], Gripat[4] confirment complètement les conclusions de Lorain et Wunderlich.

Erman signale l'élévation fréquente de la température rectale.

Sur 77 cas, Zorn a trouvé 20 fois la température rectale normale. 28 fois basse, 29 fois élevée.

Les conclusions du mémoire d'Erman sont les suivantes :

1° Dans le stade algide, la température rectale est rarement abaissée, elle dépasse ordinairement la température axillaire d'un demi-degré, les températures très hautes et très basses sont de mauvais augure;

1. Weyrich. *Dorpat med. Zeit.* 1871.
2. Zorn. *S. Petersb. Zeitsch.*, 1872.
3. Erman. *Berl. Klin. Wochenschrift*, 1873.
4. Gripat. *Etudes sur le choléra.* Angers, 1874.

Voyez aussi : Monti. *Jahrb. der Kinderheilk.* 1866, et Zuelzer. *Berl. med. Woch.* 1874.

2° Dans la période de réaction, il existe rarement une grande différence entre le degré thermique de l'aisselle et celui du rectum; quand l'état typhoïde survient, il se produit une chute de la température, dans les cas où les accidents typhoïdes (d'origine urémique) doivent entraîner la mort, on observe les dépressions les plus basses. Les températures rectales inférieures à 35° dans le choléra typhoïde sont toujours d'un fâcheux pronostic.

Comme conclusion des recherches que nous venons de citer, nous dirons :

L'étude des courbes de température dans le choléra donne de précieuses indications.

L'état de la chaleur centrale est indiqué seulement par la *température rectale.*

La température axillaire seule ne donne pas de renseignements suffisants.

La comparaison de la température centrale (rectum), et des températures périphériques (aisselle, bouche, peau) peut seule donner des indications.

Les abaissements de température observés dans le choléra sont généralement périphériques; la température centrale est au contraire élevée, exceptionnellement abaissée.

Dans la période des évacuations, les températures centrales et périphériques s'écartent peu ; dès que les phénomènes d'asphyxie se montrent, la température des parties internes est très élevée, celle des parties périphériques abaissées (forme algide et typhoïde).

Lorsque toutes les températures sont au niveau de la normale, le pronostic est favorable.

L'abaissement central continu de la température indique un pronostic grave.

L'abaissement rapide des températures périphériques n'est pas un signe fâcheux.

C'est un signe grave quand la température périphérique persiste à un niveau bas; quand elle monte rapidement après une considérable diminution; quand elle retombe de nouveau après avoir monté.

C'est un signe favorable, quand la température baisse tout

d'abord remonte lentement et se maintient au niveau physiologique.

L'abaissement central n'est pas toujours un signe fâcheux; pour que le malade puisse guérir, il faut que le thermomètre remonte rapidement, il faut que la *réaction* se produise; si la température reste basse, le pronostic est grave. Un fort et rapide abaissement, aussi bien qu'une grande et prompte ascension, sont l'indice d'une mort prochaine.

Lorsque les températures centrales et périphériques s'éloignent peu de la normale, le pronostic est bénin.

Lorsque la température centrale baisse en même temps que la température périphérique, la guérison peut être espérée; si le centre baisse et non la périphérie, la mort survient (Lorain).

Lorsque dans la réaction, le rectum marque une température normale ou même supérieure, à la normale si l'aisselle reste peu élevée, il y a fausse réaction, le pronostic est grave.

Le retour de l'algidité indique une pronostic fatal.

Lorsque dans le stade post cholérique, la température auparavant normale ou élevée tombe subitement au-dessous de la normale, le pronostic est très grave.

Un abaissement subit de la chaleur périphérique est un des signes les plus graves de cette période.

CHAPITRE XXI

DES ABAISSEMENTS DE TEMPÉRATURE DANS LES MALADIES DES ENFANTS

Œdème algide. Sclérème. — Le sclérème des nouveau-nés ou œdème algide est surtout caractérisé par des abaissements de température. Cette maladie, qui paraît avoir été décrite pour la première fois par Uzembezius [1] a surtout été bien étudiée par Hulme, Auvity [2], Baumes, Billard, Denis, Valleix [3], Henri Roger.

Les premiers auteurs ne signalent pas les abaissements de température, cependant on trouve dans Auvity (1788). « Excepté le thorax qui conserve encore quelque chose de la chaleur naturelle, toutes les parties de l'enfant dans cet état, sont froides, surtout celles qui sont endurcies ; si on approche l'enfant du feu, il acquiert, comme un corps inanimé, un léger degré de chaleur qu'il perd de même dès qu'il en est éloigné. »

« Le refroidissement, dit Valleix, se montre toujours dans les cas un peu graves. Je ne l'ai jamais vu manquer que chez un sujet qui n'a présenté que des symptômes très légers et qui a été guéri en peu de jours.

« Ce sont ordinairement les extrémités qui se refroidissent

1. Uzembezius. 1722. *Partus octimestris vivus, frigidus et rigidus.* (Ephem. des curieux de la nature. Dec. ch. IX, obs. IX, obs. XXX, p. 62, 1722.

2. Auvity. *Mémoire de la Société royale de médecine.* 1788, p. 342.

3. Valleix. *Refroidissement dans l'œdème des nouveau-nés. Clinique des nouveaux-nés.* Paris, 1838, p. 617.

Voyez aussi : W. Squire. *Infantile Temperature in Health and Disease.* Chap. IV, p. 17 et 18 et *Obstet. Transact.* t. XII, p. 171, 1871.

les premières ; dans un cas cependant, le refroidissement a commencé par l'abdomen.

« Dans les derniers jours de la vie, j'ai trouvé le corps entier à une température tellement basse qu'elle faisait éprouver une sensation pénible à la main. — L'intérieur de la bouche participait au refroidissement général. »

Henri Roger le premier s'est servi du thermomètre pour constater l'état de la température.

Voici quelques-unes de ses observations :

OBSERVATION CVIII.

Date.	Age.	Resp.	Pouls.	Température.	Observations.
18 octobre	60 h.	50	96	aisselle.... 33° pli du bras. 32°	œdème moyen.
19	— »	32	72	aisselle.... 29°50 pli du bras. 24°	plus marqué.
21	— temp. extér. 16°			aisselle.... 22° pli du bras. 21°	congestion des 2 poumons.

Mort dix-neuf heures après.

OBSERVATION CIX.

		Respir.	Pouls.	Température.	
24 oct.	2 jours	21	88	22°50	œdème moyen.

Non à terme.

A l'autopsie, hémorragie sous-arachnoïdienne.

OBSERVATION CX.

		Resp.	Pouls.	Température.
23 mars	5 jours	32	84	28° œdème marqué, congestion des 2 poumons.
27 mars	—	16	60	aisselle.... 23°50 bouche.... 22.

Mort dans l'après-midi.

OBSERVATION CXI.

Date.	Age.	Resp.	Pouls.	Temp	Observations.
8 oct.	8 jours	14	72	24°50	œdème très marqué, cong. pulm

Mort dix-neuf heures après.

OBSERVATION CXII.

26 octobre. . . . . 25° œdème marqué, congest. pulm.

Agonie.

OBSERVATION CXIII.

		Resp.	Pouls.		Temp.	
19 oct.	6 jours	36	96	aisselle / bouche	32°50	œdème moyen.
		Resp.	Pouls.		Temp.	
21	— —	18	88		29°	
22	— —	—	—		27°75	
23	— —	18	80		28°25	œdème très mar-
Mort.						congestion pulm.

Dans ces quelques exemples on voit que la température périphérique est très abaissée. — Dans le choléra, nous ne voyons pas des abaissements aussi considérables, car c'est à peine si l'on observe le chiffre de 35°. Chez dix-neuf enfants, la moyenne dans le sclérème a été 26°. Dans les cas extrêmes, la chaleur peut baisser de 11, 15 degrés même quelquefois et la température est alors 22° — 33°5 — 22°5.

Voici quelques observations de M. Mignot[1] :

OBSERVATION CXIV.

Œdème et cyanose des extrémités.

Le 27 novembre, température dans la bouche. . 28°
Le 1er décembre . . . . 29°4
Mort.

OBSERVATION CXV.

Sclérème.

Le 22 décembre, température sous l'aisselle . . . . 25°5
— le soir. . . . . 26°7
Mort le 24 au matin.

OBSERVATION CXVI.

Œdème et induration aux pieds et aux mains.

Température de l'aisselle . . . . 26°
— pli du bras . . . . 25°5
— de la bouche. . . . . 24°
Mort le soir.

OBSERVATION CXVII.

Œdème algide.

Température de l'aisselle . . . . 25°7
— le 13, sous l'aisselle. . . . . 25°8
Morte le 14.

1. MIGNOT. *Thèse de méd. de Paris.* 1851.

M. Mignot a vu tous les chiffres intermédiaires entre 23° et la moyenne normale.

Il a pu en outre observer 22 cas de sclérème dans lesquelles des températures à peu près semblables ont été notées, la plus basse a été 23°.

Tous les cas où le refroidissement a été considérable ont été suivis de mort; sept fois sur quatre-vingt-dix-sept cas on a obtenu la guérison; mais les troubles de la calorification étaient peu marqués.

Elsœsser[1] dans le sclérème aigu des nouveau-nés a recueilli les chiffres suivants :

Dans l'aisselle 25°; dans la bouche 28°7; dans l'aisselle 25, dans la bouche 23,7, 21,25.

Roger et Mignot n'avaient pris que la température périphérique; il importait de savoir ce que donnerait l'exploration pratiquée dans la cavité rectale.

Parrot[2] a trouvé dans le rectum des abaissements de température très grands, quelquefois même il a vu la température rectale plus abaissée que la température axillaire.

La température du rectum a été deux fois 23° 2, chez des enfants âgés l'un de cinq, l'autre de vingt-quatre jours; un autre enfant de cinq jours n'avait que 22° 6, un nouveau-né avait la température la plus basse qui ait jamais pu être observée 21°.

Dans des observations plus récentes, communiquées à M. Hutinel[3], Parrot signale chez les enfants atteints de sclérème : la débilité, le pouls très faible, 1,950 gr. le poids moyen de la couleur rouge de la peau au début, puis la couleur abricot devenant jaunâtre et blanche; l'athrepsie concomitante.

Sur 208 cas, la température étant prise dans le rectum :

2 fois le thermomètre est descendu au-dessous de 22°;

3 fois le chiffre le plus faible que l'on eut constaté était entre 22° et 23;

1. Elsœsser. *Archiv. f. phys., Heilk.* 1852.

2. Parrot. *Étude sur l'encéphalopathie urémique et le tétanos des nouveau-nés. Archives de médecine*, 1872.

3. Hutinel. *Des températures basses centrales.* (Thèse de concours pour l'agrégation Paris, 1880).

2 fois entre 23° et 24°.
4 — — 24° et 25°.
8 — — 25° et 26°.
15 — — 26° et 27°.
13 — — 27° et 28°.
29 — — 28° et 29°.
21 — — 29° et 30°.
32 — — 30° et 31°.
17 — — 31° et 32°.
11 — — 33° et 34°.
14 — — 33° et 34°.
10 — — 34° et 35°.
10 — — 35° et 36°.
14 — — 36° et 37°.
3 — — 37° et 38°.

Parmi ces enfants, 18 seulement guérissent :

Chez l'un d'eux, la température n'était pas descendue au-dessous de 37°.

Chez 6 autres elle oscillait entre 36° et 37°.
— 5 — — 35° et 36°.
— 3 — — 34° et 35°.
— 2 — — 33° et 34°.
— 1 — — 31° et 32°.

Ce dernier enfant présenta successivement les chiffres thermiques de 31°6, 32°, 32°8, puis 36°6, 38°6, 37°7 et 37°4.

Dans la plupart des cas où la température axillaire a été notée, elle était plus élevée au début que la température rectale de 1, 2, et quelquefois jusqu'à 4 ou 5 dixièmes de degrés.

Tous les cas où la température avait subi une dépression considérable, se terminèrent par la mort.

Lorsque les enfants étaient soigneusement enveloppés et réchauffés, leur température centrale montait de quelques dixièmes, plus tard elle baissait sous l'influence de l'athrepsie quand il existait des lésions viscérales, toute réaction était impossible, la mort était presque toujours la règle.

La température remontait parfois quand les petits malades pouvaient prendre le sein, et quelques-uns ont dû leur vie aux soins de leur nourrice.

Les tracés suivants (Courbe n° 28 et 29) font bien voir la différence entre les températures de l'aisselle, du rectum, de la peau, des extrémités.

COURBE N° 28.

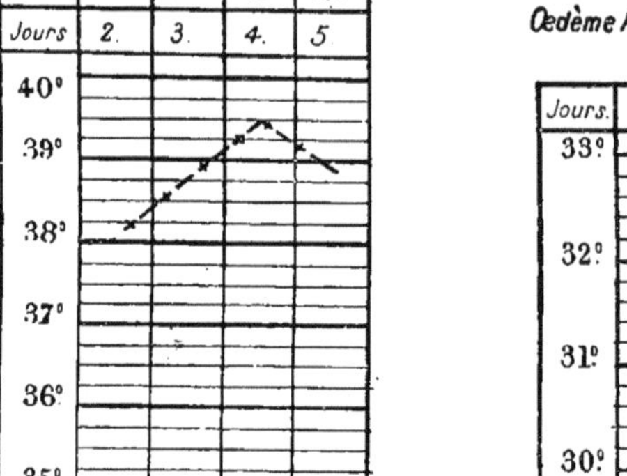

COURBE N° 29.

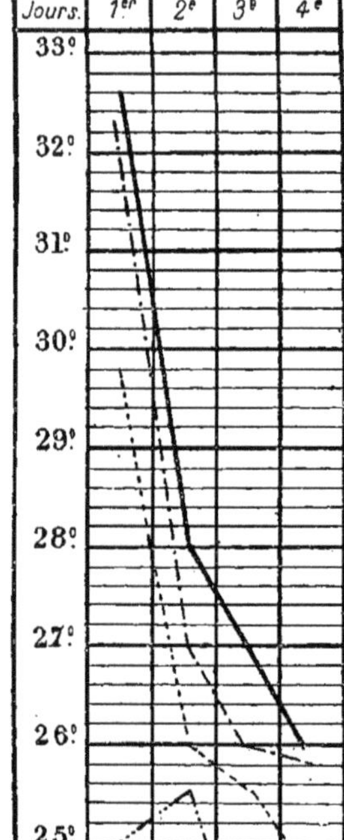

D'après un certain nombre d'auteurs, il semblerait que le refroidissement a *précédé* l'endurcissement du tissu cellulaire.

Nous signalerons une observation très importante de M. Mignot, dans laquelle cet auteur a vu l'abaissement de température précéder les troubles du côté de la peau.

Il s'agissait d'un enfant grêle, qui comme unique symptôme de maladie, présentait une température de 31°5.

Il n'existait de l'œdème en aucun point ; pas d'endurcissement.

La température du creux axillaire s'abaissa les jours suivants et ce ne fut qu'à la fin de la maladie que *l'œdeme et l'induration apparurent.*

Henri Roger a vu plusieurs cas dans lesquels l'abaissement de température paraît avoir préexisté ; mais cet observateur dit qu'il n'a pu s'assurer d'une manière certaine si les deux phénomènes, l'induration et l'abaissement de température sont simultanés, ou si l'un des deux est antérieur à l'autre.

Mais il ajoute (p. 413) : « Je suis tout disposé à croire que le froid précède à cause de l'intensité qu'il a parfois dès le début du sclérème. »

Il est à remarquer que les lésions de la peau du sclérème se rencontrent dans un grand nombre de maladies algides, le choléra, les fièvres algides, etc.

Dans l'algidité progressive des nouveau-nés décrite par M. Hervieux[1], affection qui se rapproche par beaucoup de points du sclérème, le froid paraît être la cause principale des accidents.

Si l'on admet que l'induration cutanée du sclérème est la conséquence de l'abaissement de température et du ralentissement de la circulation, l'algidité progressive de M. Hervieux est le premier stade de l'affection.

« Le refroidissement progressif, dit M. Hervieux, n'est pas d'ailleurs le phénomène constant de la maladie ; la réfrigération n'est pas le fait capital et il existe un parallélisme complet entre les troubles des appareils respiratoire et circulatoire : mais l'abaissement de température est le fait constant, dominant de la maladie. »

1. Hervieux. *De l'algidité progressive chez les nouveau-nés. Arch. génér. de méd.* 5e série, t. II, p. 559. 1855.

Sur onze enfants, M. Hervieux a obtenu des chiffres très bas :

31°, 28°, 27°, 25°, c'est-à-dire que la température a pu baisser de 6°, 9° et 10°, 11° et même, chez un sujet, elle avait baissé de 13 degrés. Les minima de température se sont produits chez quatre enfants : dans l'espace de trois jours le mercure est descendu de 37° à 27°, 25° et 24°. Bien que progressif dans ces cas, l'abaissement de température est très rapide.

Des oscillations peuvent se produire et la température, restée quelques jours aux environs de 36°, descend ensuite avec une rapidité effrayante à 32° par exemple, pour se relever un instant, redescendre à 32° et tomber enfin à 29° et le jour de la mort à 25°.

M. Hervieux a noté aussi, de même que Chossat, l'abaissement de température très considérable au moment de la mort.

« Le thermomètre, dit-il, qui les jours précédents descendait avec peine de 1° à 2° dans la période diurne, baisse souvent tout à coup de 3° à 4° le jour ou la veille de la mort. »

La dépression progressive et simultanée de la température, de la circulation et de la respiration et les symptômes habituels de l'anémie, sont les caractères essentiels à l'aide desquels on pourra reconnaître l'algidité progressive.

M. Hervieux termine son remarquable travail en disant : « 1° Il existe chez le nouveau-né placé dans certaines conditions un état particulier indépendant du sclérème et que l'on peut désigner seus le nom d'*algidité progressive;*

2° Cet état se caractérise non seulement par l'abaissement progressif de la température du corps, mais par la dépression progressive simultanée de la circulation et de la respiration ;

3° La plupart des nouveau-nés atteints d'algidité progressive sont réduits au marasme et ressemblent à de petits vieillards, leurs mouvements sont peu étendus, leur cri voilé et leur sensibilité presque nulle ;

4° Les trois causes principales qui semblent produire l'algidité progressive sont d'une part l'insuffisance de l'alimentation, la faiblesse congénitale d'autre part et le décubitus prolongé dans la position horizontale.

5° Le sein de la mère et la sollicitude dont elle saurait entourer son enfant seraient en ville les seuls remèdes à opposer au mal; dans les hospices destinés aux nouveau-nés, il suffirait d'augmenter le nombre des filles de services pour prévenir l'apparition de l'algidité progressive. »

Dans un grand nombre de maladies des enfants, l'algidité progressive se montre.

M. Mignot a décrit, comme une affection spéciale, sous le nom d'*état apyrétique*, l'algidité qui se montre dans le cours des maladies infantiles (diarrhée, choléra).

Nous croyons utile de citer quelques observations de cet auteur.

Observation CXVIII. — Muguet.— Pneumonie.— Pas d'œdème. — Enfant affaibli.

La température de l'aisselle est 35°. L'auscultation fait entendre à gauche en arrière, un bruit de souffle très marqué qui se termine à la fin de l'inspiration par un bruit de taffetas au tiers moyen.

A droite, le râle est plus humide; il se fait quelquefois entendre seul pendant l'inspiration; parfois on n'entend pas de souffle dans toute la hauteur. A l'autopsie on retrouve tous les signes de l'hépatisation rouge.

Observation CXIX. — M..., est apporté le 4 décembre pour du dévoiement; sa figure est grippée, son épiderme est enlevé par larges écailles; pas d'œdème.

Pouls encore sensible, à 84. — Inspirations variables de 48 à 36; la température de l'aisselle est 33°.

Respiration pure, sonorité du thorax un peu affaiblie, dévoiement vert, langue blanche.

Mort trente-deux heures après sans œdème.

Observation CXX. — N..., âgé de quatre jours probablement né avant terme est examiné le 30 décembre :

Pouls très petit à.	139
Température de l'aisselle. . . .	34°
Le 31, pouls insensible	108 systoles.
Température de l'aisselle. . . .	33°5

Pas d'œdème; prostration très grande.

(1) Mignot. — Thèse de Paris, 1851.

OBSERVATION CXXI. — Broncho-pneumonie. — Muguet. — État apyrétique :

Température de l'aisselle. . . . 35°5

Le 10, il n'y a pas d'œdème, torpeur très grande.

Le 12, température de l'aisselle. 32°

Il n'y a pas d'œdème, mais la peau froide manque de souplesse ; il y a un commencement d'induration. Mort.

OBSERVATION CXXII. — Pneumonie, état apyrétique :

Le 26 mai, pas d'œdème.

Le 29, pouls à 96°, respiration forte des deux côtés ; à droite dans quelques respirations bouffées de râles sous-crépitants.

Le 1er juin, pouls à 120, râles crépitants, température de l'aisselle. . . . . 39°

Le 3. . . . . 35°

Le 4, pouls, 60, température de l'aisselle. . . . 32°24

Inspiration très faible.

Le 5, température. . . . . 28°5

Râles crépitants humides des deux côtés ; sonorité du thorax affaiblie, mais pas de matité ; ventre tendu, petites ulcérations autour des malléoles. Stupeur. Mort.

Autopsie. — Un peu d'engouement au bord postérieur des deux poumons, plus prononcé à gauche. — Dans les bronches, il y a des mucosités jaunes, puriformes et de la rougeur ; sang noir fluide dans le cœur.

OBSERVATION CXXIII. — Œdème, refroidissement peu marqué, guérison de l'œdème. — Pneumonie. — Muguet. — État apyrétique.

Louis M..., âgé de quatre jours. Un peu de refroidissement le 21 novembre. Pouls insensible, 126 systoles, inspiration un peu rude à gauche en arrière, avec matité ; à droite pas de matité et respiration faible, s'entendant mal, sans bruit distinct.

Il y a de l'œdème aux pieds, aux cuisses.

Le 22, dévoiement.

Le 29, teinte jaune de la peau, chaleur normale.

Le 1er décembre, pouls à. 96

— température . . . . 35°3

Les respirations sont parfois courtes, précipitées, allant jusqu'à 60 par minute.

On n'entend pas la respiration à droite de ce côté ; matité dans toute la hauteur en arrière ; à gauche elle est soufflante.

Muguet très abondant :

Le 2, température de l'aisselle........... 31°8

Le 4, lèvre supérieure gonflée.

Le 5, la température de la bouche est..... 20°

Mort.

A l'autopsie, en outre des lésions du côté de la peau, on trouve que la partie postérieure des trois lobes du poumon droit présente de l'induration rouge. Il y a des degrés différents dans cette induration ; néanmoins les parties hépatisées vont au fond de l'eau, mais en petits fragments.

La partie postérieure des deux lobes du poumon gauche présente aussi de l'hépatisation rouge, lisse et nette à la coupe, plus franche et égale dans tous les points. Le reste des poumons est spongieux, d'une teinte jaune ictérique.

Pie-mère un peu congestionnée.

Les accidents morbides, dit M. Mignot, ont suivi dans ce cas une marche curieuse à observer ; au début refroidissement et gêne médiocre de la circulation, œdème. — La chaleur se ranime, le pouls se relève, l'œdème guérit ; puis survint une double pneumonie qui avait déjà des racines ; l'état apyrétique revient, mais sans retour de l'œdème et s'accroît jusqu'à la mort.

Il dit encore plus haut : « Nous pouvons tirer de ces faits les conséquences suivantes : 1° que, chez le nouveau-né, l'état apyrétique n'appartient pas à une seule affection, au sclérème ; 2° que, puisqu'il peut exister dans le cours des maladies qui à tous les autres âges produisent des troubles fonctionnels complètement opposés, pour expliquer cette différence, il faut en admettre une dans leur mode de résistance vitale et dans leur organisation. »

Nous pensons que quelques observations présentées par M. Mignot comme des cas de pneumonies algides sont de véritables sclérèmes avec congestion des organes internes. Cette congestion des organes occupe une grande place dans l'histoire de l'algidité.

Dans le choléra, dans les fièvres intermittentes, etc., on a signalé, en effet, la congestion du poumon souvent confondue avec une pneumonie à la période d'hépatisation rouge.

La physiologie expérimentale nous apprend en outre que chez les animaux artificiellement refroidis on trouve une congestion intense du poumon, des plèvres, des méninges, du péricarde, du tube intestinal, des reins.

Nous avons examiné un grand nombre de poumons d'animaux qui avaient succombé au refroidissement et nous avons été frappé de la congestion intense que présentaient ces organes. On trouve dans ces cas des exsudats séreux dans le parenchyme pulmonaire ; souvent un épanchement pleurétique assez abondant avec des fausses membranes, des hémorrhagies mêmes peuvent se produire et en présence de fragments de poumon, l'on songe immédiatement à ce que Hulme avait dit des poumons des œdémateux : *Habitum lienis representant.*

Hulme[1] s'est probablement mépris comme M. Mignot lorsqu'il nous dit que la cause du sclérème se trouve dans la maladie du poumon : *causam veram morbi in thoraci latere, atque nasci ab inflammatione pulmonum.*

Dugès et Trocon adoptèrent cette erreur.

« Sur 77 œdémateux, dit Billard, il existait une congestion ou un engouement pulmonaire ; sur 6 on a trouvé une hépatisation complète ; chez 3, il y avait une pleuro-pneumonie, et chez les autres une simple congestion passive au bord postérieur des poumons et surtout du poumon droit. »

Denis (de Commercy) et Valleix, dans un grand nombre de leurs observations, signalent cette congestion chez les œdémateux.

En résumé, les observations, présentées par M. Mignot comme des cas de pneumonie algide, sont, pour nous, des sclérèmes avec congestion pulmonaire.

Ces cas sont bien différents des véritables pneumonies avec collapsus et abaissements de température, qui, chez l'enfant de même que chez le vieillard, sont très fréquents.

Athrepsie. — Cette affection, décrite par Parrot[2], caractérisée par un trouble de la nutrition, se révélant par des lésions multiples, s'accuse par des abaissements de température considérables. Cet état morbide se produit chez l'en-

1. Hulme, *Mémoires de la Société royale de médecine*, 1788.
2. Parrot, *De l'Athrepsie.* Paris, 1877.

fant inanitié, mal nourri, débilité. Il se rapproche par beaucoup de points de l'affection que nous avons décrite d'après Hervieux, sous le nom d'*algidité progressive des nouveau-nés*, et de *l'état apyrétique* de Mignot.

Voici, d'après Parrot, la marche de la température dans cette affection.

Au début la température peut s'élever ou rester normale, mais elle ne tarde pas à *s'abaisser* d'une façon continue.

Elle tombe rarement au-dessous de 34° à 33°, cependant elle peut s'abaisser à 30° et même à 25°,9. L'âge exerce ici une influence manifeste. Les abaissements thermiques les plus accentués atteignent les avortons et les enfants chétifs, qui sont pris de diarrhée immédiatement après la naissance.

Dans l'athrepsie confirmée, la ligne des températures reste habituellement au-dessous de la normale ; et tout en oscillant parfois d'une manière sensible, elle s'abaisse continuellement jusqu'à la mort, qui n'imprime pas à sa direction ce changement brusque toujours observé dans les maladies des individus plus âgés.

Plus les enfants sont chétifs lorsqu'ils deviennent malades, plus est rapide et uniforme l'abaissement de la température ; plus aussi dans les évaluations thermométriques l'on doit tenir compte des influences extérieures.

Il n'est pas rare de constater chez les malades, une élévation brusque de la température qui peut se traduire par une différence d'un ou deux degrés d'un jour à l'autre.

Dans ces cas, qui coïncident presque toujours avec une perte de poids considérable, la moyenne physiologique peut être dépassée.

A l'état physiologique chez le nouveau-né, la température de l'aisselle est constamment de un à deux dixièmes inférieure à celle du rectum. L'athrepsie peut modifier ce rapport d'une manière assez notable, soit en diminuant la différence entre l'état thermique des deux régions, soit en élevant celui de la première au-dessus de l'autre. Immédiatement avant et après la mort, la température axillaire baisse d'une manière beaucoup plus rapide et moins régulière que la température rectale.

Quand une affection fébrile survient dans le cours de l'athrepsie, la température peut s'élever d'abord, mais redescend ensuite.

Parrot a fait voir qu'à une période avancée de l'athrepsie, les complications phlegmasiques n'avaient aucune influence sur la température. L'enfant ne produit plus de chaleur et la mort est prochaine.

Les maladies fébriles peuvent par l'entrave qu'elles apportent à la nutrition, se compliquer d'athrepsie avec abaissements de température. Les altérations rénales qui sont fréquentes dans l'athrepsie et qui dans certains cas causent des accidents graves d'intoxication, contribuent à rendre plus considérables les abaissements de température.

Les affections qui se compliquent le plus souvent d'athrepsie chez les enfants sont les affections du tube digestif. (Voy. chap. *Choléra,* observ. de Roger). Chez des sujets atteints d'enterocolite à la période aiguë, les évacuations étant très fréquentes, on observe des températures au-dessous de 36° et 35° 15.

Un fait important à noter dans ces cas, c'est que dès que les évacuations cessent, le thermomètre se met aussitôt à remonter. M. Decaisne a vu que sur onze enfants de un à deux mois, la température moyenne était de 34° à 35° 20 pour revenir, au moment de la réaction entre 36° et 37° 55.

Chez quatre enfants de trois à quatre mois, il a observé des températures entre 33° et 35° 10.

Chez deux la réaction s'était montrée, et la température était revenue à 36° et 37° 35.

Cinq malades de cinq à six mois ont donné 34° et 36° 25 et deux pendant la réaction : 38° 15 et 39° 10. Trois enfants de sept à huit jours qui n'avaient pas eu de réaction ont présenté des températures entre 35° 10 et 36° 35.

Enfin deux enfants de neuf à dix mois ont donné l'un 34° 30 pendant deux jours sans réaction, l'autre 34° 25 et pendant la réaction 39° 4. Les températures étaient prises sous l'aisselle.

Dans le muguet, Parrot[1] a aussi trouvé des températures très basses.

1. PARROT, *Archives de physiologie*, 1869, p. 504-509.

Dans la 1re observation,	l'on voit que la température rectale était.................	34°8
—	la température axillaire......	34°6
Dans la 2e observation,	température rectale.........	33°
—	température axillaire........	33°
Dans la 3e observation,	température rectale.........	29°3
—	température axillaire........	29°6
—	température rectale.........	34°8
—	température axillaire........	34°8

Au moment de la mort.

Dans la 4e observation, nous voyons la température rectale inférieure à la température axillaire.

La température rectale était en effet.................	27°3
— axillaire............................	27°7
Dans la 7e observation, la température rectale était...	27°8
— — axillaire.......	27°6

Les observations suivantes présentent des températures de 28°4 — 29°4 — 30°4.

Plusieurs faits peuvent ressortir du résumé que nous venons de faire de la marche de l'abaissement de la température chez les enfants. Les abaissements de température dans les maladies des enfants sont considérables; dans certains cas, cet abaissement peut acquérir des proportions notables et la mort arrive presque toujours. Lorsque la température est descendue aux environs de 32° 5 ou 33°, la mort est presque certaine.

L'abaissement rapide de la température, comme nous le verrons dans d'autres variétés d'algidité, à la suite de choc, etc., est, toutes choses égales d'ailleurs, aussi grave chez l'enfant que chez l'adulte ; pour le fœtus le danger n'est pas cependant aussi grand.

Si l'enfant peut quelquefois résister à des abaissements de température de 4 et 5 degrés, c'est que ce refroidissement se fait le plus souvent d'une manière progressive. C'est l'algidité *progressive*.

A mesure que nous grandissons, l'algidité devient de plus en plus grave ; car comme l'a dit Edwards[1] : « L'abaissement de température du corps n'est pas également nuisible aux

1. Edwards, *Des Phénomènes physiques de la vie*, 1824.

différents âges, il l'est d'autant moins que les animaux sont plus jeunes. »

C'est à mesure que la faculté de développer de la chaleur s'accroît, que le pouvoir de supporter l'abaissement de température diminue.

La moindre perturbation, le moindre dérangement fonctionnel suffisent pour amener chez les enfants l'algidité et ses conséquences.

Le refroidissement, l'inanition, la débilité, la faiblesse congénitale ou native paraissent être les causes principales de l'œdème algide, de l'athrepsie avec abaissements de température.

Faisons remarquer que la mort chez les enfants, dans les maladies que nous venons d'étudier, se montre lorsque le thermomètre est descendu à 22°, 20° (21° dans un cas de Parrot). Chez les animaux artificiellement refroidis, Cl. Bernard, Brown-Séquard, Walther (in Kiew) ont signalé les mêmes chiffres au moment de la mort. On doit admettre que dans les deux cas on a une mort par le froid.

CHAPITRE XXII

DE L'INFLUENCE DES FOYERS INFLAMMATOIRES SUR LA MARCHE DE LA TEMPÉRATURE DES MALADIES ALGIDES.

Chez certains malades en hypothermie, les inflammations concomitantes ont une action peu marquée sur la température; dans des observations de maladies algides, nous avons souvent vu, sous l'influence d'un foyer inflammatoire, la température rester abaissée ou s'élever d'une façon insignifiante.

Ces faits curieux d'affections essentiellement fébriles sans élévation de température n'ont été étudiés par les auteurs que dans ces derniers temps.

Roberts [1], un des premiers, signale ce fait que les phlegmasies survenant chez les *urémiques* n'élèvent pas toujours la température, et qu'on peut même voir succomber les malades dans une algidité profonde avec des lésions qui, chez tout autre sujet, cause habituellement une hyperthermie notable.

« Dans plusieurs cas d'urémie, dit W. Roberts, bien que l'on s'attendit à trouver des températures fébriles, alors que les conditions de développement de la fièvre existaient à un degré très marqué, la température est restée abaissée.

« Dans mon second cas, le soir du septième jour de l'urémie, avec une langue très sèche et une soif très vive, la température fut 98°.6 F. (37°), ce qui est une température normale. A ce moment il y avait des signes évidents d'urémie, des nausées, du délire, les pupilles contractées. »

1. W. Roberts. *The Pathology of suppression of Urine*, *The Lancet*, 1868, vol. I, p. 683.

Dans un cas de mal de Bright chronique, avec suppression partielle des urines, cette particularité fut très nette.

Les urines étaient très rares, la densité 1018°,20, la langue était sèche, la soif vive, il y avait du délire, les pupilles étaient contractées. La température de l'aisselle oscillait durant cette période entre 94°,5 F. (34°,5) et 96°,5 F. (35°,6). Une inflammation érythémateuse et œdémateuse des téguments survint et *aucune élévation de la température ne se produisit ;* fait encore plus important et plus remarquable, bien qu'une péricardite intense occupant toute la surface du cœur se fût montrée deux jours avant la mort, *il n'y eut aucune élévation de température.*

Le thermomètre marquait seulement 95°,7 F. (35°,7). Il est facile de trouver dans les auteurs des observations semblables à celle de Roberts.

Récemment, M. Bazy [1], élève de Félix Guyon, a exprimé dans sa thèse la même idée que Roberts.

Parlant de la fièvre dans les néphrites interstitielles suppurées on non, qui surviennent à la fin des affections graves des voies urinaires, M. Bazy constate qu'elle dépasse à peine la normale de quelques dixièmes de degré, et cependant les symptômes généraux sont fort graves ; mais il ajoute : « Cette fièvre qui paraît peu forte, est en réalité assez élevée si l'on songe que les malades qui en sont porteurs sont sous le coup d'une intoxication chronique. »

M. le professeur Verneuil a bien voulu nous communiquer une observation inédite, recueillie dans son service de l'hôpital de la Pitié.

Il s'agissait dans ce cas d'un homme *atteint de pneumonie* traumatique en pleine évolution, mais albuminurique depuis longtemps et présentant à son entrée des signes d'urémie évidents. La température resta pendant tout le cours de son affection au-*dessous de* 37°,5.

Dans cette observation intéressante, il faut noter que la constatation d'une température anormale (37°), pendant le cours d'une pneumonie au sixième jour, fit soupçonner à

1. Bazy, *Du diagnostic des lésions des reins dans les affections des voies urinaires.* Thèse de doctorat, 1880.

M. Verneuil, l'existence d'une affection concomitante exerçant son action dépressive sur la température. L'examen des urines permit de reconnaître l'existence d'une albuminurie ancienne.

L'interrogatoire du malade apprit qu'il existait depuis quelque temps des signes d'urémie.

Dans ce cas on ne peut nier que l'exploration de la température a permis de découvrir l'existence d'une lésion qui aurait pu sans cela échapper à l'attention du chirurgien.

D'après Murchison[1], certaines *inflammations du parenchyme hépatique* avec suppuration ne s'accompagnent pas d'élévation de température.

Dans un cas d'ictère par lithiase biliaire, dans lequel il se produisit une atrophie jaune aïgue du foie, en même temps que des dépôts purulents dans le parenchyme, Murchison vit la température descendre de 38° et 39°, à 35°,5, quinze jours avant la mort, pour remonter à 38°,9. Huit jours après, le malade était dans un état typhoïde très prononcé, la température s'abaissait de nouveau à 35°,2 le matin et à 36°,7 le soir. Elle remonta ensuite à 37°,4, et la veille de la mort, elle retomba à 35°,5.

Dans un autre cas d'ulcération du canal cystique avec abcès du foie, le sujet qui profondément affaibli eut une thrombose de la veine fémorale, resta toujours sans fièvre. La température ne s'éleva jamais au-dessus de 36°,6 dans l'aisselle et ne monta qu'une seule fois à 37°,6, sous la langue.

Dans le diabète, les complications pulmonaires (pneumonie, phthisie), n'élèvent la température déprimée que d'une façon insignifiante. Forster[2], Bertail, Pidoux[3] ont confirmé le fait par leurs observations.

Dans les maladies des enfants, caractérisées par des abaissements de température, dans l'inanition, dans l'athrepsie Parrot[4] a insisté sur ce point que lorsque une affection fébrile, comme la pneumonie ou l'érysipèle, ou bien une véritable pyrexie, comme la variole, vient chez un nouveau-

1. Murchison. *Maladies du foie. Trad. J. Cyr.* 1876.
2. Forster, *Journ. of. Anat. and. Phys.*, 1869.
3. Pidoux, *Phthisie pulmonaire.*
4. Parrot, *Clinique des nouveau-nés.* Athrepsie, 1877.

né, la température s'élève d'abord, mais si l'athrepsie existait déjà, cette élévation n'est pas de longue durée; bientôt le thermomètre redescend peu à peu jusqu'à la mort. Si l'athrepsie n'existait pas encore, elle peut se produire par le fait même de l'entrave que la maladie fébrile apporte à la nutrition et exercer sur la chaleur centrale son action déprimante.

Parrot, cite dans son traité de l'athrepsie, des cas où les complications phlegmasiques, survenant à une période avancée de l'athrepsie, n'élèvent même plus la température.

« En résumé, dit Parrot (page 176), et d'une manière générale, on peut dire que l'athrepsie n'est que faiblement modifiée par les affections inflammatoires qui se manifestent pendant son cours, qu'elle leur impose son allure et leur donne sa physionomie quand elle vient les compliquer. »

Et plus loin :

« Le rapprochement que je viens de faire est encore justifié par un autre fait, à savoir : que, chez les enfants très affaiblis ou chez les avortons, lorsqu'une ou plusieurs affections inflammatoires telles que la pneumonie, un phlegmon ou l'érysipèle, viennent compliquer l'athrepsie, elles peuvent ne pas modifier la température. »

Dans *quelques péritonites, avec lésions intestinales,* dans les *hernies avec péritonite*, la température peut rester abaissée, ainsi que le prouve l'observation suivante :

OBSERVATION CXXI, (Résumée) *Duplay*[1]. — *Péritonite consécutive à une lésion du cæcum. — Température persistant à un niveau très bas. — Mort.*

Un jeune boucher de 21 ans, entre le 20 novembre dans le service de M. le professeur Schutzenberger. Cet homme raconte que quatre jours avant son entrée à l'hôpital il fut pris de douleurs atroces, il vomit à deux reprises différentes. Signes de péritonite.

Le soir de son entrée la température est à 38°,2, le 21 mars, température 38°,4.

Ventre ballonné. La douleur est beaucoup moins vive dans la portion gauche de l'abdomen. La portion droite, siège de la douleur, ne peut supporter la moindre pression.

1. DUPLAY, *Archives générales de médecine*, 1876.

On suppose une péritonite consécutive à une lésion du cæcum ou de l'appendice cæcal. Le 22 mars, température 37°,2.

Ventre très volumineux. Son tympanique, vomissements porracés, nausées continuelles.

Injections rectales, électricité, température 38°.

Le 23 mars, température 36°,6. Pouls 92 ; à 7 heures et demie ; température 36°.

Le 24 mars, le malade n'a pas eu encore de selles. Vomissements abondants de matières fécales. Odeur nauséabonde.

Température 37°.

Les extrémités sont froides.

On fait une ponction, puis ouverture de la cavité abdominale.

Arrivé sur le péritoine on le trouve épaissi. Une ouverture qui est faite donne issue à un flot de pus, à odeur infecte.

A l'autopsie, on trouve tous les signes d'une péritonite intense, flocons fibreux, sérosité fibrineuse, adhérences en voie de formation entre les anses intestinales.

Perforation de l'appendice cæcal due à un corps étranger.

Remarque. — Il est à remarquer dans cette observation que la température est restée constamment abaissée bien qu'il existât une péritonite nettement caractérisée. « A l'autopsie, dit M. Schutzenberger, on trouve tous les signes d'une péritonite intense, flocons fibrineux, adhérences en voie de formation entre les anses intestinales ; un seul jour on note une température de 38°. Les jours suivants la température de 37°,3, descend à 36°,6, 36° pour remonter à 37°. »

Cette anomalie dans la marche de la température (la péritonite donnant généralement des élévations de température considérables 39°, 39°,5, 40°) pouvaient faire croire à l'existence d'un étranglement. Ce diagnostic fut en effet posé au début de l'affection et une ouverture de la cavité abdominale ne donna aucun résultat.

Les températures basses observées indiquaient une atteinte profonde de l'organisme consécutive à une lésion intestinale très grave ; elles faisaient prévoir une issue funeste.

Au point de vue du diagnostic, la connaissance des anomalies de la marche de la température, dans les cas de maladies algides avec foyers inflammatoires, peut être d'une grande utilité. Si en effet alors que nous constatons un foyer inflammatoire, la température est normale ou basse et que cet état dure un ou deux jours, nous devons soupçonner l'existence d'une affection concomitante et la rechercher, parmi les maladies qui s'accompagnent habituellement d'hypothermie (Voy. observ. de M. Verneuil).

Au point de vue du pronostic, les températures basses observées pendant le cours d'affections inflammatoires, donnent de précieux renseignements. Si dans le cours de maladies caractérisées par des abaissements de température notables, lei foyers inflammatoires n'exercent plus aucune influence sur la marche de la courbe, et n'élèvent pas la température, le pronostic doit être considéré comme très grave. L'anomalie de la température indiquant que les sources de chaleur sont taries, que le malade vit sur son propre fonds et ne fait plus assez de chaleur.

Quant à l'explication à donner des faits que nous venons d'étudier, nous dirons :

Dans certaines maladies (athrepsie, etc.), la température ne subit plus l'action des foyers inflammatoires parce que les sources de la nutrition sont taries et que le malade ne fait plus de chaleur.

« C'est à un trouble profond des combustions intimes que l'on doit attribuer, dit Parrot, ce fait curieux d'affections essentiellement fébriles qui ne donnent pas de fièvre. »

Pour cet auteur, ce trouble de la nutrition a sa source dans l'altération du liquide nourricier, du milieu intérieur dans lequel baignent les éléments.

La diminution des sécrétions et de l'activité musculaire, l'influence de la température extérieure, etc., n'ont qu'un rôle secondaire si on les compare à l'action pernicieuse de la dyscrasie sanguine.

Dans l'urémie, les maladies du foie, les lésions intestinales, l'action de la maladie principale domine et la température abaissée ne peut se relever, parce que le système nerveux, la nutrition sont profondément atteints. Toute réaction est devenue impossible.

CHAPITRE XXIII

DES ABAISSEMENTS DE LA TEMPÉRATURE DANS LES INTOXICATIONS.

Un grand nombre de substances putrides animales ou végétales injectées dans le sang donnent lieu, on le sait, à une élévation de température ; une théorie de la fièvre traumatique, défendue par Billroth[1], a même pour base une partie de ces faits.

Ce chirurgien admet en effet que les liquides putrides qui se trouvent à la surface des plaies atteignant les veines et les lympathiques et se mêlant au sang, produisent le mouvement fébrile.

A côté de ces substances pyrogènes, il en est d'autres qui produisent des abaissements de température.

O. Weber[2], Billroth, Hufschmidt[3], Coze et Feltz[4], injectant des substances animales putréfiées, du pus liquide, ont souvent observé des abaissements de température très notables.

Sapalski[5] a trouvé des températures de 34°2, 32°8, à la suite d'injection du pus chez les lapins. Naunyn et Dubcanski[6] obtinrent des résultats analogues.

1. Billroth. *Langenbeck's, Arch. für klin. Chirurgie.* Band VI, p. 129, 1864-1867, 1872 et *Centralblatt*, p. 361, 1872 et *Archives de médecine. Trad. Culmann.* 6e série, t. VI, p. 547 et 641, 1865, t. VII, p. 55. 1866.
2. O. Weber. *Sur la fièvre en général et la fièvre traumatique en particulier. Medizinische Jahrb.* Band XIV, juin 1867 ; et *Action pyretogène du pus. — Deutsche. Klinik*, p. 495, 1864 et *Allg. und speciell. Chirurgie.* Band I, p. 599, 1865.
3. Hufschmidt. *Langenbeck's, Arch. für klin. Chirurgie.* Band VI, p. 332, 1864.
4. Coze et Feltz. *Gazette méd. de Strasb.*, 1866.
5. Sapalski, *Dissert.* Berne, 1872.
6. Naunyn et Dubcanski. *In Revue des sciences médicales d'Hayem*, t. II.

Béhier et Liouville[1], notèrent que la température s'élève les premiers jours, pour descendre à 35°, 33°, 32°, au moment de la mort.

Il faut remarquer, d'après ses expériences, que les abaissements de température se produisent surtout dans les cas où les doses injectées sont notables. (Birch-Hirschfeld[2]).

Bergmann[3], Weber, Billroth et Edenhuisen[4], ont trouvé que le carbonate d'ammoniaque (Abaissements de température chez les brulés), donnait surtout lieu à des abaissements de température ; la leucine élève au contraire la température.

L'acide butyrique, l'acide sulfhydrique, le sulfhydrate d'ammoniaque paraissent jouir des mêmes propriétés. On comprend dès lors que si ces produits de décomposition prédominent dans les liquides qui sont destinés à passer dans le torrent circulatoire, les mêmes modifications thermiques que nous observons dans nos expériences se produisent.

Dans les cas de septicémie chez l'homme, il n'est pas rare de trouver des abaissements de température à certains moments de la maladie. L'abaissement de température peut même persister pendant tout le cours de l'infection et c'est pour cela que certains chirurgiens ont admis des septicémies sans fièvre, avec algidité centrale. L'abaissement et l'élévation de température peuvent se succéder et il n'est pas rare de voir chez l'homme un abaissement de température au moment de la mort.

Les abaissements de température se rencontrent surtout dans les formes graves de la septicémie, dans les septicémies à marche foudroyante, et indiquent par conséquent un pronostic très grave (Billroth, Weber).

Dans la septicemie, Wunderlich, Heubner[5] ont trouvé les chiffres de 36°,5 ; Kappeler[6] 35°,2, deux fois 35°,2 ; Waschmuth [7], 34°,6, 34°,4.

1. BEHIER et LIOUVILLE, *Bull. Acad. de méd.*, 1873.
2. BIRCH-HIRSCHFELD, *Revue des sciences médicales d'Hayem*, 1873.
3. BERGMANN, *Centralblatt*, 1869.
4. EDENHUISEN, *Zeitschr. für rat, Méd.*, p. 25, 1863.
5. HEUBNER. *Archiv für Heilkunde*, Bd. IX, 1868, p. 289.
6. KAPPELER. *Archiv für Heilkunde*, Bd. X, 1869, p. 400.
7. WACHSMUTH. *Archiv für Heilkunde*, Bd. VI, 1865, p. 237.

Dans un cas de gangrène du scrotum avec infiltration urineuse, le professeur Kocher trouva deux fois 34°,3.

Il y a des cas, dit Weber, où le frisson est le seul symptôme de la fièvre, et dans lesquels un abaissement de température est la conséquence directe des formes les plus intenses de l'empoisonnement du sang. Ici se rangent les faits les plus graves, les cas foudroyants de *septicémie*, on pourrait dire que ces malades meurent dans le frisson de la fièvre.

Dans les gangrènes, surtout dans les gangrènes humides, on voit fort souvent des abaissements de température.

La température peut alors descendre jusqu'à 36°, 35°.

Dans un cas, Charcot [2] a vu une température de 34°,5. Tous les autres symptômes du collapsus existaient.

Dans une observation récente de gangrène du voile du palais, publiée par E. Cruveilhier[3], on note, pendant les derniers jours de la vie, des températures de 36°, 36°,4.

Bile-Urée. — Certaines substances qui se trouvent dans les liquides excrémentitiels produisent des abaissements de température.

Röhrig [4] et Leyden ont vu que la bile produisait un abaissement assez considérable. Ces deux observateurs ont voulu même isoler les substances qui produisaient plus particulièrement les modifications thermiques.

Röhrig prétend que les effets sont dus surtout à la présence des acides biliaires. Injectés seuls dans le torrent circulatoire, ils amènent un abaissement de température.

Les expériences faites avec les matières colorantes, la cholestérine, ne produisent pas de modification sensible de la chaleur animale.

MM. Feltz et Ritter [5] ont vu la température centrale *baisser* à la suite d'injection de bile dans le sang.

Diverses théories ont même été proposées pour expliquer ces abaissements de température.

1. KOCHER. Cité par Glaser, *loco citato*.
2. CHARCOT. *Maladies des vieillards*, p. 286.
3. ED. CRUVEILHIER. *Cas de gangrène du voile du palais. France médicale*, 10 avril 1880.
4. RÖHRIG. *Arch. der Heilkunde. Virchow's Arch. für pathologische Anatomie*, 1863, XIV.
5. FELTZ et RITTER. *Acad. des sciences*, 3 juin 1876.

On a dit, par exemple, qu'il se produisait, par suite de l'injection des substances dont nous venons d'examiner les effets, une destruction des globules sanguins ; d'autres ont dit que le globule sanguin, comme dans l'empoisonnement par l'oxyde de carbone, avait perdu son pouvoir respiratoire ; il y aurait, suivant l'expression de Williams, une nécrémie ou mort du sang.

Röhrig pense que les abaissements de température tiennent surtout à ce que les acides amènent un ralentissement considérable du cœur.

Von Dusch et Kuhne disent que les acides biliaires détruisent les globules.

Plusieurs auteurs attribuent les abaissements de température observés dans les maladies du foie à la présence de la bile ou des substances qui en dérivent dans le sang.

Les abaissements de température du diabète tiendraient de même, d'après quelques observateurs, à l'existence de l'*acétone* dans le sang.

Il est rationnel d'admettre que dans les affections hépatiques et rénales, les déchets des combustions intimes (Bouchard), qui s'accumulent dans le sang à la dernière période de ces maladies exercent une action dépressive sur la température.

Il est difficile, dans l'état actuel de la science, de préciser et d'indiquer les substances organiques qui possèdent cette action.

On sait cependant que dans le diabète, les affections rénales et hépatiques, les abaissements de température et les troubles de nutrition sont surtout marqués lorsque l'urée et les matières excrementitielles, indices de la diminution des oxydations intra-cellulaires, sont en proportion notable dans le sang.

Les poisons et certains médicaments, lorsqu'ils sont introduits dans l'organisme, agissent d'une façon puissante sur la calorification : les uns élèvent la température, les autres l'abaissent.

Nous ne signalerons ici que les substances qui abaissent la température.

Peu d'auteurs s'étaient occupés de cette question ; à peine

Brodie et Chossat signalaient-ils l'influence de l'opium et du voorara sur la température, Demarquay, Leconte et Duméril [1] étudièrent l'action des différents médicaments sur la température. Leurs recherches expérimentales engagèrent les cliniciens à étudier les modifications de température produites par les médicaments et la médication antifébrile put subir uu contrôle exact.

Nous examinerons l'action dépressive sur la température des médicaments en commençant par les plus employées en thérapeutique, pour combattre la fièvre.

Quinine. — Briquet est un de ceux qui signalèrent tout d'abord l'action puissante de la quinine. Vinrent ensuite Piorry [2], Hugelmeister, qui vérifièrent les résultats obtenus.

Sidney Ringer nous a donné aussi des études fort intéressantes sur la quinine au point de vue de la température.

Cet observateur a fait d'assez nombreuses expériences sur l'homme et sur les animaux, et il en résulte, nous dit-il, que les hautes doses abaissent certainement la température, mais que cet abaissement est peu considérable.

Favier et Colin [3], expérimentant sur eux-mêmes, en dehors de toute maladie, ont toujours noté un abaissement de température.

Lewisky [4], injectant chez des lapins des doses massives de quinine, a pu observer des abaissements de température.

Liebermeister [5] a aussi étudié l'action antipyrétique de la quinine dans les maladies fébriles et de tous les faits qu'il a observés avec soin, il a conclu que la quinine abaisse d'une façon assez notable la température.

1. Demarquay et Duméril. *Recherches expérimentales sur les modifications imprimées à la température par l'alcool, l'éther, le chloroforme* (*Arch. gén. de méd.*, 4e série, t. XVI, p. 189, 1848).
Demarquay, Duméril, Leconte. *Recherches sur l'influence des agents thérapeutiques sur la température* (*Acad. des sciences*, 1847, 1848, 1851, et *Acad. des sciences*, 14 avril 1851, 26 mai 1851 et 20 octobre 1851).

2. Piorry. *Traité de diagnostic et de séméiologie*. T. in vol. III p. 28 et suiv. Paris, 1840.

3. Favier et Colin. *Etude sur la quinine et ses sels*. Paris, 1872.

4. Lewisky. *Virch. Arch. für path. Anat.*, 1869. Band. XLVII.

5. Liebermeister. *Deutsches Arch. f. klin. Medic.* Band. III, p. 23, 66. 1867.

Sur 178 cas, il a noté le matin suivant un abaissement de plus d'un demi degré.

Liebermeister a vu que dans le phthisie le sulfate de quinine diminue notablement la fièvre.

Les observations de Liebermeister, de Sidney Ringer [1], de Lorain, de Waschmuth [2], prouvent l'action thermo-dépressive manifeste de la quinine sur la température.

Glaser [3] a vu la température tomber de 40° à 35° sous l'influence d'un gramme de chlorhydrate de quinine, dans le cours d'un typhus.

Dans la fièvre intermittente, l'action de la quinine est merveilleuse.

« Qu'on ne s'y trompe pas, dit Lorain, il n'est pas question d'un abaissement de température de quelques dixièmes de degrés ou même de quelques degrés, c'est la maladie elle-même qui est supprimée, ou dont toutes les manifestations disparaissent. »

Dans la fièvre typhoïde, la quinine rend de grands services comme antifébrile, ainsi que le démontrent les observations de Thomas [4], de Waschmuth, de Mosler [5].

Dans le rhumatisme, d'après Waschmuth, elle suspendrait tout l'appareil fébrile.

Parmi les auteurs qui se sont occupés de l'action de la quinine sur la température, nous devons citer : Binz [6], Hamilton [7], Œffner [8], Choffé et Soulez [9], Vogt [10], Hirsch [11], Wolfberg [12], Hirtz [13].

1. Sidney Ringer et H. C. Gell. *The influence of quinine on the Temperature of human Body in Health*, (*Lancet*, 1868).
2. Waschmuth. *Archiv der Heilkunde*, 1865, VI, p. 193.
3. Glaser. *Inaugural Dissertation*, 1878, p. 23.
4. Thomas. *Action du sulfate de quinine dans la fièvre typhoïde* (*Arch. der Heilkunde*. Band. V, p. 536, 1864).
5. Mosler. *Emploi de l'eau froide et de la quinine dans la fièvre typhoïde*. Greifswald, 1868.

Voyez aussi : Delavaux. *Essai sur le sulfate de quinine comme agent antifébrile*. Thèse de Nancy, 1878.

6. Binz. *Pharmak. studien uber Chinin. Virchow's Archiv für patholog. Anat.* Bd. XLVI, p. 67, 1869, et *Practitioner*, t. II, p. 247, 1870.
7. Hamilton. *On quinine and alcool in paralytic fever. Lancet.* 1870.
8. Œffner. *Dissertation*. München, 1874.
9. Choffé und Soulez. *Schmidt's Jahrbücher*, 1877.
10. Vogt. *Ueber die fieberunter drückende Heilmethode*, 1857.
11. Hirsch. *Die Entwickelung der Fieberlehre und der Fieberbehandlung*. Berlin, 1870.
12. Wolfberg. *Deutsches Arch. f. Kl. Méd.*, 1875, p. 162.
13. Hirtz. *Nouveau Dict. de méd. et de chir. prat.* — *Art. Chaleur*.

En résumé, le sulfate de quinine abaisse notablement la température, principalement chez les fébricitants.

Digitale. — Les recherches de Traube [1], de Hirtz et de ses élèves, Coblentz [2], Lederich [3], ont démontré l'action puissante de la digitale sur la température.

Parmi les auteurs qui se sont occupés des modifications que cet agent imprime à la température, nous devons signaler Thierfelder [4], Wunderlich [5], Coqueugnol [6], Thomas [7], Legroux [8], Liebermeister [9], Hankel [10], Oulmont [11], Jaccoud [12], Clarus [13], Ackermann [14], Kramik [15], Jousset [16].

Administrée à dose modérée, la digitale amène un abaissement qui se produit seulement du deuxième au troisième jour de son administration : il peut aller jusqu'à 2° dans les cas exceptionnels.

Hirtz a signalé une élévation de température pendant l'administration de petites doses.

Bouley, Reynal ont vérifié ce fait.

Dans certains cas même, la digitale peut faire tomber la température au-dessous de la normale.

La température peut osciller entre 35° et 40° pour remonter bientôt rapidement. Cette action de la digitale sur la fièvre et sur la température paraît si constante que Hirtz dit que ce médicament est le spécifique de la fièvre sympto-

1. TRAUBE. *Hirsch Fieberlehre*, 1870.
2. COBLENTZ. *Thèse de Strasbourg*, 1862.
3. LEDERICH. *Thèse de Strasbourg*, 1865.
4. THIERFELDER. *Arch. für phy. Heilk.*, 1855.
5. WUNDERLICH. *Arch. der Heilkunde*, 1862, t. III, p. 97.
6. COQUEUGNOL. *Traitement de la pneumonie par la digitale*. Thèse de Strasbourg, 1863.
7. THOMAS. *Traitement de la pneumonie par la digitale*. Thèse de Strasbourg, 1865, t. VI, p. 329.
8. LEGROUX. *Gazette hebdomadaire*, 1867, n° 8, 9 et 11.
9. LIEBERMEISTER. *Deutsches Archiv f. Kl. Méd.*, 1868, t. IV.
10. HANKEL. *Hirsch Fieberlehre*, 1870.
11. OULMONT. *Action de la digitale. Bulletin de thérapeutique*, t. LXXII, p. 345, et p. 563, 1867.
12. JACCOUD. *Leçons de clinique médicale*, 1863.
13. CLARUS. *Hirsch Fieberlehre*, 1870.
14. ACKERMANN. *Berliner Kl. Wochenschrift*, 1872. — *Deutsches Archiv f. Kl. Méd.*, t. XI.
15. KRAMIK. *Schmidt's Jahrbücher*, 1876, t. I, p. 423.
16. JOUSSET DE BELLÈME, *Gazette des Hôpit.* 1876, p. 859.

matique comme le sulfate de quinine est le spécifique de la fièvre intermittente.

D'après Wunderlich, la température est influencée avant le pouls, elle baisse dès le deuxième jour de l'emploi de la digitale, lentement d'abord, puis assez vite.

De nombreuses observations, Alvarenga, tire les conclusions suivantes :

1° La digitale et son principe actif, la digitaline, ont pour effet de déprimer avec promptitude et énergie la température et le pouls.

2° La température et le pouls déclinent, en général, dans les vingt-quatre à quarante-huit heures qui suivent l'administration des premières doses du médicament ; souvent même il se manifeste une notable diminution (0°,5 à 2° temp., 12 à 30 pulsations) avant que vingt-quatre heures se soient écoulées (quatre à douze heures par exemple).

3° La température et le pouls descendent au niveau physiologique, ou même au-dessous, dans un espace de temps qui a pour limites quarante à soixante-seize heures, terme moyen, quarante-huit heures et demie, à partir du moment où a été employée la première dose du médicament.

4° L'infusion de digitale agit rapidement quand elle est préparée avec 1 gr. 50 à 2 grammes de la plante pour 120 à 200 grammes d'eau. Cependant, parfois l'infusion d'un gramme suffit pour faire décliner aussitôt la température et le pouls.

5° L'effet de la digitale est d'autant plus prononcé et prompt que la température est plus haute, le pouls plus fréquent et la dose plus élevée.

6° La température et le pouls commencent, en général, à décliner en même temps et d'ordinaire dans de mêmes proportions.

7° La température atteint le *minimum* ou en même temps que le pouls, ou avant, ou après lui ; la différence de temps est généralement petite.

1. ALVARENGA. *De la Thermosémiologie et thermacologie.* Lisbonne, 1872, p. 126, 127, 128.

Voyez aussi : WEILL. *Essai sur la fièvre à propos du traitement de la pneumonie par la digitale.* Thèse de Paris, 1872.

8° Le *minimum* de température que nous avons observé est de 35°, et celui du pouls de 36 pulsations par minute.

9° La température, après être descendue au *minimum*, commence à s'élever et retourne au niveau normal avant le pouls.

10° L'usage de la digitale et de la digitaline étant suspendu, la température et le pouls continuent à décliner, durant un à trois jours et plus, et restent, durant deux à quinze jours, au niveau inférieur au taux normal, sans que le malade éprouve pour cela aucune incommodité, à moins qu'il n'y ait des vomissements, des hoquets, de l'irrégularité du pouls, etc.

11° Il suffit, en général, d'employer pendant deux jours l'infusion de digitale pour que la température et le pouls fébrile descendent au type normal ou au-dessous de lui.

« La digitale et la digitaline sont, par conséquent, l'un des antifébriles les plus puissants et les plus rapides. »

Chez l'homme sain et en bonne santé, la digitale abaisse assez notablement la température.

Megerand[1] a constaté sur lui-même que la température s'était abaissée de 37°,2 à 36°,6, puis à 36° et à 35°,8, sous l'influence de l'injection de 1/4 de milligramme de digitaline de Nativelle. La proportion d'urée excrétée avait diminué.

En résumé, la digitale et la digitaline abaissent notablement la température, elles agissent dans les fièvres comme antifébriles puissants.

Vératrine et veratrum viride. — La vératrine abaisse la température. Aran nota ce fait, que la vératrine abaisse d'autant plus la température de la peau, que la fièvre dans laquelle on l'administre est plus forte. Vogt, Kocher, Biermer ont surtout constaté l'action antifébrile de la vératrine dans la pneumonie.

Dans de nouvelles expériences pratiquées par Pegaitaz[2], de Bulle, la température, après l'injection hypodermique de 1/12 de grain de vératrine pure, s'est abaissée de 3°,1.

Après l'injection de 1/8 de grain, elle s'est abaissée de 3°,4.

Après l'injection de 1/100, abaissement de quelques dixièmes.

1. Megerand. Thèse de Paris, 1872.

2. Pegaitaz (de Bulle). *Das Veratrin bei seiner subcutanen Anwendung. Deutsches Archiv für klin, Med.* Leipzig, Bd VI. 2 et 3. p. 156. 1869.

Dans ces expériences, on le voit, il a suffi d'une quantité très faible de poison pour abaisser notablement la température.

Stohr[1] a pu déterminer un abaissement de température de 2° en administrant 2 grammes de veratrum viride.

De notre côté, nous avons noté que, si des doses assez considérables de poison étaient administrées à un animal, la température s'élevait au début pour s'abaisser bientôt.

Lorsque la température est très élevée, la vératrine peut provoquer un abaissement de température considérable, et, dans quelques cas, un véritable collapsus algide.

D'après Alvarenga :

1° La vératrine a une action immédiate sur la température et le pouls, la température s'abaisse, la fréquence du pouls diminue.

2° L'effet de la vératrine se manifeste dans les douze à quarante-huit heures après son administration.

3° L'action déprimante de la vératrine sur la température et le pouls continue à se manifester plusieurs jours (3 à 12) après la suspension du médicament.

Pour obtenir la diminution de la température et du pouls, il n'est pas nécessaire d'administrer des doses élevées de 5 à 6 cent. 1/2. La dose journalière de 15 à 20 milligrammes suffit pour abaisser assez notablement la température.

Drasche[2] a démontré l'action efficace de la vératrine dans les affections pulmonaires.

Alcaloïdes de l'opium. — Les alcaloïdes de l'opium et la *morphine* en particulier donnent lieu à des abaissements de température souvent très considérables.

Des expériences que nous avons faites nous ont permis de voir que cet abaissement peut, dans quelques cas, être considérable.

Voici quelques-unes de ces expériences :

EXPÉRIENCE XIV. — *Epagneul de taille moyenne en bonne santé, à jeun.*
Température avant l'expérience, 40° à 8 heures du matin.

1. STOHR (de Wurtzbourg). *Action de la vératrine sur la température. Würtzb. med. Zeitsch.* Bd VII. 2. p. 89. 1866.
2. DRASCHE. *De l'action de la vératrine dans l'inflammation des poumons* (*Wien. Med. Wochenschrift.* Bd. XVII, p. 33, 1867).

Injection sous-cutanée de 5 centigr. de chlorhydrate de morphine.

A 8 heures 1/2, température .... 39°6.

Somnolence, vomissements, défécation.

A 10 heures .... 37°5.

A midi, la température tend à remonter, 38°2.

Le soir, elle est normale.

EXPÉRIENCE XV. — *Bull-terrier très vigoureux.*

A 7 heures 1/2, température avant l'expérience, 39°6.

Injection de 7 centigrammes de chlorhydrate de morphine.

A 8 heures 1/2.................. 38°5.

Vomissements, défécation, somnolence.

A 9 heures..................... 37°3.

A 9 heures 1/2.................. 36°8.

A 10 heures.................... 36°5.

A midi, la température remonte à 38°.

Le soir, elle est normale.

EXPÉRIENCE XX. — *Bull-terrier, petit et vigoureux, en bonne santé.*

Avant l'expérience, température 39°8.

Injection de 10 centigrammes de morphine.

20′ après................. 39°2

A 9 heures............... 38°3

Somnolence, vomissements, défécation.

A midi.................. 37°8

A 3 heures.............. 38°

Le soir la température est normale, 39°2.

Dans quelques-unes de nos expériences, dans lesquelles la dose de morphine injectée était très peu considérable (3 centigr., 4 centigr.), nous avons constatée *une légère élévation* de température précédant l'abaissement peu notable dans ces cas.

Falck [1] a publié quelques expériences intéressantes sur l'action des poisons sur la température.

Voici le résumé des expériences qu'a faites ce physiologiste avec le sulfate de morphine, administré à haute dose :

1. FALCK. *Experiment. Studien, etc., der Temperatur curven der acuten Intoxicationen.* Virchow's Archiv. 1870. Band XLIX p. 457.

Voyez aussi : EHRLE (Karl). *Action dépressive sur la température du chlorhydrate de morphine.* — *Wurtemberg. Correspondenz Blatt.* Band XXXIX, p. 39, 1869.

Numéros.	POIDS des animaux.	SEXES.	DOSES grammes	DURÉE de l'intoxication.	Différence entre la plus haute et la plus basse température.	Différence entre la température initiale et la température terminale.
1	3 3/4	Femelle.	1.5	n'est pas mort.	— 4°6	— 2°3
2	2 1/2	Mâle.	1	209 m.	— 4°4	— 2°6
3	4	Femelle.	1	165	— 3°6	— 2°6
4	2 7/8	Mâle.	2	120	— 4°8	— 2°3

Les alcaloïdes de l'opium ne se conduisent pas tous de la même façon et nous nous sommes aperçu par nos expériences que l'on pourrait presque reconnaître l'alcaloïde, au moyen de la courbe obtenue.

Si la morphine doit être placée au premier rang comme toxique chez l'homme, elle doit aussi occuper le premier rang au point de vue de ses effets sur la température.

La codéine d'après nos expériences, abaisse beaucoup moins la température.

Il faut une dose assez considérable de cet agent pour abaisser la température de quelques dixièmes de degré.

Lorsque la dose employée est très considérable, lorsque l'animal empoisonné finit par succomber, on obtient des abaissements de température notables.

Voici une expérience qui démontre le degré considérable que peut atteindre l'abaissement de température :

Expérience. — *Bull-terrier vigoureux.*

A 8 heures, température avant l'expérience, 39°9.

Injection dans l'artère crurale de 2 grammes de chlorhydrate de codéine.

A 9 heures .... 38°3

L'animal est complètement endormi, stupéfié.

A midi 1/4 .... 37°4

A 2 heures....... ...... 36°4

L'animal meurt à 4 heures avec 36°.

Voici le résumé des expériences qu'a faites Falck avec le chlorhydrate de codéine.

Numéros.	POIDS.	SEXE.	DOSES.	DURÉE de l'intoxication.	Différence entre la plus haute et la plus basse température.	Différence entre la température initiale et la température terminale.
1	2	Mâle.	0.1	n'est pas mort.	2°6	+ 0°9
2	2 2	Femelle.	0.15	196m 1/2	2°6	— 0°8
3	3 5/8	Femelle.	0.3	47	0°8	— 0°4
4	2 1/4	Femelle.	0.2	44	2°2	0°2

La narcéine élève la température. Ce résultat nous semble probablement dû aux mouvements convulsifs qui se produisent chez l'animal en expérience.

La thébaine à la dose de 5 centigrammes peut foudroyer un animal ; à dose moindre, nous avons vu au lieu d'un abaissement de température une élévation au moment des convulsions.

Nos expériences sont donc confirmatives de celles de Falck.

Numéros.	POIDS.	SEXES.	DOSES.	DURÉE de l'intoxication.	Différence entre la plus haute et la plus basse température.	Différence entre la température initiale et terminale
1	3 /14	Mâle.	0.1	35	+ 2°5	— 2°4
2	3 1/8	Femelle.	0.05	25	+ 1°2	+ 0°9
3	2 1/2	Femelle.	0.05	16 1/2	+ 1°1	— 1°1

Nous n'avons pas fait d'expériences sur *la papavérine*, dont l'action sur la température est, parait-il. très peu marquée.

L'opium en nature amène dans les expériences de Duméril et Demarquay un abaissement de température.

Dans un cas où du *laudanum* avait été injecté dans l'estomac, Demarquay trouva au début de l'intoxication une élévation de température.

Dans les cas de morphinisme chronique, la température baisse progressivement, et la mort est le plus souvent le fait d'un trouble de nutrition.

Ether. — Dans le sommeil anesthésique obtenu au moyen de l'éther, on observe, au moment de la résolution, un abaissement de température.

Duméril et Demarquay, à la suite d'éthérisations, ont observé :

1° Une légère élévation de température pendant la période d'excitation ;

2° Un abaissement de 1, 2, 3° (suivant la durée de l'éthérisation), au moment de la période de résolution.

Ces résultats ont été confirmés chez l'homme et les animaux par un grand nombre d'auteurs.

Chloroforme. — *Le chloroforme* abaisse aussi la température et nous avons vu dans le chapitre dans lequel nous avons traité de l'influence du traumatisme sur la température, que nos observations sont complètement conformes à celles des expérimentateurs, qui se sont occupés de cette question.

En 1848, Duméril et Demarquay démontrèrent que le chloroforme abaisse la température et que cette dépression est précédée d'une légère ascension correspondant à la période d'excitation. Ils notèrent des abaissements de température de 2, 3 degrés.

En France, Bouisson [1], en Allemagne, Scheinesson [2], confirmèrent ces résultats.

Voici une de nos expériences où l'abaissement de température a été très notable.

EXPÉRIENCE. — *Chienne de moyenne taille.*

11 h. 10 m.: on l'attache. — 12 h. 17 m.: 38°,7.

On commence l'inhalation. — 12 h. 40 m., l'animal est tranquille: 38°,5. — 12 h. 54 m.: 38°. — 1 h. 3 m., narcotisation complète, salivation: 37°,6. — 1 h. 30 m.: 36°,9. — 1 h. 32 m.: 36°,8. — 1 h. 35 m.: 36°,6. — 2 h. 15 m.: 35°,2. — 2 h. 25 m.: 35°.

On suprime le chloroforme. — 2 h. 30 m.: 34°,9. — 2 h. 33 m.: tremblements : 34°,7. — 2 h. 40 m.; l'animal s'agite, tremble : 34°,5. — 2 h. 51 m.: salivation intense : 34°,9. — 2 h. 55 m.: éva-

1. BOUISSON. *Traité de la méthode anesthésique appliquée à la chirurgie et aux différentes branches de l'art de guérir*. Paris, 1850.

2. SCHEINESSON. *Untersuchungen über den Einfluss des Chloroforms auf die Wärmeverhältnisse der organe und den Blutkreislauf.* Dissertation inaugurale soutenue à Dorpat et *Archiv für Heilkunde* de Roser et Wunderlich, Bd x, 1869, 1. p. 137, 1868 ; 2. p. 172.

cuation de fèces et d'urine : 35°,2. — 3 h. : 35°,6. — 3 h. 38 m. : 39°. — 5 h. 10 m. : 38°,3.

Nous tenons à faire remarquer que, dans ce cas, l'animal a subi une chloroformisation très longue et a absorbé beaucoup de chloroforme ; l'abaissement de température a été très considérable, et cependant l'animal n'a pas succombé.

Chez l'homme, on constate aussi, après des chloroformisations prolongées, des abaissements de température.

Simonin (de Nancy), [1] dans ses recherches sur la température pendant l'anesthésie par le chloroforme, est arrivé aux résultats suivants :

Chez l'homme, la température s'élève de 0°1 à 0°8 au-dessus de son point de départ pendant la période d'excitation ; mais elle s'abaisse pendant la période de résolution de 0°2 à 0°9 au-dessous de la normale. Les oscillations extrêmes sont de 2 degrés.

Dans les observations suivantes, empruntées à Simonin, on note des abaissements de température :

Réduction d'une luxation sous-coracoïdienne.

Avant l'anesthésie	37°7
Excitation	38°
Période chirurgicale	38°1
	37°9
	37°7
	37°5
	37°3

En résumé, élévation au début, très léger abaissement au réveil.

Amputation de l'avant-bras, motivée par une carie.

Température élevée de 3/10 pendant l'excitation, abaissée de 5/10 pendant la période chirurgicale, retombant à 2/10 au-dessous et restant au réveil à 1/10 de degré de la température du début.

Ablation d'une tumeur colloïde de la face (Homme de 53 ans).

Avant l'anesthésie	36°9
Période d'exeitation	37°

1. Simonin (de Nancy). *De la température dans la chloroformisation.* Acad. de méd. 6 avril 1875, et *De l'emploi de l'éther et du chloroforme à la Clinique chirurgicale de Nancy*, tome IIe, 2e partie, 1877.

Période chirurgicale .... 36°9
.... 36°8
Hémorrhagie..................... 36°6
.... 36°6

En résumé, abaissement insignifiant de la température.

Ablation d'une tumeur cancéreuse du sein (Femme de 42 ans).

Avant l'anesthésie................ 36°8
Au moment du collapsus............ 36°2
Réveil.......................... 36°7

Abaissement de 6 dixièmes.

Anesthésie chez un jeune enfant en vue de la recherche d'un calcul vésical.

Avant.......................... 36°5
Période d'excitation .... 37°2
Période chirurgicale.............. 37°1
Cathétérisme..................... 37°
Réveil.......................... 36°8

En résumé, *élévation de température* de 7/10 pendant la période d'excitation. Au réveil la température s'est accrue de 3/10 sur le début.

Amputation de jambe, motivée par une carie (Simonin).
Anesthésie par le chloroforme. — Légère hémorrhagie. — Abaissement de la température.

Avant l'anesthésie................ 37°2
Période chirurgicale
6'.............................. 36°8
L'amputation est commencée. Perte de sang très abondante......... 36°4
12'.............................. 36°5
15' Réveil....................... 36°6
22'.............................. 36°8

En résumé, abaissement de la température de 8/10 de degrés pendant la période chirurgicale. Hémorrhagie. Au réveil, abaissement de 4/10 sur le point de départ.

Ablation du sein droit (Simonin).
Anesthésie par le chloroforme. — Hémorrhagie assez sérieuse. — Abaissement notable de la température.

Avant l'anesthésie................ 37°5
2' Période d'excitation............ 37°7

8′ Période chirurgicale............ 37°4
Opération........................ 37°2
22′ L'opération est terminée...... 36°8
23′........................... .. 36°8
24′ .... 36°7
27′ .... 36°6
33′ Réveil................ ...... 36°6
51′....... .... 37°

En résumé, dans cette observation, on note un abaissement de température de près de 1°.

Nous avons, de notre côté, fréquemment constaté des abaissements de température à la suite d'anesthésie pour des opérations légères. Ces abaissements de température, qui étaient indépendants du traumatisme opératoire, pouvaient être de 4 à 5 dixièmes, de 1 degré dans quelques cas.

Nous avons suffisamment insisté, plus haut, sur l'action funeste, d'après nous, exercé par le chloroforme et dans les cas de choc traumatique. L'anesthésie par le chloroforme augmente les abaissements de température observés à la suite des traumatismes et assombrissent par conséquent le pronostic. Nous avons publié des observations qui nous paraissent démontrer nettement cette proposition.

Chloral. — Un grand nombre de recherches viennent d'être faites sur le chloral, elles ont toutes démontré l'action puissante de cet agent sur la température.

Nous citerons les travaux de Erhle[1], da Costa[2], Hammarsten[3], Labbé[4], et ceux si complets de Demarquay[5] sur ce point.

Hammarsten a vu chez un animal un abaissement de température de 6°.

« C'est, dit M. le professeur Vulpian[6], la dilatation des

1. ERHLE. *Wurtemberg. Corr. Blatt.* Band XXXIX, 1869.
2. DA COSTA. *De l'abaissement de la température dans le sommeil par le chloral. American Journal of med. Sciences, avril* 1870.
3. HAMMARSTEN, *Action du chloral sur le pouls, la respiration et la température, etc.* Upsal, 1870 et *Schmidt's Jahrbücher.* 1871.
4. LÉON LABBÉ. *Température après injection de chloral dans les veines dans un cas de tétanos.* (*Bulletin de la Société de chirurgie*. 1er avril 1874).
5. DEMARQUAY. *Action du chloral sur la température. Union médicale,* 1869.
6. VULPIAN. *Leçons sur l'appareil vaso-moteur.* t. II, p. 720.

vaisseaux cutanés qui explique en partie le refroidissement si rapide que l'on observe chez les animaux chloralisés. On sait que cet abaissement peut aller jusqu'à 12 degrés centigrades, et même être plus considérable encore. J'ai vu un chien, chez lequel, en 3 ou 4 heures, la température rectale s'est abaissée de 39°5 à 27°. Ce chien a survécu. L'amoindrissement des mouvements d'inspiration contribue aussi, et pour une grande part, à l'abaissement de la température chez les animaux chloralisés. Il faut tenir compte encore de l'engourdissement des centres nerveux, qui exerce une certaine influence sur les actes physico-chimiques de la nutrition intime. »

Chez l'homme, on a noté, à la suite d'injection de chloral, des abaissements de température assez notables.

Dans un cas d'empoisonnement, chez un homme qui avait absorbé 25 grammes d'hydrate de chloral, Lewinstein [1] a noté une température de 32°6. Cet homme guérit (faradisation du phrénique et injections hypodermiques de strychnine).

Impstein a noté dans un autre cas d'empoisonnement une température de 35°.

Nous devons enfin signaler les intéressantes expériences de Richardson et Brunton [2], qui confirment le fait énoncé par Brown-Séquard, que les animaux empoisonnés et qui se refroidissent, peuvent être rappelés à la vie grâce à l'emploi de la chaleur.

Brunton donna la même dose de chloral à trois cochons d'Inde : le premier de ces animaux fut abandonné à lui-même et mourut au bout de 4 heures ; le second, enveloppé de ouate, survécut, mais resta endormi pendant 22 heures ; le troisième, plongé dans un bain d'air chaud, se réveilla complètement après 7 heures de sommeil [3].

Alcool. — L'alcool exerce une action très manifeste sur la température.

1. Lewinstein et Impstein. *Schmidt's Jahrb.* 1871.

2. Brunton. *Emploi de la chaleur pour guérir l'empoisonnement par le chloral. Journal de l'anat. et de la physiol.*, t. XIV. p. 332. Paris, 1874. Analysé in *Rev. des Sciences méd. de Hayem*, t. V.

3. Voyez aussi Keyser. *Effets du chloral* (*Philadelph. med. and surg. Reports*. t. XXIII, 6, p. 107, août 1870).

Dumeril et Demarquay [1], les premiers, signalèrent un abaissement de température assez notable chez les animaux auxquels ils faisaient absorber de l'alcool.

Dans certaines expériences, où la dose d'alcool ingérée était considérable, ils ont pu noter des abaissements de température, allant jusqu'à 8, 9°6.

Dans un certain nombre d'expériences pratiquées en 1875 dans le laboratoire de Claude Bernard, nous avons constaté les mêmes résultats que Duméril et Demarquay.

Voici les principales expériences :

Expérience XV. — *Chien bâtard, de taille moyenne.*

Température, 39°5 à 8 heures du matin.

L'animal est à jeun.

A 8 heures 1/2, on injecte dans l'estomac 30 grammes d'eau-de-vie.

La température ne varie pas.

A 8 heures 3/4, on injecte de nouveau 30 grammes.

A 10 heures, température............ 38°7
A 1 heure............................ 38°2
A 2 heures........................... 38°0

A partir de ce moment, la température monte.

Le soir, 7 heures, température........ 39°2

Expérience XV. — *Bull-terrier très vigoureux.*

Température.......................... 39°

Injection de 30 grammes d'alcool.

A 1 heure............................ 38°5

A partir de ce moment la température monte et redevient normale.

Expérience XVI. — *Chien épagneul, de taille moyenne.*

Température à 8 heures 1/2.......... 39°4

Injection dans l'estomac de 150 grammes d'eau-de-vie.

A 9 heures........................... 38°3
A 10 heures.......................... 38°3

La température redevient normale.

Chez des animaux, qui avaient absorbé une certaine quantité d'alcool et qui étaient ensuite soumis à des inhalations

1. Dumeril et Demarquay. *Recherches expérimentales sur les modifications imprimées à la température animale par l'alcool, l'éther et le chloroforme.* (*Archives générales de médecine*, 4e série, t. XVI, p. 189. 1848).

de chloroforme, nous avons noté des abaissements de température assez considérables.

Nous croyons utile de publier une de ces expériences :

EXPÉRIENCE XX. — *Bull-terrier.*

A 8 heures du matin, température avant l'expérience, 40°.

On introduit dans l'estomac 100 grammes d'eau-de-vie.

A 8 heures, température.............. 39°7

Anesthésie complète obtenue par des inhalations de chloroforme.

Excitation. — Agitation pendant une 1/2 heure. — Vomissements.

A 10 heures, température............. 39°5

Réveil. — Agitation.

A 12 heures.......................... 39°5

A 1 heure............................ 38°

A 3 heures de l'après-midi............ 38°5

A partir de ce moment la température remonte, le soir, elle est normale, 39°6.

Dans les cas où nous injections dans l'estomac des quantités considérables d'alcool, de façon à produire un véritable empoisonnement, nous obtenions des abaissements de température de 5, 6, 7 degrés.

Ces recherches expérimentales nous démontrent que :

Chez l'animal sain *de petites doses d'alcool abaissent toujours la température ;*

De fortes doses amènent des abaissements de température considérables.

L'alcool et le chloroforme donnés en même temps unissent leurs effets thermo-dépresseurs et abaissent considérablement la température.

Chez l'homme ivre, la température s'abaisse, et dans un cas que nous avons pu observer, 300 grammes d'alcool environ ayant été absorbés, la température s'abaissa à 36°2.

Wollenweber [1], Sidney-Ringer et Rickards [2] ont publié

1. WOLLENWEBER. *Recherches expérimentales imprimées à la température physiologique par l'alcool.* Thèse de Nancy, 1879.

2. SIDNEY-RINGER et RICKARDS. *On effects of alcohol on the temperature. The Lancet*, t. II, p. 208. 1866.

des observations d'individus enivrés par l'alcool et qui présentaient des abaissements de température de 2°,3.

Godfrin [1], une heure après avoir pris 150 grammes d'eau-de-vie, vit sa température baisser de 1°.

Dans les empoisonnements par l'alcool, la température s'abaisse considérablement. Magnan [2] a vu une femme ivre qui présentait une température de 26° dans le vagin.

Dans cette observation, l'action du froid extérieur vient s'ajouter à l'action de l'alcool.

Paluel de Marmon [3] a noté chez des enfants qui succombaient en état d'ivresse, des températures de 34°.

Dans une observation très intéressante que nous a communiquée M. le professeur Ch. Bouchard, la température rectale s'est abaissée à 35°.

Il s'agit dans ce cas d'un homme entré ivre-mort à l'hôpital Lariboisière, le 1er février 1880, douze heures après l'ingestion d'un litre de rhum.

A ce moment, M. L. Gaucher, interne du service, constata de la cyanose de la face et des extrémités, du coma, du stertor et une *anurie complète*.

La température rectale était le matin de 35°.

Dans la journée elle s'éleva à 35°6, le soir elle atteignait 39°.

Des lavements d'eau froide furent administrés.

Le 2 février au matin le malade avait toute sa connaissance, il urina un peu.

Température, le matin................	39°4
Le soir............................	40°

Le 3 février, délire.

Même traitement, 0,50 cent. de digitale.

Température, le matin................	40°4
Le soir............................	40°2

Le 4 février, une pneumonie double se déclara.

Température, le matin................	39°3

Cette pneumonie devint chronique et le malade sortit de l'hôpital le 3 juin, complètement guéri.

La courbe de la température de cet empoisonnement est

1. Godfrin. *De l'alcool, son action physiologique, ses applications thérapeutiques.* Thèse de Paris, 1869.
2. Magnan. *Archives de Physiologie*, 1873.
3. Palluel de Marmon. *New-York medical Journal*, 1870.

remarquable par l'élévation thermique considérable, succédant à un abaissement marqué et précédant de quelques jours l'apparition des signes d'une pneumonie double.

Dans une observation (1877, hôpital civil Saint-Sauveur de Lille) que nous a communiquée notre ami le Dr Doléris, à la suite d'une ivresse très marquée et de l'exposition au froid pendant toute une nuit, le malade dans le coma et la resolution avait le matin une température rectale de 31°5.

Le soir à 4 heures, la température rectale s'éleva à 38°2 et se maintint élevée pendant plusieurs jours.

Dans une observation de M. Dujardin Beaumetz, citée par M. Toffier [1], à la suite de l'ingestion d'une forte quantité d'alcool, on constata chez un malade dans le coma, une température rectale de 30°, une heure après 31°8, puis 32°4, le soir 34°2. Le malade meurt dans la nuit.

Administré dans les états fébriles, l'alcool parait exercer une influence assez marquée sur la température.

Les observations de Sidney-Ringer, Neumann [2], Smyth [3], Paul Ruge [4], C. Binz [5] (de Bonn), Cuny Bouvier [6], Rabow [7], Riegel [8], Sulzinsky [9], Strassburg [10], démontrent son action efficace dans les fièvres.

1. H. Toffier. *Considérations sur l'empoisonnement aigu par l'alcool.* Thèse de Paris, 1880.

2. Neumann. *Einfluss des Alkohols auf die Temperatur der Kaninchen* (Kœnigsberg, Dissert., 1869).

3. Smyth. *Effects of alcohol on the temperature* (*Medical Times and Gazette*, t. II, p. 744. 1869).

4. Ruge. *Wirkung des alkohols auf den thierische Organismus* (*Virchow's Arch. für path. Anat.* 1870. Band XLIX p. 252.)

5. Binz. *Virchow's Archiv. Id.* 1870.

6. Cuny-Bouvier. *Alkohol studien.* (*Centralblatt. für Medic. Wissensch,* 1872, et *Archiv für Physiologie*, t. II, p. 370. Bonn, 1869).

7. Rabow (S.). *Action de l'alcool sur la température et le pouls.* Diss. inaug. Strasbourg, 1872; et *Beobachtungen über die Wirkung des Alkohols auf die Korpertemperatur* (*Berlin. Klin. Wochenschrift.* p. 257, 260. et *Centralblatt*, p. 512. 1871).

8. Riegel. *Deutsches Arch. für Klin. Med.* Leipzig, 1873.

9. Sulzinsky. *Ueber die Wirkung des Alkohols, Chloroforms, und Aethers auf den thiereschen Organismus.* (Inaug. Dissert. Dorpat 1865).

10. G. Strassburg. *Action antipyrétique de l'alcool* (*Virchow's Archiv f. path. Anat.* Berlin. Band LX, p. 471, 476. 1874).

Voyez aussi : Kremiansky. *Action de l'alcool sur la température* (*Virchow's Archiv für pathol. Anat.* Band XLII, p. 349 et suiv. 1868).

Joffroy. *De la médication par l'alcool.* Thèse d'agrég. Paris.

Gingeot. *Action thérapeutique de l'alcool chez les enfants, dans les maladies aiguës.* Thèse de Paris, 1867.

De ses observations, Cuny Bouvier tire les conclusions suivantes :

1° De petites doses d'alcool abaissent toujours la température du corps, tandis que la fréquence du pouls est accrue. Cette action est peu durable ;

2° De grandes doses abaissent la chaleur du corps plus fortement, le pouls gagne en plénitude et en fréquence ;

3° L'alcool peut diminuer les hautes températures de la fièvre, à la condition qu'on le donne avec suite et à doses suffisantes. Pour cet auteur, l'alcool entraverait les oxydations dans les vaisseaux et dans les tissus.

Dans leurs recherches. MM. Dujardin et Audigé ont étudié les modifications de la température sous l'influence des différents alcools de la série et notamment de l'alcool ordinaire ou éthylique.

Ces auteurs se sont livrés à ce sujet à une longue suite d'expériences tant par injection sous-cutanée que par ingestion stomacale. La limite toxique a été fixée à 7 gr. 75 par kilogramme de l'animal pour l'alcool ordinaire. Ils ont observé les faits suivants : de 1 gr. 50 à 3 grammes par kilogramme de l'animal, il n'y a eu qu une ivresse passagère, l'abaissement de température a été d'environ 5 dixiemes. Jusqu'à 6 grammes, il y a eu des accidents graves, mais non suivis de mort, abaissement de température de 3 degrés. En injectant 6 grammes dissous dans l'eau et la glycérine, la mort est arrivée après 48 heures. Avant l'expérience, la température était de 38°9, après 9 heures elle est de 34°1. Le lendemain soir, la température remonte à la hauteur normale ; la nuit, mort. Il résulte de cette expérience que 6 grammes d'alcool dilué sont plus toxiques que la même quantité non diluée. 6 gr. 35 par kilogramme chez un chien jeune, dans de la glycérine pure, amènent un abaissement de 37°9 à 26°, cet abaissement considérable est attribué à la glycérine ; si l'alcool est dilué dans l'eau pure à la dose de 25 grammes pour 20 grammes d'alcool, les résultats sont un peu différents. Ainsi 6 gr. 16 par kilogramme, chez un chien vigoureux ayant température rectale 33°5, donnent, après 9 heures, 33°2 ; après 11 heures, 33°5, après 24 heures, 37°4, mort. Lorsque la dose d'alcool étendue d'eau injectée dans le tissus cellulaire dépasse 7 grammes jusqu'à 7,50 par kilogramme de l'animal, il y a des abaissements de 3, 4, 5 degrés et même plus, le retour momentané à la vie n'est pas aussi net qu'avec les doses moindres, la mort du reste est toujours arrivée dans un espace de temps variable de 36 à 48, à 72 heures, suivant les sujets. Au-dessus de 7,50 à 7,60 la mort est plus rapide, l'abaissement de température considérable de 19°1 à 27°8; dans un cas le thermomètre descendit à 23° puis à 19°8, en 19 heures.

7 gr.	80	abaissement de	36°3	à 23°9	en 24	heures.
7	83	—	38°9	25°9	26	—
7	84	—	39°3	24°4	15	—
7	95	—	38°6	25°8	24	—
8		—	38°7	26°5	10	—
10		—	38°5	22°3	18	—

Avec 8 gr. 50 la mort arriva en 16 heures et il eut une réfrigération colossale de 18°. Avec la dose considérable de 14 gr. 24 par kilogramme, la mort arriva en deux ou trois heures, il n'y eut pas de réfrigération ; la température oscilla autour de la normale, ce qui est dû aux convulsions affreuses qui agitent l'animal. Quand l'alcool fut ingéré par la voie stomacale, la réfrigération a été tout aussi intense, peut-être plus rapide, ce qui s'expliquerait par une absorption plus complète. Dans tous les cas, après la réfrigération intense, ces auteurs ont observé que la température se relevait et qu'elle dépassait même la normale quand la dose est d'environ 6 grammes par kilogramme. A 7 ou 8 grammes la réfrigération est beaucoup plus marquée et le thermomètre ne remonte pas quand la température ambiante est froide, le refroidissement est beaucoup plus rapide.

Dans ses expériences, sur l'homme et sur les animaux, M. Dumouly [1] est arrivé aux conclusions suivantes :

« L'abaissement de température ne demande point, pour se faire, de fortes doses, puisque 13 grammes suffisent à l'amener. Les expériences sur 20 grammes ont été fréquemment répétées afin de mettre le fait de la réfrigération hors de

1. Dumouly. *Recherches cliniques et expérimentales sur l'action hypothermique de l'alcool.* Thèse de Paris, 1880.

doute et de pouvoir répondre aux physiologistes qui prétendent que la réfrigération n'est jamais que le fait d'une intoxication ; or 20 grammes d'alcool répondent à peine à la quantité contenue dans le carafon classique et peut-on franchement appeler toxique une quantité si minime. Elles ont servi en même temps à contredire les assertions de Cuny Bouvier qui admet la réfrigération avec les petites doses, mais à condition que le sujet soit à jeun. Le matin, les expériences étaient bien faites le plus souvent sur le sujet à jeun, mais le soir ils avaient toujours mangé avant ou dans l'intervalle, et cependant les résultats sont bien les mêmes ; le soir et le matin, toujours des réfrigerations peu intenses, se chiffrant par quelques dixièmes à peine, mais constantes. Cette réfrigération est manifeste quoique de moins en moins intense jusqu'à la dose de 13 grammes. A 10 grammes et au dessous l'effet observé a été inverse, nous avons noté des élévations de température. Daub (de Bonn)[1] avait déjà vu en 1873 une augmentation de 0°1 à 0°3, dans l'aisselle, une demi-heure à une heure et demie après l'ingestion de deux cuillerées de cognac ; mais dans le rectum il n'a rien trouvé, si ce n'est un abaissement de température, jamais il n'a vu son élévation chez les apyrétiques.

« Plus heureux que Daub nous l'avons notée chez les apyrétiques et dans le rectum avec une dose variant de 10 à 6 grammes, limite à laquelle on n'observe plus rien. L'effet étant si opposé entre les doses quelque peu considérables et celles très faibles, on pouvait penser qu'il y avait un certain point où l'effet serait nul, où il n'y aurait ni élévation ni abaissement ; et en effet, ce résultat nul, nous l'avons rencontré avec 12 grammes d'alcool ; l'expérience a été répetée quatre fois, et chaque fois le résultat a été le même.

« Cherchant à obtenir ainsi cette élévation de température par les petites doses chez le chien, nous n'avons pas été aussi heureux, quelque bas que nous ayons poussé les doses jusqu'à la limite où on doit être sûr qu'elle ont pénétré dans l'estomac ; nous avons eu des abaissements. »

Ces conclusions sont conformes à celles que nous avons obtenues dans nos expériences.

1. DAUB. *Centralblatt*, 1873, n° 30.

Se fondant sur un grand nombre de faits observés, Alvarenga établit les propositions suivantes :

1o Dans les maladies fébriles, l'alcool, administré à haute dose (120 grammes 1/2 dans les vingt-quatre heures), fait baisser la température de quelques dixièmes de degrés à 1°.

2° La diminution de la température se manifeste dans les vingt à quarante-huit heures.

3° L'abaissement de la température n'empêche pas l'exagération du soir, qui peut égaler ou excéder la chaleur constatée au matin du jour précédent.

4° Dans la défervescence, la rémission de la température peut arriver au-dessous du point physiologique.

5° L'action des alcooliques s'effectue beaucoup plus promptement sur la température que sur le pouls et la respiration.

Les observations de M. Bidard [1] démontrent l'action puissante de l'alcool comme antifébrile dans le traitement de la pneumonie.

Le Dr Dumouly donne les conclusions suivantes :

L'alcool n'agit pas comme antipyrétique, il est incapable de modifier favorablement une courbe thermique.

Les doses massives (30 gr.) d'alcool pur, amènent chez les fébricitants une petite réfrigération de quelques dixièmes de degré. Cette action est peu durable, elle a son maximum après une heure et demie, elle est complètement finie après trois heures.

Les doses fractionnées n'ont pas même cet effet temporaire.

Et plus loin :

En un mot, il faut admettre que l'alcool peut avoir une action sur la fièvre, mais cette action doit être cherchée de tout autre côté que dans le rôle antipyrétique qu'on lui a accordé.

Antimoniaux. — Demarquay et Duméril [2] avaient noté

1. BIDARD (René). *De l'influence de l'alcool sur la température et le pouls dans la pneumonie.* Thèse de Paris, no 146. 1860.

Voyez aussi : ZIMMENBERG. *Influence de l'alcool sur les battements du cœur et la température. Diss. inaug.* Dorpat, 1869.

BOUCHARD et DUBOIS. *Société de biologie et Gazette médicale.* 1874.

2. DEMARQUAY et DUMÉRIL. *Recherches sur l'influence des agents thérapeutiques sur la température* (Acad. des sciences, 1847, 1848, 1851, et 14 avril 1851, 26 mai 1851 et 20 octobre 1851).

l'action manifeste du tartre stibié sur la température. Ackermann [1] avait noté les mêmes faits. Pecholier [2], vit tomber le thermomètre de 41° à 36° chez un sujet auquel il avait donné 0 gr. 50 d'émétique.

Dans la pneumonie et dans un grand nombre d'états fébriles, le tartre stibié peut amener des abaissements de température.

Dans les cas où le tartre stibié est donné à doses élevées pendant un certain temps, la température s'abaisse notablement, les sujets se refroidissent, la circulation se ralentit, ils ont l'aspect des cholériques (*Choléra stibié*).

Tous les antimoniaux abaissent la température ; cependant avec l'oxyde blanc d'antimoine, nous n'avons jamais pu saisir aucune modification thermique.

D'après Alvarenga, la poudre de James, le kermès minéral auraient peu d'action sur la température.

L'*ipécacuanha* agit sur la température de la même façon que le tartre stibié.

Pécholier a fait voir qu'une dose de 2 à 4 grammes de poudre d'ipécacuanha, administrée à des lapins, diminuait considérablement le nombre des respirations et des pulsations cardiaques et faisait baisser la température de plusieurs degrés.

Chez l'homme, ce médicament, employé dans la pleurésie, la pneumonie (Chauffard), abaisse la température de 5 dixièmes à un degré.

Mercuriaux. — Peu d'expériences ont été faites au point de vue de la température sur les mercuriaux.

Ces médicaments nous paraissent devoir être classés parmi les agents qui abaissent la température.

Le *sublimé* pris à l'intérieur peut amener des abaissements de température de 1° à 2°.

D'après les observations de Stöhr [3] (de Wurzbourg), le su-

1. Ackermann. *Deutsch. Arch. f. Klin. Med.* Bd. II, p. 359-366, 1866, et *Schmidt's Jahrbücher*. Bd. CLII, p. 134-135, 1871.

2. Pécholier. *Comptes rendus de l'Académie des sciences*, 17 novembre 1862 et *Gaz. méd. de Paris*, 1862, p. 744. *Action physiologique du tartre stibié* (*Montpellier médical*, avril 1863.)

3. Stohr. *Syphliis. Injection sous-cutanée de sublimé* (*Deutsches Arch. f. Klin. Med.* Leipzig. p. 407, 1866.)

blimé, en injection sous-cutané, élève, au contraire, la température.

D'après Thierfelder, l'abaissement de température produit par le *calomel* dans les fièvres se manifeste si cet agent est administré de bonne heure qu'il y ait ou non des selles diarrhéïques. Il suffit de le donner à la dose de 0 gr. 25 à 0 gr. 50 en vingt-quatre heures, en deux doses.

L'abaissement de température, nous dit Traube, ne se produit que lorsqu'il y a de la diarrhée.

D'après Wunderlich, le calomel amène dans la fièvre typhoïde un ralentissement du pouls et un abaissement de température.

Phosphore. — Le *phosphore* présente une étude intéressante à faire au point de vue de la température, en raison des renseignements que la courbe thermométrique peut donner dans les cas d'intoxication malheureusement si fréquents.

Les expérimentateurs qui se sont occupés de cette question ont noté des abaissements de température, précédés ou suivis d'élévations.

Par une étude attentive de ces courbes, l'on peut arriver à la connaissance exacte de la période de l'intoxication.

Voici le résumé des expériences de Falck :

Numéros.	POIDS.	DOSES.	DURÉE de l'intoxication.	Différence entre la plus haute et la plus basse température.	Différence entre la température initiale et la température terminée.
1	29	0.24	27	3°9	1°3
2	35	0.15	1.2	1°6	1
3	27 1/2	0.4	7 1/2	3°9	2°6
4	11 3/4	0.2	5	5°9	5°9

Battmann [1] signale une dépression notable de la température dans un cas d'empoisonnement par le phosphore.

Bromure de potassium. — Le bromure de potassium, à la

1. BATTMANN. *Arch. der Heilkunde*, Bd XIII: 3. p. 257, 1871.

dose de 2, 4 grammes, ralentit le pouls et abaisse la température.

A la dose de 6, 7 grammes, Krose [1] a constaté un abaissement de température de 1 à 2 degrés.

Acide phénique. — Dans un certain nombre d'expériences, sur le chien et le lapin, pratiquées en collaboration avec le Dr Menville [2], nous avons noté la marche de la température sous l'influence de l'acide phénique.

L'acide phénique était administré soit par la voie stomacale, soit en injection hypodermique.

Voici nos principales conclusions :

A doses faibles, l'acide phénique a peu d'action sur la température ; il se produit même souvent, dans ces cas, une légère élévation de 4, 5, 6 dixièmes.

A doses élevées, chez le chien et le lapin, cet agent fait monter d'abord la température, qui s'abaisse ensuite.

Les jours suivants, on observe des températures fébriles. 2 à 3 grammes d'acide phénique injectés dans l'estomac suffisent pour faire baisser la température de 2, 3 degrés. Dans l'expérience suivante, sous l'influence de 2 grammes d'acide phénique injectés dans l'estomac, la température s'est abaissée de 2°.

Jeune chien. Injection dans l'estomac de 2 grammes d'acide phénique ; phénomènes d'intoxication ; abaissement de la température.

Chien de 3 mois. Température, 39,7. On injecte dans l'estomac 2 grammes d'acide phénique dissous dans 50 grammes d'eau.

5 minutes après, à 9 h. 30 m., le chien tremble, titube sur ses jambes et tombe sur le flanc. Température, 39,1.

L'animal a régurgité pendant l'injection une faible partie de la solution phéniquée.

Il est étendu sur le parquet ; mouvement des pattes comme dans la marche : salivation abondante depuis le début de l'expérience ; la tête est renversée en arrière.

9 h. 45 m. Température, 38,6. Même état.

10 h. Température, 37,9. Les convulsions des membres s'amoindrissent.

1. Krose. *Archiv für experim. Path. und Pharmak.*, 1876.

2. Menville. *Etudes sur les variations de la température sous l'influences de l'acide phénique.* Thèse de Paris. 1880.

10 h. 20 m. Température, 37,8.

10 h. 47 m. Il se relève tout à coup, vacille un instant sur les jambes et fait plusieurs fois le tour du laboratoire en tournant toujours dans le même sens.

Il est à remarquer qu'il tourne toujours dans le sens de la gauche, côté sur lequel il était étendu auparavant ; il s'arrête et urine abondamment ; l'urine est recueillie et donne la réaction caractéristique avec le perchlorure de fer.

Température, 38°. Il se couche et paraît dormir, présentant des frissons.

Midi. Température, 38°. L'animal est complètement rétabli.

1 h. Température, 38,9.

6 h. Température, 39,4.

7 h. Température, 39,5.

A doses toxiques, l'abaissement de température est considérable et peut atteindre 3°, 4° et 5°.

Chez l'homme, on a signalé l'abaissement de température à la suite de l'administration à l'intérieur de l'acide phénique.

Dans un cas d'empoisonnement par l'acide phénique, Krönlein [1] a vu la température s'abaisser de 36°, 36°,2, jusqu'à 35°,2, au moment de la mort.

Dans une observation de M. Verneuil, recueillie par M. Weiss [2] (empoisonnement à la suite de l'administration d'un lavement phénique chez une malade opérée de rectotomie linéaire), la température descendit à 35°,1, remonta à 36°,2, puis le lendemain à 37°,3, les jours suivants on notait 37° et la malade guérit.

Dans un cas de Ferrier [3], chez un enfant de sept ans qui absorba une grande quantité d'acide phénique par l'estomac, au moment de la mort la température s'abaissa considérablement.

Dans une autre observation du même auteur, chez un enfant de deux ans et demi, empoisonné avec de l'acide phénique, la température descendit à 34°,7. La petite malade guérit grâce à des lavages immédiats de l'estomac.

Dans deux observations que nous a communiquées M. Ch.

1. Kronlein. *Berlin. Klin. Wochenschr.* 1873, n° 57, 22 décembre.
2. Weiss. *France médicale*, 20 septembre 1879.
3. Ferrier. *British med. Journal.* 1873.

Bouchard, nous voyons la température descendre de plusieurs degrés à la suite de l'administration de 1 gramme d'acide phénique chez des malades atteints de fièvre typhoïde.

Dans une observation d'empoisonnement par l'acide phénique à la suite de pulvérisations et de lavages avec une solution concentrée d'un foyer purulent, la température s'abaissa à 35°, 34° ; la température remonta les jours suivants à 37°,6, 38°, 39°,5. La malade mourut.

Dans un cas d'abcès lombaire traité par le drainage et par des injections d'une solution phéniquée au 1/40ᵉ, M. Berger nota une température de 34°.

On a tenté, dans ces dernières années, de se servir de l'acide phénique comme antipyrétique ; les résultats obtenus sont jusqu'ici peu nombreux et ne permettent pas encore de conclusions précises.

Pécholier [1] (de 1868-1874), a recommandé l'acide phénique à l'intérieur, dans le traitement de la fièvre typhoïde.

Il assure avoir obtenu d'excellents effets de cette substance.

« Dans six cas, la température s'abaissa, dit-il, la période fébrile s'amoindrit, enfin les phénomènes généraux et locaux parurent moins intenses. »

Plus récemment, 1877, Schülein [1] a administré l'acide phénique en injection intra-vaginale au 3/100ᵉ, 5/100ᵉ, dans les cas où, chez les nouvelles accouchées, il se produisait une élévation de température. D'après cet auteur, le résultat fut efficace, et *la dépression* thermique, conséquence de l'administration du médicament, se montra constante. Sur 287 femmes accouchées, Schülein a noté 81 fois des complications diverses, soit 28,2 pour 100. Dans les cas où la température se montra élevée, il suffit d'une injection intra-vaginale d'une solution d'acide phénique au 3/100ᵉ pour que la température subit une dépression favorable. Dans 29 cas, on fut obligé de recourir à plusieurs injections :

L'auteur tire les conclusions suivantes de ses expériences :

1. Berger. *Société médicale du VIᵉ arrondissement.* Dans *France médicale*, 1879.
2. Pécholier. *Montpellier médical*, juillet 1874, p. 36.
3. Schulein. *Zeitsch. für Geburst. und Fraüenkrankheiten*, Bd. II, Heft 1.

1° Les injections sont innocentes, lorsqu'on prend les précautions nécessaires pour les administrer.

2° Elles produisent généralement un abaissement de température qui survient quelques heures après leur administration.

C. Richter [1] a aussi pratiqué sur un très grand nombre de malades (3,000 femmes en couche environ), des injections intra-utérines d'une solution à 2 pour 100, 3 pour 100 d'acide phénique.

Ces injections n'eurent aucune conséquence fâcheuse ; on observa de l'agitation surtout lorsque le liquide était froid, *une faible élévation momentanée et passagère de la température.* Les pulsations artérielles augmentèrent, et on nota une fois une métrorrhagie et deux fois des accès d'hystéro-épilepsie.

De même que Schülein, Richter nota un abaissement rapide de la température dans les deux heures qui suivirent l'injection.

Cet abaissement atteignit 0°,5 à 3°,5.

Dans quelques-unes de ses observations, Richter a noté des élévations de quelques dixièmes de degré. « Ce fait, dit-il, est exceptionnel. »

Sonnenburg [2] cite, dans un mémoire très intéressant, de nombreux cas d'intoxication par l'acide phénique, à la suite de l'application de l'acide phénique comme topique.

Il a remarqué fréquemment, principalement chez les enfants, une élévation de température qui ne peut être attribuée qu'à l'action de l'acide phénique (fièvre antiseptique de Wolkmann).

Aufrecht [3], qui a pratiqué, dans deux cas d'érysipèle, des

1. C. Richter. *Berlin. klin. Wochens.*, p. 248 et 260, 1878.

2. E. Sonnenburg. *Du diagnostic et du traitement des intoxications par l'acide phénique* (*Deutsche Zeitschr. f. Chir.*, t. IX, n°s 3 et 4,1878.)

3. Aufrecht. *Centralblatt*, 1874, n° 9.

Voyez aussi : C. Eisenlohr *Carbolsaüre gegen intermittens.* (*Berlin. klin. Wochenschrift*, 1873). — H. Curshmann. *Ueber Behandlung des Wechselfiebers mit Carbolsaüre* (*Centralblatt*, 1873). — Barberis. *Observatore, Gazetta delle cliniche*, 10 mars 1874. — Déclat et Gimeno. *Discussion sur le traitement des fièvres intermittentes par les injections sous-cutanées d'acide phénique*. Valencia, 1880. — Stephen Skinner. *On the treatment of enteric Fever by use of internal desinfection* (*The Practitioner*, sept. 1873). — G. Pécholier. *Sur les indications*

injections d'acide phénique, a noté la diminution de la fièvre et l'amélioration de l'état général.

En 1877, M. le Dr Desplats a publié le résultat de ses recherches sur l'action de l'acide phénique sur la marche des maladies fébriles, qui peuvent se résumer ainsi :

1° L'acide phénique, administré à doses suffisantes aux fébricitants, a toujours pour effet d'abaisser rapidement leur température ;

2° Cet abaissement peut être maintenu et accru par l'administration de nouvelles doses, et, grâce à cet agent, le médecin peut modérer à volonté la température des malades ;

3° Les doses d'acide phénique, considérées comme toxiques, peuvent être dépassées sans danger. Cela résulte des observations citées, dans lesquelles nous voyons des malades en prendre pendant plusieurs jours 8, 10 et 12 grammes sans en éprouver aucun accident ;

4° Le rectum est la meilleure voie d'introduction. Il est bon de ne jamais administrer plus de 2 grammes en un seul lavement. Cette dose ne doit même jamais être donnée du premier coup à un adulte. Pour un enfant, selon l'âge, on donnera 0 gr. 10, 0 gr. 15, 0 gr. 20, etc.

M. Van Oye [1], élève du Dr Desplats, donne, dans sa thèse, les conclusions suivantes :

1. L'acide phénique est un poison du système nerveux, qui possède à un haut degré la propriété d'abaisser la température de l'homme et des animaux supérieurs.

du traitement de la fièvre typhoïde par la créosote ou l'acide phénique et les affusions d'eau froide (*Montpellier médical*, juillet 1874). — C. TEMPESTI. *Usage de l'acide phénique dans la fièvre typhoïde* (*Lo Sperimentale*, janvier 1877). — A. BLATIN (de Clermont-Ferrand). *Contribution à l'histoire de la variole*, 1873. — W. F. DICKINSON. *Prophylaxie de la scarlatine au moyen de l'acide phénique* (*Phil. med. and surg. Rep.* t. XXXVIII, p. 165). — D. BRACKENBRIDGE *On the prevention and treatment of scarlatina* (*Med. Times and Gaz.*, 1875). — AUFRECHT. *Zur Therapie der Erisypelus vermittelst subcutanen Injectionen con Carbolsaüre* (*Centralbl.*, 1874, no 9). — HIRSCHBERG (de Posen). *Berlin. klin. Wochenschrift*, 1874, n° 48, p. 608. — E. BŒCKEL. *Du traitement de l'érisypèle par les injections sous-cutanées d'acide phénique* (*Gaz. méd. de Strasbourg*, 1875, n° 5).

1. VAN OYE. *De l'action de l'acide phénique sur les fébricitants*. Thèse de Paris, 1880, no 490.

2. Des doses d'acide phénique sans action appréciable sur la température normale, suffisent à abaisser la température fébrile.

3. Cet abaissement se produit chez tous les fébricitants, aussi bien dans les phlegmasies simples que dans les pyrexies infectieuses.

4. Il débute quelques instants après l'absorption du médicament; son étendue varie, suivant la dose, de 1° à 3° centigrades, sa durée de une à trois heures.

5. Il a pour mécanisme probable la déperdition calorique résultant de l'hypérémie cutanée et des sueurs plus ou moins abondantes qui coïncident avec sa production.

6. Un frisson et tous les phénomènes de l'accès fébrile surviennent lorsque l'action antipyrétique de la dose précédente est épuisée; en même temps la température remonte brusquement à son niveau primitif ou au delà.

7. Une nouvelle dose peut interrompre cet accès et même le prévenir lorsqu'elle est administrée à temps.

8. Les doses suffisantes pour produire tout l'effet antipyrétique utile n'exercent aucune action toxique nocive immédiate sur le fébricitant.

9. 0 gr. 50 administrés par la voie rectale suffisent dans tous les cas au début. On peut, en général, atteindre progressivement la dose de 2 gr. *pro dosi*, de 12 gr. *pro die*.

10. 1 gr. d'emblée a suffi chez certains sujets d'une susceptibilité spéciale à produire une dépression thermique allant jusqu'à 34°,5. Cet abaissement exagéré n'a eu, dans aucun cas, de suite fâcheuse pour le sujet.

11. Les congestions pulmonaires sont le danger à craindre et à éviter.

12. Nous avons signalé l'albuminurie, la polyurie, les dégénérescences graisseuses (?) comme effets possibles de fortes doses longtemps prolongées.

13. C'est pour combattre l'hyperthermie dans les fièvres continues et les accès dans les fièvres intermittentes, que les propriétés antipyrétiques de l'acide phénique doivent être réservées.

Acide salicylique. Salicylate de soude. — L'action de l'acide salicylique sur la température a été récemment étudiée par Köhler [1], Fürbringer [2], Wolfberg [3], Butt [4].

Fürbringer a constaté que l'acide salicylique est sans action sur la température normale (16 expériences sur l'homme et le lapin). Dans une seconde série d'expériences, il a constaté (sur des lapins), que la fièvre septique est modifiée par l'administration de l'acide salicylique ; la diminution commence à se faire sentir de 2 à 6 heures après l'absorption du médicament. Dans des cas de fièvre liés à une phlegmasie, les résultats ont été nuls ; quand, au contraire, elle dépendait d'une suppuration, il y avait une défervescence notable.

Butt, au contraire, fait de l'acide salicylique un antipyrétique direct, comparable au sulfate de quinine. Il en recommande l'administration dans la fièvre typhoïde, l'érysipèle, le rhumatisme articulaire aigu, en un mot, dans tous les cas où l'on désire modifier le symptôme fièvre.

Dans le rhumatisme articulaire aigu, le salicylate de soude à la dose de 5 à 6 grammes, fait baisser la température de 2 à 3°.

D'après M. le professeur G. Sée, l'action antifébrile du salicylate de soude serait de beaucoup inférieure à celle de la quinine.

La *caféine*, d'après les expériences de M. Sève [5], a élevé légèrement la température animale pendant les deux ou trois premières heures qui suivent l'injection sous-cutanée et l'abaisse ensuite pendant un temps notable.

Les *plombiques*, *l'acétate neutre de plomb*, pris à haute dose dans le traitement de la pneumonie aiguë (Alvarenga), abaissent la température.

Bobrick a vu que les *acides citriques, acétiques et tartriques* abaissent la température.

1. Kohler. *Schmidt's Jahresbücher*, 1876, Band CLXXII, p. 188.
2. Furbringer. *Centralblatt*, n° 10, 1875.
3. Wolfberg. *Deutsch. Arch. f. Kl. Med.*, 1875.
4. Butt (E.). *Action antipyrétique de l'acide salicylique* (*Centralblatt*, n° 10, p. 273 et 276, 1875).
5. Sève. *Etude sur les variations de la température animale sous l'influence de certaines substances médicamenteuses*. Thèse de Paris, n° 137, 1873.

Hirsch, Heine et Hergott [1] ont vu le thermomètre descendre chez l'homme jusqu'à 34°,2 après une injection sous-cutanée d'acide acétique.

Les *acides végétaux*, d'après Guttman et Podcopaew, paraissent donner lieu, grâce à leur transformation dans l'organisme, à des abaissements de température.

L'*azotate de potasse et de soude*, d'après Jovitzin [2], abaisse légèrement la température.

L'*acide cyanhydrique* agit d'une façon puissante sur la température, il n'en est pas de même de la *picrotoxine*, de la *nicotine*, du *curare* (Tscheschichin [3], Riegel [4], Vulpian), de l'*éserine* (Fraser[5]), l'*eucalyptus* (Seitz [6], Lorinser [7]), dont l'action sur la température est minime.

Le *monobromure de camphre*, d'après M. Bourneville[8], abaisse assez notablement la température,

Dans un certain nombre d'expériences, nous avons noté ce fait intéressant, que le chlorure de sodium, administré en injection sous-cutanée à des chiens, amenait un abaissement de température de 4, 5 dixièmes ; 8 dixièmes, dans un cas. Pris à l'intérieur, le chlorure de sodium élève, au contraire, la température (Rabuteau).

Ammoniaque. — Carbonate d'ammoniaque. — Demarquay, un des premiers, a vu baisser la température d'un chien auquel il avait fait ingérer de l'ammoniaque de 39°,3 à 35°.

Bohm, Billroth, Huseman [9], ont obtenu des résultats semblables.

Chez l'homme, le carbonate d'ammoniaque administré dans

1. Hirsch, Heine et Hergott. *Jahresbericht*, 1869.
2. Jovitzin. *Recherches expérimentales sur les azotates de potasse et de soude*. Paris, 1871.
3. Tscheschichin. *Arch. f. Anat. u. phys.*, 1866.
4. Riegel., *Schmidt's, Jarhbucher*, 1871, et *Med. Centralblatt*, Bd. IX, p. 26, 1871.
5. Fraser. *Edinburgh*, 1872.
6. Seitz. *Action antifébrile de l'Eucalyptus globulus. (Blatt. Bayern. Arch. Intelligenz*, 1870).
7. Lorinser. *Action antipyrétique de l'Eucalyptus globulus* (*Wien. Med. Wochensch.* Bd. XIX, p. 43, 1869, et Bd. XX, p. 22, 1870).
8. Bourneville. *Action phys. du monobromure de camphre* (abaiss. de la temp., *Progrès médical*, p. 357, 1874).
9. Huseman. Thèse de Berne, 1871.

la pneumonie aiguë, paraît avoir été utile en amenant une dépression de la température notable.

Alvarenga a pu voir la température descendre au niveau normal, au quatrième jour, au sixième chez des malades atteints de pneumonie aigue et traités par le carbonate d'ammoniaque (3 grammes dans 600 grammes d'eau, 100 grammes d'heure en heure).

Arsénicaux. — Les arsénicaux, et principalement l'acide arsénieux, les arsénites de soude et de potasse ont une action manifeste sur la nutrition et sur la température.

Duméril et Demarquay, les premiers, constatèrent chez les animaux auxquels ils avaient administré de l'acide arsénieux des dépressions de 2 à 3°.

Nothnagel[1] obtint des résultats analogues.

Slareçk[2] vit le thermomètre baisser chez un chat de 2°4, après l'injection hypodermique d'une dose d'arsénite de potasse, suffisante pour donner la mort.

Lolliot[3], qui s'est occupé récemment de l'action physiologique de l'arsenic, a noté l'abaissement de la température.

Sur trois chiens à jeun, M. Lolliot note la température rectale, puis il administre à chacun d'eux 10 centigrammes d'acide arsénieux par la voie stomacale, et 2 heures après, il prend de nouveau leur température.

1er Chien	39°8,	après l'expérience	39°0
2e Chien	39°5,	—	38°8
3e Chien	39°6,	—	38°8

A un lapin dont la température anale prise pendant plusieurs jours donne pour moyenne 39°, il administre chaque jour, par la voie stomacale, 5 milligrammes d'acide arsénieux. Pendant les trois jours suivants la température moyenne est de 38°2.

Plusieurs autres expériences ont démontré à M. Lolliot l'abaissement de la température animale sous l'influence de l'acide arsénieux. Cet abaissement peu marqué lorsque les doses de la substance active étaient faibles, l'étaient d'autant

1. Nothnagel. *Nouveaux éléments de matière médicale et de thérapeutique*, trad. par J. Alquier. Paris, 1880.
2. Slareck. *Arch. f. Anat. u. Phys*, 1866.
3. Lolliot. *Action physiologique de l'arsenic*. Thèse de Paris, 1868.

plus que les doses étaient plus fortes, elles furent souvent, dans ce cas, considérables. Cependant on observa parfois une légère élévation de la température après de fortes doses; il s'agissait alors de phénomène de réaction succédant sans doute à des lésions produites par le poison.

Dans les empoisonnements par l'arsenic on retrouve cette réfrigération, notée dans les recherches expérimentales.

Dans les fièvres intermittentes, l'arsenic qui se montre dans quelques cas égal au sulfate de quinine, doit agir *en partie* par ses propriétés thermo-dépressives.

Iodoforme. — L'iodoforme pris à l'intérieur ou appliqué à l'extérieur, sur des plaies, abaisse la température. L'hypothermie ne se montre que lorsque le médicament est absorbé à dose toxique.

Les chirurgiens qui, dans ces derniers temps, ont préconisé ce mode de pansement, ont signalé l'accélération du pouls, en désaccord avec le peu d'élévation de la température (König [1]).

Nous citerons deux observations empruntées à Konig, dans lesquelles on note un abaissement de température :

Observation CXXVI.— Jeune fille de quinze ans. Résection de la hanche. Abcès de la partie interne de la cuisse pansé à l'iodoforme (30 grammes environ). Au deuxième jour, vomissements, contracture des extrémités supérieures. Perte de connaissance. Pupilles contractées. Pouls 120 à 150. Température 36°; contracture et convulsion des bras. Remplacement de l'iodoforme par l'acide phénique. Cependant, après trois jours, élévation de la température. Enfin mort deux mois après l'opération. A l'autopsie, anémie cérébrale; foie gras, reins gras, rate ferme.

Observation CXXVII. — Jeune homme de quatorze ans. Résection de la hanche pour une coxalgie. Une cuillerée à café d'iodoforme. Le jour suivant, frissons, abaissement de température, missements, agitation dispnée, mort. A l'autopsie, reins amyloïdes:

La mort nous paraît due dans ce cas à l'urémie et non de l'empoisonnement par l'iodoforme.

Il ressort de cette étude qu'un certain nombre de subs-

1. König. *Centralblatt für Chirurgie*, 18 et 25 février, 1882, n°s 7 et 8. Voyez aussi : Rohmer. *Du pansement à l'iodoforme. Revue générale* (*Revue de Chirurgie*, n° août-septembre, 1882).

tances, dites antifébriles, agissent, en clinique, en abaissant la température, il est à remarquer que, dans presque toutes les intoxications chroniques, on observe des abaissements de température.

Les abaissements de température signalés dans les intoxications sont utiles à connaître dans l'étude clinique des empoisonnements.

La courbe thermométrique varie en effet à différentes périodes de l'empoisonnement, la température élevée à certains moments s'abaisse ensuite, suivant le degré et la gravité de l'intoxication.

Des courbes différentes sont obtenues, suivant la nature des poisons employés, certains poisons donnent des courbes ascendantes, d'autres des courbes descendantes avec des abaissements de température plus ou moins considérables.

La constatation de la température dans certains cas de médecine légale, peut donc rendre de grands services.

Les courbes thermométriques obtenues jusqu'à ce jour ne sont pas assez nombreuses pour nous permettre une précision très grande. C'est pourquoi cette étude doit être poursuivie, elle nous paraît d'autant plus importante que la mort, dans la plupart des cas d'empoisonnements, étant d'après nous, une mort par le froid, il est très important de mesurer le degré d'intensité du refroidissement, afin de connaître la gravité de l'empoisonnement, et son pronostic.

CHAPITRE XXIV

RÉSUMÉ DES INDICATIONS PRONOSTIQUES ET DIAGNOSTIQUES FOURNIES PAR LES ABAISSEMENTS DE TEMPÉRATURE ET L'ALGIDITÉ.

Les anciens considéraient l'algidité comme une complication très grave.

Hippocrate disait :

« L'air expiré qui sort froid de la bouche et du nez est un signe de mort. » (25e Aphorisme.)

« Sudores frigidi, cum acuta febre, lethales, cum mitiori vero longitudinem morbi significant. » (Judicationes.)

« Refrigeratio autem si ita violenta fuerit ut tota omnino refrigerentur corpora indurescantque, extinctionis signum existit. » (Prorrhet. Gal. lib. I. 11. — Texte 5.)

Wiener avait dit que le symptôme aglidité est particulièrement funeste et que dans certains cas il a presque la *férocité d'un accès épileptique.*

L'étude que nous venons de faire de l'algidité et des abaissements de température nous a permis de voir que ce n'est pas sans raison que les anciens avaient insisté sur la gravité de l'algidité.

Il est a remarquer cependant que les abaissements de température, ont une influence moins fâcheuse sur l'économie que l'hyperthermie.

Dans nos observations, nous voyons des cas d'algidité progressive où la température a pu considérablement s'abaisser et la vie se conserver (Voir les observations de Magnan, Charcot, Bourneville).

La résistance au froid est très variable avec l'*âge ;* de tout jeunes enfants peuvent présenter des abaissements de température considérables sans que le pronostic soit grave ; chez les vieillards, au contraire, l'algidité est un symptôme alarmant.

Si l'abaissement de température se fait brusquement dans les cavités centrales, la mort survient dans la majorité des cas.

Nous retrouvons du reste, en pathologie générale, de nombreux exemples qui démontrent le danger des perturbations brusques de l'organisme.

Conformément à ces principes, nous avons vu qu'un abaissement de température de 2 degrés à peine, se produisant brusquement, était pour nous un indice de mort et aussi avons-nous pu dire dans notre chapitre : Température dans les grands traumatismes : Tout blessé qui présente une température de 35°5 succombe.

Dans les fièvres graves on observe de nombreux exemples de la gravité des abaissements brusques de la température.

Les abaissements *périphériques* de la température ne sont pas *généralement* graves.

L'abaissement *rapide* des températures périphériques n'est pas d'un pronostic fâcheux, à moins qu'il ne se prolonge. (Choléra, etc.)

Une différence très notable entre les températures périphériques et centrales, est un signe défavorable.

Un abaissement *continu*, *général* et *progressif* des températures centrale et périphérique, alors même qu'il est peu considérable, est un signe fâcheux.

Plus l'abaissement de température est considérable, plus le danger est grand.

Les températures qui persistent pendant un certain temps au-dessous de 35° indiquent un état grave. (Choléra, etc.)

Si l'abaissement de la température est *passager* (bien que cet abaissement ait été considérable) et que le thermomètre remonte lentement et revienne à la normale (réaction franche), le malade peut guérir.

Quand le centre baisse et que la périphérie baisse davantage, la mort survient. (Collapsus dans les fièvres, choléra, etc.)

Si le centre baisse et non la périphérie, la mort survient généralement à bref délai.

Lorsque dans la réaction le rectum marque une température normale ou même supérieure, à la normale, si l'aisselle reste peu élevée, et si la température de la bouche est basse, il y a une fausse réaction et le pronostic est grave.

C'est un signe grave, lorsque la température, après s'être abaissée brusquement, remonte rapidement au dessus de la normale. (Collapsus, choc chirurgical.)

Le collapsus avec élévation de température est plus grave que le collapsus avec abaissement de température.

Le collapsus avec dépression thermique constatée dans le rectum, n'indique pas un pronostic fatal, si la respiration et le pouls se ralentissent en même temps que la température s'abaisse; bien plus, cet état peut marquer le début de la convalescence.

Un retour d'algidité indique un pronostic sérieux.

Dans le stade de convalescence de quelques maladies algides, lorsque la température, devenue normale, tombe subitement au-dessous de la normale, cela indique un état très grave.

Les abaissements de température (températures basses relatives), (abaissements *proagoniques* de Wunderlich), survenant dans le cours d'une fièvre grave, et donnant une rémission trompeuse, sont un indice fâcheux. Si la rapidité et la petitesse du pouls coïncident avec la chute du thermomètre, et si toute force semble éteinte, il est probable que le malade ne survivra pas.

Un abaissement de température se produisant dans certaines maladies vers le dixième ou le douzième jour (fièvre typhoïde) est loin d'être défavorable.

Si des abaissements notables de la température se produisent le matin et le soir dans le cours d'une maladie fébrile, le cas est grave.

Dans le fastigium, les grandes exacerbations suivies d'abaissements profonds de la température ne sont pas un signe alarmant.

Dans la pyémie, dans la péritonite, les alternatives de températures très élevées et très abaissées, avec irrégularité, constituent des cas très graves.

Un abaissement de température survenant dans le cours régulier de la fièvre typhoïde est souvent l'indice d'une perforation ou d'une hémorrhagie intestinale, complications à redouter.

L'abaissement léger et passager de la température observé vers la fin des fièvres, est l'indice de la crise et de la convalescence.

CHAPITRE XXV

TRAITEMENT DE L'ALGIDITÉ ET DES ABAISSEMENTS DE TEMPÉRATURE.

Il existe un certain nombre de règles thérapeutiques à suivre dans le traitement de l'algidité et des abaissements de température.

Il faut avant tout ramener la chaleur à la périphérie, s'opposer au rayonnement par tous les moyens possibles.

La physiologie expérimentale nous apprend en effet que des animaux sur le point de mourir avec un refroidissement considérable, ont pu revenir à la vie, grâce *au rechauffement.*

Chossat a vu des pigeons mourants du refroidissement consécutif à l'inanition, reprendre le mouvement et la vie, lorsqu'ils étaient portés dans une atmosphère chaude.

Claude Bernard, Brown Séquard sont parvenus à rappeler à la vie un grand nombre d'animaux refroidis, au moyen du réchauffement seul.

Lorsque le refroidissement est trop considérable, lorsque la température s'est trop abaissée, toute tentative de réchauffement échoue.

Walther ayant réchauffé ses animaux jusqu'à 28° après les avoir refroidis jusqu'à 18°, vit la plupart d'entre eux succomber.

Dans l'algidité traumatique, nous avons obtenu d'excellents résultats en maintenant les blessés pendant un certain temps dans une atmosphère chaude.

Nous pensons que l'établissement dans les ambulances d'une *étuve* maintenue à une température élevée, aurait d'excellents résultats en permettant le réchauffement des blessés atteints de choc.

Les bains chauds prolongés, en empêchant la déperdition de chaleur, sont à recommander.

Dans le choléra, dans le sclérème, le réchauffement permet d'obtenir des résultats inespérés.

Magendie s'est servi avec succès chez les cholériques de l'application directe du calorique entourant les malades de sachets de sable chaud, administrant des bains tièdes.

Breschet est parvenu à ranimer les enfants atteints de sclerème en les exposant à un feu ardent ou en les plongeant dans des bains très chauds.

Dans la fièvre algide, dans les empoisonnements, le réchauffement par tous les moyens, l'application de linges chauds, de sinapismes, etc., doivent être recommandés.

Les malades, dans quelques cas, devront être enveloppés d'une couche épaisse de ouate. Chez les brûlés ce moyen nous a été très utile.

Avec Walther (de Kiew), nous pensons que le réchauffement *doit se faire d'une façon prompte*.

Les *mouvements musculaires, les frictions*, au moyen de liquides excitants, l'ammoniaque, etc., peuvent aider à ranimer la chaleur. On doit combattre la tendance des malades à l'immobilité.

L'alcool à l'intérieur à dose modérée, les excitants diffusibles doivent être administrés.

L'alimentation sera aussi un moyen précieux d'élever la température. Ainsi que l'a démontré Chossat : *La caloricité perdue se recouvre par la digestion.*

Chez les tourterelles inanitées et refroidies, cet observateur a vu que l'alimentation dès la première ou la deuxième heure du réchauffement artificiel produisait une élévation de température persistante.

Chez les enfants, l'alimentation a souvent prévenu les graves accidents du sclérème et de l'athrepsie.

La respiration artificielle, qui élève la température des animaux refroidis, devra être employée en clinique et dans les empoisonnements en particulier.

L'application de *l'électricité*, est souvent utile.

Il faut s'abstenir dans tous les cas des agents qui agissent sur le système nerveux en le déprimant ; repousser l'emploi du chloroforme, de l'opium, de la morphine, qui, à notre avis, présentent dans ces cas de très grands dangers.

Dans l'algidité traumatique, *l'intervention chirurgicale* doit être retardée dans tous les cas ou un motif impérieux n'oblige pas à l'action immédiate,

S'appuyant sur les expériences de Gschleiden qui a montré que l'extrait de la fève de Calabar est un excitant puissant pour le nerf splanchnique, certains auteurs ont proposé des injections sous-cutanées d'extrait de *fève de Calabar*, dans les cas graves d'algidité traumatique, dans le but de prévenir la paralysie réflexe du côté de l'abdomen.

En raison de la puissance toxique de cet agent, les tentatives dans ce sens doivent être, faites avec beaucoup de circonspection.

Les injections sous-cutanées d'éther à la dose de 4, 8, 10 gouttes que nous avons vu souvent employer dans le service de M. Verneuil, sont indiquées dans les cas d'algidité, de prostration, de coma profond, dans l'inanition.

A doses modérées, l'éther agit comme excitant, élève la température, excite le système nerveux déprimé.

Dans plusieurs observations de hernie étranglée (Bennett et Croly), d'algidité traumatique (Verneuil), d'ovariotomie (Terrillon), de pelvi-péritonite avec collapsus (Schmetz de Schelestadt), de collapsus des fièvres, de variole, etc. (Peter, Brouardel, du Castel, Barth, Burdell), l'emploi de ce moyen encore peu connu et qui commence à se vulgariser, a produi, des résultats inespérés.

Dans une de nos observations de blessure par armes à feu, le malade est refroidi, sur le point de succomber, on pratique une injection sous cutanée d'éther, la température remonte et le malade rentre dans les conditions ordinaires des opérés.

Dans plusieurs cas, contrairement aux conclusions d'Hayem[1], nous avons vu d'une façon très nette que les injections sous-cutanées d'éther *élèvent* la température rectale des malades en état d'algidité.

1. Hayem. *De la valeur des injections sous-cutanées d'éther en cas de mort imminente par hémorrhagie.* Académie des sciences. 1882.

Les thèses de Mlle Z. Ocounkoff[1], Ollivier[2] font bien ressortir l'importance de l'emploi de l'éther sulfurique en injection sous-cutanée dans les hémorrhagies, l'algidite, le coma, etc.

Notre intervention sera surtout efficace lorsque l'algidité est survenue lentement et graduellement; chez les enfants, dans les intoxications, le réchauffement s'emploie concurremment avec les autres moyens indiqués, il ramène la température à son niveau normal et ce résultat une fois acquis devient définitif, la guérison peut être espérée.

Lorsque au contraire l'abaissement s'est fait brusquement, comme dans les formes graves de collapsus, la température descendue a un niveau très bas, ne remonte plus sous l'influence de notre médication, ou si elle remonte, elle redescend bientôt.

1. Z. Ocounkoff. *Du rôle physiologique de l'éther sulfurique et de son emploi en injection sous-cutanées.* Thèse de Paris, 1877.

2. Ollivier. *Des injections sous-cutanées d'éther dans les états adynamiques.* Thèse de Paris, 1883.

Voyez aussi : W. Zuelzer. *Ueber subcutane Anwendung von excitirenden mitteln. Berliner Klin. Wochenschrift.* 1871.

Traill. *De la médication éthérée opiacée dans la variole.* Thèse de médecine de Lille, 1882.

Bucquet. *De la médication éthéree opiacée dans la variole.* Thèse de Paris, 1883.

DEUXIÈME PARTIE

THERMOMÉTRIE LOCALE

CHAPITRE PREMIER

INTRODUCTION. — HISTORIQUE

L'étude des températures locales à l'état de santé et de maladie, a vivement préoccupé dans ces derniers temps les médecins. Sous l'impulsion de MM. Broca, Peter, Colin, (d'Alfort), un grand nombre de travaux sur cette question ont successivement parus en France et à l'étranger.

Cette étude n'est cependant pas absolument neuve et dans les temps les plus éloignés, les observateurs ont signalé les modifications de la température locale. C'est ainsi qu'Hippocrate disait : « Dans le corps, là où est de la chaleur ou du froid, là est la maladie. » (Aph. 39, t. IV, p. 517 trad. Littré.)

Parlant de la possibilité de découvrir le lieu affecté par le fait de sa plus grande chaleur, Hippocrate dit : « Quibus latus sublatum in tumorem, ac calidius est, et inclinatis in alterum, gravitas aliqua impendere videtur, his pus ex una parte est. » (Coac. prænot., n° 243.)

Et il recommande ailleurs pour connaître le point où il faut inciser dans l'empyème, de recouvrir la poitrine du malade d'un linge enduit de terre rouge bien passée imbibée d'eau tiède, disant que c'est là où la terre se dessèche d'abord qu'il faut inciser.

Vers la fin du XVIIe siècle, Borelli, Martine se servirent les premiers du thermomètre pour rechercher la température locale de quelques organes.

Martine (1755) compare la température de la peau à celle des viscères et du sang.

De Haen (1758), considéré à juste titre comme l'inventeur de la thermométrie médicale, signale dans plusieurs des observations la température locale d'organes malades.

Il étudie les modifications de la température locale des membres à la suite de lésions nerveuses et dans l'hémiplégie. Il note l'élévation de la température locale dans un cas de cancer de la mamelle.

J. Hunter (1766) observe le premier l'augmentation de la température dans les organes enflammés. « Une inflammation locale, dit ce célèbre chirurgien, ne peut élever la chaleur de la partie au-dessus de la température de l'animal, et lorsqu'elle a un siège dans des parties dont la température naturelle est inférieure à celle qui existe à la source de la circulation, elle ne s'élève même pas jusqu'à cette dernière. »

Il fait un très grand nombre d'expériences sur la chaleur aux différents points du corps chez l'homme et les animaux.

J. Davy établit en 1814 la topographie de la chaleur animale et donne le résultat de ses recherches sur la température de la peau en diverses régions, du sang et des principaux viscères. Il se sert dans ses expériences d'une méthode d'exploration rigoureuse.

Quelques années plus tard (1815) Forster et Hodgson signalent les modifications de température des membres inférieurs après la ligature de l'artère fémorale.

Everard Home et Scarpa (1815) virent, qu'après la ligature de l'artère principale d'un membre, la température locale loin de s'abaisser s'élève au contraire dans les heures qui suivent l'opération.

Becquerel et Breschet (1835) étudient la température locale au moyen d'appareils thermo-électriques extrêmement ingénieux, ils examinent la température dans les différentes parties du corps et au niveau d'organes enflammés.

Bouillaud indique en 1847 la nécessité de rechercher les températures de surface, l'utilité d'un thermomètre qui permettrait de prendre les températures des cavités et qui pourrait servir en outre à obtenir les températures périphériques.

Piorry (1840) reconnaît l'utilité de la mensuration de la température cutanée dans les maladies.

« Il faudra, disait cet auteur, comparer la température des régions voisines des centres circulatoires à celle des extrémités, les degrés de chaleur du thorax avec ceux de l'abdomen ; l'élévation du thermomètre dans la bouche ou d'autres cavités accessibles aux instruments avec celle *qui a lieu sur les téguments.* S'il s'agit de maladies qui sont bornées, circonscrites, telles que les dermopathies, il faudra comparer la chaleur qu'elles donnent avec celle des autres régions du corps. »

Gavarret (1855), résume dans son ouvrage les travaux de ses prédécesseurs sur la question.

Demarquay étudie en 1847 les modifications de la température au niveau des foyers inflammatoires.

En 1856 et les années suivantes, il signale l'élévation de la température locale dans l'érysipèle, le phlegmon diabétique, les malformations des membres, etc., il note les modifications thermiques dans les anérysmes, dans les oblitérations vasculaires et dans l'embolie.

Broca indique les services précieux que prend la thermométrie locale en chirurgie et particulièrement dans les affections du système vasculaire, dans les anévrysmes, dans l'embolie. Ces premières recherches conduisirent Broca à l'étude des températures cérébrales.

Dès 1864, M. Peter, commençait ses études sur les températures morbides locales et publiait ses premières observations de thermométrie périphérique dans les maladies pulmonaires.

C'est à partir de 1865, et après les travaux de Demarquay, Broca, Peter, que l'étude de la thermométrie locale prend un grand développement.

En 1867, E. Seguin propose un thermomètre construit spécialement pour la recherche des températures locales. Il publie ses résultats dans un important traité paru à New-York en 1876.

Des thermomètres spéciaux et des instruments thermo-électriques sont proposés par Hankel (1868 et 1873), John Simon et E. Montgomery (1869), Lombard (1868), Kuchenmeister (1870), Dupré (1872), Mortimer-Granville, Lépine, Peter, Burq, Mills, Leffman, Mattson, A. Voisin.

Les travaux d'Albers (1861), de Broca, sur la thermométrie périphérique cérébrale sont continués par Gray (1870), Voisin (1878), E. et D. Maragliano (1879-1880), Amidon (de New York), Lombard (1880). H. Blaise (de Montpellier), publie en 1880 un très important travail sur ce sujet et joint à ses propres observations un exposé complet des recherches de ses prédécesseurs sur ce sujet.

Les modifications de la température des membres à la suite des affections cérébrales et médullaires sont observées par Charcot, Folet, Fischer, Henrot, Blaise, etc.

Weir Mitchell, Waller, C. Bernard, Brown-Séquard, Schiff, Nicati, Seeligmuller, Hayem, Lépine, Hammond, Lannelongue, Terrillon, Straus, Lannois, recherchent l'état de la température locale à la suite des lésions du système nerveux périphérique.

De 1876 à 1882, de nombreux travaux paraissent sur la thermométrie locale dans les affections thoraciques.

Il faut citer particulièrement ceux de Peter commencés en 1864, et de ses élèves, Landrieux, Bagnéris (1879), Forest (1880), ceux de Torio (1876), Jobbé Duval (1875), Charteris (1876), Vegscheider (1877), L. Concato (1877), Fiori et Graziadei (1878), M. Aldowie (1878), Lereboullet, Lépine, F. Melcop (1880), Philipp, Brébion (1881), Von Anrep (1880), Oudin (1881), Moursou (1882), Sarva (1882).

Peter (1880), Sabatier (1881) étudient la température locale dans les maladies de cœur.

Les études de Peter, Leven, Moursou, sur la thermométrie de l'estomac et de l'abdomen, celles de Baerensprung, Schæffer, Schrœder, Cohnstein, Schlesinger, Martineau, dans les maladies de l'utérus et de ses annexes, celles de Gradenigo (1876), Galezowski (1877), sur la thermométrie locale oculaire donnent d'importants résultats.

En 1878, Estländer et Verneuil attirent l'attention sur la thermométrie locale des tumeurs.

Billroth, Weber, John Simon, Edmund Montgomery, Jacobson, Laudien étudient la marche de la température dans les foyers inflammatoires et complétent les observations de J. Hunter, Gierse, Becquerel, Breschet, Demarquay sur ce sujet.

Les thèses inaugurales de Gassot (1873), élève du professeur Gubler, de Hunkiarbeyendan (1880), Parizot (1881), contiennent d'importants documents.

Les physiologistes ont étudié, de leur côté, depuis quelques années la température locale et ont contribué par leurs expériences à la connaissance de quelques faits intéressants. Il nous suffira de citer les travaux de Cl. Bernard, Longet, Brown-Séquard, Schiff, Heidenhain, Helmholtz, Béclard, Vulpian, Rouget, P. Bert, d'Arsonval, F. Franck, G. Colin.

Nous donnons aujourd'hui dans ce volume tous le résumé des travaux publiés sur la thermométrie locale, nous joignons à ces recherches nos propres observations et expériences commencées en 1879.

Nous avons plus spécialement étudié la thermométrie locale dans ses rapports avec la chirurgie.

Nous pensons que cette étude servira à établir la nécessité de perfectionner les procédés d'exploration pour la recherche des températures locales, l'utilité de multiplier les observations, sans se hâter de donner des conclusions prématurées. — Elle indiquera quelle est actuellement la valeur des mensurations thermométriques locales, dans le diagnostic et le pronostic des maladies.

CHAPITRE II

TECHNIQUE DE LA THERMOMÉTRIE LOCALE. — THERMOMÈTRES. — APPAREILS THERMO-ÉLECTRIQUES.

On ne peut admettre aujourd'hui avec Chomel, « que pour l'appréciation de la chaleur morbide, le meilleur, le seul instrument même que le médecin puisse employer, est la main, et que le thermomètre ne donne qu'une idée imparfaite de l'élévation de la chaleur. »

D'après Bouillaud [2], lorsque la main est parvenue à son plus haut degré de perfectionnement par son éducation et lorsqu'elle est appliquée attentivement sur la peau, on peut évaluer à un degré et même à un demi-degré près, la température que donne exactement ensuite l'application du thermomètre.

Bien que l'appréciation de la température locale avec la main rende de grands services, on doit reconnaitre avec la majorité des auteurs que cette évaluation est loin d'être mathématique, qu'il est utile de se servir d'instruments qui donnent une précision absolue.

« Proposez, dit Lorain [3], à tous les assistants de percevoir avec la main la température d'un malade et notez le chiffre de chacun, vous verrez quelles grossières erreurs sont commises. L'un dira 40°, l'autre 38°, l'autre 37°, un autre 39°. Seul, le thermomètre aura raison. »

Les méthodes et les procédés employés pour la recherche des températures locales sont multiples.

L'étude de la technique de la thermométrie locale nous pa-

1. Chomel. *Eléments de pathologie générale*, p. 307, 1856.
2. Bouillaud. *Clinique médicale*, 1837.
3. Lorain. *Etudes de médecine clinique : Température du corps humain*, 1877.

raît avoir une importance capitale et il est nécessaire d'établir nettement les procédés d'exploration qui mettent à l'abri de toute erreur.

Le choix d'un instrument parfait est nécessaire, si l'on veut obtenir des résultats exacts et sûrs. Nous pensons que c'est pour s'être servi d'instruments défectueux que quelques auteurs sont arrivés à des conclusions incertaines ou fausses,

Si dans les recherches de thermométrie générale on peut généralement s'abstenir de l'emploi d'une méthode minutieusement exacte, il n'en est pas de même dans les recherches de thermométrie locale, la précision absolue est nécessaire, car certaines conclusions sont basées sur des différences de 2, 4 dixièmes entre deux régions. Les méthodes précises des laboratoires de physiologie doivent être appliquées dans ce cas à la clinique, et cela nous paraît d'autant plus utile que la thermométrie locale étant encore à l'état d'enfance, il faut établir d'abord rigoureusement et scientifiquement les lois générales. Ce n'est que plus tard, lorsque ces lois seront bien connues, que la pratique médicale pourra se servir de procédés moins rigoureux et plus simples.

Après avoir signalé les instruments très nombreux proposés dans ces dernières années, nous établirons quels sont ceux qui nous paraissent les meilleurs, nous signalerons les causes d'erreur, les moyens propres à les éviter, les précautions techniques souvent minutieuses mais nécessaires à recommander dans l'application de certains instruments.

I. THERMOMÈTRES.—Les premiers auteurs qui se sont servis de thermomètres pour les recherches de thermométrie locale employaient des instruments imparfaits à réservoir sphérique et volumineux qui exposaient à des erreurs.

De Haen employait un thermomètre fabriqué par le mathématicien Marci, selon les modèles de Fahrenheit, Prins et Réaumur. « J'ai moi-même vérifié l'exactitude des thermomètres Fahrenheit, dit de Haen, d'après *le grand thermomètre universel, fabriqué avec un soin extrême par Prins.* »

En 1805, James Currie décrivit un thermomètre à mercure dont la tige était coudée, disposition adoptée plus récemmen par Robert de Latour.

Haller, Hunter se servaient d'un petit thermomètre à mercure.

Martine, Edwards, Davy, Earle avaient aussi des thermomètres à petit réservoir à tige mince, gradués suivant l'usage.

Avant 1840, Piorry dans le but d'apprécier la température périphérique avait employait un thermomètre spécial.

Gavarret, dès 1839, Roger, dès 1844, employèrent le thermomètre ordinaire. Gavarret s'est servi dans ses recherches ultérieures des appareils thermo-électriques.

Monneret[1] en 1846, indique les précautions pour obtenir exactement la température des membres atteints d'érysipèle, d'œdème, de phlegmon, avec le thermomètre médical ordinaire.

« Les auteurs se taisent, dit cet auteur, sur la manière d'agir en pareil cas et n'indiquent pas les règles qu'il convient de suivre pour arriver à une détermination exacte de la température. Nous avons fait nous-même un grand nombre de tentatives de ce genre et nous pensons que le moyen le plus sûr pour avoir le degré de chaleur, c'est de placer la boule du thermomètre à plat sur la partie dont on veut connaître la température, de l'environner de plusieurs compresses de linge ou d'un morceau de ouate, de coton, de faire une observation comparative sur la partie similaire en disposant l'expérience de la même façon enfin de laisser le thermomètre longtemps et jusqu'à ce qu'on soit sûr qu'il y a équilibre de température entre le corps et les linges qui l'entourent. Disons encore *que la détermination des températures partielles est hérissée de difficultés et exige les plus grandes précautions.* »

Demarquay (de 1849 à 1878) se sert du thermomètre médical appliqué et maintenu sur les régions à explorer au moyen d'une bande.

Bærensprung[2] se sert dans ses recherches d'un thermomètre ordinaire, dont la boule est appliquée sur la peau,

1. Monneret. *Compendium de médecine pratique*, t. VIII, art. Température, pages 111, 112, 113, 1846.

2. Bærensprung. *Muller's Archiv.*, 1851, n° 52. *Untersuchungen über die Temperaturverhaltnisse des Menschen in gesunden und kranken Zustande.*

mais qu'il recouvre d'une cloche afin d'éviter le refroidissement par l'air extérieur.

Haubold[1] applique sur la partie dont il veut obtenir la température un tube de métal rempli d'eau dans lequel plonge un thermomètre.

Wunderlich n'indique pas, dans son Traité, des modifications spéciales du thermomètre appliqué à la recherche des températures locales.

Alvarenga dit que le réservoir aplati est plus commode pour prendre la température des superficies, il se sert cependant en général d'un réservoir cylindrique. « Pour déterminer la température locale d'une partie, dit Alvarenga, on applique de champ sur la région le réservoir du thermomètre ; on conseille de couvrir la partie libre du réservoir avec du coton ou des compresses d'étoffe pour éviter ou diminuer l'irradiation calorifique. Nous avons employé l'un et l'autre procédé. »

Thermomètres de Walferdin, de Colin, de Cl. Bernard. — M. Colin[2], dans un rapport très important, insiste sur la difficulté de la détermination des températures extérieures et des surfaces. « D'où vient, dit ce physiologiste, que les physiciens, aujourd'hui si féconds en découvertes et en applications merveilleuses, ne nous donnent pas les instruments propres à obtenir rapidement et sûrement toutes les indications thermométriques dont la physiologie et la clinique peuvent avoir besoin à chaque instant?

Si au moins ils nous donnaient des thermomètres sensibles et d'un emploi commode pour déterminer avec précision les températures de surface. Mais la plupart des thermomètres sont mal construits, leur zéro est remonté de cinq, de huit dixièmes de degré, d'un degré et plus. Et comme ce zéro manque dans le plus grand nombre, la vérification de l'échelle est impossible sans un étalon, et d'ailleurs la vérification étant faite, il faut encore corriger par le calcul toutes les indications obtenues. En outre, le plus souvent le réservoir de ces

1. HAUBOLD. *De calore mordace*, Leipzig, 1860.
2. COLIN (d'Alfort). *Sur la détermination de la température des parties superficielles du corps.* (*Bulletin de l'Acad. de méd.*, 2e série. 1880.)

thermomètres est si volumineux qu'ils mettent quatre, cinq minutes et plus, à donner la température cherchée, de sorte que si l'on est pressé ou impatient, on lit trop tôt une indication fautive. Enfin, et c'est là leur défaut capital, ils ne se prêtent pas bien à la détermination des températures de surface. »

Cl. Bernard, Colin, se sont servis dans leurs recherches des thermomètres de Walferdin d'une sensibilité très grande, « objets d'art, réservés à un petit nombre d'expérimentateurs et dont les modèles ne sont pas à la portée des constructeurs ordinaires. »

Les thermomètres de Walferdin[1], ont un réservoir très petit et un tube capillaire. Les thermomètres à tubes capillaires ayant une course limitée à quelques degrés ne peuvent servir qu'entre des températures limites très voisines, suivant la quantité de mercure qu'on mettra dans sa tige.

M. Walferdin a imaginé de mettre ou d'enlever du mercure à volonté, ce qui rend l'instrument propre à marquer 5 degrés à partir d'une température que l'on fait varier à volonté. Pour cela, il laisse au sommet une petite chambre vide destinée à retenir un excès de mercure. Qu'on échauffe, par exemple, l'appareil jusqu'à 40 degrés, qu'on le retourne et qu'on lui donne une légère secousse, on fera tomber l'excès de mercure dans la chambre, et ce qui reste dans la tige se séparera de cet excès pour reculer vers le réservoir pendant le refroidissement. Alors l'instrument se trouvera disposé pour indiquer les températures depuis 35 jusqu'à 40 degrés.

On peut obtenir, avec cette disposition 10 centimètres de variations par degré, ce qui permet d'évaluer le millième : au point de vue scientifique, ce résultat est d'une rigueur précieuse, car le verre se dilate par saccades, et l'observation du millième est fictive; au point de vue médical, le thermomètre Walferdin est très sensible.

On peut, en adoptant le principe et les modèles de Walferdin, obtenir des instruments qui donnent le 1/20 de degré, ce

1. WALFERDIN. — *Thermomètre métastatique à échelle arbitraire.* (*Notice*, 1851, *Bulletin de la Société de géologie*, t. II, p. 83, 1859.)

qui est très suffisant pour les recherches de thermométrie médicale.

Le réservoir très petit des thermomètres de Walferdin peut être placé sous la peau.

On l'abrite par un petit cornet ou une sorte de capuchon de drap mince, tantôt par un simple disque de même nature pincé de façon à prendre la forme d'une coquille et à ne pas toucher le réservoir.

M. Béclard, dans ses expériences de thermométrie musculaire, se sert de thermomètres ordinaires appliqués sur la peau, dont le réservoir est maintenu par une bande de laine enroulée. Ces thermomètres ont une échelle comprise entre 31° et 37°. Chaque degré présente 50 divisions.

Un grand nombre de cliniciens se sont servis dans ces derniers temps du thermomètre médical ordinaire avec petit réservoir maintenu au moyen de bandes sur la région explorée. (Peter, Lereboullet, etc.)

Weir Mitchell se sert dans ses recherches d'un petit thermomètre dont la boule est recouverte dans une moitié de sa surface par une pièce de liège qui la déborde d'un demi pouce, qui empêche la déperdition et abrège la durée des observations. Il laisse le thermomètre en place pendant une demi-heure.

Weir Mitchell préfère à ce thermomètre les disques thermo-électriques de Becquerel.

M. Lereboullet (1880) prend les températures locales en appliquant directement sur la peau le réservoir du thermomètre et en maintenant celui-ci à l'aide d'un tampon d'ouate retenu et fixé par le doigt du médecin qui recueille la température.

Les thermomètres gradués par comparaison avec un thermomètre étalon, sont munis d'index, mentionnant les corrections à exécuter.

Fig. 30. — Thermomètre de E. Seguin.

Thermomètre à surface de E. Seguin. — En 1867, Seguin[1] a proposé un thermomètre destiné à prendre les températures locales. Ce thermomètre est constitué par un petit réservoir aplati en verre assez épais. (Voir fig. 30). L'échelle a une étendue assez grande. Cette disposition, d'après l'auteur, permet une application facile de l'instrument et lui donne une grande sensibilité.

Seguin se sert pour apprécier la température de deux régions de deux thermomètres comparables.

Il recommande d'appliquer l'instrument perpendiculairement et de n'exercer de pression que dans les cas de tumeurs pulsatiles; il le laisse en place de trois minutes à cinq minutes.

Thermomètre de Kuchenmeister. — En 1870, Kuchenmeister[2] propose un thermomètre dont *le réservoir est aplati d'un côté* de façon à pouvoir s'appliquer facilement sur les surfaces dont on veut connaître la température. La cuvette est recouverte de plusieurs feuilles d'or qui sont destinées à éviter tout rayonnement.

La forme de ce thermomètre est exactement la même que celle du thermomètre de Seguin.

Thermomètre de Laborde[3]. — C'est un thermomètre de dimension exactement appropriée à l'échelle de température qui doit être parcourue; il est renfermé dans un tube d'argent, sa cuvette ayant une forme allongée faite pour pénétrer aussi loin que possible dans l'extrémité inférieure effilée du tube.

1. Seguin. *New York Medical Record.* January 1867, et *Thermomètres phys. et mathématiques, leurs applications à la médecine et à la chirurgie.* Paris, 1873, et *Bulletin Acad. de méd.*, 1879.

2. Kuchenmeister Fr. . — *Die Taschenthermometrie und die differentielle Thermometrie an verschieden Korperflachen und Korpertheilen. Oesterr. Zeitchrift für prakt. Heilkunde*, n° 38, 1870.

3. Laborde. — *Recherches expérimentales sur quelques phénomènes physiques de la vie, et sur leur application à la détermination de la mort apparente et de la mort réelle. — Instrument pour servir à la pratique de cette détermination.* Travail lu à l'Académie de médecine, 26 juillet 1870. *Gazette hebd.*, 1871, p. 605-606.

Le tube lui-même est ouvert en avant dans une hauteur suffisante pour laisser voir *l'échelle thermométrique :* il est effilé en pointe à son extrémité inférieure, à laquelle vient se visser une aiguille d'acier poli d'environ deux centimètres de long, terminé supérieurement en pas de vis.

Le tube, joue le rôle de conducteur de la chaleur, il suffit d'enfoncer dans les tissus de quelques millimètres l'extrémité effilée du tube, pour qu'il prenne et communique immédiatement au thermomètre la température de ces tissus.

Thermomètre de Dupré. — En 1872, Dupré[1] expérimenta à Westminster Hospital un thermomètre dont le réservoir enroulé en spirale était contenu dans une coupe métallique et qui, d'après l'auteur, permettait d'obtenir la température exacte d'une surface en cinq minutes.

Ce thermomètre était à maxima. La tige était rectiligne.

Le principe de cet instrument est le même que celui qu'a employé Mortimer Granville, six ans plus tard.

Thermomètre de Mortimer Granville. — Ce thermomètre est destiné à prendre des températures de surface, en se mettant à l'abri de l'action de l'air.

Il se compose d'une coupe en maillechort fixée dans une boîte d'ivoire ; un tube roulé en spirale plate forme le réservoir. Ce tube occupe une grande portion de l'orifice de la coupe. Du centre du réservoir s'élève un tube qui passe à travers une ouverture de la coupe en maillechort maintenu par une rondelle de caoutchouc et qui s'enroule en spirale à l'extrémité supérieure de la boîte en ivoire pour former une échelle divisée en 1/5 ou 1/10. Un couvercle en caoutchouc durci placé sur la boîte en ivoire protège le tube horizontal. Une rainure permet d'apercevoir les degrés de l'échelle.

D'après Mortimer Granville, la disposition de ce thermomètre permet d'apprécier très exactement la température d'une surface, la coupe en maillechort faisant l'office d'un ré-

1. DUPRÉ. — *A Pocket Insulated surface Thermometer.* Lancet, 1872, p. 296 et 318.

2. MORTIMER-GRANVILLE. — *A pocket Surface Thermometer.* Lancet, 1877, p. 205.

servoir de chaleur, et empêchant l'action de l'air dans lequel on observe le malade.

Mortimer recommande aussi cet instrument pour prendre la température de l'haleine des malades atteints d'affections thoraciques.

Thermomètre de contact de Lépine. — Dans le but d'apprécier la température des surfaces, Lépine a proposé, vers 1875, un instrument, se rapprochant par plusieurs points du thermomètre de contact de Fourier [1], qui sert, *en physique*, à déterminer la température d'une surface et la conductibilité des corps. Ce dernier instrument se compose d'un thermomètre dont le réservoir est engagé dans un entonnoir renversé. Cet entonnoir est rempli de mercure et fermé par une peau de chamois. Lorsqu'on veut connaître la température d'une surface, il suffit de la mettre en rapport avec une plaque métallique qui est contigue à la peau de chamois. La plaque se met au bout d'un certain temps en équilibre de température et le thermomètre indique la température de la suface.

Le thermomètre de contact de Lépine se compose d'une plaque métallique, non flexible fixée à un réservoir en verre contenant du mercure. Ce réservoir se continue avec un tube capillaire, gradué comme dans les thermomètres ordinaires. Une enveloppe en verre contenant du coton protège le réservoir et empêche toute déperdition de calorique.

Lorsqu'on veut connaître la température d'une surface, il suffit d'appliquer la plaque métallique sur la partie explorée : cette plaque se met en équilibre de température et échauffe le mercure qui monte dans le tube capillaire. Lorsque la colonne mercurielle est stationnaire, on lit sur l'échelle du thermomètre et on a ainsi la température recherchée.

Thermomètres de MM. Lépine, Peter, Burq, etc. — M. Lépine et M. Brébion [2] se servent d'un thermomètre, composé d'une

1. FOURIER. — Voyez SALLERON. *Catalogue des instruments de physique*. Paris, 1863.

2. BRÉBION. *Contribution à l'étude de la température de la paroi thoracique chez les phthisiques. Revue mensuelle de Médecine et de Chirurgie*, N° 7, 10 juillet 1880.

cuvette en spirale (*a*), (fig. 31), pouvant reposer sur un plan, d'un tube à parois minces, d'un calibre de 2 millimètres environ et rempli de mercure. Du centre de la sphère s'élève la tige graduée.

Avant de l'appliquer, on recouvre la cuvette d'un disque d'étoffe percé à son centre, de façon à laisser passer la tige graduée. Puis, après avoir eu soin d'élever la colonne de mercure jusqu'à 36°, on la place sur la peau.

Quelques instants suffisent, disent les auteurs, pour que la colonne de mercure se mette en équilibre.

M. Peter se sert, dans ses recherches, d'un instrument à peu près semblable.

Dans ses études de thermométrie comparée, P. Philipp [1] s'est servi d'un thermomètre construit d'après les indications de Kronecker, le réservoir est, de même que dans les thermomètres de Peter, constitué par un tube contourné en spirale d'une longueur de 15 centimètres.

Le thermomètre, présenté par M. Burq[2], est formé d'un long tube en spirale faisant suite à une large cuvette plate fixée sur une plaque de métal blanc de 7 centimètres de diamètre où se lisent facilement les dixièmes de degré. Les dimensions et la forme de ce thermomètre, dit M. Burq [2], le rendent aussi portatif que commode pour pouvoir s'appliquer directement par sa cuvette même sur toute surface.

La cuvette est recouverte d'un petit manchon capitonné formant couvercle sur la petite cupule qui l'enserre, afin de prévenir l'irradiation.

Thermomètres de Mills et Leffmann, de Mattson. — Dans le but d'éviter les inconvénients du thermomètre de Seguin, dont la surface du réservoir, formée d'un diaphragme de verre mince et élastique et cédant à la pression, peut faire commettre des erreurs, MM. Mills et Leffmann [3] ont proposé un thermomètre construit de la façon suivante :

1. P. Philipp. *Ueber Warmedifferenzen der Brusthälften bei einseitigen Erkrankungen der Brustorgane.* Diss. Berlin, 1878.

2. Burq. *Académie de médecine*, 27 janvier 1880. *France médicale*, 1880 et *Gazette des hôpitaux*, 1880.

3. Mills et Leffmann. *Philadelphia Medical Times*, p. 308. March. 13, 1880.

Dans un tube à essai ordinaire, se trouvent deux bouchons, un au milieu, l'autre au niveau d'une des ouvertures. A travers ces bouchons passent la tige du thermomètre et le réservoir maintenu au niveau de la surface externe du bouchon inférieur.

De cette manière, disent les auteurs, on évite les effets des courants d'air, du contact des doigts et de la pression.

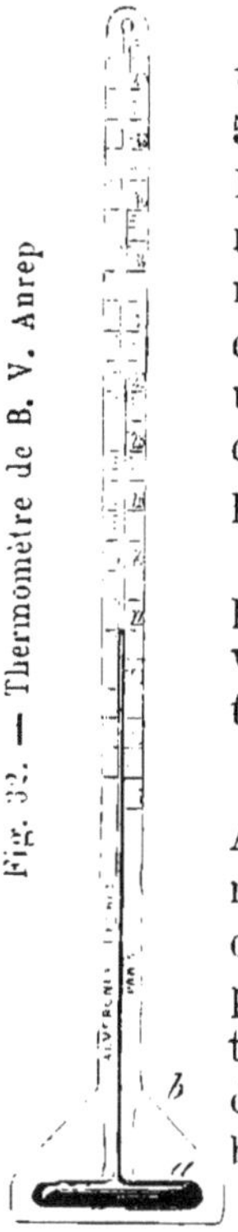

Le thermomètre de Mattson [1] consiste en un tube spirale d'environ 1 millimètre de diamètre et 5 centimètres de long, faisant presque trois tours. La longueur de la tige varie entre 13 et 15 centimètres. La colonne de mercure à 1/3 de millimètre. L'échelle va de 90° F. à 110° F. Le réservoir et le 1/5 inférieur de la tige sont protégés par une enveloppe cylindrique de caoutchouc durci ouverte en bas. La tige passe à travers un diaphragme de caoutchouc.

Cet instrument, dit Mattson, n'est pas influencé par la pression, grâce à la forme spirale du réservoir qui présente une surface étendue et résistante.

Fig. 32. — Thermomètre de B. V. Anrep

Thermomètre de surface de B. V. Anrep. — B. V. Anrep [2], s'est servi, dans ses recherches de thermométrie locale, d'un instrument (voir fig. 32) qui ne diffère des thermomètres ordinaires que par la forme du réservoir à mercure *a*, qui est entièrement plat et entouré d'une cloche en verre *b* destiné à le soustraire à l'influence de l'air ambiant.

Anrep recommande de ne pas appuyer trop fortement le thermomètre contre la partie explorée, car « le réservoir est si mince qu'on peut, sans cette précaution, faire monter la colonne mercurielle. »

1. Mattson. *Philadelphia Medical Times*, pages 308. March, 13, 1810.

2. Von Anrep. *Ueber periphere Temperaturmessungen bei Lungenkranken. Verhandlungen der Physikal.-Medicin. Gesellschaft in Wurzburg. XIV.* Band 1, und 2. Heft. 1880.

Thermomètre d'Aug. Voisin (fig. 33). — Cet instrument diffère du thermomètre médical ordinaire par sa cuvette qui est de très petite capacité et qui a un diamètre de 1 millimètre 8 dixièmes environ. La quantité du mercure qu'elle contient est évaluée à 3 millimètres cubes au maximum. Son tube coudé en un point est extrêmement capillaire et la ténuité de la colonne mercurielle nécessite l'emploi d'une loupe avec laquelle on lit le degré thermométrique.

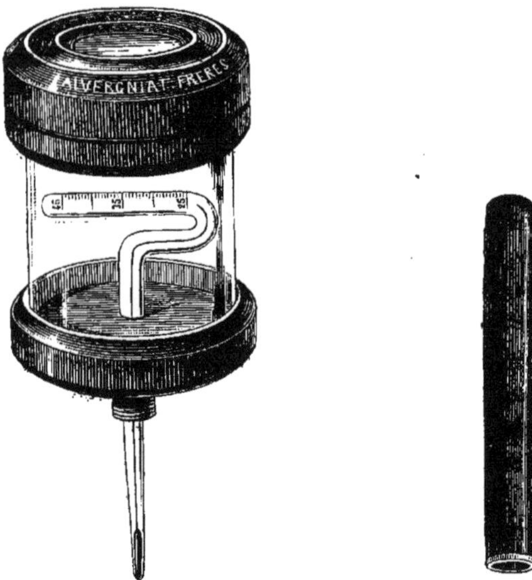

Fig. 33. — Thermomètre de Voisin.

Nous avons fait construire par M. Alvergniat[1] une série de thermomètres dont les tubes sont de longueur et de direction variables, et d'une construction analogue à celle que nous venons d'indiquer.

Ces instruments sont destinés à l'exploration de la poitrine, membres du thorax, du péricrâne; le tube du thermomètre Voisin n'étant pas assez long et rendant *difficile son application* sur certains points.

1. Nous remercions M. Alvergniat des renseignements précieux qu'il a bien voulu nous fournir sur les appareils thermométriques.

En raison de la petite quantité de mercure contenue dans l'appareil, de la surface relativement grande de contact, cet instrument donne des indications *rapides*, surtout si l'on a eu soin, au début de l'observation, d'échauffer, pendant une demi-minute, le réservoir dans la pulpe des doigts.

Il faut cependant laisser le réservoir en contact avec la région explorée au moins 5 minutes. L'expérience nous a appris que ce temps était nécessaire.

Nous partageons l'avis de M. Blaise[1], lorsqu'il dit :

« On trouve à peu près partout, dit M. Blaise, que le thermomètre Voisin permet d'obtenir au bout de deux minutes environ la température d'un point quelconque du tégument. *C'est une erreur absolue ;* et si l'on procède à la lecture après un temps d'application aussi court, on peut être certain que la colonne mercurielle n'est pas en équilibre définitif. Nous en avons maintes fois constaté la preuve; il serait plus convenable de dire qu'il faut environ sept à huit minutes, quelquefois même davantage, pour arriver à un résultat absolument correct. »

Nous pensons cependant qu'on peut réduire à 5 minutes le temps d'application (8 minutes pour M. Blaise), surtout si on a soin d'échauffer préalablement le mercure du réservoir.

Les indications de l'instrument nous ont paru assez *précises.* — Si l'on prend une série d'observations sur un même point, on obtient les mêmes chiffres. C'est là une expérience que nous avons souvent répétée et qui nous indique que nous devons avoir confiance dans les résultats obtenus au moyen de ce thermomètre.

Les inconvénients de cet instrument sont : de présenter un réservoir mince de telle sorte que la moindre pression fait monter la colonne mercurielle et expose à des erreurs. Le petit réservoir est difficile à maintenir en place, la main qui tient le tambour du thermomètre peut se déplacer, donner une pression trop forte au réservoir ou l'éloigner trop de la région. Les déplacements du réservoir donnent lieu à des frottements ou des pressions qui élèvent la température

1. BLAISE. *Contributions à l'étude des températures périphériques*, etc. Thèse de Montpellier, 1880.

de la peau et nuisent à la précision des résultats. — La loupe à travers laquelle on lit les degrés thermométriques expose en outre à des erreurs de 1° et même 2°. Si l'on n'a pas soin de maintenir le tambour dans une rectitude parfaite, si la tête de l'observateur n'est pas convenablement dirigée, si la loupe est inclinée en haut ou en bas, il est impossible de lire exactement le point où s'arrête la colonne mercurielle. Il faut veiller à ce que le trait correspondant au menisque et indiquant soit un degré, soit un demi-degré, soit *exactement horizontal.*

Les erreurs tenant aux jeux de réfraction qui se passent dans la lentille à travers laquelle on lit les degrés thermométriques peuvent être considérables ainsi que nous l'avons constaté plusieurs fois, et il faut veiller attentivement afin de les éviter.

Il faut, en outre, avoir bien soin de ne pas échauffer avec la main la tige du thermomètre et le tambour qui la contient. Comme inconvénient de bien moindre importance, nous devons signaler la fragilité de l'instrument et son prix assez élevé.

Il n'est pas nécessaire, pour ce thermomètre, (de même que pour le thermomètre ordinaire), de recouvrir le réservoir avec de la ouate, du taffetas, etc. Cette pratique expose à des erreurs, et l'application d'un tampon de ouate plus ou moins pressé sur le réservoir du thermomètre crée une atmosphère d'air confiné qui élève la température et suffit pour faire monter la colonne mercurielle de 5 dixièmes à 1°. Les applications du thermomètre doivent donc se faire à découvert.

Les observations de M. Parizot [1] prouvent que cette pratique expose à des erreurs négligeables.

Nous nous sommes fort souvent servi des thermomètres que nous venons de décrire avec un réel avantage, et avec des précautions et une attention soutenue, on arrive à des résultats suffisamment précis.

Thermomètre de M. Constantin Paul. — M. Constantin Paul

1. PARIZOT. *Essai sur les températures locales dans les affections chirurgicales*, p. 20. Thèse de Paris, 1880.

vient de présenter à l'Académie de médecine (1884) trois modèles de thermomètres destinés à la recherches des températures locales (voir fig. 34) : un vertical, un circulaire, et un horizontal.

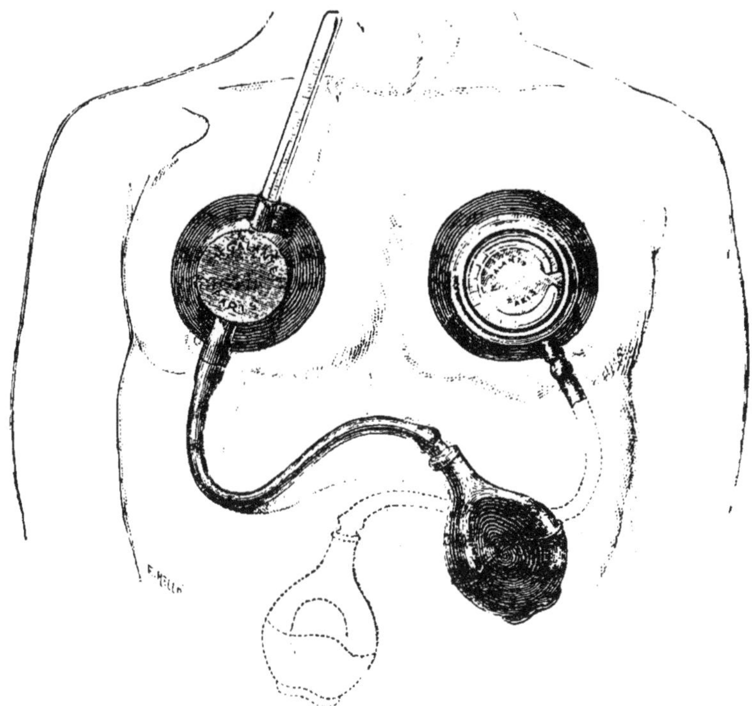

Fig. 34. — Thermomètre de Constantin Paul (*Bulletin de la Société de thérapeutique*, 1884).

L'adhérence à la peau et l'isolément sont obtenus au moyen de caoutchouc disposé en ventouse.

Il n'est pas nécessaire d'insister pour démontrer les erreurs que doit faire commettre *cette ventouse* appliquée sur les régions à explorer.

Des thermomètres dans la recherche des températures épicraniennes. — Voici comment Broca [1] conseille de procéder pour la thermométrie crânienne :

1. Broca. *Comptes-rendus de l'Association française pour l'avancement des sciences.* — *Session du Havre.* 30 avril 1877.

Il faut, dit-il, pouvoir comparer entre elles, au même moment, les diverses régions du même hémisphère. On le fait à l'aide de la *couronne thermométrique*, qui permet d'appliquer à la fois six thermomètres autour du crâne. Elle est formée d'une série de sachets d'ouate semblables et égaux entre eux, qui sont reliés par une bande circulaire en tissu élastique, et sur la face interne desquels le thermomètre est introduit dans une gaîne à jour. Le thermomètre *frontal* s'applique sur le côté du front, derrière l'apophyse orbitaire externe, le *temporal* au-dessus de l'oreille, l'*occipital* sur les côtés de l'occiput. Broca ajoute à la couronne deux autres thermomètres placés de chaque côté, entre le thermomètre frontal et le thermomètre temporal, au milieu de la distance qui les sépare. Ces thermomètres complémentaires sont appelés *ptériques*. Ils reposent sur la petite région nommée le *ptérion*, qui correspond au sommet de la grande aile (*ptère*) du sphénoïde ; ils donnent plus exactement que ne le fait le thermomètre temporal la température de la portion de la troisième circonvolution frontale qui est affectée au langage. La couronne de huit thermomètres a donc un réel avantage ; mais la couronne de six thermomètres est ordinairement suffisante.

E. Maragliano [1] dans ses recherches de thermométrie cérébrale se sert du procédé de Broca.

La durée d'application de vingt minutes, lui paraît insuffisante ; il laisse ses thermomètres en place pendant une heure.

Dans ses recherches de thermométrie cérébrale, M. Blaise se sert de la méthode de Broca. Mais au lieu d'utiliser l'appareil en soie, doublé de ouate, de Broca, cet auteur se contente d'appuyer autour de la tête une bande de ouate d'une largeur suffisante et présentant une épaisseur égale en tous points. La ouate est maintenue en place par une circulaire en toile puis on glisse jusqu'aux lieux d'élection la cuvette des thermomètres.

1. MARAGLIANO (Eduardo). *Studii di termometria cerebrale* (*Lo Salute*, 1879 n° 23-24 et *Rivista clin. di Bologna*, 1880).

La durée de l'exploration pour M. Blaise est de quinze à vingt minutes.

« En résumé, dit-il, au bout de trois quarts d'heure environ nous connaissions les températures cérébrales du sujet en observation. Lorsque nous n'avions à notre disposition qu'une paire de thermomètres, nous les glissions rapidement sous la ouate, du lieu d'élection frontal au lieu d'élection temporal, puis du temporal à l'occipital, nous procédions de même et presque aussi rapidement. »

Les thermomètres employés étaient des thermomètres centigrades ordinaires, à cuvette cylindrique peu volumineuse et à tubes capillaires gradués en dixième de degré avec des divisions assez larges pour qu'on pût, la plupart du temps, apprécier sans difficulté un demi-dixième.

Des thermomètres dans la recherche des températures thoraciques. — Ceinture thermométrique de Sabatier [1]. — Dans le but de remédier aux deux graves inconvénients, l'inégalité de pression et la difficulté de contention, M. Sabatier a fait construire l'appareil suivant destiné principalement à la recherche des températures locales de la région thoracique. Cet appareil peut servir à déterminer les températures locales de l'abdomen.

La figure 35 donne une vue d'ensemble de la ceinture appliquée au thorax d'une personne couchée.

La partie principale de l'appareil est constituée par l'articulation de deux lames en cuivre *b* mesurant un peu moins de 2 centimètres de largeur et 1 millimètre d'épaisseur environ. A 5 ou 6 centimètres de l'articulation, elles se recourbent à angle droit de façon à embrasser la paroi thoracique à laquelle elles deviennent parallèles. La portion recourbée est recouverte d'une peau fine immédiatement appliquée contre le métal par une couture longitudinale et destinée à empêcher le contact de ce dernier avec la peau. Elle est en outre percée de trous disposés symétriquement deux à deux, de chaque côté de l'articulation, mesurant tous cinq millimètres de diamètre et séparés par des intervalles un

1. Louis Sabatier. *Des températures générale et locale dans les maladies du cœur*. Thèse de médecine de Montpellier, 1881.

peu moindres ; ils sont destinés à recevoir des thermomètres d'une disposition spéciale. La portion non-recourbée est un peu plus épaisse. L'écartement des deux branches est réglé par un pas de vis fixé à une branche et mobile dans un écrou occupant l'épaisseur de l'autre branche ; un autre écrou, muni de deux ailes, est destiné à rapprocher plus ou moins

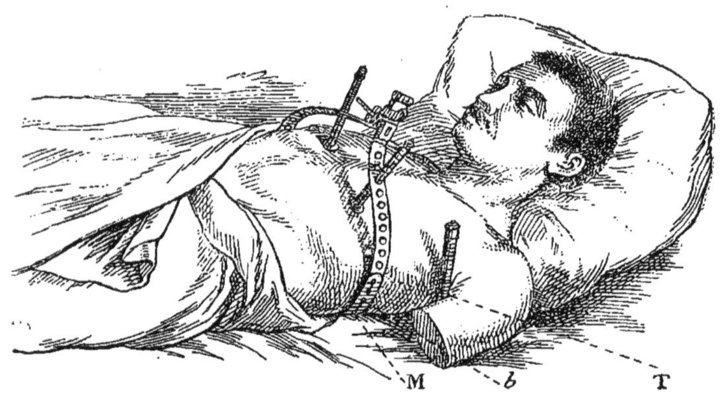

Fig. 35. — Ceinture thermométrique de Sabatier.

les deux lames. Leur distance est mesurée par des divisions inscrites sur un quart de cercle dont une des extrémités est fixée à une des branches.

Les thermomètres employés sont des thermomètres de Seguin à maxima, tous égaux entre eux et munis de ressorts à boudin. Ces ressorts sont en laiton et leur sommet est un peu évasé de façon à ce que leur diamètre à ce niveau, déborde de un millimètre environ les orifices des branches (Voir fig. 36). Ils reçoivent dans leur cavité la tige des thermomètres.

L'appareil se compose en outre d'un disque de caoutchouc, de même diamètre que la cuvette, et percé d'un trou central très fin, par lequel on engage la tige jusqu'à son origine.

La figure 36 représente le thermomètre muni de ses accessoires.

M. Sabatier recommande surtout d'engager les ther-

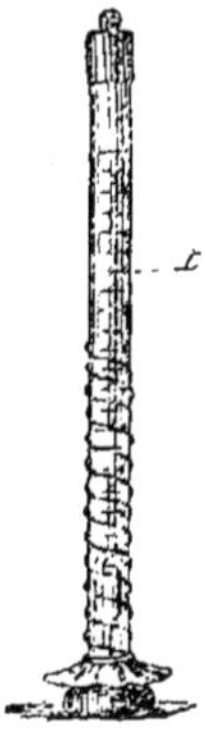

Fig. 36. — Thermomètre de Sabatier.

momètres dans des trous symétriques, car la pression exercée dans ce cas, peut être considérée comme rigoureusement égale des deux côtés. — Quand on répète les recherches sur le même sujet, on doit toujours se servir de l'instrument dans les mêmes conditions.

Il n'y a pas de règle fixe qui indique dans quel trou de l'allonge on doit engager les boutons, lors de la première exploration ; la condition essentielle est de donner à la ceinture une largeur suffisante pour que les thermomètres puissent s'engager à travers les trous des branches.

« Les principaux avantages de notre ceinture, dit M. Sabatier, sont : la facilité d'explorer simultanément plusieurs points du thorax dans des conditions absolument identiques de pression. Quant à la contention destinée à maintenir les thermomètres en place, on voit que notre ceinture la réalise, sans modifier la température de la peau, par suite du défaut absolu de contact, sauf sur la paroi postérieure du thorax. En outre, grâce à la disposition de l'appareil, on peut recouvrir exactement toute la surface libre du réservoir, sans influencer la peau. »

Dans ses recherches, M. Sabatier maintient le réservoir en contact avec la peau, pendant trois minutes et demie, et note à ce moment la température, puis prolonge l'examen pendant une minute encore. Dans les cas où la colonne mercurielle s'élève, il prolonge l'examen pendant une nouvelle minute et ainsi de suite, jusqu'à ce qu'aucune variation ne se produise.

« Nous avons toujours appliqué, dit-il, le thermomètre en deux endroits, à droite et à gauche de la ligne médiane au niveau du cœur et du poumon droit. En prenant la température dans cette dernière région, nous avions un terme de comparaison qui nous indiquait la part qu'il fallait faire aux variations de la chaleur généralisées à toute l'étendue des téguments. »

« Un point délicat à résoudre est la distance de la ligne médiane à laquelle il faut appliquer les instruments. Dans certains cas, nous avons choisi deux points également éloignés d'elle, de huit centimètres ordinairement. En laissant un intervalle moindre, on s'expose à prendre, à droite comme à gauche, la température de la région précordiale. Plus tard, nous avons cessé de prendre la température en deux points symétriques, parce qu'à l'état normal elle y présente fréquemment des inégalités et nous nous sommes uniquement préoccupés :

«De la prendre, à gauche, au niveau du maximum de la matité cardiaque et à droite dans un point éloigné de la ligne médiane. Le maximum de la matité cardiaque étant à égale distance du mamelon et de la ligne médiane chez les sujets que nous avons examinés, c'est dans ce point que nous avons appliqué l'instrument. A droite, nous avons choisi le mamelon comme point de repère et nous avons pris la température, immédiatement en dedans de lui, à la même hauteur ; d'autres fois, un peu au-dessus ou au-dessous, suivant l'espace intercostal.

« Quant à l'espace intercostal, nous avons choisi celui où la matité atteignait le maximum, tantôt le troisième, tantôt le quatrième ; quand elle se percevait également dans plusieurs espaces, nous choisissions le troisième espace intercostal, à cause de ses rapports physiologiques avec le cœur. »

L'appareil de M. Sabatier nous paraît fournir des indications précises et nous en recommandons l'emploi.

Thermomètres oculaires. — Les thermomètres employés pour obtenir la température de l'œil (Galezowski, Gradenigo, Gillet de Grammont), présentent un réservoir aplati en lame recourbée dont une des faces peut s'appliquer exactement sur le globe oculaire (voir fig. 37).

M. Galezowski[1] s'est servi dans ses dernières recherches du thermomètre ordinaire.

L'instrument dont se sert M. le professeur Gradenigo[2] (de Padoue) dans ses recherches de thermométrie oculaire

1. Galezowski. *De la Thermométrie en opthalmologie*. *Recueil d'opthalmologie*, juillet 1877.

2. Gradenigo. *Annali di oftalmologia del prof. Quagliano* (anno VI, fascicolo II°), avril 1877.

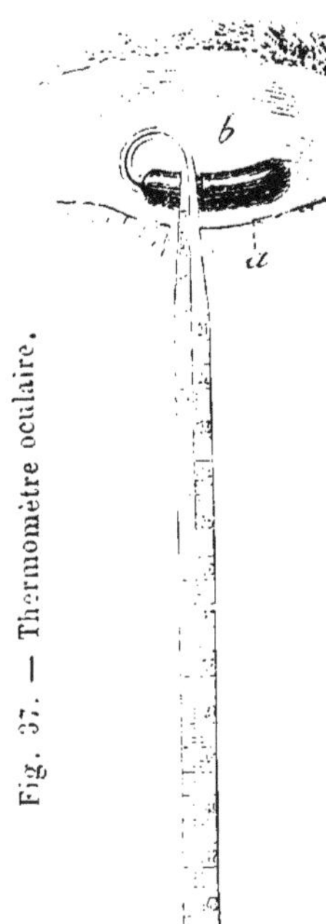

Fig. 37. — Thermomètre oculaire.

se compose d'un réservoir très petit en forme de demi-lune, légèrement aplati aux deux extrémités, s'adaptant exactement au cul de sac conjonctival inférieur. Le tube qui présente une double courbure est libre et éloigné des téguments. Sur ce tube sont marqués les degrés et les dixièmes de degré de 35° à 40°. En raison de la petite quantité de mercure contenu dans l'instrument il suffit de quelques minutes pour que la colonne s'élève à sa hauteur maxima (cinq minutes en moyenne).

M. Gradenigo [1] recommande de laver le thermomètre avec de l'alcool rectifié, afin d'éviter toute contagion par l'instrument.

Une fois le réservoir introduit on le maintient écarté du globe oculaire en appliquant l'extrémité de l'index sur le bout du tube du thermomètre.

Le malade peut ainsi remuer facilement le globe oculaire et les paupières, il se prête généralement très bien à l'exploration et n'accuse aucune douleur.

M. Gradenigo s'est servi de son thermomètre dans les maladies graves de la cornée, dans les traumatismes graves, et même après l'opération de la cataracte, il n'a jamais observé aucun accident qui put être attribué à l'emploi de l'instrument.

Thermomètres employés dans les recherches des températures de l'utérus. — Pour bien prendre la température utérine, dit Fehling [1], il est très important d'introduire un thermomètre courbe, chauffé à 40° et de le laisser en place cinq minutes.

Schlesinger [2] se sert d'un thermomètre recourbé en forme de sonde à son extrémité, et pour éviter qu'il ne se brise, il

1. Fehling. *Arch. f. Gynækologie*, Band. VII, p. 14. 1874.
2. Schlesinger. *Wien. med. Wochenschrift*, 1874, p. 427.

l'entoure d'une enveloppe *métallique fenetrée* ; à l'extrémité qui sert de poignée se trouve l'échelle divisée en dixièmes de degré.

M. Martineau se sert pour déterminer la température utérine d'un instrument à peu près semblable à celui de Schlesinger. Le thermo-hystéromètre de cet auteur se compose de deux parties : 1° une gaîne en maillechort ou en argent qui présente la forme générale et les dimensions de l'hystéromètre, ouverte du côté de l'observateur, formée dans sa partie effilée par une spirale fermée à son extrémité 2° un thermomètre qui, grâce à sa forme, peut être introduit à frottement dans la gaîne.

Le réservoir est destiné à pénétrer dans la partie de la gaîne en spirale, la partie sur laquelle sont inscrites des divisions vient dans la partie ouverte, et l'observateur peut ainsi lire facilement les degrés de l'échelle.

Thermomètres métalliques. — En 1799, Magellan, membre de la Société royale de Londres, imaginait un métérographe perpétuel dans lequel la température était donnée par un thermomètre métallique.

Le thermomètre métallique dont se servait Hallé en 1815-21 était formé d'une boîte de montre dans laquelle se trouvait deux lames d'acier et de laiton courbées en V, soudées ensemble et dont l'élévation de température augmentait la courbure : ces lames fixes d'un côté pressaient, en se courbant de l'autre qui était libre, un levier qui faisait manœuvrer une aiguille tournant autour d'un cadran.

Bréguet en 1825 a proposé un thermomètre métallique qui peut servir à l'étude des températures locales. Cet instrument est composé de trois lames, or, argent, platine, unies ensemble et d'une épaisseur peu considérable : on en forme une hélice longue de deux ou trois pouces et portant à sa partie inférieure une aiguille qui se meut sur un cercle horizontal où l'on a tracé la division thermométrique. L'inégale dilatabilité de chacune des parties de cet assemblage métallique détermine les mouvements de l'index [1].

1. Cités par HALLÉ et THILLAYE. Article Thermomètre. *Dictionnaire des sciences médicales*, vol. 55.

Le thermomètre métallique de M. Houriel, de Genève, est en forme de montre, deux lames courbes métalliques soudées ensemble et enfermées dans une boîte sont reliées au moyen d'un levier à une aiguille tournant autour d'un cadran : cette aiguille traduit au dehors les changements de température survenus entre les deux plaques.

« Les thermomètres métalliques, dit Marey[1], presque tous fondés sur l'inégale dilatabilité de deux métaux, seraient à certains égards les meilleurs de tous. La rapidité avec laquelle ils s'équilibrent avec la température ambiante est une de leurs qualités ; d'autre part, la force considérable qu'ils développent par leur dilatation, les rend capables de tracer leurs courbes à l'aide d'un crayon sur un papier même assez rugueux. Le défaut de ces instruments consiste dans la difficulté de leur application, Presque toujours assez volumineux, ils ne sauraient, dans la physiologie humaine, s'introduire dans les cavités naturelles pour y chercher le degré de température, en outre, il n'est pas toujours aisé de transmettre à distance, jusqu'à l'appareil inscripteur le mouvement de dilatation et de contraction qui signale un changement de température. »

Un des meilleurs appareils thermométriques fondés sur la dilatabilité des métaux est celui de Redier[2], recommandé par M. Ch. André, directeur de l'Observatoire de Lyon.

L'organe thermométrique employé consiste en un tube d'acier à l'intérieur duquel se trouve un tube de zinc : Ces deux tubes, d'une longueur de 0 m. 70, sont soudés l'un à l'autre à une de leurs extrémités ; c'est la différence de la dilatation du tube d'acier sur le tube de zinc qui indique les variations de la température. Le tube d'acier porte à l'autre extrémité une roue dentée sur laquelle se trouve monté un mécanisme multiplicateur très ingénieux que l'auteur appelle un train différentiel. — Ce thermomètre est très sensible puisque les déviations sont de 5 millièmes pour 1 degré, mais il est difficilement applicable à la physiologie.

Il en est de même du thermographe du P. Secchi. Dans

1. Marey, *Méthode graphique*, p. 331.
2. Redier. *Notice sur la météorologie de Paris*, 1878.

cet appareil la température est donnée par les dilatations et les contractions d'un fil de cuivre de 16 mètres de longueur, tendu en se repliant sur lui-même, le long d'une poutre de sapin de 8 mètres dont la dilatation est négligeable.

En résumé, les thermomètres métalliques, actuellement connus, quoique extrêmement sensibles (Hallé) et se mettant rapidement en équilibre de température, sont presque toujours volumineux, ils s'appliquent difficilement sur les régions à explorer et donnent des indications peu précises.

Thermoscopes. — Les différents thermoscopes présentés par les auteurs et principalement ceux de Marey[1] (1865), de Seguin,[2] de Winternitz sont la reproduction exacte des thermomètres à air de Rumford, de Leslie[3]. Ces instruments (thermoscopes, calorimètre de Winternitz, radiomètre de Seguin) ne peuvent servir dans l'étude de la thermométrie locale, les indications qu'ils donnent ne sont pas suffisamment exactes.

Nous devons cependant signaler ici, le thermographe très ingénieux proposé par le Dr Witz[4].

Cet instrument est une sorte de thermomètre à air de Leslie dont une des boules est maintenue à une température constante, de telle sorte que les indications de l'instrument soient dès lors absolus au lieu d'être différentielles. Ce thermomètre est indépendant des variations de la pression atmosphérique ; de plus, il peut être gradué et la température y être lue directement, ce par quoi il diffère de tous les thermomètres à air précis que l'on a construits jusqu'ici. (voir fig. 38).

Dans le but d'obtenir un régulateur thermique capable de conserver facilement et à peu de frais, une température constante au dixième de degré près et sans recourir à aucune lampe ni veilleuse, M. Witz se sert d'un fil de platine enroulé en spirale et introduit dans l'enceinte d'air ; le circuit est

1. Marey. *Journal de l'anatomie et de la physiologie*, 1865.
2. Seguin. *Médical thermometry and humam temperature*, 1876, p. 276-278.
3. Leslie (John). *Experimental in quiry on the nature and propagation of heat*. London, 1804, in-8.
4. Witz. Des thermomètres et des thermographes médicaux. *Journal des sciences de Lille*, 1880.

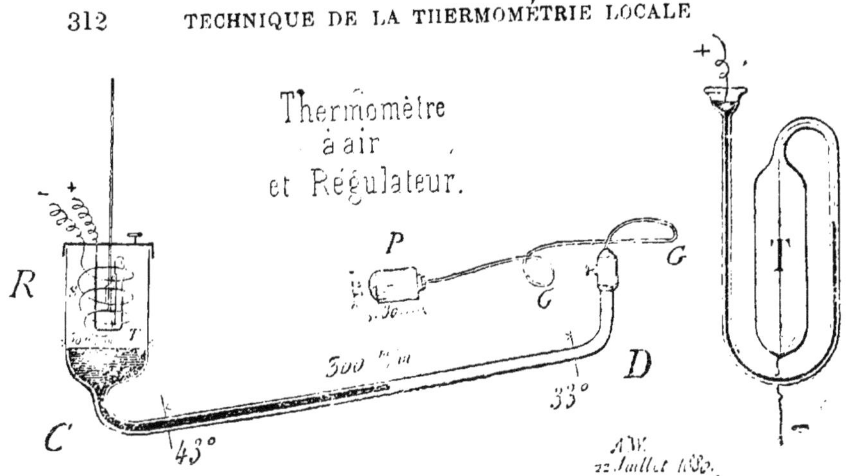

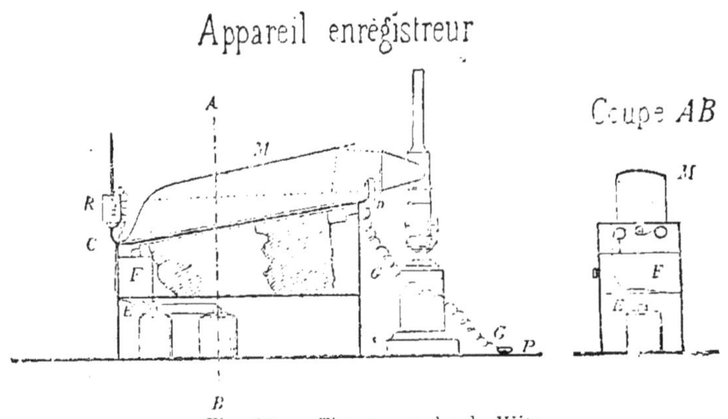

Fig. 38. — Thermographe de Witz.

fermé par une colonne mercurielle, qui se meut dans la partie inférieure d'un thermomètre à alcool analogue à celui de Sin et Bellani, de telle sorte que sa position dépend de la dilatation de l'alcool du réservoir. Une des extrémités de la colonne de mercure est toujours en contact avec le circuit. L'autre au contraire ne ferme le courant qu'au moment précis où la température atteint une limite inférieure déterminée. A ce moment, le courant passe et échauffe le fil de platine; la température de l'enceinte s'élève aussitôt; l'alcool se dilate donc, le mercure recule et le courant est interrompu.

La température à laquelle fonctionne ce petit appareil étant supérieure de 10 à 12 degrés à celle de l'air ambiant, il y a antagonisme continuel entre l'action extérieure de l'air et l'action intérieure du courant, qui relève la température sans pouvoir dépasser un maximum donné. Il en résulte une constance parfaite.

La pile proposée par M. Witz dans le but de maintenir la température du régulateur constante est une pile analogue à celle de Bunsen, dans laquelle l'acide azotique est remplacé par une solution de 25 parties de bichromate de potasse dans 100 d'eau et 12 d'acide sulfurique, suivant la formule de Poggendorff. Cette pile ne donne pas de vapeurs acides, et elle est d'un entretien facile, il suffit de renouveler tous les jours un quart environ de l'eau acidulée et d'ajouter dans le vase poreux qui entoure le charbon un petit cristal de bichromate.

L'hydrogène qui se porte au pôle positif réduit ce sel il se forme du sulfate de chrome ; l'eau acidulée se colore en vert et il est très facile de juger de l'état de la pile par l'intensité de cette coloration ; c'est un précieux indice.

Cette pile ne polarise pas et possède une force électro-motrice considérable.

Ce thermomètre, dit M. Witz, est d'une sensibilité extrême le degré est représenté par une variation de 30 $^{m}/_{m}$ dans la position du liquide manométrique ; on peut donc apprécier 1/50 de degré, et l'exactitude de ces indications est parfaite si l'on prend la peine de leur faire subir une légère correction due à la dilatation du liquide manométrique.

Le liquide auquel M. Witz donne la préférence est l'huile d'amandes colorée en rouge par de l'orcanette.

« Mon instrument, dit cet auteur, se prête bien à l'inscription photographique des positions du liquide, car la couleur rouge orangée de l'orcanette arrête la radiation chimique et fait donc l'office d'un corps opaque.

« Il me paraît présenter un avantage considérable sur le thermomètre de M. Marey, en ce qu'il est indépendant de la pression barométrique et n'exige qu'une seule correction négligeable, tandis que les variations de la température extérieure influençaient sensiblement le premier de ces instruments. Je propose son emploi pour la thermographie médicale parce que la boule thermoscopique peut être façonnée de toutes formes, en sphère, en olive, en disque, en cylindre. J'ai fait de nombreux essais avec un petit cylindre de laiton argenté de 25 millimètres de diamètre et de 30^{m} de long; la colonne d'huile prenait très rapidement sa position d'équilibre. La capsule métallique est reliée à l'instrument par un fil capillaire d'argent recuit, lequel est d'une souplesse remarquable : un malade auquel on aurait appliqué mon thermomètre jouirait donc d'une grande liberté de mouvements.

« L'inscription photographique est, par malheur, beaucoup moins pratique que le tracé au crayon ; mais il faut absolument s'y résigner, du moment que le thermomètre ne subit pas l'influence de la pression extérieure. Du reste, la difficulté est plus apparente que réelle, et je dirai avec le Dr Dujardin, qu'on est surpris du peu de temps qu'il faut pour les opérations de la préparation du papier, du virage et de la fixation. Une petite lampe suffit pour produire une image si on emploie du papier iodo-bromuré, et de ce chef l'embarras n'est pas grand non plus.

« Tel est le thermographe que je propose. C'est un instrument exact et précis; répondra-t-il aux besoins de la clinique médicale et son maniement sera-t-il jugé assez simple et assez facile pour qu'on l'adopte dans les hôpitaux? Je ne le sais, mais le désire vivement; ce n'est certes point par amour-propre d'inventeur, mais parce que je crois aux immenses services que la thermographie peut rendre à la médecine, je serais fier d'y contribuer pour la moindre part. »

Thermographes à liquide. — Les principaux thermographes à liquide sont ceux de Niaudet, de Marey, de Pictet et Cellerier et celui plus récent de Marié-Davy[1], construit par Salleron.

Le thermomètre enregistreur de M. Niaudet, construit par la maison Bréguet, a été mis en usage à Montsouris en 1876 ; mais Marié-Davy lui préfère le thermographe Salleron.

Voici en quoi il consiste : A l'intérieur d'un pavillon spécial et exposé à l'air libre, est le réservoir du thermomètre, consistant en un tube de cuivre recourbé en U, de 3 mètres de

1. Cités par J. André. *Contribution à la Thermographie.* Thèse de médecine de Lyon, 1881.

long sur 8 millimètres de diamètre intérieur. Ce réservoir est rempli d'alcool absolu, et, par un long tube capillaire, qui traverse la clôture, communique avec la partie inférieure d'une boîte remplie d'alcool. Les parois de cette boîte, toutes de maillechort mince, sont très flexibles et très élastiques ; et, la paroi supérieure est reliée par une tige à double crochet, à un bras de levier monté sur un couteau de balance, ainsi qu'à une longue aiguille en aluminium. Le tout est équilibré par un contre-poids, et une vis de rappel, placée au-dessus de celui-ci, permet d'allonger ou de raccourcir le bras du levier. Enfin, l'aiguille se termine par une pointe qui appuie légèrement sur un cylindre tournant par un mouvement d'horlogerie. Lorsque, par suite des variations de température, le volume de l'alcool augmente ou diminue dans le tube, le couvercle de la boîte se soulève ou s'abaisse en transmettant son mouvement au levier.

M. Marey [1] dit avoir obtenu des résultats satisfaisants au moyen d'une disposition qui consiste à mettre le liquide d'un thermomètre en rapport avec un petit tube de Bourdon, qui change de courbure suivant le degré de dilatation du liquide du thermomètre. Le thermomètre est formé d'un réservoir cylindrique en laiton de 6 millimètres de diamètre sur 3 centimètres de longueur; il est prolongé par un tube capillaire de cuivre rouge qui s'ouvre d'autre part dans le tube de Bourdon. Le tout est rempli d'huile et fermé. Sous l'influence des variations de la température, l'huile se dilate ou se resserre en modifiant la courbure du tube de Bourdon ; les changements de courbure de ce dernier actionnent un levier inscripteur.

MM. Pictet et Cellerier [2] se servent dans leurs recherches d'un thermo-dynamomètre très compliqué, donnant la température au moyen de mesures kilogrammétriques, c'est-à-dire au moyeu des tensions maxima des liquides volatils.

En 1878, M. Marié Davy a publié à la Société française de physique la description d'un thermographe construit sur ces indications par M. Salleron.

1. Marey. Comptes rendus des séances de l'Académie des sciences, 20 juin 1881.

2. Pictet et Cellerier. *Méthode générale d'intégration continue.* Genève, 1879.

Le principe de ce thermographe est le suivant : Un tube de Bourdon, de trente-cinq centimètres, en cuivre écroui, à section elliptique très allongée, et tordu sur lui-même en une sorte de spire, est exactement rempli de liquide et fermé à ses deux extrémités.

Ce tube torse est fixé par un de ses bouts, l'autre extrémité libre porte une aiguille mobile chargée des indications. En chauffant le liquide, la dilatation oblige le tube à se détordre et l'aiguille à se mouvoir.

Cet appareil, modifié par M. Lépine, peut servir aux expériences physiologiques. (Voir thèse de Lyon. J. André, 1881.)

Les thermographes à liquides exigent un apprentissage et une parfaite connaissance des lois physiques de la part de ceux qui veulent en tirer des indications précices. Leur graduation est difficile, ils sont volumineux, ne peuvent pas se transporter, les corrections aux courbes obtenues par leur emploi sont laborieuses et exposent à des erreurs, ils ne sont pas applicables à la physiologie et à la clinique.

Appréciation des thermomètres employés pour l'étude de la température locale. — Valeur des différents instruments proposés. — Des précautions à prendre dans leur application. — Le thermomètre médical ordinaire, qui sert à l'étude de la température générale, présente un certain nombre d'inconvénients lorsqu'il est appliqué à la recherche des températures de surface.

Le réservoir a un certain volume, il contient une masse de mercure qui absorbe une grande quantité de chaleur pour se mettre en équilibre de température avec les parties adjacentes ; si ces mêmes parties ne peuvent recouvrer immédiatement la chaleur perdue, il en résulte nécessairement un abaissement de température. (Voir Becquerel, *Traité expérimental de l'électricité*, page 9.)

Le thermomètre à réservoir volumineux ne peut non plus accuser des changements brusques, puisqu'il faut lui plusieurs minutes pour se mettre en équilibre avec les milieux ambiants.

Nous avons recherché avec soin le temps nécessaire pour l'équilibre de température des thermomètres à réservoir volumineux. Il faut au moins dix à douze minutes, il en est de même pour les thermomètres en spirale, des thermomètres oculaires, etc.

Le temps d'application nécessaire est donc très considérable, et c'est là un inconvénient sérieux.

Les thermomètres à réservoir volumineux ne s'appliquent, en outre, que par une partie de leur surface sur la région à explorer et c'est là une circonstance qui nuit considérablement à la précision. Il nous paraît bien démontré que les thermomètres, même lorsque le réservoir est petit, ne peuvent s'appliquer facilement.

Si le thermomètre est appliqué à l'air libre, le réservoir étant volumineux, il y a une perte de chaleur par rayonnement, la partie est refroidie par le contact du thermomètre ; si le réservoir est recouvert par de la ouate, il résulte des inconvénients (voir plus loin) de sorte que dans les deux cas il existe des causes d'erreur.

Les thermomètres à petits réservoirs, ceux de Walferlin, de Dumontpallier, de Voisin, etc. sont meilleurs que le thermomètre médical ordinaire, la sensibilité dépendant du volume relatif du réservoir et d'une division : le déplacement du liquide dans sa tige étant d'autant plus considérable pour une variation de 1 degré que le réservoir est plus volumineux et la tige d'un diamètre plus fin.

En raison du petit volume du réservoir, ces instruments peuvent, en outre, être facilement mis en contact avec des surfaces peu étendues, sans que l'on ait à craindre que la température de ces parties soit altérée par la quantité de chaleur cédée ou absorbée par l'instrument.

Ces thermomètres se mettent rapidement en équilibre de température.

Les thermomètres dits *de contact* présentent de très sérieux inconvénients.

L'appareil de Haubold ne peut donner d'indications précises, l'eau contenue dans la caisse en métal et dans laquelle plonge le thermomètre est un liquide très mal choisi dans le cas particulier, et qui cède ou emprunte de la chaleur aux parties voisines avec une extrême facilité.

Le thermomètre de contact de Lépine a comme principal inconvénient d'offrir une masse de mercure très considérable et qui met un temps très long à s'échauffer (une demi-heure, une heure).

M. Lépine a abandonné depuis longtemps cet instrument.

Le thermomètre de Voisin, qui a un très petit réservoir, se met rapidement en équilibre de température, et malgré quelques inconvénients que nous avons signalés cet instrument a une réelle valeur.

Le thermomètre de Seguin, dont la forme est destinée à faciliter l'application d'une grande partie du réservoir, ne remplit pas le but recherché, car on remarquera qu'une des faces du réservoir de l'instrument est à l'air libre et exposée à l'échauffement ou au refroidissement. La masse de mercure contenue dans cet instrument est assez grande et il faut au moins, d'après nos recherches, 8 à 10 minutes pour obtenir un équilibre de température. Si l'instrument est seulement laissé en place 3 à 5 minutes, ainsi que le recommande M. Seguin, on s'expose à des erreurs.

Les thermomètres discoïdes présentent, en outre, l'inconvénient d'avoir un réservoir à parois minces et élastiques qui cèdent à la pression et et donnent ainsi de fausses indications.

Les thermomètres à réservoir en spirale, surtout employés par les Américains, et par Dupré, Mortimer-Granville, Lépine, Burq, Peter, ont comme principal inconvénient de présenter une *grande* masse de mercure qui se met par conséquent très lentement en équilibre de température. Il est à remarquer aussi qu'une des faces de la spirale est en contact, dans plusieurs de ces instruments, avec l'air ambiant, cause d'erreur déjà signalée pour le thermomètre médical ordinaire.

La construction de ces thermomètres est en outre assez difficile, ils sont difficilement comparables entre eux, et les constructeurs éprouvent une réelle difficulté à *calibrer* le tube du thermomètre contourné en spirale et coudé dans certaines formes de ces instruments,

Le thermomètre de Mortimer-Granville présente tous les inconvénients des thermomètres à réservoir spirale. La coupe de maillechort de cet instrument, destinée à faire l'office d'un réservoir de chaleur, met un certain temps à s'échauffer, augmente la durée de l'application de l'instrument; elle se met en contact par une grande surface avec l'air ambiant et peut agir ainsi sur le mercure contenu dans le réservoir en spirale.

Que de causes d'erreur, dit M. Colin, sont ajoutées par les boîtes, les tambours de corne, d'os ou d'ivoire, dans lesquels on propose d'enfermer le réservoir thermométrique. Ces corps, assez bons conducteurs du calorique, font à la peau des emprunts nuisibles et des échanges avec le réservoir auquel ils donnent ou soutirent de la chaleur, suivant qu'ils ont une température supérieure ou inférieure à la sienne. Ces accessoires doivent être proscrits au nom des principes les plus élémentaires de la physique et de la physiologie.

Le thermomètre de M. Laborde est excellent, mais il ne donne pas, à proprement parler, des températures de surface, il renseigne sur la température des couches superficielles et a l'inconvénient d'exiger une piqûre et de produire ainsi une petite plaie : un grand nombre de malades se refuseraient à son application.

Les thermomètres utérins, qui sont des thermomètres destinés à renseigner sur la température de la cavité utérine, sont excellents.

Les thermomètres oculaires s'appliquent difficilement sur l'œil, ils offrent une grande quantité de mercure dans leur réservoir.

En résumé, *aucun des thermomètres proposés jusqu'à ce jour pour la recherche de la température superficielle ne remplit les conditions d'un instrument précis*. L'étude de la température locale avec des thermomètres est *hérissée de difficultés*. (Monneret.)

Le meilleur des thermomètre à température locale est celui à réservoir très petit, dit de Voisin, que nous avons souvent employé et qui nous a rendu de réels services. Il donne une précision suffisante pour certaines recherches, particulièrement pour la thermométrie locale en chirurgie, qui n'exige pas une précision absolue, les différences de température entre la région malade et la région similaire étant souvent de 1°, 2°, 3°.

Les thermomètres en spirale de forme plus ou moins variées nous paraissent devoir être rejetés, comme exposant à des erreurs, et nous préférons les thermomètres à petits réservoirs de Walferlin, de Colin, de Cl. Bernard, de Dumontpailler, de Broca, de Blaise. Ces petits thermomètres, employés par Broca, Blaise, Maragliano, dans l'étude de la thermométrie cérébrale sont à recommander. Nous nous sommes très souvent servi de ces instruments et nous pensons qu'à l'aide de quelques précautions, on peut se mettre à l'abri de grosses erreurs.

Précautions à prendre dans l'application des thermomètres. — Le réservoir du thermomètre doit être appliqué sur la région, en exerçant une pression modérée.

Nous avons pu très nettement constater que la pression plus ou moins forte sur le réservoir du thermomètre, surtout si le réservoir est petit, faisait monter la colonne mercurielle de 3, 4 et 5 dixièmes de degré. Les petits réservoirs avec paroi mince et élastique présentent le grand inconvénient d'être influencés par la pression.

Maragliano et Seppili repoussent l'objection que le Dr Shaw faisait à C. Gray devant la Société neurologique de New York, à savoir : *que la pression exercée sur la cuvette du thermomètre produisait une notable élévation de la température locale*. A l'appui de leur manière de voir, ils instituent deux séries d'expériences qu'ils considèrent comme absolument démonstratives. Dans le premier cas, ils placent un thermomètre entre le pouce et l'index, et attendent que la colonne mercurielle se trouve en équilibre pour faire la lecture ; ils serrent alors fortement la cuvette du thermomètre entre leurs deux doigts, et tout ce qu'ils peuvent observer, c'est une élévation de trois dixièmes de degré. Dans ce second cas, ils placent autour d'une forme de chapelier et sur les lieux d'élection une série de thermomètres : ils procèdent comme précédemment, et n'arrivent, par une pression énergique, qu'à une élévation de un à deux dixièmes.

Ces expériences ne nous paraissent pas démontrer que la pression exercée sur la cuvette du thermomètre ne fait pas monter la colonne mercurielle ; l'élévation de 3 dixièmes, 2 dixième observée par Maragliano et Seppili, est à remarquer surtout si l'on considère que les auteurs se sont servis d'un thermomètre à réservoir assez épais. Dans nos expériences avec différents thermomètres à parois plus ou moins épaisses, la pression exercée sur la cuvette du thermomètre a toujours fait monter la colonne mercurielle de 4, 5, 6 dixièmes au moins.

La pression plus ou moins forte exercée sur une région suffit en outre pour modifier la température de la partie explorée et si, à l'exemple de Schiff et de Lombard, on applique le thermomètre avec force de façon à causer une anémie locale, on est exposé à des causes d'erreurs multiples; on n'a pas la température exacte de la région observée, surtout si celle-ci est riche en vaisseaux.

Le thermomètre, surtout s'il est à petit réservoir, produit une action irritante sur la peau ; dans les cas où il est appliqué avec force et longtemps, la peau rougit, ce que nous avons constaté maintes fois, et la température de la région se trouve ainsi modifiée.

Avec Davy, Colin, nous recommandons de laisser le réservoir du thermomètre à l'air libre et de ne pas le recouvrir avec du coton, du taffetas, des bandes ainsi qu'on l'a recommandé.

Gubler[1], dans ses recherches de thermométrie locale comparée de la joue et des aisselles dans la pneumonie, indique les erreurs auxquelles expose la méthode qui consiste à recouvrir le réservoir du thermomètre avec de la ouate.

Le coton, le taffetas ont le grand inconvénient de créer autour de la partie à explorer, une masse d'air confiné qui en s'échauffant, élève la température de la peau et fait monter le thermomètre.

Repoussant la pratique qui consiste à recouvrir le thermomètre appliqué sur une surface d'une couche de ouate, M. Lereboullet[2] dit :

« Nous pouvons citer des chiffres qui montrent que le volume de la masse d'ouate appliquée sur le réservoir du thermomètre, et peut-être aussi l'attention apportée à bien maintenir ce réservoir en contact avec la paroi, peuvent singuliè-

1. GUBLER. *Société médicale des hôpitaux*, 1857, et *Union médicale*, 1857, nos 23 et 25.

2. LEREBOULLET. *Gazette hebdomadaire de médecine et de chirurgie*, n° 42, 1878, p. 763.

rement modifier les résultats obtenus. Alors, en effet, que tous les observateurs constatent toujours, dans l'aisselle, une température constante et sensiblement égale, au niveau du deuxième espace intercostal, au contraire, les chiffres varient singulièrement. Chez un individu atteint de fièvre typhoïde on trouve à une demi-heure d'intervalle : 1° dans l'aisselle, 39°.4, *et cette température ne varie point;* 2° au niveau du deuxième espace intercostal, à gauche, 37°,8 quand le réservoir du thermomètre est recouvert d'une couche d'ouate un peu épaisse, et à droite, 37°,6 dans les mêmes conditions ; à gauche 36 degrés et à droite, 36°,4, lorsque le réservoir du thermomètre est appliqué directement sur l'espace intercostal et recouvert seulement d'une très légère couche d'ouate.

Ces causes d'erreurs sont très graves au point de vue de l'importance que l'on peut attacher aux résultats obtenus dans la mensuration des températures locales. Il importait de les signaler avant de résumer les observations qui ont été faites *dans des conditions absolument identiques* sur plusieurs malades placés dans notre service. »

Il est bien certain qu'une cause d'erreur vicie les résultats obtenus lorsque l'on recherche la température des surfaces, le réservoir du thermomètre étant laissé à l'air libre, l'air agissant sur le mercure de la boule suivant que la température de l'atmosphère est supérieure ou inférieure à celle du tégument. Mieux vaut, à notre avis, s'exposer à cette cause d'erreur qu'à celle beaucoup plus sérieuse qui résulte de l'application d'ouate, de taffetas qui échauffe les parties explorées.

L'expérience démontre qu'il existe des écarts assez notables de température suivant que l'exploration se fait la boule du thermomètre étant à l'air libre ou recouverte. L'application de la ouate, de la flanelle fait monter la colonne mercurielle de 5 dixièmes à 1°.

Remarquons que lorsqu'on applique le réservoir d'un thermomètre sur une surface et qu'on le recouvre de ouate, de flanelle, d'un corps isolant, etc., la température accusée se rapproche de celle des parties profondes. Il ne s'agit plus dans ces cas, malgré les apparences, de la détermination d'une température superficielle, mais de celle d'un organe profond.

Si cette détermination était exacte, on pourrait recommander ce procédé, qui renseignerait sur la température profonde des organes. Elle est inexacte, à notre avis, l'application de bandes, de coussins de ouate, plus ou moins pressés sur le réservoir du thermomètre, modifiant la température de la peau, la rendant supérieure ou inférieure à celle des organes profonds.

Nous pensons donc que la pratique des observateurs (Peter, Broca) qui recouvrent le réservoir du thermomètre avec une bande ou un corps isolant quelconque expose à des erreurs; ce procédé donne des renseignements erronés sur la température réelle des surfaces, il n'indique pas la température des organes profonds.

On peut dans certains cas se servir pour empêcher l'action de l'air extérieur d'un disque d'étoffe qui a la forme d'une demi cupule, d'une demi coquille ou tout autre, de façon que ce couvercle ne soit pas en contact avec le réservoir (Colin).

Les précautions à prendre dans l'application des thermomètres pour l'étude de la température locale peuvent se résumer :

Laisser le thermomètre en place suffisamment longtemps, l'échauffer avant son application :

Le maintenir exactement en contact avec la peau en exercant une pression modérée;

Éviter tout frottement ;

Éviter d'échauffer le thermomètre ou la partis explorée avec la main, de souffler sur le réservoir en suivant ou en notant l'ascension de la colonne mercurielle.

Ne pas entourer le réservoir du thermomètre, avec de la ouate, du coton et laisser une des faces du réservoir à l'air libre.

Si la région à explorer est entourée de bandes de coton, placée sous les draps et si la mensuration se fait à l'air libre, à la température de la chambre, attendre avant l'application du thermomètre que les parties échauffées soient revenues à l'état normal (15 minutes environ).

Appareils thermo-électriques. — En 1831, Nobili et Melloni[1] appliquèrent leur pile thermo-électrique à la recherche des températures des insectes.

C'est à Becquerel[2] que revient l'honneur de s'être servi de la méthode thermo-électrique pour la recherche de la température de l'homme et des animaux.

Appareil Becquerel. — Voici la description de l'appareil employé par M. Becquerel[3] :

Un excellent multiplicateur thermo-électrique, des aiguilles et des sondes formées de deux métaux différents, soudés en deux points seulement, sont les instruments indispensables.

Le multiplicateur doit avoir une sensibilité suffisante pour qu'en réunissant les deux bouts du fil qui forme son circuit avec un fil de fer soudé bout à bout, une différence d'un dixième de degré centigrade entre les deux soudures, fasse dévier l'aiguille aimantée d'nn degré.

Les aiguilles sont de deux espèces : celles dont la construction est la plus simple, sont composées de deux autres aiguilles, l'une de platine ou de cuivre et l'autre d'acier, soudées par un de leurs bouts dans le sens de leur longueur. Chacune d'elle a un demi-millimètre de diamètre environ et un décimètre de longueur au moins; on introduit une de ces aiguilles dans la partie du corps dont on veut déterminer la température, en ayant l'attention de placer la soudure dans le milieu même de cette partie, puis l'on met en communication avec les extrémités du fil du multiplicateur. Les points

1. Nobili et Melloni. *Ann. de chim. et de phys.* 2e sect., t. XLVIII, p. 207.

2. Becquerel. *Traité de physique*, t. IV, p. 51.

3. Becquerel. *Annales des sciences physiques et naturelles*, t. III, 1835, p. 237 et t. IV, p. 243. — *Annales de chimie et de phys.*, 2e série, t LIX, p. 118 — Voyez aussi : Becquerel. — *Traité expérimental de l'électricité et du magnétisme*, t. IV, p. 9, 1836. — *Emploi des instruments thermo-électriques.* — *Traité de physique dans ses rapports avec la chimie et les sciences naturelles*, t. II, p. 51. — *Archives de médecine.* 2e série, t VII, p. 366, 1835. — *Second Mémoire sur la chaleur animale*, Lu à l'Académie des sciences, 10 août 1835. — *Comptes rendus de l'Académie des sciences*, t. I, p. 28, *id.*, t. II, p. 771, t. IV, p. 429, t. VIII, p. 790. — *Des forces physico-chimiques et de leur intervention dans les phénomènes naturels.* Paris, 1875.

de jonction platine et cuivre ou acier et cuivre, selon que l'on opère avec l'aiguille platine et cuivre, ou acier et cuivre, sont placés dans de la glace fondante, pour que leur température reste constante; l'aiguille aimantée est déviée en raison de la différence de température qui existe entre celle de la partie explorée et zéro. Or, le courant agissant avec d'autant plus de force que l'angle d'écart est moins grand, et l'expérience ayant prouvé que c'est entre zéro et 25° environ que l'on obtient le maximum d'effets, on tourne la boîte du multiplicateur jusqu'à ce que l'aiguille soit déviée de 20 à 25° avant de commencer les expériences, et l'on dirige le courant de manière que l'aiguille rétrograde vers zéro et ne dépasse pas 25 à 30° de l'autre côté; dans le cas où elle dépasserait cette limite, on ferait passer le courant dans un fil métallique suffisamment long pour diminuer son intensité, de manière à obtenir une déviation qui ne dépassât pas la limite assignée : si l'on ne prenait pas ces précautions, il serait impossible d'observer de faibles différences dans l'intensité du courant, attendu que plus la déviation est considérable plus le courant agit obliquement sur l'aiguille, et moins cette déviation augmente par l'effet du même accroissement de force; aussitôt que l'aiguille aimantée est dans une position fixe d'équilibre, on retire la sonde de la partie explorée et l'on plonge la soudure dans un bain d'eau dont on élève la température jusqu'à ce qu'on ait une déviation plus grande de quelques degrés que celle qui avait été précédemment obtenue. On laisse refroidir l'eau lentement jusqu'à ce que l'on ait cette déviation, et on détermine avec un excellent thermomètre la température exacte correspondante à cette déviation, laquelle est précisément celle du milieu où se trouvait primitivement la soudure, puisqu'elle produit le même effet thermo-électrique.

M. Becquerel préfère déterminer la température par abaissement plutôt que par élévation, attendu que lorsque le refroidissement est lent, on est plus certain que la soudure et le thermomètre ont sensiblement la même température à l'instant où l'on observe.

Pour éviter que le refroidissement dans l'air des parties non immergées de l'aiguille ne donne des résultats au-dessous de ceux que l'on doit obtenir, on passe chaque bout libre dans des enveloppes de laine, ayant la forme de gaîne.

L'aiguille devant être détachée souvent du fil du multiplicateur on doit adopter un mode de jonction qui permette d'effectuer facilement leur réunion et leur séparation; l'expédient suivant est celui qui a paru le plus simple : on contourne chaque bout de fil du multiplicateur en spirale; l'ouverture de chaque spirale est assez petite pour que l'extrémité de l'aiguille puisse y être retenue avec force après l'insertion; on en nettoie l'intérieur, en y passant un petit morceau de bois effilé, et l'on frotte, de temps à autre, les deux bouts de l'aiguille avec du papier préparé a l'émeri, pour enlever les corps étrangers qui pourraient adhérer à leur surface.

Cette méthode, simple à la vérité, présente l'inconvénient d'exiger l'emploi de la glace et de donner des résultats à un demi-degré près; ce défaut de sensibilité tient à la trop grande différence entre les soudures.

Dans certains cas, M. Becquerel maintient l'une des soudures dans la bouche d'une personne, tandis que l'autre est portée successivement dans les milieux que l'on veut explorer (fig. 39).

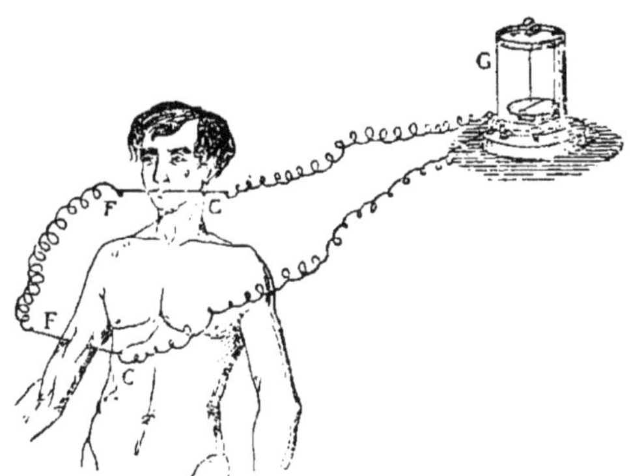

Fig. 39. — Appareil thermo-électrique de Becquerel.

La personne qui se prête à cette manœuvre doit s'habituer à respirer par le nez pour ne pas introduire de l'air froid dans la bouche et s'attacher à ne pas changer de place la soudure.

Ces deux précautions sont indispensables si l'on veut avoir une température sensiblement constante. La température de la bouche éprouvant des changements dans l'espace de quelques heures, il est indispensable de la déterminer de temps à autre avec un excellent thermomètre, indiquant des cinquièmes de degré.

La température de la bouche, dit Becquerel, faute de mieux, peut servir de terme de comparaison, mais l'on a toujours à craindre des variations assez fréquentes qui dépendent de la manière dont la soudure est placée; aussi doit-on rejeter ce moyen toutes les fois que l'on se livre à des recherches délicates : cependant il y a un moyen de vérification que nous ne devons pas omettre de signaler.

On doit opérer d'une manière inverse, c'est-à-dire que l'on place la soudure de la seconde aiguille, celle qui se trouve être en contact avec la bouche dans la partie dont on cherche la température; si les résultats sont les mêmes, on est alors certain de leur exactitude. Dans le cas contraire, on cherche d'où peut provenir la différence et l'on continue à expérimenter jusqu'à ce que l'on soit parvenu à l'égalité absolue.

Pour graduer les aiguilles thermo-électriques, c'est-à-dire mesurer la déviation de l'aiguille du galvanomètre qui correspond à des différences déterminées de températures entre les soudures, Becquerel, se servait du procédé généralement encore employé aujourd'hui.

L'une des soudures du circuit thermo-électrique est plongé dans un vase contenant de l'eau, et dont la température varie peu, l'autre placée dans un autre vase dont on peut élever la température en ajoutant de l'eau chaude. Un thermomètre divisé en dixièmes de degré placé de temps en temps dans le premier bain fera connaître sa température peu variable et qui sera notée; le même thermomètre placé à demeure dans le second bain indiquera la température de l'eau qu'il faut agiter souvent.

Le circuit étant interrompu, on voit à quel degré s'arrête l'aiguille du galvanomètre; puis on ferme le circuit, si l'eau est à la même température dans les deux bains, l'aiguille reste immobile. On ajoute de l'eau chaude dans le second vase et après l'avoir agité on note le degré du thermomètre et la déviation de l'aiguille du galvanomètre. On dresse ainsi une table de graduation qui indique les déviations et les différences de température correspondantes; l'expérience montre que l'angle de déviation est proportionnel à la différence de température des soudures, toutes les fois que cet angle ne dépasse pas 25°.

Le sens de la déviation indique quelle est la soudure la plus chaude.

Les aiguilles étant graduées, on peut alors apprécier avec une très grande rapidité la différence de température de deux régions.

Dutrochet[1] s'est servi dans ses recherches de températures chez les animaux d'une méthode à peu près analogue. Au lieu de soudures *médianes*, cet auteur emploie des *soudures angulo-terminales*, ou *termino-latérales* qui n'ont besoin que d'être légèrement enfoncées par leur pointe dans les parties vivantes et peuvent toujours être plongées à la même profondeur. Ces aiguilles se composent d'un fil de fer recourbé sur lui-même, soudé par chacune de ses extrémités et latéralement avec un fil de cuivre de même diamètre. Lorsque la soudure est faite, on a soin de recouvrir les deux fils d'un vernis, tant pour les isoler l'un de l'autre que pour les mettre à l'abri de l'action des agents chimiques que peuvent contenir les corps dans lesquels ces aiguilles sont plongées.

Lorsqu'au lieu de mesurer des différences de température, on veut obtenir le degré de température d'un milieu, il faut maintenir l'une des soudures dans un bain *dont la température fixe* est donnée par un thermomètre, et si l'autre soudure est placée dans un milieu plus chaud ou plus froid, le sens et la grandeur de la déviation indiquent ce qu'il faut ajouter ou retrancher à la température fixe du bain.

Appareils à température constante. — On s'est servi pour obtenir ce milieu à température constante de vases contenant de l'huile, du pétrole, de l'eau, et laissés pendant un certain temps dans une chambre à température peu variable.

Jacobson[2] se servait dans ses expériences comme source de

1. Dutrochet. *Annales de chimie et de phys:*, 2e section, t. XLVIII, p. 207. — *Annales des sciences naturelles*, 2e série. *Botanique*, t. XIII.
2. Heinrich Jacobson. *Ueber normale und pathologische Local temperature. Archiv für pathologische Anatomie und physiologie*, 1870.

chaleur constante d'une petite boîte contenant du pétrole renfermé dans un grand réservoir d'eau. On peut par ce procédé obtenir un milieu dont la température varie peu, en prenant soin d'échauffer l'eau très lentement à l'aide d'une faible flamme et en remuant constamment avec soin.

O. Weber dit que ce moyen ne permet pas d'obtenir une température assez constante, cet auteur n'a pas obtenu de bons résultats en se servant de vases contenant de l'huile et enveloppés de ouate, la température du milieu variait trop notablement à de courts intervalles.

Dans plusieurs expériences que nous avons pratiquées, d'après les indications de ces auteurs, nous avons éprouvé une réelle difficulté à obtenir au moyen de l'huile ou de l'eau une température constante.

La température du liquide qui se met à la température de la chambre où l'on opère est très éloignée de celle des milieux que l'on explore et les déviations de l'aiguille du galvanomètre sont considérables, de là des erreurs.

Cesméthodes ne sont donc pas rigoureuses et il est nécessaire de se servir d'appareils plus précis.

Parmi ces appareils, nous devons citer ceux de Becquerel, de Sorel, de Dujardin, de d'Arsonval [1].

Appareils à température constante de Becquerel [2]. — Dans le but d'obtenir une température fixe, Becquerel imagina d'abord l'appareil suivant :

On prend un petit tonneau en bois revêtu entièrement d'une feuille de plomb, muni d'un couvercle mobile également en bois, percé au centre d'une ouverture par laquelle on introduit un thermomètre, et d'une autre ouverture longitudinale destinée à passer l'aiguille dont la soudure doit être maintenue à une température fixe d'environ 36° quand il s'agit de mammifères. Ce même couvercle est percé encore de plusieurs autres ouvertures circulaires par les-

1. Voyez aussi l'appareil de *Friedel*, construit par M. Wissnegg, pour régler la température d'un bain liquide dans *Physique médicale*, de Gréhant, 1869, p. 138-139.

2. Becquerel. *Annales de chimie et de physique*. 2e série, t. LIX, p. 113, et *Annales des sciences physiques et naturelles*, t. III, p. 257, 1835.

quels passent des tubes dont l'usage sera indiqué plus loin.

On commence par mettre de l'eau à 50° dans ce tonneau qui en s'échauffant, fait descendre la température à peu près

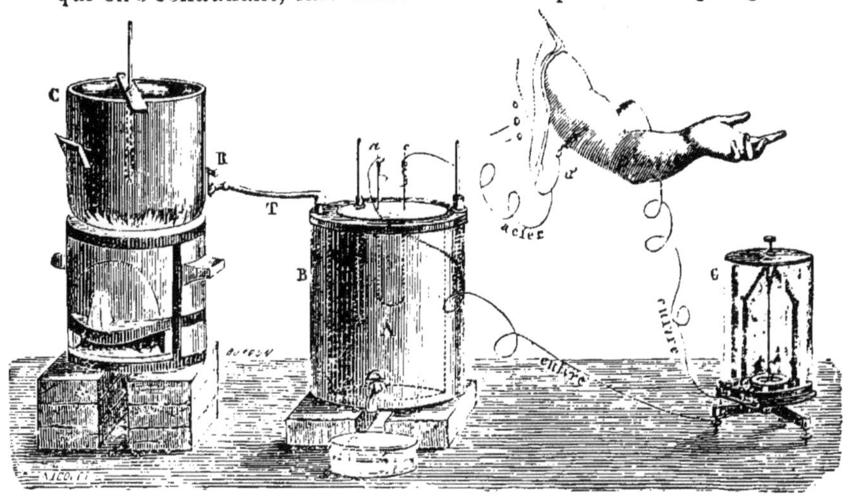

Fig. 40. — Appareil thermo-électrique de Becquerel (*Annales de chimie et de physique*).

au degré voulu ; on place ensuite ce tonneau dans un autre un peu plus haut, on y verse de l'eau à 40°.

Cette température a été trouvée suffisante pour que le thermomètre du tonneau inférieur ne baisse pas sensiblement quand elle descend d'un degré.

Cette enveloppe extérieure est destinée à empêcher la déperdition de la chaleur dans le tonneau intérieur. il faut ensuite s'arranger pour que l'eau du tonneau intérieur conserve sensiblement la même température à un degré près ; deux moyens peuvent être employés pour cela. Le premier est de réchauffer de temps à autre le bain extérieur en y versant de l'eau plus chaude à l'aide du tube. On enlève en même temps la même quantité d'eau que celle qui y a été introduite. Cette manœuvre qui est assez pénible peut être remplacée par l'emploi de l'appareil suivant qui permet de régulariser l'entrée de l'eau chaude et la sortie de l'eau dont la température est plus basse de 1 à 2 degrés.

On place sur un trépied TT à peu de distance des deux tonneaux un troisième vase en fer-blanc ; de ce tuyau part un tuyau *tt* muni d'un robinet RR; ce tuyau descend jusqu'au fond du tonneau BB; un autre robinet *rr* est adapté à la partie supérieure. Après avoir versé de l'eau à 38° ou 40° dans le tonneau CC, on ouvre le robinet RR pour porter de l'eau chaude dans la partie inférieure de BB. Cette eau en montant dans la partie supérieure du bain le réchauffe dans toutes ses parties; puis l'on ouvre le robinet RR, pour donner écoulement à une quantité d'eau égale à celle qui entre. Avec un peu d'habitude et en consultant souvent les thermomètres, on parvient à obtenir la température constante dont on a besoin dans le tonneau AA. La soudure d'une des aiguilles *a b c* est placée dans ce tonneau, et la soudure de l'autre dans la partie explorée, puis les bouts *a a* sont mis en communication avec le multiplicateur *cc*. Il s'agit d'abord de construire la table des températures. Supposons que la température de l'une des soudures soit maintenue à 36°, on plonge l'autre soudure dans un vase d'eau dont on fait varier la température depuis 30°, par exemple, jusqu'à 50 degrés. Si l'on veut expérimenter sur tous les animaux on note dans chaque cas la déviation correspondante; l'ensemble de ces observations suffit pour donner sur-le-champ la température correspondante à une déviation donné.

Pour obtenir une température constante, Becquerel s'est aussi servi de l'appareil de M. Sorel, légèrement modifié.

Cet appareil repose sur la dilatation de l'air renfermé sous une cloche entièrement plongée dans un liquide dont on élève la température au degré fini qu'exige l'expérience. La cloche communique avec un registre qui agit, au besoin, sur un courant d'air pour diminuer ou augmenter la combustion nécessaire à l'entretien d'une lampe placée au-dessous de l'appareil qu'elle échauffe, en même temps qu'il intercepte ou établit la communication du foyer avec l'espace qui doit être maintenu à une température constante.

Cet appareil une fois réglé ne varie plus, de temps à autre, que d'un dixième de degré en plus ou en moins souvent même dans l'espace de plusieurs heures, il ne varie plus d'une quantité appréciable.

1. Becquerel. *Mémoire lu à l'Académie des sciences*, 10 août, 1835, p. 257, t. III.

Appareil à température constante du Dr Dujardin de Lille. — Interrompre une colonne d'air chaud par les oscillations d'un diaphragme entraîné par une aiguille de galvanomètre lorsque la température atteint un degré donné, telle est l'idée de l'appareil représenté (fig. 41).

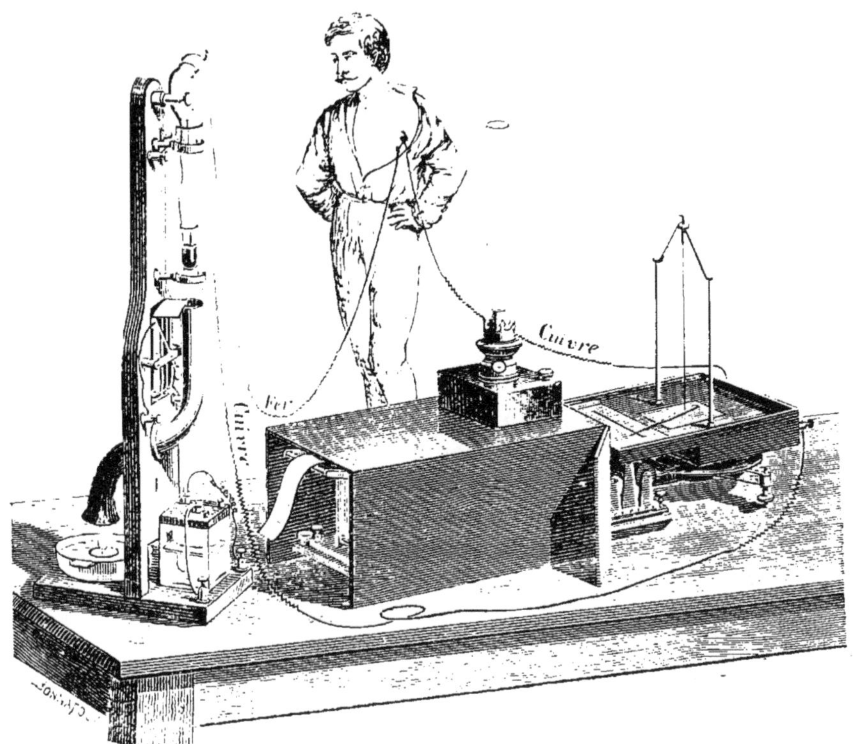

Fig. 41. — Thermographe de Dujardin.

Au-dessus de la flamme d'une veilleuse s'élève une cheminée coupée transversalement à la moitié de sa hauteur, de manière à laisser libre un intervalle d'un centimètre environ entre les deux portions de tuyau superposées et fixées à une planche montante. Un diaphragme se meut dans cet intervalle et permet d'interrompre la communication entre le bas et le haut de la cheminée, voici comment. Dans l'épaisseur

1. DUJARDIN (DE LILLE). *De la Thermographie médicale.* Thèse de Paris, 1874.

de la planche est disposé un galvanomètre vertical: le diaphragme faisant office de soupape est monté sur le même axe que l'aiguille aimentée et par conséquent solidaire de tous ses mouvements. Au repos le diaphragme se trouve en dehors de l'axe de la cheminée, la voie est donc libre, mais on comprend qu'il suffira d'envoyer dans le galvanomètre un courant convenablement dirigé pour imprimer à l'aiguille aimantée, et par suite à la soupape, une direction telle que la colonne d'air chaud sera immédiatement coupée. C'est ce qui arrive lorsque la température atteint le degré qu'on a choisi pour point fixe de comparaison, 39° par exemple.

Dans la portion de cheminée située au-dessus de la soupape est suspendu un tube de verre fermé par un bout, dans lequel on a versé du mercure en quantité suffisante pour y plonger une des soudures thermo-électriques, ainsi que le réservoir d'un thermomètre d'une construction particulière. Son but est d'empêcher que la température du bain de mercure ne dépasse 39°. A cet effet, un fil de platine pénètre par le haut dans la chambre supérieure du thermomètre, s'engage dans le tube capillaire et se termine en pointe très fine en regard du 39e degré de la graduation ; par son autre extrémité, il aboutit à un des pôles d'une pile. Un second fil de platine sort par le réservoir du thermomètre et fait communiquer la colonne mercurielle avec l'autre pôle de la pile. Dans le circuit est interposé le galvanomètre chargé de faire mouvoir la soupape, dont nous avons indiqué le jeu ; les pôles de la pile sont ainsi disposés, qu'à la fermeture du circuit, la soupape intercepte la colonne d'air chaud ; en autre temps, les deux tuyaux superposés qui composent la cheminée communiquent librement.

L'appareil fonctionne de la manière suivante : l'air chaud monte à 39°, aussitôt la colonne thermométrique rencontre le fil de platine et donne contact. Le circuit est fermé, l'aiguille du galvanomètre vertical dévie, entraînant la soupape qui vient intercepter la communication entre le bain de mercure et la source de chaleur. Le refroidissement s'opère, le mercure descend à l'intérieur du thermomètre ; mais, à peine a-t-il quitté la pointe de platine, qu'il remonte aussitôt sous l'influence d'une nouvelle bouffée d'air chaud. Pour la seconde fois, fermeture du circuit, refroidissement, et ainsi de suite, tant que la veilleuse durera. La température du bain de mercure restera forcément comprise entre les limites extrêmement rapprochées des oscillations de la colonne thermométrique au-dessus et au-dessous du point de contact, oscillations qu'à l'œil nu on peut à peine constater.

Ajoutons que la soudure thermo-électrique se trouve elle même dans une enveloppe en gomme, au milieu du bain de mercure, et qu'ainsi entourée d'un corps mauvais conducteur de la chaleur, elle participe d'autant moins à ces petites variations de température, trop rapides pour qu'elle ait le temps de les suivre. La fixité de l aiguille du galvanomètre enregistreur est la meilleure preuve de la stabilité de la température.

L'appareil ainsi construit permet de varier les points de comparaison : on peut régler la température du bain de mercure à 38° ou 40°, tout aussi bien qu'à 39°.

Nous avons décrit plus haut l'appareil à température constante proposé par le Dr Witz.

Appareil à température fixe de d'Arsonval. — L'étuve se compose de deux vases cylindro-coniques concentriques limitant deux cavités: l'une centrale qui est l'enceinte qu'on veut maintenir constante, l'autre annulaire que l'on remplit par la douille et qui constitue le matelas liquide soumis à l'action du foyer. Ce matelas d'eau distribue régulièrement la chaleur autour de l'enceinte et l'empêche de subir de brusques variations de température ; il mérite donc bien le nom de *volant de chaleur* que lui a donné M. Schlœsing.

M. d'Arsonval utilise les variations de volume de cette masse énorme de liquide pour régler le passage du gaz allant au brûleur.

Pour cela, la paroi externe de l'étuve porte une tubulure latérale qui,communiquant avec l'espace annulaire (2, fig. 42) se trouve fermée à l'extérieur par une membrane verticale de caoutchouc ; cette membrane constitue une fois la douille du haut (3, fig. 42) bouchée, la seule portion de paroi qui puisse traduire à l'extérieur les variations de volume du matelas d'eau *en les totalisant*. Or le gaz qui doit aller au brûleur

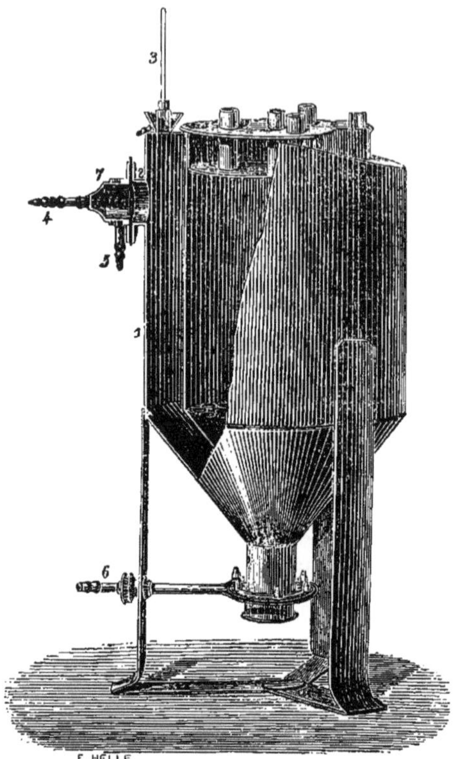

Fig. 42. — Appareil à température constante de D'Arsonval.

est amené par un tube (4) qui débouche normalement au centre de cette membrane et à une faible distance de sa surface externe dans l'intérieur d'une boîte métallique, d'où il ressort par un autre orifice (5) qui le conduit au brûleur. Tube et membrane constituent de la sorte un robinet très sensible dont le degré d'ouverture est sous la dépendance des variations de volume du matelas d'eau et qui ne laisse aller au brûleur que la quantité de gaz strictement nécessaire pour compenser les causes de refroidissement.

Dans cette combinaison le combustible chauffe *directement* le régulateur qui à son tour réagit *directement* sur le combustible ; ainsi se trouve justifiée l'épithète appliquée à ces régulateurs qui, de la sorte, ne peuvent être paresseux à régler.

Nouvel appareil à température constante de d'Arsonval (fig. 1

et 2). — Le nouvel appareil proposé par d'Arsonval est d'une simplicité extrême. Il est basé sur la température d'ébullition de l'éther (37°) (fig. 44 et 45).

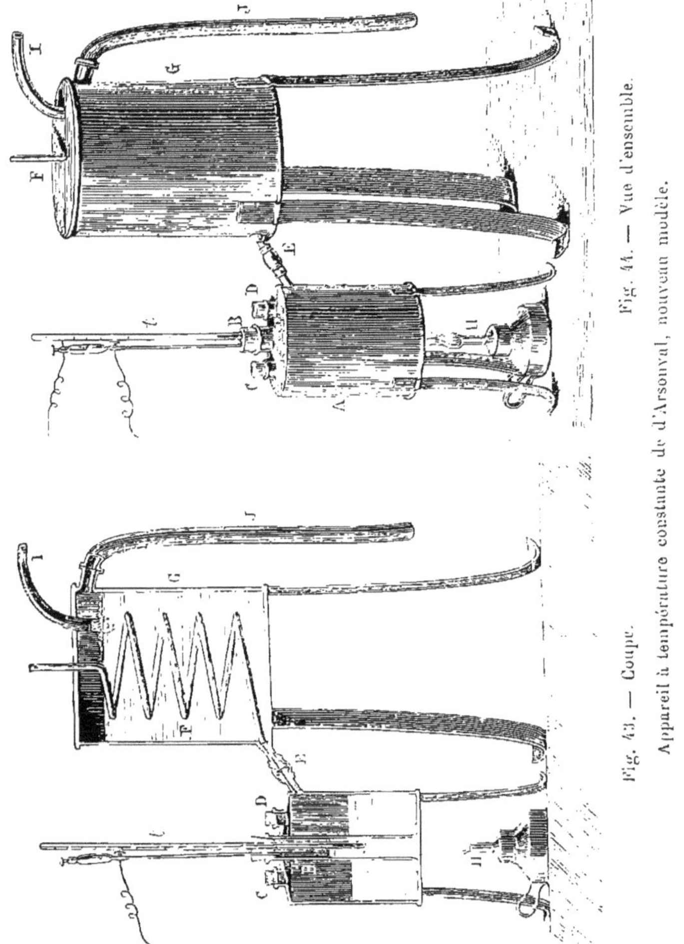

Fig. 43. — Coupe. Fig. 44. — Vue d'ensemble.

Appareil à température constante de d'Arsonval, nouveau modèle.

Il se compose de deux vases métalliques concentriques A, B, limitant deux cavités. Le vase le plus extérieur A, muni de deux tubulures C, D, avec bouchon contient de l'éther, le vase B, est destiné à recevoir un thermomètre T. Une troisième tubulure L met en communication le vase A avec un serpentin F, contenu dans un récipient G, dans lequel passe un courant constant d'eau froide au moyen des tubes I et J.

Une petite lampe H chauffe le récipient A.

Lorsque l'éther entre en ébullition, les vapeurs s'échappent par la tubulure E, passent dans le serpentin, mais sont condensés par le courant d'eau froide.

Grâce à cette disposition on obtient au bout de quelques instants une *température constante que l'on peut maintenir indéfiniment*. L'appareil représenté (fig. 1 et 2), que nous avons fait construire d'après les indications de M. d'Arsonval est une réduction de celui primitivement employé par l'auteur. Il nous a rendu de très grands services dans nos recherches de température par la méthode thermo-électrique au laboratoire de Physiologie générale au Muséum d'histoire naturelle.

C'est à notre avis, le meilleur, le plus précis, le plus simple des appareils à température constante actuellement en usage.

Appareil de Helmholz [1]. — Dans ses recherches de thermométrie musculaire, Helmholz au lieu d'introduire, à l'exemple de Becquerel et Breschet, une seule soudure d'épreuve au sein du muscle en expérience en introduit trois, de manière à multiplier l'intensité du courant thermo-électrique.

M. Helmholz emploie trois aiguilles (cuivre ou fer et maillechort) ayant chacune 1 décimètre de longueur et 2 millimètres de diamètre, formées d'une pièce médiane de fer aux extrémités de laquelle sont soudées deux pièces de maillechort, de telle sorte que chaque aiguille est formée de trois pièces de même longueur et qu'elles comprennent chacune deux soudures.

Lorsqu'on veut procéder à l'expérience les trois aiguilles sont enfoncées dans la cuisse encore adhérente à l'animal par ses nerfs, de telle sorte que les soudures du même côté de ces trois aiguilles, soient immergées dans la masse musculaire. Les mêmes aiguilles sont ensuite enfoncées dans l'autre cuisse complètement séparée de l'animal, de manière que les trois autres soudures symétriques plongent dans la masse

1. Helmholz. *Arch. für Anat. und Physiologie*, 1848, p. 144, et Hermann, *Handbuch der Physiologie*, 1879, p. 154.

musculaire. Les soudures qui plongent dans la cuisse encore animée par les nerfs sont les *soudures d'épreuve*, les autres, séjournant dans une masse musculaire inerte, sont les *soudures de comparaison*.

Les extrémités des aiguilles sont reliées entre elles à l'aide de communications métalliques, de manière à représenter une pile thermo-électrique, puis on interpose le tout dans le circuit du galvanomètre. Tout l'appareil (moins le galvanomètre) est introduit dans une petite caisse recouverte d'une glace, de manière que l'expérience s'accomplisse dans un milieu *saturé* de vapeur d'eau. Cette précaution, recommandée par Dutrochet, est nécessaire pour supprimer le refroidissement dû à l'évaporation, refroidissement dont la valeur pourrait n'être pas la même pour toutes les soudures, si l'expérience se faisait à l'air libre.

Heidenhain [1] s'est servi d'une colonne de Melloni dont les soudures terminales sont appliquées sur les muscles, on évite ainsi la lésion des muscles et on peut employer un plus grand nombre d'éléments.

Plaques thermo-électriques de M. le professeur Gavarret [2] (fig. 46) — Repoussant l'emploi du thermomètre dans l'étude des températures locales, M. Gavarret s'exprime ainsi :

« Les aiguilles thermo-électriques à soudure médiane et à soudure latérale, merveilleusement disposées pour prendre la température des parties profondément situées, ne peuvent pas non plus servir à explorer la surface extérieure de la peau. Longtemps préoccupé de ce problème et convaincu de l'importance qu'il y aurait à déterminer exactement la température des différentes portions cutanées, surtout dans le cas où elle devient le siège d'une inflammation, nous avons résolu de nous servir d'une pile thermo-électrique construite sur un nouveau modèle. Bien que nous n'ayons jamais eu l'occasion de nous en servir, nous croyons cependant que son emploi peut conduire à de très bons résultats et nous en donnons ici la description.

1. Heidenhain. *Mechanische Leistung, Warme-Entwickelung und Stoffumsatz bei der Muskelthatigkeit*. Leipzig, 1864. — Voyez Meyerstein et Théry. *Zeitschr. f. rat. Med.* Tal. IV, 1863.

2. Gavarret. *De la chaleur produite par les êtres vivants*, 1855, p. 185.

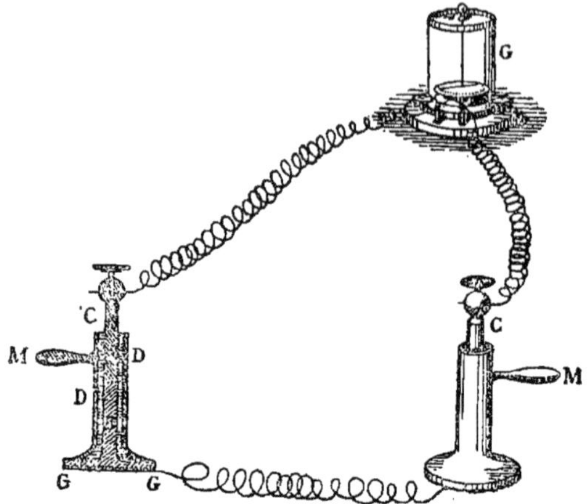

Fig. 46. — Plaques thermo-électriques de Gavarret.

Chacun des deux couples de la pile se compose d'un cylindre de bismuth B étalé à sa partie inférieure de façon à former un disque mince de 1 centimètre en plus de diamètre. A la face inférieure du disque de bismuth est soudée une lame de cuivre très mince GG et de même diamètre. A la partie supérieure du cylindre de bismuth est soudé un cylindre de cuivre C terminé par une poupée à vis à laquelle vient se fixer une des extrémités du fil du galvanomètre G. Le cylindre de cuivre, le cylindre de bismuth, et la partie supérieure du disque de bismuth, sont mastiqués dans un tube de bois ou d'ivoire D, muni d'un manche M, qui permet de manœuvrer le couple sans que la chaleur de la main puisse être communiquée.

La face inférieure du disque de cuivre est recouverte d'une couche mince de vernis pour la garantir contre l'action chimique des liquides. Les deux couples sont reliés l'un à l'autre par leur élément cuivre à l'aide d'un fil de même métal entouré de soie et assez long pour permettre de les appliquer sur les parties les plus éloignées d'un animal. Chaque couple étant appuyé par sa face de cuivre sur une portion de la peau, se met rapidement en équilibre avec elle, et l'aiguille du galvanomètre, indique par le sens et l'étendue de la déviation qu'elle est la plus chaude. »

Appareil thermo-électrique de Béclard [1]. — M. Béclard, s'est d'abord servi, d'aiguilles thermo-électriques à soudure médiane (construites d'après le principe de M. Becquerel (fer et cuivre), tout en leur donnant une épaisseur plus grande.

Plus tard, cet auteur a fait construire de petits *hameçons* à deux tiges (fer et cuivre) dont la soudure correspond à l'ardillon, et qui, une fois introduits dans les muscles, ne sont pas sensiblement déplacés dans les divers mouvements de l'animal.

Ces aiguilles ont sur les aiguilles à soudure médiane un autre avantage, c'est qu'elles demeurent à poste fixe dans le circuit galvanométrique et qu'il n'est pas nécessaire de rompre le circuit à chaque expérience (pour introduire les aiguilles dans les parties) et de le rétablir ensuite. Le circuit est toujours fermé.

Appareil de Hankel. — En 1868, Hankel [2] se servit d'un appareil thermo-électrique ainsi constitué :

Les fils qui forment le circuit sont très minces, ce qui, d'après l'auteur, diminue le temps nécessaire à l'échauffement.

Les métaux choisis sont le fer et le maillechort.

aplaties et disposées en spirale ; les anneaux de la spirale sont séparés par un léger espace.

Les deux spirales sont placées sous une cloche, de telle sorte qu'en appliquant la cloche, les soudures effleurent en pénétrant très légèrement la peau.

Les fils pénètrent dans la cloche au moyen de petites ouvertures.

Pour éviter la déperdition de chaleur, des plaques de bois de un quart de pouce sont placées sur la peau.

Les fils de fer ont une longueur de 3 pieds.

Les fils maillechort sont soudés à des fils de cuivre réunis ensemble et soigneusement enveloppés avec du taffetas et se rendent au galvanomètre.

Les extrémités des fils — fer, maillechort, — sont soudées,

1. Béclard. *Archives générales de médecine*, 1860, et *Traité de physiologie : Comptes rendus*, t. IV, p. 471, 1860. *Arch. gén. de méd.*, 1861, p. 24, 157.

2. Ernert Hankel. *Zur Messung der Temperatur der menschlichen Haut.* — *Arch. der Heilkunde*, 1868, p. 321-331.

Le galvanomètre est formé par un fil très épais et les aiguilles sont astatiques.

Cet appareil ainsi formé permet de reconnaître très exactement des différences de température entre deux régions.

Pour l'évaluation de la température en degrés, Hankel gradue ainsi son appareil ;

Il place les deux cloches renversées de façon à ce que les pointes des soudures soient dirigées en haut, il place sur l'ouverture des cloches une peau de caoutchouc tendue. Il verse dans les deux cylindres de l'eau à la même température, l'aiguille du galvanomètre doit rester au zéro.

Un thermomètre divisé en dixièmes est fixé par un bouchon dans le cylindre. Du bouchon partent quatre tuyaux, l'un d'eux est destiné à introduire de l'eau chaude, l'autre de l'eau froide, le troisième permet à l'eau de s'écouler, par le quatrième on peut introduire de l'air qui en agitant le liquide, met toutes les couches du liquide à la même température.

Les deux premiers conduits sont en communication avec un vase contenant de l'eau chaude, l'autre de l'eau froide, le troisième avec un récipient qui permet l'écoulement de l'eau.

Par ce dispositif on peut obtenir dans les deux vases la température que l'on désire et apprécier les différences à l'aide des déviations de l'aiguille du galvanomètre.

Pour une différence de température de 1 degré Réaumur du liquide des deux vases, Hankel obtient une déviation de 5 divisions de l'aiguille du galvanomètre.

Pour une différence de 0,1 Réaumur, on obtient une déviation d'une division de l'aiguille du galvanomètre.

Pour une différence de température 4° l'aiguille déviait de 20 divisions.

Pour avoir la température absolue de la région à explorer, une des soudures est appliquée sur la peau, la cloche qui la renferme est soigneusement appliquée au moyen de bandelettes de diachylon, l'autre est appliquée sur le caoutchouc tendu sur la cloche contenant de l'eau dont on peut faire varier la température ainsi qu'on l'a indiqué plus haut. Lorsque l'aiguille est revenue au zéro et est restée fixe, ce qui indique que les deux soudures sont à la même température, on lit sur le thermomètre de la cloche à milieu variable et on a ainsi la température recherchée.

Hankel fait remarquer qu'il n'est pas nécessaire dans tous les cas de ramener l'aiguille à zéro, étant connue la sensibilité du galvanomètre et sa graduation, il suffit pour apprécier les différences de température de deux régions d'observer, les deux soudures étant placées sur les organes explorés, les déviations de l'aiguille.

On sait par exemple que pour une déviation de 20, on a une différence de température de 1°, etc.

Dans la plupart de ses expériences, Hankel, place la soudure fixe dans le 4e espace intercostal sur la ligne axillaire, afin d'avoir une température qui se rapproche de celle de l'aisselle.

En 1873, Hankel[1] a modifié son appareil. Il se sert des mêmes soudures et des mêmes fils. Les soudures et les spirales sont contenues dans une capsule en caoutchouc durcie. Les deux fils percent les parois.

En appliquant cette capsule sur la peau au moyen de quelques tours de bande on est sûr d'après la disposition indiquée plus haut, que la soudure est toujours pressée sur la peau.

Pour obtenir un milieu à température constante, Hankel se sert d'huile. Une des soudures plonge dans un vase contenant un kilogramme d'huile et renfermé dans un récipient plein d'eau.

L'huile et l'eau remuées au moyen d'un agitateur ne tardent pas à se mettre à la température de l'air extérieur. D'après Hankel les variations de la température de l'huile sont à peine de 0,75 R dans une heure.

On a donc un milieu à température suffisamment constante.

Au-dessus de la soudure plongée dans l'huile se trouve le réservoir d'un thermomètre divisé en 0,1 R. Ce thermomètre donne la température exacte du liquide et permet d'évaluer un changement de 1/100 de degré Réaumur et par conséquent la température de l'huile et de la soudure sont connus à 1/100 de degré R. près.

1. E. Hankel. *Zur Messung der Temperatur der menschlichen Haut. Archiv der Heilkunde*, 1873, t. XIV, p. 157.

Pour obtenir une très grande sensibilité l'auteur se sert pour faire la lecture des déviations du galvanomètre du miroir à réflexion.

Pour une différence de 1°, il obtient 50 divisions du galvanomètre.

Le galvanomètre employé par Hankel dans ses dernières expériences est composé d'un système astatique avec deux baguettes aimantées suspendues à un long fil, la baguette inférieure se trouve dans le circuit du multiplicateur, la supérieure au-dessus.

Le circuit du multiplicateur contient quatre fils qu'on peut relier ensemble de telle manière que le courant peut parcourir les quatre fils l'un après l'autre ou deux à la fois ou les quatre ensemble. De cette façon la sensibilité du galvanomètre est augmentée.

Appareils de Wiedemann[1], *de Jacobson*[2]. — Jacobson a modifié le galvanomètre de Wiedemann, surtout employé en physiologie, dans le but de le rendre portatif et de le faire servir aux recherches de thermométrie clinique.

Il relie un miroir à l'aimant suspendu, au moyen d'un petit ballon de gomme laque, de telle sorte que ce miroir peut être orienté dans tous les azymuts.

Il rend ainsi la position du miroir indépendante de celle du méridien magnétique et il peut viser dans toutes les directions l'image de l'échelle.

L'instrument peut être employé dans toute chambre pourvu qu'il soit à l'abri des secousses.

Jacobson ne se sert pas pour augmenter la sensibilité de l'appareil de Sauerwald qui consiste en une règle portée sur un pied et sur laquelle peut se mouvoir un barreau aimanté que l'on approche ou que l'on éloigne de l'aimant mobile par le principe de Hauy et de Weber.

L'auteur n'emploie les bobines accessoires d'Heidenhain que dans les recherches où il a besoin d'une sensibilité très grande.

1. WIEDEMANN. *Die Lehre von Galvanismus*, t. II, s. 199.

2. JACOBSON. *Ueber normale und pathologische Local temperaturen. Archiv für pathologische Anatomie und Physiologie von Virchow*, 1870, p. 275.

Un commutateur relie les aiguilles thermo-électriques au galvanomètre.

Les aiguilles sont composées de fer et maillechort et au-dessus des soudures les fils sont isolés au moyen du vernis et de la soie, une portion est enfermée dans un tube de verre, afin d'éviter la chaleur de la main.

Les extrémités des fils de fer sont tenues par des pinces en ivoire et plongées dans le mercure des godets du commutateur, tandis que les fils maillechort forment avec les aiguilles thermo-électriques un circuit non interrompu.

Jacobson se sert pour obtenir une source de chaleur constante d'une petite boîte contenant du pétrole et renfermé dans un grand réservoir d'eau.

Il emploie pour la lecture des déviations de l'aiguille la méthode dite de Poggendorff.

L'appareil thermo-électrique dont se sont servis John Simon et Edmund Montgomery[1] dans leurs expériences sur la température des parties enflammées se compose de deux petites piles thermo-électriques constituées par la soudure de platine et de fer. La soudure est en forme de pointe et peut être placée facilement dans les tissus. Les deux piles thermo-électriques sont réunies au moyen de fils de cuivre à un galvanomètre et d'après la déviation de l'aiguille de cet instrument on peut connaître le côté le plus chaud.

Appareil thermo-électrique de Claude Bernard[2] — *Galvanomètre.* — Le galvanomètre est à fil gros et court, présentant peu de résistance vu la faible tension des courants thermo-électriques. Le système astatique est léger, il porte un miroir plan très léger, collé avec du caoutchouc durci ou de la cire à modeler.

Un cylindre de cuivre offrant une ouverture garnie d'un verre plan recouvre l'appareil et permet de voir le miroir pour faire les lectures.

L'instrument est placé sur un bloc solide qui le soustrait aux trépidations.

1. JOHN SIMON et EDMUND MONTGOMERY. *A system of Surgery by Holmes*, 1869 ; vol. I, p. 16.
2. CL. BERNARD. *Physiologie opératoire*, 1879, p. 464-477.

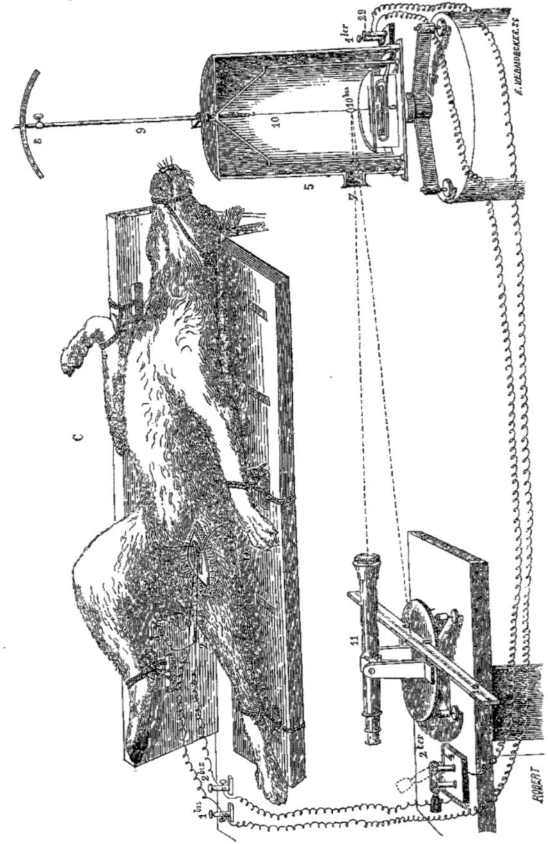

Fig. 47. — Appareil thermo-électrique de Claude Bernard.

Lecture. — Les lectures se font à distance par la méthode dite *de Poggendorf*[1].

En face du miroir à la même hauteur que lui et a une distance que l'on peut faire varier se trouve une lunette (11, fig. 47) placée sur un pied bien stable *dit d'atelier*, dont on peut faire varier la hauteur.

La lunette porte en dessous une règle divisée dont les deux moitiés sont de couleurs différentes. Les divisions de cette règle, réfléchies par le miroir du galvanomètre, reviennent à la lunette où un fil vertical (réticule) permet le pointage d'une division.

Comme la vitesse angulaire de l'image est double de celle du miroir, on peut considérer le rayon lumineux renvoyé par celui-ci comme représentant une aiguille sans poids dont le rayon serait le double de la distance qui sépare le miroir de la règle.

On peut ainsi augmenter presque indéfiniment la sensibilité de l'appareil.

Barreau directeur. — Un barreau mobile autour d'un axe vertical que l'on peut éloigner ou rapprocher permet de diriger le miroir pour prendre un zéro relatif et de faire varier l'influence directrice et par suite la sensibilité de l'appareil.

Connexions du galvanomètre avec les soudures thermo-électriques. — Deux gros fils de cuivre recouverts de gutta-percha partent des bornes du galvanomètre ; l'un va s'attacher directement à une des bornes qui portent les soudures. Le second fil passe par une manette à un seul contact (4) qui se trouve à la portée de la main de l'observateur sous la lunette.

Cl. Bernard a renoncé au commutateur qui expose à des erreurs par inattention de l'observateur qui donne par la multiplicité des contacts des courants nuisibles à la pression.

C'est aux deux bornes 1 *bis* et 2 *bis* protégées par un écrou contre tout rayonnement extérieur qu'arrivent les conduc-

1. POGGENDORFF. *Annalen*, Bd. VII, 1826. Ce procédé a été recommandé pour la première fois par l'illustre mathématicien Gauss.

teurs, et après lesquelles on attache également les fils portant les soudures thermo-électriques.

Sondes thermo-électriques. — Lss sondes thermo-électriques dont se servait Cl. Bernard sont celles de M. d'Arsonval.

Ces sondes sont les unes nues, les autres engainées (fig. 48).

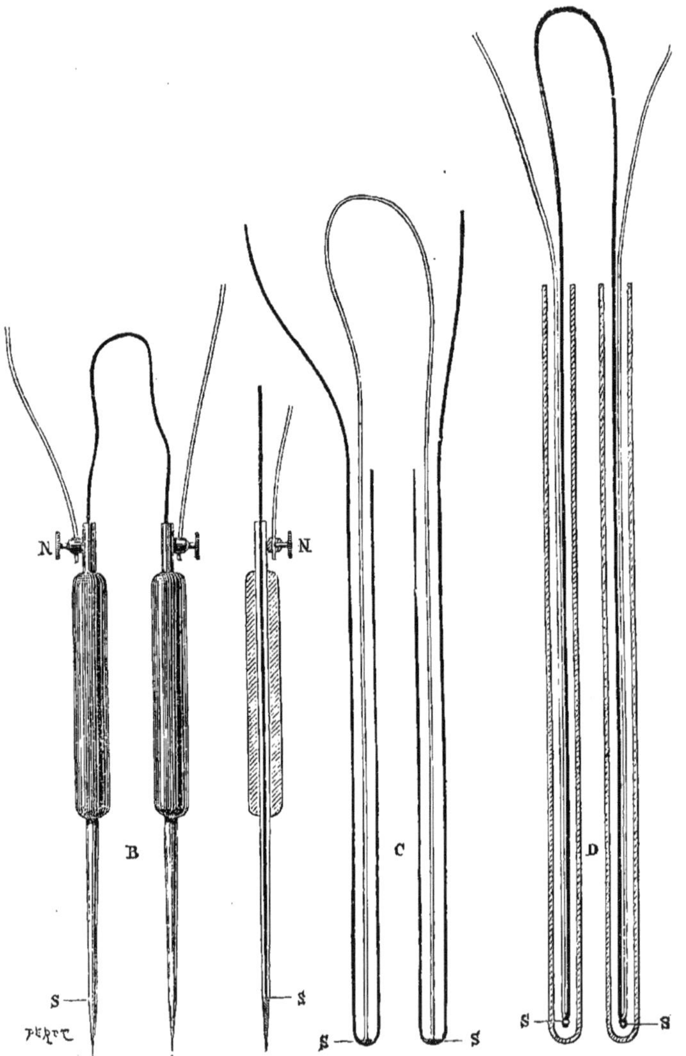

Fig. 48. — Sondes thermo électriques de d'Arsonval.
S, Soudure thermo-électrique.— C, Tube métallique.— D, Enveloppe de gomme.

Sondes engainées. — Elles sont composées de deux fils métalliques (maillechort-fer) recouverts de soie et soudées par leur extrémité qui est seule à nu. Ces deux fils sont introduits dans une sonde en gomme fermée au bout (sonde pour cathétérisme des voies urinaires, de 60 centimètres de longueur sur un diamètre de 3 millimètres, graduée extérieurement en centimètres, afin de déterminer la profondeur à laquelle on a pénétré dans les vaisseaux.

Les deux fils maillechort-fer sont accouplés à un système tout semblable, dont l'ensemble constitue un thermomètre différentiel. Comme perfectionnement très important, Cl. Bernard au lieu de se servir de bornes pour opérer cette jonction, supprime tout intermédiaire. Le fil de fer est unique et passe sans discontinuité d'une soudure à l'autre; les fils de maillechort sont assez longs pour aller s'attacher directement aux bornes. Par cet artifice tout est homogène dans le système que l'opérateur a entre les mains, excepté les soudures. On est donc bien sûr, que les oscillations du galvanomètre sont dues *exclusivement* aux influences qui s'exercent sur les soudures thermo-électriques, les seules que l'on veuille étudier.

Les sondes en gomme conduisent très bien la chaleur et se mettent en équilibre de température avec les milieux explorés au bout de quatre, cinq secondes.

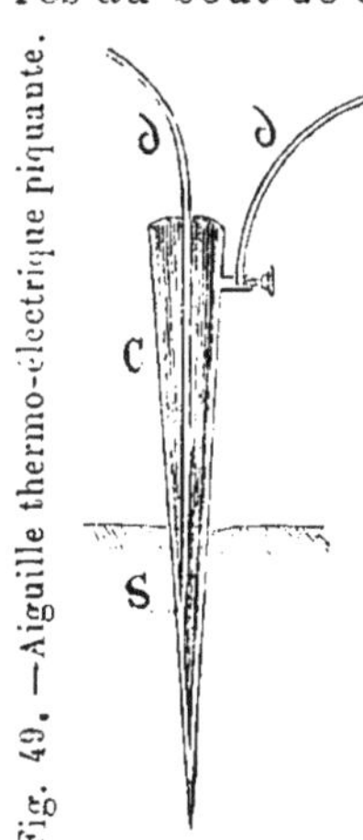

Fig. 49. — Aiguille thermo-électrique piquante.

Sondes nues. — Afin d'éviter les courants hydro-électriques, qui se produisent dans les sondes nues à soudure cylindrique, le vernis s'écaillant souvent, M. d'Arsonval a employé les soudures concentriques. (Nous avons adopté cette méthode pour notre appareil (voir p. 356).

L'un des fils est remplacé par un tube métallique très fin généralement de fer ou de platine dans l'axe duquel s'engage le second fil qui vient se souder à l'extrémité fermée du tube.

On peut construire ainsi des aiguilles piquantes (fig. 49).

Graduation des sondes et des aiguilles. — Cl. Bernard fait remarquer que la sensibilité de l'appareil dépend :

1° De la sensibilité des soudures;

2° De l'éloignement plus ou moins grand de l'aimant directeur ;

3° De la distance de la règle divisée au miroir;

4° De la torsion du fil qui supporte le système astatique. Cette condition intervient lorsqu'on prend un zéro relatif, les deux soudures étant à des températures différentes.

Détermination du zéro. — Après avoir plongé les deux soudures dans un vase plein d'eau ou de mercure, on ferme le circuit et on fait coïncider le réticule de la lunette (en le déplaçant), avec le zéro de la règle divisée vu par réflexion dans le miroir. Cette précaution est essentielle, les deux soudures n'étant presque jamais de même force et donnant toujours une déviation, même lorsqu'elles sont à la même température. On annule cette cause d'erreur en prenant le zéro, le circuit étant fermé.

Evaluation du rapport de la déviation galvanométrique avec la température. — Le zéro une fois déterminé, on prend la température du milieu où sont plongées les aiguilles avec un thermomètre donnant le vingtième de degré. Puis on échauffe avec la main une autre éprouvette pleine de liquide, jusqu'à ce que le même thermomètre marque 3 ou 4 dixièmes de degré en plus. On plonge alors une des aiguilles dans ce milieu, l'autre restant dans la première éprouvette, c'est-à-dire à 3 ou 4 dixièmes de degré au dessous. Alors une forte déviation se produit, et il suffit de diviser la différence réelle de température au thermomètre par le nombre de divisions de la règle pour avoir le rapport cherché $R = \frac{T}{D^n}$, T étant la température différentielle des deux soudures, et D^n le nombre des divisions de l'échelle. Soit la différence entre les deux soudures égale à 0°,5, et la déviation correspondante à 200 divisions de la règle. Le rapport cherché sera 0°,5 : 200 = 1/400°; chaque division de la règle vaut donc un quatre centième de degré centigrade. On peut aller au-delà et jusqu'à 1 millième de degré, en ayant toujours une égale confiance dans les résultats obtenus.

Les observations, dit Claude Bernard, doivent se faire rapidement afin de les dégager des oscillations incessantes que présentent les phénomènes calorifiques sous des influences diverses. Les oscillations des aiguilles ne doivent pas être de longue durée, ce que l'on obtient en rapprochant l'aiguille très près du plateau de cuivre rouge, au-dessus duquel elle oscille, ou bien en se bornant à prendre seulement l'arc d'impulsion de l'aiguille. Cette lenteur dans le retour au repos de l'aiguille du galvanomètre n'a pas d'ailleurs de grands inconvénients quand, ce qui est le cas le plus général, on fait des observations comparatives et simultanées pour avoir seulement les différences de température des vaisseaux ou des organes.

Pour obtenir la température absolue d'une partie du corps, en prenant un point fixe au dehors, Cl. Bernard recommande l'appareil de température constante de M. d'Arsonval que nous avons décrit plus haut. (Voir p. 335 et 336).

« Le fonctionnement de mes appareils thermo-électriques, dit Cl. Bernard, a paru irréprochable aux physiciens éminents, mes confrères de l'Académie, qui ont bien voulu assister à nos expériences. »

Appareil thermo-électrique de Lombard. — En 1868, M. J. S. Lombard [1] a publié la description d'un appareil thermo-électrique qu'il a modifié dans la suite.

La disposition nouvelle est destinée à éviter les causes d'erreurs qui peuvent se montrer par suite de l'échauffement ou du refroidissement des soudures voisines de celles appliquées sur la peau (*éléments secondaires*).

Lombard se sert des piles thermo-électriques analogues à celles de Melloni, composées de bismuth et d'un alliage d'antimoine et de zinc ou de cadmium [2]. Il emploie aussi des thermo-piles de fer et de maillechort. Les alliages d'antimoine avec le bismuth sont fondus en barreaux de 19 millimètres

1. J. S. Lombard. *Description d'un nouvel appareil thermo-électrique pour l'étude de la chaleur animale.* Archives de Physiologie. Juillet et août 1868, p. 498.
J. S. Lombard. *The Regional Temperature of the Head.* London, 1879, p. 4-27.

2. M. Lombard doit la composition de ces alliages à M. Moses G. Farmer de Boston.

de long. Chaque soudure présente une surface de 2 millimètres.

Les piles comprennent de un à huit couples. Chaque couple est entouré dans toute sa longueur d'un revêtement de parafine de 2 millimètres et les extrémités des barreaux reliés aux fils conducteurs sont recouverts d'une couche de la même substance de 4 millimètres. Le couple ainsi protégé est enfermé dans un cylindre d'ébonite dont les côtés ont 1 millimêtre d'épaisseur. Ce cylindre est fermé à un bout et percé de deux trous pour le passage de deux fils de cuivre droits de 40 millimètres de long et d'un diamètre de 76 cent. de millimètre qui forment le commencement des fils conducteurs. L'extrémité ouverte du cylindre laisse à nu la soudure et toute la surface de cette extrémité (paroi du cylindre, parafine, bout des barreaux) est mise au même niveau de façon que la pile presse en tous ces points sur les parties dont on veut rechercher la température. La soudure est ensuite vernie. Les deux fils de cuivre sont joints aux conducteurs qui consistent en rubans de cuivre couverts de soie. Chaque conducteur a 1 mètre de long et l'extrémité libre est attaché à un fil de cuivre semblable à celui qui termine la pile.

Les tiges de cuivre qui terminent la thermo-pile sont entourées de coton, imbibées de parafine, non seulement au niveau du cylindre d'ébonite, mais jusqu'à 3 centimètres au delà des points d'attache.

Les deux fils ainsi protégés sont ensuite recouverts de flanelle qui s'avance de deux millimètres sur ce cylindre d'ébonite, enfin, les fils conducteurs sont enroulés en nœuds autour du revêtement de flanelle, de manière à éviter les vibrations qui pourraient produire des courants thermo-électriques.

Les éléments de fer, maillechort ont été employés, lorsqu'il fallait des barreaux de très petite section.

Dans ce cas, le couple dépasse le cylindre d'ébonite de cinq millimètres. Cette portion est recouverte de cire à cacheter de façon à lui donner la forme d'un crayon.

Les piles sont tenues dans des pinces de laiton fixées à l'extrémité de tiges de même métal qui sont contenues dans des manches en bois.

Avec ces piles on peut comprimer les vaisseaux superficiels et obtenir la température des parties profondes situées au-dessous (région de l'artère temporale).

Les fils de la pile sont reliés à un appareil qui comporte des communications pour quatre courants, un rhéostat et un commutateur, le tout fonctionnant à l'aide de godets de mercure. En voici la description :

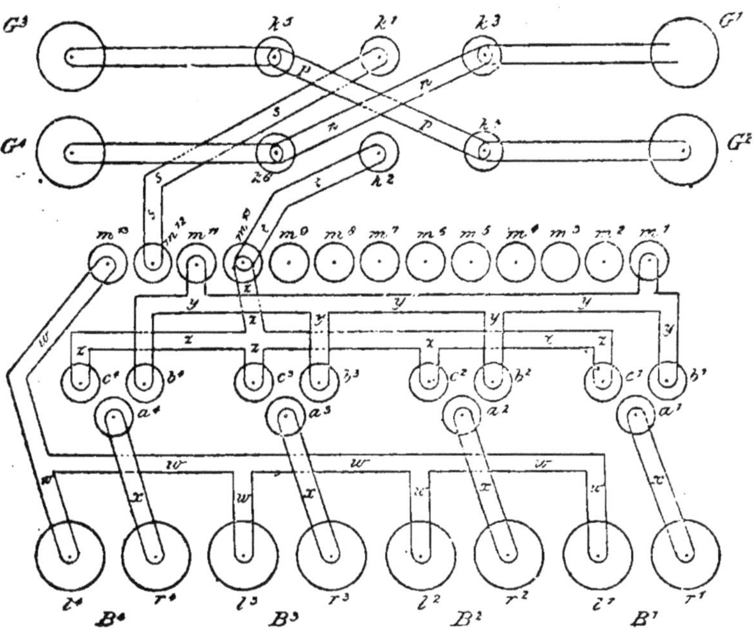

Fig. 50. — Appareil thermo-électrique de Lombard.

Une plaque d'ébonite de 200 m/m de long, de 167 m/m de large et de 11 m/m d'épaisseur forme le dessus d'une boîte de 40 m/m de profondeur. B^1, B^2, B^3, B^4 sont quatre paires de bornes dont toutes les gauches l^1 l^2 l^3 l^4 son reliées ensemble et avec le godet de mercure m^{13} par les lames de cuivre w, w, ... Les bornes de droite r^1 r^2 r^3 r^4 sont reliées isolément par les lames x aux godets a^1 a^2 a^3 a^4. Devant chacun de ces derniers sont deux autres godets. c^1 b^1, c^2 b^2, c^3 b^3, c^4 b^4. Les godets b^1 b^2 b^3 b^4 sont reliés ensemble et aux godets m^1 et m^{11} par les lames y y... Les godets c^1 c^2 c^3 c^4 sont reliés ensemble et au godet m^{10} par les lames Z Z... Les communications z z passent sous les lames y y... sans les toucher et il en est de même de w, w... relativement à x x x.

Les godets de m^1 à m^{10} inclusivement forment les contacts d'un rhéostat ou boîte de résistance. Entre chacun d'eux et son voisin est dans la boîte une bobine de fil présentant une certaine résistance et les différentes bobines ont différentes valeurs. Un couvercle d'ébonite forme arche au-dessus de ces godets et neuf fourches de métal, dont les dents peuvent réunir ensemble deux godets, sont munis de manches glissant à frottement dans ce couvercle. Si toutes les fourches sont baissées tous les godets communiquent ensemble et un courant électrique amené de m^1 à m^{10} passera seulement par les godets et les fourches. Si une d'elles, entre m^5 et m^6, par exemple, est relevée, les godets m^5 et m^6 ne communiqueront plus entre eux que par le fil de résistance qui les réunit en dessous et le courant traversera cette résistance qui se trouvera ainsi intercalée dans le circuit; en somme, il y aura autant de bobines de résistance intercalées qu'il y aura de fourches relevées.

Les godets m^{10} et m^{11} sont aussi réunis par une fourche ainsi que m^{12} et m^{13}.

Les quatre jeux de godets a^1 b^1 c^1, a^2 b^2 c^2, a^3 b^3 c^3, a^4 b^4 c^4, sont aussi couverts d'un couvercle et à chaque jeu correspond une fourche tournante qui peut relier a soit à b soit à c suivant la façon dont on la tourne. Une de ses branches communique toujours avec a.

Les godets k^1 k^2... reliés en croix par les pièces p et n (qui ne se touchent pas au point de croisement) forment la base d'un commutateur de Pohl ; les bornes G^1 G^2 et G^3 G^4 de ce commutateur peuvent être reliées chacune à un appareil quelconque, ordinairement un galvanomètre. Il faut remarquer que le k^1 communique par la bande de cuivre s avec le godet m^{12} qui, lorsqu'il est relié à m^{13} par leur fourchette commune, communique à son tour avec toutes les bornes gauches des séries B^1 B^2... k^1 est donc le point terminal de tous les courants partant des bornes gauches et la fourchette m^{12} m^{13} forme une clef générale pouvant couper tous les courants à volonté. De même k^2 est le point terminal de tous les courants partant des bornes de droite. k^2 est relié à m^{10} par la bande t et m^{10} communique par différentes voies avec les bornes de droite.

Supposons maintenant une pile thermo reliée avec B^1, le courant entrant en z^1, supposons a^1 et b^1 reliés par leur fourche ainsi que m^{12} et m^{13}, mais la fourche m^{10} et m^{11} relevée. Plaçons le pont du commutateur sur k^3 k^4 de façon que le courant arrive en G^1 G^2 où est un galvanomètre.

Le courant entrant en x, passe par a^1 b^1 et arrive au godet m^1, puis par le rhéostat comprenant ou ne comprenant pas de résistance en m^{10}, de là il arrive à k^2 traverse le galvanomètre et revient par G^1 k^3 k^4, s, m^{12} m^{13} et w à l^1. Si maintenant, le rhéostat comprenant une certaine résistance, nous voulons le supprimer d'un coup sans replacer toutes les fourches relevées, nous n'avons qu'à baisser la fourche m^{10} m^{12} et le courant passe directement en t sans traverser le rhéostat.

Si, au lieu de a et b, c'est a et c qui communiquent, on voit que le courant arrive en m^{10} sans traverser le rhéostat.

Les deux voies séparées de a à m^{10}, l'une par l'autre en dehors du rhéostat, permettent lorsqu'on emploie deux piles thermo d'affaiblir le courant de l'une sans faire varier celui de l'autre, ce qui est utile quand l'une a une plus grande force électromotrice.

Soient par exemple deux piles thermo placées en *sens inverse* en B^1 et B^2. Le pôle + de l'une est relié au pôle — de l'autre par w w w ; le + courant des fils libres passera d'un côté par a^1 b^1 y m^1 m^{10} k^2 le galvanomètre et reviendra par k^1 m^{12} m^{11} z c^2 a^2 x. Si les piles étant à la même température, il y a déviation, on les placera de façon que celle qui communique avec le rhéostat l'emporte et on affaiblira alors son courant en introduisant des résistances.

Les fils sont bien isolés au point de vue thermique.

Le galvanomètre est un Thomson[1] et on lit par l'échelle de réflexion ou la lunette à règle. Le galvanomètre à deux aimants régleurs.

1. *British medical Journal January*. 23 rd. 1875.

Il y aussi deux shunts (dérivations) et une clef, le tout fonctionnant par des godets de mercure.

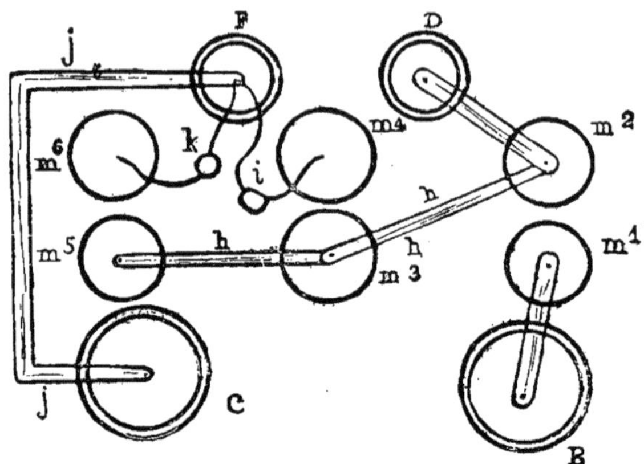

Fig. 51. — Appareil thermo-électrique de Lombard.

B et C, sont les bornes reliées aux deux fils de la pile, c'est-à-dire aux bornes G^1 et G^2 ou G^3 G^4 de l'appareil précédent. D et F celles reliées au galvanomètre. Un courant entrant en B arrive au godet m^1 avec lequel m^2 forme clef. Leur fourche de communication étant baissée, le courant passe en D, traverse le galvanomètre et revient par F et j à C. m^2 est relié par h h avec les godets m^3 et m^5 et les godets m et m^6 sont reliés par les bobines de résistance i et k avec F.

Supposons maintenant qu'on relie m^3 et m^1, on shuntera le galvanomètre de la résistance i et si on relie m^5 et m^6 on le shuntera de la résistance k. Ces shunts en général réduisent à moitié ou au quart la déviation du galvanomètre.

Appareil thermo-électrique de M. Gassot[1]. — Deux aiguilles, formées par deux branches métalliques (cuivre et fer) divergentes, sont soudées à leur point de jonction de manière à représenter assez exactement un V. Les pointes de ces aiguilles ont été aplaties de sorte que les soudures présentent de véritables surfaces. Ces deux aiguilles sont réunies entre elles par leur branche fer au moyen d'un fil également de fer, et les deux branches cuivres se rattachent aux deux

1. Gassot. *Des températures locales*, p. 38, 39. Thèse de Paris, 1873.

pôles d'un galvanomètre très sensible par des fils conducteurs.

L'appareil installé et l'aiguille du galvanomètre marquant exactement 0, on maintient l'une des soudures à une température fixe, tan dis que l'autre est portée à diverses températures qu'indique un bon thermomètre. On obtient ainsi une table qui permet de transformer en degrés thermiques les déviations angulaires de l'aiguille du galvanomètre.

Maintenant ensuite une des plaques à une température fixe de 20° et portant l'autre sur les points à explorer, M. Gassot a pu obtenir des résultats précis.

Appareil thermo-électrique Redard. — Cet appareil présenté à la Société de biologie en juillet 1880 se compose :

1° *De plaques thermo-électriques*, constituées par la soudure de deux métaux, d'une disposition spéciale destinée à faciliter l'application sur la surface cutanée.

Les métaux choisis pour la constitution des soudures sont le fer et le maillechort, qui donnent une très grande sensibilité.

En A se trouve un disque de fer, élargie à sa partie intérieure ; en B, le disque vient se réunir à un manche en caoutchouc durci C.

La partie élargie du disque est destinée à se mettre en rapport avec la partie à explorer.

Dans l'intérieur du manchon en caoutchouc se trouvent deux fils, l'un fer D, l'autre maillechort E, qui viennent l'un et l'autre se fixer dans deux petits trous du disque en fer, mais sans le traverser.

En G, F, deux écrous, l'un en fer, l'autre en maillechort qui sont destinés à réunir les plaques thermo-électriques aux fils du circuit.

Les soudures de ces plaques sont *concentriques* et la méthode adoptée pour leur construction est celle indiquée par M. d'Arsonval.

Les plaques thermo-électriques se mettent très rapidement en équilibre de température. Elle sont recouvertes d'une légère couche de vernis.

L'application sur la partie à explorer est facilitée par le moyen de fixation, indiqué sur le dessin en K.

2° *Le Galvanomètre* diffère des galvanomètres ordinaires à suspension en fil de cocon, par sa forme et son petit volume.

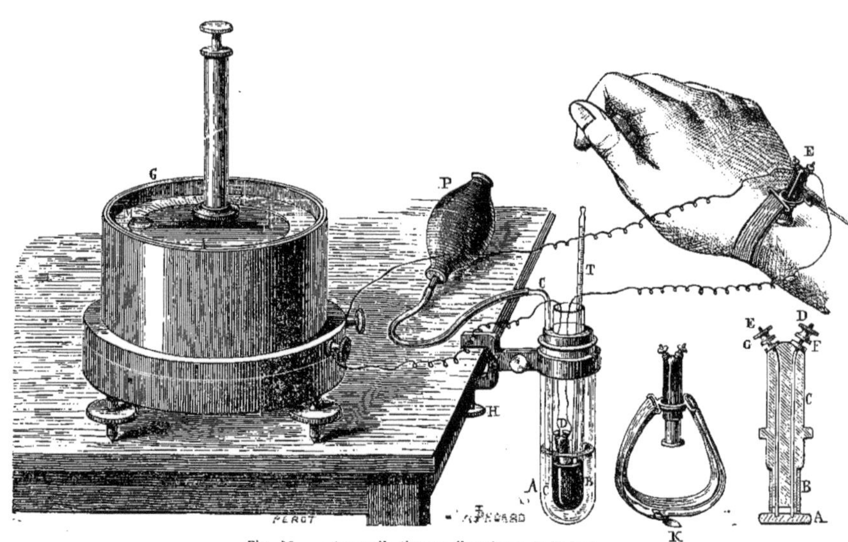

Fig. 52. — Appareils thermo-électriques de Redard.

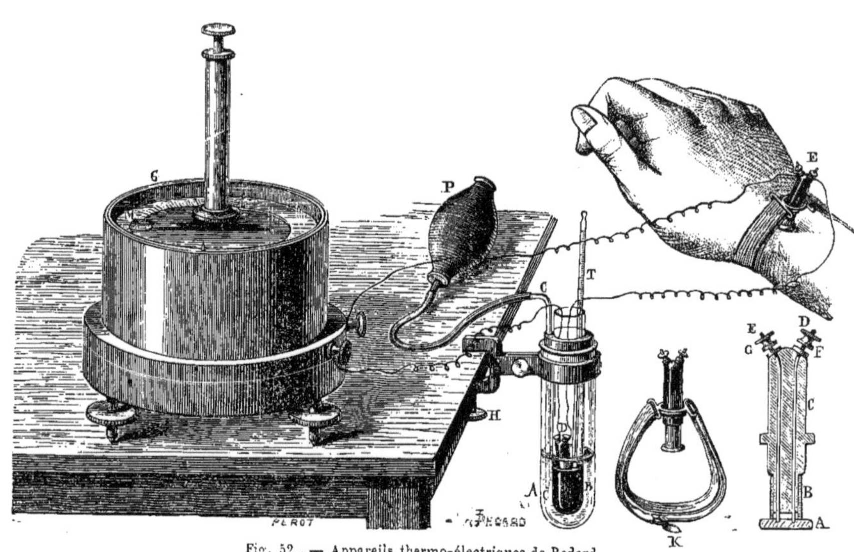

Fig. 52. — Appareils thermo-électriques de Redard.

Il est constitué par une sorte de tambour en cuivre G, recouvert par une glace plane qui permet de voir les divisions de l'échelle. A l'endroit du zéro en H, se trouve un miroir destiné à permettre la lecture précise du zéro.

Le fil du galvanomètre est gros et court, de 1 millimètre de diamètre.

Le système astatique, qui constitue les aiguilles, est très léger, et suspendu par un fil de cocon contenu dans une gaine de cuivre, à une vis qui permet d'élever ou d'abaisser l'aiguille.

La forme de ce galvanomètre permet son transport facile.

La sensibilité de l'instrument est très grande : pour 1 degré de différence de température entre les deux soudures on obtient une déviation de 20° à 22° du galvanomètre et comme il est facile de lire 1/2 degré des divisions du cercle gradué, on a la température à 1/40 près.

3° *Deux fils maillechort et un fil fer* forment un circuit qui réunit les deux plaques thermo-électriques au galvanomètre.

Le fil fer s'étend de l'écrou en fer F d'une plaque à l'écrou semblable de la seconde soudure, les deux fils maillechort se fixent aux deux écrous maillechort des plaques et aboutissent aux bornes du galvanomètre.

Le fil fer d'un diamètre de 1 millimètre a une longueur de 30 cent., les fils maillechort ont 60 centimètres et un diamètre de 1 millimètre.

Nous nous servons actuellement d'un circuit fil de fer de 1 millimètre de diamètre et de 1 mètre de long, joignant ensemble les deux pièces fer des deux couples. Ces pièces maillechort sont soudées à deux fils maillechort qui se joignent ensuite à deux fils cuivre allant au galvanomètre.

De cette façon, la résistance du circuit est diminuée et la sensibilité accrue.

Les soudures des fils maillechort aux fils de cuivre sont isolées et entourées d'une même enveloppe de sorte qu'elles se trouvent toujours à la même température et qu'il n'y a aucune erreur à craindre.

I. — Ces premières pièces de l'appareil permettent de faire des recherches de thermométrie locale comparée.

Sachant, ainsi que l'a démontré Becquerel, que lorsque les

deux soudures sont à la même température, l'aiguille du galvanomètre reste à zéro, on peut en plaçant les deux plaques sur des régions symétriques, savoir, d'après le sens de la déviation, le côté le plus chaud ou le plus froid.

Si on obtient une déviation de 20°, on sait, d'après la graduation du galvanomètre, qu'il y a une différence de 1° entre les deux régions explorées ; on peut ainsi savoir *très rapidement* avec une exactitude suffisante s'il existe des différences de température de 5 dixièmes 1°, 1° 1/2.

Cette méthode de thermométrie comparée au moyen de cet appareil donne des indications très sûres, très rapides et suffit dans un grand nombre de cas.

II. Pour obtenir *en chiffres thermométriques* la température d'une surface, on dispose l'appareil de la façon suivante :

Le principe adopté est celui de l'appareil Becquerel pour la détermination des températures à différentes profondeurs du sol et à différentes hauteurs de l'atmosphère

Etant donné un circuit thermo-électrique composé par exemple de deux fils l'un de cuivre et l'autre de fer soudés ensemble à leurs extrémités et couverts de gutta percha dans le reste de leur longueur; si l'on intercale un galvanomètre dans le fil cuivre, le courant sera nul et l'aiguille de ce galvanomètre sera au zéro, toutes les fois que les deux soudures seront à la même température.

Si donc, on place l'une des soudures dans le milieu que l'on veut étudier, l'autre dans un milieu dont on peut aisément faire varier la température, et dans lequel se trouve également un thermomètre sensible et précis, il suffira pour connaître la température du premier milieu. de refroidir ou réchauffer le second jusqu'à ce que l'aiguille du galvanomètre soit au zéro et de faire alors la lecture du thermomètre.

Le circuit employé est le même que celui décrit plus haut.

Lorsque les deux plaques thermo-électriques sont à la même température, l'aiguille du galvanomètre reste à zéro.

Si l'on place l'une de ces plaques sur la région dont on veut connaître la température, l'autre dans un milieu dont on peut aisément faire varier la température et dans lequel se trouve un thermomètre sensible et précis, il suffit pour connaître la température du premier milieu de refroidir ou de réchauffer le second jusqu'à ce que l'aiguille du galvanomètre soit au zéro et de faire alors la lecture du thermomètre.

Le milieu à température variable est du mercure contenu dans le tube B ; ce tube est lui-même suspendu au moyen d'un bouchon dans un autre tube plus large A, rempli en partie d'alcool méthylique.

Le tube A est fixé très simplement à une table au moyen du support A.

Le bouchon est traversé par un tube C qui pénètre jusqu'au fond du tube A et qui est relié à sa partie supérieure à une poire de pulvérisateur P. On peut ainsi en envoyant quelques bulles d'air dans l'alcool produire un refroidissement assez notable.

Lorsqu'il s'agit de réchauffer, on plonge le tube A pendant quelques secondes dans de l'eau à 50 degrés.

Dans la pratique, on procède de la façon suivante : soit à rechercher la température cutanée de la région dorsale de la main.

Une plaque thermo-électrique est appliquée en E sur la main et se met en équilibre de température.

La deuxième D plonge dans la masse de mercure dont la température est indiquée par le thermomètre T.

Le galvanomètre est mis au zéro et on ferme le circuit.

Si les deux plaques sont à la même température, il n'y a pas de déviation, et il suffit de lire sur le thermomètre pour avoir la température cherchée.

Si la plaque E est plus chaude que D, il y a déviation ; on chauffe alors lentement le tube A et l'aiguille revient au zéro, lorsqu'elle est stationnaire, on lit sur le thermomètre.

Si au contraire D est plus chaud que E, il y aura déviation de l'aiguille en sens opposé : on refroidit alors lentement au moyen de quelques bulles d'air ; lorsque l'aiguille du galvanomètre est revenue au zéro et est restée stationnaire, on lit sur le thermomètre et on a la température recherchée.

L'échauffement et le refroidissement doivent se faire *avec lenteur* pour que les soudures et les parties constituantes aient le temps de se mettre en équilibre de température.

Il faut en outre, avant de commencer l'expérience, mettre la soudure qui plonge dans le mercure à une températu voisine de celle que l'on désire observer et laisser ensuite refroidir ou échauffer *lentement*, suivant que la température de la région explorée est plus haute ou plus basse.

Il faut attendre que le thermomètre soit fixe et que l'aiguille conserve le zéro pendant une minute ou deux.

Le galvanomètre sort des ateliers de M. Carpentier, successeur de Ruhmkorff[1].

Les plaques thermo-électriques ont été construites par M. Gaiffe.

Appréciation des appareils thermo-électriques dans l'étude de la température locale. — Leur supériorité sur les thermomètres. — Quels sont les appareils à adopter en clinique ?

Nous avons établi dans le chapitre précédent que les différents thermomètres proposés pour l'étude de la température locale ne donnaient que des indications approximatives, que ces instruments, la plupart imparfaits, exposaient à des erreurs.

Ainsi que l'ont établi Becquerel, Gavarret, Hankel, C. Bernard, Lombard, d'Arsonval [2], les appareils thermo-électriques ont une supériorité très marquée sur les thermomètres.

Ils peuvent, lorsque les soudures sont convenablement disposées donner la température *exacte* de la peau.

Ils accusent les changements brusques de température et les observations se font *rapidement*.

Ils permettent d'explorer dans un temps très court une grande surface et servent surtout à nous renseigner rapidement et sûrement sur les différences de température qui existent entre deux régions similaires.

Ils possèdent enfin une sensibilité que les thermomètres n'ont pas.

Parmi les appareils que nous venons de décrire, il en est un certain nombre qui sont d'un mécanisme compliqué, d'un maniement difficile et peu applicables aux recherches cliniques.

L'appareil de Becquerel exige l'emploi d'un régulateur

1. Nous remercions notre ami A. Guérout de l'aide et des conseils qu'il a bien voulu nous donner pour la disposition de notre appareil.
2 D'Arsonval. *Société de biologie*. 1880.

volumineux et qui ne peut s'installer commodément que dans un laboratoire.

Les appareils de Hankel, Helmholz, Cl. Bernard doivent surtout servir aux physiologistes.

L'appareil de Lombard d'une sensibilité exquise ne peut être facilement transporté dans les salles de malades et ne peut servir à cause de cela qu'à des recherches de laboratoire.

Les appareils qui nécessitent l'emploi d'un régulateur ne peuvent, à notre avis, servir en clinique.

Si l'on veut, en effet, avoir une température *constante* avec une grande précision, on ne peut se servir de l'huile, du pétrole, etc., et l'on est obligé de recourir aux régulateurs de Becquerel et de d'Arsonval.

Le régulateur de ce dernier auteur nous paraît le meilleur et nous a rendu de très grands services dans nos recherches de laboratoire.

La disposition des soudures des appareils thermo-électriques doit être telle qu'elle s'appliquent exactement sur la peau sans lésion des tissus.

Les aiguilles piquantes de Becquerel, d'Helmholz, de Béclard, etc. ne peuvent servir au lit du malade.

Les plaques thermo-électriques de M. le professeur Gavarnet sont très bien disposées pour l'étude des températures superficielles, Elles ont seulement l'inconvénient de présenter une surface trop grande, de mettre ainsi un certain temps à se mettre en équilibre de température et de perdre de la chaleur par rayonnement avant que la soudure ne soit à la température du milieu exploré.

La disposition que nous avons donnée à nos plaques thermo-électriques nous paraît meilleure. Ces plaques présentent une petite surface et se mettent très rapidement en équilibre de température. Elles peuvent s'appliquer sur la peau, avec une pression plus ou moins forte.

Nous avons aussi adopté le principe des soudures concentriques de d'Arsonval qui présente de grands avantages.

Les métaux que nous recommandons pour la constitution des soudures, sont le fer-maillechort, employés par Helmoltz, Hankel, C. Bernard, Lombard. Le bismuth-antimoine bien que très sensible ne peut se disposer facilement pour les applications sur la peau. Le fer-maillechort donne une sensibilité très suffisante pour les recherches cliniques, et ainsi que l'ont démontré Regnault [1], Rosetti [2], pour une même différence de température, le couple fer-maillechort produit une déviation double du couple fer-cuivre.

Le circuit doit être formé des mêmes métaux que ceux des des soudures. Les fils doivent être gros, et leur diamètre proportionné à leur longueur et soigneusement recouverts de gutta ou de soie. Nous avons trouvé utile, afin d'augmenter la sensibilité de l'appareil, de joindre les deux fils conducteurs terminaux a deux fils de cuivre qui vont ensuite au galvanomètre, de cette façon la résistance du circuit est diminuée.

Les soudures voisines des soudures appliquées sur la peau doivent être préservées de toute influence extérieure (courant d'air, refroidissement ou échauffement) on s'exposerait sans cela à de graves erreurs. Dans le circuit dont nous nous servons actuellement les soudures des fils maillechort aux fils de cuivre sont isolées et entourées d'une même enveloppe en soie.

Le galvanomètre qui convient le mieux est un galvanomètre à fil gros et court, sa sensibilité doit être assez grande.

La forme de galvanomètre que nous avons adoptée permet un transport facile, les recherches peuvent se faire près du lit des malades et sur une table bien calée.

Pour une différence de température entre les deux soudures on obtient une déviation de l'aiguille du galvanomètre de 20° à 22°.

Pour avoir en chiffres thermométriques la température d'une région, on peut se servir du procédé que nous avons décrit précédemment. Cette méthode nous paraît beaucoup plus sûr et plus rapide que celles recommandées jusqu'à ce jour par les auteurs.

Les observations avec les appareils thermo-électriques

1 REGNAULT. *Thermométrie*. Mémoires de l'Académie des sciences. t. XXXI. p. 240.

2. ROSETTI. *Sur l'usage des couples thermo-électriques dans la mesure des températures*. *Annales de Chimie*, t. XIII, p. 68. 1868.

exigent des connaissances physiques et des phénomènes thermo-électriques, une certaine habitude et une patience soutenue. Il faut, veiller dans toutes les expériences avec grand soin que des conditions extérieures, ne viennent pas changer les résultats et exposer à des erreurs.

Si les précautions que nous avons indiquées sont suivies, si l'appareil est convenablement disposé, on observe alors avec une rigueur toute scientifique et l'on peut être bien certain que les chiffres thermométriques obtenus indiquent *sûrement* la température des parties explorées.

CHAPITRE III

TOPOGRAPHIE THERMIQUE. — SES VARIATIONS A L'ÉTAT PHYSIOLOGIQUE. — INFLUENCE DES AGENTS EXTÉRIEURS.

L'étude de la répartition de la chaleur dans les divers organes et dans les régions superficielles du corps à l'état physiologique est aujourd'hui peu avancée ; nos connaissances sur les variations de la température à l'état normal et par le fait des actions de la vie et des influences extérieures sont très limitées.

Nous ne nous occuperons que très sommairement dans ce chapitre de la température des organes profonds, du cerveau, du cœur, de l'intestin, du sang, cette étude étant réservée au physiologiste : le clinicien ne peut produire des lésions traumatiques sérieuses chez l'homme pour arriver jusqu'à ces organes. Nous insisterons surtout sur les températures périphériques, de la peau, surtout accessibles à nos moyens d'exploration.

Un certain nombre d'auteurs se sont occupés de cette question. Les résultats qu'ils ont obtenus sont intéressants à signaler.

Martine[1] a trouvé dans ses recherches, un degré de moins

1. E. MARTINE. *De similibus animalibus et animalium calore*. London, 1740.

à la peau que dans les viscères intérieurs, et dans ceux-ci un degré de moins que dans le sang.

Hunter[1], Carlisle publièrent des résultats semblables. Hunter note la facilité avec laquelle les parties saillantes ou éloignées de la masse musculaire se refroidissent, mais il ne cite aucun résultat numérique.

Il trouve pour les températures du canal de l'urèthre à diverses profondeurs.

A 0 m 0254 du méat	33.33
A 0 m 0508	33.89
A 0 m 1016	34.44
Au bulbe	36.11

C'est surtout J. Davy[2] qui a donné le résultat de ses recherches sur la température dans les différentes régions du corps d'un même animal.

Voici un des tableaux de la température dans les différentes régions du corps d'un agneau qu'on venait de sacrifier :

1. Hunter. *Œuvres complètes*, trad. Richelot, 1843.

2. John Davy. *Répartition de la température dans les diverses parties d'un même animal*, 1810, et *Bibl. britannique*, t. LX, p. 115, 1815.

— *An account of some experiments on animal heat. Philosop. Transact.*, t. CII, p. 590, 1814.

— *On the heat evolved during the coagulation of blood. London med. and physic. Journ.* t. XXXVII, 1817.

— *Observations on the temperature of man and animals Edinb. philos. Journal*, 1825. *Annales de chimie et de physique*, 1826 et t. XII, 1832.

— *Researches physiological and anatomical. Influence des climats sur la température animale.* London, 1839.

— *Température des vieillards. Philosop. Trans.* 1844. p. 59.

— *Température de l'homme et de la femme. Médical Trans.* 1864.

— *On the effect of air of different temperature on animal heat. Philosop. Transact.* p. 61, 1845. *Analyse in Arch. gén. de méd.*, 1846, p. 120.

— *Physiological researches* (de 1844 à 1850, et *Journal de la physiologie*, 1863.

Sur l'os du tarse	32°,22
Sur l'os du métatarse	36°,11
Sur l'articulation du genou	38°,89
Vers le haut de la cuisse	39°,44
Sur la hanche	40°,00
Au milieu de la matière cérébrale	40°,00
Dans le rectum	40°,56
Dans le sang de la veine jugulaire	40°,84
Vers la base du foie	41°,11
Dans le ventricule droit du cœur	41°,11
Dans le parenchyme du foie	41°.39
Dans le parenchyme du poumon	41°,39
Dans le sang de la carotide	41°,69
Dans le ventricule gauche du cœur	41°,67

Les températures locales superficielles rapportées dans le tableau précédent ont été prises en plaçant le réservoir du thermomètre sous la peau au moyen d'une incision.

La même précaution n'a pas pu être observée dans les recherches suivantes qui portent sur l'homme vivant.

La recherche des températures a été faite au moyen d'un thermomètre ordinaire :

Sous la plante du pied	32°,22
Entre la malléole interne et l'insertion du tendon d'Achille, sur l'artère	33°,89
Sur le milieu du tibia	33°,06
Sur le milieu du mollet	33°,89
Sur l'artère poplite au pli du genou	35°.00
Sur la fémorale, au milieu de la cuisse	34°,44
Sur le milieu du muscle droit	32°,78
Sur les gros vaisseaux de la hanche	34° 84
Un quart de pouce au-dessous du nombril	35°,00
Sur la *sixième* côte *gauche*, sur le cœur	34°,44
Sur la sixième côte *droite*	33°,89
Sous l'aisselle, *où l'on applique la surface entière du réservoir du thermomètre*	36°,67

La température très élevée de l'aisselle tient évidemment à ce que le thermomètre s'est trouvé, là seulement, convenablement placé pour une bonne observation.

La température est un peu plus élevée sur le trajet des gros vaisseaux, dit J. Davy, et surtout au pli des articulations.

De ces tableaux on peut conclure :

1° La température va croissant à mesure que de la peau on pénètre dans l'intérieur de l'animal et que l'on s'avance des extrémités libres des membres vers leurs racines ;

2° Les parties contenues dans le crâne ont une température inférieure à celle des viscères du bassin ;

3° La température du tronc va croissant de ses deux extrémités vers le diaphragme ;

4° Le maximum de température est dans le ventricule gauche.

Les extrêmes sont bien plus éloignés dans les expériences de Martine pendant toute une année.

La température varie, au bas-ventre de.	35°,00 à 37°,25
A la poitrine de........................	32°.50 à 37°,00
A la main de...........................	29°.00 à 37°.00
Au pied de.............................	20°,00 à 33°.75

La différence entre le maximum de la température à l'abdomen et le minimum au pied est de 17°,25, chiffre bien peu d'accord avec celui de J. Davy ; mais on remarquera que Martin opérait dans toutes les saisons. et l'on sait quel froid partiel le thermomètre peut accuser aux mains ou à la plante des pieds, alors qu'il marque à l'aisselle la moyenne ordinaire.

Dans les recherches de Davy, la boule du thermomètre était appliquée directement sur la peau et sans être *recouverte*, on obtenait ainsi la température vraie de la peau *en contact avec l'air ambiant*, réchauffée ou refroidie par lui, on avait la température telle qu'elle est et non modifiée par le réchauffement. — Ainsi s'explique l'écart très prononcé entre diverses régions, le refroidissement de certains points qui existe bien réellement et que nous avons pu constater maintes fois au moyen des appareils thermo-électriques.

Becquerel et Breschet au moyen d'appareils thermo-électriques obtiennent les résultats suivants :

1°	Biceps brachial	36°,53
	Tissu cellulaire adjacent	34°,70
	Bouche	36°,80
2°	Biceps brachial	36°,83
	Tissu cellulaire adjacent	35°,45
	Bouche	36°,70

Chez le même :

Biceps brachial	36°,83
Tissu cellulaire de l'aine	35°,58
Mollet	36°,90
Bouche	37°

Il s'agissait dans ces cas d'hommes de 20 ans. Sur un homme de 35 ans ils ont trouvé ;

Biceps	36°,77
Tissu cellulaire adjacent	35°,33
Bouche	37°

Chopart et Desault ont trouvé la chaleur de 30 degrés R. au rectum, de 23°R et demi aux aisselles et aux aines recouvertes de vêtements, et de 26° R trois quarts à la poitrine.

MM. Edwards et Gentil, opérant sur un homme adulte, ont trouvé 31 degrés R au rectum et dans la bouche, 30° R aux mains, 29° R 1/4 aux aisselles et aux aines; 28° R 3/4 aux joues, 28° R 1/2 au prépuce et aux pieds, 28° R à la poitrine et à l'abdomen.

M. le Professeur Piorry a obtenu les résultats suivants :

Age	Sexe	Constitution	États organiques ou maladie	Bouche	Aiselle	Epigastre	Aine	Mains	Vagin	Sang	Pouls	Respiration
23	Homme	Moyenne	État sain	31°R½	32°R	29°R	32°R	25°R	»	»	60	15
23	Id.	Id.	Id.	32	32 3/4	31	32 3/4	26	»	»	60	15
25	Id.	Id.	Id.	29	31 1/2	30	31 1/2	24	»	»	70	20
25	Id.	Id.	Id.	27	32 3/4	30 1/5	32	23	»	»	60	14
24	Id.	Id.	Id.	31	33	31 1/2	33	20 1/2	»	»	60	17
25	Id.	Id.	Id.	28	33	30	33	22	»	»	70	20
21	Id.	Id.	Id.	29 1/2	31 2/3	29 2/3	31 2/3	23 1/2	»	»	80	20
24	Id.	Robuste	Id.	28 1/3	33	31	33	25	»	»	60	14
21	Id.	Peu robuste	Id.	28	32	31	32	24	»	»	80	20
25	Id.	Moyenne	Id.	28 1/2	30 1/5	29	30 1/5	19	»	»	70	17
23	Id.	Id.	Id.	30	30 3/4	28	30 3/4	26	»	»	96	22
23	Id.	Id.	Id.	29	30	29	30	18 1/2	»	»	60	14
21	Id.	Peu robuste	Id.	39	30	29	30	20	»	»	»	»
21	Id.	Id.	Id.	27	29	27	29	27			90	20
18	Id.	Id.	Id.	29	30	29	30	29	»	»	65	20
28	Id.	Robuste	Id.	28	30	29	30	29			60	14
20	Id.	Moyenne	Id.	27	29	27	29	24			60	14
17	Id.	Peu robuste	Id.	24	29	27	29	20	»	»	64	14
73	Id.	Robuste	Id.	28	29	27	29	27			60	20

1. Piorry. *Traité de diagnostic*, page 34, t. III, 1840.

En résumé, dit Piorry, on observe les variations suivantes: A l'aisselie, à l'aine (la chaleur a été constamment la même dans ces deux parties) de 29°R à 33°R ; à la bouche, toujours le thermomètre a été moins élevé que dans l'aisselle, de 24°R à 30°R ou 32°R ; à l'épigastre, de 26° R à 31° R 1/2 ; à la main (variations très marquées) de 18°R 1/2 à 29°R. — Il a paru que sur les jeunes gens ou les adultes la température était élevée d'un ou deux degrés de plus que sur les vieillards.

Dans ses expériences sur la topographie de la température de l'organisme, Fick [1] signale les températures de quelques organes.

Voici quelques résultats obtenus par cet auteur :

Ve Expérience (Fick).

Chien C. (chien de chasse de taille moyenne) 3 heures 3/4 du soir. Température de la chambre 11°R 1/2.

1° Rectum, 32° R.
2° Canal de l'urèthre 28° 1/4 R.
3° Cœur droit, 32° R.
4° Périphérie des veines, 31° 1/2 R.
5° Cœur gauche, 32° R.
6° Peripherie de la carotide, 32° R.
7° Rectum, 31° R. (Rempli de mat. fécales.)
8° Urèthre, 29° 1/4 R.

VIe Expérience (Fick).

Chien C. (le lendemain de la première opération) 4 heures du soir. 11° R dans la chambre.

1° Rectum, 32° 1/2 R.
2° Urèthre, 31° 3/4 R.
3° Cœur droit, 32° 1/2, R.
4° Périphérie des veines, 31° 2/3 R
5° Cœur gauche, 32° 1/2 R.
6° Cœur droit, 32° 1/2 R.
7° Cœur gauche, 32° 1/2 R.
8° Cœur droit, 32° 1/2 R.
9° Cerveau, 32° R. Après trépansation, peu de douleurs. (Douleurs sans crampes bien accentuées.)
10° Cœur gauche, 32° 1/2 R.
11° Rectum, 32° R.
12° Urèthre, 31° 1/2 R.
13° Thorax, 32° R.
14° Cerveau, 32° R.
15° Cœur droit, 31° 3/4 R.
16° Cœur gauche, très près de 32° R.

D'après Fick, il n'existe pas de différence de température

1. L. Fick. *Arch. für anatomie und physiologie de Muller*, 1853.

entre le cœur droit et le cœur gauche. (Comparez avec les recherches de Cl. Bernard.)

D'après M. le professeur Gavarret[1], les résultats obtenus par certains observateurs qui se sont occupés de thermométrie locale et par Davy en particulier prouvent que pour constater la température des parties superficielles, le thermomètre ne peut rendre que très peu de services.

Lorain[2], à propos des moyennes de M. Gavarret et des variations thermiques notées par Davy et observées par Gavarret, s'exprime ainsi :

« Les températures sont si variables quand on les recherche dans les différents points indiqués par Gavarret, qu'il est impossible *d'en rien déduire.* »

Avec M. Colin, on peut répondre aux objections de MM. Gavarret et Lorain que les résultats de Davy et d'autres auteurs, bien que discordants n'en ont pas moins une valeur incontestable, ils expriment bien *véritablement* la température de la peau incessamment modifiée par l'air ambiant, variable sous des influences multiples et à de courts intervalles.

M. Roger[3], sur quinze enfants, âgés pour la plupart de 8 à treize ans a observé :

AISSELLE	VENTRE	BOUCHE	PLI DU BRAS	MAIN	PIEDS	AINE	SCROTUM
37°,75	37°,50	36°,75	36°,50	33°.00	31°,50	»	»
37°,75	»	35°	36°.50	30°,50	»	»	»
37°,75	»	»	37°,25	»	»	»	»
37°‘75	»	»	35°,00	»	»	»	»
37°,50	»	37°,75	35°,50	34°,75	29°,00	»	37°.00
37°,50	»	»	36°,50	»	»	»	»
37°,50	»	»	37°,00	»	»	»	»
37°,25	»	»	36°,50	36°.50	»	»	»
37°,25	»	»	36°,80	»	»	»	»
37°,35	»	»	36°,25	»	»	»	»
37°25,	»	»	35°,00	»	35°,00	»	»
37°,25	»	»	36°,25	»	»	»	»
37°,00	37°.00	37°,25	35°,00	31°,50	31°,50	36°	35°,75
37°,00	»	33°,00	»	»	»	»	»
37°,00	37°,25	35°,75	36°,75	»	»	»	»

1. GAVARRET. *Chaleur animale*, p. 104.
2. LORAIN. *Etudes de médecine clinique*. t. I, p. 426-427.
3. HENRI ROGER. *Recherches cliniques sur les maladies de l'enfance.* Paris, 1872, t. I, p. 231-232.

On peut établir en règle générale, dit M. Roger, que l'aisselle est (après le rectum) la plus chaude de toutes les régions accessibles à l'observateur ; considérées sous le point de vue de l'élévation comparée de leur température, les parties doivent être rangées dans l'ordre suivant : *rectum, aisselle, abdomen, cavité buccale, pli du bras, mains et pieds.*

Voici le tableau donné par Alvarenga[1] :

PARTIES EXPLORÉES.	TEMPÉRATURE			MOYENNE GÉNÉRALE.
	MAXIMA	MINIMA	Moyenne	
Tête..........	37°2 36°4	35°1 34°6	36°05 35°74	35°92
Thorax.......	37°9 36°0	32°0 32°0	35°60 34°55	35°20
Épigastre.....	37°6 36°8	34°0 33°5	36°01 35°21	35°66
Hypogastre...	37°5 36°8	34°5 34°0	36°43 35°30	35°94
Pli du bras ...	37°6 37°0	35°5 34°0	36°33 36°16	36°26
Cuisse	37°5 36°5	35°0 34°6	35°86 35°75	35°81
Creux poplité.	37°7 37°6	34°5 34°5	35°98 35°92	35°95
Plante du pied.	35°4 34°4	31°0 31°0	33°52 32°70	33°20

Les lignes supérieures des chiffres relatifs à chaque partie du corps soumise à l'exploration, représentent les températures constatées au moyen du thermomètre dont le réservoir était extérieurement couvert avec du coton.

1. ALVARENGA. *Précis de thermomètrie clinique.* Lisbonne, 1871, p. 46.

Ces différents tableaux prouvent une seule chose, dit M. Alvarenga c'est que la répartition de la chaleur à la peau présente de grandes différences suivant les régions et le moment de l'exploration : qu'en somme la température qu'on y perçoit est infidèle, car on ne peut pour chaque notation, faire l'analyse des erreurs qui ont pu l'influencer. On ne saurait même dire, non pas seulement de quelle quantité, mais dans quel sens ces influences ont pu prédominer. »

M. Enrico de Renzi [1] tire de ses nombreuses observations thermométriques les conclusions suivantes :

1° L'équilibre de température, favorisé par la circulation incessante des liquides dans l'organisme humain, est rompu à tout moment par l'action réfrigérante de la peau et des voies respiratoires ;

2° Le sang n'a pas partout la même température, les observations thermométriques démontrent que le calorique va en augmentant des artères aux veines ; qu'ainsi le sang est plus chaud dans les capillaires et dans les veines que dans les artères.

3° La température du creux axillaire et de la paume de la main fermée au poing est exactement la même quand les observations sont faites pendant la saison d'été.

4° La température cutanée n'augmente pas, comme on l'admet généralement, à mesure que l'on s'éloigne de l'extrémité des membres pour se rapprocher du tronc. Il y a, au contraire, plusieurs parties périphériques dont la température est plus élevée que celle des parties centrales ;

5° A la peau qui recouvre la région, soit externe, soit interne des membres, la température va en s'abaissant graduellement du centre à la périphérie. La partie interne de la main et du pied fait seule exception à cette règle, la température y étant plus élevée qu'à la face interne de l'avant-bras et de la jambe.

6° La peau de la région, soit interne, soit externe, des extrémités supérieures, a une température plus élevée que celle des parties correspondantes des membres inférieurs.

1. E. DE RENZI. *Sur la température animale dans les différentes parties du corps.* — *Il Filiatre Sebezio.* Mars 1863.

7° La température est constamment beaucoup plus élevée à la face interne qu'à la face externe des extrémités.

8° A l'état physiologique, la température d'une partie donnée de la peau, peut varier, mais dans des limites assez restreintes.

9° Dans l'état actuel de nos moyens d'investigation, il faut renoncer complètement a connaître exactement la température absolue d'une partie isolée de la peau, mais la détermination des températures relatives peut être faite avec une grande pression.

10° Le mercure s'élève plus rapidement dans le tube du thermomètre quand la boule est appliquée sur la peau des extrémités supérieures, que quand on explore les parties correspondantes des extrémités inférieures. La même différence s'observe quand on examine comparativement la face interne et la face externe des membres.

D'après M. Couty[1], à l'état normal, il existerait une température moyenne à peu près constante chez le même individu ; mais les différences constantes de la température périphérique entre les divers individus, seraient notables.

L'*influence des agents extérieurs* d'après ce même auteur serait moins considérable qu'on le suppose. En résumé, dit-il, mes observations montrent que les variations de l'atmosphère extérieure n'ont qu'une influence contestable et très variable quand elles sont *momentanées*, mais qu'elles ont au contraire une influence certaine et relativement considérable, quand elles se prolongent, l'hiver abaissant, l'été surélevant les températures périphériques.

Dans les cas où les variations de la température sont momentanées, les organes reprennent rapidement leur chaleur en assez peu de temps, la régularisation normale du calorique se rétablit et les variations de la température et du milieu extérieur ont en somme une influence limitée sur la chaleur des organes périphériques. Pour cet auteur, chaque individu a une température palmaire moyenne et cette température ne dépend pas de la constitution ou du tempérament, mais plus probablement du développement et du degré d'excitabilité du système nerveux.

1. Couty. *Gazette hebdomadaire de médecine et de chirurg.* 2 août 1878.

Le plus ou moins d'élévation de la moyenne palmaire de ohaque individu ne paraît dépendre ni de la constitution, ni du tempérament, ni de l'état de vigueur ou de faiblesse du sujet : et seul, le plus grand développement nerveux et intellectuel a paru avoir une action constante sur l'état de la empérature périphérique.

D'autres facteurs nerveux, travail digestif, sommeil, fati gues musculaires ou autres, peuvent avoir aussi une influence momentanée sur la température palmaire ; et en résumé, l répartition calorique à la périphérie paraît dépendre non de l'état physique du milieu extérieur, mais surtout des variations physiologiques du milieu intérieur, sanguin et surtout nerveux.

Comparant la température des plis cutanés et celle de la cavité buccale, M. Gassot trouve dans un premier cas les températures moyennes suivantes :

	Matin	Journée	Soir
Aisselle	0°,28	0°,3	0°,3
Pli du coude	0°,48	0°,76	0°,72
Paume des mains.	0°,62	0°,94	0°,74
Creux poplité	0°,74	0°,82	0°,74

Dans un second cas, M. Gassot a obtenu des résultats à peu près analogues.

D'après ces observations, M. Gassot conclut que « c'est le matin que les températures internes sont à leur minimum. C'est aussi le matin que des écarts entre les températures des plis cutanés et la température interne sont le moins accusés.

Les oscillations de la température des diverses régions sont d'ailleurs encore très faibles, elles ne dépassent pas 0°,4. »

Si nous voulons ranger, dit cet auteur ces diverses régions d'après leur température, nous placerons en première ligne le rectum, puis le vagin, l'aisselle, la paume des mains, l'aine, le pli du coude et le creux poplité.

Avec l'appareil thermo-électrique on obtient sensiblement les mêmes résultats. M. Gassot donne le tableau suivant des chiffres obtenus dans l'exploration thermométrique des diverses régions.

Pour le membre inférieur

I. TRONC.

1° FACE ANTÉRIEURE

a. Parties latérales.

Région sus-claviculaire........................	37°,4
Région mammaire (voisinage du mamlon).......	33°,4
Région costale (hypochondre droit)..............	36°,9
Région abdominale (flanc)....................	34°,4

b. Ligne médiane.

Région sus-hyoïdienne........................	36°,4
Région sous-hyoïdienne........................	36°,4
Région sternale..............................	32°,4
Région épigastrique..........................	35°,4
Ombilic......................................	36°,9

2° FACE POSTÉRIEURE.

a. Parties latérales.

Région sous-épineuse.........................	33°,4
Région costale...............................	35°,9
Région lombaire..............................	35°,9

b. Ligne médiane.

Région dorsale...............................	35°,4
Région lombaire..............................	34°,4
Espace interfessier..........................	37°,4
Région périnéale.............................	37°,2

II. MEMBRE SUPÉRIEUR.

1° *Face antérieure.*

Région acromiale.............................	30°,9
Bras...	34°,9
Coude (pli)..................................	35°,6
Avant-bras...................................	34°,9
Main (paume).................................	35°,6
Espace interdigital..........................	34°,6
Extrémité des doigts (entre le pouce et l'index)..	33°,4

2° *Face postérieure.*

Région deltoïdienne..........................	33°,4
Bras...	33°,4
Coude (extrémité du cubitus).................	32°,9
Avant-bras...................................	34°,4
Main...	35°,4

III. MEMBRE INFÉRIEUR.

1° *Face antérieure.*

Région inguinale (pli)	36°,9
Cuisse	34°,2
Genou (rotule)	30°,7
Tendon rotulien	32°,2
Jambe (tibia)	33°
Cou de pied	32°

2° *Face externe.*

Cuisse	34°,2
Genou	32°,7
Jambe	34°,9

3° *Face postérieure.*

Région fessière	33°,2
Pli fessier	35°,2
Cuisse	34°,4
Creux poplité	36°,2
Jarret	33°,7
Tendon d'Achille	33°
Talon	33°
Arcade plantaire	34°
Face inférieure des orteils	32°,5
Entre les orteill	33°

4° *Face interne.*

Pli inguino-scrotal	37°,75
Cuisse	35°,2
Genou	32°,7
Jambe	35°,2
Pied	34°,5

IV. TÊTE.

1° *Ligne médiane.*

Nuque	35°,4
Front	34°

2° *Parties latérales.*

Fosse temporale	34°,5
Région sus palpébrale	33°,5
Oreille externe	31°
Pavillon de l'oreille	28°,5

Il s'agissait encore dans ce cas d'un homme robuste et bien portant. La digestion était terminée au moment des expériences. La température ambiante oscillait entre 18° et 19° centigrades.

Analysant ses résultats M. Gassot trouve que les parties correspondant au sens de la flexion ont une température plus élevée qu'à celles qui correspondent au sens de l'extension. C'est ainsi que pour le membre supérieur :

	Face antérieure	Face postérieure
Bras..................	34°,9	33°,4
Coude	35°,6	32°.9
Avant-bras............	34°,9	34°,4
Main	35°,6	35°,4

	Face interne	Face postérieure	Face externe	Face antérieure
Cuisse......	35°,2	34°,4	34°,2	34°,2
Genou......	32°,7	30°,2	32°,7	30°,7
Jambe......	35°,2	33°,7	34°,9	33°
Pied.	34°,5	34°	»	32°

2° Les résultats suivants, d'après M. Gassot, démontrent l'influence qu'a la nature et la vascularité de l'organe sous-jacent :

Région acromiale (os et séreuse)................	30°,9
Face postèrieure du coude (os et séreuse).......	32°,9
Face antérieure de la jambe (os)................	33°
Face antérieure du genou (os et séreuse).........	30°,7
Tendon rotulien..................................	32°,2
Tendon d'Achille	33°
Pavillon de l'oreille (cartilage)................	28°,5

au contraire :

Région sus-claviculaire (poumon)	37°,4
Hypochondre droit (foie)	36°,9
Espace interdigital (vaisseaux)..................	34°,6
Fesse (la plus froide des régions musculaires)...	33°,2

3° Le derme des régions riches en papilles nerveuse se fait également remarquer par l'abondance de ses vaisseaux sanguins; ce fait se traduit par les résultats suivants :

Paume des mains.................................	35°,6

Plante des pieds	34°
Face dorsale	35°,4
Coude-pied	32°

4° La peau de la face postérieure du tronc est plus épaisse que celle de la face antérieure, elle est moins riche en papilles, etc... On trouve :

Région sus-hyoïdienne	36°,4
Région épigastrique	35°,4
Hypochondre droit	36°,9
Nuque	35°,4
Région lombaire médiane	34°,4
Région lombaire latérale	35°,9

5° L'influence du voisinage de vaisseaux volumineux est énorme, elle est d'autant plus grande qu'on est plus rapproché du centre circulatoire ; or nous voyons :

Aisselle gauche	37°,6
Aisselle droite	37°,5
Région sus-claviculaire	37°,4
Aine	36°,9
Creux poplité	36°,2

Dressant la topographie thermique des régions accessibles au chirurgien, M. Gassot donne les résultats suivants :

En première ligne, doit se placer le rectum température entre 37°,4 et 38°.

Puis la température du vagin, de la bouche, 37°,30.

Après la bouche, le pli inguino-scrotal, 37°,75.

Enfin l'aisselle, 03° de moins qu'à la bouche 37°,6.

A plusieurs reprises, l'aisselle gauche a présenté une température plus élevée de 0°,1, à 0°,2.

Le voisinage du cœur et de la crosse de l'aorte serait d'après l'auteur la cause de cette élévation.

37°,4.—Région sus-claviculaire.—Espace interfessier 37°,4.

Le voisinage du poumon et des vaisseaux sous-claviers, l'exploration dans un point voisin de l'anus expliquent ces températures élevés,

De même pour le périné, le voisinage des organes pelviens élèvent la température de la peau, 37°,2.

36°,9. — Hypocondre droit. -- Pli inguinal.

36°,4. — Région sus et sous-hyoïdienne.

36°,2. — Creux poplité.

35°,9. — Région costale supérieure.

35°,6. — Pli du coude. — Face palmaire de la main.

35°,4, — Face dorsale de la main. — Nuque. — Région dorsale médiane. — Creux épigastrique.

35°,2. — Pli-fessier. — Faces internes de la cuisse et de la jambe.

34°,9. — Faces externe de la jambe et antérieure du bras,

34°,6. — Espace interdigital.

34°,5. — Fosse temporale. — Face interne du pied.

34°,4. — Région abdominale. — Région lombaire médiane. — Face postérieure de la cuisse. — Face postérieure de l'avant-bras.

34°,2. — Face antérieure et externe de la cuisse.

34°. — Front. — Arcade plantaire.

33°,7. — Face postérieure de la jambe.

33°,5. — Région sus-palpébrale.

33°,4. — Région sous-épineuse. — Région pectorale latérale. — Région deltoïdienne. — Face postérieure du bras. — Extrémité des doigts.

Les régions suivantes dites régions froides, par M. Gassot. sont très variables.

33°,2. — Région fessière.

33°. — Face antérieure de la jambe. — Tendon d'Achille. Talon. — Entre les orteils.

32°,9. — Face postérieure du coude.

32°,7. — Faces latérales du genou.

32°,5. — Face inférieure des orteils.

32°,4. — Région sternale.

32°,2. — Tendon Rotulien.

32°. — Cou de pied.

31°. — Oreille externe.

30°,9. — Région acromiale.

30°,7. — Rotule.

28°,5. — Pavillon de l'oreille.

M. Colin a dressé le tableau suivant des températures superficielles d'un cheval à long poil d'hiver, à une température extérieure voisine de zéro, le thermomètre glissé sous le poil et en contact avec l'épiderme.

La température rectale étant 38°, on trouve :

35°,2. — Sur les côtés de la poitrine ;
34°,7. — Sur les côtés du ventre, au creux du flanc ;
34°,6. — A la cuisse, face externe.
34°,2. — A la croupe ;
34°,2. — Au bord supérieur du cou, sous la crinière,
34°,3. — A la nuque, sous les crins ;
33°,7. — Au milieu des épaules ;
33°,6. — Dans la fosse temporale ;
31°,8. — Au milieu du front ;
31°,8. — Sur la joue ;
30°,0. — Au pli de l'avant-bras ;
29°,6. — Au garrot ;
27°,5. — Sur les reins ;
27°,2. — Sur le dos ;
18°,5. — Au genou, face antérieure ;
16°,0. — Au canon, face antérieure ;
15°,5. — Au boulet ;
13°,5. — Au paturon et à la couronne ;
11°,5. — Au dessous du pied, dans la lacune médiane et dans la fourchette.

En prenant pour terme de comparaison la température interne 38°, on voit que l'abaissement dans les régions sus-indiquées s'exprime par les chiffres suivants :

2°,8 sur les côtés de la poitrine ;
3°,3 au flanc ;
3°,4 à la cuisse ;
3°,8 à la croupe ;
3°,8 à l'encolure ;
3°,7 à la nuque ;
4°,3 aux épaules ;
4°,4 dans la fosse temporale ;
6°,2 au front et à la joue ;
8°,0 au pli de l'avant-bras.
8°,4 au garot ;
10°,2 aux reins ;
10°,8 sur le dos ;

19°,5 au genou ;
22°,0 au canon ;
22°,5 au boulet ;
24°,5 au paturon ;
26°,5 à la face inférieure du pied.

Ce qui frappe surtout dans ce tableau, dit M. Colin, c'est le refroidissement rapide des régions à mesure qu'elles s'éloignent des grandes masses du tronc, notamment celui des membres à compter du genou et du jarret. Dans le tableau de Davy, il y a seulement un écart de 4 degrés 1/2 entre la température de l'aisselle et celle de la plante du pied de l'homme. Pour le cheval, cet écart est de 25 degrés 1/2 et il se montre quelquefois plus considérable encore.

Dans nos recherches des températures de la peau des diverses régions à l'état physiologique, nous nous sommes servis de plusieurs procédés, mais dans tous les cas, nous avons cherché à éviter de modifier la température réelle par l'application de nos instruments, nous avons rejeté l'emploi de la ouate, de la flanelle pour recouvrir nos instruments, etc., application qui échauffe la peau et vicie les résultats. Nous avons ainsi cherché et obtenu, croyons-nous, la température de la peau refroidie ou réchauffée par l'air ambiant, condition normale de la peau incessamment en contact avec des couches d'air dont la température varie.

Nous avons souvent employé de petits thermomètres dont le réservoir appliqué sur la peau n'était nullement recouvert. Dans d'autres cas, nous nous sommes servis de soudures thermo-électriques qui ne pressaient sur la peau qu'en un point très limité et qui ne pouvaient ainsi, en aucune sorte, modifier la température des parties.

Par l'exploration, au moyen d'instruments très sensibles, on peut démontrer, d'abord, qu'à l'*état de repos absolu* la température du milieu dans lequel se fait l'expérience étant constante, la chaleur de la peau se modifie et ne reste pas toujours la même, et cela à de très courts intervalles.

Nos expériences sont confirmatives de celles de Hankel.

Hankel a obtenu les résultats suivants :

EXPÉRIENCE I

TEMPS EN MINUTES	DÉVIATIONS DU GALVANOMÈTRE	DIFFÉRENCE EN DIVISIONS DE L'ÉCHELLE
29	907,0	— 0,2
30	906,8	+ 1,2
31	908,8	— 0,3
32	907,7	+ 0,3
33	908,0	+ 0,2
34	908,2	— 0,4
35	908,7	+ 0,9
36	908,7	+ 1,3
37	910,0	

La différence en une minute est donc de 1.3 divisions (= 0.02 R) en 8 minutes 3,0 (= 0, 05 R.)

EXPÉRIENCE II

TEMPS EN MINUTES	DÉVIATIONS DU GALVANOMÈTRE	DIFFÉRENCE EN DIVISIONS DE L'ÉCHELLE
7	844,0	— 1,9
8	842,1	— 0,7
9	841,4	+ 3,9
10	845,3	+ 0,1
11	845,4	+ 0,4
12	845,0	— 0,4
13	843,6	— 1,4
14	842,2	+ 0,1
15	842,3	— 0,9
16	851,4	

Dans ce cas la plus grande différence dans 1 minute a été 3, 9 divisions de l'échelle —(0,067 R.)

EXPÉRIENCE III et IV

TEMPS EN MINUTES	DÉVIATIONS DU GALVANOMÈTRE	DIFFÉRENCE EN DIVISIONS DE L'ÉCHELLE
43	766,5	+1.1
44	767,6	+0.6
45	768,2	—0.6
46	768,8	+0.4
47	769,2	—0.9
48	770,3	

AUTRE EXPÉRIENCE SUR LE MÊME SUJET

50	725,7	− 1,1
51	724,6	+0,6
52	725,2	−0,7
52,3	724,	+1,1
53	725,6	

Ainsi la plus grande différence entre 2 minutes a été 1, 1 divisions (= 0, 019 R), en 2 minutes, 1,5 (= 0, 0,20 R). La plus grande différence (Expérience II) a été 3,9 = 0,067 R.

Ainsi donc, d'après un grand nombre d'expériences, *la température de la peau change en moyenne de* 0,05 *en plusieurs minutes.*

Les résultats de ces recherches sont importants à connaître ; ils font savoir que dans nos expériences et observations toutes les valeurs qui ne dépassent pas 0,05 ne peuvent servir à établir des conclusions certaines.

De nos observations thermométriques, pratiquées en très grand nombre, nous pouvons déduire les moyennes suivantes :

En première ligne, doivent se placer :

Le rectum et le vagin....................	37°,5 37°,8
La bouche..............................	37°,40 37°,5
Pli de l'aine (la cuisse dans la flexion).....	37°,4
L'aisselle..............................	37°,4 37°,6

Les variations observées dans les températures de ces régions sont peu considérables pendant la journée, la tempéra ture est généralement cependant plus abaissée de 2 à 3 dixièmes le matin que le soir, à midi, *après le repas*, on note une légère élévation.

Nous ne signalerons pas ici l'influence de l'âge, de la constitution, du sommeil, du repos, nous avons suffisamment traité cette question dans la première partie de notre travail.

La peau de la poitrine, de l'abdomen a une température plus élevée que celle de la tête et des régions voisines.

Les membres supérieurs ont une température plus élevée que les membres inférieurs.

Voici les chiffres que nous avons le plus souvent obtenus :

Région sternale, partie supérieure.........	34°
— — — inférieure.........	35° 5

Région costale, sommet du poumon	34° à 35°
— — partie moyenne	33°,5 à 34°
— — inférieure	34° à 35°
Région mammaire chez l'homme	35°
— — chez la femme	35°,4
Région sus-claviculaire	37°
Région sous-claviculaire	36°,5
Fosse sus-épineuse	34°
— sous-épineuse	33°;5
Région dorsale, partie supérieure	35°, 5
— — — moyenne	35°,4
— — — inférieure, au niveau des dernières côtes	35°,5
Région vertébrale	35°,5
Région épigastrique	35°,5
— ombilic	35°,8
Ligne médiane	35°,5
Hypochondre droit	36°,5
Hypochondre gauche	36°,9
Flanc droit	36°,2
Flanc gauche	36°,4
Pli de l'aine	36°
Région scrotale	34°,5
Périné	36°
Région anale	36°
Pli interfessier	36°2
Coccyx	34°
Région lombaire, droite	35°,5
— — gauche	35°,6
Région vertébrale	34°,5

Tête.

Région frontale droite	36°,2
— gauche	36°,4
Région pariétale droite	35°,1
— gauche	35°,3
Région occipitale droite	35°,8
— — gauche	35°,9
Nuque	35°,4
Région temporale droite	36°,1
— gauche	36°,2
Nez	31°
Cavité nasale	36°,5

Joues	36°,5
Région oculaire	33°,5
— maxillaire inférieure	33°,5
Conduit auditif externe	31°
— interne	35°,2
Région-sus hyoidienne médiane	36°,5
— — parties latérales	36°,8
Région sous-hyoidienne médiane, p. supér.	36°,5
— — — p. infér.	36°
— — latérale, p. supér.	36°,5
— — — p. infér.	36°8
Au niveau du larynx	35°,5
du corps thyroïde	35°,8
Au niveau du bord interne du sterno cléïdo mastoïdien (voisinage des vaisseaux carotidiens)	37°
Partie postérieure du cou	35°,4
Colonne vertébrale	35°
Parties latérales	35°,5

Membre supérieur.

Acromion	31°
Deltoïde, en avant	32°,5
— partie moyenne	32°,8
— en arrière	32°,8
Bras, partie supérieure, face interne	34°,8
— — — externe	34°,5
— — — antérieure	34°,8
— — — postérieure	33°,5
— moyenne, — interne	34°,8
— — — externe	34°,3
— — — antérieure	34°,8
— — — postérieure	33°,5
— inférieure, — interne	34°,5
— — — externe	34°
— — — antérieure	34°,6
— — — postérieure	33°,9
Pli du coude, partie externe	34°
— — interne	34°,5
— — antérieure	35°,5
— — postérieure (olécrane)	33°,2
Avant-bras, partie supérieure, face interne	34°
— — — externe	33°,8

Avant-bras, partie supérieure, face antérieure.	34°
— — — postérieure.	33°,9
— — moyenne, face interne..	33°,9
— — — externe....	33°,6
— — — antérieure..	34°
— — — postérieure.	33°,6
— — inférieure, face interne..	33°,6
— — — externe....	33°,4
— — — antérieure..	33°,8
— — — postérieure.	33°,2
Poignet, face antérieure..................	33°,8
— — postérieure................	32°
— partie interne.................	33°,2
— — externe.................	33°
Main, face palmaire........................	35°,5
— dorsale........	33°,5
— Bord interne...................	34°
— — externe.	33° 6
— Espace interdigital............ .	34°,6
— Doigts.........................	34°
— Extrémité des doigts............	33°,5

Membre inférieur.

Région fessière..........................	34°
Cuisse, partie supérieure, face antérieure.. .	35°,2
— — — postérieure..	34°,5
— — — interne......	35°,5
— — — externe......	35°
— moyenne, face antérieure....	35°
— — — postérieure...	35°,5
— — — interne.......	33°,4
— — — externe......	35°
— inférieure. — antérieure ...	34°,8
— — — postérieure ..	35°,2
— — — interne	33°,2
— — — externe	34°,8
Articulation du genou. Tendon Rotulien....	32°,5
— — face antérieure......	33°,2
— — faces latérales, externe.	34°,6
— — — interne.	35°
— Région poplitée, partie supérieure	35°,5
— — — inférieure.	36°
— — médiane droite..	36°

Articulation du genou. Médiane gauche.....	36°
Jambe, partie supérieure, face antérieure...	34°,2
— — postérieure..	34°,8
— — interne......	34°,6
— — externe......	34°,4
— moyennne, face antérieure...	34°,2
— — postérieure..	34°,8
— — interne......	34°,5
— — externe......	34°,4
— inférieure, face antérieure...	34°,5
— — postérieure..	34°,5
— — interne......	34°,2
— — externe.....	34°,1
Articulation tibio tarsienne, face antérieure.	33°,5
— — postérieure.	33°,5
— malléole interne, en avant..	32°,5
— — en arrière.	33°,5
— malléole externe, en avant..	33°,4
— — en arrière.	33°,5
— Au niveau du tendon d'Achille.	32°
Sur les parties latérales.......	33°,5
— Talon........................	33°
Pied, face dorsale tarsienne, métatarsienne.	32°,2
— plantaire..................	34°,5
— — interne...........	33°,5
— — externe...........	32°,5
— — médiane..........	32°,8
— Plis interdigitaux..........	33°
— Doigts.....................	32°,5
— Extrémité des doigts.......	31°,8

De l'examen de nos tableaux, il ressort un certain nombre de conclusions.

La température de la périphérie cutanée est *très variable.* Elle peut changer très notablement dans l'espace de quelques heures.

Ses oscillations peuvent aller de 2 à 6 degrés. A l'état normal, il existe une température moyenne à peu près constante pour le même sujet. — Cette fixité est observée dans les parties dont la température est assez élevée, région de la poitrine, de l'abdomen; les régions dont la température est assez abaissée, parties éloignées du tronc, présentent au contraire des variations thermiques incessantes. Les points dont la température est le plus élevée sont ceux qui sont musculaires ou au voisinage d'organes importants.

La température de la peau s'élève sur le trajet des gros vaisseaux superficiels.

La température élevée des régions sus-claviculaires, du périné, de l'hyphocondre, des régions du cou, du creux poplité, du pli du coude s'expliquent par le voisinage de gros vaisseaux et d'organes importants.

Les régions peu riches en vaisseaux, en papilles nerveuses, dans lesquelles la peau est indurée ou chargée de tissu adipeux, présentent une température peu élevée.

A mesure que l'on s'éloigne du tronc, la température s'abaisse. Nos observations confirment donc la loi de Davy. Il est cependant à remarquer que dans un très grand nombre d'observations la température de la main et du pied dépasse celle de l'avant-bras et de la jambe.

La température des membres est plus élevée dans le sens de la flexion que dans celui de l'extension, au voisinage des gros vaisseaux et des articulations.

La température des membres supérieurs dépasse de quelques dixièmes celle des membres inférieurs. Les faces internes sont plus chaudes que les faces externes.

Les causes des variations de la température périphérique sont : 1° l'action de l'air ambiant qui, ainsi que nous l'établirons plus loin, a une influence très notable sur la température de la peau ; 2° le travail digestif, les fatigues musculaires, le développement ou le degré d'excitabilité du système nerveux (Couty).

La répartition calorique à la périphérique dépend de l'état physique du milieu extérieur et des variations physiologiques du milieu intérieur sanguin et nerveux.

L'âge, la constitution, le degré de vigueur ou de faiblesse ne paraissent pas avoir une influence très marquée.

De la différence de température entre les deux côtés du corps à l'état normal.

Nous avons étudié avec soin la température des deux côtés du corps afin de connaître s'il existait des différences marquées entre les parties correspondantes. La solution de cette question est très importante, car, avant de conclure dans nos observations à un état pathologique, il faut savoir s'il ne s'agit pas d'un fait normal se produisant toujours ou fréquemment chez l'homme sain. Observons-nous une différence de température des deux côtés du corps de 2, 3 dixièmes, peut-on conclure à une lésion d'un côté ou bien s'agit-il de différences observée à l'état normal?

Nous n'avons rien trouvé de précis sur ce point dans les auteurs, et les conclusions de quelques observateurs se basent sur un trop petit nombre de faits.

Kuessner[1] a établi par de nombreuses expériences que, chez le lapin, la température est à *l'état normal* plus élevée d'un côté que de l'autre et subit, à de courts intervalles, des variations sans cause appréciable.

Voici les moyennes que nous avons obtenues dans nos expériences sur 12 lapins qui paraissaient en bonne santé au moment de notre examen :

Sur deux animaux observés pendant huit jours, pas de différence appréciable dans la température de deux côtés du corps.

Sur 10 animaux, différence de 0°,1, à 0°,4, tantôt du côté droit, tantôt du côté gauche.

Sur le même animal, observé pendant plusieurs jours, la différence de température existait tantôt à droite, tantôt à gauche. Chez le chien, et principalement chez les jeunes chiens, on observe des différences de température tantôt à droite, tantôt à gauche.

Les différences de températures sont plus constantes et plus marquées (0°, 1, 0°,2) aux membres qu'au tronc et plus notables aux membres inférieurs qu'aux supérieurs.

Ainsi donc, chez les animaux, il existe à l'état normal des différences de température entre les deux moitiés du corps (de 0°1 *à* 0°,4). *L'élévation se montre tantôt à droite tantôt à gauche et sans règle fixe, plus marquée et plus constante aux membres qu'au tronc et aux membres inférieurs qu'aux supérieurs. Les différences thermi-*

1. Kuessner. *Ueber vasomotorische Centren in der Grosshirnrinde des Kaninchens.* Arch. für. Psych. u. Nervenkrank. Tome VIII, page 432, 1878.

ques varient sans cause appréciable et à de courts intervalles aux différents moments de la journée.

Chez l'homme, on a aussi noté des différences de température entre les deux moitiés du corps, mais il s'agit souvent dans ces cas de lésions pathologiques nettement caractérisées. C'est ainsi que Du Pui [1] dans son Mémoire : *De homine dextro et sinistro* consacre un chapitre au chaud et au froid d'un seul côté (*calor frigusque alterutrius lateris*) et cite plusieurs malades atteints d'affections nerveuses, avec sueur et élévation de température d'un côté.

J. F. Clossius [2] a observé des cas d'augmentation de chaleur avec sueur d'un seul côté du corps ; il a vu à Tubingen un enfant qui lorsqu'il s'échauffait devenait rouge et chaud du seul côté droit de tout le corps jusqu'à la sueur, tandis que son côté gauche ne présentait aucun changement de couleur, ni de chaleur, ni d'humidité.

Schenck [3] dit : « Dans un couvent de la Forêt Noire, une nonne me demanda conseil pour le cas suivant : chaque fois qu'elle entrait au bain ou qu'elle se livrait à quelque exercice, elle devenait rouge de la tête au pied, seulement du côté droit : rien de semblable n'avait lieu à gauche.

Blake [4] a noté des différences de température de 0°,2 à 0°,4 à l'état normal entre les deux côtés du corps.

Wegscheider [5], L. Cocato [6] ont établi que la température des deux aisselles variait à l'état normal.

D'après L. Cocato, la température des deux aisselles est égale chez 21°,66 0/0.

1. Simon du Pui. *Dissertatio medica inauguralis de homine dextro et sinistro. Lugduni Batavorum.* 1780.

2. Clossius. *Spec. obs. miscell. novæ variolis med. meth. adjectum*, Obs. XXIII. p. 102.

3. Schenck. *Ob. rar. de cute*, lib. V. obs. V.

4. Edward Blake. *Des différences de température du côté droit et du côté gauche.* (*Medical Times and Gazette.* 8 octobre 1870).

5. Wegscheider. *Ueber das Verhalten der Korpertemperaturen bei einseitigen Affectionen der Brustorgane* (*Archiv. für path. Anat. und phys. de Virchow.* Band. LXIX°).

6. L. Cocato. *Sulla termometria comparatica delle ascelle e le flogosi unilaterali degli organi toracici. Rivista Clinica di Bologna* fasc. 10. octobre 1877).

— *Sur le rhumatisme articulaire à marche rapide.* 1876.

Il a observé des différences de 1/5 chez 58,33 0/0.
— — de 2/5 chez 21,66 0/0.
— — de 3/5 chez 2,22 0/0.
— — de 4/5 chez 1,80 0/0.

La température fut plus élevée du côté de l'aisselle droite dans 71° 11 0/0.

La température fut plus élevée du côté de l'aisselle droite dans 28,89 0/0.

M. Lereboullet a aussi constaté ces différences de température de l'aisselle chez des sujets sains.

Nous avons recherché avec soin les différences de température qui existent entre les deux côtés du corps chez des personnes en parfaite santé.

Voici le résultat de nos observations :

La température de la tête à l'état normal (Voir Thermométrie péricranienne, page 417) n'est pas égale des deux côtés (différence de 0°,3 à 5 dixièmes en moyenne). L'élévation de température est plus fréquente du côté gauche. La région frontale droite est souvent plus chaude que la région correspondante du côté opposé.

Les deux moitiés du thorax et de l'abdomen présentent à l'état normal presque dans tous les cas (90 0/0) des différences de température de 0°,1 à 0°,4. L'élévation se montre tantôt à droite, tantôt à gauche, plus souvent à gauche (7/10).

Chez le même sujet, on peut trouver à différents moments l'élévation de témpérature tantôt d'un côté, tantòt de l'autre, variant à de courts intervalles.

Les membres, chez les sujets sains, présentent aussi des différences assez notables de 0° 2 à 0°5.

Les extrémités des membres ont des températures différentes de 0,3 à 0°,6.

Les membres inférieurs présentent d'une façon plus constante et plus marquée des différences thermiques.

Les conclusions que nous venons de donner sont basées sur un très grand nombre d'observations. Le sujet sain et robuste était exploré pendant plusieurs jours et à des intervalles assez rapprochés.

En résumé, *les deux moitiés du corps présentent presque toujours, chez l'homme en parfaite santé, des différences de tempéra-*

ture de 0°,2 à 0°,4 dixièmes. — La connaissance de ce fait est importante ; elle nous apprend à n'admettre qu'avec réserve les conclusions de certaines observations cliniques basées sur des différences de température de quelques dixièmes entre deux régions.

L'épaisseur plus ou moins grande des poils, la protection par les vêtements, la pression, le frottement, l'abondance de la sueur, le défaut de couche graisseuse, la richesse en glandes sudoripares d'un côté du corps, sont les causes principales des différences de la température des deux côtés du corps. Un certain nombre de différences thermiques observées se produisent très probablement aussi sous l'influence du système nerveux (voir expériences de Lombard et Brown Séquard, p.).

Influence des variations de la température extérieure. Refroidissement de la peau par l'action de l'air à une basse température.

Lorsque la peau est exposée à l'air, elle se refroidit ou se réchauffe assez rapidement. L'influence des variations de la température extérieure sur la chaleur de la peau doit être connue, afin d'éviter les erreurs dans nos observations cliniques. Avec Adamkiewicz, Couty, nous admettons que si le refroidissement et l'échauffement sont momentanés et passagers, ils ont peu d'influence sur la chaleur des organes périphériques, mais si, ils durent un certain temps, l'effet produit est très manifeste. Il suffit de 3, 4 minutes pour observer des modifications de la température de 2° à 4°. La peau, ainsi que nous l'avons constaté très fréquemment, ne recouvre sa chaleur perdue que *tres lentement.*

D'après Mortimer Granville [1] et Sidney Ringer, lorsque la peau est découverte, elle se refroidit rapidement et ne revient à son degré normal que lentement ; l'abaissement et l'élévation se produisent sans règle fixe, non seulement pour la même surface donnée, mais encore pour les différentes parties explorées du sujet.

Sidney Ringer rapporte que chez un sujet, dont la température était normale et qui fut placé dans son lit, la peau se refroi-

1. MORTIMER GRANVILLE. *The Lancet.* 11 août 1877, p. 205, 206.

dit rapidement à 94°, F. et qu'il se passa une heure 1/2 avant qu'elle ne recouvrât la chaleur perdue.

Au commencement de l'observation, la température rectale était 98°,6 F.

Le thermomètre de surface fut placé au niveau du foie. Il marqua d'abord 94°, au bout d'une 1/2 heure 97° 5. On prit ensuite la température à un pouce et demi de l'ombilic, au bout de 5 minutes en obtint 97°,5. A deux pouces du milieu du ligament de Poupart, au bout de 5 minutes 97°,5. Au niveau des dernières côtes qui recouvrent le foie, dans la ligne du mamelon, le thermomètre atteignit 98°.

Au bout de deux heures, la température rectale était 98°,8.

De nombreuses expériences donnèrent des résultats semblables.

En exposant des animaux à des froids très vifs soit pendant quelques heures seulement, soit pendant des journées, des nuits entières, ou même pendant plusieurs jours de suite, M. Colin a vu que les effets du froid sur l'ensemble de l'organisme sont des effets secondaires subordonnés à ceux qu'il produit sur la peau, si le froid ne réussit pas à abaisser notablement la température de la peau, il est parfaitement supporté et reste inoffensif, tandis qu'il détermine des troubles graves et tue même, s'il fait descendre le tégument au-dessous d'un certain degré.

M. Colin à noté une énergique résistance au refroidissement chez le chien, le chat, le lapin, le rat.

D'après cet auteur, la conservation de la chaleur extérieure et intérieure n'est pas entièrement subordonneé à l'état de revêtement de la peau. Cette conservation dépend en partie, de l'impression produite par le froid sur l'ensemble du système nerveux et, par suite, sur la respiration et la circulation.

Refroidissement de la peau au contact de la glace, de la neige.

M. Colin a fait voir que le séjour dans la glace n'amène pas de modification très marquée de la température extérieure et intérieure des animaux. Il faut faire durer l'expérience 24 heures pour produire un abaissement de 1 à 2 degrés à l'aine, à l'aisselle et aux régions dont la température dans les conditions normales, est à peu près fixe.

« Donc, dit M. Colin, la résistance au refroidissement est parfaite dans la glace sèche comme dans l'air.

« En appliquant ces données à l'homme, on peut admettre que, si ses vêtements étaient équivalents aux fourrures du chat et du lapin, il pourrait conserver sa chaleur au même dégré que les animaux et dans des conditions semblables. »

Il est à remarquer que, chez les animaux. les pattes mises en contact avec la glace accusent au bout d'un certain temps une réaction très notable : au bout de 1/2 après la cessation de l'expérience, on note un réchauffement de 11°, 17°, 5° ou 6° au-dessous de la normale. Sous *la neige* les animaux adultes conservent aussi leur température pendant 5, 6 heures grâce à la présence du poil des fourrures qui conduisent mal le calorique.

Refroidissement du corps par l'eau. Action de la pluie. Des aspersions et du bain froid. Fourrures. Plumages. Vêtements.

Si, à l'exemple de M. Colin, on applique un thermomètre dans le tissu cellulaire sous-cutané et si on met en contact la peau correspondante avec de l'eau, on note que le refroidissement est subordonné à la présence ou à l'absence de revêtements pileux et varie dans les limites très étendues suivant la température ambiante. — L'eau très froide ou à quelques degrés au-dessus de zéro, refroidit à peu près comme la neige ou la glace pulvérisée. La facilité avec laquelle le refroidissement se produit est très grande et avec de l'eau à 0 degré, on peut produire au bout d'une minute des abaissements de 7°, 8°, 10°.

La réaction à la suite de l'impression du froid est lente dans les cas de refroidissement interne et un peu prolongé.

Le réchauffement, tout en demeurant plus lent que le refroidissement, suit la même progression, il est rapide au début et se ralentit à mesure qu'il se rapproche de son terme.

Le temps employé au réchauffement est triple ou quadruple de celui du refroidissement.

L'animal velu se réchauffe plus lentement que l'animal à poils ras (Colin).

Daprès M. Colin, la lenteur n'est pas la seule particularité intéressante du réchauffement de la peau, il en est une seconde qui doit attirer l'attention. En effet, presque toujours si la réaction n'est point aidée par des frictions, par la chaleur et d'autres moyens artificiels, la peau conserve longtemps une certaine fraicheur.

Lorsque la température ambiante est abaissée, lorsque l'impression du froid est persistante, la réaction ne se produit pas et de là des troubles profonds, graves.

Lorsque le corps, sauf la tête, est plongé dans l'eau très froide, par exemple, dans de l'eau dont la température est maintenue à zéro, la réfrigération de la peau et des parties sous-jacentes marche avec une extrême rapidité, les couches profondes se refroidissent et la mort survient assez rapidement, si on ne pratique pas le réchauffement.

Nous devons enfin signaler les modifications de température de la peau qui surviennent d'un côté du corps lorsque l'autre moitié est refroidie, phénomène bien étudié par MM. Lombard et Brown Séquard et qui est sous la dépendance du système nerveux.

Si l'on place un bras jusqu'au coude dans de l'eau à 10°, 12°, la température des deux bras et des aisselles varie considérablement.

La température peut monter plus vite et plus haut dans une aisselle que dans l'autre, elle peut descendre dans l'une tandisqu'elle monte dans l'autre.

Ou bien il peut arriver que la température de l'aisselle du côté du bras placé dans l'eau, baisse considérablement après une courte et légère élévation, tandis que de l'autre côté, on observe une ascension continue.

La même chose a lieu si c'est dans de l'eau tiède (31°,5) que l'on trempe le bras.

Dans ce cas Winternitz [1] a observé que l'aisselle du côté immergé conservait sa température, tandis que dans l'autre aisselle, la température s'élevait continuellement.

M. Colin a fait voir par ses expériences le rôle que jouent nos vêtements dans la distribution et la conservation de la

1. WINTERNITZ. *Etudes sur l'action des soustractions de chaleur sur la production de chaleur.* (Wiener med. Wochensch. 1871).

température de la peau. Il a fait voir que chez les animaux, les fourrures, les toisons, le plumage maintiennent, d'une façon assez fixe, la température de la peau à un degré voisin de celui des organes profonds, et empêchent l'action des causes extérieures. Ce n'est que dans les cas de froids excessifs ou de chaleurs très fortes et au soleil, que la température de la peau des animaux velus éprouve des variations un peu notables.

D'après M. Colin il est à remarquer que « quoique la peau velue des animaux se refroidisse difficilement et à un faible degré sous l'influence des basses températures ambiantes, elle peut s'échauffer très vite et très fortement par le fait de l'insolation. » Cette élévation de température siège non seulement au niveau de la peau, mais dans les parties profondes et dans le sang de leurs vaisseaux.

Température de la peau pendant la sueur. Température de la peau dans un milieu à température élevée.

I. Nous donnons sur ce point le résultat des expériences très complètes de Hankel que nous avons du reste vérifiées. Nos résultats sont conformes à ceux de l'auteur allemand.

A. Sueur artificielle. Le sujet était placé sous des couvertures au-dessus d'une lampe à alcool, un thermomètre était mis sous l'aisselle, une des soudures thermo-électriques appliquée sur le front.

La sueur survenait en 10 minutes.

Le sujet était observé pendant 1/2 heure, et lorsque le multiplicateur et et le thermomètre restaient stationnaires, on commençait l'expérience.

Dans ce cas, la température de la peau s'élève, la température du corps ne varie pas.

EXPÉRIENCE	TEMPÉRATURE DE L'AISSELLE	TEMPÉRATURE DE LA PEAU
I.	—	+ 1°,1
II.	—	+ 1°,2
III.	0°,0	+ 1°,1
IV.	+ 0°,2	+ 1°,0
V.	0°,0	+ 1°,2
VI.	—	+ 1°,3

Dans une expérience sur une personne arthritique et qui suait difficilement, la température de la peau et de l'aisselle s'élevèrent assez notablement.

Résumé des expériences pratiquées sur ce sujet :

EXPÉRIENCE	TEMPÉRATURE DE L'AISELLE	ÉVALUATION DE LA TEMP. DE LA PEAU EN DEGRÉS DU MULTIPLICATEUR
VII.	0°,5	1°,0
VIII.	0°,9	2°,3
IX.	0°,7	1°,5
X.	1°,0	1°,2

C'est-à-dire que pendant la sueur la température de la peau s'éleva notablement (2,3 divisions du multiplicateur = 2°,3° R.) La température de l'aisselle subit une augmentation de 1° R.

Cette élévation de la température générale et de l'aisselle peut s'expliquer par l'état de maladie du sujet chez lequel la régulation thermique était insuffisante.

On doit en outre faire remarquer que la température de 'aisselle est indiquée par la température de la peau de celle-ci, or on sait que la sueur élève la température de la périphérie (Hankel).

B. Sueur naturelle. Hankel a recherché la température de la peau pendant la sueur naturelle. Voici les résultats qu'il a obtenus chez une femme convalescente de pneumonie, qui présentait des sueurs tous les jours à 6 heures.

La malade, recouverte d'une simple chemise, était placée dans son lit, on explorait la température de la peau au niveau du côté gauche du thorax et la température générale dans le rectum.

Les expériences prouvent que la température de la peau s'élève pendant la sueur, tandis que la température générale du corps reste stationnaire.

Résumé des expériences :

EXPÉRIENCES	AUGMENTATION DE LA TEMPÉRATURE GÉNÉRALE	TEMPÉRATURE DE LA PEAU EN DEGRÉS DU MULTIPLICATEUR
XI.	0°,0	2°,1
VII.	0°,1	0°,8
XIII.	0°,0	2°,6

L'expérience XI fait voir que la température de la peau

reste la même avant et après la sueur, tandis qu'elle s'élève notablement pendant la sueur.

Dans l'expérience XII, la température de la peau s'élève 5 minutes avant l'apparition de la sueur.

Ces résultats s'accordent avec ceux obtenus dans les transpirations artificielles.

Ainsi donc :

1° *La température de la peau s'élève au début de la transpiration (un peu avant l'apparition de la sueur) ;*

2° *La température de la peau reste élevée pendant tout le temps que dure la transpiration.*

Hankel fait remarquer que ces résultats ne sont vrais qu'autant que le sujet en expérience est couvert, dès qu'il reste découvert, la température périphérique s'abaisse notablement [1].

II. La température locale s'élève très notablement dans un milieu à température très élevée de 32° à 40°. Les différentes parties du corps ne présentent pas, d'après M. Moty[2], une température égale.

Pendant l'été de 1876 cet auteur a pu prendre à Biskra, dans le nord du Sahara Algérien, un certain nombre de températures comparées de l'aisselle et de la main sur huit ou dix sujets avec affections légères et dont la température de l'aisselle ne dépassait pas 37°.

A. Dans les deux tiers des cas, il existait une différence moyenne de 0°,15 en faveur de la main.

B. Quelquefois égalité.

C. Exceptionnellement la température de l'aisselle restait faiblement supérieure à celle de la main. En moyenne, il y avait 0°,1 en moins du côté de l'aisselle.

« En rapprochant ce fait, dit cet auteur, des observations de M. Couty, qui a trouvé quelquefois dans les pyrexies la chaleur de la main supérieure à celle de l'aisselle (supériorité qu'il hésite à admettre), on est amené à penser qu'il s'agit, dans les deux cas de modifications vaso-motrices, ayant

1. Voyez Liebermeister *Deutsches Arch. für Klin med.* VIII. p. 198.

2. Moty. *Note sur les températures comparées de l'aisselle et de la main.* Société de Biologie. Séance du 25 mai 1878 et *Gazette médicale* 1878.

une cause déterminante analogue. » Et plus loin : « Ce qui précède s'applique sans doute également aux pyrexies et l'ensemble des observations recueillies dans ces différentes conditions montre que la loi de répartition du calorique dans l'économie repose sur deux facteurs principaux, la température du milieu et le degré de chaleur centrale de l'économie. Plus ces deux facteurs s'élèvent, plus la température périphérique se rapproche de la température centrale. »

Sans insister sur ces vues théoriques, nous résumons nos observations dans l'énoncé de ce fait que : sous l'influence des hautes températures atmosphériques, la chaleur de la main devient supérieure à celle de l'aisselle, sans que cette dernière dépasse notablement son niveau moyen des climats tempérés.

Température périphérique sous l'influence des mouvements et de la contraction musculaire.

La température périphérique subit, d'après J. Davy, une élévation très considérable sous l'influence des mouvements. C'est ainsi que cet observateur a trouvé

	AVANT LA MARCHE	APRÈS LA MARCHE
Aux pieds	21°,4	36°,2
Aux mains	27°,2	35°,8
Sous la langue	36°,7	37°,7
Dans les urines	37°8	38°,3

Prenant à l'aide de thermomètres très précis la température de la peau correspondant à un muscle, M. Béclard [1] a établi ce fait très intéressant que lorsque la contraction musculaire exécute un travail mécanique, il se produit dans le muscle une quantité de chaleur plus faible que lorsqu'une contraction *de même mesure* n'est point accompagnée d'effets mécaniques extérieurs.

Dans une deuxième série d'expériences, M. Béclard a vu que la chaleur développée dans les muscles et perçue par le thermomètre d'épreuve a été *la même*, soit que ce bras restât en équilibre de contraction, soit qu'il fut animé de mou-

1. Béclard. *Traité de physiologie* p. 473, 474.

vements, démonstration, d'après l'auteur, du principe précédemment établi.

Hankel faisait étendre et fléchir la main (40 mouvements par minute) et observait la température de la peau qui recouvrait le corps de l'extenseur commun des doigts.

Dans toutes les expériences, on constate une diminution de la température au début de l'expérience. Cet abaissement quoique minime est cependant très apparent.

Il était dans :

L'expérience	XIV	de	13	divisions de l'échelle	(= 0°,22 R.)
—	XIII	Période 3	7	—	(= 0°,12)
—	XII	— 1	5	—	(= 0°,085)
—	XII	— 2	3	—	(= 0°,05)
—	XII	— 4	3	—	(= 0°,05)
—	XIII	— 2	3	—	(= 0°,05)
—	XII	— 3	2	—	(= 0°,034)
—	XIII	— 1	2	—	(= 0°,034)
—	XIII	—	4	—	(= 0°,017)

L'abaissement dure à peine 2 minutes, et une élévation graduelle se montre pendant 4 minutes environ.

L'élévation de la température est dans :

L'expérience	XIV		51	divisions de l'échelle	(= 0°,85 R.)
—	XIII	Période 1	21	—	(= 0°,35)
—	XIII	— 2	21	—	(= 0°,35)
—	XII	— 3	19	—	(= 0°,32)
—	XII	— 4	17	—	(= 0°,29)
—	XIII	— 3	14	—	(= 0°,24)
—	XII	— 2	11	—	(= 0°,19)
—	XIII	— 4	10	—	(= 0°,17)
—	XII	— 1	8	—	(= 0°,14)

D'après Hankel l'élévation de la température dépend en partie de la température qu'a la peau au commencement de l'expérience et aussi des mouvements et de la constitution du sujet.

Température de la peau dans des points éloignés pendant une contraction violente.

Hankel a cherché jusqu'à quelle distance le muscle en action retentissant sur la température de la peau de parties éloignées.

Cet expérimentateur plaçait une des soudures sur le 4e ou 5e espace intercostal et commandait au sujet des mouvements musculaires violents. (Mouvement de scier, jusqu'à fatigue complète).

De même que dans les expériences précédentes, la température de la peau *s'abaisse* dans les points éloignés des muscles en contraction.

L'abaissement de température se produit dans la première minute, rarement dans la seconde.

Il était dans :

L'expérience	XVI	Période	3	9,0	divisions de l'échelle	(= 0°,15R.)
—	XVI	—	2	4,5	—	(= 0°,075)
—	XV	—	2	3,5	—	(= 0°,06)
—	XVII	—	3	3,5	—	(= 0°,06)
—	XV	—	3	3,0	—	(= 0°,05)
—	XVII	—	2	3,3	—	(= 0°,05)
—	XVII	—	4	3,0	—	(= 0°,05)
—	XVII	—	1	2,5	—	(= 0,°04)
—	XV	—	1	2,0	—	(= 0°,034)
—	XVI	—	1	2,0	—	(= 0°,034)

Après l'abaissement qui dure 1 à 2 minutes on note *une élévation*, dans :

L'expérience	XV	Période	1	14	divisions de l'échelle	= 0°,24 R.)
—	XV	—	2	12,5	—	(= 0°,21)
—	XV	—	3	10,0	—	(= 0°,17)
—	XVI	—	3	10,0	—	(= 0°,17)
—	XVI	—	2	7,5	—	(= 0°,13)
—	XVII	—	1	6,5	—	(= 0°,11)
—	XVI	—	1	6,0	—	(= 0°,10)
—	XVII	—	4	6,0	—	(= 0°,10)
—	XVII	—	2	3,5	—	(= 0°,06)
—	XVII	—	3	3,5	—	(= 0°,06)

Lorsque le sujet était en transpiration, la température de la peau ne variait pas.

II. *Température de la peau recouvrant un muscle en état de contraction tétanique.*

Hankel, faisant contracter le muscle extenseur commun (extension forcée), a recherché la température de la peau qui le recouvrait.

De nombreuses expériences prouvent qu'il existe dans ce cas *une diminution de la température de la peau de peu de durée.*

Cette diminution qui se produit pendant la première minute, rarement pendant la seconde, et qui dure de 1 à 2 minutes égale 0°, 017 R, jusqu'à 0°,05 R. ainsi que le prouve les expériences suivantes :

Expérience	XI	Période	1	9	divisions de l'échelle	= 0°,15 R.
—	XI	—	2	4	—	= 0°,068
—	IX	—	1	2	—	= 0°,034
—	IX	—	2	1	—	(= 0°,017)
—	X	—	1	1	—	(= 0°,017
—	X	—	2	1	—	= 0°,17

2 ou 3 minutes après l'abaissement, la température s'élève. Exemples :

Expérience	X	Période	2	29	divisions de l'échelle	(= 0°,5 R.
—	XI	—	1	17	—	= 0°,29
—	X	—	1	9	—	= 0°,15
—	IX	—	1	6	—	(= 0°,10
—	IX	—	2	2	—	(= 0°,034
—	XI	—	2	2	—	= 0°,034)

Les causes de la différence de température de la peau obtenues dans les diverses expériences sont, d'après Hankel :

1° La température qu'avait déjà la peau ;

2° La force de la contraction ;

3° La constitution du sujet en expérience.

Hankel conclut de ses recherches que : *Pendant les contractions cloniques et toniques des muscles, la température de la peau qui les recouvre, diminue d'abord passagèrement, pour s'élever ensuite notablement.*

La température de la peau d'un point éloigné, subit des changements analogues, dans les cas de contraction musculaire violente et prolongée.

On avait soin donc dans toutes ces expériences que la soudure appliquée sur la peau ne se déplaçât pas et fut toujours fixée sur le même point.

L'explication de ces résultats est assez difficile à donner.

On peut admettre avec Heidenhain et Helmoltz que le muscle en activité devient plus chaud et échauffe la peau voisine.

On peut aussi penser avec Ludwig, qu'en raison des nombreuses communications vasculaires entre la peau et les muscles, pendant la contraction le sang reflue à la périphérie et élève la température.

On peut expliquer, d'après cette théorie, l'élévation plus considérable pendant les contractions cloniques que pendant les contractions toniques. Dans ce dernier cas en effet l'afflux du sang à la peau est très considérable.

La température d'un point éloigné d'un muscle en état de contraction violente et prolongée s'explique probablement par ce fait que les combustions à la suite d'efforts sont plus intenses, ce qui est indiqué par l'élévation générale de la température du corps (Davy, Speck, Obernier).

Quant à l'abaissement de température, nous ne connaissons aujourd'hui aucune explication satisfaisante du phénomène. Hankel pense qu'au début de la contraction le sang afflue du côté du muscle, et diminue à la périphérie, d'où le refroidissement observé.

Solger [1] a noté la diminution de température dans les muscles tétanisés de la grenouille.

Heidenhain n'a jamais observé cette variation négative de la chaleur.

Pendant la contraction musculaire M. Colin a vu la température de la peau correspondante au muscle en action monter de 1° 1/2 dans l'espace d'une demie heure.

D'après cet auteur « toute la chaleur produite par la contraction des muscles superficiels ne passe pas à la peau correspondante. La conductibilité en disperse une partie dans les masses profondes et le reste se trouve emporté par les courants sanguins. » Les veines voisines du muscle en activité contiennent un sang dont la température s'élève pen-

1. SOLGER. *Studien des Physiologic. Instituts zu Breslau* 2 Helft 125 p.

pendant toute la durée de la contraction (1 à 5 dixièmes).

M. Grasset a étudié l'influence des contractions et des mouvements sur la température périphérique.

Chez des sujets sains, qui exerçaient des mouvements des doigts de la main, la température périphérique du membre supérieur s'élévait de 2 à 3 degrés. Ces résultats confirment les observations précédentes.

Dans une observation la température de l'avant-bras étant 33° 6, on commence les mouvements ; la température de minute en minute s'élève à 33°,7 ; 33°,8 ; 33°,9; 34°; 34°,1 ; 34°, 2; 34°,4 ; 34°,45 ; 34°,6 ; 34°,7 ; 34°,8. Élévation du thermomètre : 1°,2 en onze minutes de travail musculaire.

Chez un autre sujet, à l'état physiologique, le thermomètre placé sur l'avant-bras au repos monte et s'arrête à 34°. On commence alors les mouvements et on obtient : après 5 minutes : 34°,2 , 25 minutes 34°,5 ; 30 minutes : 34°,8 ; 40 minutes: 35,°2. Elévation de température : 1°,2 en 40 minutes de travail musculaire.

Chez un troisième sujet, toujours à l'état physiologique, le thermomètre placé sur l'avant-bras au repos marque 33°,2. Les mouvements commencent et on obtient après 10 minutes : 33°,6, 20 minutes ; 33°,8 ; 30 minutes : 34°,4 ; 40 minutes : 34°,8 ; 50 minutes : 35° ; 60 minutes : 35°,3. Elévation de la température : 2°,1 en une heure de travail musculaire.

Chez un quatrième sujet la température de l'avant-bras étant de 32° 8, on voit par les contractions musculaires le thermomètre s'élever en 17 minutes à 35°,4. On interrompt alors toute contraction et le thermomètre monte encore à 33°, 6 en 5 minutes.

1. Grasset et Apolinario. *Note sur l'état de la température périphérique dans un cas de paralysie agitante et sur l'influence des contractions musculaires sur la température périphérique*. *Progrès médical* 1878.

CHAPITRE IV

TEMPÉRATURE PÉRIPHÉRIQUE DANS LES MALADIES FÉBRILES

HÉMI-HYPERTHERMIE CUTANÉE DANS LES MALADIES FÉBRILES

Piorry [1] a donné les résultats suivants de ses observations de température de la peau et du corps dans les maladies :

Dans 6 cas d'entérite typhohémique, tous plus ou moins compliqués de pneumohémie hypostatique, de bronchite ou d'anhématosie, la température a été à l'aisselle de 29° R. (dans un seul cas) à 36° 1/2 ; à la bouche, de 25° à 34° 1/2 ; à l'épigastre de 26° à 35° ; à la main de 25° à 35° 1/2 ; dans la paume des mains des phthisiques, la température a été presque constamment très élevée surtout relativement à ce qu'elle est sur les individus sains.

Dans 8 cas de pneumonite, la température a varié à l'aisselle de 34°. à 38° ; à la bouche de 29° 1/2 à 33° ; à l'épigastre de 32° (dans le cas où le thermomètre a marqué 35° l'épigastre était sensible) ; — *à la main* de 30° à 38° ; dans un cas la température du sang était 36°.

Dans 15 cas de pneumo-strumosie (phthisie tuberculeuse) la température a varié : à l'aisselle de 38° à 36° ; à la bouche, de 22° à 27° 1/2 ; à l'épigastre de 28° à 34° 1/2 ; *à la main* de 29°

1. Piorry. *Traité de diagnostic.*

à 38° (dans le cas où la chaleur de la main a été à 37° elle était plus élevée que dans toutes les autres parties). Dans 11 cas d'inflammations plus ou moins aigues du larynx et des bronches, le thermomètre de Réaumur a marqué : à l'aisselle de 29° à 35° : à la bouche de 24° à 33° : à l'épigastre de 28° à 34° à la main de 24° à 31° 1/2.

Dans un cas d'hemo-pneumorrhagie, la température a été : à la bouche de 33° ; à l'aisselle de 34° 3/4 ; à l'épigastre de 33° 1/2 et à la main de 32°. Dans deux cas de pleurite sans fièvre, la température a été : à la bouche de 33° à 26° ; à l'aisselle de 30° et 33° 1/2 ; à l'épigastre de 28° à 30° : à la main, de 27° et 30°.

Dans les cas d'entéralgie saturnine, la température a été : pour la bouche 30° 1/2 et 27° ; pour l'aisselle 32° et 29° : pour l'épigastre, 30° 3/4 et 26° et pour la main 29°.

Le thermomètre a marqué dans un tremblement mercuriel: bouche, 32° ; aisselle, 34° ; épigastre, 33°: main, 31°. Dans une hémodermite varioleuse : bouche 32° : aisselle, 30° : épigastre 26° ; main 28°. Dans une hémodermite morbilleuse avec fièvre vive et bronchite intense, la bouche avait 35° ; l'aisselle 36°, l'épigastre, 35°, et la main, 35°.

Dans 6 cas d'hypersplénotrophie et hors le temps des accès fébriles, la température a varié : à l'aisselle de 30° 1/2 à 34° ; à la bouche de 27° 1/2 à 32° ; à l'épigastre de 29° à 31° ; à la main de 27° à 32°.

Dans un cas de prurigo sans fièvre, la bouche était à 33° ; l'aisselle à 34°, l'épigastre à 35° et la main à 33°.

Dans un cas de cholihémie, la bouche avait 28°, l'aisselle 30° ; l'épigastre 28° et la main 29°.

Dans 11 cas plus ou moins aigus d'inflammation de l'utérus et du vagin, la température a varié : à l'aisselle de 31° à 35° ; à l'épigastre de 28° à 32° ; à la bouche de 27° à 32° 1/4, à la main de 22° à 28° : au vagin de 32° à 38°. Sur toutes les femmes qui ont voulu se soumettre à cette expérimentation, dit Piorry, la température du vagin a été supérieure à celle de l'aisselle.

Hankel compare, au moyen de son appareil thermo-électrique, la température de l'aisselle à celle de la peau du cinquième espace intercostal, et de cette comparaison résulte cette conclusion que la différence des deux températures centrale et périphérique est pour le même individu moindre pendant la fièvre que dans l'apyrexie.

Les observations de cet auteur ont été faites dans quatre cas de pneumonie légère, dans un cas de fièvre tierce, de bronchite et coryza, d'orchite blennorrhagique.

Hankel rapporte des constatations isolées de Bærensprung, de Haubold qui ont vu que chez les fébricitants la température de la peau était relativement plus élevée que chez les sujets sains.

Plus récemment, Jacobson [1] dans des observations de pleurésie, de péricardite rhumastimale, de péritonite, de fièvre intermittente, de pneumonie, de fièvre typhoïde, constate que la différence de température entre l'aisselle et la superficie de la peau est pendant la fièvre tantôt moindre, tantôt plus forte que dans l'état apyrétique, la chaleur pouvant varier considérablement au niveau de la peau, alors que dans l'aisselle elle reste constante. Il constate même que la température de deux parties voisines peut varier en même temps en sens inverse, sans aucune relation avec la période de la maladie, mais que cependant cette température de la peau, malgré ses variations, est plus haute pendant la fièvre que pendant la convalescence.

Jacobson se servait dans ces recherches d'un appareil thermo-électrique dont il enfonçait l'aiguille sous la peau.

Riegel [2], Murri [3] affirment que la différence des températures centrale et périphérique n'est nullement influencée par l'anormalité de la température, et que cette différence peut du reste se modifier considérablement sans cause appréciable.

D'après Schülein [4], la pneumonie ainsi que la scarlatine, et peut-être la rougeole, se distinguerait de la fièvre typhoïde, du rhumatisme articulaire, de l'érysipèle, etc., en ce que la

1. JACOBSON. *Virchow's Archiv. für path. Anat.* Bd. LI. 2 p. 275. 1870.

2. RIEGEL (FRANZ). *Zur Warmeregulation. Virchow's archiv für pathol. Anat.* Bd. LXI, p. 396, 1874.

3. MURRI (AUGUSTO). *Du pouvoir régulateur de la température animale, Critique des travaux de l'école de Liebermeister. Lo Sperimentale de Florence*, p. 43, 117 et 229, 1873, brochure in-8. Florence, 1874.

4. SCHÜLEIN. *Ueber das Verhaltniss der peripherischen zur centralen Temperatur in Fieber. Virch. Arch.* Bd. LXVI, p. 109. 1876.

courbe de la température des extrémités (mesurée tous les quarts d'heure) est parallèle à la courbe de l'aisselle. Ainsi, d'après cet auteur, non seulement le pneumonique perd relativement beaucoup de chaleur par la peau, mais il la perd d'une façon égale et uniforme, ce qui n'a pas lieu avec autant de régularité dans d'autres maladies fébriles.

Dans la fièvre intermittente, à la période de frisson, alors qu'ainsi que l'ont démontré de Haen et Gavarret, les parties centrales présentent une température élevée, la périphérie se refroidit (voir 1re partie). Dans le frisson de la pyohémie, des fièvres à leur période d'invasion, etc, on observe le même résultat. Chez une femme prise de frisson au 15e jour d'une fièvre typhoïde, Lorain a noté les chiffres suivants :

Vagin	39°,6
Bouche	36°
Aisselle	39°,2
Main	34°,4

« Donc, dit cet auteur, la bouche et la main étaient refroidies. »

Comparant les différentes températures du rectum, de la bouche, de la main dans un accès de fièvre intermittente, Lorain [1] arrive aux conclusions suivantes :

« Le rectum est toujours plus chaud que les autres points observés ; cette supériorité s'accusant davantage à partir de la seconde période c'est-à-dire dès le moment où surviennent les sueurs qui font baisser surtout la température de la peau et celle de la bouche. La main présente une température faible au début, et cette température s'élève à la seconde période et à la troisième. On ne saurait avoir une idée juste d'un accès de fièvre intermittente par la température de la main. »

Luigi Concato [2] dans une étude très consciencieuse sur la thermométrie comparée des aisselles dans les inflammations

1. P. Lorain. *Etudes de médecine clinique. Etudes de la température, etc.* T. II, p. 8 et 20. Paris, 1877.

2. Luigi Concato. *Sulla termometria comparativa delle ascelle e le flogosi unilaterali degli organi toracici. Rivista Clinica Bologna* n° 10 de Ottobre 1877.

unilatérales de la poitrine, arrive aux conclusions suivantes :

1° Dans les fièvres générales, de même que chez les sujets sains, il existe très fréquemment des différences de température des deux aisselles.

2° Dans ces maladies les températures les plus hautes se trouvent le plus souvent sous l'aisselle droite, mais avec des modifications qui sont sans influence sur la répartition proportionnelle des chiffres (77°,45 à droite, 22°,55 à gauche).

3° L'écart total entre les deux aisselles a été dans les observations, de 6 à 7 dixièmes inférieur à la moyenne normale, le maximum des extrêmes a même dépassé la normale (0°,80) de 0°,20 ; quant à la fréquence variable des différences on a eu la même série décroissante du minimum au maximum que l'on observe chez les personnes saines.

Dans une deuxième série d'observations, l'auteur a trouvé, de même que dans les premières observations, des différences très fréquentes de la température des deux aisselles, mais la proportion entre les isothermes et les différences de température des deux aisselles était l'inverse de celles des premières observations ; dans celles-ci le chiffre des isothermes était double, tandis que dans les premières il se réduisait au-dessous de la normale, avec un mouvement de progression quatre fois moindre.

Cette progression en sens inverse se montrait aussi dans la répartition des températures les plus élevées du côté droit et du côté gauche, puisque les observations de la seconde série augmentèrent de 12 0/0 le nombre des températures plus élevées du côté droit.

4° Il existe encore une différence dans les résultats des premières et des secondes observations en ce que l'écart total entre la chaleur des aisselles s'est trouvé supérieur à la moyenne normale, le maximum ne fut pas même supérieur à la normale, tandis que dans la répartition des différences selon le degré de fièvre les différences furent presque incalculables.

5° Dans les deux séries d'observations, on trouve la même variabilité extrême des rapports entre le degré des différences et celui de la fièvre :

Le tableau suivant indique cette variabilité :

Différences de 0°,10.

Dans l'apyrexie	20°
Avec fièvre de 37° à 38°	5°,11
— 38° à 39°	12°,51
— 39° à 40°	10°,71
— 40° et au-dessus	10°;00

Différences de 0°,20.

Dans l'apyrexie :

Avec fièvre de 37° à 38°	11°,45
— 38° à 39°	4°,61
— 39° à 40°	7°,08

Différences de 0°,30.

Dans l'apyrexie :

Avec fièvre de 37° à 38°	14°, 29
— 39° à 40°	1°, 42

Différences de 0°,50.

Dans l'apyrexie

Avec fièvre de 39° à 40°	0°,71

Différences de 0°,60.

Dans l'apyrexie :

Avec fièvre de 38° à 39°	3°,8

M. Couty [1] vient de donner le résultat de ses nombreuses observations de température périphérique dans les maladies fébriles. Ces observations tendent à prouver que pendant les maladies fébriles, l'augmentation de température est plus grande à la périphérie et que la chaleur tend à s'égaliser dans tout le corps.

Dans la pneumonie les températures centrales et périphériques, d'après l'auteur, tendent à s'égaliser.

Chez les pleurétiques les températures observées sont gé-

1. Couty. *Recherches sur la température périphérique* Archives de Physiologie 1880).

néralement moins élevées que celles présentées par les pneumoniques.

De même dans la fièvre typhoïde, les deux températures axillaire et palmaire pendant l'acmé tendent à s'égaliser ou s'égalisent complètement. Seulement cette égalisation, au moins dans les cas légers, présente certains caractères spéciaux; elle est d'abord moins constante, moins complète que dans la pleurésie ou dans la pneumonie, et c'est seulement à certains jours et non pendant toute la période fébrile, que les deux températures, toujours très rapprochées pendant l'acmé, sont complètement égales ; mais si elle est moins complète elle semble durer plus longtemps et l'on voit souvent la température palmaire être enore très élevée plusieurs fois après la défervescence axillaire ; enfin fait capital, entre la période d'acmé et la défervescence pendant le déclin et la période intermédiaire nommée amphibole, la température palmaire présente de très grandes oscillations.

En résumé, dit M. Couty, chez les typhoïdes, la température palmaire comme la température axillaire présente de grandes oscillations : seulement ces oscillations palmaires sont beaucoup plus considérables et plus durables, et, de plus, elles se produisent souvent sans rapport avec les variations de la température axillaire.

Les affections tuberculeuses, l'érysipèle, l'ictère catarrhal, l'angine, présentent aussi des égalisations de température.

Dans certains cas bénins de fièvre typhoïde, de rougeole, la tendance à l'égalisation peut rester peu marquée, malgré une élévation assez considérable de la température axillaire, certaines complications, troublant l'évolution de la maladie, empêchent l'égalisation des températures.

« Si les modifications du milieu extérieur paraissent presque sans influence sur l'état de la température périphérique, les modifications du milieu intérieur au contraire, telles que les agents thérapeutiques ou alimentaires, ont une action certaine, quoique souvent variable sur cette égalisation des temratures.

En résumé, il faut admettre que ce trouble de la répartition calorique chez le fébricitant dépend non de l'état fébrile et de son intensité, mais des conditions physiologiques individuelles ou autres de l'organisme dans lequel évolue ce processus; il est nécessaire de tenir grand compte des variations de la température périphérique, non seulement parce qu'elles s'ajoutent aux variations centrales pour donner la valeur de l'hyperthermie totale de l'état fébrile, mais surtout parce que les variations étant plus considérables et plus rapides fournissent un tableau plus fidèle et plus exact de l'évolution de chaque cas morbide. »

Dans ses études comparatives des températures centrale et périphérique de la pneumonie et de la pleurésie, M. Torio [1] a obtenu les résultats suivants :

A la période de frisson, tandis que la température centrale s'élève, la température périphérique s'abaisse.

Pendant toute la période d'état de la fièvre, lorsque le frisson est terminé, la température périphérique reste toujours très élevée et presque égale à la température centrale.

Au moment de la défervescence fébrile, et quelquefois même avant que ce phénomène ne se produise, la température périphérique s'abaisse et descend même souvent au-dessous de sa normale qu'elle n'atteint qu'en pleine convalescence.

M. Torio a remarqué que dans la pleurésie la température périphérique paraît suivre la marche de l'épanchement.

Nous avons comparé, dans un assez grand nombre d'expériences, la température périphérique à la température centrale et axillaire.

Voici les conclusions de nos recherches en partie conformes à celles des auteurs que nous venons de citer.

Si l'on prend chez un sujet sain à différents moments de la journée et au même niveau (thorax, abdomen, pied, main) la température périphérique, on note, à l'inverse de ce que l'on observe pour la température axillaire à peu près constante à quelques dixièmes près, que les chiffres des températures périphériques obtenues varient assez notablement (de 1° à 3° en moyenne).

Chez les fébricitants la température de la peau est plus élevée qu'à l'état normal.

1. A. Torio. *Etude comparative des Températures centrale et périphériques dans la pleurésie et la pneumonie.* (Thèse de Paris, 1876.)

Dans la pneumonie, la pleurésie, l'érysipèle, la fièvre typhoïde, *au début*, il existe des écarts assez notables entre la température périphérique et axillaire. La température périphérique présente à cette période une variabilité assez grande aux divers moments de la journée ; à la période d'*état de ces maladies, la température périphérique tend à se rapprocher de la température centrale et marche parallèlement*. Si la température axillaire est, par exemple, 39°, la température périphérique du thorax atteint 37°,5 38° et se maintient pendant plusieurs jours à ce niveau.

A la période de *déclin*, pendant la convalescence, la température périphérique est moins constante ; elle s'abaisse souvent brusquement et l'écart entre la température périphérique et centrale est toujours assez notable.

II. Nous avons très fréquemment noté une élévation de la température cutanée *d'un côté du corps* dans des maladies fébriles. Cette hémi-hyperthermie, assez marquée dans quelques cas, un des côtés du corps présentant une température plus élevée de 0°,5 à 1° que celle du côté opposé, s'observe principalement dans les affections pulmonaires et abdominales aigues en dehors de toute affection nerveuse (voir Thermométrie locale dans les affections pulmonaires).

Ces modifications thermiques sont vraisemblablement sous la dépendance de troubles vaso-moteurs.

Plusieurs auteurs ont signalé, dans ces derniers temps, les différences de température chez les fébricitants entre les deux moitiés du corps. (Squire [1], Lépine, Mourson).

Les recherches plus récentes de Mourson ont confirmé les résultats de L. Cocato de Couty et les nôtres. Cet auteur a trouvé des variations très fréquentes entre la température des aisselles et des deux côtés de l'abdomen, principalement dans les cas de complications pulmonaire et abdominale.

Dans quelques cas, les températures locales pulmonaires ont été supérieures à celles de l'abdomen.

De même que dans nos recherches sur la température périphérique dans les maladies du poumon comparée a le température axillaire. M. Mourson, a noté le parallélisma centre les deux courbes.

1. W. Squire. *On high local Temperature.* (Lancet. Décembre 1881.)

« J'ai fait prendre les températures locales du ventre et de la poitrine et les températures axillaires, de 2 heures en 2 heures pendant plusieurs jours de suite. Les résultats ont donné, à quelques différences près un parallélisme constant entre toutes les courbes. Les diverses températures locales conservent toujours les mêmes différences avec celles des aisselles. On trouverait même, le soir, l'égalité des températures abdominales du côté droit et de l'aiselle ganche. Ce serait donc le contraire de ce qui se passerait à l'état physiologique, où selon M. Redard, la température axillaire est à peu près constante. Je n'ai d'ailleurs jamais vu cette constance de la température axillaire à l'état physiologique. Ainsi, sur plus de cent mensurations de températures axillaires (aisselle gauche), que j'ai faites, matin et soir, en vue d'autres recherches, j'ai toujours relevé du matin et soir et d'un jour à l'autre des différences variant de 2 à 5 dixièmes de degré.

Après la période d'éruption des plaques de Peyer dans la fièvre typhoïde, M. Mourson [1] a noté un écart assez notable entre la température axillaire et abdominale, cet écart est considérable pendant la convalescence.

Les hémorragies successives, l'extension de l'inflammation au péritoine amène une élévation de toutes les températures, moindre toutefois au ventre qu'à l'aisselle. Les diverses médications, purgatifs, etc., abaissent la température de l'abdomen.

[1] MOURSON. *Recherches sur les températures locales dans la fièvre typhoïde. Journal de thérapeutique*, 1882.

CHAPITRE V

THERMOMÉTRIE PÉRICRÂNIENNE

I. *A l'état physiologique.*

Albers, de Bonn [1], un des premiers, étudie la température de la peau au niveau des tempes, de l'espace compris entre l'apophyse mastoïde et l'oreille, au niveau du cou.

Les conclusions de cet auteur sont :

Qu'il existe habituellement une élévation de température très légère du côté droit; non seulement de la tête, mais encore sur le reste du corps ;

Les températures prises sur un point de la peau doublé d'une couche musculaire, se montrent plus élevées que celles que l'on prend dans des conditions opposées, à l'état de santé comme à l'état de maladie ;

Un abaissement de la différence entre la température temporale et auriculaire indique une diminution générale de la température de la tête.

Dans ses recherches avec l'appareil thermo électrique que

1. Albers. *Die Temperatur der äusseren Oberflache, namentlich des Kopfes bei Irren.* (*Allg. Zeitchr. für Psychiatrie.* Bd. XVIII, p. 450. *Anal. in Schmidt's Jarb.* Bd. CXV, p. 207, 1862.)

nous avons décrit (p. 355) Lombard [1] arrive aux conclusions suivantes :

A l'état de repos (pendant la veille), la température de la tête subit des variations fréquentes et très rapides, n'atteignant pas d'ailleurs 0°01 c. Ces variations seraient beaucoup plus faibles sur les membres, souvent même on ne les observerait pas .

Toute cause attirant vivement l'attention, un bruit, la vue d'une personne ou d'un objet produit une élévation de température, élévation inférieure a celle que détermine un travail intellectuel.

C'est à la région de la protubérance occipitale que l'élévation de la température est la plus marquée.

D'après Lombard la température moyenne de la tête peut varier d'un côté à l'autre sans qu'il y ait de prédominance bien nette *pour le côté droit ou gauche.*

Mendel [2], en 1878, étudie la température du cerveau comparée à celle du rectum chez des animaux soumis à l'influence du chloroforme, de l'alcool.

Cet auteur pratique des couronnes de trépan, généralement au niveau de la suture sagittale, et par cette ouverture glisse un thermomètre entre la dure-mère et l'os; la peau est ensuite suturée et le refroidissement est prévenu par un pansement avec la ouate et la charpie.

D'après Mendel, la température normale du cerveau est moins élevé de 0°4 a 0°7 et même 1° que la température rectale.

Le chloral, le chloroforme, la morphine, abaissent la température du cerveau et du rectum. L'alcool, au contraire, produit une élévation de la température cérébrale qui dépasse souvent celle du rectum.

Chez l'homme, Mendel se sert du conduit auditif pour apprécier la température du cerveau. Après avoir démontré, qu'à l'état de santé, le conduit auditif externe présente en

1. Lombard. *Experiments on the relation of Heat to mental Work.* trad. por Brown Séquard in *Arch. de Phys. norm. et path.* 1868, tome I p.670 , et *Proceedings of the Royal Soc. London.* p. 166, 1878.

2. Mendel. *Die Temperatur der schædelhœhle im normalen und pathologischen Zustand.* (*Archiv für pathol. Anatomie.* 1870. Bd L, s. 12)

moyenne 0°2 de moins que l'aisselle, il s'appuie sur ce résultat pour l'interprétation des cas morbides.

On peut reprocher à Mendel de produire dans ses expériences un traumatisme, une irritation cérébrale qui peuvent devenir des causes d'erreur dans l'appréciation des températures.

Quant à ses recherches sur l'homme, il nous paraît que le point choisi pour l'exploration est trop éloigné du cerveau et ne peut par conséquent donner des renseignements sur la température exacte de cet organe.

Schiff[1] a constaté chez les lapins, et chez les chats, au moyen d'un appareil thermo-électrique, une élévation de température dans le tissu cellulaire sous-cutané de la fosse temporale, devant l'oreille externe, à l'occiput au dessus des muscles rétracteurs de l'oreille, à la suite de certaines émotions psychiques. Chez le dindon, les appendices de la tête et du cou présentent aussi dans ces conditions une élévation de température.

Le savant expérimentateur établit nettement que dans ces cas l'élévation de température est seulement périphérique et ne tient pas à l'état thermique du cerveau. Chez les animaux auxquels il sectionnait le sympathique, on n'observait pas de changement de température sous l'influence des émotions.

Les variations de la température de la peau ont été dans toutes ces expériences, de beaucoup supérieures à celles qui se produisent dans le cerveau ; la section du sympathique ne modifie en rien les variations de température de cet organe.

On peut donc conclure avec Schiff que, dans ses expériences, l'élévation de température est due à des actions vasomotrices.

Dans d'autres recherches, Schiff étudie les modifications de la température du cerveau sous l'influence des irritations sensorielles et sensitives des membres supérieurs et démontre que dans ces cas il existe un véritable échauffement des cen-

1. MAURICE SCHIFF. *Recherches sur l'échauffement des nerfs et des centres nerveux à la suite des irritations sensorielles et sensitives*. (*Arch. de phys. norm. et path.* 1870.)

tres nerveux prédominant sur l'un des hémisphères, très marqué au niveau de la partie moyenne du lobe pariétal.

Chez un animal curarisé ou alcoolisé, il plonge des aiguilles thermo-électriques dans la pulpe cérébrale, ou bien chez le poulet, il place dans les hémisphères cérébraux une pile de bismuth et de cuivre, laissant la cicatrisation se faire au dessus de ce corps étranger et conservant les fils qui traversent la paroi crânienne.

Dans ces cas, Schiff observe une élévation de température à la suite d'une irritation périphérique, généralement du côté de cette irritation. — L'échauffement est surtout très marqué au niveau de la partie moyenne du lobe pariétal et ne dépend pas de troubles de la circulation locale, il est le résultat de l'activité propre et intrinsèque des éléments nerveux.

Alvarenga [1] obtient pour les températures céphaliques des chiffres variant de 35°1 à 37°2 : moyenne 36°05.

Hankel [2] a recherché, au moyen de son appareil thermo-électrique, l'influence de l'activité mentale sur la température de la peau de la région occipitale. Il vit d'abord que les mouvements légers de la tête ne produisent aucune modification thermique de la peau.

Recherchant alors si la lecture pendant un certain temps, le calcul à haute voix (multiplication d'un nombre de trois chiffres) modifiaient la température, il n'obtint aucune élévation notable pouvant être attribué au travail mental.

Comme conclusion, Hankel dit : *que le travail mental même prolongé ne produit aucune élévation mesurable de la température de la peau du crâne.*

En 1877, au congrès du Havre, Broca [3] communique ses recherches sur les températures locales cérébrales.

Cet auteur établit que la température moyenne de la partie

1. ALVARENGA. *Loco citato.*

2. HANKEL. *Zur messung der Temperatur der menschlichen Haut. Archiv der Heilkunde*, 1873, p. 165, 166, 167, 168, 169.

3. BROCA. *Comptes rendus de l'Association française pour l'avancement des sciences.* Session du Havre, 30 Août 1877. *Gazette hebdomadaire.* 2e série XIV, 7 sept. 1877. *Revue scientifique.* 2e série 15 sept. 1877. *Progrès médical* 1877. n° 36.

droite de la tête est de 33°90, celle de la partie gauche de 34°.

Pour la tête, considérée dans son entier, la température moyenne serait de 33°82, comme maximum 34°85 et comme minimum 32°80.

	A droite	A gauche	Différence
La région frontale est en moyenne pendant l'inactivité :	35°28	35°48	+ 0°20
La région temporale est en moyenne pendant l'inactivité :	33°72	33°96	+ 0°24
La région occipitale est en moyenne pendant l'inactivité :	32°92	33°23	+ 0°31

De ce tableau, il résulte nettement qu'il existe une élévation plus considérable de la température du côté gauche pour les trois régions frontale, temporale et occipitale.

Lorsque le cerveau travaille pendant la lecture à haute voix, les chiffres ne sont plus les mêmes. Ainsi d'une part l'équilibre de température tend à s'établir entre l'hémisphère droit et l'hémisphère gauche ; d'autre part, le chiffre de la température 33°92 à l'état de repos, atteint 34°33 ; soit une différence de presque 1/2 degré en faveur du cerveau qui travaille.

Dans deux cas pathologiques avec destruction probable des circonvolutions du côté gauche, Broca fait voir qu'il existe de ce côté un abaissement de température de quatre à cinq dixièmes de degré au niveau de la force temporale gauche.

Laudon Carter Gray [1] sur 102 personnes arrive aux moyennes suivantes obtenues avec le thermomètre Seguin :

	A droite	A gauche	Différence
Température frontale	34°28	34°64	+ 0°40
» temporale	34°21	34°67	+ 0°46
» occipitale	33°30	33°80	+ 0°50

Température moyenne de la tête à l'exclusion du vertex = 34°17
Température moyenne de la région motrice du vertex = 33°15
Température moyenne de toute la tête = 33°80

Dans ces recherches la température de la région pariétale gauche est un peu plus élevée que celle de la région frontale

1. Carter Gray. *Cerebral Thermometry.* (*New-York med. Journal,* août 1878.)

du même côté, résultat contraire à celui obtenu par Broca et que Gray explique par le fonctionnement de la troisième circonvolution sous-jacente.

Les maxima et les minima de température sont :

	Maximum	Minimum	Différence
Région frontale *gauche*	36°2	33°0	3°2
» » droite	36°2	32°0	4°2
» pariétale *gauche*	35°8	32°5	3°2
» » droite	36°4	31°9	4°2
» occipitale *gauche*	35°0	31°5	3°5
» » droite	35°3	31°1	4°2
Côté *gauche* en entier	35°6	32°7	2°9
Côté droit en entier	35°2	32°5	2°7

Les conclusions de Gray sont :

1° S'il existe dans une des régions bilatérales une élévation de température de plus de 0°8c au-dessus ou au-dessous de la température moyenne, on doit soupçonner en ce point un changement anormal.

2° L'existence de ce changement anormal devient indubiable si la variation atteint 1°10c à 1°37 en plus ou en moins.

3° Si l'on trouvait du côté droit, dans une des trois régions (frontale, temporale, occipitale) une température moyenne supérieure à celle du côté gauche, le soupçon serait plus grand et le doute impossible.

4° Pour que ces conclusions aient de la valeur, il est nécessaire que la température générale soit normale au moment de l'exploration.

D'après Gray, la lecture éléverait la température.

Dans un cas, après dix minutes de lecture, il trouve une élévation de 0°3 c. à la région pariétale droite, dans un deuxième cas, une augmentation de 0°4 c. à la région pariétale droite et 0°27 à la région frontale droite.

Pour la tête entière, il constate une élévation de 0°13 c. de 0°53 pour le côté gauche, un abaissement pour le côté droit.

Dans un autre cas, Gray trouve une élévation de température de la tête entière d'environ 0°6c avec une augmentation de 0°4 c. pour le côté gauche.

Paul Bert[1] d'après ses expériences avec les plaques thermo-

1. Paul Bert. *Comptes rendus de la Société de Biologie*, 1879.

électriques, admet que la température des régions gauches est plus élevée que celle de droite, que la température locale est plus élevée au front qu'à la tempe et à la tempe qu'à l'occiput.

Pendant la lecture, il ne se produit souvent pas de modification ou une élévation à gauche, jamais à droite.

Pendant le discours mental. la température frontale gauche s'élève, mais moins que lorsque la phonation intervient.

D'après P. Bert, chez l'enfant qui s'éveille, la température frontale s'élève.

Aug. Voisin[1] admet que, chez les individus sains, la température au front varie entre 31 et 34°, au bregma entre 33 et 35°, à l'occiput entre 34 et 35°5, à la région mastoïdienne entre 31 et 34°, aux tempes entre 34 et 35°5.

D'après E. Maragliano [2] la température moyenne de la tête serait :

Pour le côté droit		35°89
Pour le côté gauche		35°58

	A droite	A gauche
La température frontale	35°02	35°85
Id. temporale	35°25	35°50
Id. occipitale	34°92	35°40

La température générale de la tête serait plus élevée chez l'homme que chez la femme, plus élevée avant quarante ans.

Comme conclusions principales, cet auteur admet que la température du côté gauche est plus élevée que celle du côté droit, et que dans les cas où l'on obtient un résultat inverse, il s'agit d'un cas anormal ou pathologique.

La température va en décroissant de la région frontale à la région occipitale ; les faits qui infirment cette loi doivent être considérés comme anormaux.

Pendant le sommeil normal, la température s'élève dans toute la région de la tête.

Au moment du réveil (contrairement à Paul Bert), la température s'abaisse.

1. Aug. Voisin. *Congrès international de médecine Mentale.* Paris, 1879. *France médicale,* 1878, n° 89, 90 et *Tribune médicale,* n° 538.

2. E. Maragliano. *Studii di termometria cerebrale.* (*Lo Salute,* 1879, n° 23, 24 et *Rivista clinica di Bologna,* 1880.

Dans le sommeil provoqué par le laudanum, le chloral, la température s'abaisse.

Dario Maragliano [1] et Seppilli admettent que la température moyenne de la tête est :

	Côté droit		Côté gauche
	36°8		36°13
De la tête entière........		36°10	
Température frontale....	36°15		36°20
Id. temporale..	36°15		36°18
Id. occipitale ..	36°8		36°13

Lombard [2], dans un récent et très important travail, arrive aux conclusions suivantes :

1° L'examen comparé des températures des deux moitiés de la région frontale a donné 54 fois sur 100 une élévation en faveur du côté droit, et 45 fois sur 100 une élévation en faveur du côté gauche.

Pour la région occipitale, au contraire, l'élévation a été, dans la majorité des cas, en faveur du côté gauche. Enfin, pour la région temporale, il y a presque égalité dans la proportion.

2° Le maximum de la différence entre les températures a été observé dans la moitié droite de la région antérieure où il atteignait 0°255 c. alors que dans la moitié gauche il s'élevait à 0°241 c. Pour la région temporale, la différence maxima a été de 0°05 c. à droite et 0°011 c. à gauche. Pour la région occipitale, elle a été de 0°186 à droite et 0°066 à gauche.

Dans les conditions ordinaires de la vie, en dehors du travail intellectuel et des émotions, on peut évaluer les plus hautes températures de la tête à :

35°2	pour la région	frontale.
34°5	Id.	temporale.
34°2	Id.	occipitale.

Quant au problème de savoir s'il existe une concordance entre les variations de température de la surface crânienne et es variations de la température de l'encéphale sous-jacent,

1. Dario Maragliano. *Studii di termometria cerebrale negli alienati.* (*Rivista Sperimentale di Fr. et di med. leg.* fasc. 1 et 2, 1879.

2. J. S. Lombard. *Experimental Researches on the Regional temperature of the Heat, under conditions of rest, intellectual activity and emotion*, in-8. H. Lewis, London, 1879.

Lombard ne le considère pas comme résolu. Il admet cependant qu'il y a un rapport d'une approximation suffisante pour qu'on puisse l'appliquer aux recherches expérimentales.

D'après Lombard, la composition, la récitation, le calcul produisent des élévations de température, plus rapides à la région frontale qu'à l'occiput, plus notables dans la composition que dans le calcul. La moyenne est de 5 à 6 dix millièmes de degré.

On ne trouve pas au niveau de la circonvolution de Broca de modification assez notable pour y établir l'existence d'un siège particulier pour l'élévation de la température pendant la lecture à haute voix.

En général, il y a plus souvent élévation à gauche qu'à droite pour la région frontale, pour les autres régions, tantôt à droite, tantôt à gauche.

L'activité cérébrale se propage de la partie antérieure aux parties moyenne et postérieure, d'un hémisphère à l'autre du cerveau sans avoir de siège de prédilection.

Sur 104 observations, 69 ou 66 sur 100 sont en faveur du côté gauche, 20 ou 19 en faveur du côté droit et 15 sur 14 sur 100 en faveur de l'égalité des deux côtés.

L'élévation moyenne varie entre 1/2 et 4 centièmes de degré, dans les cas de travail excessif elle peut atteindre jusqu'à deux dixièmes de degré C.

A la suite d'émotions, à la suite de lectures à haute voix, Lombard a observé des élévations de température de 1 dixième de degré au lieu de 4 centièmes de degré obtenus par la simple lecture ou par le calcul. Sur 144 observations, 87 à 60 cas pour 100 ont montré une élévation plus grande pour le côté gauche, alors qu'elle existait dans 31 à 21 cas pour 100 du côté droit, et que 18 fois sur 100 il y avait égalité des deux côtés.

Il existe donc : 1° une élévation moyenne de température en faveur des deux côtés plus grande pour l'émotion que pour le travail intellectuel ;

2° Pour le côté gauche, une fréquence plus considérable, pour le travail intellectuel, de l'élévation relativement plus forte, observée aux trois régions ;

3° Une plus grande moyenne d'élévation pour le côté droit dans l'émotion.

L'auteur termine par les conclusions suivantes : « Nous avons vu que toutes les parties de la surface de la tête, même lorsqu'on établit des subdivisions aussi petites que celles que nous avons adoptées, montrent une élévation de température pendant toute espèce de travail mental ; mais certaines parties sont habituellement plus actives que d'autres, bien que les différentes régions semblent pouvoir se suppléer les unes les autres, de telle façon que les parties les moins communément actives peuvent assez souvent dépasser celles qui sont ordinairement supérieures. »

Dans une étude récente, R. W. Amidon [1] (de New-York) partant de ce principe que l'exécution d'un mouvement volontaire doit entraîner la congestion du centre excito-moteur correspondant et élever sa température, a cherché à établir par la thermométrie l'existence des centres psycho-moteurs.

Dans un premier chapitre, l'auteur détermine les points précis de la tête qui correspondent aux principales circonvolutions cérébrales.

Dans le second et troisième chapitre, il étudie les travaux récents sur les localisations cérébrales et fait l'historique de la thermométrie cérébrale. Il cherche à démontrer ensuite que le fonctionnement de certains groupes musculaires produit dans les centres corticaux correspondants des élévations de température. Plaçant à gauche une série de thermomètres dans la zone présumée du centre du bras droit, et les laissant en place pendant quinze minutes, il fait la lecture des thermomètres et fait exécuter pendant quinze minutes des mouvements alternatifs de flexion et d'extension, au bout de ce temps l'un des thermomètres marque une élévation de plus de 1° Fahrenheit. Le point où se trouve placé ce thermomètre est pour Amidon le centre du bras.

Dans ses expériences, Amidon place le sujet dans une chambre à 21°1 c. environ, à l'abri des courants d'air, loin des lampes et du gaz, il se sert du thermomètre maxima de Sé-

1. Amidon. *The effect of willed muscular movements on the temperature of the head : New studie of cerebral cortical localisation. Archiv of medecine*, 1880, et *Bull. de la Société de biologie*, 1880.

guin, modifié par Gray. Une série de thermomètres (10) absolument comparables sont fixés à l'aide d'une bande de caoutchouc.

Après quelques instants de repos absolu, on note le degré normal de température dans chaque thermomètre.

On fait alors contracter certains muscles définis et on cherche le thermomètre qui s'élève le plus. On rapproche alors les autres thermomètres et on s'attache à limiter l'aire du maximum de température qui correspond à l'exécution d'un mouvement volontaire donné.

D'après ces recherches, Amidon établit un système nouveau de centres psycho-moteurs. Il en trouve en tout vingt-cinq. Dans la zone motrice, il existe un certain accord avec Ferrier, mais pour tous les centres placés au niveau de la pariétale ascendante, le pli courbe, le désaccord est complet.

Amidon essaye même chaque groupe musculaire et croit être arrivé par la comparaison des chiffres obtenus à faire la part de ce qui revient au muscle et de ce qui dépend de ses antagonistes dans une succession de mouvements volontaires forcés.

Les principales objections adressées à Amidon sont : 1° Que dans les observations cliniques, les territoires de la zone latente, considérés par l'auteur comme moteurs, ont été trouvés lésés sans qu'on ait observé pendant la vie de paralysie motrice (Blaise).

Amidon répond que les paralysies des muscles isolés doivent passer inaperçues principalement dans les cas d'apoplexie, que le parcours des fibres motrices de la couronne rayonnante est peu connu.

2° Les recherches, qui nécessitent une précision très grande pratiqués au moyen de thermomètres, exposent à des erreurs.

La pression exercée sur la cuvette du thermomètre peut faire élever la température.

La contraction inconsciente et synergique des muscles de la tête amènent une élévation locale de la température crânienne (P. Bert).

Les lectures thermométriques faites au bout de vingt-cinq minutes ne représentent pas le summum de l'ascension de la colonne mercurielle et on ne doit pas attribuer l'ascension ultérieure du mercure à un développement local de chaleur dû aux mouvements musculaires provoqués. Il est nécessaire de prolonger au delà de quinze minutes la lecture des thermomètres et de constater que la colonne mercurielle se maintient à un niveau constant pendant plusieurs minutes successives, avant de chercher l'effet des contractions musculaires. (Blaise).

Les déductions d'Amidon supposent établie une série de propositions contre chacune desquelles les arguments ne manquent pas : 1° l'activité indépendante d'un grand nombre de territoires de l'écorce du cerveau ; 2° la production d'une quantité de chaleur très notable en chacun de ces points ; 3° la transmission facile à l'extérieur de ces variations de température cérébrale. Il semble en outre impossible d'admettre qu'une élévation de température puisse se produire en un point circonscrit du cerveau sans se propager aux parties voisines, en se transmettant au contraire au point correspondant de la surface des téguments (F. Franck).

On doit en outre douter que dans les expériences d'Amidon l'action de chaque muscle se trouve suffisamment isolée et lui permet de subdiviser des centres, déjà difficiles à limiter.

Dans les expériences où l'on cherche à contrarier le mouvement d'un muscle pour éviter l'action des antagonistes et des muscles associés (Amidon fait varier la résistance de l'avant-bras à la flexion tantôt en le chargeant de poids, tantôt en le faisant buter contre le rebord d'une table, qui empêche la flexion et, par conséquent, l'entier accomplissement du travail mécanique du muscle, mais ne s'oppose nullement à ce que le muscle reçoive un certain nombre d'incitations volontaires) on provoque une contraction intense de la totalité des muscles du membre. Il est en effet très difficile, sauf par l'électrisation localisée, de provoquer la contraction isolée d'un muscle.

P. Bert, Blaise, n'ont jamais observé d'élévation de la température au niveau des zones motrices, lorsqu'ils exécutaient des mouvements volontaires. Les recherches de ces derniers auteurs ne confirment pas celles d'Amidon.

Fr. Franck[1] a récemment communiqué à la Société de bio-

1. Fr. Franck. *Faits relatifs à la température des différentes couches*

logie le résultat de ses recherches expérimentales sur la température des différentes couches du cerveau et l'échauffement de cet organe à la suite de la section du sympathique.

Ces recherches donnent de précieux renseignements sur la cause des différences de températures observées entre les régions superficielles et les couches profondes.

Franck se sert des sondes thermo-électriques ; une de ces sondes, fixe, est maintenue dans les couches profondes du cerveau, l'autre, mobile, parcourt les couches cérébrales de la superficie à la profondeur.

D'après cet habile expérimentateur, les couches superficielles du cerveau sont moins chaudes que les profondes et la différence de température va diminuant à mesure que l'on s'éloigne de la périphérie.

Si l'on entoure la tête de l'animal avec de la ouate, la température des couches superficielles se rapproche de la température des couches profondes, sans toutefois l'atteindre. Plus la substance enveloppante est isolante, plus la température des couches superficielles se rapproche de celle des régions profondes.

Si l'on entoure la tête d'un bonnet imperméable à double enveloppe, dans lequel circule de l'eau à la température des couches profondes, on constate en peu de temps que les couches superficielles ont une température égale à celle des profondes. Si l'on vient à mouiller la tête et à activer l'évaporation de l'eau par un courant d'air, la différence constatée augmente.

Franck conclut :

La différence de température observée entre les régions superficielles et les régions profondes du cerveau résulte de la déperdition de chaleur qui s'opère par les enveloppes de cet organe.

Il démontre ensuite que la température profonde du cerveau est inférieure de 0°1 à 0°2 à celle du sang de l'aorte thoracique, ce qui tient à ce que le sang artériel subit une légère perte de chaleur en traversant le cou. Pour le prouver, il entoure le cou d'une couche de laine ou le refroidit artificiellement.

du cerveau et à l'échauffement du cerveau par la section au sympathique (*Comptes rendus de la Société de Biologie*, 19 mai 1880.)

Dans le premier cas, la température profonde du cerveau se rapproche de la température du sang artériel ; dans le deuxième, l'inverse se produit.

Fr. Franck explique l'élévation de la température des couches superficielles du cerveau à la suite de la section du sympathique cervical par l'élévation de la température du sang contenu dans les téguments.

Si l'on vient, en effet, dit-il, à couper le sympathique après avoir lié la carotide externe, ou si l'on oblitère par injections de poudres inertes les vaisseaux péricrâniens, on n'observe pas d'élévation notable de la température.

Blaise [1] a recherché les températures cérébrales physiologiques à l'état de santé physique et intellectuelle. Voici les résultats qu'il a obtenus :

1° *Femme de 46 ans.*	Droite	Gauche
Région frontale. . . .	36°15	36°1
— temporale . . .	36°1	35°95
— occipitale . . .	35°8	35°8
2° *Homme de 30 ans.*		
Région frontale. . . .	36°	36°
— temporale . . .	36°	35°9
— occipitale . . .	36°	36°
3° *Homme de 24 ans.*		
Région frontale. . . .	36°4	36°35
— temporale . . .	36°3	36°3
— occipitale . . .	36°1	36°1
4° *Homme de 21 ans.*		
Région frontale. . . .	36°7	36°75
— temporale . . .	36°6	36°6
— occipitale . . .	36°4	36°4
5° *Homme de 22 ans.*		
Région frontale. . . .	35°95	35°9
— temporale . . .	35°8	35°8
— occipitale . . .	35°8	35°75

1. Blaise. *Contribution à l'étude des températures périphériques et particulièrement des températures dites cérébrales dans les cas de paralysies d'origine encéphalique.* — Thèse de Montpellier. 1880.

6° *Homme de* 70 *ans.*

Région frontale	36°1	36o
— temporale . . .	36°	36°
— occipitale . . .	35°8	35°8

En prenant la moyenne des chiffres recueillis, on obtient :

	Gauche	Droite	Différence
Région frontale . .	36°21	36°18	0o03
— temporale .	36°13	36°09	0°04
— occipitale .	35°98	35°97	0°01

« Ces chiffres, dit Blaise, se rapprochent beaucoup de ceux obtenus par Maragliano et Seppilli : on peut en dire autant des différences. Mais il est un point qui mérite d'être relevé ; c'est que le côté droit peut se trouver légèrement plus chaud que le côté gauche ; c'est ainsi que dans notre observation 4 (homme de 21 ans), nous avons trouvé, à la région frontale droite, 1/2 dixième de plus qu'à la région symétrique gauche. Une différence en faveur du côté droit peut même être un peu plus considérable, surtout pour la région frontale, sans que, d'après les recherches de Lombard, on y puisse voir un état morbide. Néanmoins, quand il n'y a pas égalité entre deux régions symétriques, c'est en général la gauche qui donne le chiffre le plus élevé. »

Blaise; s'est servi, dans ses recherches, de la méthode de Broca, avec quelques légères modifications.

Signalant la divergence des auteurs en ce qui concerne les moyennes thermométriques pour chaque région cérébrale, Blaise, sans accorder une importance considérable à ces moyennes physiologiques, pense qu'il ne faut pas attribuer ce résultat à l'insuffisance des appareils employés pour rechercher la température, mais aux variations de la température ambiante, à la durée insuffisante d'application du thermomètre, aux modifications dans la circulation locale et à la quantité de chaleur produite *in situ*, qui sont soumises à l'influence nerveuse; état de repos ou d'inactivité musculaire ; rayonnement ; évaporation plus ou moins abondante, conséquence de la sécrétion sudorale.

Comme conclusion, Blaise dit : « Dans l'état normal, les températures cérébrales oscillent dens des limites assez étendues, auxquelles nous croyons pouvoir assigner, comme termes extrêmes, 37 et 34° c. Ces oscillations sont la conséquence d'influences multiples, variables comme intensité, dont les unes dépendent de l'individu, les autres du milieu ambiant. »

Avec Maragliano, Blaise admet que la température des régions frontales est un peu supérieure à celle des régions temporales, et la température de ces dernières est également un peu supérieure à celle des occipitales. — « Néanmoins, l'inverse peut se produire, particulièrement dans certaines circonstances déterminées. Très souvent deux régions peuvent présenter le même degré thermique. »

D'après le même auteur, les régions symétriques ne présentent que des différences très minimes et qui ne dépassent pas habituellement 0°3.

Lorsqu'il y a différence entre deux régions symétriques, l'avantage est généralement au côté gauche : la région frontale présente souvent une élévation à droite.

W. Squire [1] a noté, chez des sujets en pleine santé, des variations fréquentes de la température des deux côtés du corps.

D'après cet auteur, le côté droit présente une température plus élevée que le côté gauche.

Les variations de la température du cerveau peuvent-elles se constater au moyen du thermomètre placé à la surface du péricrâne ? — Les premiers auteurs, qui se sont occupés de thermométrie cérébrale, semblent admettre que les variations de températures observées à la surface de la tête correspondent à celles du cerveau lui-même. Ce n'est que dans ces derniers temps qu'on a discuté et cherché à résoudre ce problème si intéressant.

Broca, Gray, parmi les principaux, sont affirmatifs et pour eux l'observation de la température périphérique donne des renseignements sur la température de l'encéphale.

Nous avons signalé les recherches d'Amidon qui, partant de ce fait que les contractions volontaires d'un muscle exagérent l'activité du centre moteur correspondant de l'écorce cérébrale et élèvent la température de ce centre moteur, re-

1. W. Squire. *On high local Temperature.* Lancet, déc. 1881.

cherche par l'exploration thermométrique du *péricrâne*, l'existence de ces centres moteurs *profonds*.

E. Maragliano et Fr. Franck [1] ont institué d'intéressantes expériences pour élucider la question.

Maragliano détache la tête à des cadavres en ayant soin de conserver le cuir chevelu ; après avoir vidé le contenu, il mesure l'épaisseur des parties molles au niveau du point frontal, temporal, occipital de Broca. Il fixe extérieurement trois thermomètres et place un autre thermomètre dans la cavité crânienne. Il verse alors de l'eau chaude à 60° dans l'intérieur du crâne et observe les variations des thermomètres externes et internes.

D'après ce savant expérimentateur, à tous les changements de température de l'eau correspondent des variations équivalentes dans la température des points extérieurs, et comme conclusion il admet : *Que les températures épicrâniennes sont en relation intime avec la température des parties contenues dans la boîte osseuse.*

Avec Blaise, nous pensons que ces expériences pratiquées *sur le cadavre* ne peuvent donner des renseignements sur ce qui se passe sur le sujet vivant. « Il existe entre les propriétés des corps organisés, dit M. Blaise, une telle différence, qu'il nous paraît impossible de juger de ce qui se passe chez un être vivant en prenant pour base les expériences sur le cadavre. Dans le cas particulier, les conditions sont bien différentes. Le degré de chaleur accusé par un thermomètre appliqué sur la paroi crânienne est, en effet, comme la résultante de deux éléments bien distincts : la chaleur propre du cerveau et de ses enveloppes, la chaleur des os et des parties molles sous-jacentes. Or, si dans l'expérience de Maragliano, la source de chaleur cérébrale peut, à la rigueur, être représentée par l'eau chaude, la deuxième source fait absolument défaut.

Pour conclure à l'équivalence des résultats de deux expériences, il faut qu'elles se présentent l'une et l'autre dans les mêmes conditions. Tel n'est pas le cas de l'auteur italien, et

1. Fr. Franck. *Sur la transmission à la surface externe de la peau du crâne, des variations de la température des couches superficielles du cerveau.* (*Gaz. méd.*, 1880, p. 352, n° 27.)

c'est pour ce motif que nous ne pouvons accorder à ses résultats la valeur qu'il leur attribue. »

Franck, suivant une méthode expérimentale analogue à celle de Maragliano, mais *sur le vivant*, arrive à des conclusions opposées.

Franck établit d'abord, dans ses expériences sur le cadavre et l'animal vivant, que l'os et la peau opposent une résistance considérable à la transmission des variations de la température. L'os est plus isolant que la peau et l'élévation thermique, pour des plaques de 3 millimètres d'épaisseur, n'est pas proportionnelle à l'échauffement de la face interne. Pour un échauffement de 1°, cet auteur a observé une élévation de 1/20 de degré, tandis que pour 3° et 5° on observe 2/10 et 7/10.

Sur un chien curarisé, dont la face interne du pariétal est échauffée avec un tube de plomb en spirale introduit dans le crâne après trépanation, il ne se produit d'élévation appréciable au thermomètre extérieur que si l'augmentation de la température profonde dépasse 3°.

« Pour que la température péricrânienne mérite réellement le nom de température cérébrale, il faudrait donc, dit Franck, qu'il se produisit dans les couches superficielles du cerveau des variations de températures au moins égales à 3° c.

Or, mes premières expériences m'ont démontré que si la température profonde du cerveau est à 40°, par exemple, celle des régions corticales est à 39°. Il faut donc conclure que, pour observer à l'extérieur une élévation de 1 15 à 1 10 de degré, il faudrait que la température des régions corticales s'élevât à 42°, chiffre incompatible avec la conservation de l'activité cérébrale. D'un autre côté, on ne s'expliquerait pas comment le sang artériel provoquerait, par son simple afflux, un degré de chaleur qu'il ne possède pas lui-même. Sans doute, les expériences de Claude Bernard et de Schiff établissent que le sang veineux qui sort de l'encéphale est plus chaud que le sang artériel, et que le cerveau qui fonctionne fabrique de la chaleur, mais il ne s'agit ici que de dixièmes de degré. »

D'après Franck, les résultats obtenus par Broca et les auteurs qui ont recherché des températures dites *cérébrales* sont dus aux variations de la température périphérique *péricrânienne.*

Dans son travail, Blaise arrive aux conclusions suivantes :

« Il est fort douteux que les thermomètres appliqués sur les téguments du crâne traduisent fidèlement les oscillations de la température du cerveau.

En conséquence, il aurait mieux valu remplacer l'expression : *thermométrie cérébrale*, par celle de *thermométrie péricrânienne*, mais comme l'usage l'a consacré, il nous semble préférable de ne pas la modifier afin d'éviter des confusions regrettables. »

CHAPITRE VI

TEMPÉRATURES PÉRICRANIENNES MORBIDES.

I. *Hémorrhagie cérébrale.*

E. Maragliano a publié les premiers documents sur la question de la thermométrie cérébrale dans l'hémorrhagie du cerveau.

Ses recherches sont basées sur cinq cas d'hémorrhagie du corps opto-strié et de la capsule interne et un cas d'hémorrhagie protubérantielle.

De l'examen de ces observations, il résulte que la comparaison des chiffres obtenus ne donne aucun résultat positif.

La moyenne des températures indique au contraire *un abaissement de la température de la tête.* C'est ainsi que la plus haute moyenne thermique a été de 35° c, pendant qu'elle restait chez les autres à 34°5, 34°, 33°8 et descendait même à 31°7.

Cet abaissement, d'après E. Maragliano, tient à l'inertie dans laquelle se trouve le malade hémiplégique. Il s'appuie pour expliquer ce fait : 1° sur ses recherches qui démontrent que, pendant un travail musculaire, la température cérébrale s'élève au niveau des lobes frontaux et pariétaux; 2° sur ce que l'abaissement de la température de la tête dans ses observations est en rapport direct avec la diminution de la puissance motrice.

Ces recherches thermométriques auraient, d'après E. Maragliano, une grande importance pour le diagnostic de l'hémorrhagie et du ramollissement cérébral.

Dans le ramollissement, il existe un abaissement considérable de la température au niveau du lobe ramolli.

Dans l'hémorrhagie, l'abaissement au niveau du lobe lésé, quand il existe, est peu marqué.

Voici les conclusions de Blaise sur ce point :

1° Les tracés thermométriques de la tête recueillis chez les apoplectiques présentent un parallélisme complet avec celui de l'aisselle ;

2° Quand l'hémorrhagie se fait en une seule fois, on y reconnaît les trois périodes établies par Charcot pour la marche de la température rectale, et qui sont caractérisées : la première, par un abaissement initial ; la deuxième, par le retour à la normale suivi d'oscillations autour de cette dernière pendant un temps variable ; la troisième, par une élévation progressive jusqu'à la mort. Cette dernière manque, ou se trouve extrêmement réduite, si la terminaison se fait par guérison ;

3° Lorsque l'hémorrhagie se fait en plusieurs fois, par une série de poussées successives, les courbes cérébrales suivent encore toutes les oscillations de la courbe axillaire, mais on observe une série d'abaissements et d'élévations alternatifs tels que, en quelques heures, la température peut varier de 2° et même davantage ; enfin survient une dernière ascension puis la mort ;

4° Les températures de la tête arrivent la plupart du temps à un chiffre élevé, fort peu différent de celui de l'aisselle. Cependant dans quelques cas l'écart est allé jusqu'à 2°. D'un autre côté, les différentes régions frontales, temporales et occipitales n'ont présenté entre elles que des variations thermométriques de quelques dixièmes de degré ;

5° La différence entre les régions symétriques a été à l'avantage du côté lésé, sauf quelques exceptions rares où la température s'est montrée alternativement plus élevée du côté malade et du côté sain. Ce dernier résultat tient peut-être à ce que la poussée congestive encéphalique a prédominé tantôt à droite, tantôt à gauche. La constatation d'une hémorrhagie dans un hémisphère ne prouve pas en effet absolument que c'est là que la congestion a agi avec le plus d'intensité ; elle prouve tout simplement que c'est à ce niveau que les vaisseaux ont présenté le moins de résistance. Les chiffres représentant cette différence ont presque constamment oscillé entre 0°4, 0°5 et même de 0°7 ;

6° La température cérébrale suivant, chez les apoplectiques, une marche parallèle à la température axillaire, tout ce qui s'applique à cette dernière, pour le diagnostic différentiel de l'hémorrhagie et du ramollissement, convient également à la première ;

7° Dans le cas où le foyer hémorrhagique est ancien, les chiffres que nous avons recueillis n'ont donné comme différence au niveau des régions symétriques, que des quantités peu sensibles tout à fait insignifiantes ;

8° Jusqu'à plus ample informé, il nous semble impossible de se baser sur les résultats obtenus par la thermométrie cérébrale pour diagnostiquer un ancien foyer d'hémorrhagie d'un ancien foyer de ramollissement.

II. — *Ramollissement cérébral.*

Broca, un des premiers, publie en 1877 le résultat de ses recherches de thermométrie céphalique dans le ramollissement :

« L'un des premiers malades, dit Broca, sur lesquels je fis cette exploration fut un médecin de province qui me fut présenté par son fils, médecin lui-même. La parole n'était pas abolie, mais elle était déjà gravement altérée ; il n'y avait encore aucun trouble de sensibilité ni de motilité. Je reconnus aisément avec la main que la température de la région temporale gauche était notablement accrue, et je constatai, à l'aide de deux thermomètres appliqués sur les régions temporales, que cet accroissement de température était de 3 degrés, chiffre excessif que je n'ai pas retrouvé depuis. Les thermomètres, appliqués de nouveau sur les côtés du front, derrière les apophyses orbitaires externes, montrèrent une différence de température de 1 degré seulement en faveur du côté malade. J'en conclus qu'il s'agissait d'un ramollissement congestif qui avait débuté dans la partie moyenne de la convexité de l'hémisphère gauche, qui avait déjà commencé à se propager vers le front, et qui probablement ne tarderait pas à envahir tout l'hémisphère. Ce pronostic se réalisa ; peu de jours après, le fils m'écrivit que la parole était tout à fait abolie, que l'intelligence était profondément altérée, que le malade ne pouvait plus quitter son lit, et il m'annonça sa mort trois mois plus tard. »

Dans deux observations très intéressantes, Broca obtint les résultats suivants :

OBSERVATION I. — Femme de 39 ans. — *Hémiplégie incomplète, aphémie complète et permanente.*

L'exploration thermométrique donne :

	Droite.	Gauche.	Différence.
Région frontale	35°2	34°8	+ 0°4
— temporale	34°3	34°8	— 0°5
— occipitale	34°6	32°9	+ 1°7

OBSERVATION II. — M. O..., de Paris, 73 ans. — *Attaque le 27 juillet 1877. — Écriture impossible, parole seulement altérée.* — Examen par Broca le 17 juillet 1877.

Le thermomètre donne les résultats suivants :

	Droite.	Gauche.	Différence
Région frontale	35°6	35°4	+ 0°2
— temporale	33°2	33°6	— 0°4
— occipitale	31°4	32°2	+ 0°8

Comme conclusions, Broca admet :

1° Que la température s'abaisse au niveau du lobe ramolli ;

2° Qu'elle s'élève dans les lobes voisins du même hémisphère, par suite du développement de la circulation collatérale.

Blaise apprécie ainsi ces recherches :

« Quant à nous, nous ne pouvons nous défendre d'un certain sentiment d'incrédulité envers les résultats de Broca. Des chiffres tels que 31°4, 32°2, trouvés à la région occipitale, nous paraissent peu vraisemblables. »

Des recherches de E. Maragliano sur cinq personnes atteintes de ramollissement cérébral, il résulte :

1° Que du côté de la lésion, la température du lobe temporal est toujours moins élevée que celle du lobe correspondant du côté sain. La différence a varié entre 0°4 et 2°1. Ce résultat a d'autant plus de valeur que dans quatre cas l'abaissement a été noté à gauche, où normalement la température est plus élevée qu'à droite.

2° En ce qui concerne la région frontale, deux fois elle a présenté une température plus élevée du côté de la lésion, et trois fois une température moins élevée ; ce qui prouve déjà que Broca s'était trop avancé en concluant, d'après deux observations, que la température s'élevait dans les lobes frontal et occipital, par suite du développement de la circulation collatérale.

Pour E. Maragliano, on s'explique aussi facilement la diminution que l'augmentation de la température, si l'on se rappelle que la sylvienne irrigue une partie du lobe frontal, auquel, par conséquent, peut s'étendre l'effet de l'oblitération.

3° En ce qui concerne la température occipitale, elle s'est trouvée augmentée dans trois cas et diminuée dans les deux autres au niveau du lobe occipital.

4° La moyenne des températures de l'hémisphère où siège le ramollissement s'écarte peu de celle de l'hémisphère sain.

Blaise, s'appuyant sur ses observations, donne les conclusions suivantes :

1° Si l'on compare les résultats thermométriques obtenus chez les anciens hémiplégiques avec ceux qu'ont fournis les malades atteints d'hémiplégie récente, datant de moins d'un an par exemple, on ne trouve aucune différence bien appréciable.

2° Quand l'hémiplégie est récente, qu'elle date d'ailleurs de vingt jours ou d'un an, les résultats sont encore ordinairements différents.

Quelquefois cependant nous avons cru remarquer, chez les hémiplégiques récents, que l'abaissement de température au niveau du lobe ramolli diminuait à mesure que la lésion devenait plus ancienne.

3° La plupart du temps, quand l'hémiplégie est constituée, qu'elle soit d'ailleurs en voie d'amélioration ou d'aggravation, lorsque toute tendance aux poussées congestives a disparu et qu'il ne paraît exister aucune réaction inflammatoire au pourtour du foyer de ramollissement, nos résultats semblent indiquer qu'il y a plutôt tendance à l'abaissement de la température péricrânienne au niveau du lobe ramolli. Mais les différences que nous avons trouvées sont en général très minimes : si l'on en excepte quelques chiffres de 0°5 et 0°4, le plus souvent il ne s'agissait que de différences variant entre

0°05 et 0°2 ; très souvent il y avait égalité thermique entre le lobe ramolli et le lobe correspondant du côté sain.

4° Certaines de nos courbes sont telles qu'on n'hésiterait pas un seul instant à les considérer comme normales, si l'on n'était prévenu de leur origine.

5° Dans toutes ces circonstances, les chiffres recueillis à la tête sont restés dans les limites normales. En outre, les courbes frontales et occipitales n'ont présenté aucun caractère qui puisse les faire considérer comme pathologiques. Il faut en excepter cependant la courbe occipitale de Compadieu (18 septembre 2 octobre), qui a montré un abaissement à peu près constant du côté gauche, qui se mesurait par une différence dont le minimum a atteint 3 et 4 dixièmes, et dont la moyenne a été de 0°2. Ce résultat ne peut s'expliquer complètement par la présence du petit foyer de ramollissement qui se trouvait en regard du lieu d'élection temporal, car on ne comprendrait pas comment le foyer, beaucoup plus considérable, situé au pied des circonvolutions frontales et pariétales ascendantes, n'aurait pas exercé une influence au moins égale au premier.

6° Si l'on compare les chiffres recueillis aux trois régions, on peut dire que généralement c'est la région frontale qui l'emportait sur la temporale et la temporale sur l'occipitale. Cependant des chiffres identiques ont été observés aux trois régions ; quelques fois même c'est l'occipitale qui fournissait les plus élevés. Toutes les fois qu'on a observé une différence, elle a été très minime, de 0°2 à 0°3 ; dans quelques cas rares elle est arrivée néanmoins jusqu'à 0°4, 0°5 et même 0°7. Quoi qu'il en soit on ne saurait aucunement déduire de ces résultats l'existence de cette circulation collatérale dans les lobes frontal et occipital, dont Broca avait soupçonné l'existence.

7° Si l'on pratique l'observation thermométrique, soit au début d'une attaque apoplectiforme survenant dans le cours d'un ramollissement qui progresse par poussées successives, tantôt on voit la température de la tête ne pas s'élever sensiblement et rester bien inférieure à celle de l'aisselle, tantôt au contraire on constate une élévation graduelle. L'élévation peut aussi se faire d'une façon très rapide, et alors se présente, comme chez Gros et Rabastens, une courbe qui établit trois périodes bien distinctes pour la marche de la température : 1° une période d'ascension qui n'a pas été précédée d'un abaissement initial ; 2° une période stationnaire ; 3° une période de descente. Cette dernière semble annoncer une terminaison favorable. En effet, dans le cas de Compadieu, (terminaison par la mort), nous avons bien observé au dernier moment une chute thermique de 1° environ, alors que la température axillaire ne bougeait pas, mais cette troisième période a totalement manqué.

8° Les courbes cérébrales ont présenté, dans ces derniers cas, un parallélisme très marqué avec la courbe axillaire.

9° Elles ont présenté, en outre, une différence entre les points symétriques qui était à l'avantage du côté lésé, particulièrement en ce qui concerne la région temporale. Cette différence ordinairement peu accentuée, a présenté comme chiffre 0°4. De plus, elle allait diminuant au fur et à mesure que l'état du malade s'améliorait, si bien qu'elle devenait nulle.

10° Cette différence, à l'avantage du côté lésé, n'a cependant pas été observée dans tous les cas. Ainsi, chez Gros, l'attaque apoplectiforme n'a pas déterminé de changement appréciable dans l'état thermique différentiel des deux côtés de la tête ; ce qui s'explique à la rigueur si l'on veut bien se rappeler que les phénomènes présentés à ce moment par ce malade, étaient surtout des phénomènes bulbaires, et que la poussée congestive a plutôt dû concentrer son action sur le mésocéphale que sur le cerveau lui-même.

11° Le ramollissement, qu'il soit la conséquence d'une trhombose ou d'une embolie, s'accompagne, à son début, d'une poussée congestive vers l'encéphale, dont l'action se fait particulièrement sentir du côté lésé, le caillot obturateur jouant pour ainsi dire le rôle d'une épine attirant le mouvement fuxionnaire.

12° Ce mouvement fluxionnaire, à action plus marquée du côté lésé, entraîne une augmentation de la température de ce même côté.

13° Cette différence de température en faveur du côté lésé résulterait, ou bien de l'augmentation de la chaleur du cerveau, dont l'influence se traduirait par une élévation proportionnelle au niveau des téguments du crâne, ce qui est très contestable, ou bien de la participation de ces téguments au mouvement fluxionnaire, soit directement, la fluxion portant sur les branches de la carotide externe de même que sur celle de l'interne ; soit indirectement, par voie réflexe ou sympathique.

14° En tout cas, cette différence persiste pendant un temps plus ou moins long. Elle peut même se prolonger pendant une période assez considérable. Peut-être se produit-il dans ce dernier casune méningo-encéphalite dont l'action se fait sentir d'une façon réflexe sur les téguments correspondants par une élévation thermique ; absolument comme dans la pneumonie le bras correspondant au poumon enflammé peut être trouvé plus chaud que l'autre.

Comme résumé de toutes ces propositions, on peut dire que dans le ramollissement cérébral, il existe, d'une manière générale, une certaine tendance à la diminution de la température dite cérébrale au niveau du point ramolli. Cependant cet effet, ordinairement peu accentué, ne paraît pas constant. Au contraire, au début du ramollissement et pendant une période plus ou moins prolongée, il existerait une tendance à l'élévation du côté lésé, cette dernière étant du reste peu marquée. A certains moments même et à une époque éloignée du début, on peut observer une différence en faveur du côté lésé.

Ces conclusions, ajoute Blaise, sont, comme on le voit, loin d'être en harmonie parfaite avec celles de Broca et de Maragliano. Les deux dernières n'avaient pas été signalées jusqu'ici. Nous ne les donnons d'ailleurs que sous toutes réserves, des conclusions catégoriques sur la matière devant, à nos yeux, se baser sur une somme de résultats beaucoup plus grande que celle qu'il nous a été donné de recueillir.

Blaise insiste, avec juste raison, sur la nécessité de poursuivre, pendant plusieurs jours consécutifs et à des intervalles peu éloignés, l'investigation thermométrique, si l'on veut se rendre un compte exact des variations thermiques des différentes régions de la tête chez un homme atteint de ramollissement.

III. — *Tumeurs cérébrales.* — *Sclérose cérébrale.*

Dans les tumeurs cérébrales, la thermométrie locale a donné quelques résultats :

Gray [1] rapporte l'observation d'une femme de 34 ans qui présentait de la stase papillaire des douleurs aux tempes, au front, des nausées, du ptosis et du strabisme.

Les températures cérébrales étaient :

	Droite	Gauche	Différence
Région frontale	36°85	35°97	0°88
— pariétale	37°63	35°	2°63
— occipitale	38°5	35°97	2°08

En présence de ces chiffres, Gray affirma l'existence d'une tumeur s'étendant du pied de la scissure sylvienne droite jusqu'à la partie postérieure du cerveau. L'autopsie fit découvrir la présence d'un gliome occupant le lobe occipital droit.

Mills [2] a communiqué à la Société pathologique de Philadelphie une très intéressante observation sur le même sujet. Il s'agissait d'un malade atteint de céphalalgie intense, de vomissements, d'affaiblissement intellectuel, d'hallucinations, d'une parésie légère du membre supérieur gauche, affaiblissement du membre inférieur du même côté, renversement de la tête en arrière, nystagmus, etc.

La mensuration thermométrique, pendant les sept jours qui ont précédé la mort, a donné, en moyenne :

	A droite	Au milieu	A gauche
Température frontale	35°	35°83	34°83
— pariétale	34°83		34°66
— occipitale		35°27	

La température élevée dans la région occipitale moyenne tient, d'après Mills, au décubitus dorsal qui avait amené une stase considérable.

La température plus élevée de la région frontale comparée aux régions voisines, l'élévation plus notable à droite indiquaient, d'après l'auteur, la présence d'une tumeur de la région frontale droite.

1. Gray. *Cerebral Thermometry. New-York med. Journal.* Août 1878, et *Chicago Journal of mental and nerv. diseases.* Janvier 1879.
2. Mills. *New-York medical Record.* 14 décembre 1878.

A l'autopsie, Mills trouvait une grosse tumeur correspondant au lobe frontal droit et qui avait envahi la moitié antérieure des premières et secondes circonvolutions frontales, une partie du corps calleux et du gyrus fornicatus en respectant la troisième frontale.

Les chiffres obtenus par M. Blaise, dans deux cas de sclérose cérébrale, ne permettent aucune conclusion.

IV. — *Méningite tuberculeuse.*

Mendel a vu chez deux enfants atteints de méningite tuberculeuse la température du conduit auditif notablement élevée.

Chez un enfant de 22 mois atteint de méningite tuberculeuse avec tuberculose miliaire généralisée, Mary Putnam Jacobi [1] a observé les chiffres suivants à trois jours d'intervalle.

Températures le 9 octobre 1879.

	Températures pathologiques	Températures normales
Vertex à droite..........	35°1	33°15
— à gauche..........	35°4	33°15
Frontale à droite.........	36°25	34°3
— à gauche........	35°7	34°6
Occipitale à droite........	37°35	33°3
— à gauche.......	37°35	33°7

Le 12 octobre.

	Températures pathologiques	Températures normales
Frontale droite...........	37°1	34°3
— gauche..........	36°25	34°6
Pariétale droite..........	36°4	34°2
— gauche..........	35°82	34°7
Occipitale droite..........	35°7	33°3
— gauche.........	35°6	33°7
Vertex à droite...........	35°3	33°15
— à gauche..........	35°1	33°15

Jusqu'à ce moment la température rectale était 38°9. A la dernière période il y eut un peu de paralysie du bras droit et la température rectale était 37°20.

Les températures céphaliques furent le 4 octobre :

1. Mary Putnam Jacobi. *Case of tubercular Meningitis with measurements of cranial temperatures.* (*Journal of nerv. and mental Diseases.* Janv. 1880, v. n° 1, p. 51.)

	Températures pathologiques	Températures normales
Frontale droite...........	35°3	34°3
— gauche..........	34°2	34°6
Pariétale droite..........	34°7	34°2
— gauche.........	34°7	34°7
Occipitale droite..........	35°15	33°3
— gauche.........	33°6	33°7
Vertex à droite...........	33°6	33°15
— à gauche..........	34°45	33°15

A l'autopsie, on trouva une congestion considérable de la pie-mère et une infiltration tuberculeuse au niveau de la partie occipitale du cerveau, un foyer de ramollissement au niveau de la première circonvolution frontale droite.

D'après Mary Putnam, la thermométrie cérébrale pouvait faire prévoir ce résultat, car, de la comparaison des tableaux, il résulte que la température céphalique a toujours été au-dessus des normales et que l'élévation de la température était plus marquée au niveau de la région frontale droite et dans les régions postérieures.

V. — *Thermométrie péricrânienne chez les aliénés.*

Albers étudie, en 1862, la température cérébrale chez les aliénés atteints de mélancolie et d'idiotie; nous avons dit plus haut que la méthode employée par cet auteur, que les lieux d'élection choisis pour l'observation étaient défectueux; aussi les résultats obtenus nous paraissent entachés d'erreur.

Mendel (1870) trouve que le rapport entre la température de l'aisselle et celle du conduit auditif change peu chez les aliénés.

En 1869, M. Raymond [1] rappelle l'importance des recherches de thermométrie cérébrale dans l'aliénation mentale et signale l'augmentation très notable de la température locale qu'il avait observé dans la période d'excitation de la paralysie générale, au niveau de la partie supérieure du pariétal.

Aug. Voisin [2] a démontré, par ses intéressantes recherches,

1. RAYMOND. *Comptes rendus de la Société de Biologie*. 1879.
2. AUG. VOISIN. *France médicale*, nos 89 et 90. 1878; *Tribune médicale*, no 538; *Congrès International de médecine mentale*. Paris. 1879; *Traité*

qu'il existait une hyperthermie généralisée dans les folies maniaque, hystérique, dans la paralysie générale, tandis que dans les folies mono-maniaques, dans les folies à délire partiel, l'hyperthermie est localisée à la partie malade, le plus souvent au niveau du bregma, de l'inium, des régions emporales, pariétales.

Chez plusieurs malades, l'autopsie a révélé à ce savant, au niveau des points correspondants à l'hyperthermie, un épaississement des méninges, des ecchymoses, etc.

Chez des malades ayant eu des attaques épileptiformes et apoplectiformes, et chez lesquels Aug. Voisin avait trouvé 2 degrés 1/2 d'hyperthermie, il existait des lésions ecchymotiques du cerveau au point correspondant.

Dans la folie mélancolique, dans la folie anémique, il existe, d'après Aug. Voisin, de l'hypothermie.

Dans l'hystérie il n'est pas rare, d'après le même auteur, d'observer au niveau de l'inium, du bregma, des températures de 40°, alors que la température axillaire est 37°. Il est probable que dans ces cas l'élévation de température tient à des troubles vasculaires vaso-moteurs et périphériques.

Nous devons rappeler ici que dans l'hystérie et dans différentes maladies mentales, ainsi que vient de le démontrer Ripping, l'hyperthermie existe non seulement au niveau du péricrâne, mais encore dans toute la moitié du corps correspondante.

Il importe donc, dans toutes les recherches de thermométrie cérébrale, de rechercher si l'élévation de température ne peut être constatée en dehors du péricrâne et particulièrement dans le côté correspondant du corps.

Maragliano et Seppili [2] ont étudié avec un grand soin la température péricrânienne sur cent quinze aliénés.

Les résultats qu'ils ont obtenus sont consignés dans les tableaux suivants A, B, C, D.

de la paralysie générale. 1879; *Bulletin Acad. de médecine*, p. 38, n° 3. 1880.

1. D. Maragliano et Seppili. *Studii di termometria cerebrale negli alienati. Rivista experimentale di Fren. e Med. leg.* Anna V, fasc. I et II. Regie Emilia. 1879. (Traduit par Workman dans *The Alienist and Neurol.* Vol. 1, n° 1 et 2. 1880.)

TABLEAU A. — *Moyenne des Hommes.*

Nombre des malades	FORME des MALADIES MENTALES	RÉGION FRONTALE		RÉGION PARIÉTALE		RÉGION OCCIPITALE		MOITIÉ DE LA TÊTE		Moyenne de la tête entière	Température axillaire	Température rectale
		G	D	G	D	G	D	G	D			
6	Manie avec fureur ..	37,13	37,06	36,98	36,91	36,81	36,78	36,97	36,91	36,94	36,90	37,61
6	Manie sans fureur ..	36,50	36,58	36,43	36,38	36,08	36,06	36,33	36,33	36,33	36,48	36,98
16	Lypémanie simple...	36,33	36,30	36,23	36,25	35,91	36,00	36,15	36,18	36,16	36,43	36,83
5	De même, et agitation	36,42	36,42	36,52	36,46	36,26	37,32	36,40	36,40	36,40	36,88	37,28
12	De même, tranquille.	36,40	36,40	36,35	36,35	36,07	36,04	36,27	36,24	36,25	36,47	36,85
6	Imbécilité	36,38	36,38	36,38	36,38	36 10	36,25	36,39	36,42	36,35	36,60	37,00
7	Paralysie progressive..	36,68	36,61	36,70	36,70	36,51	36,54	36,63	36,64	36,63	37,10	37,46

TABLEAU B. — *Moyenne des Femmes.*

Nombre des malades	FORME des MALADIES MENTALES	RÉGION FRONTALE		RÉGION PARIÉTALE		RÉGION OCCIPITALE		MOITIÉ DE LA TÊTE		Moyenne de la tête entière	Température axillaire	Température rectale
		G	D	G	D	G	D	G	D			
12	Manie avec fureur ..	36,96	36,95	36,97	36,92	36,70	36,67	36,88	36,84	36,86	37,29	37,63
6	Manie sans fureur ..	36,43	36,36	36,26	36,25	36,18	36,13	36,29	36,24	36,28	36,93	37,2
8	Lypémanie maniaque	36,86	36,97	37,07	36,88	36,51	36,60	36,81	35,82	36,81	37,32	37,62
10	Lypémanie simple...	36,33	36,40	36,29	36,17	35,98	35,92	36,20	36,16	36,18	36.76	37,21
5	De même, agitée....	36,68	36,68	36,56	36,64	36,28	36,20	36,50	36,50	36,50	37,10	37,40
11	De même, tranquille.	36.02	36,01	35,87	35,81	35,56	35,48	36,82	35,77	35,79	36,66	37,7
5	Imbécilité et idiotisme	36,48	36,36	36,38	36,44	36,16	36,26	36,32	36,35	36,33	36,68	37,16

TABLEAU C. — *Moyenne des deux sexes.*

Nombre des Malades	FORME des MALADIES MENTALES	RÉGION FRONTALE G	RÉGION FRONTALE D	RÉGION PARIÉTALE G	RÉGION PARIÉTALE D	RÉGION OCCIPITALE G	RÉGION OCCIPITALE D	Moyenne frontale	Moyenne pariétale	Moyenne occipitale	MOITIÉ DE LA TÊTE G	MOITIÉ DE LA TÊTE D	Moyenne de la tête	Tempér^{re} axillaire	Tempér^{re} rectale
18	Manie avec fureur...	37, 02	36, 99	36, 97	36, 92	36, 74	36, 71	37, 00	36, 94	36, 72	36, 90	36, 87	36, 89	37, 21	37, 62
12	Manie sans fureur...	36, 46	36, 47	36, 55	36, 31	36, 13	36, 10	36, 47	36, 33	36, 11	36, 31	36, 29	36, 30	36, 70	37, 10
8	Lypémanie maniaque	36, 86	36, 97	37, 07	36, 88	36, 51	36, 60	36, 92	36, 97	36, 55	36, 81	36, 82	36, 81	37, 32	37, 62
26	Lypémanie simple...	36, 33	36, 34	36, 25	36, 22	35, 94	35, 97	36, 34	36, 23	35, 96	36, 17	36, 17	36, 17	36, 56	36, 97
10	De même, agitée....	36, 55	36, 55	36, 54	36, 55	36, 27	36, 26	36, 55	36, 55	36, 27	36, 45	36, 45	36, 45	36, 99	37, 34
23	De même, tranquille.	36, 22	36, 18	36, 12	36, 10	35, 83	35, 77	36, 20	36, 11	35, 80	36, 05	36, 01	36, 03	35, 56	36, 96
11	Imbécilité, idiotie ...	36, 40	36, 45	36, 38	36, 46	36, 11	36, 25	36, 43	36, 43	36, 18	36, 29	36, 38	36, 34	36, 63	37, 08
7	Paralysie progressive..	36, 68	36, 61	36, 70	36, 78	36, 51	36, 54	36, 65	36, 74	36, 53	36, 63	36, 64	36,63	37, 10	37, 46

TABLEAU D. — *Température comparée dans l'état d'agitation et de calme.*

NOMS	RÉGION FRONTALE				RÉGION PARIÉTALE				RÉGION OCCIPITALE				MOITIÉ DE LA TÊTE				MOYENNE de la TÊTE ENTIÈRE	
	GAUCHE		DROITE		GAUCHE		DROITE		GAUCHE		DROITE		GAUCHE		DROITE			
	Agitation	Calme	Agitation	Calme	Agitation	Calme	Agitation	Calme	Agitation	Calme	Agitation	Calme	Agitation	Calme	Agitation	Calme	Agitation	Calme
Z. C..	37,3	36,6	36,9	36,5	37,0	36,5	37,3	36,6	36,9	36,2	36,8	36,3	37,6	36,43	37,0	36,16	37,3	36,45
T. M.	37,3	36,1	37,4	36,1	36,9	36,0	37,1	36,1	36,8	35,8	34,8	35,6	37,0	35,96	37,10	35,93	37,0	35,95
S. M.	37,1	36,2	37,0	36,3	37,1	36,2	36,9	36,1	37,1	36,2	37,1	36,0	37,10	36,02	23,70	36,13	37,0	36,8
P. V.	37,4	36,7	37,2	36,5	37,3	36,8	37,1	36,7	37,3	36,5	37,3	36,2	37,20	36,66	37,10	36,46	37,20	36,56
C. A..	37,0	36,3	37,1	36,2	37,3	36,0	37,2	36,0	37,1	35,8	37,1	35,8	37,13	36,03	37,10	36,0	37,11	36,1

De l'examen de ces tableaux, il résulte que la moyenne la plus élevée de la température céphalique correspond à l'agitation maniaque où elle atteint 36°89. Puis viennent ensuite en décroissant, la lypémanie avec agitation (36°81), la paralysie progressive (35°63), la démence avec agitation (35°45), l'imbécilité et l'idiotie (36°34), la manie simple (36°30), la lypémanie (36°17), enfin la démence sans agitation (36°3).

Le lobe occipital fournit constamment les chiffres les plus faibles. Les températures des lobes frontaux et occipitaux s'égalisent dans la démence avec agitation et dans l'imbécilité et l'idiotie.

La température de la région frontale surpasse celle de la région pariétale dans la manie avec fureur, ainsi que dans la lypémanie simple et dans la démence simple, tandis que, dans la paralysie progressive et dans la lypémanie avec agitation, la température des lobes pariétaux est supérieure à celle des lobes frontaux.

Quant aux différences thermiques entre le côté droit et gauche, à l'exception de l'imbécilité et de l'idiotie dans lesquelles la température est plus élevée à droite d'un dixième de degré, la température est égale à gauche et à droite dans les autres formes de vésanie. Cette égalité de température tient du reste, d'après les auteurs, à l'inégalité même des températures régionales de la tête, car souvent l'élévation thermique d'une seule des régions céphaliques coïncide avec l'hypothermie de la région voisine. C'est cette élévation *locale* de la température céphalique qu'il importe de rechercher en aliénation mentale.

D. Maragliano et Seppili ont aussi étudié l'influence de l'agitation et du délire sur la température de la tête (la température céphalique ayant été notée chez le même malade pendant une période de calme). (Tableau D.)

Les principaux faits qui ressortent de ces recherches, sont : que dans toutes les formes de maladies mentales, comme chez l'homme sain, la région occipitale a une température plus basse que celle des autres régions.

Les élévations de température locale, observées en d'autres points, correspondent aux lésions inflammatoires ou congestives aujourd'hui connues des maladies mentales. (D. Maragliano, Seppili, Voisin.) — Si cette dernière proposition était confirmée par de nouvelles recherches, la thermométrie épicrânienne serait un moyen de diagnostic très utile dans l'étude des maladies mentales.

CHAPITRE VII

TEMPÉRATURE DES MEMBRES CHEZ LES MALADES ATTEINTS D'HÉMIPLÉGIE RÉCENTE OU ANCIENNE. — ANESTHÉSIES. HÉMIANESTHÉSIES.

Dans la première partie de notre travail, nous avons signalé la marche de la température axillaire, rectale centrale chez les apoplectiques. Nous ne nous occuperons ici que de la température locale des membres et du corps dans l'hémiplégie récente; ou ancienne.

Les anciens admettaient généralement que la température s'abaisse là où la motilité et la sensibilité sont abolies.

Bœrhaave croit qu'il n'y a pas calorification moins intense, mais que la résistance au refroidissement est moindre ; cet auteur fait cependant du refroidissement un signe fâcheux : *Hemiplegia cum frigore raro medicabilis*, dit-il.

Van Swieten [1], dans un commentaire sur ce passage de Bœrhaave, assigne comme cause au refroidissement, la circulation plus difficile du sang dans les artères, et il rattache l'atrophie consécutive à cette ischémie.

Abercrombie[2] admet, comme Bœrhaave, le refroidissement des membres inertes.

1. Van Swieten. *Commentarii in Bœrhaave aphorismos.* Parisiis, 1761, t. III, p. 369.

2. Abercrombie. *Traité des maladies de l'encéphale. Pathological and practical Researches on Diseases of the brain and spinal, Chord.* Edimb. 1828.

Brodie [1] et Chossat [2] constatent dans leurs recherches expérimentales sur le cerveau, l'abaissement de la température du membre paralysé.

Earle [3] rapporte plusieurs observations dans lesquelles les membres paralysés présentent une température basse.

Krimer [4] et Todd [5] signalent l'existence, tantôt de l'élévation, tantôt de l'abaissement de température dans les parties paralysées.

P. Franck[6], Becquerel et Breschet, Andral [7], Briquet [8], Niemeyer [9], Schmitz [10], Romberg [11], Wunderlich [12], Monneret [13], Bærensprung [14], constatent le plus souvent des abaissements de température dans les parties paralysées, mais quelques-uns de ces auteurs signalent aussi des élévations. Jusqu'à cette époque les auteurs ne sont pas d'accord sur les conditions qui produisent tantôt l'abaissement, tantôt l'élévation, ce n'est que plus tard que l'on arrive à quelques notions sur ces phénomènes.

Routier [15] donne ainsi le résultat de ses recherches sur la température locale dans les membres paralysés : « Dans les

1. Benjamin Brodie. *Some philosophical researches respecting the influence of the brain on the action of the heat and on generation of animal heat.* Philosophical Transactions, p. 36. 1810 ; *Further experiments and observations on the influence of the brain in the generation of animal heat. Philosophical Transactions*, p. 378. 1812.

2. Chossat. *De l'influence du syst. nerv. sur la chaleur animale.* Diss inaug. Paris, 1820.

3. H. Earle. *On the influence of the nervous system in regulating animal heat. Med. chir. Transact.*, t. VII, p 173. 1819.

4. Krimer. Cité dans le *Traité de physiologie* de Burdach.

5. Todd. *The Cycloped. of practical med.*, t. III, p. 244.

6. P. Franck. *Prax*, t. III, p. 287.

7. Andral. *Traité de pathologie et Clinique.*

8. Briquet. Voyez Amiard. Thèse de Paris, 1860. N° 258, p 28.

9. Niemeyer. *Pathologie interne*, t. II.

10. J. Peter Schmitz. *De calore in morbo.* Diss Inaug. Bonn, 1849.

11. Romberg. *Lehrbuch der Nervenkrankheiten des menschen.* 3e édition. 1867.

12. Wunderlich. *De la température dans les maladies*, 1870.

13. Monneret. *Pathologie générale*, t. III, p. 542 et *Comp. de med.*, t. VI, p. 290.

14. Bærensprung. *Untersuchungen über die Temperatur verhaltnisse in Fœtus und erwachsenen Menschen im gesunden und Kranken Zustande. Muller's Archiv. für Anat.* 1851, 1852.

15. Routier. *Recherches cliniques sur quelques points de médecine et de chirurgie.* Thèse de médecine de Paris, 1846.

hémiplégies survenues brusquement, une heure ou deux heures après l'accident, le côté paralysé est moins chaud que le côté opposé de 1° et même de 1°50. Mais douze ou vingt-quatre heures après l'accident, le résultat inverse apparaît ; les membres paralysés sont plus chauds; cette différence est très bien perçue par la main de l'observateur, et peut se mesurer au thermomètre ; l'excès de chaleur n'a jamais été au-dessous de 0°75 ni au-dessus de 2°50. Ces variations sont d'autant plus tranchées qu'on s'approche plus des extrémités. »

D'après Durand-Fardel [1] peu d'heures après l'attaque *le côté paralysé est plus froid que le sain.*

Roger [2] a donné le résultat de ses recherches dans le tableau suivant :

RÉGION		TEMPÉRATURE		OBSERVATIONS
		Côté droit	Côté gauche	
I	Aisselle	37°	37°	Hémiplégie ancienne du côté gauche.
	Coude	35°	34°8	
	Creux poplité	35°6	35°2	
II	Aisselle	36°8	37°2	Hémiplégie droite.
	Coude	36°4	37°	
	Jarret	36°4	37°	
III	Aisselle	37°8	37°8	Hémiplégie droite.
	Avant-bras	36°6	37°2	
	Cuisse	36°2	37°2	
IV	Aisselle	41°2 des deux côt.		Hémiplégie gauche, temp. prise pendant une attaque de convulsions.
	Pied	33°2	31°	
V	Aisselle	37°	37°2	Hémiplégie droite.
	Coude	36°4	36°6	
	Jarret	36°4	36°6	
VI	Aisselle	37°8	38°4	Hémiplégie droite par méningite.
	Coude	37°4	37°4	
VII	Aisselle	37°8	38°2	Hémiplégie droite ancienne.
	Coude	37°4	38°	
	Cuisse	37°4	38°	
VIII	Avant-bras	37°	37°6	Hémiplégie droite.
	Cuisse	36°8	37°6	

1. DURAND-FARDEL. *Traité des maladies des vieillards*, 1853, p. 263.
2. H. ROGER. *Loco citato*, p. 392.

IX	Aisselle	»	39°6	Hémiplégie droite (température prise au 1er jour d'éruption de scarlatine).
	Avant-bras	40°	40°6	
	Aisselle	»	37°	Huit jours plus tard.
	Avant-bras	36°	36°8	
X	Aisselle	37°8	37°8	Hémiplégie ancienne et contractures à droite.
	Coude	37°2	37°4	
	Jarret	37°2	36°8	
XI	Jambe	35°	34°	Paralysie infantile, jambe gauche.
XII	Aisselle	36°8	des deux côt.	Paralysie infantile, jambe droite.
	Jarret	36°2	36°8	
XIII	Aisselle	37°2	des deux côt.	Paralysie infantile, jambe droite.
	Jarret	31°	34°	
XIV	Aisselle	37°2	des deux côt.	Paralysie infantile, deltoïde gauche.
	Rég. deltoïd.	35°4	33°8	
	Rég. deltoïd.	35°6	34°	
XV	Rég. deltoïd.	36°8	36°8	Paralysie infantile, deltoïde droit (temp. prise pendant la fièvre.)
	Rég. deltoïd.	31°2	34°8	Apyrexie.
XVI	Aisselle	37°	des deux côt.	Paraplégie.
	Jarret	36°2	36°4	
XVII	Aisselle	37°	»	Paraplégie.
	Creux poplité	36°6	»	

Roger fait suivre ces observations des remarques suivantes :

« Dans la majorité des cas, la chaleur fut trouvée moindre au siège de la paralysie : ce refroidissement local varie ordinairement de deux dixièmes à un degré (obs. III) ; il peut atteindre 2°2 (obs. IV) et même 3° (obs. XIII) ou 3°6 (obs. XV) : ces deux derniers chiffres ont été observés chez deux enfants affectés de paralysie infantile. »

Et plus loin :

« Si au début de l'hémiplégie, la température est augmentée, cet accroissement de la chaleur est transitoire, et bientôt le thermomètre descend et marque un chiffre inférieur à celui du côté sain. Cette diminution de la température est constante dans les paralysies anciennes, surtout lorsqu'il existe une atrophie notable des muscles du membre (paralysie infantile en particulier). »

L'observation suivante, dit Roger, récemment recueillie, confirme pleinement nos conclusions :

Hémiplégie droite depuis cinq jours ; Bronchio-pneumonie concomitante.

Date de l'obs.	Côté sain.	Côté malade.	
6 juin	36°7	37°	
8 juin	36°7	36°7	(Temp. ax. 38°2).
10 juin	36°	36°	
14 juin	36°8	36°8	(Amélioration sensible).
19 juin	36°8	35°5	

On voit, dans ce fait, la température d'abord plus élevée (de 0°3) du côté malade que du côté sain, devenir, quarante-huit heures plus tard, égale dans les deux membres, et onze jours après, elle était plus basse (de 1°3) dans le membre paralysé, ce qui est le cas de beaucoup le plus ordinaire.

Nous trouvons dans le *Dictionnaire* de Nysten [1] à l'article *Température* « que quelques instants après l'attaque, le membre paralysé est plus froid que le membre sain. Cette différence tend à disparaître quand la chaleur du lit et le repos permettent une répartition plus uniforme de la température. On peut admettre, d'après cela, que les membres paralysés opposent, dans tous les cas, une résistance moins grande au refroidissement que les membres sains. »

Schutzenberger et Hecht [2] admettent, qu'au début, la température peut être plus élevée du côté paralysé.

En 1862, dans une observation de paralysie d'un seul bras, d'origine médullaire, L. Colin [3] a noté les chiffres suivants :

	Aisselle	Main droite par.	Main gauche	Différence
20 sept.	38°	37°	32°	5°
22 octob.	37°	36°	24°	12°
12 nov.	37°	35°	24°	11°

A l'autopsie, on trouve une ostéïte des deuxième et troisième vertèbres cervicales. Ramollissement de la moelle à ce niveau.

En 1866, Bouchard [4], s'appuyant sur cinq observations de

1. Nysten. *Dictionnaire*. Art. Température. 1865.
2. Schutzenberger et Hecht. *Dictionnaire Encyclopédique de sciences médicales* tome V page 69.
3. L. Colin. *Union médicale*, 29 mars 1862.
4. Bouchard. *Des dégénérescences secondaires de la moelle. Archives génér. de méd.*, 6e série, tome VIII, p. 296, 1866.

températures prises dans la main, conclut que dans l'atrophie des membres survenant secondairement chez les hémiplégiques la main paralysée est toujours plus chaude, même à une époque très éloignée du début des accidents.

Uspensky[1] publie deux observations : dans l'une la température du membre paralysé était plus basse que celle du côté sain. Il s'agissait d'un malade atteint d'hémorragie cérébrale.

Dans l'autre cas il s'agissait d'un ramollissement cérébral et la température du membre paralysé était plus élevée que celle du côté sain.

D'après Uspensky, les modifications des températures doivent s'expliquer par l'existence de centres vaso-moteurs. D'après cet auteur, lorsque ces centres sont simplement excités, l'afflux sanguin diminue et la température s'abaisse, dans toutes les parties dont les nerfs aboutissent à ces centres, s'ils sont détruits, il y a dilatation paralytique des vaisseaux, apport sanguin plus considérable avec œdème.

En 1867, Folet[2], dans un important mémoire, étudie la température des membres paralysés.

Dans des hémiplégies très anciennes, dans les paralysies avec atrophie, Folet a noté chez dix malades les résultats suivants :

	Date de l'hémiplégie	État du côté paralysé	État thermométrique du côté paralysé.
1.	3 ans	Pas ou très peu d'atrophie; quelques mouvements.	Élévation de température de 0°8.
2.	1 an	Pas d'atrophie	Élévation de 0°6.
3.	20 mois	Légère atrophie deltoïdienne.	Équilibre des deux côtés
4.	4 ans	Atrophie peu avancée	Équilibre.
5.	6 ans	Atrophie peu avancée	Équilibre.
6.	Ancienne	Atrophie peu avancée	Abaissement de 0°2.
7.	8 ans	Atrophie	Abaissement de 0°2

1. Uspensky. *Uber das Verhalten der Temperatur und der Reflexbewegungen bei cerebraler Hemiplegie. Virchow's Arch. für Path. Anat.* Bd xxxv. s. 306 à 313, 1866.

2. Folet. *Étude sur la température dans les membres paralysés. Berl. Klin. Wochensch.* 1867, p. 537.

9.	18 mois	Atrophie	Abaissement de 0°6.
10.	7 ans	Atrophie	Abaissement de 0 8.
8.	7 mois	Peu d'atrophie	Abaissement de 0°6.

Dans ces dix observations, dit Folet, nous constatons deux fois l'élévation thermométrique bien accusée des parties paralysées (0°6 et 0°8). Chez le premier malade l'hémiplégie ne date que d'un an; chez le second elle est plus ancienne, mais elle est incomplète, il y a quelques mouvements ; enfin, ni chez l'un ni chez l'autre il n'y a d'atrophie.

Dans trois cas, il y a équilibre thermométrique. Ces trois hémiplégies sont anciennes, la plus récente a vingt mois. Chez ces trois malades, l'atrophie est peu marquée.

Nous avons trouvé cinq fois l'abaissement de température du côté paralysé, abaissement qui a varié de 0°2 à 0°8. Dans ces cinq cas, l'atrophie est bien marquée et la paralysie est ancienne (dix-huit mois et plus), sauf chez un plombique, qui avec une paralysie ne datant que de sept mois et une atrophie légère donne au thermomètre un abaissement de 0°6.

Voici les *conclusions* de cet auteur :

1° Dans l'immense majorité des cas, la production d'une hémiplégie s'accompagne, dès le début, d'une élévation de température du *côté paralysé* : très rarement l'équilibre persiste, presque jamais on ne rencontre d'abaissement.

2° L'élévation habituelle varie entre 0°3 et 0°9, ne dépasse pas ordinairement 1 degré, à moins que l'exploration ne se fasse aux mains. Dans ces cas, en raison du refroidissement facile, on rencontre des différences de température de 3, 4, 9 degrés (Charcot). L'élévation de température s'accompagnant de turgescence des veines peut être appréciable au simple toucher ; le thermomètre révèle souvent alors une différence moins considérable que ne l'aurait fait supposer le toucher.

3° Les contractures ne paraissent pas avoir d'influence sur le résultat thermométrique.

4° La différence de température peut s'accuser pour toute espèce de lésion cérébrale, apoplexie, ramollissement, sclérose, — *Nous ne savons si le siège de la lésion a une influence sur l'exagération de la caloricité.*

6° La guérison de la paralysie ramène l'équilibre thermométrique. Quand la paralysie persiste, la durée de l'élévation de température est extrêmement variable. Tandis que chez certains sujets, surtout chez ceux où l'hémiplégie ne s'est pas produite brusquement, elle peut n'être plus constatable au bout de deux mois, chez d'autres, au contraire, elle peut persister plusieurs années. Au bout d'un certain temps, généralement au début de l'atrophie, l'équilibre se rétablit.

6° L'atrophie paralytique bien marquée s'accompagne d'un abaissement de température.

7° Lorsqu'à la suite d'une hémiplégie de longue durée entretenant un excès persistant de température, l'autre côté se paralyse à son tour, l'équilibre thermométrique se rétablit ou même l'augmentation de chaleur se manifeste du côté de la paralysie récente.

En 1868, R. Lépine[1] institue à la Salpétrière, dans le service de Charcot, un grand nombre d'expériences dans le but de rechercher comment se comportent les parties paralysées par rapport aux parties saines, symétriques, quand on les place, pendant un temps égal, dans un même milieu à température tantôt basse, tantôt élevée. Voici ses conclusions :

1° En plaçant les deux membres sains et paralysés d'un hémiplégique dans certaines conditions déterminées et identiquement les mêmes pour les deux membres, on peut observer des variations très notables de leur température relative. Ainsi l'un des membres peut devenir alternativement plus ou moins chaud que celui du côté opposé.

2° Dans l'hémiplégie récente, le membre paralysé, qui est normalement plus chaud que le sain, peut devenir le plus froid si les deux membres sont soumis à un certain degré de refroidissement ; si ce degré, qui paraît en rapport avec le degré de la paralysie vaso-motrice, est dépassé, le membre paralysé se refroidit moins que le membre sain.

3° Dans l'hémiplégie très ancienne avec refroidissement du membre paralysé, ce dernier revient relativement plus chaud

1. LÉPINE. *Notes sur les variations de température des membres paralysés relativement aux membres sains. Gaz. méd.* p. 301, 1868.

que le membre sain, lorsqu'on les soumet tous deux à un certain degré de refroidissement.

Il reste en général moins chaud que le sain, si tous deux sont alors réchauffés.

La température d'un membre dont les vaso-moteurs ne fonctionnent pas d'une manière normale, ne semble donc pas susceptible de présenter des écarts soit en haut, soit en bas, aussi considérables qu'un membre sain.

4° D'une manière générale, il semble possible de se rendre compte des variations thermiques relatives des deux membres, en admettant que les actions vaso-motrices nécessaires pour l'adaptation au milieu ambiant se produisent plus lentement et moins complètement.

Dans une observation de Bevan Lewis[1], à la suite d'une hémorrhagie récente dans le corps strié, chez un aliéné, on note :

Le quatrième jour après l'attaque d'apoplexie un abaissement très considérable de la température du côté hémiplégique :

Aisselle gauche	38°6
Aisselle droite du côté paralysé	33°5
Au sixième jour, aisselle droite	35°8
Au septième jour, dans les deux aisselles.	40°2
Au huitième jour, aisselle droite. (Au moment de la mort).	36°1

S'appuyant sur de nombreuses recherches expérimentales Bufalini[2], donne les conclusions suivantes :

1° La température locale, prise pendant un certain nombre de jours dans les extrémités, présente des oscillations, que ces extrémités soient paralysées ou saines, tandis que la température générale ne varie pas;

2° La température locale des extrémités paralysées ou saines, prise plusieurs fois dans la journée, présente des variations; la température générale demeurant presque constante;

3° Dans 213 cas, la patte paralysée a été trouvée 148 fois

1. Bevan Lewis. *Case of hemiplegia with great depression of temperature. The Lancet*, p. 502, 7 octobre 1876.

2. Bufalini. *Compte rendu des Recherches expérimentales faites dans le laboratoire de Physiologie de l'Université de Sienne. Archives de Physiologie normale et pathologique*, t. III, p. 830, 1876.

plus chaude que l'autre; 51 fois la température était à peu près égale des deux côtés; 14 fois la température de l'extrémité paralysée a été trouvée de 2 à 3 degrés centigrades inférieure à celle de la patte saine;

4° Dans la même journée, l'extrémité paralysée a été trouvée à un certain moment plus froide que la saine, à un autre moment on l'a trouvée plus chaude;

5° La température de la patte paralysée est plus élevée le soir que le matin; mais les variations de la température du soir, dans les deux extrémités postérieures, concordent entre elles et ont lieu parallèlement à celles de la température générale.

Nothnagel[1] a cité plusieurs cas d'hémorrhagie cérébrale avec troubles vaso-moteurs et thermiques du côté paralysé. Dans un cas il trouve, dans la pàume de la main, sur un membre parésié une température de 0°2 moindre que celle du côté sain.

Seeligmüller[2] a donné dans son étude « Pathologie du sympathique » une observation d'hémorrhagie cérébrale avec troubles vaso-moteurs du côté *non paralysé*.

Il s'agissait dans ce cas d'une hémorrhagie cérébrale avec parésie passagère de la moitié *droite* du corps. Au dix-huitième jour, la pupille *gauche* était considérablement rétréci. Le *coté gauche* de la face était rouge, congestionné, la température du côté *gauche* était 36°4, du côté droit (paralysé), 36°. Ces troubles vaso-moteurs et thermiques ne durèrent que quelques jours.

Dans une de ses observations, Schiff[3] a constaté chez un homme atteint d'une lésion traumatique de la moelle avec paralysie d'un des membres inférieurs, un refroidissement très marqué du côté paralysé, avec sécrétion sudorale très faible.

A l'état de repos absolu, la température prise entre le gros et le deuxième orteil était de 29°3 à droite (côté paralysé), de

1. NOTHNAGEL. *Virchow's Archiv*. Bd., LXVIII. *et Berl. Klin. Wochenschr*. 1867. p. 337.

2. SEELIGMÜLLER. *Zur Pathologie des Sympathicus. Deutches Archiv für Klinische Medicin*. 20. 1877.

3. SCHIFF. *Sulla temperatura locale delle parte paralitiche*. (*Lo Sperimentale*. Mars 1875.)

37° à gauche. Au moment de la sueur : pied droit, 33°, pied gauche, 36° ; creux poplité droit, 35°8, creux poplité gauche, 36°2.

En hiver, le malade s'étant promené pieds nus dans sa chambre pendant une heure, Schiff obtint 26° pour le côté droit, 35°6 pour le côté gauche.

Dans ses expériences sur les animaux, Schiff note que l'hémisection de la moelle, s'accompagne d'élévation de température dans le membre correspondant, mais que de même que chez le malade précédent, le creux poplité ne présente qu'une faible différence de température.

La dilatation vasculaire et l'élévation de température très marquée après la section, va en diminuant progressivement pour disparaître même, sans que le nerf se soit régénéré.

Les recherches de Schiff démontrent en outre qu'il se produit dans les extrémités paralysées et saines, des variations de température, d'un jour à l'autre et dans la même journée.

Ces oscillations, d'après Schiff, ne dépendent pas d'une condition générale et particulière de l'organisme, mais de conditions spéciales à chaque extrémité. Ainsi, le matin, la température du membre sain était le plus souvent peu élevée ; vers 11 heures, quelquefois plus tard, vers 3 ou 4 heures du soir, survenait une augmentation qui se maintenait pendant deux à cinq heures, suivie d'une diminution. Entre 7 et 9 heures du soir, on observait une nouvelle élévation plus notable que la première, qui s'accentuait pendant le sommeil du chien ; puis, entre 6 et 7 heures du matin, la température s'abaissait de nouveau. Or, le matin, pendant que l'extrémité saine présentait une température peu élevée, on trouvait une différence de 2° à 3° en faveur du côté opéré ; quand le membre sain s'échauffait, la température du côté opéré restait stationnaire ou variait très peu, cependant les deux membres n'arrivaient pas à une température égale, car, avant que le fait pût se réaliser, le côté opéré présentait une augmentation de température qui d'abord avait une marche plus rapide que celle du côté sain, mais qui bientôt se ralentissait et finalement s'arrêtait. En somme, le côté opéré demeurait légèrement plus chaud que l'autre. Il ressort nettement de ces expériences que *le côté paralysé subissait des oscillations thermiques moins amples que le côté sain.*

Dans la majorité des cas, l'élévation de la température des membres paralysés se produisait immédiatement après la section de la moelle. Dans d'autres cas plus rares on observait après l'opération *une diminution subite de la chaleur durant une demi-heure, une heure et davantage, suivie d'élévation thermique, et d'affaiblissements des pulsations artérielles.*

Les oscillations de la température ne présentaient aucune régularité et aucun parallélisme avec les variations de la température rectale.

L'observation suivante, de Robert W. Forrest [1], est un exemple des modifications très considérables de la température locale qui surviennent dans l'hémiplégie d'origine médullaire :

Chez un homme atteint à la suite d'un accident de chemin de fer d'une fracture de la colonne vertébrale, avec raideur et fourmillement du membre inférieur droit, Robert Forrest nota les températures suivantes avec le thermomètre de Mortimer Granville :

A un pouce et demi au dessus du coudyle du femur, le thermomètre est appliqué à 11 h. 30 du matin.

	Jambe droite côté malade	Jambe gauche sain.
A 6 heures du soir, 6 h. 1/2 après l'application	91°8 F.	
A 6 heures 10	91°6 F.	
A 6 heures 15, après 5 minutes d'application sur la jambe gauche .		93°2 F.
A 6 heures 20, après 5 minutes d'application sur la jambe droite. .	91°6 F.	

Au niveau de la rotule, à 12 h. 30 du matin.

	Jambe droite côté malade.	Jambe gauche sain.
A 2 heures 50, 2 heures après . .	87°2 F.	
A 3 heures, après 10 minutes d'application sur la jambe gauche. . .		88°8 F.
A 3 heures 10, après 10 minutes d'application sur la jambe droite . .	86°2 F.	

La température de l'air est 78° ; de l'aisselle, 98°2. F.

1. Robert W. Forrest. *Abstract of Notes of a case of railway injury, with observations of surface temperature. The Lancet*, 1878, tome II, page 509.

Au niveau de la rotule, le thermomètre est appliqué à 4 h. 10 du matin.

	Jambe droite, côté malade.	Jambe gauche, côté sain.
A 7 heures 45, après 3 heures 35 d'application		89°8 F. (32° c)
A 7 heures 55		90° F. (32°1c)
A 8 heures 17, sur la jambe droite	86°6 F. (30°4c)	
A 8 heures 27	86°8 F. (30°6c)	
A 8 heures 37	86°6 F. (30°5c)	
8 heures 49, après 12 minutes d'application sur la jambe gauche .		90°6 F. (32°6c)
A 9 heures, après 11 minutes d'application sur la jambe droite . . .	86°4 F. (30°2c)	

La température de la chambre, 64° F. (18° c); sous les draps, 83° F. (28° c); sous l'aisselle, 98°F. (36°7e); de la bouche, 98°4 F. (36°9c)

Au niveau de la rotulé, le thermomètre est appliqué à 6 h. 30 du matin.

	Jambe droite côté malade.	Jambe gauche sain.
A 9 heures 20, après 2 heures 50, d'application	88° F. (31° 1c)	
A 9 heures 30, après 12 min. . .		90°2 F. (32°2c)
A 9 heures 52		90°4 F. (32°3c)
A 10 heures.		90°6 F. (32°6c)
A 10 heures 22.		90°6 F. 32°6c)

La température de l'air sous les draps, 75° F. (24° c); de la chambre, 61° F. (16° c); de l'aisselle, 99° F. (37° 24c).

Parmi les dernières recherches sur la température locale des parties paralysées, nous devons citer le travail de Lequeux[1], et tout particulièrement les intéressantes conclusions de Blaise.

Lequeux n'étudie la température des hémiplégiques que sur un petit nombre de sujets et ses conclusions sont basées sur *une seule observation thermométrique* pour chaque malade.

« En général, dit-il (13 fois sur 15), au delà de deux ans de paralysie, la température du côté paralysé est inférieure à la température du côté sain, au moins de quelques dixièmes de degré.

Avant deux ans, la température est plus élevée du côté paralysé (3 fois sur 4).

1. Lequeux. *Contribution à l'étude de l'hémiplégie*. Thèse de Paris, n° 91, 1879.

L'atrophie n'est pas un phénomène constamment en rapport avec l'abaissement de la température et la diminution du nombre et de la force des pulsations artérielles, mais accompagne souvent ces troubles de calorification et de circulation. »

De l'examen d'un grand nombre d'observations, M. Blaise déduit les propositions suivantes :

D'après Blaise, voici les modifications thermiques que l'on observe dans l'hémorrhagie et le ramollissement cérébraux récents :

1° Lorsque l'hémorrhagie cérébrale se fait en une seule fois, on observe sur les courbes de la tête, de l'aisselle et des membres : 1° *Un stade d'abaissement initial ;* 2° *Un stade stationnaire*, qui est suivie par ; 3° *Un stade ascensionnel*, lorsque le cas devient fatal. Ces trois stades correspondent aux trois périodes établies par Charcot pour la marche de la température centrale.

1° *Le premier stade*, qui abaisse au-dessous de la normale, et souvent d'une façon très notable, les températures périphériques, a une durée très courte qui dépasse rarement trois heures.

La durée de ce stade est ordinairement un peu plus restreinte au rectum qu'à l'aisselle.

La chute thermique est beaucoup moins prononcée à la tête qu'aux membres.

Les membres paralysés se refroidissent plus que les membres sains. La différence est d'autant moindre qu'on se rapproche davantage de la racine de ces membres.

2° Le *deuxième stade*, ou *stade stationnaire*, est caractérisé à l'aisselle par des oscillations de quelques dixièmes autour de la normale et plutôt en dessus qu'en dessous de cette dernière. Il peut durer un temps variable, de quelques heures à quelques jours. Il manque, dans les cas d'apoplexie grave où l'abaissement initial est suivi immédiatement d'une ascension brusque et fatale.

Le stade stationnaire des membres est un peu différent de celui de l'aisselle. Il s'établit sur des chiffres supérieurs à la normale et paraît commencer plus tard que le stade stationnaire de l'aisselle, celui des cuisses débutant encore plus tardivement que celui des avant-bras.

Il en résulte qu'entre la période initiale et la période stationnaire, on peut observer pour les membres un stade intermédiaire ascensionnel moins important mais aussi accentué que la période ascensionnelle de la fin, quand elle existe.

3° Si le cas est mortel, on voit survenir une *troisième période, dite ascensionnelle*, ordinairement courte, dépassant rarement un jour, et pendant laquelle on voit la température axillaire arriver rapidement à des chiffres souvent très élevés.

Cette période ascensionnelle s'observe aussi aux membres, où elle paraît débuter plus tard qu'à l'aisselle.

Les membres peuvent alors acquérir une température très élevée, qui peut même devenir égale à celle de l'aisselle.

4° Si une nouvelle hémorrhagie se produit, on observe alors, à quelque période que soit la température, un abaissement immédiat plus ou moins marqué, les courbes périphériques pouvant subir d'ailleurs ultérieurement une marche peu différente.

Le même effet s'observe si le foyer gagne les méninges ou les ventricules, malgré les convulsions qui peuvent se produire.

5° Quand l'hémorrhagie se fait en plusieurs fois, par poussées successives, le tableau change : on n'observe plus la succession des trois périodes que nous venons de décrire, mais on constate une série de chutes et d'élévations successives de la température correspondant à une série d'hémorrhagies successives.

Après chaque chute thermique, on peut constater une élévation brusque de la température, qui peut atteindre un chiffre très élevé, mais dont la signification pronostique ne présente pas une gravité très immédiate, puisque la mort peut n'arriver que plusieurs jours après, à la suite d'une série d'abaissements et d'élévations alternatifs.

Dans ce cas, la courbe des membres paraît ne plus présenter de parallélisme continu avec la courbe axillaire. On peut même observer, à un moment donné, de grandes et très rapides oscillations, qui semblent moins accentuées pour les membres paralysés que pour les membres sains.

6° Que l'hémorrhagie cérébrale se fasse en une ou plusieurs fois, les membres paralysés paraissent plus froids que les sains pendant la première période. Mais à mesure que l'on se rapproche de la période stationnaire, la différence diminue, au point que les membres paralysés deviennent aussi chauds et même plus chauds que les membres sains. Pendant la période ascensionnelle, on constate une tendance manifeste à l'égalisation.

La différence entre les membres paralysés et les membres sains est d'autant moindre que l'on se rapproche davantage de la racine du membre.

7° On observe également, dans tous les cas, immédiatement après l'abaissement initial, une tendance à l'égalisation qui peut arriver jusqu'à l'égalisation elle-même des températures axillaires avec les autres températures périphériques.

Et plus loin :

1° Dans le ramollissement, l'abaissement initial paraît manquer. Au début, la température peut être normale. Souvent même elle reste normale pendant un temps assez considérable après le début.

2° La marche de la température est variable.

3° Tantôt la température s'accroît lentement, mais d'une façon continue, à peine arrêtée dans sa marche par quelques rémissions peu notables ; puis la mort survient au bout d'une longue période ascensionnelle qui n'atteint d'ailleurs qu'un chiffre peu élevé.

4° Tantôt la température monte en quelques heures à un chiffre peu élevé pour redescendre, au bout d'un temps presque aussi court, à la normale. Le malade guérit de son apoplexie.

5° Dans d'autres cas, on peut distinguer nettement dans la courbe axillaire trois périodes : une période d'ascension, une période stationnaire et une période de descente.

La température atteint rapidement son fastigium, qui peut être un chiffre élevé, même lorsque l'état apoplectique a déjà disparu. La période stationnaire dure un temps peu considérable ; puis survient le troisième stade, qui ramène rapidement la température à la normale.

Ce type paraît comporter un pronostic favorable.

6° Dans les cas où l'apoplexie est grave, on peut n'observer qu'une ascension continue de la température, qui se termine par la mort.

7° A part quelques cas graves où la température peut donner, comme l'a établi Charcot, une courbe parallèle à celle de l'hémorrhagie, on voit donc qu'il existe entre les types que nous venons d'exposer et ceux que nous avons établis pour l'hémorrhagie, des différences très marquées qui peuvent être d'un très grand secours pour le diagnostic différentiel.

8° Notons aussi l'action remarquable que nous avons obtenue sur la température en plaçant des sangsues aux malléoles, Sous leur influence, la courbe axillaire s'est abaissée de 2° en huit heures, pour se maintenir ultérieurement à un chiffre bien inférieur au chiffre primitif.

9° La différence entre les deux aisselles a été en général peu marquée (0°1 à 0°4) ou nulle. L'avantage a été tantôt en faveur du côté lésé, tantôt en faveur du côté sain.

10° La courbe des avant-bras ne s'est pas montrée parallèle à celle des aisselles. Quand cette dernière s'élevait, on pouvait bien observer du côté de l'avant-bras une élévation ; mais la tendance à l'égalisation de la température des différentes parties périphériques avec les parties centrales a paru moins marquée que dans l'hémorrhagie.

Nous devons encore citer les conclusions suivantes, du même auteur :

1° Lorsqu'une paralysie d'origine cérébrale débute sans apoplexie, la température périphérique, notamment celle de l'aisselle, s'élève ordinairement peu ou même pas du tout au-dessus de la normale. Dans ces conditions, on observe rarement plus de 39° à l'aisselle.

2° Dans l'hémiplégie, nous avons le plus souvent observé une diminution de la température du côté paralysé par rapport au côté sain. En général, plus la paralysie était complète, plus l'écart paraissait considérable.

Quelquefois cependant, nous avons constaté d'une façon permanente une augmentation en faveur du côté paralysé.

A cet égard, nos observations ne nous permettent pas d'établir de distinction absolue entre les paralysies récentes et les paralysies anciennes.

3° Dans certains cas, la différence entre les deux côtés a diminuée à mesure que la lésion devenait plus ancienne ; dans d'autres cas, au contraire, elle s'est accentuée. Enfin nous avons pu voir le côté paralysé présenter successivement une température moins élevée, sensiblement égale, puis supérieure à celle du côté sain, sans modification appréciable des parties paralysées ou des parties saines.

Il y a plus, le côté paralysé, qui d'habitude présentait une température moins élevée que le côté sain, a montré subitement, à plusieurs reprises et chez plusieurs malades, une température plus élevée, sans que l'on pût apprécier la cause de ce changement.

4° La différence était le plus souvent très peu considérable, quelquefois même nulle aux aisselles, où elle variait habituellement entre 0°1 et 0°4 ; ce n'est qu'exceptionnellement qu'elle a pu atteindre 1°.

Aux membres, quand il y avait différence, elle était toujours plus marquée qu'aux aisselles. L'écart, qui le plus souvent n'a pas dépassé 1°, s'est élevé dans quelques cas à 2°3 et même 4°8.

Cette manière différente, dont se comportent les aisselles et les avant-bras, donne lieu à penser que si les membres paralysés présentent une température plus basse que les membres sains, cela tient beaucoup à ce que les premiers se trouvent dans une situation telle qu'ils maintiennent leur température plus difficilement que les seconds.

La différence entre les aisselles a été de même sens que la différence entre les membres.

Le contraire n'a été observé que d'une façon tout à fait exceptionnelle et sans que nous puissions en expliquer la raison.

5° Le mauvais état de la circulation en retour, qui s'accompagne souvent de coloration plus ou moins violacée des extrémités paralysées et de tendance à l'œdème, nous a paru une condition favorable à l'abaissement de la température.

6° La présence ou l'absence de contractures ne nous a pas pas paru exercer une influence appréciable sur les résultats thermométriques.

7° Dans l'hémianesthésie, nous avons constamment trouvé une diminution de la température du côté anesthésié, cette diminution ne se traduisait le plus souvent que par un écart de 0°4 à 0°7, quelquefois cependant ce dernier s'est même montré plus faible, ou même plus fort sans dépasser 1°.

8° Cette diminution de température s'est accompagnée, chez nos hémianesthésiques, d'une diminution de la sécrétion sudorale et de la vascularisation des parties paralysées (les piqûres restaient, pour ainsi dire, exsangues).

9° La température générale des malades atteints de paralysies sensitives ou motrices paraît rester normale.

Cependant les parties paralysées se refroidissent plus facilement que les parties saines et peuvent présenter une température inférieure à la normale ; lorsqu'elles ont été placées pendant un certain temps dans un milieu chaud, elles peuvent mettre en outre un temps plus considérable que les parties saines pour se réchauffer.

10° Dans certaines conditions mal déterminées, on peut observer chez les hémiplégiques, d'un jour à l'autre ou dans la journée, de grandes oscillations thermiques des membres, contrairement à ce qui se passe dans l'apoplexie, ces oscillations paraissent plus marquées sur les parties paralysées que sur les parties saines.

11° La nature de la lésion (ramollissement, hémorrhagie, sclérose, etc.) n'a pas paru exercer une influence spéciale sur le quantum des différences observées. Cette réflexion s'applique aussi tout particulièrement au siège de la lésion, et nous serions porté à penser, d'après nos observations, que les éléments vaso-moteurs du cerveau sont disséminés dans toute sa masse.

I. — *Température locale dans les anesthésies. — Hémianesthésie.*

II. — *Influence des agents dits esthésiogènes sur la température locale des membres anesthésiés.*

Influence de l'électricité, des courants, des aimants, des métaux.

Il n'existe dans la science qu'un très petit nombre d'observations de thermométrie locale dans les anesthésies et les hémianesthésies.

Il est à remarquer que les conclusions des auteurs que nous allons citer ne concordent pas entre elles. Ces conclusions ne s'appuient *que sur un trop petit nombre de faits.*

Michel Peter [1] a soutenu en 1865, devant la Société de mé-

1. Peter. *Gazette des hôpitaux*, 1865, p. 136.

decine de Paris, que dans les *anesthésies d'origine cérébrale*, la température des parties anesthésiées est augmentée, tandis que dans les *anesthésies d'origine hystérique*, le fait peut manquer.

Dans un cas observé par Peter, il existait de l'hémianesthésie avec hémiplégie par ramollissement cérébral, le malade présentait une sensation de vive chaleur du côté paralysé, avec augmentation de température de 1° et sécrétion sudorale très marquée.

Uspensky [1] a publié deux cas d'hémianesthésie avec hémiplégie; dans le premier, l'hémianesthésie était consécutive à une hémorrhagie cérébrale, dans le second, à un ramollissement. Dans le premier cas, il y avait diminution de température du côté paralysé (1°5), dans le second, élévation du côté paralysé (1°). Ces résultats, d'après Uspensky, s'expliquent par l'existence de centres vaso-moteurs cérébraux.

Couty [2] pense que dans l'hémianesthésie d'origine méso-céphalique, il y a le plus souvent refroidissement du côté opposé à la lésion dans les membres anesthésiés.

D'après Burq [3], dans les névroses de la sensibilité et de la motilité, il y a toujours athermie périphérique, tandis que l'anesthésie et l'amyosthénie peuvent faire défaut.

Dans trois cas d'hémianesthésie, M. Blaise a trouvé une diminution très notable de la température du côté anesthésié, il existait en même temps une diminution de la sécrétion sudorale et de la vascularisation des parties paralysées. (Voir les conclusions de cet auteur (voir pages 470, 471).

D'après un certain nombre de faits, il semble que la température du membre anesthésié est d'autant plus abaissée que l'anesthésie est plus marquée, quelquefois cependant il y a élévation; dans le premier cas, la sécrétion sudorale est augmentée, dans le second, elle est diminuée, ce qui nous parait indiquer

1. Uspensky. *Uber das Verhalten der Temperatur und der Reflexbewegungen bei cerebraler Hemiplegie. Virchow's Archiv für path. Anat.* Bd XXXV, 1866.

2. Couty. *De l'hémianesthésie mésocéphalique. Gazette hebdomadaire.* 1877. N° 38.

3. V. Burq. *Académie de médecine.* Séance du 27 janvier 1880. *France médicale*, n° 9.

des lésions nerveuses retentissant sur le système vaso-moteur des extrémités.

II. — L'influence de certains agents, dits esthésiogènes, sur la température locale des membres atteints est remarquable.

L'électricité statique, les courants, les aimants, les métaux, ramènent dans certains cas la sensibilité chez les anesthésiques, mais en même temps la température locale des membres atteints qui, ainsi que nous venons de le signaler, est généralement abaissée, *s'élève notablement* et peut même, dans certains cas, dépasser la température du membre sain.

Grasset [1] vient d'établir en outre que le vésicatoire est un agent esthésiogène au même titre que les agents précédents, et qu'il entraîne comme eux une élévation localisée de la température.

D'après cet auteur, l'action du vésicatoire sur la température locale est indépendante de l'action sur la sensibilité.

A côté de son action esthésiogène, le vésicatoire a une action thermogène qui marche en général avec la première, mais qui peut en être indépendante et se produire seule.

L'action esthésiogène du vésicatoire paraît pouvoir être séparée de l'action locale hypérémiante et rapprochée au contraire de l'action de l'électricité et de la métallothérapie.

Ces derniers faits doivent être rapprochés des observations de M. Henrot, qui par l'application des aimants, de l'électricité, des métaux, a obtenu dans des cas de troubles hémithermiques sans paralysie ni anesthésie, *une élévation* de température du côté de l'application des agents, avec transfert de l'hémihypothermie (voir pages 476, 477, 478).

Troubles hémithermiques indépendants de l'hémianesthésie et de l'hémiplégie. — M. Henrot [2] (de Reims) a attiré l'attention sur l'existence de troubles hémithermiques indépendants de l'hémianesthésie et de l'hémiplégie.

1. Grasset. *Note sur l'action esthésiogène et thermogène du vésicatoire. Bull. de l'Acad. de méd.*, n° 2. 1880.

2. Henrot. *Du transfert de l'hémihypothermie.* Extrait de l'*Union médicale et scientifique du Nord-Est*, 1880, et *Des troubles hémithermiques dans la méningite (hémihyperthermie, hémihypothermie). Bulletins de la Société médicale de Reims*, 1879).

OBSERVATION I. — Cas de méningite tuberculeuse chez une jeune fille de 20 ans. M. Henrot constate, dans la période prodromique de la maladie, une *hypothermie* très marquée du côté gauche, particulièrement du membre supérieur; puis survient de la parésie, de l'anesthésie des quatre membres avec perte de connaissance. On note à ce moment du côté gauche et à l'inverse de ce qui a été observé au début de l'affection de l'*hyperthermie;* il existe entre les deux plis du coude une différence de température de 2°2 à l'avantage du côté gauche.

Quelques jours avant la mort, la température devient égale des deux côtés.

A l'autopsie, on trouve les lésions de la méningite tuberculeuse un foyer de ramollissement et des hémorrhagies capillaires dans le lobule paracentral.

OBSERVATION II. — Femme de 63 ans, névropathique et hystérique atteinte successivement, d'une affection utérine, vésicale, d'érysipèle, de zona, de névralgie intercostale, de vomissements, etc.

Il y a trois ans que la malade éprouve des sensations de froid dans le membre inférieur droit ; ses souvenirs à cet égard sont très précis; à la messe, au milieu de la cérémonie, elle est obligée de replier deux ou trois fois son jupon et sa robe sur la jambe droite pour faire disparaitre cette sensation pénible ; dans le lit, elle applique toujours de ce côté la boule d'eau chaude.

Depuis le zona, la névralgie mammaire, les vomissements incoercibles et la cystite, ces troubles thermiques ont augmenté, ils se sont étendus : le sein droit est plus froid que le sein gauche ; nombre de fois, à la main, on constate une différence de température aux cuisses, sans l'avoir déterminée d'une façon positive à l'aide du thermomètre.

Le malade dit n'avoir jamais remarqué de différence de température entre le côté droit et le côté gauche de la face.

La sensibilité n'est pas modifiée ; elle est la même des deux côtés, à la face, à la poitrine, aux bras et aux jambes.

La motilité est la même de chaque côté. Il n'y a pas de troubles trophiques; la mensuration de la partie la plus grosse et de la partie la plus grêle des membres donne exactement le même chiffre de chaque côté. Il existe une douleur vive à la pression des apophyses épineuses dans le tiers moyen de la région dorsale.

L'intelligence est saine ; Mme X... supporte courageusement ses douleurs, elle est disposée à faire tout ce qu'on voudra lui imposer, pourvu qu'on la guérisse.

Le 27 janvier 1880, à l'aide de deux thermomètres semblables, on fait les constatations suivantes :

	Durée d'application	Côté droit	Côté gauche	Différence
Cuisse	8 minutes	32°2	34°7	2°5
—	15 —	31°8	34°4	2°6
	Temp. du vagin.		37°6	
Sein	5 minutes	34°8	35°1	0°3
—	7 —	34°9	35°2	0°3
Avant-bras . .	5 —	31°1	31°2	0°1
—	10 —	30°7	31°2	0°5

Ces chiffres nous permettent de conclure, dit M. Henrot, que la température de la cuisse droite est de 5°4 inférieure à celle du vagin, et de 2°5 à 2°6 inférieure à celle du côté gauche ;

Que celle du pli sous-mammaire du côté droit est de 0,3 inférieure à celle du côté gauche ;

Que celle de l'avant-bras droit est inférieure de 0°5 à celle du côté gauche.

Tandis que la température reste constante à gauche au bout de cinq minutes, elle baisse de 0,4 de degré dans le même espace de temps du côté droit. Il résulte de cet examen : 1° Que la sensation de froid éprouvée par la malade du côté droit est bien réelle ; 2° que la résistance au rétablissement de l'équilibre entre la température du corps et celle de l'atmosphère est moindre à droite qu'à gauche, puisque la température baisse à droite, alors qu'elle reste stationnaire à gauche ; 3° qu'il y a lieu, en conséquence, de rechercher l'hémihypothermie au même titre que l'hémiplégie, l'hémianesthésie, l'hémichorée ou l'hémitrophie, etc.

Il y a donc des troubles thermiques localisés à une moitié du corps, comme il y a des troubles de la sensibilité et du mouvement ; ces troubles peuvent se produire en dehors de toute modification de la sensibilité, de la motilité ou de la nutrition, et être complètement indépendants de l'anesthésie, de la paralysie et des trophonévroses ; ils peuvent se produire en dehors de l'hystérie, soit dans les inflammations des méninges, soit chez les névropathes ; c'est donc à tort que MM. Charcot et Dumontpallier ont voulu en faire une manifestation spéciale de ce qu'ils appellent la diathèse hystérique.

M. Henrot a recherché si, dans cette hypothermie indépendante des troubles sensitifs et moteurs, les troubles thermiques déterminent le phénomène décrit sous le nom de *transfert*.

Dans ces recherches, l'auteur plaçait deux thermomètres à droite et deux à gauche.

Sous l'influence des aimants, un transfert partiel se produit de gauche à droite, comme il s'était manifesté une première fois de droite à gauche, puisque la température a baissé de 0,8 de degré du côté droit, en laissant en faveur du côté gauche, primitivement moins chaud, une différence de 0,5 de degré.

Cinq minutes après la suppression des aimants, la température est exactement la même à droite et à gauche.

De ces faits, Henrot, conclut :

1° Que l'application de plaques aimantées faite sur un membre détermine de ce côté une augmentation notable et rapide de la température ;

2° Cette élévation de température persiste pendant plusieurs jours ; au bout de cinq ou six jours, les températures s'équilibrent, pour redevenir ensuite ce qu'elles étaient avant l'application des aimants ;

3° L'hyperthermie provoquée par les aimants ne se manifeste pas seulement sur le membre où ils sont appliqués, elle s'étend au membre correspondant ;

4° Il y a transfert des troubles thermiques, puisque le côté pathologiquement refroidi se réchauffe en même temps que le membre opposé sain se refroidit ; la quantité de chaleur soustraite au côté opposé par l'application des aimants varie de 0,2 à 0,8 de degré ;

5° Les aimants produisent le transfert de l'hémihypothermie comme ils produisent le transfert de l'hémianesthésie et de certaines formes d'hémiplégie.

Action de l'électricité.

L'électricité a une action moins manifeste, moins rapide que les aimants.

Quinze jours après les expériences avec les aimants, la température était :

	Cuisse droite	Cuisse gauche	Différence en faveur du côté gauche
Au bout de 10 minutes	32°2	33°2	1°

On électrise, avec la petite machine de Gaiffe modifiée par X..., la face externe de la cuisse droite, et on trouve :

Au bout de 2 minutes	32°6	33°3	0°7
— 5 —	32°6	33°1	0°5
— 10 —	32 6	33°1	0°5

On cesse l'électrisation :

Au bout de 10 minutes	32°4	32°6	0°2

D'après l'auteur, l'électricité, comme l'application des aimants, élève la température de 0°4 du côté hypothermique, et elle l'abaisse du côté hyperthermique de 0°2 ; aussitôt l'électrisation, la différence de température entre les deux membres, qui était de 1°, n'est plus que de 0°2 ; le côté hypothermique s'est échauffé de 0°2 (de 32°2 à 32°4) ; le côté hyperthermique s'est refroidi de 0°6 (de 33°2 à 32°6).

L'électrisation, comme les aimants, détermine donc le transfert de l'hémihypothermie.

Action des injections de morphine.

Celles-ci, pratiquées en même temps sur le côté hypothermique et sur le côté hyperthermique, ont plusieurs fois élevé la température du côté refroidi et amené à 0°1 une différence de température qui était, avant les injections, de 0°6 à 0°8.

Action des applications d'or.

Sept pièces de 20 francs appliquées sur le membre refroidi ont élevé la température, en dix minutes, de 0°7 du côté hypothermique, et dans le même temps de 0°5 seulement du côté sain.

Henrot a constaté l'existence de l'hémihypothermie dans l'*hémichorée*, sans trouble de sensibilité et en dehors de toute manifestation hystérique.

Sous l'influence des aimants, la chaleur augmente du côté

malade, tandis qu'elle s'abaisse du côté opposé. La différence s'est élevée dans un cas à 1°6.

D'après cet auteur, les aimants déterminent une augmentation de chaleur du côté où ils sont appliqués et une soustraction de calorique du côté opposé

L application des aimants peut amener un double transfert de l'hémithermie.

S'appuyant sur ses observations cliniques et quelques nécropsies, Henrot admet l'existence dans l'axe cérébro-spinal d'un centre régulateur de la chaleur animale pour la face et pour les membres.

Des troubles hémithermiques dans l'hémichorée, chez les aliénés, dans l'hystérie. — Dans l'*hémichorée*, sans trouble de sensibilité et en dehors de toute manifestation hystérique, il existe des troubles thermiques du côté affecté.

Gassot[1], le premier, a démontré, dans l'intéressante observation suivante, que la température s'élève notablement du côté affecté et que, lorsque l'hémichorée se montre ensuite du côté opposé à celui primitivement atteint, l'hypothermie l'accompagne.

Observation. — *Hémichorée droite, puis gauche. Hémihyperthermie.*

P..., Marie, blanchisseuse, âgée de 15 ans, entre le 14 octobre 1872, salle Sainte-Marthe, n° 12, à Beaujon (Service de M. Gubler).

Elle est atteinte d'une hémichorée droite qu'on ne peut rapporter qu'à une anémie profonde.

Pas d'antécédents rhumatismaux.

L'affection date de deux mois environ, elle a commencé par le bras droit; successivement la jambe, le tronc et la tête ont été envahis.

Nous prenons quelques mensurations thermiques et nous trouvons en faveur du côté affecté un excès oscillant entre 0°3 et 0°8.

Sous l'influence du traitement, les phénomènes s'amendent et tout écart de température disparait entre les deux côtés du corps.

Puis le côté gauche est atteint à son tour; nos mensurations nous donnent alors en faveur de ce côté un excès variant entre 0°1 et 0°5.

1. Gassot. *Des températures locales.* Thèse de Paris, 1873.

Dans une de ses observations, Henrot a constaté que la température du côté où siégeait l'hémichorée était *plus élevée* de 1° à 1°2 que celle du côté opposé. (Voir pages 477, 478).

Au bout de 20 minutes d'application de barres aimantées, la différence de température, qui était avant l'expérience de 1°2 en faveur du côté droit (33° et 31°8), est de 1°5 (33° et 31°5).

Sous l'influence de l'application des aimants, Henrot constate, dans plusieurs explorations une augmentation de température du côté malade, où l'aimant est appliqué et une diminution du côté opposé.

Il observe en outre, sous l'influence de l'application des aimants, un transfert de l'hémichorée, accompagné du *transfert thermique* qui, dans son observation, s'est produit une première fois de droite à gauche, puis de gauche à droite quand les aimants ont été déplacés. « Les troubles hémithermiques, dit Henrot, suivent les troubles hémichoréiques ; nous avons donc obtenu un double transfert : celui de l'hémichorée et celui de l'hémithermie, »

En 1879, Ripping [2] signale des différences de température des deux moitiés du corps chez *les aliénés*. Ces troubles vaso-moteurs, accompagnés de salivation, d'inégalité pupillaire, de paralysie faciale ou de transpiration d'un côté démontrerait, d'après cet auteur, l'existence de centres thermiques dans l'écorce cérébrale.

Se fondant sur une autopsie, Ripping localise le centre thermique cortical dans la partie postérieure et profonde de la corne d'Ammon.

Dans l'*hystérie*, les différences de températures entre les deux côtés du corps sont presque toujours très notables.

La température d'un côté peut être en moyenne de 1°, 2° plus élevée que celle du côté opposé. Des variations importantes s'observent aux différentes périodes de la maladie,

1. Henrot. *Notes de Clinique médicale. De l'hémichorée.* Pag. 31-35. Reims, 1880.

2. Ripping. *Sur l'inégalité de la température périphérique des deux côtés du corps chez les aliénés et sur la localisation du centre thermique dans la couche corticale.* Anal. *in Ann. méd., psych.*, 6e série, tome I, 1789, p. 487.

suivant le régime, le traitement, etc. Armaingaud[1] (voir p. 474).

La courbe suivante indique bien les différences de la température locale comparée du côté droit et du côté gauche.

COURBE N° 30.

Hystérie

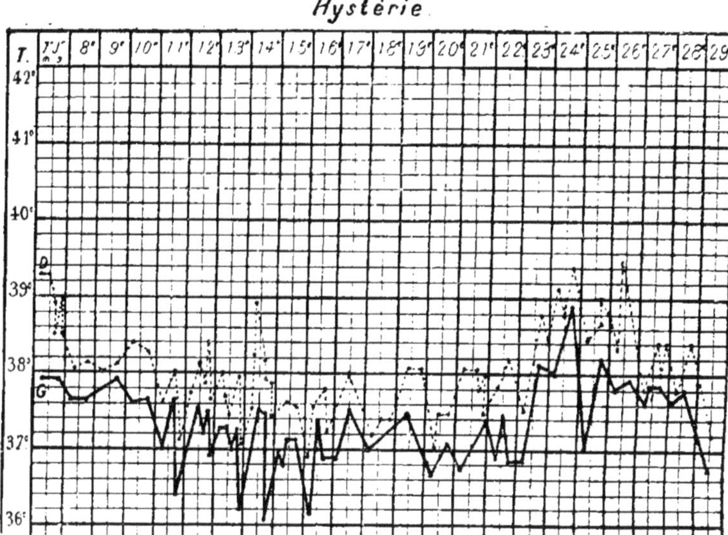

Température locale comparée du côté droit et du côté gauche (Wunderlich)

Des troubles thermiques dans la paralysie agitante, infantile, l'atrophie musculaire. — Dans la *paralysie agitante*, d'après Grasset[2], la température périphérique est élevée.

Sur une malade atteinte de cette affection cet auteur a obtenu les résultats suivants :

1° *La température de l'aisselle* ne présente rien de particulier, elle oscille autour de 37° (36°9 à 37°9).

1. ARMAINGAUD. — *Sur une nécrose vaso-motrice se rattachant à l'état hystérique*. Paris, 1876.

2. GRASSET et APOLINARIO. *Note sur l'état de la température périphérique dans un cas de paralysie agitante et sur l'influence des contractions musculaires sur la température périphérique*. *Progrès médical*, 1878, p. 216.

2o *Température dans la main.* — On note successivement : 30°2, 31°5; 32°, 32°2, 32°5, 33°, 33°2. On applique le thermomètre avec de la ouate et une bande, on note alors : 34°2; 34°8; 35°; 35°4, 35°8, 35°9; 36°, 36°2; 36°3; 36°4; 36°5; 36°7; 36°8; 36°8; 36°9; 36°9; 37°; 37°; 37°1, 37°1. La température reste constante à 37°1.

Expérience de comparaison sur l'auteur. — On obtient successivement (de minute en minute) : 31°4; 32°6; 33°4; 34°; 34°6; 35°2; 35°5; 35°8; 36°, 36°2, 36°3, 36°4. La température se maintient là.

3° *Température de l'avant-bras.* — On obtient après deux minutes : 33°6; 4 min. : 34°9; 6 min. : 35°6; 8 min. : 36°3; 10 min. : 36°6; 13 min. : 36°8; 17 min. : 37°1; 21 min. : 37°2; 24 min. : 37°2.

Sur l'auteur et dans les mêmes conditions sur l'avant-bras : 29°4, 31°6, 32°4, 33°1, 33°2, 33°4, 33°4, 33°5, 33°6.

Le thermomètre reste fixe à 33°6.

Dans la *paralysie infantile*, Heine a vu la température des membres atrophiés tomber à 25° et même à 20°.

Dans l'*atrophie musculaire progressive*, dit Jaccoud, les parties où la dégénérescence est en voie de développement sont souvent refroidies; la sensation du froid accusée par le malade n'est pas un phénomène purement subjectif : et le médecin peut constater une différence de 5° à 6° entre les deux mains.

CHAPITRE VIII

RECHERCHES EXPÉRIMENTALES. — LÉSIONS CÉRÉBRALES ET MÉDULLAIRES.

Dans un grand nombre de recherches expérimentales sur les centres vaso-moteurs, les physiologistes ont observé des modifications de la température locale des membres.

Nasse (1839), Brown-Séquard (1853), Budge et Waller (1858), Bezold (1858), Ludwig et Thiry (1858), Kessel (1871), Stricker (1871), Soboroff (1871), Owsjannikow (1872), Tscheschichin ont publié des travaux importants sur la question, et cherchent à démontrer que les vaso-moteurs émanent de la partie supérieure de la moelle.

Les recherches plus récentes et principalement celles de Schiff, de Vulpian établissent qu'il n'existe pas dans la moelle épinière un centre vaso-moteur unique, mais une série de centres échelonnés sous la domination du centre bulbaire. (Voir Recherches de Schiff.)

I. — *Lésions expérimentales du cerveau.* — Les lésions de certaines parties *du cerveau* donnent aux expérimentateurs des congestions ou des anémies des membres, des viscères accompagnés de modifications de la température locale et leur font admettre des centres vaso-moteurs existant dans le cerveau (Schiff, Kolliker, Pflüger, Olivier).

Vulpian [1] et Philipeaux ont constaté des variations de la

1. Vulpian. *Comptes rendus de l'Académie des sciences*, 16 février 1874.

température des membres à la suite de lésions expérimentales des tubercules quadrijumeaux.

Uspensky [1] voulant démontrer l'existence de centres vasomoteurs dans le cerveau blesse au moyen d'un instrument terminé en croix, l'hémisphère droit d'un animal et détermine du côté opposé un abaissement de 1° pendant les deux premiers jours et de 1°2, les jours suivants. Uspensky n'indique pas d'une façon précise le point dont la lésion produit l'abaissement de température.

Schreiber [2] lésant la protubérance, le cervelet, les pédoncules ou les hémisphères, note un abaissement rapide et notable de la température; mais si les animaux se trouvent dans un milieu dépassant 30° c. ou entourés de ouate, on observe au contraire une élévation. Les lésions qui portent sur les diverses parties de l'encéphale, dit l'auteur, ne produisent donc ni augmentation ni diminution de chaleur. Elles placent l'animal dans des conditions telles qu'il maintient plus difficilement sa température normale et qu'il se réchauffe ou se refroidit plus facilement sous l'influence du milieu ambiant qu'un animal sain.

En 1875, 1876, les recherches de Hitzig [3], de Bochefontaine et Lépine [4], de Danilewsky [5] démontrent l'existence de centres vaso-moteurs dans l'écorce du cerveau. Ces auteurs établissent en effet que l'excitation électrique de l'écorce et principalement du gyrus post frontal amènent dans les membres une élévation notable de la température et de la pression sanguine.

D'après Danilewsky, l'excitation directe du corps strié, à l'exception du noyau caudé de la couche optique, ne produit pas cet accroissement de pression.

1. Uspensky. *Ueber das Verhalten der Temperatur und der Reflexbewegungen bei cerebraler Hemiplegie. Virchow's Archiv.* Bd. XXXV, 1866.

2. Schreiber. *Ueber den Einfluss des Gehirns auf die Korpertemperatur. Arch. f. die ges. Phys.* Bd. VIII, pp. 576-596, 1874.

3. Hitzig. *Etude expérimentale sur l'influence exercée par la faradisation de l'écorce grise sur quelques muscles de la vie organique. Arch. de Physiol.*, 1876, p. 140.

4. Bochefontaine et Lépine. *Bulletin de la Soc. de Biol.*, 5 juin 1875, pp. 230, 257.

5. Danilewsky. *Exp. Beitr. zur Physiol. des Gehirns. Pflüger's Arch.* XI, 1875, p. 128.

En 1876, Eulenburg et Landois[1] étudient, au moyen d'appareils thermo-électriques, l'effet de l'excitation et de la desruction de la substance corticale sur la température des tmembres de jeunes chiens et de jeunes lapins.

D'après ces auteurs, la destruction de l'écorce au niveau de la région pariétale dans les parties du gyrus sigmoïde où Fritsch et Hitzig ont reconnu l'existence de centres moteurs, détermine l'élévation subite et notable de la température des membres opposés qui peut aller jusqu'à 1° et 7° c. Suivant le siège et l'étendue de la lésion, la température peut être plus élevée au membre supérieur qu'à l'inférieur et réciproquement. Dans les cas où les lésions sont circonscrites· les modifications thermiques ne s'observent que sur un seul membre.

Vers le deuxième ou troisième jour, la température redevient normale, mais elle peut dans certains cas rester élevée, une, deux semaines.

L'électrisation avec des courants faibles de l'écorce cérébrale, produit, d'après ces auteurs un abaissement passager de 0°2, 0°6 c. dans les extrémités du côté opposé. Avec des courants forts, l'abaissement peut manquer et on observe alors une élévation.

Eulenburg et Landois expliquent ces résultats en admettant l'existence « d'appareils vaso-moteurs situés dans les régions précédemment citées de la surface hémisphérique et qui sont probablement en connexion directe ou indirecte, avec les fibres vaso-motrices contenues dans le pédoncule du cerveau. Peut-être ces appareils sont-ils destinés à la transmission des influences mentales sur certaines régions vaso-motrices : peut-être aussi contribuent-ils aux altérations locales de la température et de circulation dans les organes de la conscience, à l'aide des systèmes intermédiaires situés dans l'écorce grise hémisphérique. »

Hitzig est arrivé, dans ses recherches, aux mêmes résultats que les auteurs précédents.

1. EULENBURG et LANDOIS. *Ueber thermische von den Grosshirnhemispharen ausgehende Einflüss. Centralblat für die med. Wissens.*, t. XV, p. 260, 1876. *Anal. in Rev. Sc. méd.*, 1876, t. VIII, p. 49, et *Comptes rendus de l'Académie des sciences*, 6 mars 1876.

Dans une expérience sur le chien, M. Vulpian[1], après avoir détruit la substance grise du gyrus sigmoïde du côté droit a étudié la température locale des membres.

La température des membres du côté opposé au côté de la lésion était à peu de chose près la même immédiatement après cette opération qu'avant l'ouverture de la dure-mère. La température des orteils du membre antérieur gauche (opération faite à droite) avait baissé, il est vrai, d'un degré centigrade; mais la température des orteils du membre postérieur gauche avait monté d'un degré.

Vingt minutes après l'ablation de la substance corticale du gyrus sigmoïde droit, la température du membre antérieur gauche avait baissé de plus de 4 degrés centigrades, tandis que celle du membre postérieur gauche avait monté de près de 3 degrés.

« Si l'on ne considère que la température du membre antérieur gauche, dit M. Vulpian, on trouve là un résultat qui semble confirmer complètement l'assertion de MM. Eulenburg et Landois. Mais pourquoi la température du membre postérieur gauche s'est-elle élevée? Ces auteurs disent bien que la température peut s'élever surtout dans le membre antérieur ou dans le membre postérieur du côté opposé; mais ils attribuent ces variations à ce que la lésion porte tantôt sur tel point, tantôt sur tel autre du gyrus sigmoïde. Cette explication perd toute valeur, lorsque l'expérience est faite comme chez le chien dont il s'agit, c'est-à-dire quand elle consiste en une destruction de tout le gyrus sigmoïde. Dans un cas de ce genre, s'il y avait dans l'écorce grise deux centres vaso-moteurs de siège fixe, influençant, par la médiation d'actions vaso-motrices croisées, la température des membres du côté opposé, une destruction de ces centres devrait avoir pour conséquence un abaissement de la température de ces deux membres, abaissement pouvant d'ailleurs être inégal dans l'un et l'autre de ces membres, suivant que l'un des centres vaso-moteurs supposés serait plus puissant que l'autre. Ce n'est pas d'ailleurs la seule objection soulevée par l'inspection des

1. VULPIAN. *Destruction de la substance grise du gyrus sigmoïde chez le chien. Archives de Physiologie normale et pathologique*, 2e série, t. III, 1876, p. 814.

chiffres indiquant la température des membres vingt minutes après l'opération.

Il faut remarquer que si la température du membre antérieur gauche a baissé de plus de 4°, celle du membre antérieur droit (côté de l'opération) a baissé de plus de 8 degrés. N'est-il pas visible qu'il y a une influence exercée sur la température des deux membres antérieurs, en même temps et dans le même sens, quel qu'en soit le mécanisme? En tous cas, il est permis d'attribuer un certain rôle dans ce refroidissement à la chloralisation.

Quarante minutes après l'opération, la température avait baissé encore notablement dans tous les membres et le refroidissement continuait à s'y produire avec grande rapidité, puisque cinq minutes plus tard, on ne trouvait plus que 12°9 c. dans le membre antérieur droit qui, avant l'ouverture de la dure-mère, offrait une température de 33° c. Le membre postérieur gauche seul semblait résister plus que les autres au refroidissement.

En somme, cette expérience ne me paraît pas pouvoir être citée comme confirmant les idées d'Eulenburg et Landois. Il est clair d'ailleurs qu'elle n'a qu'une valeur relative et je suis loin de croire qu'elle autorise à nier la réalité du fait publié par ces auteurs. Cependant, j'ajouterai que j'ai fait pendant mon cours un certain nombre d'autres expériences du genre de celles-ci et que, le plus souvent, les résultats ont été dans le sens de ceux dont je viens de parler.

H. Rosenthal[1] n'a jamais constaté, dans ses expériences, l'élévation de la température après la destruction de la substance corticale, il notait fréquemment un léger abaissement du côté opposé après l'excitation de l'écorce.

Kuessner[2], injectant une solution concentrée d'acide chromique au niveau de l'écorce cérébrale n'observe pas de variations constantes de la température et n'admet pas l'existence de centres vaso moteurs sur la convexité des hémisphères.

1. H. Rosenthal. *Experimentelle Untersuchungen über den Einfluss des Grosshirns auf die Körperwärme. Diss. in ug.* Berlin, 1877.

2. Kuessner. *Ueber vasomotorische Centren in der Grosshirnrinde des Kaninchens. Arch. f. Psych. u. Nervenkrank.* T. VIII, Heft. 2, p. 432, 1878.

signalés par Eulenburg et Landois. La méthode des injections interstitielles avec de l'acide chromique employée par Kuessner exposé à la diffusion.

M. Bochefontaine[1] répétant les expériences d'Eulenburg n'admet pas dans l'écorce cérébrale l'existence de centres vaso-moteurs. Il pense que les résultats obtenus tiennent à une action à distance par l'intermédiaire des fibres blanches sur les noyaux bulbaires d'où émanent les vaso-moteurs. Tous les phénomènes observés seraient la conséquence de réflexes cérébraux qui retentissent tout particulièrement sur la protubérance et le bulbe.

Ripping, trouvant chez les aliénés avec lésions inflammatoires de l'écorce cérébrale des différences de la température périphérique des deux côtés du corps, conclut de ses observations cliniques et d'une autopsie que l'écorce du cerveau contient des centres vaso-moteurs et que le centre thermique cortical principal se trouve dans la partie postérieure et profonde de la corne d'Ammon.

En résumé, les recherches expérimentales, les observations cliniques doivent faire admettre l'existence de centres vaso-moteurs encéphaliques. Les travaux à venir nous apprendront le siège exact de ces centres vaso-moteurs et permettront d'expliquer les nombreuses contradictions des auteurs sur cette intéressante et difficile question.

II. *Lésions expérimentales de la moelle.* — Les premiers expérimentateurs Weinhold[2], Wilson (Philip)[3], Chossat[4] qui ont recherché la température des membres à la suite des lésions expérimentales de la moelle, ont signalé un abaissement de température. Il est à remarquer que, dans certains cas, la température était prise dans les cavités abdominale ou

1. BOCHEFONTAINE et LÉPINE. *Bulletin de la Société de Biologie*, 5 juin 1875, p. 230, 257, et *Etude expérimentale sur l'influence exercée par la faradisation de l'écorce grise sur quelques muscles de la vie organique* (*Arch. de physiologie*, 1876, p. 140).

2. WEINHOLD. *Journal complémentaire du Dictionnaire des sciences médicales*. T. XXVI, p. 25.

3 WILSON (PHILIP). *An Experiment. Inquiry into the Laws of the vital Funct.* etc. London, 1817.

4. CHOSSAT. *Influence du système nerveux sur la chaleur animale* Thèse inaug. Paris, 1820.

thoracique de chiens opérés (destruction de la moelle épinière) et non dans les membres paralysés.

Nasse[1] et particulièrement Brown Séquard (1853)[2], ont démontré que les hémisections de la région dorsale de la moelle déterminent une augmentation considérable de chaleur dans le membre postérieur correspondant. La température du membre postérieur du côté opposé s'abaisse.

D'après Schiff[3], la température ne s'élève que dans le pied et la jambe du côté de la lésion ; elle s'abaisse au contraire, dans la cuisse de ce côté. Un effet inverse se produit dans le membre du côté opposé.

Dans les hémisections de la moelle au niveau de la région cervicale, les effets sont les mêmes.

D'après ses recherches, Schiff conclut que les fibres vaso-motrices du pied et de la jambe ainsi que celles de la main et de l'avant-bras remontent dans la moelle sans s'y entrecroiser jusqu'au bulbe rachidien, tandis que celles de la cuisse et de toutes les autres parties du corps subissent une décussation dans la moelle, avant d'arriver au bulbe.

Vulpian n'admet pas cette interprétation.

Von Bezold[4] constate les mêmes résultats que Schiff, mais pour cet auteur, *tous* les vaso-moteurs se terminent dans la moelle allongée.

Dans ses expériences de sections transversales de la moelle M. Parinaud[5] a noté que la température cutanée des parties paralysées s'élevait ; que ce phénomène n'était que *passager*, qu'il n'était pas constant et dépendait de la température initiale de la peau et de la température ambiante.

L'élévation de la température cutanée disparait en général au deuxième jour et si l'animal vit assez longtemps, on voit se produire l'inverse de ce que l'on observe dans les premières

1. Nasse (Hermann). *Untersuchungen zur Physiol. und Path.* Bonn, 1839.

2. Brown-Séquard. *Leçons sur les vaso-moteurs.* Trad. par le Dr Beni-Barde. Paris, 1872.

3. Schiff. *Recherches expérimentales.* Centralblatt, 1872.

4. Bezold. *Zeitschrift fur Wissenschaftl. Zoologie.* T. IX, p. 307. 1858.

5. Parinaud. *De l'influence de la moelle épinière sur la température. Archives de physiologie normale et pathologique.* T. IV, 1877, p. 62 et 310.

vingt-quatre heures, c'est-à-dire que la peau des parties paralysées devient plus froide que celle des régions qui ne le sont pas.

La température profonde s'abaisse, au contraire, dans les parties paralysées et reste, pendant tout le temps de l'expérience, inférieure à celle des régions encore soumises à l'influence de la moelle.

Dans ses expériences sur le résultat des sections et de l'excitation des racines nerveuses à leur naissance dans la moelle, dans le but de déterminer l'origine des nerfs vasculaires contenus dans le nerf sciatique, Stricker[1] est arrivé aux conclusions suivantes :

Les résultats de la section et de l'excitation des racines *sensibles* des quatrième et cinquième nerfs lombaires sur huit animaux ont été concordants, il s'est toujours produit une élévation de température.

Dans huit expériences de section et d'excitation des racines *motrices* des mêmes nerfs : Dans trois cas, la section n'a produit qu'une élévation de température nulle ou insignifiante ; au contraire, l'excitation électrique a eu pour effet un léger abaissement suivi d'élévation. Ces faits parlent en faveur de l'existence de nerfs vaso-moteurs dans les racines antérieures.

Dans un quatrième cas, la section d'une racine motrice a produit une élévation de température remarquable. Dans les autres cas, l'excitation électrique des racines motrices a produit des dilatations des vaisseaux de la patte.

L'auteur regarde comme *irrésolue* la question de la présence et de la nature des vaso-moteurs dans les racines motrices du sciatique.

En résumé, les expériences de Stricker démontrent ce fait capital : *La présence de fibres vaso-dilatatrices dans les racines postérieures des quatrième et cinquième nerfs lombaires.*

Nous devons citer, en terminant ce chapitre, les recherches récentes entreprises par M. Broca et son élève Hunkiarbéyendian[2]. Il ressort de ces expériences que la réfrigéra-

1. STRICKER. *Untersuchungen über die Gefæssnerven. Wurzeln des Ischiadicus. Aus dem LXXIV Bande der Sitzb. der k. Acad. der Wissench.* III. Abth. Juli-Heft, 1876.

2. HUNKIARBÉYENDIAN. *Des températures locales.* Thèse pour le doctorat en médecine, 1870.

tion du cerveau s'accompagne d'une élévation de la température des membres et cela d'une manière égale des deux côtés, que l'on fasse la réfrigération d'un seul hémisphère ou de deux. La seule différence est que dans l'hémiréfrigération, l'élévation de la température est de beaucoup moins accusée que dans la réfrigération totale.

Dans les deux expériences suivantes, ces conclusions apparaissent nettement :

A. — *Réfrigération totale.*

Températures des membres.	Côté droit.	Côté gauche.
Bras	1°	1°1
Avant-bras	1°	1°2
Main	1°3	1°1
Cuisse	0°3	0°3
Jambe	1°3	1°
Pied	0°7	0°5

Hémiréfrigération gauche.

Températures des membres.	Côté droit.	Côté gauche.
Bras	0°5	0°8
Avant-bras	0°7	0°5
Main	0°3	0°4
Cuisse	0°3	0°1
Jambe	1°5	0°6
Pied	1°	1°1

M. Hunkiarbéyendian constate sur un sujet, avant l'application sur la tête d'une poche de caoutchouc remplie de fragments de glace, les températures suivantes :

	Côté droit.	Côté gauche
Milieu de la face interne du bras	35°8	35°9
— antérieure de l'avant-bras	35°	35°
Paume de la main	35°4	36°
Milieu de la face interne des cuisses	35°7	35°8
— des jambes	33°3	33°4
Premier espace intermétatarsien	30°4	30°5

Après l'application (40 minutes après) :

	Côté droit.	Côté gauche.
Bras................	36°8	7 °
Avant-bras..........	36°	36°2
Main................	36°7	37°1
Cuisse..............	36°	36°1
Jambe...............	34°6	34°4
Pied................	31°1	31°

On voit ainsi, dit l'auteur, en comparant les deux tableaux, qu'à la suite de la réfrigération totale du cerveau, la température des membres s'est élevée d'une façon très notable.

Dans l'hémiréfrigération, M. Hunkiarbéyendian a observé :

Températures avant l'application de la glace.

	Côté droit.	Côté gauche.
Bras................	34°2	33°9
Avant-bras..........	35°	34°2
Main................	36°	35°4
Cuisse..............	36°5	36°5
Jambe...............	34°	33°2
Pied................	27°8	27°3

Températures prises après l'application de la glace.

	Côté droit.	Côté gauche.
Bras................	34°7	34°7
Avant-bras..........	35°7	34°7
Main................	36°3	35°8
Cuisse..............	36°8	36°6
Jambe...............	34°5	33°8
Pied................	28°8	28°4

Du parallèle des deux tableaux, dit l'auteur, nous concluons que dans l'hémiréfrigération, comme dans la réfrigération totale, il y a hyperthermie, et que cette élévation de la température se produit également dans les deux moitiés du corps, comme dans notre première expérience, avec cette différence que dans l'hémiréfrigération le rapport, de l'élévation thermique est environ moitié moindre.

CHAPITRE IX

DE LA THERMOMÉTRIE LOCALE DANS LES LÉSIONS DU SYSTÈME NERVEUX PÉRIPHÉRIQUE EN MÉDECINE ET EN CHIRURGIE.

SECTION DES NERFS MIXTES. — RECHERCHES EXPÉRIMENTALES.

D'après Cl. Bernard[1] et Schiff, la section d'un gros nerf s'accompagne dans les premiers jours qui suivent la blessure, d'une *élévation de température*.

Schiff sectionnant le nerf grand sciatique a constaté une augmentation de température et une dilatation vasculaire du côté paralysé. — La différence de température, d'après cet auteur, peut être de 2° à 5° et persister pendant plusieurs mois. Au bout d'un certain temps, la cuisse paralysée perd de 3/4 de degré à un degré.

D'après Cl. Bernard, les phénomènes de calorification n'apparaissent que lorsqu'on coupe le nerf sciatique à la sortie du plexus ; que si les plexus lombaires sont sectionnés à leur sortie de la moelle, il y a paralysie du mouvement et de la sensibilité, mais il n'y a jamais vascularisation ni calo-

1. Cl. Bernard. *Leçons sur la physiologie et la pathologie du système nerveux*. Paris, 1858.

rification, et parfois même, il y a abaissement de température ; qu'il faut en un mot, pour voir se produire la différence de température, ne léser le nerf qu'au delà du point où il a reçu les éléments vaso-moteurs « dont l'origine est topographiquement et physiologiquement distincte de celle des nerfs musculaires. »

Schiff pense qu'une partie des nerfs vaso-moteurs chemine avec les racines médullaires et que leur section élève quelque peu la température, tandis que la section du nerf principal l'élève infiniment plus.

A la suite d'une section du sciatique, Vulpian a observé une élévation de température pouvant atteindre chez le chien de 10° à 15°, lorsque le membre est préalablement refroidi.

Peu de temps après l'hyperthermie consécutive à la section du nerf, les expérimentateurs ont noté que la température redevient normale.

Rouget a étudié les effets consécutifs à la section du nerf sciatique d'un côté, sur les vaisseaux de la patte du côté opposé.

Dans cette expérience, Rouget a constaté du côté de la section, une élévation considérable de la température ; celle-ci, qui, avant la section (l'air ambiant étant à 1°15) montait à 26°, s'éleva après la section jusqu'à 30° et même 32° ; mais, si l'on mesure la température de la patte du côté opposé, on fait cette singulière remarque, qu'il peut y avoir jusqu'à 17° de différence entre la température des deux pattes, celle du côté sain n'étant que de 15°.

Il y a, dit Rouget, un double effet de la section du nerf sciatique. D'abord l'élévation de la température du côté de la section ; elle s'explique très simplement par la paralysie des tuniques vasculaires consécutive à la section des nerfs vaso-moteurs qui s'y distribuent. Quant à l'autre effet, l'abaissement de la température du côté sain, il est le résultat de la contracture des vaisseaux, due elle-même à l'excitation déterminée par la section, et transmise à la moelle par les fibres centripites du nerf sciatique. Cette excitation a été réfléchie des centres sensitifs du sciatique sur les centres et les nerfs vaso-moteurs de la région.

Stricker[1] a noté dans toutes ses expériences une élévation considérable de la température à la suite de la section du nerf sciatique.

Dans quelques expériences pratiquées au Laboratoire de physiologie générale du Muséum nous sommes arrivés aux conclusions suivantes : (Recherche avec les appareils thermo-électriques[2].)

1° *La section du nerf sciatique chez le chien à la partie supérieure de la cuisse s'accompagne immédiatement après l'opération d'une élévation considérable de la température du membre du côté paralysé (5 à 8 degrés) ; du côté sain, la température du membre s'abaisse de 1 à 2 degrés.*

2° *L'élévation de la température du côté paralysé et l'abaissement du côté sain persistent pendant une période variable (de 1 à 2 mois).*

3° *Au bout de 1 à 2 mois, la température locale des membres est égale des deux côtés, mais elle ne tarde pas à s'abaisser très notablement (de 1 à 2 degrés) ; du côté paralysé. Cet abaissement de température nous paraît en rapport avec l'atrophie du membre.*

1. Stricker. *Untersuchungen uber die Gefæssnerven. Wurzeln des Ischiadicus. Aus dem LXXIV Bande der Sitzb. der k. Acad. der Wissensch.* III Abth. Juli-Heft, 1876.

2. La méthode thermo-électrique présente dans la recherche des températures des membres chez les animaux en expérience des avantages très marqués sur l'exploration par le thermomètre.

Le thermomètre est difficilement fixé au niveau de la patte des animaux. Si à l'exemple de Stricker, on le fixe au moyen d'un bandage peu serré, l'instrument est difficilement maintenu et risque de se déplacer.

Si le thermomètre est maintenu par la main de l'observateur entre les orteils de l'animal, la main de l'expérimentateur peut échauffer la patte et donner lieu à des erreurs.

Il est bon d'interposer dans ce cas un chiffon ou une compresse entre la patte et la main.

Si l'on veut se servir du thermomètre, il faut que l'instrument employé ait un petit réservoir allongé qui puisse s'introduire facilement par une petite incision pratiquée à la peau.

Dans les cas où nous avons pris la température des membres avec le thermomètre, nous avions soin de réchauffer le thermomètre avec la main jusqu'à un certain degré, au dessus de 30°, puis nous le placions entre les orteils et nous attendions que le mercure eut cessé de descendre.

SECTION DE GROS TRONCS NERVEUX CHEZ L'HOMME

W. Mitchell[1] ne donne pas de renseignements sur la température des parties paralysées dans les premiers jours de la blessure et des lésions irritatives des nerfs.

Nous regardons comme probable, dit ce savant auteur, que peu de temps après la section du nerf, la température s'élève, cet effet doit être attribué à la paralysie des nerfs vaso-moteurs et des muscles lisses qui sont sous leur dépendance.

« Si l'on examine la température quelques semaines ou quelques mois après la section complète d'un nerf volumineux, on trouve, dit Weir Mitchell, les parties affectées plus froides que celles qui n'ont pas été atteintes. La différence s'élevait, suivant les cas de 1°03 à 8°03. »

Hutchinson a observé des différences de 3° à 6°. Erichsen a obtenu les mêmes résultats.

Dans un cas de division complète du nerf et des vaisseaux cubitaux et incomplète du nerf médian avec inflammation des extrémités des trois doigts, datant de plusieurs jours, Weir Mitchell a trouvé une *diminution notable de la température* dans les parties paralysées, *un accroissement* de la température dans les parties paralysées mais enflammées; la température des doigts enflammés n'atteignait pas cependant la température du côté sain.

Voici les chiffres obtenus :

Indicateur.	Côté droit paralysé.	Côté gauche sain.
Sur le côté	26°1	32°2
Sur la face antérieure	25°5	30°5
Petit doigt.		
Côté radial	26°6	31°6
Côté cubital	26°1	31°6
Annulaire paralysé, mais enflammé.		
Face antérieure	31°3	31°6
Côté cubital	31°6	32°7

1. WEIR MITCHELL, G. W. MOREHOUSE and WILLIAM W. KEEN. *On Gunshot Wounds and other Injuries of Nerves*, 1874.
2. WEIR MITCHELL. *Injuries of Nerves and their Consequences. Philadelphie*, 1864-1874.

Médius paralysé, légèrement enflammé.

Face antérieure............	31°6	31°6
Côté cubital................	31°	32°7

Hayem[1] a noté les troubles thermiques suivants à la suite d'une section du médian :

Blessure le 7 septembre 1871.

Le 19 novembre dans une chambre à la température de 12° :

On trouve au niveau des doigts du côté sain 35° c., du côté malade 25°5 c.

Il existe une légère atrophie.

Le 25 novembre 1872 du côté sain 37°5, du côté malade 25°6.

Le 29 décembre du côté malade 36°4, du côté sain 35°8.

En résumé, trois mois après la section du médian, abaissement très notable de la température du membre correspondant qui dure pendant un an.

L'observation suivante que nous avons recueillie dans le service de M. Bouilly, à l'Hôtel-Dieu, présente des particularités intéressantes au point de vue de la température locale.

Sarcome du sciatique gauche. — Résection du nerf. — Mal perforant. — Marche de la température locale. — Résumé. — Service de M. Bouilly.

L..., âgé de 31 ans, présente une tumeur vers le tiers supérieur de la face postérieure de la cuisse, avec fourmillements, etc. Diagnostic. — Sarcome du sciatique. — Ablation. — Le 28 mai, variole.

Le 15 septembre, à l'examen, peau terne, rude, l'épaisseur du derme paraît augmentée.

La jambe présente une température plus élevée. A cette époque, ulcération du gros orteil.

Diminution notable des masses musculaires du côté malade. Zone d'anesthésie à la partie externe de la jambe. Marche difficile. Le malade s'appuie à peine sur l'extrémité du pied.

Dans le mois d'octobre, ulcération du talon qui s'étend jusqu'au périoste.

1. HAYEM. *Note sur deux cas de lésions cutanées consécutives à des sections de nerfs. Archives de Physiologie*, 1873, p. 212.
Voyez : BOUILLY et MATHIEU. *Archives générales de médecine*, 1880, tome V.

Au 15 octobre, diminution très marquée des masses musculaires.

Il existe deux ulcérations qui présentent l'aspect caractéristique du mal perforant, une au niveau de la tête du cinquième métatarsien; l'autre, à l'extrémité de la pulpe du gros orteil.

Zone d'anesthésie à la partie externe de la jambe.

Masses musculaires très atrophiées.

L'étude de la température dix-huit mois après la résection du nerf sciatique gauche donne les résultats suivants :

(Exploration thermo-électrique et thermomètre.)

	Côté gauche paralysé.	Côté droit sain.
Au niveau du pied, à la partie interne, en dehors des plaques anesthésiées	30°5	30°5
Jambe : 1/3 inférieur	30°	31°5
— 1/3 supérieur	30°	31°5
Cuisse : 1/3 inférieur	31°	32°
— 1/3 supérieur	31°2	32°8

Il existe donc un abaissement assez notable de la température locale du côté paralysé.

Le malade fait remarquer qu'au repos le pied du côté droit paralysé placé dans les mêmes conditions que celui du côté sain se refroidit plus facilement, pendant la marche, au contraire, le pied du côté paralysé devient rouge et transpire facilement.

L'examen de la température des *plaques anesthésiées* au niveau de la partie externe de la jambe et à la face dorsale et interne du pied donne des résultats intéressants :

	Côté gauche paralysé.	Côté droit sain.
A la face dorsale du pied	31°	29°
A la partie interne	30°	29°
Au niveau des orteils	27°	25°5
A la face externe de la jambe	31°9	31°5

L'exploration pratiquée plusieurs fois donne toujours les mêmes résultats. Les aiguilles thermo-électriques et les thermomètres sont placés à une assez grande distance des trajets fistuleux.

Cette observation démontre :

Que la température du membre correspondant à une résection du nerf sciatique, est, au dix-huitième mois, très notablement abaissée. Cet abaissement de température doit être en grande partie sous la dépendance de l'atrophie concomitante.

Au niveau des plaques anesthésiées, la température du membre du côté paralysé est élevée (de 1° en moyenne).

Cette élévation de la température au niveau des plaques d'anesthésie d'origine périphérique est un fait anormal. Dans plusieurs observations nous avons noté un *abaissement de température* au niveau de l'anesthésie cutanée d'origine périphérique. (Voir page 471. Chap. *De la température locale dans les anesthésies.*) L'élévation de température constatée dans ce cas particulier, indique, à notre avis, la persistance d'un certain degré de névrite.

De toutes les observations que nous venons de citer on peut conclure :

Les sections des gros troncs nerveux chez l'homme s'accompagnent de modifications de la température analogues à celle observées dans les expériences chez les animaux.

Dans les sections anciennes, la température du côté paralysé est abaissée (de deux à quatre degrés en moyenne).

SECTION INCOMPLÈTE DES NERFS MIXTES

I. *Recherches expérimentales.* — Dans le but d'étudier la marche de la température des membres à la suite des *sections incomplètes* des nerfs[1], nous avons pratiqué quelques sections incomplètes du nerf sciatique chez le chien. Voici le résultat obtenu dans une de ces expériences :

Expérience. — *Laboratoire de Physiologie générale du Muséum. — Section incomplète du nerf sciatique. — Marche de la température locale des membres. — Recherches avec l'appareil thermo-électrique.*

Avant l'expérience :

Une des aiguilles est placée dans un milieu à température constante....................	37°8
Le galvanomètre marque....................	26°[2]
L'aiguille mobile placée sous la peau de la cuisse gauche en dedans....................	32°
	32°5
En dehors..................................	32°
	31°, 32°

1. « Aucun physiologiste, dit Weir Mitchell, n'a encore porté son attention sur les résultats, au point de vue thermique, de la section incomplète des nerfs. »

2. ° indique dans toute cette expérience *des degrés du galvanomètre.*

L'aiguille mobile placée sous la peau de la cuisse droite.......................... 32°5

31°

Le sciatique gauche est découvert à la partie supérieure de la cuisse et incomplètement divisé, dans sa partie externe.

L'exploration thermo-électrique donne :

Cuisse gauche au bout de		2	minutes.........	31°5
—	—	5	—	31°8
—	—	10	—	29°5
—	—	15	—	29°5
—	—	20	—	29°5
Cuisse droite au bout de		5	—	33°

Elle se refroidit.

Au bout de 10 minutes.......................... 33°

Cuisse gauche, du côté de la section incomplète du nerf sciatique :

En dedans de la cuisse, au bout d'une 1/2 heure. 29°

Au bout d'une heure.......................... 29°

En dehors.................................. 29°

Au niveau de la jambe :

En dedans.................................. 30°

En dehors.................................. 30°

Il n'existe donc pas de différence de température, suivant que l'on examine le membre opéré en dedans ou en dehors. Ce résultat indique que la section des nerfs vaso-moteurs qui accompagnent le nerf sciatique à la partie externe retentissent sur la température du membre aussi bien à la partie externe qu'interne. En sectionnant le nerf à sa partie interne on obtient des résultats thermiques analogues dans toute l'étendue du membre. Les nerfs vaso-moteurs entourent donc très probablement le sciatique en nombre à peu près égal à la partie externe qu'interne, ils ne sont pas groupés en plus grand nombre d'un côté que de l'autre.

Au bout d'une heure, du côté droit:

Au niveau de la cuisse droite saine, on obtient... 33°

Au bout de deux heures du côté gauche opéré.... 29°

Du côté droit.................................. 33°

Si on considère que l'aiguille thermo-électrique mobile étant échauffée, l'aiguille du galvanomètre marche vers 26°, que refroidie elle marche vers 32°, 33°, 33°, on doit conclure que la section incomplète du nerf sciatique s'accompagne, dans les premières heures qui suivent l'opération, *d'une élévation de la température du membre correspondant de quatre à cinq dixièmes de degré en moyenne*.

Le membre sain opposé se refroidit au contraire de deux à trois dixièmes de degré.

Cet abaissement de température du côté du membre sain opposé a été signalé à la suite de la section complète du sciatique par M. le professeur Rouget, et doit s'expliquer de la même façon dans les deux cas.

L'exploration thermo-électrique pratiquée *les jours suivants* indique que l'élévation de température du côté du membre opéré persiste (cinq à sept dixièmes), de même que le refroidissement du côté sain.

Au quinzième jour après l'opération, le membre opéré est plus chaud que le membre sain de six à huit dixièmes de degré.

Nota. — Dans nos premières expériences sur la température des membres après les lésions du sciatique chez nos animaux (section, élongation, etc.), nous injections de la morphine, afin de les immobiliser et de les anesthésier. Nous nous sommes vite aperçus des erreurs auxquelles nous exposaient cette méthode.

La morphine, le chloroforme, l'éther, le chloral produisent en effet au début une élévation de la température des membres suivi généralement d'un abaissement assez notable.

D'après Stricker, la curarisation produit immédiatement après l'injection du poison, une élévation de température, puis quinze ou vingt minutes après survient du refroidissement. Stricker dit avoir observé un refroidissement généralisé tel que les sections du sciatique elles-mêmes ne produisaient qu'une élévation de température de la patte tout à fait insignifiante.

Les résultats contradictoires observés par les expérimentateurs à la suite de l'électrisation du nerf sciatique nous paraissent dues aux conditions anormales dans lesquelles ils plaçaient leurs animaux, en les soumettant au curare ou au chloral.

Lorsque les animaux ne sont pas anesthésiés, les contractions musculaires modifient la température, mais l'erreur venant de ce côté nous paraît moins importante et plus facile à éviter que celle tenant à l'injection sous-cutanée du curare ou de la morphine.

Il faut aussi noter que chez l'animal à l'état physiologique et en dehors de tout médicament (curare, morphine, etc.), la température des membres est soumise à des oscillations souvent assez notables. Afin de se mettre à l'abri de cette cause d'erreur, les expériences doivent être rapides, en évitant de laisser l'animal immobile pendant un certain temps.

II. *Section incomplète des nerfs mixtes chez l'homme.* — Dans les cas de section incomplète et ancienne des nerfs mixtes chez l'homme, Weir Mitchell a noté un abaissement de température variant entre 3 dixièmes de degré centigrade et 1°5.

Weir Mitchell explique l'abaissement de la température des parties paralysées par l'absence des mouvements, l'atrophie des muscles, la paralysie des vaso-moteurs et la contraction permanente qui lui succède, « les vaisseaux diminuent de calibre et la circulation privée du secours que lui apportent ordinairement les contractions musculaires, subit une déchéance et bientôt la température s'abaisse. »

CONTUSION DES NERFS MIXTES

Dans la contusion des nerfs, à la première période, on observe un *abaissement de température* et se montrant généralement ensuite pendant toute la durée de l'affection. Les observations de nombreux auteurs démontrent ce fait.

Henri Garl [1] a signalé, au commencement de ce siècle, l'abaissement de la température du membre supérieur paralysé, persistant longtemps après la contusion du nerf radial.

Il s'agissait, dans ce cas, d'un marinier qui eut une paralysie du nerf radial, après avoir ramé pendant longtemps, le bras appuyé contre le rebord de sa barque. Au bout de six mois, le côté paralysé présentait 70° (F) à la main, 85° (F) au coude, alors que le côté sain présentait 92° (F).

Caussard [2] établit, dans sa thèse, que dans les paralysies résultant d'une contusion des troncs nerveux, il y a généralement abaissement assez considérable de la température dans les parties lésées.

1. H. Garl. *Medico. Chirurg. Transactions*, 1819, t. VII, p. 175.
2. Caussard. *Essai sur la paralysie, suite de Contusions des nerfs*, Thèse de Paris, 1861, p. 46.

« On a vu, dit cet auteur, jusqu'à 5° de différence entre le membre affecté et le membre sain.

Le malade accuse une sensation de froid. Les veines cutanées sont peu développées, la peau est violacée et œdemateuse quand le membre est exposé au froid. La transpiration est nulle ou très diminuée. »

Duchenne[1] (de Boulogne) a observé l'abaissement de température à la suite de la contusion des nerfs.

D'après cet auteur, l'abaissement de température persiste autant de temps que la paralysie musculaire et disparaît progressivement avec elle.

Duchenne insiste sur les effets utiles de la faradisation, qui modifie la température et la paralysie.

Il cite le cas d'un malade atteint de paralysie atrophique du membre supérieur, consécutive à une luxation scapulo-humérale et qui éprouvait, au bout d'un mois, les phénomènes suivants : sentiment de froid, impressionnabilité à l'air, différence de température entre les deux membres supérieurs au toucher. Le traitement fit disparaître tous les phénomènes en dix-huit jours.

Dans les observations suivantes, on note des abaissements de température dans les membres paralysés quelques heures après la contusion.

Observation. — *Contusion du plexus brachial, paralysie complète du membre supérieur droit* — (Lannelongue[2].)

		Côté droit	Coté gauche
Le lendemain de l'accident.	Aisselle.	37°	37°
—	Main.	36°	37°
Le 8 juin	Aisselle.	36°7	37°5
—	Main.	35°	37°7
Le 15 juin	Aisselle.	37°	37°
—	Pli du coude.	35°	36°7
—	Main.	33°	36°
Le 18 juin	Aisselle.	36°5	37°
—	Pli du coude.	36°	36°7
—	Main.	34°2	36°5

1. Duchenne (de Boulogne). *Electrisation localisée*, 3e édition, p. 369.

2. Cité par Folet. *Étude sur la température des parties paralysées. Gazette hebdomadaire de médecine et de chirurgie*, 1867, p. 180.

Le 24 juin	Aisselle.	32°7	37°
—	Main.	35°5	36°5
Le 25 juin	Aisselle.	37°	37°2
—	Main.	34°5	37°

Weir Mitchell, dans deux cas de contusion du radial, a noté un abaissement de température du côté atteint de 5 dixièmes dans un cas, de 1° dans l'autre,

OBSERVATION. — *Contusion des nerfs du bras. — Paralysie immédiate des muscles de l'avant-bras et de la main. — Abaissement notable de la température dans toute la partie paralysée. — Symptômes de névrite sur le trajet du médian, du cubital et du radial. — Diminution progressive de tous les symptômes. — Guérison.* — Terrillon [1]. — Résumé.

T..., âgé de 24 ans, reçoit un traumatisme du bras gauche au tiers inférieur.

Paralysie des mouvements de la main et des doigts.

	Température de la main droite	Température de la main gauche paralysée
Le 17 décembre. . . .	30°5	23°9
Le 18 décembre. . . .	30°	23°
Le 20 décembre. . . .	30°	24°
Le 21 décembre. . . .	28°	24°7
Le 23 décembre. . . .	29°	25°3
Le 25 décembre. . . .	29°5	27°2
Le 26 décembre. . . .	29°5	27°2

Les deux observations suivantes démontrent que, dans les contusions anciennes des nerfs mixtes, s'accompagnant de *névrite*, au lieu de l'*abaissement* de température observé à la première période de la contusion, on observe une *élévation de la température.*

Nous avons recueilli, dans le service de M. Bouilly, les températures locales suivantes au moyen de notre appareil thermo-électrique :

OBSERVATION. — *Contusion de la fesse gauche. — Paralysie de las*

1. TERRILLON. *De l'influence des lésions traumatiques des troncs de nerfs mixtes sur la calorification. Bulletin de la Société de Biologie*, 1877, t. IV, p. 85, et *Archives de Physiologie normale et pathologique*, 1877, t. IV.

Voyez BOUILLY. *De la contusion du nerf sciatique et de ses conséquences.* (*Archives générales de médecine*, 1880, p. 855.)

motilité du membre inférieur. — Atrophie considérable des muscles de la fesse, de la cuisse et de la jambe. — Contusion du nerf sciatique. — Signes de névrite. — Troubles vaso-moteurs. — Élévation de température du membre paralysé — Service de M. le docteur Bouilly. — Résumé.

Le 26 août, choc violent sur la fesse.

Le 26 septembre, le membre abdominal gauche est dans l'extension, sans raccourcissement apparent, sans rotation ni déviation. Atrophie des masses musculaires dans le domaine du sciatique, du crural et des nerfs fessiers.

Mouvements très limités.

La contractilité électrique est conservée : la contractilité réflexe est exaltée.

La percussion du tendon rotulien est suivie, du côté malade, d'oscillations rapides, courtes et saccadées ; du côté sain, les oscillations de la jambe sont plus lentes et plus amples.

Pas d'anesthésie ni d'hyperesthésie. — Douleurs très vives, lancinantes, fulgurantes sur le trajet du sciatique.

Pas de troubles vaso-moteurs appréciables.

Séance d'électrisation faradique.

Le 25, épanchement dans le genou gauche.

Le 1er novembre, persistance des troubles moteurs du côté gauche. Contractions fibrillaires, principalement du triceps du membre droit

La mensuration des deux membres indique une atrophie considérable du côté paralysé.

Quand le malade quitte le lit pendant quelque temps pour se tenir debout avec des béquilles, il se produit un œdème exclusivement borné au pied gauche, et une coloration plus foncée du membre gauche dans toute son étendue, mais intense surtout au pied, qui devient rouge violacé ; enfin il se fait un refroidissement du membre peu sensible au niveau de la fesse et de la cuisse, appréciable au niveau du genou, très prononcé au niveau du pied.

Nous prenons à ce moment la température des deux membres inférieurs avec notre appareil thermo-électrique, et voici les résultats que nous obtenons :

La moyenne des chiffres obtenus dans nos nombreuses explorations est :

Températures	Côté gauche paralysé	Côté sain
Au niveau du pied	23°5	24°
Au niveau du cou-de-pied . .	27°	27°4
Partie inférieure de la cuisse .	33°5	33°2

Partie moyenne de la cuisse .	34°	32°8
Partie supérieure de la cuisse.	35°4	34°2

En résumé, le malade étant au repos dans son lit, abaissement de la température du côté paralysé au niveau du pied et du cou-de-pied.

Elévation assez notable de la température au niveau de la cuisse gauche paralysée, moins marquée à la jambe.

Ce résultat de l'exploration thermométrique indique des *troubles vaso-moteurs*. L'atrophie du membre paralysé devrait s'accompagner en effet, d'abaissement de température.

Pendant la marche (20 minutes) dans une chambre à la température de 10°, le membre paralysé se refroidit, assez rapidement, de 1° environ.

Le 18, atrophie toujours considérable.

Troubles vaso-moteurs *ut supra*.

Le 18. Depuis un mois, la faradisation, interrompue pendant quelques temps par suite du mauvais état de l'appareil, a été faite d'une manière régulière, et le membre a récupéré une certaine force. Néanmoins, le talon ne peut être encore détaché du lit ; dans la station debout le malade fléchit dans ses articulations gauches et tomberait s'il n'était soutenu ; mais le membre peut être légèrement projeté en avant et tourné en dehors ; le pied repose à plat sur le sol et ne se met plus dans l'extension au moment où il quitte le sol.

L'atrophie de la fesse et de la cuisse est toujours considérable ; à la fesse et à la partie postérieure de la cuisse, elle est un peu masquée par adipose très prononcée du tissu cellulaire sous-cutané.

Celle-ci se traduit par l'épaisseur du pli que l'on forme en pinçant la peau dans ces régions.

Il y a sans doute un certain degré de réparation musculaire se traduisant par l'amélioration fonctionnelle et la diminution des tremblements fibrillaires, moins accentuée que pourrait le faire croire la restitution des formes dues à l'engraissement pathologique sous-cutané.

Troubles vaso-moteurs *ut supra*.

L'articulation du genou présente plus d'épanchement, mais celle de la hanche donne lieu à des craquements pendant les mouvements provoqués qui sont raides et douloureux.

Le malade est encore en traitement à l'Hôtel-Dieu (20 novembre).

Hayem[1], dans un cas de troubles trophiques, sorte de mal perforant, consécutif à un traumatisme du mollet, succédant à des contusions nerveuses multiples, a trouvé une élévation notable de la température du côté atteint.

A gauche, au niveau du pied. . . 37°
A droite . . . . 32°
Le membre exposé à l'air :
A gauche. . . . . 36°
A droite . . . . . 26°
Au bout de 20 à 25 minutes :
A gauche. . . . . 35°9
A droite . . . . . 17°

Le pied malade présente non seulement une température plus élevée que le pied sain ; mais, de plus, il offre une résistance au refroidissement à l'air.

En répétant plusieurs fois la même exploration, dans des conditions différentes, la différence minimum entre les deux pieds a été, dans un milieu chaud, de 5°, et la différence maximum, observée après refroidissement à l'air, de 19°.

Avec ces troubles thermiques, troubles de la sensibilité, de la motilité.

Un mois environ après la première exploration, on trouve, pour la température prise entre les orteils :

A gauche . . . . . 36°4
A droite . . . . . 32°
Le 21 décembre :
A gauche . . . . . 35°8
A droite . . . . . 31°8
Le 23, température prise sur le dos du pied :
A gauche . . . . . 35°6
A droite . . . . . 31°8

Lorsqu'on laisse les pieds exposés à l'air, pendant environ une demi-heure, la température du pied malade s'abaisse à peine de 0°5, tandis que le pied sain se refroidit de plusieurs degrés.

La transpiration exagérée de la jambe malade est toujours aussi prononcée.

Un mois après, formation d'un abcès au niveau de la jambe.

1. Hayem. *Note sur un cas de troubles trophiques avec élévation de la température, consécutif à une plaie intéressant plusieurs branches nerveuses. Archives de Physiologie*, 1878, p. 90.

A gauche . . . . . 29°2
A droite . . . . . 27°

Le 28 janvier, mêmes chiffres.

Le 31 janvier :

A gauche . . . . . 29°8
A droite . . . . . 26°

Plus tard :

Température du pied malade. . . . . 29°6
— du pied droit. . . . . . 25°6

Pied gauche . . . . . 33°
Pied droit. . . . . . 27°4
Pied gauche . . . . . 32°9
Pied droit. . . . . . 28°1

Considérant l'élévation persistante de la température du côté paralysé, dans le cas précédent, comme un fait anormal, Hayem pense que la lésion primitive (*contusion nerveuse*) a retenti sur la moelle, en amenant une altération plus ou moins profonde de la moelle. « C'est à cette modification de la moelle que nous rattacherons l'élévation de la température survenue longtemps après l'accident. »

En résumé :

La contusion nerveuse s'accompagne, à la première période, d'un abaissement de température assez notable dans les membres correspondants.

L'abaissement de température persiste généralement fort longtemps et jusqu'au moment de la guérison.

Dans quelques cas exceptionnels, à l'abaissement primitif de la température succède une élévation dans les membres paralysés qui dure un certain temps. Cette modification thermique paraît en rapport avec le degré de névrite succédant à la contusion nerveuse.

ÉLONGATION DES NERFS MIXTES

Les auteurs qui ont publié leurs recherches sur l'élongation des nerfs n'ont signalé, dans aucune de leurs observations, l'état de la température locale des membres après l'opération.

Nous avons étudié cette question dans des expériences pratiquées au Muséum d'Histoire naturelle sur des chiens et des lapins.

Nous avons pratiqué l'élongation du nerf sciatique, soit en exerçant une traction brusque sur le nerf, soit en écrasant le nerf sur une sonde cannelée, ou en saisissant un segment du nerf avec deux pinces, l'une placée du côté du bout central, l'autre du côté du bout périphérique, et en exerçant une traction assez forte. C'est ce dernier procédé que nous avons employé le plus souvent.

Il est nécessaire, si l'on veut obtenir des résultats thermométriques précis, ainsi que nous l'avons signalé plus haut, de ne pas anesthésier l'animal en expérience, on doit surtout éviter de lui donner de la morphine et de le laisser longtemps dans l'immobilité.

Les résultats que nous avons obtenus, dans nos diverses expériences, sont concordants et peuvent se résumer ainsi :

Immédiatement après l'élongation du nerf sciatique, la température du membre opéré *s'abaisse* assez notablement (1 à 2 degrés).

Exceptionnellement, et lorsque la distension nerveuse est peu marquée, on peut observer une légère élévation thermique, bientôt suivie d'abaissement.

Du côté opposé sain, la température subit des modifications très appréciables, elle *s'abaisse*, mais à un degré moindre que du côté opposé.

L'abaissement de la température du côté opéré est persistant (deux à trois mois) ; il disparait *du côté sain* au bout de deux à trois jours.

Dans les cas où la plaie résultant de l'opération est enflammée et suppure, la température du membre élongé est relativement élevée et dépasse de quelques dixièmes, dans certains cas, celle du côté sain.

Dans les cas où des troubles trophiques et de l'atrophie surviennent, la température peut s'abaisser du côté opéré de 2 à 3 degrés.

La simple traction sur un segment du nerf amène des modifications thermiques aussi marquées que la distension brusque d'une grande étendue du nerf.

A la suite de l'élongation du nerf, les troubles moteurs sont très peu marqués : il existe de l'hypéresthésie et surtout de l'anesthésie des deux derniers doigts.

Les résultats thermométriques obtenus à la suite de l'élongation sont à rapprocher de ceux observés dans la contusion des troncs nerveux mixtes. Après la contusion nerveuse, de même qu'après l'élongation, la température des membres correspondants s'abaisse.

Ce résultat était facile à prévoir, l'élongation nerveuse étant une contusion expérimentale ou chirurgicale, la température subit, dans les deux cas, les mêmes modifications.

Les modifications de la température observées à distance sur le membre du côté opposé sain prouvent, contrairement à ce qu'a soutenu Vogt, que l'élongation nerveuse retentit sur le système nerveux central.

Elles confirment les expériences de Tarchanoff, Quinquand, Scheving. Brown-Séquard, qui ont noté, à la suite de l'élongation nerveuse, un retentissement sur le nerf du côté opposé (hypéresthésie, retour de la sensibilité, s'il y avait avant anesthésie).

Dans l'expérience suivante, on note les résultats que nous venons de signaler :

EXPÉRIENCE. — *Laboratoire de physiologie générale au Muséum d'histoire naturelle. — Elongation du nerf sciatique gauche chez un chien. — Abaissement de la température du côté opéré et du côté sain.*

L'opération est pratiquée en exerçant, d'après la méthode que nous avons indiquée, une traction assez énergique sur un segment du nerf.

Après l'opération, légère parésie, anesthésie des deux derniers doigts du côté opéré.

Température.

	Côté gauche. (Elongation.)	Côté droit. (Sain.)
Avant l'opération	36°5	36°3
Immédiatement après l'opération	36°8	36°
Un quart d'heure après	34°6	35°4
Une demi-heure après	34°5	35°4
Deux heures après	34°5	35°7
Cinq heures après	34°4	35°7
Le lendemain de l'opération	34°6	35°8
Deux jours après (la plaie est réunie)	34°9	35°9
Au cinquième jour	35°	36°3
Au huitième jour	35°	36°5

Au quinzième jour........................	35°2	36°5
Un mois après l'opération, la paralysie a disparu, une légère anesthésie des deux derniers doigts, atrophie du membre gauche. Pas de troubles trophiques......	34°8	36°6
Deux mois après l'opération, même état. — Atrophie assez marquée du membre gauche................................	34°5	36°3

COMPRESSION DES NERFS MIXTES

Waller, Weir Mittchell ont constaté que si absolue que puisse être la paralysie résultant de ce genre de violence, elle pouvait bien s'accompagner d'abaissement de température, mais jamais d'élévation.

Tandis que dans la paralysie par refroidissement artificiel, on observe toujours *une élévation de température du côté atteint*, dans les cas de compression on a *toujours un abaissement*. C'est là un fait important à noter.

OBSERVATION. — Service de M Verneuil. — *Luxation de l'épaule. — Compression du plexus brachial gauche. — Paralysie du radial, du median et du cubital. — Abaissement de la température locale du membre paralysé.*

Quesneville, 54 ans.

Examen du malade au dix-neuvième jour. Signes de paralysie du radial, du médian et du cubital gauche. Pas d'atrophie.

Avec les plaques thermo-électriques.

A la partie moyenne de l'avant-bras

Le côté paralysé est plus froid que le côté sain................................	4° du galvanomètre.
A la partie inférieure de l'avant-bras et au niveau de la main au point..............	6° —
Où l'on observe de la contracture, de l'œdème avec rougeur, on obtient un résultat inverse.	
Le côté paralysé est pus chaud que le côté sin de................................	5° —
Au niveau de main......................	4° —

Plusieurs explorations donnent les mêmes résultats.

Le membre sain présente une température égale à celle du membre paralysé au niveau du bras.

Au tiers inférieur de l'avant-bras et au niveau de la main.

Le côté paralysé est en moyenne plus chaud de 1° que le côté sain.

Le côté paralysé a...........	33°
Le côté sain.................	32°2

L'élévation de température persiste pendant un mois environ au niveau de la main, bientôt on observe un abaissement de température de ce même côté.

Neuf mois après le premier examen, il existe une atrophie très marquée des interosseux, des muscles de l'éminence hypothenar, etc. Les mouvements de flexion sont revenus au médius à l'annulaire. Sensibilité revenue par places.

Le malade dit que son membre paralysé se refroidit très facilement.

Avec les plaques thermo-électriques:

Au niveau de main, le côté paralysé est plus froid que le côté sain de..........	20°	du galvanomètre.
Au niveau de l'avant-bras, le côté paralysé est plus froid que le côté sain de.......	15°	—
Au niveau de la partie supérieure de l'avant-bras, le côté paralysé est plus froid que le côté sain de.......	15°	—
Au niveau du bras, le côté paralysé est plus froid que le côté sain de............	11°	—

	Côté paralysé.	Côté sain.
Température moyenne de la main..........	29°3	30°8
— de l'avant-bras.....	28°8	29°9
— au niveau du bras...	29°	30°2

Une exploration thermométrique pratiquée un mois plus tard donne les mêmes résultats.

La mensuration des membres à ce moment donne :

	Côté paralysé.	Côté sain.
Bras...........................	24°	26°
Partie inférieure du bras.........	23°	24°
Avant-bras......................	26°	27°
Un tiers inférieur de l'avant-bras.	22°	24°

L'étude de la température locale dans l'observation suivante, indique un refroidissement très notable du membre atteint de paralysie à la suite de compression du plexus brachial *datant de un an.*

OBSERVATION (Résumé.) — Service de M. Verneuil. — *Compers*

sion du plexus brachial droit à la suite d'une luxation datant de un an.

La réduction de la luxation scapulo-humérale droite a été opérée le soir de l'accident. Le malade est immobilisé pendant sept semaines. Au moment on s'aperçoit d'une paralysie dans le domaine des nerfs médian, radial et cubital.

L'atrophie n'est survenue qu'au bout de trois mois. Elle est actuellement très marquée un an après l'accident, principalement au niveau des interosseux. La main est en griffe, mouvements abolis, etc., etc.

Température axillaire droite.......		37°
—	gauche.......	37°

Membres supérieurs.

MENSURATION.		TEMPÉRATURE.		
Côté droit. (paralysie	Côté gauche	Côté droit.	Côté gauche.	
16°	17°	26°8	28°8	Au tiers inférieur de l'avant-bras.
18°	22°	27°	29°	Partie moyenne.
23°	23°	29°3	31°	Partie supérieure de l'avant-bras.
22°	23°	29°3	31°	Au tiers inférieur du bras.
23°	24°	29°3	31°	Partie supérieure et moyenne du bras.

OBSERVATION. — Service de M. Verneuil. — *Paralysie radiale consécutive à une luxation de l'épaule. — Légère atrophie de l'avant-bras. — Atrophie des muscles de la main.*

La recherche de la température, deux mois après l'accident, une légère atrophie de la main et du bras existant depuis un mois environ et ayant de la tendance à progresser donne les résultats suivants.

	Côté paralysé.	Côté sain.
Au niveau de l'avant-bras................	30°2	31°8
Les jours suivants moyenne	30°4	31°8
Au niveau du bras en plusieurs points moyenne	31°8	32°6
Les jours suivants........................	31°8	32°4
Main, en plusieurs points moyenne.....	30°	30°4

En résumé, il existe *un abaissement de température de tout le membre paralysé, d'autant plus marqué que l'on se rapproche de la main et des points atrophiés.*

OBSERVATION. — *Paralysie radiale droite au huitième jour. — Abaissement de température du côté paralysé.*

Le malade s'est endormi, il y a huit jours, exposé au refroidissement, il se souvient qu'au moment de son réveil il reposait sur le coude.

Au moment de l'examen, le malade présente tous les signes de la paralysie radiale.

La recherche de la température avec notre appareil thermo-électrique nous indique un abaissement assez notable de la température du côté paralysé.

Voici les chiffres obtenus :

	Côté droit paralysé.	Côté gauche sain.
Main...............	28°	29°
Avant-bras.........	30°5	31°2
Partie moyenne....	30°2	30°6
— supérieure..	30°5	31°1
— inférieure...	30°4	31°
Bras...............	30°8	30°8

Un mois et demi après, au moment de sa sortie, le malade presque entièrement guéri ne présente plus qu'un très léger abaissement thermique du côté anciennement paralysé.

Voyez aussi : *Contusion des nerfs*, p. 501.

En résumé, abaissement de la température locale du côté paralysé.

L'examen des observations précédentes indique : *que la compression nerveuse s'accompagne d'un abaissement de température dans les membres paralysés correspondants.*

Cet abaissement de température persiste pendant toute la durée de la maladie.

ÉLECTRISATION DES NERFS MIXTES

I. — *Recherches expérimentales.*

D'après la plupart des auteurs classiques et d'après Longet [1], l'électrisation du bout périphérique du nerf sciatique s'accompagne de la contraction des vaisseaux et de l'abaissement de la température de la patte correspondante.

Ce fait a été contesté par quelques expérimentateurs.

D'après Goltz [2], si l'on soumet le bout périphérique du nerf

1. LONGET. *Traité de physiologie*. 3e édition. T. III, p. 613.
2. GOLTZ. *Pflüger's Archiv*. IX.

sciatique d'un chien à un courant galvanique ou faradique, on voit la température du membre augmenter rapidement de 4° à 5°. Il en est de même, si le sciatique étant intact, on excite la moelle lombaire.

Goltz explique cette action vaso-dilatatrice dans les deux cas, en admettant que l'excitation du nerf sciatique (ou de la moelle) paralyse pour un certain temps l'activité tonique des ganglions vasculaires terminaux. D'après lui, les effets thermiques consécutifs à la section d'un nerf sont le résultat de *l'excitation* de ce nerf.

Vulpian [1] pense que l'excitation portant bien *isolément* sur le bout périphérique du nerf sciatique n'a pas sur les fibres vaso-motrices que renferme ce nerf, l'action observée par Goltz. Dans toutes ses expériences, Vulpian a observé à la suite de l'électrisation du bout périphérique un resserrement des vaisseaux et un abaissement de température.

Putzeys et Tarchanoff ont constaté dans le laboratoire de Goltz, le rétrécissement des vaisseaux de la patte pendant l'excitation du nerf sciatique. Mais, d'après ces auteurs, si l'excitation est continuée pendant plusieurs minutes, « le rétrécissement fait place à une dilatation qui doit être considérée comme un effet de l'épuisement du nerf, car en excitant un segment du nerf plus rapproché de la périphérie, on produit de nouveau un rétrécissement vasculaire. »

Dans un nouveau mémoire, Goltz [2] maintient ses précédentes affirmations. Il concède cependant que, conformément aux observations de Putzeys et Tarchanoff, on peut parfois observer une courte contraction des vaisseaux de la patte avant la contraction qu'il a décrite.

Masius et Vanlair [3] se rangent à l'opinion de Goltz. « L'irritation électrique ou mécanique du nerf sciatique, disent-ils, détermine dans la presque totalité des cas, et d'une façon presque toujours immédiate, un effet vaso-dilatateur. »

D'après Stricker [4], l'électrisation du bout périphérique sectionné du nerf sciatique produit déjà, *vingt-quatre heures après la section*, des effets dilatateurs évidents.

1. VULPIAN. *Leçons sur l'appareil vaso-moteur*. T. II, p. 480-481.
2. GOLTZ. *Pflüger's Archiv*. XI, p. 52, 1er juillet.
3. MASIUS et VANLAIR. *Gazette hebdomadaire*. 8 octobre 1875, p. 646.
4. STRICKER. *Loco citato*.

D'après Heidenhain[1] et Ostrumoff[2], l'électrisation du bout périphérique du sciatique récemment coupé, produit chez le chien, curarisé ou non, un rétrécissement vasculaire que l'on peut maintenir très longtemps, de une heure (Heidenhain) à quinze ou vingt minutes (Ostrumoff), ce n'est guère qu'à partir du troisième jour après la section que surviennent des effets dilatateurs.

D'après Cossy[3], l'électrisation pratiquée sur un nerf sciatique *coupé la veille, s'accompagne d'un abaissement* ou tout au moins d'un *état stationnaire* de la température, en même temps qu'il se produit une *diminution évidente* de l'hémorrhagie au niveau des plaies pratiquées sur les orteils de la patte correspondante.

La cause de ces phénomènes de dilatation avec élévation de température survenant à la suite de l'électrisation du bout périphérique du nerf sciatique coupé depuis quelques jours, doit être recherchée dans l'action des courants dérivés et la paralysie des centres vaso-constricteurs de la moelle.

M. Lépine[4], en présence de ces résultats contradictoires, a institué quelques expériences dans le but de rechercher de quel côté était la vérité.

M. Lépine démontre *qu'une excitation périphérique du bout périphérique du sciatique produit dans la patte correspondante des effets thermiques différents suivant l'état dans lequel se trouve l'appareil nerveux terminal. Ainsi s'expliqueraient les contradictions précedemment signalées.*

Cette conclusion s'appuie sur les quelques résultats suivants :

Cet auteur a vu que deux excitations faradiques bien que de même intensité, ne sont pas suivies des mêmes effets ther-

1. Heidenhain. *Ueber die Innervation der Blutgefaesse der æusseren Haut. Deutche Zeitschrift.* 1876.

2. Ostrumoff. *Versuche ueber die Hemmungsnerven der Hautgefaesse. Pflügers Archiv.* 1876.

3. Cossy. *Analyse du mémoire de Stricker. Untersuchungen über die Gefæssnerven Wurzeln des Ischiadicus. In Journal de physiologie normale et pathologique.* Tom. III. 1876, p. 882.

4. R. Lépine. *De l'influence qu'exercent les excitations du bout périphérique du nerf sciatique sur la température du membre correspondant. Mémoire de la Société de biologie* et *Gazette médicale.* 1876, p. 147, 230, 243, 278.

miques sur les deux pattes d'un animal si le nerf de l'une vient d'être sectionné, tandis que le nerf de l'autre a été coupé depuis plusieurs jours. Dans ce dernier cas, la patte étant plus froide, au moment de l'excitation, on peut observer d'emblée une élévation de la température, sans qu'il se produise nécessairement un abaissement préalable; tandis que, de l'autre côté, c'est un abaissement immédiat qu'on obtient, abaissement plus prononcé que l'élévation consécutive.

Chez le chien dont les pattes sont refroidies à la suite de la mise à nu des hémisphères et de la curarisation, le tiraillement du bout périphérique du nerf sciatique produit dans la patte une élévation au moins aussi considérable que l'excitation faradique.

Les deux pattes étant froides, divers excitants appliqués sur les bouts périphériques des deux sciatiques, récemment coupés n'ont tous déterminé qu'une élévation de la température correspondante variable d'ailleurs suivant la nature et l'intensité de l'excitation.

Chez un chien curarisé : 1° la patte étant à 30°, l'excitation a été sans effet ; 2° le membre ayant été artificiellement refroidi, la même excitation a été suivie d'une élévation énorme de la température ; 3° après l'échauffement du même membre, la même excitation y a produit un abaissement de la température.

Le tiraillement des deux nerfs sciatiques récemment coupés, chez un chien modérément curarisé est suivi d'une élévation légère de la température de la patte, tandis que l'électrisation ne produit pas le même résultat.

Après l'intoxication de l'animal par l'atropine, les pattes étant peu chaudes, le tiraillement et l'électrisation du nerf amènent une élévation de la température.

Dans une expérience chez un chien non curarisé, M. Lépine obtient les résultats suivants :

1° Le 30 mars, la patte *gauche* étant assez froide, malgré la section du sciatique, l'électrisation du bout périphérique a été suivie immédiatement et sans *abaissement préalable*, d'une élévation considérable de la température. Ce résultat, dit M. Lépine, mérite d'être noté attendu qu'on n'en obtient généralement un pareil que le lendemain, ou le surlendemain de la section du sciatique, alors que la température de la patte s'est abaissée ;

2° Le 6 avril, la patte *droite* étant notablement plus chaude après la section du sciatique correspondant que ne l'avait été la patte gauche, le 30 mars, l'électrisation du sciatique droit est suivie d'un abaissement de la température, tandis que le 30 mars, l'électrisation du sciatique gauche avait produit une élévation de celle-ci. Cette différence, d'après l'auteur, met bien en lumière l'importance de l'état dans lequel se trouvent les vaisseaux au moment de l'excitation du nerf ;

3° Les grandes oscillations spontanées de la température de la patte observées chez l'animal tiennent à ce qu'il n'était pas curarisé ;

4° L'atropinisation forte a empêché l'excitation du nerf de produire une élévation de la température de la patte, alors même qu'elle était froide.

« L'expérience X nous montre, ainsi que l'expérience IV, dit M. Lépine, que, de deux excitations semblables du nerf sciatique, l'une produit, au lieu d'une élévation, un abaissement de la température de la patte, si celle-ci, a été immergée préalablement dans de l'eau chaude; mais elle nous fait pénétrer plus avant dans la cause du phénomène. En effet, postérieurement à la sortie de l'eau chaude, cette patte s'est beaucoup refroidie (à cause de la curarisation); sa température est tombée à 28 degrés. Et cependant, à ce moment, où elle est relativement froide, l'excitation du nerf amène un abaissement de la température; tandis que, au début de l'expérience, cette patte, relativement chaude (quoique absolument elle le fût peu), répondait à l'excitation du nerf par une élévation. Ce résultat paradoxal, puisqu'il est en opposition apparente avec ceux de toutes les expériences précédentes, nous montre de la manière la plus claire que ce n'est pas, à proprement parler, le degré thermique de la patte qui influe tant sur le résultat de l'excitation du nerf; c'est l'état de l'appareil nerveux terminal qui tient le calibre vasculaire sous sa dépendance. »

D'après M. Lépine, voici comment on peut concevoir le mécanisme interne des phénomènes relatés dans les précédentes expériences :

L'appareil nerveux terminal ganglionnaire des vaisseaux est constricteur. Il tend sans cesse à en diminuer le calibre. Si un agent tel que le froid excite à son maximum sa tonicité, il est clair que l'excitation des fibres vaso-constrictives contenues dans le sciatique ne pourra rien produire de plus. Au contraire, l'excitation des fibres vaso-dilatatrices qui y sont également contenues sera suivie d'effet, puisqu'elle agira (*par interférence*) dans les conditions les plus favorables. Inversement, quand un agent tel que la chaleur (ou certains médicaments) a détendu le ressort, l'excitation des vaso-dilatateurs aura un résultat nul et ce seront seulement les vaso-constricteurs qui seront dans les conditions propres à produire un effet utile. Dans l'expérience précédente, l'immersion dans l'eau chaude avait abaissé au minimum la tonicité de l'appareil terminal constricteur, et celle-ci n'avait pas été récupérée, même après le refroidissement, de l'animal : de là vient qu'avec une température assez basse les vaisseaux de la patte se sont comportés comme si celle-ci avait été encore chaude.

La tonicité du *ressort*, ainsi que celle des nerfs antagonistes qui agissent sur lui en sens inverse les uns des autres, est sans nul doute différente non seulement chez deux animaux, mais chez le même animal à deux moments différents : de là viennent ces dissemblances d'action considérables que l'on remarque chez un même sujet à la suite de l'application du même agent (de l'eau froide, par exemple) à la même température et pendant le même temps. L'agent physique est identiquement le même et cependant la réaction est différente. C'est ce que l'on observe dans la pratique de l'hydrothérapie.

II. *Électrisation des nerfs chez l'homme.* — Nous ne possédons que quelques recherches sur l'influence de l'électrisation des nerfs sur la température des membres.

M. Hayem plaçant un pôle au niveau de l'échancrure sciatique et l'autre au niveau de la plante du pied, a vu que le courant descendant produisait un abaissement de 0°1. Les autres courants donnaient un résultat négatif.

L'électrisation du bout périphérique des nerfs lésés, à l'aide de courants continus, un pôle sur la cicatrice principale, l'autre à la plante du pied, n'a pas produit d'effet très sensible, les courants descendants ont fait monter la température de 0°1 à 0°2, tandis que les ascendants l'ont fait baisser de la même quantité.

D'après M. Hayem, l'électrisation de la moelle, produit des effets nuls.

D'après Legros et Onimus [1], les courants interrompus font contracter les artérioles, ainsi que les courants continus *ascendants*, tandis que dans les courants continus *descendants* la circulation est active ; la température s'abaisse dans le premier cas, s'élève dans le second.

CONGESTION DES NERFS. — CONGÉLATION

Dans leurs recherches expérimentales qui consistaient à refroidir les nerfs pour déterminer leur congestion, Weir Mitchell[2] et Waller, refroidissant le nerf cubital, ont noté, au bout d'un certain temps, une élévation de température avec sudation.

« Les symptômes qui accompagnent le réchauffement sont dus à la congestion du nerf que l'on observe alors. »

W. Hammond a obtenu des résultats semblables.

« A l'aide de l'instrument de Lombard, dit cet auteur, j'ai observé une augmentation de température que Mitchell a également signalée, mais j'ai cru remarquer qu'au début de l'opération, la température s'abaissait légèrement pour s'élever ensuite quand la congélation était plus accusée. »

Waller[3], à la suite de *congélation* des nerfs, a observé, au début, un abaissement de température des parties correspondantes innervées par le nerf congelé, plus tard une élévation.

« L'interprétation physiologique de ces faits, dit Weir Mitchell, ne présente pas de difficultés. Le premier effet du froid est d'irriter les nerfs vaso-moteurs et de déterminer ainsi une contraction des vaisseaux sanguins correspondants et une chute dans le niveau thermométrique. Que ce soit là un

1. Legros et Onimus. *Comptes rendus de la Société de biologie*, 1868, p. 8.
2. Weir Mitchell et Waller. *Des lésions des nerfs et de leurs conséquences*, 1874, pp. 62, 63.
3. A. Waller. *Influence du froid sur le système nerveux. Proced. Royal Soc. London*, vol. II, 1860-1867, p. 89 et suiv.

résultat direct de l'activité de ces nerfs ou une excitation réfléchie par les centres, c'est ce que les observations de Waller ne permettent pas de déterminer. Lorsque le tronc nerveux est refroidi et cesse de transmettre les courants nerveux, les vaso-moteurs se paralysent, les vaisseaux correspondants se dilatent, la température s'élève, la partie se tuméfie, se congestionne et les battements artériels y deviennent perceptibles. »

Si à l'exemple de Rosenthal[1] on applique, sur le trajet du cubital, de la glace, on observe, en outre des troubles sensitifs et moteurs, un abaissement de température variant de 0°5 a 0°1. Lorsque la conductibilité nerveuse est plus profondément troublée, l'abaissement se transforme en une élévation de température qui persiste pendant fort longtemps une heure environ), très fréquemment, c'est une ascension thermique qui succède tout d'abord à l'application du froid.

Il est probable que dans ces cas, les troubles thermiques sont dus à des modifications vaso-motrices se produisant par action réflexe ou par l'action directe du froid sur les filets vaso-moteurs des gros troncs nerveux.

IRRITATION DES NERFS DE LA PEAU

Brown-Séquard et Lombard[2] ont étudié à l'aide de l'appareil thermo-électrique l'influence de l'irritation des nerfs de la peau sur la température des membres.

Ces auteurs rappellent les expériences de l'un d'eux avec M. Tholozan[3] qui prouvent que l'irritation des nerfs cutanés d'une main par l'eau glacée, produit une diminution de température de l'autre main et que ce refroidissement, causé par une contraction des vaisseaux de cette dernière main, a lieu par action réflexe.

1. ROSENTHAL. *Wien. med. Presse.* 1864. *Maladies du système nerveux.* Trad. Lubanski, p. 664, 1878.

2. BROWN-SÉQUARD et LOMBARD. *Expériences sur l'influence de l'irritation des nerfs de la peau sur la température des membres. Archives de physiologie normale et pathologique*, t. I, 1868, p. 688.

3. BROWN-SÉQUARD et THOLOZAN. *Recherches expérimentales sur quelques-uns des effets du froid sur l'homme. Mémoires de la Société de Biologie*, 1851, et *Journal de la physiologie de l'homme et des animaux*, vol. I, 1858, p. 497 et suiv.

Le pincement, l'irritation des nerfs de la peau d'un membre, produisent d'après ces expérimentateurs, l'abaissement de température du côté opposé, et de plus l'élévation du membre du côté correspondant à l'irritation et au pincement.

Les conclusions de ces recherches sont les suivantes :

1° Que l'irritation de la peau d'un membre par le pincement y est bientôt suivie d'une élévation de température;

2° Que cette irritation produit dans le membre correspondant du côté opposé un abaissement de température;

3° Que le pincement de la peau d'un des membres abdominaux produit souvent un changement de température dans les deux membres thoraciques : abaissement dans le membre du côté opposé, élévation dans celui du côté correspondant;

4° Que tous ces phénomènes d'abaissement ou d'élévation de température sont, selon toute probabilité, des effets de contraction ou de dilatation vasculaire, ayant lieu par action réflexe.

IRRITATION DES NERFS MIXTES. — NÉVRITE. — ZONA

Dans la *névrite* aiguë, la température des parties auxquelles le nerf se distribue augmente de 3° ou 4° dans certains cas (Hammond) [1].

Dans les cas de section nerveuses avec névrite consécutive, on peut noter une élévation à température pendant plusieurs jours.

« Lorsqu'il existait, dit Weir Mitchell, une lésion de nature irritante, entraînant la sensation de cuisson avec aspect luisant de la peau, la température restait au chiffre normal, ou bien, le plus souvent, remontait un peu au-dessus de ce chiffre. »

Ces recherches ont été faites avec des appareils thermo-électriques.

Dans deux cas de blessure de nerf avec aspect luisant de la peau, la région affectée par la sensation de cuisson était d'un demi-degré ou d'un degré plus chaude que celle du côté opposé.

1. HAMMOND. *Traité des maladies du système nerveux.* Trad. française par le docteur Labadie-Lagrave. Paris, 1879. J. B. Baillière.

Dans un cas de névrite ascendante avec myélite consécutive à une brûlure, M. Terrier[1] a trouvé le membre paralysé légèrement plus chaud (5 dixièmes) que le membre sain. « Si l'on fait mettre, dit cet auteur, le malade dans la station debout, on voit une coloration violacée des téguments de tout le membre inférieur remontant jusqu'à l'ombilic. Cette coloration diminue rapidement dans la station couchée et disparaît sous la pression du doigt. »

Dans certains cas de névrite très ancienne avec atrophie, on peut observer des abaissements de température. L'hypothermie nous paraît surtout tenir dans ces cas à l'atrophie et à l'absence de vascularisation des parties explorées, ainsi qu'on peut l'observer dans un certain nombre de cas.

Dans un cas de névrite ascendante ancienne d'un moignon, Hayem[2] a noté un abaissement très notable de la température.

« Il est probable, dit Hayem, que l'irritation partie de la cicatrice du moignon a une tendance à remonter jusqu'à l'origine des nerfs. »

Dans le *zona*, la température du côté malade s'élève pendant toute la période d'acuité et de douleur de la maladie.

Dans un cas de zona, cité par Jacksch[3], et rapporté par Hybord[4], la température de la peau du côté gauche malade était de 36° 1/2, et du côté sain 35° 1/2.

Charcot, dans l'examen thermométrique comparatif des deux membres supérieurs chez un malade atteint d'un zona du nerf cubital, est arrivé à des résultats semblables.

Dans une observation très intéressante de zona ophthalmique, MM. Delens et Rivet[5] trouvent :

Du côté malade.	36°2
Du côté sain.	35°8

1. In Etienne. *Essai sur les troubles médullaires que peuvent entraîner les lésions traumatiques.* Thèse de Paris, 1878, p. 313.
2. Hayem. *Archives de physiologie*, 1873, p. 273.
3. Jacksch (Rudolf). *Zur Casuistik des Herpes Zoster frontalis seu ophthalmicus. Inaug. Diss. Breslau*, 1869.
4. Hybord (Albert). *Du zona ophthalmique et des lésions oculaires qui s'y rattachent.* Thèse de Paris, 1872.
5. Delens et Rivet. *Zona ophthalmique avec hypéresthésie. Gazette des hôpitaux*, 1873, p. 930.

Sous l'aisselle . . . . . 37°2

La malade avait des vésicules.

Plus tard :

Du côté malade. . . . . 36°8
Du côté sain. . . . . . 36°
Sous l'aisselle . . . . . 38°2

Le lendemain :

Du côté malade . . : . 37°
Du côté sain. . . . . . 36°4
Sous l'aisselle . . . . . 38°5

Les vésicules sont remplacées par autant de petites croutes noirâtres.

Moins de rougeur et de tuméfaction.

Du côté malade. . . . . 36°3
Du côté sain. . . . . . 36°
Sous l'aisselle . . . . . 37°4

D'après Horner [1], la température de la peau sur laquelle se sont élevées les vésicules diminue et reste inférieure à celle du côté opposé de 1 à 2 degrés.

Dans la *causalgie*, la température des parties douloureuses est élevée (W. Mitchell, Keen.)

Weir Mitchell explique cette élévation thermique par une paralysie partielle des parois vasculaires résultant elle-même de troubles trophiques ou de quelque excitation réflexe.

THERMOMÉTRIE LOCALE DANS LES PARALYSIES DES NERFS PÉRIPHÉRIQUES

Paralysie des nerfs mixtes. — Les observations des auteur sur ce sujet démontrent que dans les paralysies des nerfs d'origine *périphérique*, au début, la température locale est généralement *abaissée* du côté paralysé.

Dans la paralysie dite *a frigore*, la température locale des parties atteintes peut être dans quelques cas *élevée*.

Dans les paralysies d'origine *centrale* la température locale est au contraire presque toujours élevée.

1. Horner et Wyss. *Sectionsbefund bei Herpes Zoster ophthalmicus. Verein jüngerer Aertze in Zurich. Corresp. bl. f. Schweizer Aertze.* p. 51, n° 100, 1871.
Voyez aussi : Pacton. *Du Zona.* Thèse de Paris, 1873.

Dans les cas de *paralysie faciale* d'origine *centrale*, Ripping[1] a constaté que l'élévation de température existait le plus souvent du côté de la lésion.

La thermométrie locale peut donc servir d'une façon très utile au diagnostic des paralysies d'origine centrale ou périphérique.

RÉSUMÉ

Résumant les résultats thermiques observés après les différentes lésions des nerfs mixtes chez l'homme on peut établir le tableau suivant :

Dans les premiers jours qui suivent la lésion nerveuse, *élévation de la température du membre correspondant* après la section complète ou incomplète, la congestion, le refroidissement, la paralysie *a frigore*, l'irritation, la névrite des nerfs mixtes.

Abaissement de la température du membre correspondant après la contusion, la compression, l'élongation.

Dans les lésions anciennes des nerfs on observe généralement un abaissement de température en rapport avec le degré d'atrophie observée dans ces cas.

Les renseignements précédents fournis par le thermomètre peuvent être utiles au diagnostic des diverses lésions du système nerveux périphérique.

NERF GRAND SYMPATHIQUE CERVICAL

Dans les lésions pathologiques du grand sympathique cervical, la température, de même que dans les expériences physiologiques, s'élève du côté de la lésion nerveuse.

Dans l'observation suivante, que nous avons recueillie dans le service de M. Verneuil, notre maitre soupçonnait l'existence d'une lésion du grand sympathique cervical, l'observation de la température locale de la face, confirmait ce diagnostic.

1° *Troubles vaso-moteurs et thermiques, consécutifs à la compression du grand sympathique cervical par une tumeur.*

OBSERVATION. — *Carcinome des ganglions du cou. — Développement*

1. RIPPING. *Annales méd.-psych.*, 6e série, tome I, p. 187, 1879.

énorme de la tumeur. — Myosis du côté droit. — Lésion probable du grand sympathique droit. — Compression. — Élévation de la température de tout le côté droit de la face. — Service de M. Verneuil.

Martineau Louis, 47 ans, atteint de tumeur ganglionnaire du cou.

La tumeur opérée en 1872, par M. Verneuil fut diagnostiquée : Carcinome primitif des ganglions du cou.

Récidive. Opérations successives en 1877, en mai 1878.

Aujourd'hui, 15 mars 1880, la tumeur a pris un développement énorme, elle occupe presque la totalité des régions sous-maxillaire, sus et sous-hyoïdienne.

Il existe une masse ganglionnaire énorme, rouge, prête à s'ulvier du côté droit, dans la région sous-hyoïdienne, s'enfonçant profondément sous le muscle sterno-cléido-mastoïdien.

La respiration, la déglutition sont notablement gênées. Il survient assez fréquemment des accès de toux.

M. Verneuil signale une constriction assez marquée de la pupille droite et diagnostique d'après ce signe une compression du nerf grand sympathique du côté droit.

Ce diagnostic est confirmé par l'exploration de la température.

Au moyen de notre appareil thermo-électrique nous trouvons les résultats suivants :

Avec les deux plaques thermo-électriques. — Examen comparatif de la température des deux côtés de la face.

Au niveau de la région frontale, déviation du galvanomètre de 7 divisions.

Ce qui indique que le côté droit est plus chaud que le gauche de 7 divisions.

Au niveau de la joue, température plus élevée du côté droit de 3 divisions.

Au niveau de la commissure labiale, température plus élevée du côté droit de 7 divisions.

Au niveau de l'oreille, température plus élevée à droite de 10 divisions.

Cette première exploration nous indique une élévation assez notable du côté droit de la face principalement marquée au niveau de l'oreille droite.

Les températures des deux côtés de la face sont :

	Côté droit.	Côté gauche.
Au niveau du front............	37°1	36°2
Au niveau de la joue...........	36°9	36°4
Au niveau de l'oreille..........	37°2	36°6

Le côté droit de la face est donc en moyenne plus chaud de 1° que le côté gauche.

Température de la tumeur, 38°.

Voici le résumé des observations dans lesquelles on a noté une élévation de température et du myosis du côté de la face consécutifs à une compression par tumeur du sympathique correspondant :

Observation I. — Gairdner [1] d'Édimbourg a vu le rétrécissement de la pupille dans un cas d'anévrisme de l'aorte et du tronc innominé, l'autopsie a montré que le sympathique cervical était comprimé. Il a noté du côté de la face correspondant de la sueur froide coïncidant avec *une élévation de température.*

Observation II. — M. Panas [2], dans un cas de tumeur siégeant à la région latérale gauche du cou, a noté un rétrécissement de la pupille et une élévation de la température du côté gauche.

La face du côté gauche était plus chaude que celle du côté droit. A la main on constatait une différence notable ; le thermomètre accusa *un écart de 1 degré centigrade.*

Observation III. — M. Verneuil [3] sur un homme affecté de tumeur de la parotide et chez lequel il pratiqua la ligature provisoire de l'artère carotide, a noté un rétrécissement permanent de la pupille associé *à l'élévation de température*, la congestion vasculaire et l'exagération de la sécrétion sudorale dans tout le côté correspondant de la face.

Observation IV. — Ogle [4] dans un cas de compression du sympathique cervical par une cicatrice du côté droit du cou, a noté une constriction de la pupille droite, *la température des cavités nasales et buccales plus élevée à droite.*

Quand le malade fait de l'exercice ou a une vive émotion, *la température est plus élevée à gauche.*

Pendant la fièvre la température est égale des deux côtés.

Observation V. — W. Mitchell [5], Morehouse et W. Keen, dans un cas de blessure du grand sympathique n'ont pas signalé de différence de température des deux côtés de la face.

Observation VI. — Nicati a vu à la clinique de Horner un homme atteint d'hypertrophie du lobe latéral droit de la glande thyroïde qui à droite présentait du myosis et *une élévation de* 0°35

1. Gairdner in A. Eulenburg et P. Guttmann. *Die Pathologie des sympathicus auf physiologischer. Grundlage*, Berlin, 1873.
2. Panas. *Mém. de la Société de chirurgie*, t. IV, 1854, p. 363.
3. Verneuil. *Gazette des hôpitaux*, 11 avril 1864.
4. Ogle *Médico-Chirurg. Transactions*, t. XLI, p. 398.
5. W. Mitchell, Morehouse et W. Keen. *Gunshot wounds and other injuries of nerves.* Philadelphia, 1864.

à 1°10 dans la température de ce côté de la face qui était congestionné.

Dans une 2° observation de hypertrophie du lobe droit de la glande thyroïde, Nicati[1] a noté des phénomènes de paralysie du grand sympathique cervical. La température était plus élevée du côté comprimé que du côté opposé.

Abaissement de température du côté de la face correspondant à une irritation probable du grand sympathique cervical.

Eulenburg[2], rapporte l'observation d'une jeune femme tuberculeuse présentant une infiltration caséeuse des ganglions cervicaux à droite, et qui avait une mydriase très marquée de ce côté.

Il a noté dans le conduit auditif, un abaissement de 0°3 à 0°4 *sur la température du côté sain.*

2° *Troubles thermiques de la face consécutifs à des lésions traumatiques du grand sympathique cervical.* — Dans un grand nombre d'observations, il existe à la suite de lésions traumatiques du sympathique de la congestion de la face, de la rougeur avec élévation de température du côté où le sympathique a été lésé.

Nous ne citerons que les principaux faits publiés jusqu'à ce jour.

Observation. — Verneuil[3], à la suite de la ligature de la carotide primitive droite vit se développer les phénomènes suivants, indices certains d'une lésion du sympathique cervical : *chaleur* avec congestion vasculaire à la tempe et aux gencives, sueurs localisées dans la même région sur la moitié correspondante de la face, contraction permanente de la pupille.

Seeligmüller[4] et Baerwinckel[5] ont publié des observations semblables.

1. Nicati *Paralysie du nerf sympathique cervical.* Paris, Lausanne, 1873.
2. Eulenburg, *Loco citato.*
Voyez aussi :
Hammond. *Traité des maladies du système nerveux.* Trad. Labadie Lagraw, 1879, p. 12, 44, 45,46.
3. Verneuil. *Bulletin de la Société de chirurgie,* 1864.
4. Seeligmuller. *Zur Pathologie des sympathicus. Berl. klin. Wochenschr.* N° ü 26, 1870. *Deutsches Arch fur klin. Medicin,* t. XX, 1877, p. 101. *Archiv der Psychiatrie und Nervenkrank.,* t. V, p. 835.
5. Baerwinckel. *Deut. Arch. für klin. Medicin.,* t. XIV, p. 545.
Voyez encore : Poiteau. Thèse de Paris, 1869. Giraldès, cité par Poiteau.

Seeligmüller donne, dans son travail, plusieurs observations de lésions traumatiques du grand sympathique cervical.

Dans ses observations, Seeligmüller note l'abaissement de température du côté de la face correspondant à une irritation traumatique du sympathique cervical du même côté.

Dans un cas, sept ans après la blessure du sympathique cervical gauche, il existait une dilatation de la pupille gauche, mais au lieu de l'élévation de la température de l'oreille de ce côté, à laquelle on s'attendait, il existait un abaissement de près de 0°5, avec atrophie des artères de la moitié gauche du corps.

Ce fait, joint à ceux publiés par d'autres observateurs (Nicati, etc.), prouve qu'il faut considérer deux périodes dans la paralysie du grand sympathique cervical traumatique ou spontané :

Une *première période* avec troubles oculo-pupillaires, élévation de température du côté de la face, correspondant à la lésion du nerf.

Une *seconde période*, les troubles oculo-pupillaires restant les mêmes, avec abaissement de température, pâleur, absence de sueur, atrophie de la face et des artères du côté de la face correspondant à la lésion du nerf (Nicati).

Ces troubles thermiques éloignés sont liés à l'atrophie des tissus et des artères que l'on observe du côté de la face correspondant aux lésions anciennes du grand sympathique.

3° *Troubles thermiques dans les paralysies du grand sympathique consécutif à des lésions de l'appareil circulatoire et respiratoire.*

Les paralysies du grand sympathique cervical consécutives à des lésions de l'appareil circulatoire (Seeligmüller) (anévrysme de la crosse de l'aorte de l'aorte ascendante, de la carotide), s'accompagnent fréquemment de phénomènes oculo-pupillaires et de troubles thermiques de la face. Dans les cas d'anévrysmes de la crosse de l'aorte, de la portion ascendante, il y a compression exercée sur la portion thoracique du grand sympathique, qui retentit à son tour sur ce sympathique cervical du même côté (Voyez Seeligmüller, p. 112-113).

M. François Franck, dans un cas d'anévrysme de l'aorte, a noté une élévation de température de la main du côté malade, que cet auteur attribue à une paralysie vaso-motrice par compression des origines du système nerveux sympathique de la région.

A côté des troubles vaso-moteurs de la face consécutifs à la compression du grand sympathique *thoracique*, il faut citer les congestions de la face dans les affections pulmonaires.

La rougeur des pommettes avec élévation de la température locale observée chez les *pneumoniques* et étudiée par Gubler, Lépine, tiennent évidemment à des lésions du grand sympathique.

Seeligmüller a démontré, en effet, que les adhérences du sommet du poumon se trouvent dans un très grand nombre de cas, en rapport avec le grand sympathique thoracique. Le travail adhésif occasionne une irritation de ce nerf, auquel succède plus tard un état paralytique. On s'explique ainsi les poussées congestives, la dilation pupillaire, l'élévation locale de la température d'un côté de la face chez *les tuberculeux*. L'auteur cite, dans son intéressant mémoire, plusieurs observations dans lesquelles l'élévation de la température, la congestion de la face sont très marquées.

Chez un malade qui, à cinq reprises différentes, eut une inflammation pulmonaire, Seeligmüller constata non seulement une constriction de la pupille droite, mais encore des troubles vaso-moteurs de *toute la moitié du corps*, s'accusant par une transpiration exagérée de ce côté.

Fleischmann [1] a signalé, dans la pneumonie chronique du sommet chez les enfants, des troubles vasculaires limités à une moitié de la face ou de la tête, des érythèmes fugaces unilatéraux avec élévation de la température locale.

Dans la *migraine* pendant le paroxysme douloureux, la moitié de la face et l'oreille du côté atteint sont d'une pâleur extrême. La température du conduit auditif est plus basse du côté malade de 0°4 à 0°6.

Vers la fin de l'accès, au contraire, on note une élévation de la température locale avec injection de la conjonctive, etc.

D'autres fois, au contraire, dans la forme dite angio-paralytique, pendant la durée du paroxysme douloureux, on

1. FLEISCHMANN. *Wiener medic. Presse*, N° 20, 1876.

observe des phénomènes inverses, les artères sont dilatées, la face injectée, la température du côté malade dépasse de 0°2 à 0°4 celle du côté sain.

Les troubles thermiques observés dans les deux formes d'hémicrânie viennent donner un appui sérieux à ceux qui, à l'exemple de Du Bois Reymond et Eulenburg, considèrent cette affection comme une maladie du grand sympathique ou du ganglion cervical supérieur, irritation dans la forme spasmodique, paralysie dans la forme paralytique.

M. Rendu[1] a publié plusieurs observations de lésions traumatiques de la moelle compliquées de troubles fonctionnels du grand sympathique cervical, attribuables les uns à la paralysie, les autres à l'excitation de ce nerf. Dans plusieurs cas, on note l'élévation ou l'abaissement de la température locale de la face d'un côté.

« Ces faits démontrent suffisamment, dit M. Rendu, que la portion supérieure de l'axe rachidien exerce sur l'innervation oculaire, sur la circulation et la calorification de l'extrémité céphalique, une influence analogue à celle du grand sympathique cervical et témoignent hautement en faveur de l'opinion d'après laquelle le grand sympathique cervical tire son origine du segment supérieur de la moelle. »

3° *Troubles thermiques de la face dans la paralysie dite spontanée du sympathique cervical.* — Baerwinckel, Nicati ont publié des observations de paralysie spontanée du sympathique cervical avec rougeur de la face, congestion d'un côté, *élévation locale* de la température, sueur, phénomènes oculo-pupillaires, etc.

Dans l'observation de Nicati, il existait d'un côté de la face une coloration, une *chaleur excessive.*

Parmi les troubles fonctionnels symptomatiques de lésions spontanées ou traumatiques du grand sympathique, les auteurs (Baerwinckel, Seeligmüller), ont signalé la congestion de la face avec élévation de la température locale.

Chez un homme, âgé de 30 ans, et présentant une lésion du grand sympathique cervical, W. Squire[2] a noté une rougeur persistante du côté gauche de la face, avec transpiration

1. Rendu. *Archives générales de médecine*, t. XIV, 1869, p. 286.
2. W. Squire. *On high local Temperature.* Lancet, déc. 1881.

sous l'influence d'une légère excitation. Dans une chambre froide, le côté gauche avait une température de 4° plus élevée que celle du côté droit.

PARALYSIE VASO-MOTRICE DES EXTRÉMITÉS OU ÉRYTROMÉLALGIE

Cette affection, décrite par Graves [1], Weir Mitchell [2], Vulpian [3], Straus [4], Lannois [5], caractérisée par des douleurs siégeant dans les membres inférieurs et souvent paroxystiques, par de la congestion, de la turgescence, et l'absence d'altération des tissus s'accompagne de modifications de la température du membre.

Graves signale, dans deux observations, l'élévation de la température du membre.

D'après Weir Mitchell, la congestion est active et s'accompagne d'élévation de température du membre.

Dans une de ses observations, nous trouvons la note suivante, communiquée par le Dr Lewis :

J'ai maintenu le thermomètre exactement en position, toutes les fois que j'ai pris une observation, pendant plus de 15 minutes Lorsque le malade était dans son lit, la température de la plante du pied droite était de 96 4/5 F. (36°), la plante gauche était froide et visqueuse et n'atteignait pas 93° (33°8), le degré le plus inférieur du thermomètre qui avait été laissé en place pendant 20 minutes. Lorsque le pied droit était sur le sol, le mercure s'élevait seulement à 95,1/2 F. (35°2), puis commençait de nouveau à descendre, tandis que le pied perdait un peu de la congestion qui était survenue immédiatement après qu'il avait été posé sur le

1. Graves. *Clinical Lectures, first edition*, 1843 ; éd. 1864, p. 826, et Jaccoud. *Annotations à la Clinique de Graves*. 1862.
2. Weir Mitchell. *Philadephia medical Times*, 1872, et *American Journal of Medical Science*, p. 1, t. II, 1878.
3. Vulpian. *Leçons sur les vaso-moteurs*, t. II. p. 623, 1875.
4. Straus. *Société médicale des hôpitaux*. Séance du 26 mars 1880.
5. Lannois. *Paralysie vaso-motrice des extrémités ou érytromélalgie*. Thèse de Paris, 1880. J. B. Baillière et Fils.

Voyez aussi :

Grenier (de Sore). *Observation d'une affection des extrémités non décrite par les auteurs*. (Bordeaux médical, 1873).

Sigerson. *Note sur un cas de paralysie vaso-motrice généralisée des membres supérieurs*. Progrès médical, 1874, p. 229.

Zunker. *Névrose vaso-motrice*. *Berl. klin. Woch*. 1876.

Mader. *Angionévrose*. *Wiener med. Presse*. Oct. 1878, p. 431.

sol. Sur le dos du pied droit, lorsqu'il était suspendu, le mercure s'élevait à 95 4/5 F. (35°4). Le pied gauche était toujours trop roid pour que mon thermomètre pût enregistrer sa température.

Dans plusieurs observations, Weir Mitchell constate les mêmes troubles vaso-moteurs et les mêmes modifications de la température.

Dans le cas de Vulpian, on note la rougeur et la chaleur de la peau.

Allen Sturge [1] a trouvé, avec le thermomètre à surface de Steward, les résultats suivants :

Pied droit. — Durant les attaques, la température du pied varie de 91 à 94 degrés F. (32°7 à 34°4), la température du dos du pied étant toujours un peu inférieure à celle de la plante (1° à 1°1/2 F. — 0°45 à 0°6 ou 0°7). Dans l'intervalle des attaques, la température du pied était toujours trop basse pour être enregistrée par le thermomètre qui n'était pas gradué pour des températures au-dessous de 75° F. (24°).

Pied gauche. — Lorsque le malade était resté quelque temps auprès du feu et que son pied commençait à ressentir une bonne chaleur sans avoir été exposé au rayonnement direct du foyer, le pied donnait une température de 90°4 F. (32°4), et une autre fois de 83° F. (28°3).

Dans une autre circonstance, alors qu'il éprouvait dans le pied gauche une légère sensation de brûlure, la température fut de 91°5 F. (33°).

Lorsqu'il avait parcouru une certaine distance dans la rue, ce qui produisait une forte sensation de brûlure dans le pied droit, le thermomètre marquait 96°8 F. (36°).

Dans cette observation, il existait des attaques de rougeur, de gonflement avec sensibilité, qui revenaient toutes les 24 heures.

Dans l'observation de Straus, il s'agit d'un homme de 35 ans, se plaignant d'une affection rhumatismale légère traitée par le salicylate de soude.

Nous empruntons à Lannois les détails de cette intéressante observation.

Lorsque le malade est couché, les orteils et le pied gauche,

1. Allen Sturge. *Rare vaso-motor disturbance of leg. Trans. of Clin. Soc. of London*, et *Brit. med. Journ.*, 1879.

jusqu'à l'articulation tibio-tarsienne, sont le siège, les orteils surtout, d'un *gonflement* et d'une *turgescence très marqués.* La saillie des tendons extenseurs, qui est nettement accusée sur le pied droit, est, au contraire, entièrement masquée à gauche.

Cette tuméfaction s'accompagne d'une légère *coloration* rosée de la peau, coloration qui devient beaucoup plus marquée, d'un rouge hortensia et comme phlegmoneuse, quand le malade laisse pendre ses jambes hors de son lit. En même temps, le gonflement augmente d'une façon très notable, portant surtout sur les orteils et la face antérieure du pied, ne dépassant toujours pas l'articulation tibio-tarsienne.

La position debout accentue encore ces symptômes en même temps qu'on constate *une élévation très marquée de la température.* Le dos et la plante du pied, les orteils du côté gauche sont notablement plus chauds que les parties correspondantes du pied droit, dont la température forme un contraste frappant avec celle du côté malade.

Les deux jambes présentent, au toucher, des températures sensiblement égales.

Enfin, quand on fait faire quelques pas au malade, tous ces phénomènes atteignent leur maximum ; la tuméfaction augmente encore et la coloration devient violacée. Mais il faut bien noter que ce ne sont là que des degrés et que ces symptômes se montrent *aussitôt* que le malade laisse pendre ses jambes hors de son lit ou se tient debout.

En même temps la *marche est douloureuse*, le malade ne peut s'appuyer sur la plante du pied et sur l'avant-talon et est obligé de marcher sur le talon. La pression réveille à peine de douleur et les mouvements de toutes les articulations sont parfaitement libres.

La sensibilité au contact et à la douleur est intacte. Les corps froids lui paraissent plus froids à gauche qu'à droite, ce qui n'a rien qui doive étonner. Comme sensation subjective, le malade dit éprouver dans le pied des *fourmillements* et une sensation d'engourdissement.

Il n'y a aucune parésie motrice.

Le 3. Le malade est absolument dans le même état que le jour du premier examen. La température est prise à la face dorsale des pieds, entre le premier et le deuxième métatarsien. On se sert du même thermomètre pour les deux pieds et on le maintient fixé au moyen d'une couche d'ouate et une bande. Notons que le malade vient de marcher et a été maintenu assez longtemps debout.

Température : à droite, 30°7 ; à gauche, 33°8. Différence, 3°1.

La température de l'aisselle est normale à 36°2.

Le 5. Après une marche de quelques minutes, le malade étant couché sur son lit, le thermomètre donne :

A droite, 33°4 ; à gauche, 35°2. Différence, 1°8.

Après une heure de repos dans la position horizontale, on prend à nouveau la température, les pieds étant pendants, et l'on trouve :

A droite, 31°2 ; à gauche, 32°7. Différence, 1°5.

Le 6. La température est prise au repos dans la situation horizontale avec le thermomètre à températures locales de Redard, et l'on trouve :

A droite, 30° ; à gauche, 32°. Différence, 2°.

Le 7. La température est encore prise avec le thermomètre de Redard ; le malade ne s'est pas levé ce matin et il a les pieds recouverts d'une grosse couverture, qui, d'après son dire, rend son pied plus brûlant que d'habitude. On trouve, en effet :

A droite, 31°9 ; à gauche, 35°3. Différence, 3°4.

On lui fait alors sortir les pieds hors des couvertures et environ un quart d'heure après, la rougeur et le gonflement s'étant un peu dissipés, on prend à nouveau la température et l'on a :

A droite, 28°5 ; à gauche, 29°. Différence, 0°5.

Le 9. N'ayant plus à notre disposition le thermomètre de Redard, nous employons à nouveau deux thermomètres ordinaires donnant des indications très comparables. La température est prise hors du lit dans la station verticale :

A droite, 29°7 ; à gauche, 32°4. Différence, 2°7.

Le 16. La température est prise sous les couvertures dans les mêmes circonstances que le 7 juillet ; cependant il faut noter que le malade est resté ce matin assis sur sa chaise pendant au moins une heure et qu'il ne s'est couché que 20 minutes environ avant la visite :

A droite, 30°2 ; à gauche, 34°9. Différence. 4°7.

Le 25. La température est prise dans la station verticale, les pieds recouverts de sa couverture :

A droite, 31°6 ; à gauche, 34°6. Différence, 3°.

Le 26. Depuis quelques jours, on a appliqué à différentes reprises le courant constant à la jambe et au pied de ce malade en variant la position relative des pôles. La situation n'a été modifiée en aucune façon. Aujourd'hui on électrise son pied avec le courant faradique. La sensibilité électrique ne semble pas altérée et les contractions musculaires du pédieux et des muscles de la plante se font normalement. L'électrisation (3 ou 4 minutes), a amené une rougeur très intense de toute la face dorsale du pied ; la température, immédiatement après, donne :

A droite, 31°3 ; à gauche, 35°2. Différence, 3°9.

6 août. Le malade est toujours dans le même état, mais cependant il y a une amélioration sensible dans la rougeur et le gonflement, qui depuis quelque temps sont beaucoup moins marqués. La douleur est également moins vive et le malade peut maintenant, sans trop de souffrances, se tenir debout et appuyer la plante du pied sur le parquet. Aujourd'hui, après avoir pris la température sur les draps, ce qui donne :

A droite, 32°7 ; à gauche, 35°. Différence, 2°3.

On met les deux pieds du malade dans un bain d'eau froide à 14° environ. Aussitôt dans l'eau, le pied gauche devient extrêmement gonflé et d'une coloration violacée ; au bout d'un quart d'heure, les pieds sont bien essuyés, le malade remis dans la position horizontale et les thermomètres appliqués. Dix minutes après on trouve :

	Côté sain	Côté malade	Différence
11 heures	24°1	25°1	1°
11 h. 1/4	24°5	26°	1°5
11 h. 1/2	24°5	27°	2°5
11 h. 3/4	26°	30°	4°
12 heures	28°5	32°5	4°
12 h. 1/4	31°	34°5	3°5
12 h. 1/2	32°	34°9	2°9

Le malade a conservé les thermomètres jusqu'à 1 heure 1/4 ; à ce moment ils marquaient :

A droite, 31°8 ; à gauche, 34°6. Différence, 2°8.

Nous devons dire ici que toutes ces observations thermométriques ont été faites soit avec le même thermomètre, soit avec deux thermomètres qui donnaient des indications à peu près identiques. D'ailleurs, pour plus de sûreté, on a plusieurs fois, dans les recherches, changé les thermomètres de pied après une première lecture du niveau mercuriel; dans ce cas, on a pris la moyenne des deux observations.

Du côté de l'épaule atrophié du déloïde, etc., amélioration par les courants faradiques.

Le 25. Du côté du pied, les phénomènes congestifs ont beaucoup diminué (rougeur et gonflement) ; la douleur est également très atténuée et le malade marche avec une facilité relative. Cependant la différence de température persiste ; sous les draps on trouve aujourd'hui :

A droite, 31°7 ; à gauche, 33°4. Différence, 1°7.

Le 30. Le malade quitte l'hôpital à ce jour pour aller à Vincennes.

7 mars 1880. Au mois de novembre dernier, ce malade nous fit savoir que son état s'était beaucoup amélioré sous l'influence de douches de vapeur qu'on lui avait données à Vincennes et qu'il avait continuées au dehors. Bien qu'il persistât un peu de raideur dans son bras, tous les mouvements étaient possibles. Quant à son pied, il avait repris ses occupations ordinaires et pouvait faire de longues marches sans être incommodé. « Désireux de nous en rendre compte par nous-même, dit Lannois, nous l'avons vu aujourd'hui et nous avons pu nous convaincre que son dire n'était pas exagéré. Les mouvements sont parfaitement revenus dans le bras droit, il est chaussé de bottines étroites et vient de faire à pied le trajet de Montmartre à Ménilmontant. Le pied gauche offre une coloration rosée peu accusée, mais cependant très évidente lorsque l'on compare les deux pieds et en appliquant deux thermomètres comparables à 2/10 de degré près, nous trouvons :

A droite, 29°5 ; à gauche, 32°. Différence, 2°5.

Résultat qui ne laisse pas que d'étonner notre malade, pour qui toute trace de son ancienne affection avait disparu. La sensibilité est intacte ainsi que les réactions électriques. La santé générale est d'ailleurs excellente ; notons cependant qu'il souffre parfois dans le côté gauche de quelques douleurs qui nous semblent avoir un caractère névralgique. Enfin le malade nous fait observer de lui-même que la chaleur lui est contraire : il ne s'est pas chauffé les pieds durant tout cet hiver. »

Des observations précédentes on peut conclure :

Dans l'érytromélalgie, la température locale des membres atteints est très notablement élevée.

En résumé, on constate dans l'érytromélalgie une élévation de la température locale des membres atteints, atteignant 2°, 3°, 4°, ce qui paraît indiquer la paralysie vaso-motrice.

Dans une observation de Grenier [1] on notait la douleur, la congestion, l'élévation de température habituelle, mais il y avait en outre un gonflement persistant et l'épaississement du tissu cellulaire sous-cutané. Cette observation est donc une forme très irrégulière de la maladie.

1. Grenier (de Sore). *Observation d'une affection des extrémités non décrite par les auteurs.* Bordeaux médical, 1873).

Dans l'observation de Paget[1] qui diffère sensiblement des cas précédents, il s'agissait d'un malade qui avait par accès du refroidissement, de la pâleur des membres inférieurs suivis de poussées congestives, de chaleur avec élévation de température qui présentaient un caractère de réaction.

Quant à la nature et à la pathogénie de la paralysie vasomotrice des extrémités, nous ne possédons que peu de notions précises sur ce point.

On peut cependant avec le professeur Vulpian (*Leçons sur l'appareil vaso-moteur*, t. II, p. 620) considérer cette maladie comme une sorte de névrose symétrique peu douloureuse des nerfs centripètes des extrémités, principalement de ceux des pieds et des jambes, déterminant par action réflexe une dilatation des vaisseaux de ces parties.

D'après W. Mitchell, l'érytromélalgie devrait être considérée comme une névrose caractérisée par une *diminution considérable* du pouvoir excito-moteur des portions grises de la moelle qui tiennent sous leur dépendance l'innervation vaso-motrice. Il admet que dans ses observations où il y avait exagération de l'apport du sang, il existait un état parétique des centres de contrôle.

Allen Sturge admet une lésion des centres vaso-moteurs. « J'émettrais volontiers cette hypothèse que dans le cas présent la cause occasionnelle doit être recherchée dans l'excitation prolongée à laquelle les centres furent soumis lorsque pendant des mois le malade eut les pieds engourdis et froids.

De même que l'excitation exagérée des centres coordinateurs de la main amènera parfois la crampe des écrivains, de même l'excitation prolongée des centres vaso-moteurs

1. Sir James Paget. *A case illustrating certain nervous disorders. Saint-Bartholomew's hospital Reports*, p. 67, 1871.

Voyez aussi :

Sigerson. *Note sur un cas de paralysie vaso-motrice généralisée des membres supérieurs. Progrès médical*, 1874, p. 229.

M. Raynaud. *De l'asphyxie locale et de la gangrène symétrique des extrémités*, th. de Paris, 1862. — *Art. Gangrène in Nouv. dict. de méd. et de chir. prat.*, t. XV, 1872. — *Nouv. rech. sur la nature et le traitement de l'asphyxie locale des extrémités. Arch. gén. de méd.*, 1874, t. I, p. 5 et 189.

peut bien amener des troubles dans leur fonctionnement. »

D'après M. Lannois, il n'est pas nécessaire de faire intervenir l'idée d'un trouble spinal, la symétrie étant loin de s'observer chaque fois et l'unilatéralité étant fréquente. Avec son maître M. Vulpian, cet auteur considère les troubles vaso-moteurs de l'érytromélalgie, aussi bien que ceux de la gangrène symétrique comme étant sous la dépendance des modifications soit directes, soit réflexes, des ganglions situés sur le trajet des fibres vaso-motrices à une faible distance de leur terminaison dans les parois vasculaires.

Troubles thermiques dans l'asphyxie locale et la gangrène symétrique des extrémités. — Dans l'asphyxie locale et la gangrène symétrique des extrémités, M. Raynaud[1] a observé, dans des points symétriques et avant la gangrène, des accès caractérisés par de l'ischémie, l'absence de battement des artères, de la cyanose, de la pâleur, de l'anémie de la peau avec anesthésie. Dans ces cas, il existe un abaissement de température pouvant atteindre 1°, 2°, 2°5.

Les troubles thermiques observés dans l'asphyxie locale, de même que dans l'érytromélalgie, paraissent dus à des désordres vaso-moteurs.

Au lieu de la dilatation et de la congestion observée dans la paralysie vaso-motrice, on note dans l'asphyxie locale un spasme vasculaire dû à une excitation des vaso-moteurs.

Le spasme, d'après M. Raynaud, serait d'origine reflexe et reconnaîtrait comme point de départ une excitation périphérique ou interne. Le centre vaso-moteur médullaire réfléchirait cette excitation, ce qui expliquerait la symétrie.

M. Raynaud considère l'asphyxie locale et la gangrène symétrique comme : « une névrose caractérisée par l'énorme exagération du pouvoir excito-moteur des portions grises de la moelle épinière qui tiennent sous leur dépendance l'innervation vaso-motrice. »

M. Vulpian pense qu'il n'est pas nécessaire de placer le centre de cette affection dans le myelencéphale et que l'on peut admettre que la constriction vasculaire réflexe est pro-

1. MAURICE RAYNAUD. *De l'asphyxie locale et de la gangrène symétrique des extrémités*. Thèse de Paris, 1862.

duite uniquement par des modifications, soit directes soit réflexes, *des ganglions situés sur le trajet des fibres vaso-motrices*, tout près des parois vasculaires.

Ainsi donc, de même que dans l'érytromélalgie, les uns pensent que les troubles vaso-moteurs et thermiques de l'asphyxie locale sont sous la dépendance d'une action réflexe dont le centre se trouve dans le myelencéphale, les autres qu'ils dépendent de modifications directes ou réflexes des ganglions situés sur les fibres vaso-motrices, près des parois vasculaires.

Parmi les causes des troubles thermiques et vaso-moteurs, nous devons encore signaler *le froid*.

Nothnagel[1] a signalé chez les blanchisseuses qui restent longtemps dans l'eau froide, des troubles vaso-moteurs évidemment développés sous l'influence du froid. (Voir Congestion des nerfs, page 519.)

Voyez aussi : Troubles vaso-moteurs avec modifications thermiques dans les affections de l'encéphale et de la moelle.

1. NOTHNAGEL. *Archiv für Klin. Med.* Bd. II, 1867.
Voyez aussi :
MILLS. *Vaso-motor and trophic affection of the fingers. American Journal of med. sc.*, oct. 1878, p. 431.
ZUNKER. *Névrose vaso-motrice. Berl. Klin Woch*, 1876.
MADER. *Angionévrose. Wiener med. Presse*, nos 23 et 24, 1878.

CHAPITRE X

TEMPÉRATURE PÉRIPHÉRIQUE DU THORAX.

I. — *Température périphérique du thorax à l'état normal.* — Avant d'étudier les résultats que donne l'exploration de la température périphérique du thorax dans les maladies de poitrine, il importe de connaître la température normale de la peau de cette région, en différents points, aux différentes périodes du jour, de signaler l'action des agents extérieurs comme cause de refroidissement, et surtout de savoir si les résultats sont semblables, lorsqu'on explore deux points symétriques des espaces intercostaux. La connaissance de ces faits est indispensable, si l'on veut apprécier avec justesse l'influence des maladies du poumon et de la plèvre sur la température pariétale du thorax.

D'après J. Davy, la température de la peau du thorax est dans une de ses expériences :

Sur la sixième côte gauche sur le cœur........	34°44
» droite....................	33°89

D'après Martin, la température de la poitrine varie entre 32°5 et 37°.

Alvarenga donne le chiffre 35°2 comme la moyenne générale de la température du thorax.

D'après Gassot :

La température de la région sus-claviculaire est.	37°4
De la région mammaire....	33°4

De la région costale (hypochondre droit)........ 36°9
De la région costale supérieure................. 35°9

D'après M. Peter, chez les individus sains la température prise dans le deuxième espace intercostal, varie entre 35°6 et 36°. La température axillaire étant 37°, 36° est la limite normale qu'atteignent les chiffres locaux. Le chiffre 35°8 doit être regardé comme moyenne. La température générale prise à l'aisselle varie d'ordinaire entre 37° et 37°2. Il existe donc entre les températures locales et la température générale une différence qui peut aller de 1° à 1°4 et rarement au delà. Ce rapport est regardé comme la règle par M. Peter.

D'après cet auteur, la température pariétale chez des sujets sains est égale des deux côtés du thorax dans les points symétriques explorés.

Un grand nombre d'auteurs ont signalé des différences dans la température comparée des deux aisselles, qui peuvent être considérées comme des températures cutanées périphériques.

Wegscheider[1] pense que la température comparée des aisselles n'est jamais égale des deux côtés.

D'après le professeur Luigi Concato, la température des aisselles et du thorax ne serait jamais égale des deux côtés. Nous avons cité plus haut (page   ) les résultats obtenus par cet auteur.

M. Lereboullet[2] et ses élèves Zoeller et Berlin, ont fait en 1878 un certain nombre d'expériences, afin de déterminer les variations de la température périphérique de la paroi thoracique chez des sujets sains.

Voici quelques chiffres qui résument ces expériences :

1° Homme adulte, bien constitué, entré à l'hôpital pour une constipation opiniâtre et parfaitement guéri.

Moyenne des températures locales :

Sommet gauche...................... 35°80
» droit...................... 36°22

1. WEGSCHEIDER. *Virchow's Archiv für pathologische Anatomie und physiologie.* 69e vol. 1877.

2. LEREBOULLET. *Les températures morbides locales. Gazette hebdomadaire de méd. et de chir.*, 1878, pp. 663, 664 et 665.

Différence en faveur du sommet droit. 0°42
» minimum................ 0°20
» maximum................ 0°60

2° Homme adulte, anémique, convalescent de paralysie diphtéritique.

Moyenne des températures locales :

Sommet gauche.................... 35°63
» droit.................... 35°70
Différence en faveur du sommet droit. 0°17
» minimum................ 0°00
» maximum................ 0°60

3° Homme adulte, très anémié, convalescent de diarrhée de Cochinchine.

Moyenne des températures locales :

Sommet gauche.................... 34°40
» droit.................... 35°20
Différence en faveur du sommet droit. 0°80
» minimum................ 0°60
» maximum................ 1°00

4° Jeune sujet, bien constitué, convalescent de rhumatisme goutteux.

Moyenne des températures locales :

Sommet gauche.................... 35°03
» droit.................... 35°15
Différence en faveur du côté droit.... 0°12
» » » dans une observation.................. 0°40
Différence maximum en faveur du côté gauche.......................... 0°70

5° Jeune sujet, très bien portant, simulant une aphonie.

Moyenne des températures locales :

Température du sommet gauche...... 34°40
» du côté droit........... 34°60
Différence en faveur du côté droit.... 0°20

6° Malade guéri d'une fièvre intermittente.

Moyenne des températures locales :

Sommet gauche.................... 35°45
» droit.................... 35°85
Différence en faveur du sommet droit. 0°40
» minimum................ 0°20
» maximum................ 0°60

La moyenne générale de toutes les expériences entreprises

dans le but de mesurer comparativement chez des individus parfaitement sains et apyrétiques, la température aux deux sommets, est la suivante :

Sommet gauche.....................	35°27
» droit......................	35°56

« Il existe donc normalement, dit M. Lereboullet, en faveur du sommet droit, une différence de température de 0°29 ou d'environ 3 dixièmes de degré. La différence de température la plus considérable que l'on puisse observer dans les conditions normales, c'est-à-dire chez des individus non tuberculeux et ne présentant du côté de l'appareil thoracique aucune lésion appréciable est de 1°. Il est des cas très rares dans lesquels on n'observe entre les deux sommets aucune différence de température. »

Et plus loin :

« Il est un fait assez singulier, c'est cette préeminence de la température au sommet droit chez la plupart des individus que nous avons examinés, et cela sans que les chiffres thermiques constatés soient plus élevés que ceux que M. Peter indique comme normaux. Mais ce fait, il faut nous contenter de le signaler ; nous n'essayerons pas d'en déduire une conclusion précise quelconque, nous bornant à faire remarquer que dans les conditions les plus normales en apparence, une différence de température parfois très notable, peut s'observer entre les deux côtés homologues de la poitrine. »

Dans ses recherches sur des sujets sains, M. Brébion[1] a trouvé :

	Matin.	Soir.
Fosse sous-claviculaire (2e espace intercostal).	35°5	36°5
Fosse sus-claviculaire.	35°1	36°3
Fosse sus-épineuse.	35°1	36°3
Face interne du bras.	34°8	35°7

De ces recherches l'auteur conclut :

1° Que, chez les sujets sains, il n'existe pas de différence de température entre les deux côtés de la paroi thoracique pour

1. Brébion. *Contribution à l'étude de la température de la paroi thoracique chez les phthisiques. Revue mensuelle de médecine et de chirurgie.* Paris, 1880, IV, pp. 526, 533.

les fosses sous-claviculaire, sus-claviculaire et sus-épineuse;

2° Que la température de ces différentes parties est plus élevée le matin que le soir.

Appliquant le thermomètre en arrière du thorax, sur le trajet de l'aorte, à 3 centimètres au-dessous de l'omoplate et en dedans, M. Brebion trouve :

	A droite.	A gauche.
Pour l'un, au matin	35°6	36°2
Chez un autre, le soir	36°7	37°3
Chez un troisième	36°2	36°7

et conclut à une élévation du côté gauche dans la région de l'aorte tenant au rayonnement thermique du gros vaisseau.

Le résultat des observations récentes de Von Anrep[1] est que la température locale des deux côtés du thorax *est rarement égale*.

Il a obtenu les résultats suivants sur des malades sains consignés dans les trois tableaux suivants :

1re *Observation.*

JOUR	1		2		3		4		5		6	
	m.	s.	m.	s.	m.	s.	m.	s.	m.	s.	m.	s.
Côté droit . . .	35,6	35,7	35,5	35,6	35,7	35,7	35,5	35,6	35,6	35,7	35,6	35,7
Côté gauche .	35,7	35,6	35,5	35,6	35,6	35,8	35,6	35,7	35,5	35,7	35,7	35,8

2e *Observation.*

JOUR	1		2		3		4	
	m.	s.	m.	s.	m.	s.	m.	s.
Côté droit.	35,8	35,7	35,8	35,9	35,7	35,7	35,9	35,8
Côté gauche	35,9	35,8	35,8	35,7	35,8	35,9	35,9	35,8

1. Von Anrep. *Ueber periphere Temperaturmessungen bei Lungenkranken. Verhandlungen der Physical. medicin. Gesellschaft in Wurzburg* 1880.

3e *Observation.*

JOUR	1		2		3		4	
	m.	s.	m.	s.	m.	s.	m.	s.
Côté droit......	35,9	35,8	35,8	35,7	35,7	35,9	35,8	36,0
Côté gauche.....	35,8	35,8	35,9	35,8	36,0	36,1	35,9	35,9

« Tous les observateurs, dit F. Melcop[1], admettent que la température périphérique prise en des points symétriques des deux côtés du corps n'est jamais égale des deux côtés. Les différences peuvent aller jusqu'à 0°5 c. et plus. »

Melcop confirme entièrement cette proposition par ses observations.

Dans l'observation suivante sur un sujet sain, Melcop a noté un jour une différence de 1°1, entre la température de la peau des deux côtés du thorax.

OBSERVATION (F. Melcop). — *Température de la peau du thorax en des points symétriques du thorax chez un sujet sain.*

DATE	COTÉ DROIT	COTÉ GAUCHE	DIFFÉRENCE.
17	33°,6	32°,8	C. Droit 0,8
19	33°,4	33°,6	« Gauche 0,2
20	33°,8	33°,4	« Droit 0,4
21	33°,0	33°,3	« Gauche 0,3
23	33°,8	32°,7	« Droit 1,1
24	33°,5	33°,3	« Droit 0,2

Melcop donne comme moyenne de la température de la peau du thorax, à l'état physiologique le chiffre de 32°8 c.

1. FRIEDRICH MELCOP. *Ueber die diagnostische Verwerthbarkeit localer Temperaturen bei Erkrankungen der Brustorgane. Inaugural-Dissertation.* Göttingen, 1880.

D'après Sabatier[1], à l'état physiologique les températures superficielles droites et gauches subissent des variations n'obéissant à aucune règle connue; mais, en prenant la moyenne de plusieurs observations, on arrive à des chiffres sensiblement égaux.

D'après Moursou[2], il n'existe jamais, à l'état physiologique, d'égalité de la température locale des deux côtés du thorax.

D'après cet auteur, le côté droit aurait une température plus élevée que le côté gauche.

Sarda[3] résume ainsi le résultat de ses observations :

1° Généralement la température[4] du deuxième espace intercostal est un peu plus élevée à droite qu'à gauche ; les différences moyennes sont de 0°1 à 0°15.

2° Les températures de la fosse sus-claviculaire sont légèrement supérieures à celles du deuxième espace (de 0°05 à 0°15).

3° Les températures des autres espaces sont égales à celles du deuxième, sauf une différence de quelques centièmes à un dixième pour le quatrième et le cinquième.

4° Le quatrième espace intercostal gauche est généralement plus chaud que le quatrième espace intercostal droit; la différence n'excède pas 0°2 et atteint rarement ce chiffre.

5° Les températures palmaire et de la face antérieure de l'avant-bras sont excessivement variables chez le même sujet aux divers moments de la journée ; elles atteignent le maximum après le repas du soir.

6° Les températures thoraciques sont plus élevées le soir que le matin, et cela dans des limites comprises entre 0°1 et 0°3.

7° Chez les sujets atteints de fièvre, sans lésion pulmonaire,

1. SABATIER. *Des températures générale et locale dans les maladies du cœur*. Thèse de médecine de Montpellier, 1882.

2. MOURSOU. *Recherches sur les températures locales*. *Journal de thérapeutique de Gubler*, 1882.

3. G. SARDA. *Contributions à l'étude des températures périphériques et particulièrement des températures morbides locales dans la tuberculose pulmonaire chronique*. Thèse de Montpellier, 1882.

4. Les températures locales ont été recueillies avec le *thermomètre centigrade ordinaire*.

la température de la paroi thoracique, comme celles de la face palmaire de la main et de la face antérieure de l'avant-bras, s'élèvent plus que la température générale, sans cependant l'atteindre. Dans ces cas, les différences entre deux points symétriques n'excèdent jamais celles que l'on observe chez des sujets sains.

8° Chez les chlorotiques, les températures thoraciques, de même que la température axillaire, sont moins élevées que chez les non-chlorotiques. La différence est de 2 à 5 dixièmes de degré.

9° Pendant l'époque menstruelle, on observe un léger abaissement des températures thoraciques; cet abaissement est surtout prononcé chez les femmes dont les règles sont abondantes.

Mondon[1] donne, à la fin de son récent travail, les conclusions suivantes :

1° Les températures, obtenues pour une même surface, varient avec les procédés d'exploration employés.

2° La température normale du deuxième espace intercostal est différente suivant les individus, elle est variable chez le même individu.

Un grand nombre d'observations de températures locales de la paroi du thorax chez des individus sains nous ont permis d'arriver aux conclusions suivantes :

A l'état physiologique, la peau du thorax, de même que celle des autres régions, est soumise à des variations de température notables.

Il suffit d'exposer la peau à l'air refroidi à 10° ou 12° pendant 2 à 3 minutes pour que la température s'abaisse de 1° à 2°.

Si l'on recouvre la peau en un point limité, par des vêtements, de la ouate on observe en ce point une ascension assez notable de la température.

Si l'on applique un thermomètre recouvert d'ouate, de drap ou d'une bande de caoutchouc la température s'élève pendant 20 à 25 minutes, tendant à se rapprocher des températures centrales.

1. P. M. Mondon. *Températures locales et phthisie pulmonaire*. Thèse de Paris, 1884.

En appliquant plus ou moins de ouate, en pressant plus ou moins sur le réservoir du thermomètre, on peut faire varier la température de 5, 6 dixièmes et 1°. Dans ces cas, on n'a pas la température exacte de l'enveloppe cutanée, on obtient des chiffres beaucoup trop élevés.

On crée une atmosphère d'air confiné autour de la cuvette du thermomètre et les résultats obtenus sont entachés d'erreur.

Le frottement de la peau, la pression pendant un certain temps, le décubitus sur un côté du thorax, produisent des élévations de température de 5 dixièmes et 1°, persistant pendant 20 à 25 minutes.

La moyenne de la température du thorax à l'état normal est 33°5 à 34°, chiffre un peu inférieur à celui qui a été donné par certaines observations. De plus, il est extrêmement rare de trouver une égalité de température entre les deux côtés du thorax.

Dans presque toutes les observations chez des sujets à l'état physiologique, il existe des différences de 3, 4, 5 dixièmes, quelquefois 1°, entre les deux côtés du thorax, la moyenne est de 4 dixièmes.

Il n'existe pas de règle fixe qui puisse permettre de dire que l'un des deux côtés du thorax est normalement et toujours plus chaud que l'autre.

Il existe souvent cependant au niveau de la région précordiale, à la pointe du cœur, une température légèrement plus élevée que du côté droit.

Sur le trajet de l'aorte, en arrière du thorax, il n'existe pas d'élévation de température. La température des différents points du thorax est à peu près égale, plus élevée au sommet de la cage thoracique.

Comparée à la température de l'aisselle, la température périphérique de la peau du thorax est plus abaissée en moyenne de 3° à 3°5.

Si l'on prend la température périphérique sur le même sujet, à différents moments de la journée et au même niveau, on note, à l'inverse de ce qu'on observe pour la température axillaire à peu près constante, que les chiffres des températures périphériques obtenus ne sont pas toujours les mêmes.

Nous avons aussi observé qu'en plaçant la main dans de l'air ou de l'eau froide à 10°, 12°, la température de la peau du thorax et de l'aisselle varie. Elle peut monter plus haut d'un côté que de l'autre, dans quelques cas, elle peut descendre du côté refroidi et monter dans l'autre.

Ces conclusions sont basées sur un très grand nombre d'observations faites avec notre appareil thermo-électrique et quelquefois aussi avec des thermomètres.

De la thermométrie locale thoracique chez la femme pendant la grossesse et l'accouchement. — D'après Peter, le poumon serait *plus chaud* chez la femme grosse qu'à l'état normal.

Dans plusieurs observations cet auteur a trouvé la température des espaces intercostaux supérieure à celle de l'aisselle, quelquefois égale.

Cette élévation thermique tiendrait, d'après Peter, à la pléthore pulmonaire gravidique.

« Ainsi, dit Peter, le poumon est *plus chaud* chez la femme grosse, surtout au terme de la grossesse; il est plus chaud chez la femme récemment accouchée, comme chez celle qui nourrit; et cela en dehors de tout état morbide du poumon. Il ne peut être ainsi, physiquement, plus chaud que parce qu'il contient plus de sang et c'est *ce plus de sang* qu'il contient, physiologiquement, qui prédispose l'organe aux congestions simple, hémorrhagique ou phlegmasique chez la femme qui vient d'accoucher ou qui nourrit. »

D'après Cuzzi et Nicola [1] qui ont fait des recherches sur le même sujet, la température intercostale chez *la femme enceinte est constamment inférieure à la température axillaire.* Ces auteurs ont trouvé que la température intercostale moyenne est 36°23, la température axillaire, 37°13.

La température ombilicale chez la femme enceinte est elle-même inférieure à la température intercostale, elle est de 36°07 en moyenne.

Ces recherches, disent Cuzzi et Nicola, sont en contradiction avec l'interprétation donnée par Peter, car la boule du thermomètre au niveau de l'ombilic est à une très

1. Peter. *Clinique médicale.* 1879, t. II, 73e leçon, pp. 663 à 666.
2. Cuzzi et Nicola. *Richerche di cromocitometria e termometria in ostetricia.* — (*Annali di ostetricia e ginecologia*). Vol II, n° 7 et 8, 1880.

proche distance de l'utérus, qui, dans la grossesse à terme n'est guère moins riche en sang que le poumon.

De son côté, Marchionneschi[1] est arrivé à cette conclusion que chez la femme enceinte, la température intercostale est ordinairement moins élevée que la température axillaire. Ce qui, pour Peter, est la règle, n'est donc en réalité que l'exception.

Les recherches de Marchionneschi faites chez la femme après l'accouchement, pendant l'allaitement l'ont conduit à des résultats semblables, c'est-à-dire que dans ces conditions, la température intercostale au niveau du cinquième ou du sixième espace intercostal est *toujours plus basse* que la température axillaire.

II. — *Température périphérique du thorax, à l'état pathologique.*

THERMOMÉTRIE LOCALE THORACIQUE DANS LA PNEUMONIE, LA PLEURÉSIE ET LA CONGESTION PULMONAIRE

M. Hardy[2] a noté, un des premiers, des différences de température des deux aisselles dans un cas de broncho-pneumonie double (pneumonie franche à droite) chez une femme de 21 ans :

	Coté droit.	Côté gauche (sain).	Différence.
7e jour . . .	38°8	38°7	0°1
8e jour . . .	38°3	38°2	0°1

Chez un enfant atteint de pleurésie unilatérale, M. Roger, avant cet auteur, avait noté une différence de 1° entre les deux aisselles.

Gubler[3] signale dans une observation de pneumonie, de la moitié inférieure du poumon gauche les chiffres suivants au deuxième degré :

Aisselle droite (côté sain).	Aisselle gauche.	Différence.
41°6	41°9	0°3

1. MARCHIONNESCHI. *Termometria in ostetricia. Annali di ostetricia et ginecologia.* Vol. III, n° 1. 1880.
2. HARDY. Thèse de Paris, 1855.
3. GUBLER. *Société médicale des hôpitaux*, 1857, et *Union médicale*, 1857, nos 23 et 25.

Cet auteur attire l'attention sur les troubles vaso-moteurs qui se montrent du côté de la pneumonie, très marqués au niveau de la joue. Au niveau de la joue on constate, d'après Gubler, non seulement une rougeur très nette, mais encore une différence de température avec le côté sain pouvant aller jusqu'à un et deux degrés. Ces phénomènes sont surtout marqués à la première période de la pneumonie, lorsque le processus inflammatoire est en pleine évolution.

En 1867, Lépine [1] insiste dans son mémoire sur les troubles vaso-moteurs des membres, sur les différences de température des aisselles observées dans la pneumonie. Cet auteur donne les conclusions suivantes :

1° Dans quelques maladies fébriles, surtout dans les affections thoraciques et particulièrement dans la pneumonie on peut observer assez fréquemment des troubles vaso-moteurs des membres. Peut-être sont-ils plus communs chez le vieillard ;

2° Les différences de température que présentent des portions symétriques des membres de l'un et de l'autre côté peuvent être de 1 à 2 degrés et même plus. *Entre les deux aisselles il y a généralement alors une différence de quelques dixièmes de degré;*

3° Dans la pneumonie, le membre le plus chaud paraît être plus souvent celui qui correspond au poumon affecté, mais il y a de très nombreuses exceptions. Peut-être faut-il admettre que le trouble fonctionnel peut se manifester soit par un excès soit plus rarement par une diminution de chaleur;

4° L'existence des troubles vaso moteurs n'aggrave pas le pronostic. L'anatomie pathologique est jusqu'à présent muette sur la cause de ces phénomènes.

Ces résultats sont à rapprocher de ceux obtenus par Seeligmüller [2] et que nous avons signalé plus haut. (Voir page 529.)

Dans plusieurs cas d'affections pulmonaires, cet auteur a constaté des troubles oculo-pupillaires, de la rougeur ou de

1. LÉPINE. *De l'existence de troubles vaso-moteurs des membres dans quelques affections fébriles et spécialement dans la pneumonie. Mémoires de la Société de biologie*, 1869.

2. SEELIGMULLER. *Zur Pathologie der Sympathicus. Deutsches Archiv für Klin. Medicin.* B. XX, 1877.

la pâleur de la face avec élévation ou abaissement de température.

Dans une observation, les troubles vaso-moteurs existaient dans *toute une moitié du corps*.

Pour Seeligmüller, ces symptômes sont sous la dépendance du nerf grand sympathique irrité et comprimé par des adhérences thoraciques.

Peter [1] commença en 1870 l'étude de la température comparée des aisselles dans la pneumonie et la pleurésie et ses résultats ont été publiés par son élève Landrieux.

Chez 14 malades atteints de pneumonie unilatérale, M. Landrieux a obtenu les résultats suivants :

POULS		TEMPÉRATURE DE L'AISSELLE	
		Droite.	Gauche.
88	Pneumonie droite de nature tuberculeuse	38,6	38,4
130	Pneumonie droite (totalité du poumon pris), mort	40,8	40,6
80	Pneumonie gauche	37,4	37,8
84	Pneumonie gauche	37,9	38,2
50	Pneumonie gauche en résolution	37,4	37,4
120	Pneumonie droite	40,8	40,6
90	Pneumonie droite	39,6	39,4
100	Pneumonie droite tuberculeuse	40,0	40,2
	— à un autre mort	41,3	40,8
130	Pneumonie gauche (totalité du poumon pris), mort	40,5	40,7
110	Pneumonie droite	40,2	40,1
100	Pneumonie droite	41,6	41,2
	— à un autre moment	41,1	40,7
120	Pneumonie gauche	40,6	40,7
120	Pneumonie droite suppurée	38,2	38,2
70	Pneumonie droite	39,8	39,6

1. LANDRIEUX. *Considérations sur la température comparative des deux régions axillaires dans la pneumonie double. Gazette médicale de Paris*, 1871, p. 440.

2. LANDRIEUX et PETER. *Température comparée des deux aisselles dans la pneumonie double. Gazette des hôpitaux*, 1873, p. 969.

Ainsi, sur 14 pneumonies lobaires franches, dans 13 cas la température a été plus élevée du côté malade et hépatisé.

Les seules exceptions sont : 1° un cas où la pneumonie était suppurée (il y eut égalité de température);

2° Un cas de pneumonie tuberculeuse présentant des cavernes énormes;

3° Dans un autre cas, il s'agit d'une pneumonie droite, mais dans laquelle il y avait hépatisation grise et qui fut suivie de mort.

« Ainsi donc, dit Landrieux, ces treize faits nous semblent suffisamment démonstratifs pour prouver que dans toute pneumonie, à la période d'hépatisation rouge, la température de ce côté est plus élevée que du côté sain. »

L'élévation du côté malade est variable. Sur les 13 cas elle s'est répartie de la façon suivante :

3 fois l'élévation du côté atteint par rapport au côté sain fut de				0°1
5 fois	—	—	—	0°2
1 fois	—	—	—	0°3
2 fois	—	—	—	0°4

1 fois il y eut égalité de température.

« On le voit, l'élévation est toujours minime, mais enfin elle est la règle; et si par hasard, elle n'existe pas, on doit se méfier et aidé des autres signes, se demander si, dans ce cas, la pneumonie ne passe pas à la période de suppuration.

Dans le cas d'hépatisation grise, en effet, nous voyons, au contraire, la température soit rester égale des deux côtés (égalité qui sera pour nous évidemment un abaissement relatif de température du côté malade), soit, au contraire, tomber au-dessous de la température qu'offre le côté sain. »

Dans la pneumonie double, Landrieux a vu la température du côté nouvellement envahi devenir égale à celle du poumon primitivement atteint.

Gassot [1] signale, dans sa thèse, l'élévation de la température locale dans les points correspondants aux foyers inflammatoires profonds. Il cite une observation de pneumonie droite dont nous donnons la courbe thermométrique. (Voir

1. GASSOT. *Des températures locales de l'économie.* Thèse de Paris, 1873.

COURBE N° 31.

Pneumonie. (Gassot)

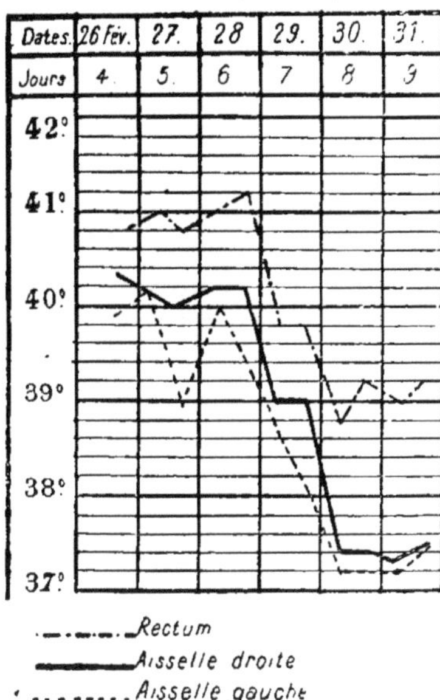

courbe n° 31). Dans ce cas, la température de l'aisselle droite (du côté atteint) se maintient plus élevée que l'aisselle gauche pendant toute la durée de la maladie

Dans son étude sur la pleurésie et la thermométrie pleurale, Jobbé-Duval[1], élève de Peter, cite le résultat d'observations de températures pariétales dans 43 cas de pleurésie.

« Les résultats que nous avons obtenus, dit cet auteur, ont tous été si concluants, nous les croyons tellement certains et probants, que nous pensons pouvoir affirmer avec notre maître que la thoracentèse, quel que soit le mode d'exploration employé, quel que soit l'appareil mis en usage pour vider la poitrine dans les cas de pleurésie, produit une augmentation, non seulement de la température générale, mais encore de la température locale, en fournissant une nouvelle activité au travail phlegmasique de la plèvre. »

1. Jobbé-Duval. *Étude sur la pleurésie et la thermométrie pleurale.* Thèse de médecine de Paris, 1875, n° 165.

Et plus loin :

« Les températures ont quelquefois varié, mais nous avons toujours trouvé une différence notable entre les deux côtés de la poitrine et surtout les lendemains des jours où la thoracentèse avait été pratiquée.

Ces jours-là, il y avait des différences de cinq à six dixièmes de degrés en faveur de la plèvre malade. »

Il est à regretter que Jobbé-Duval n'ait reproduit dans sa thèse que 7 observations. « Toutes nos observations, dit-il, comme les 7 que nous avons citées offrent une différence sensible entre les températures des deux parois thoraciques. »

Dans ses recherches sur la température comparée des aisselles dans la pleurésie et la pneumonie, basées sur un certain nombre de cas (9 malades chez lesquels on pratiqua 69 explorations thermométriques), Wegscheider [1] obtint les résultats suivants :

6 thermométries, c'est-à-dire le 9 0/0 des 69, donnèrent une chaleur égale des deux aisselles, les autres présentèrent des différences de 0°01 à 0°53, en moyenne 0°11. Dans les pneumonies, la température la plus élevée se trouve le plus souvent dans l'aisselle du côté malade, et dans la proportion de 6 à 1, par rapport à la partie saine. Dans les pleurésies unilatérales, il en est de même, mais dans la proportion de 5 à 3, dans les pleurésies doubles du côté où l'épanchement est le plus abondant dans le rapport de 3 à 1.

De ces faits, Wegscheider conclut « que les résultats de ses observations ne sont pas aussi positifs qu'on aurait pu le croire, d'après les témoignages des observateurs français (Peter, Landrieux).

La différence de température entre les deux aisselles n'est pas très grande, la plus haute température observée ne dépasse pas de beaucoup la normale.

Pour les pleurésies, l'élévation de température de l'aisselle ne se trouve pas toujours du côté atteint.

« Pour la pneumonie, bien que mes observations, dit Weg-

1. WEGSCHEIDER. *Zur Kenntniss der Temperaturvertheilung, etc. Archiv für pathologische Anatomie und physiologie de Virchow*. Band LXIX, 1877, p. 172.

scheider, soient peu nombreuses, il ne me paraît nullement démontré, quoiqu'en ait dit Landrieux, que la température la plus élevée soit *toujours* du côté atteint de pneumonie. »

Wegscheider déclare « que la thermométrie comparative des aisselles ne peut être d'aucun secours pour le diagnostic des affections pulmonaires inflammatoires. »

Recherchant l'état de la température des deux aisselles dans la pleurésie et la pneumonie unilatérales, Luigi Concato[1] signale les différences très fréquentes entre la température des deux aisselles, la plus haute température se trouvant un nombre à peu près égal de fois tantôt du côté sain, tantôt du côté malade.

Dans une première série d'observations, il trouve un nombre à peu près égal de températures plus élevées du côté du thorax sain et du côté malade.

Dans la deuxième série, le côté sain présente 7,41 0/0 de températures plus élevées du côté sain.

Les observations de pleurésies ont donné un nombre d'inégalités d'un cinquième inférieur aux observations de pneumonie.

Dans la pleurésie, le nombre des températures plus élevées du côté sain, non pleurétique a été de 27 à 22 0/0.

«Si l'on considère dit Concato, la variabilité très grande des explorations thermométriques de l'aisselle, et si l'on remarque qu'étant donné une phlogose unilatérale du poumon ou de la plèvre, les températures plus élevés sont en nombre égal du côté sain et du côté malade, et que dans les fièvres générales simples non compliquées de phlogose primitive des organes respiratoires, la thermométrie comparée des aisselles a donné les mêmes résultats que ceux obtenus chez des personnes saines et dans les affections pulmonaires, tout le monde admettra *que cette exploration ne peut servir en rien à la science et à la pratique*. Admettons qu'il existe beaucoup plus fréquemment que dans nos observations, des différences de température entre les deux aisselles des malades atteints d'affections pulmonaires unilatérales de la poitrine, analogues

1. Luigi Concato. *Sulla termometria comparativa delle ascelle e le flogosi unilaterali degli organi toracici. Rivista clinica*. Bologna. Octobre 1877, n° 10.

à celles constatées par Jobbé Duval (0°4-2°8). Pourra-t-on, d'après cela, reconnaître plus promptement le côté atteint de phlogose ? Sera-t-il plus facile de distinguer par ces recherches si l'organe enflammé est le poumon ou la plèvre ? si l'exsudat est simple, fibrineux ou purulent ? Les signes physiques suffisent la plupart du temps pour établir le diagnostic... »

Dans sa communication à l'Académie de médecine, M. Peter[1] donne les conclusions suivantes :

1° Du côté de la pleurésie, la température pariétale est toujours plus élevée que la température moyenne (qui est de 35°8) : la surélévation morbide ou hyperthermie locale est de 5 dixièmes de degré, 1 degré, 1°5, 2 degrés, 2°5 et dépasse même ce chiffre puisque la température locale peut atteindre 38°39 et même 40° ;

2° L'élévation de température augmente comme l'épanchement, c'est-à-dire que la plus grande élévation de température locale correspond à la période *d'activité sécrétoire* de la plèvre enflammée : cette hyperthermie peut aller de 2°5 à 3 degrés ;

3° L'élévation de température pariétale décroît dans la période d'état de l'épanchement, c'est-à-dire quand le niveau du liquide reste stationnaire ou, en d'autres termes, quand la sécrétion ne se fait plus.

Mais, en général, la température pariétale du côté pleurétique dépasse encore de 5 dixièmes de degré à 1°5 celle de la paroi opposée ou du côté sain ;

4° La pleurésie n'élève pas seulement la température pariétale du côté où elle siège, elle s'élève également du côté opposé, mais la température pariétale du côté malade est toujours plus élevée (de quelques dixièmes de degré à 1 degré et davantage) que la température pariétale du côté sain ;

5° La température pariétale *s'abaisse* peu à peu quand l'épanchement se *résorbe* spontanément, tout en restant supérieure (en général de plusieurs dixièmes de degrés) à la température pariétale du côté sain ; cette température plus élevée que du côté sain et qu'à l'état normal persiste assez longtemps du côté affecté. Or, cette persistance temporaire

1. PETER. *Bulletin de l'Académie de médecine*, 1878, p. 427.

de l'hyperthermie locale n'est pas à négliger, car elle explique la possibilité de la *récidive* du mal ; elle indique, en effet, la persistance des conditions anatomiques qui président à la formation de l'épanchement et constitue ainsi un véritable état matériel d'imminence morbide pour le retour de l'épanchement ;

6° Au cas de pleurésie *sans épanchement* (de pleurésie diaphragmatique, par exemple), l'hyperthermie locale est moins élevée qu'au cas de pleurésie avec épanchement, et le retour à la température normale se fait plus rapidement.

Ainsi, dans un cas tout récent de pleurésie diaphragmatique traitée et guérie par une application de ventouses scarifiées et un vésicatoire, la température pariétale la plus élevée a été de 37° (au lieu de 35°8, température normale) et le retour à cette température de 35°8 a été obtenu en huit jours.

Au contraire, dans une pleurésie avec épanchement considérable compliquée d'une pneumonie assez étendue qui s'est développée dans le cours de cette pleurésie, la température pariétale s'est élevée jusqu'à 40°8 (la température axillaire n'étant que 40°2) et le retour à la température pariétale normale n'a eu lieu qu'au bout d'une douzaine de jours ;

7° Un fait des plus intéressants peut-être, c'est que *l'élévation absolue* de la température locale, du côté malade, est plus considérable que l'élévation absolue de la température axillaire, bien que le chiffre thermique axillaire puisse être plus fort que le chiffre thermique pariétal. Cette hyperthermie locale précède l'hyperthermie axillaire. Deux choses qui démontrent l'influence dominatrice du travail morbide pleurétique sur l'état général ou tout au moins sur la température générale.

Par exemple, dans un cas, l'hyperthermie pariétale étant le matin de 2°8 ; l'hyperthermie axillaire n'étant que 1°6 ; le soir, l'hyperthermie pariétale s'élève du côté ponctionné :

Mais alors une de ces trois choses peut arriver : A, l'épanchement ne se reproduit pas ; B, il se reproduit ; C, il se reproduit en changeant de nature.

A. Si l'épanchement ne se reproduit pas, la température pariétale (qui était, avant la ponction, plus élevée que la normale et plus que celle du côté sain) peut se surélever encore de quelques dixièmes ; mais cette surélévation ne dure que quelques heures (24, 36, 48 heures). Puis la température pariétale décroît, revient à son chiffre d'avant la ponction, puis décroît encore et finalement revient au chiffre de l'état sain ou de 35°8. Par exemple, dans un cas ou j'évacuai 1850 grammes de sérosité inflammatoire, la température pariétale, qui était de 37°9 avant la ponction s'élèvera de 0°5 un quart d'heure après (38°4) [1], resta à ce chiffre pendant la soirée, s'abaissa de 0°9 le lendemain matin, vingt-quatre heures après la ponction (37°5), s'éleva de 1° ce soir-là, trente-six heures après la ponction (38°6) et tomba enfin de 0°8 le troisième jour (37°1) puis décroît ainsi progressivement et successivement, de manière à atteindre, en cinq jours, le chiffre pariétal de 36 degrés.

A partir de ce moment, troisième jour après la ponction, la température générale (axillaire) s'abaissa comme la température locale (celle-ci de 0°8 à 1°9 ; celle-là de 0°3 à 1°3).

B. 1° L'épanchement se reproduit, puis se résorbe; dans la période de sécrétion nouvelle, la température locale s'élève très notablement après la ponction de 0°5 quelques minutes après celle-ci, de 1° quelques heures ensuite ; reste aux environs de cette hyperthermie pendant quelques jours, puis décroît sous l'influence des moyens médicaux, revient au chiffre d'avant la ponction et enfin, fait retour à la normale.

Ce qu'il y a de remarquable, c'est que l'hyperthermie locale précède et dépasse matin et soir l'hyperthermie axillaire, de telle sorte qu'elle semble tenir celle-ci sous sa dépendance.

De même, l'abaissement local de la température prouve l'abaissement de la température axillaire, de sorte qu'ici encore, il paraît que la maladie locale régit la température axillaire ;

2° L'épanchement se reproduit et la ponction est de nou-

1. Comparativement à ces recherches, il faut citer l'observation de Peters (*Ueber den Nutzen von Temperaturmessungen bei Kranken Thieren. Vochenschrift für Thierheilkunde*, n° 24, 1870), qui nota, après une thoracentèse chez le cheval, un abaissement de la température générale de 39°3 à 37°2.

veau rendue nécessaire ; alors hyperthermie locale, puis générale ; état stationnaire de la température locale avec l'épanchement reproduit; nouvelle ponction, reproduction des mêmes phenomènes thermiques et sécrétoires. Ainsi, dans un cas de pleurésie cancéreuse que je fus obligé de ponctionner trois fois en 1875, la température locale s'élevait avant la température axillaire, et le retour de la sécrétion précédait le retour de la fièvre.

C. Reste à savoir ce que devient la température pariétale au cas où l'épanchement se reproduit sous la forme purulente, et c'est ce que je me propose de déterminer n'ayant pas encore eu à observer ce fait à la suite de mes thoracentèses.

D'après Peter, l'élévation de la température locale du thorax après la ponction ne tient pas au retour du poumon à ses fonctions ni au traumatisme par le trocart.

Comme conclusion, Peter dit :

« Que l'hyperthermie locale, à la suite de la ponction, pour la pleurésie comme pour l'ascite, est la conséquence de l'hypérémie *a vacuo ;*

« Que dans les cas de pleurésie, cette hyperthermie toute mécanique *s'ajoute nécessairement* à l'hypérémie phlegmasique antérieure, contre laquelle la ponction a été absolument sans action curative ;

« Qu'ainsi on a alors deux hypérémies au lieu d'une ;

« Qu'il en résulte nécessairement une augmentation de tension dans les vaisseaux de la plèvre enflammée ;

« Qu'ainsi le liquide exsudé à nouveau peut être plus riche en leucocytes et en hématies, comme je viens de l'observer dans un cas de pleurésie à ponctions successives ;

« Qu'il y a simultanément alors un fait physique l'extravasation, et une action chimico-dynamique, la sécrétion ;

« Que la transformation purulente possible de l'épanchement renouvelé se conçoit de la sorte en certains cas où l'on a ponctionné pendant la période très fébrile de la pleurésie ;

« Qu'ainsi cette accumulation d'hypérémies, ce retour brusque du sang dans la cavité pleurale (dans la plèvre comme dans le poumon) accusé par l'hyperthermie locale (proportionnelle à l'hypérémie *a vacuo*) expliquent la syncope, la congestion pulmonaire, l'expectoration albumineuse consécutive, la douleur, l'oppression allant parfois jusqu'à la suffocation observée dans ces cas de brusques déplétions, c'est-à-dire de brusque hypérémie par évacuation, laquelle est démontrée matériellement par mes recherches sur l'hyperthermie locale. »

Frantzel [1] n'a que très rarement observé dans ses recherches des différences de température de la peau des deux côtés du thorax dans la pleurésie. « Lorsque dans une pleurésie, dit cet auteur, la température se maintient plus élevée du côté malade pendant quelques jours, l'exsudat est presque toujours purulent. »

Dans leur travail, Fiori et Graziadei [2] établissent que dans les inflammations du poumon et de la plèvre la température des aisselles et des espaces intercostaux est à peu près égale des deux côtés.

Les différences que l'on constate dans quelques cas ne sont pas dues, d'après ces auteurs, à l'influence de la pneumonie ou de la pleurésie, elles sont la conséquence de troubles nerveux locaux et tiennent en partie à des erreurs d'observation.

Ces recherches de thermométrie, disent Fiori et Graziadei, ne peuvent servir en rien au diagnostic des affections thoraciques.

D'après P. Philipp [3], dans la pneumonie, la différence de température entre le côté malade et le côté sain n'est seulement que de quelques dixièmes. Dans la pleurésie, la différence est plus marquée.

Dans la pneumonie, d'après cet auteur, la température locale du côté malade s'abaisse légèrement un peu avant, pendant et après la crise.

Léopold Homburger [4] a étudié les différences de température axillaire dans la pneumonie.

1. FRANTZEL. *Handbuch der sp. Path. und Therapie von Ziemsen.* Bd. IV, Th. II, p. 340.

2. FIORI et GRAZIADEI. *Sulla termometria delle ascelle e degli spazii intercostali nella malattie di petto. Arch per le scienze med.* Vol. III, n° 9, 1878.

3 PHILIPP (P.). *Ueber Warmedifferenzen der Brusthælften bei einseitigen Erkrankungen der Brustorgane. Dissert.* Berlin, 1878.

4. L. HOMBURGER. *Untersuchungen über Croupose Pneumonie. Inaugural Dissertation.* Strassburg, 1879, p. 76.

Cet auteur a fait ses recherches dans sept cas de pneumonie.

Dans la première observation, on note une élévation de quelques dixièmes de la température axillaire du côté malade pendant toute la durée de la maladie.

Dans la deuxième observation, au sixième jour, l'aisselle du côté sain a une température plus élevée de 0°4 que celle du côté malade.

Dans la troisième observation, la température est à peu près égale des deux côtés.

Dans la quatrième observation, pendant les premiers jours, la température axillaire du côté malade est plus élevée de quelques dixièmes que celle du côté sain. Au onzième jour, la température axillaire du côté sain est plus élevée de 4 dixièmes que celle du côté malade.

Dans la cinquième observation :

Le 6e jour, + 0°5 de la température de l'aisselle du côté malade.
Le 7e jour, = — —
Le 8e jour, + 0°4 du côté sain.
Le 9e jour, =
Le 10e jour, + 0°2 du côté malade.

Dans la sixième observation, on ne note une élévation de quelques dixièmes en faveur de l'aisselle du côté malade que pendant les deux premiers jours, les jours suivants, la température devient à peu près égale des deux côtés.

Dans la septième observation, on trouve une élévation de la température axillaire du côté malade pendant plusieurs jours.

D'après Homburger, l'élévation de la température axillaire du côté malade doit s'expliquer par des troubles vaso-moteurs.

Il considère que si la température axillaire du côté sain, à la période d'hépatisation grise, est égale ou plus élevée que celle du côté malade, cela tient, ainsi que Birch-Hirschfeld le pense, à ce qu'à cette période l'exsudat comprime les vaisseaux et irrite les filets nerveux du poumon, d'où, par voie réflexe, une contraction des vaisseaux de tout un côté du corps.

« Des observations précédentes, il résulte, dit l'auteur,

'*à la première période de la pneumonie, il existe une différence température entre les deux moitiés du corps;* le thermomètre dique une élévation du côté malade. »

Si l'on examine attentivement les observations sur lesıelles s'appuie Homburger pour établir ses conclusions, ı remarque l'inconstance des résultats obtenus et la fréıence des égalités ou des élévations du côté sain à certaines ériodes de la maladie.

Si on considère, en outre. que les différences observées ınt fort souvent de quelques dixièmes, ce que l'on observe ı reste très fréquemment à l'*état physiologique* et en dehors toute affection pulmonaire, il nous paraît difficile de onner une conclusion aussi nette et aussi précise que celle Homburger.

Les observations de cet auteur, ainsi que celles de Peter, andrieux, etc., nous permettent seulement de conclure que *ès souvent,* à la première période de la pneumonie, on note ıs élévations de la température locale du côté malade, mais ıtte élévation n'est pas *constante,* elle peut manquer dans ı grand nombre de cas.

Voici quelques résultats obtenus par Von Anrep dans la ıeumonie :

« On voit, d'après les tableaux suivants, dit Anrep, que dans pneumonie croupale au 1er degré, la température de la ıroi intercostale du côté malade est plus élevée que du côté ıin. Dans les points qui correspondent aux parties du pouon qui ne sont qu'au 1er degré de l'inflammation, la tempéıture est plus élevée que dans les points correspondant aux ırties où l'inflammation est à son apogée.

Femme de 30 ans. — Pneumonie croupale droite.

JOUR	3		4		5		6		7		8		9	
	m.	s.	m.	s.	m.	s.	m.	s.	m.	s.	m.	s.	m.	s.
Température de l'aisselle	39,6	39,7	39,5	39,9	39,8	40,0	39,8	40,1	39,9	40,0	37,0	37,7	37,7	37,6
Côté gauche	36,3	36,4	36,2	36,3	36,2	36,5	36,4	36,6	36,5	36,6	35,8	35,3	35,9	35,6
Côté droit au point où l'on entend la crépitation	36,8	36,9	36,8	36,9	37,0	37,2	37,1	37,3	37,0	37,1	36,1	36,0	36,2	35,9
Côté droit au-dessus du point hépatisé	37,1	37,3	37,2	37,1	36,9	36,8	37,0	37,1	37,2	36,9	36,0	36,0	35,9	35,8

Pneumonie croupale droite.

JOUR	5		6		7		8		9		10	
	m.	s.	m.	s.	m.	s.	m.	s.	m.	s.	m.	s.
Côté droit	37,1	37,3	37,2	37,4	37,0	37,2	36,6	36,8	36,1	36,2	36,1	36,0
Côté gauche	36,8	37,0	36,9	37,1	36,8	36,8	36,2	36,5	36,0	35,9	36,0	36,1

Pneumonie croupale droite.

JOUR	6		7		8		9		10		11	
	m.	s.	m.	s.	m.	s.	m.	s.	m.	s.	m.	s.
Côté droit	37,4	37,5	37,3	37,2	37,1	37,4	37,2	37,0	36,1	36,6	36,5	36,3
Côté gauche	36,9	37,0	37,1	37,0	36,8	36,9	36,7	36,9	36,6	36,7	36,4	36,5

ionne le tableau suivant, résumant ses recherches ométrie locale dans la pleurésie :

Côté droit	35,9	36,1	35,8	36,0	36,0	36,2	35.9	36,3	36,1	35,8	36,0	35,7
Côté gauche	36,4	36,5	36,2	36,5	36,2	36,4	36,1	36,5	36,4	36,5	36,4	36,1

Pleurésie droite.

JOUR	5		6		7		8		12		14		16	
	m.	s.	m.	s.	m.	s.	m.	s.	m.	s.	m.	s.	m.	s.
Côté droit...	36,4	36,3	31,2	36,5	36,4	36,3	36,5	36,3	36,3	36,4	36,4	36,5	36,1	36,2
Côté gauche.	35,9	35,8	35,7	35,9	36,0	36,0	36,1	36,0	35,8	35,9	35,9	36,0	35,7	36,0

Pleurésie gauche.

JOUR	7		8		10		12		14		16		20	
	m.	s.	m.	s.	m.	s.	m	s.	m.	s.	m.	s.	m.	s.
Côté droit..	35,6	35,7	35,8	35,9	35,7	35,9	35,6	35.8	35,7	35,9	35,8	35,7	35,6	35,7
Côté gauche.	36,3	36,2	36,0	36,3	36,1	36,5	36,1	36,2	36,3	36,0	36,2	36,4	36,1	36,0

JOUR	4		6		8		9		10		11		12	
	m.	s.	m.	s.	m.	s.	m.	s.	m.	s.	m.	s.	m.	s.
Côté droit...	35,7	35,8	35,7	35,7	35,6	35,6	35,8	35,9	35,7	35,9	35,8	35,9	35 6	35,7
Côté gauche	36,4	36,5	36,1	36,3	36.0	36,2	36,3	36.5	36,0	36,1	36,1	36,0	36,0	36.1

Les résultats de mes observations chez les pleurétiques concordent absolument, dit Anrep.

Anrep termine son travail sur la thermométrie locale dans les affections du poumon par les conclusions suivantes :

La mensuration de la température cutanée périphérique a une utilité pratique. Les variations de la température périphérique indiquent la marche des lésions des organes internes (poumon).

La température locale est toujours plus élevée du coté où siège l'inflammation. L'élévation varie entre 0°5 et 1°5.

La température locale, dans les points correspondant à des parties où l'inflammation est à son apogée, est plus basse que dans ceux correspondant aux parties enflammées au premier degré.

« Je crois à l'utilité pratique de ces recherches de thermométrie locale, dit en terminant Anrep, surtout lorsqu'on aura remplacé les grossiers thermomètres qui sont aujourd'hui en usage par des appareils plus précis, tels que les thermo-multiplicateurs. »

Dans ses recherches sur la *Pleurésie exsudative*, F. Melcop [1] est arrivé aux résultats suivants :

1° Dans 30 mesures de la température des cavités axillaires, la température fut :

13 fois = 43 3 0/0 plus élevée du côté sain.
8 fois = 26 7 0/0 plus élevée du côté malade.
9 fois = 30 0/0 égale des deux côtés,

2° Les différences moyennes ne sont que de très peu souvent plus élevées du côté malade que du côté sain. 0 28 contre 0 20.

3° L'inflammation pleurétique *n'a pas d'influence tres évidente sur les différences observées dans la température axillaire.*

4° Sur 31 mesures de la température de la peau du thorax de pleurétiques, prise dans les points symétriques :

18 fois = 58 0/0, la température fut plus élevée du côté malade.
10 fois = 32 2 0/0, du côté sain.
3 fois = 9 8 0/0, elle fut égale des deux côtés.

5° La différence moyenne pour l'élévation du côté malade

1. *Loco citato,* 1880.

est égale à 0 79, pour l'élévation du côté sain elle est égale seulement à 0 54. De ces expériences et des précédentes, il résulte que l'inflammation pleurétique a une influence sur l'élévation de la température locale de la peau, qui ne peut être reconnue par une seule mensuration. Cette *influence n'est pas toujours constante* et peut être compensée et annihilée par certains facteurs.

Les résultats de mes recherches, dit Melcop, s'accordent avec ceux de Lereboullet, Wegscheider, Concato, Frantzel qui n'ont pas trouvé une élévation constante de la température du côté malade. Ils confirment ceux de Lereboullet, de Concato, qui n'ont pas trouvé des différences de la température axillaire plus marquées chez les pleurétiques unilatéraux que chez les sujets sains. Contrairement à Wegscheider, qui admet que généralement la température axillaire est plus élevée du côté de la plèvre malade, j'ai souvent trouvé la température axillaire plus élevée du côté sain.

Dans une des observations de Melcop, on note les résultats suivants :

Pneumonie croupale gauche.

A. W., âgé de 20 ans. Début de la maladie, le 20 mai, signes de pneumonie à la partie inférieure du poumon gauche.

TEMPÉRATURE DES AISELLES				TEMPÉRATURE DE LA PEAU		
Dates.	Droite.	Gauche.	Différence.	Droit.	Gauche.	Différence.
25,5	40,8	40,9	G. + 0,1	36,0	36,0	=
26,5	37,8	37,7	Dr. + 0,1	34,7	34,6	D. + 0,1
27,5	38,6	38,6	=	36,3	36,6	Dr. — 0,3
28,5	38,6	38,8	G. + 0,2	34,7	34,7	=
29,5	37,2	37,2	=	32,4	32,4	=

En résumé :

1° Sur 5 mesures des deux cavités axillaires, la température fut :

2 fois = 40 0/0 plus élevée du côté malade.
1 fois = 20 0/0 du côté sain.
2 fois = 40 0/0 égale des deux côtés.

2° Sur 5 mesures de la température de la peau des deux côtés du thorax, la température fut :

1 fois = 20 0/0 plus élevée du côté malade.
1 fois = 20 0/0 plus élevée du côté sain.
3 fois = 60 0/0 égale des deux côtés.

Cette observation prouve, dit l'auteur, que les lésions inflammatoires du poumon n'ont pas une *influence constante* sur les températures axillaires et de la peau du thorax.

F. Melcop n'admet pas, avec Peter, Joblé-Duval, Landrieux et Aurep, que la température locale du côté du poumon est toujours plus élevée que celle du côté sain. D'après ses observations et ses constatations statistiques, cet auteur reconnait qu'une affection unilatérale du poumon ou de la plèvre a une certaine influence sur la température de la peau du thorax, mais *cette influence n'est pas constante*, comme le prétendent Peter et ses élèves.

D'après Melcop, l'affection pulmonaire unilatérale donne lieu à des différences de température entre la peau des deux côtés du thorax, habituellement plus marquées que celles observées chez des sujets sains.

La température de la peau du thorax du côté malade est généralement plus élevée que celle du côté sain. Cette proposition ne se vérifie pas dans tous les cas.

La température des cavités axillaires ne paraît pas influencée, d'après cet auteur, par une affection unilatérale du poumon.

Contrairement à Peter, Melcop n'*a jamais trouvé* la température de la peau du thorax *supérieure* à celle de l'aisselle. Dans ses observations, il a toujours noté que la tempéature périphérique du thorax reste de quelques degrés au-dessous de la température des aisselles. Il pense que, si Peter a trouvé la température du thorax supérieure, dans quelques cas, à celle de l'aisselle, cela tient à la mauvaise méthode employée par cet auteur, méthode qui consiste à recouvrir le thermomètre avec de la ouate ou des bandes.

D'après Melcop, l'exploration de la température locale de

la peau ou des aisselles ne peut servir au diagnostic, car si l'élévation thermique est généralement plus marquée du côté malade, le phénomène n'est pas constant, et avec une lésion du poumon à droite, on peut observer une hyperthermie locale à gauche.

Il est nécessaire de pratiquer plusieurs explorations.

Les cas où l'on trouve la température plus élevée du côté malade, pendant toute la durée de la maladie, sont des *exceptions*, et il ne faut pas compter, en pratique et pour établir le diagnostic, sur ces exceptions.

« En raison de l'inconstance des résultats obtenus, en raison de la difficulté de l'exploration, *je ne crois pas*, dit l'auteur, *que la thermométrie locale du thorax ait un grand avenir.* »

Les causes de l'hyperthermie locale d'un côté du poumon s'expliqueraient, d'après Melcop, en partie par la pression d'un exsudat pleurétique ou d'un poumon infiltré, par la douleur et par des phénomènes vaso-moteurs consécutifs. Il ne pense pas que l'élévation de la température périphérique observée dans quelques cas de maladies pulmonaires tienne au rayonnement d'un foyer thermogène profond, car d'après cela « les cas où l'on trouve la température abaissée au niveau d'un point correspondant à une inflammation profonde resteraient inexplicables. » Avec la théorie vaso-motrice, on peut comprendre qu'il se produise des anémies ou des hypérémies passagères donnant les résultats inconstants que l'on observe.

Dans ses recherches sur la température locale dans la fièvre typhoïde, M. Moursou[1] est arrivé à donner quelques conclusions intéressantes sur la température locale pulmonaire :

« Les résultats obtenus, dit cet auteur, m'avaient paru, pour quelques points, si éloignés de ce que j'avais pu prévoir, que je les avais laissés momentanément de côté, ne comptant les reprendre que plus tard, avec tout le soin nécessaire.

Le travail présenté à la séance du 23 octobre 1880 de la Société de biologie par le Dr Redard (*Progrès médical*, 1880,

1. MOURSOU. *Recherches sur les températures locales dans la fièvre typhoïde. Journal de thérapeutique* de A. Gubler, 1882, num. 15, 17, 18, 19.

p. 867) sur les températures locales de la poitrine, prises à l'aide d'un appareil thermo-électrique, c'est-à-dire avec les plus grandes chances de précision, est venu changer ma manière d'agir, en ce sens que, retrouvant dans les conclusions publiées par cet auteur quelques-unes de celles auxquelles j'étais moi-même arrivé, avec des moyens moins parfaits, je n'ai plus hésité à les utiliser immédiatement. »

Étudiant la congestion hypostatique, avec ou sans état inflammatoire, M. Moursou donne les conclusions suivantes :

« Dans la *congestion hypostatique*, il y avait toujours abaissement de la température du côté le plus engorgé, abaissement que l'on trouvait surtout en comparant les différences des températures de la paroi thoracique et de l'aisselle du côté le plus malade à celles du côté le moins atteint. Plus tard, quand le poumon se décongestionnait, la température s'élevait progressivement avec le rétablissement de la circulation pulmonaire.

Si, au contraire, un certain *travail inflammatoire* se produisait dans un poumon primitivement congestionné, on remarquait une élévation marquée de sa température.

Quand la matité, localisée à un seul côté de la poitrine se présentait tout d'un coup à l'autre côté, il y avait élévation subite de toutes les températures, toutefois beaucoup plus du côté le dernier envahi.

Dans la pneumonie franche au début, l'hyperthermie locale existe au point correspondant à l'inflammation. Plus tard, quand l'hépatisation est complète, il y a un certain abaissement de la température locale du côté malade, pouvant créer une égalité de température avec la paroi du côté sain.

Ainsi s'expliqueraient, suivant mes recherches, les différences de température locale trouvées par M. Redard dans les pneumonies :

« Sur des malades atteints de pleurésie et de pneumonie, en pleine évolution, la température périphérique au niveau des foyers inflammatoires de la plèvre et du poumon, est égale, dans un grand nombre de cas, à celle du côté opposé sain du thorax. Très fréquemment il existe des différences de 2, 3 dixièmes de degré ; dans quelques cas, une élévation de 3, 4 dixièmes de degré du côté sain. »

Ce serait absolument ce que j'ai constaté dans les congestions hypostatiques, typhoïdes. Dans celles-ci, on a un bloc de sang, stagnant ou coagulé; dans celles-là un bloc fibrineux où ne se passe plus aucun phénomène d'oxydation et de circulation ; rien d'étonnant à ce que ces poumons soient plus froids. Quand la résolution a lieu, au contraire, la chaleur doit y revenir. Et si une nouvelle poussée inflammatoire surgit, la température locale doit momentanément s'élever, comme au début de la lésion primitive.

Par ces considérations, je m'expliquerai encore comment, selon M. Redard, *« il n'est pas rare* de trouver des élévations de température du côté atteint, mais, dans ce cas, l'hyperthermie existe, non seulement au niveau du point correspondant au poumon enflammé, mais dans toute l'étendue du thorax, de l'aisselle (ainsi que l'avait signalé Gubler), au niveau du bras et même des lombes, etc... L'élévation de la température du côté malade atteint, dans ces cas, 1°, 1°5 et même 2°. » Il y aurait propagation de la chaleur, loin du point enflammé, absolument comme dans un phlegmon de l'extrémité d'un membre, où la chaleur s'étend jusqu'à la racine d'un membre.

J'ai, d'ailleurs, constaté le même fait chez mes fièvres typhoïdes compliquées de congestions hypostatiques ou inflammatoires. Dans les congestions hypostatiques, la température locale du ventre était plus basse du côté du poumon lésé que de l'autre côté. Le contraire avait lieu dans les congestions inflammatoires où la température locale du ventre du côté du poumon enflammé participait à l'élévation de la température de ce poumon. »

Dans les congestions inflammatoires, M. Moursou a noté l'élévation de la température locale thoracique en même temps *que l'élévation de la temperature locale abdominale du côté correspondant.* Nous insistons sur ces faits plus loin. (Voir conclusions, p. 577)

En résumé, d'après cet auteur, dans la fièvre typhoïde :

1° *Le poumon le plus congestionne* (engorgement hypostatique simple) présente généralement un certain abaissement de température, dont l'existence se constate à l'aisselle, à la paroi thoracique et à la moitié du ventre correspondantes.

Les différences entre les chiffres représentant les températures locales de la poitrine et du ventre et ceux donnés de la température axillaire, sont alors plus élevées du côté du poumon le plus malade que du côté opposé, d'où résulte pour celui là un abaissement réel de température ou mieux de chaleur.

La méthode, qui consiste à juger du degré de chaleur d'un des côtés du corps par ces différences, est bien supérieure à celle qui n'emploie que la comparaison des températures des mêmes points du corps, car elle tient compte de la chaleur inégale que présentent normalement les deux côtés du corps et permet de mieux saisir la marche du processus fébrile dans son ensemble.

2° Quand la congestion pulmonaire n'est pas hypostatique, qu'elle devient *inflammatoire*, la température s'élève du côté malade, mais cette hyperthermie cesse dès que l'hépatisation se résorbe ou que l'inflammation tombe. La chaleur revient ensuite progressivement dans la période de résolution ou de suppuration.

L'aisselle, les parois thoracique et abdominale du côté le plus malade, participent à cette élévation calorifique. Leurs différences de températures, établies d'après les règles précédentes, sont inférieures à celles du côté opposé, ce qui indique une accumulation réelle de chaleur du côté où siège l'inflammation pulmonaire.

3° Quand dans le cours d'une congestion hypostatique, plus spécialement localisée à un seul poumon, on constate *subitement* de la matité à l'autre poumon, il y a élévation générale de toutes les températures, plus prononcée toutefois du coté du poumon le dernier envahi.

Sous l'influence de diverses médications, l'ipéca, le kermès, Moursou a noté un abaissement local de la température du thorax et de l'abdomen en même temps que se montrait une amélioration de la maladie.

Nous avons publié en 1880 [1], les résultats de nos recherches sur la température de la peau du thorax dans la pleurésie et a pneumonie. Nous donnerons ici avec quelques développements les conclusions que nous avons publiées à cette époque.

1. *Société de Biologie*. Séance du 23 octobre 1880, et *Progrès médical*, 30 octobre 1880.

Il importe dans ces recherches de thermométrie comparée de se servir d'instruments préci et qui mettent, le plus sûrement possible à l'abri de toute erreur. Nous nous sommes servis dans ce but des appareils thermo-électriques qui donnent des résultats rapides et sûrs. Il suffit en effet de placer les deux plaques thermo-électriques reliées au galvanomètre sur deux points symétriques du thorax et d observer les déviations de l'aiguille. On peut ainsi en un espace de temps assez court, savoir, en déplaçant les plaques, s'il existe des différences de température, non seulement au niveau du foyer inflammatoire profond, mais encore dans toute l étendue du thorax, et même du tronc, des lombes, des membres supérieurs, etc.

Il faut suivre la température locale pendant toute la durée de la maladie et pratiquer des explorations a différents moments de la journée.

C'est en suivant ces règles que nous sommes arrivés à des résultats qui diffèrent par quelques points de ceux obtenus par les auteurs qui nous ont précédés.

Nos observations ont porté sur 12 cas de pneumonie et 8 cas de pleurésie aiguës et exemptes de complications.

Nos observations nous démontrent d'abord que l'élévation de la température locale dans les points correspondants aux foyers inflammatoires profonds, n'est pas un *phenomène constant* et que l'on peut observer pendant toute la durée de la maladie. Certains jours l'hyperthermie se trouve du côté malade, plus tard, et sans cause appréciable la marche de l'inflammation profonde étant peu modifiée, il existe une égalité de la température périphérique des deux côtés du thorax ou même la température du côté sain est supérieure à celle du côté malade. Dans certains cas de pneumonie franche, la température reste égale des deux côtés du thorax pendant toute la durée de la maladie.

La température locale thoracique varie dans les affections inflammatoires du poumon et de la plevie à différents moments de la journée et il est rare de trouver le soir et le matin les mêmes résultats. En prenant la température du thorax à quelques heures de distance on peut trouver des différences allant de 2 à 5 dixièmes de degré.

L'observation suivante démontre la vérité des propositions précédentes :

Pneumonie aiguë franche 1/3 inférieur du poumon gauche, chez un homme robuste de 38 ans.
Recherche avec les appareils thermo-électriques.

DATES		TEMPÉRATURE AXILLAIRE			TEMPÉRATURE DE LA PEAU DU THORAX			
		Gauche	Droite.	Différence.	Au 1/3 inférieur en arrière, en divers points.	Gauche.	Droit.	Différence.
2e jour..	Le matin	40,1	40	+ 0,1 à g.	Le matin.....	36,8	36,7	+ 0,1 à g.
	Le soir..	40.5	40,6	+ 0,1 à d.	Le soir.......	36,9	36,7	+ 0,2 à g.
3e jour..	Le matin	39,6	39,5	+ 0,1 à g.	Le matin.....	36	36	=
	Le soir..	40	40	—	A midi........	35,6	35,8	+ 0,2 à d.
					Le soir.......	36,4	36,2	+ 0,2 à g.
4e jour..	Le matin	39,5	39,4	+ 0,1 à g.	Le matin.....	36	36,2	+ 0,2 à d.
	Le soir..	39,3	39,4	+ 1 à d.	Le soir.......	36,3	36,3	—
5e jour..	Le matin	39,2	39,2		Le matin.....	35,5	35,6	+ 0,1 à d.
	Le soir..	39,5	39,5		Le soir.......	35,8	35,8	—
6e jour..	Le matin	38,2	38,3	+ 0,1 à d.	Le matin.....	34	34	
	Le soir..	38,5	38,5		Le soir.......	35,1	35,4	+ 0,3 à d.
...es crép.	Le matin	39	39,2	+ 0,2 à d.	Le matin.....	32	32,5	+ 0,5 à d.
retour.	Le soir..	39	39	=	Le soir.......	32,5	32,7	+ 0,2 à d.
7e jour..	Le matin	37,5	37,5					
	Le soir..	37,8	37,8					
8e jour	—	—	—		—	—		

Pneumonie aiguë franche. — 1/3 *inférieur du poumon gauche.*

DATES	TEMPÉRATURE AXILLAIRE				TEMPÉRATURE DE LA PEAU DU THORAX		
	Gauche.	Droite	Différence.		Côté gauche.	Côté droit.	Différence.
Au 2e jour...	39,3	39	0,3 de plus a g.	Sommet du poumon. Fosse sus-épineuse..	36,6	36	0,6 de plus a g.
				— sous-épineuse.	36,3	36,2	0,1 —
				Partie moyenne, en arrière..........	36,3	36,2	0,1 —
				1/3 inférieur en arrière (au niveau du foyer inflammatoire)....	36,8	36,4	0,4 —
				Au niveau des lombes	36,6	36,1	0,5 —
				Région sous-claviculaire.............	36	36	=
				Partie moyenne en avant....	36,3	36,1	0,2 de plus a g.
				1/3 inférieur du thorax en avant (au niveau du foyer inflammatoire)......	36,5	36,1	0,3 —
Au 3e jour...	39,4	39,2	0,2 de plus a g.	Sommet du poumon. Fosse sus-épineuse.. — sous-épineuse.	36	36,2	0,2 a d.
				Partie moyenne en arrière..........	36,4	36	0,4 a g.
				1/3 inférieur en arrière (au niveau du foyer inflammatoire)......	36,5	36,2	0,3 a g.
				Au niveau des lombes	36,2	35,9	0,3 a g.
				Région sous-claviculaire)............	36,3	36	0,3 a g.
				Partie moyenne en avant...	36,2	36,9	0,6 a d.
				1/3 inférieur en avant (au niveau du foyer inflammatoire)....	36,6	36,3	0,3 a g.

Il n'est pas rare de rencontrer dans la pneumonie à la première période et lorsque l'affection est en pleine évolution, des hyperthermies du côté malade (d'après notre statistique dans les 2/3 des cas), allant de 1° à 1°5 et même 2°, mais dans ces cas, *l'hyperthermie existe non seulement au niveau du point correspondant au poumon enflammé ; mais dans toute l'etendue du thorax, de l'aisselle* (ainsi que l'avait signalé Gubler), *au niveau du bras, de l'abdomen, des lombes.* L'hyperthermie est souvent plus marquée de quelques dixièmes, au niveau du foyer inflammatoire.

Dans l'observation (page 575), au 2e et 3e jour, on note très nettement l'élévation de la température dans des points éloignés du foyer inflammatoire pulmonaire.

A la période de défervescence de la pneumonie, on note de très grandes irrégularités dans la marche de la température périphérique du thorax.

Dans aucune de nos observations, *la température périphérique du thorax n'a été supérieure à la température axillaire.*

Dans la pleurésie, l'hyperthermie locale du côté malade n'est pas un phénomène constant, nous ne l'avons noté que dans la moitié de nos observations et même dans ces cas elle ne s'est pas montrée du début à la fin de la maladie. Certains jours la température périphérique du thorax était égale des deux côtés et même supérieure du côté sain à celle du côté malade.

De même que dans la pneumonie, *l'hyperthermie locale n'existe pas seulement au niveau du foyer inflammatoire mais s'observe encore dans des points assez éloignés.*

Dans deux cas de pleurésie purulente, nous avons noté une très légère (0°2 à 0°4) hyperthermie du côté malade.

La température axillaire dans la pneumonie et la pleurésie n'est pas *toujours* plus élevée du côté malade, ce n'est pas un *phénomène constant* et nos observations concordent entièrement sur ce point avec celles de Wegscheider, L. Concato, Melcop.

La cause de l'élévation de la température locale ne doit pas être recherchée, d'après nous, dans l'existence d'un foyer thermogène profond. Comment en effet expliquer l'inconstance des résultats obtenus et comment comprendre que la température périphérique à certains jours reste égale ou inférieure à celle du côté sain, le foyer inflammatoire profond n'étant pas sensiblement modifié ?

Nous pensons que les troubles thermiques observés à la périphérie du thorax sont dus en grande partie à des modifications vasculaires souvent passagères, sous la dépendance des nerfs vaso-moteurs, se produisant par action réflexe, l'irritation partant du foyer inflammatoire.

Nous adoptons ainsi complétement la théorie soutenue par Gubler, Lépine, Brown-Séquard, Fleischmann [1], Seeligmüller [2] Lereboullet, Melcop.

On ne peut du reste expliquer que par une paralysie vaso-motrice unilatérale, les cas d'hémi-hyperthermie que nous avons signalés dans plusieurs observations de pleurésie et de pneumonie.

En raison de l'inconstance des résultats obtenus, de la difficulté de l'observation, des différences thermiques observées à l'état physiologique, on peut dire, comme conclusion générale, que la thermomètrie locale du thorax dans la pneumonie et la pleurésie ne peut utilement servir en pratique au diagnostic de ces affections.

De la température périphérique du thorax dans l'hydropneumothorax.

Dans un cas, Peter [3] a trouvé, vingt-quatre heures après la production d'un hydropneumothorax, la température locale du côté atteint de 2° plus élevée que la normale (37°8) et égale à l'axillaire (37°8). Le soir de ce jour, la surélévation était de 3°5 (39°3) et la température axillaire de 39°9, de 2°1 plus élevée que le matin ; le troisième jour, surélévation locale 2°6 (38°4), le matin 2°5 seulement, le soir (38°3), plus basse de 0°1 que la paroi opposée à 38°4 et que l'aisselle à 39° ; le quatrième jour, la température locale s'abaissa encore (à 37°); la surélévation n'était plus le matin que de 1°2 au lieu de 2°6 ; du côté opposé à l'hydropneumothorax, la température

1. Fleischmann. *Wiener med. Presse*, n° 20, 1876.

2. Seeligmuller. *Zur Pathologie des sympathicus. Deutsches Archiv für Klin. Medicin.* Band XX, 1877, p. 110.

Voyez aussi : F. Roque. *Note sur l'inégalité des pupilles dans les affections du poumon.* Société de Biologie, 1869, p. 114.

3. Peter. *Bulletin de l'Académie de médecine*, 1878, p. 930 et *Bulletin de la Société clinique de Paris*, 1878-1879 et *France médicale*, 1879.

locale était, au contraire, de 37°6, de 0°6 plus élevée que du côté de l'hydropneumothorax et de 0°4 plus élevée que l'axillaire à 37°2 ; enfin le cinquième jour, fait inattendu, la température locale du côté de l'hydropneumothorax retombait à la normale 35°8, tandis que la température locale du côté opposé était de 1°5 plus élevée à 37°3 et la température axillaire à 37°7.

A l'autopsie, on trouva la cavité pleurale du côté de l'hydropneumothorax remplie d'air et de liquide trouble, le poumon ratatiné, gros comme le poing, était refoulé en haut du médiastin. Le poumon opposé en rapport avec la paroi thoracique était farci de tubercules comme le poumon ratatiné.

Cet état de choses explique, d'après l'auteur, les résultats obtenus. Si le cinquième jour, la température locale était plus basse du côté lésé, c'est que le processus pleurétique s'était éteint et que, d'autre part, la paroi thoracique n'était plus en rapport qu'avec un épanchement d'air et non avec des tubercules pulmonaires.

En résumé, la température plus élevée du côté le moins lésé était celle des produits tuberculeux en contact, la température plus basse du côté de l'hydropneumothorax était celle des gaz et du liquide épanchés, celle des produits d'une phlegmasie désormais éteinte.

SUITE AU CHAPITRE X

THERMOMÉTRIE LOCALE DANS LA PHTHISIE PULMONAIRE

I. — TEMPÉRATURE COMPARÉE DES DEUX AISSELLES.

II. — TEMPÉRATURE PÉRIPHÉRIQUE DU THORAX.

I. — *Température comparée des deux aisselles dans la phthisie pulmonaire.* — Dans ses recherches sur la température des deux aisselles dans la phthisie pulmonaire, Charteris[1], qui s'est le premier occupé de cette question, est arrivé aux conclusions suivantes :

Dans un cas très grave, succédant à une pleurésie du poumon gauche, le côté droit étant sain, la moyenne de l'élévation de température pendant un mois fut 96° F. avec à peu près 1° de différence entre les deux aisselles.

Dans un autre cas, où le poumon droit était seulement atteint au sommet, le résultat de dix observations montra une moyenne de 38° le matin et 40° le soir, avec une très légère élévation du côté de l'aisselle droite.

Dans un autre cas, où il n'existait, comme signe de phthisie que de la faiblesse et de l'émaciation, on obtint du côté

1. M. Charteris. *On the use of the hypophosphitis of lime and soda in Phthisis. The Lancet*, 1876. T. II, p. 147-148.

malade une *très légère* hyperthermie, le matin et le soir, pendant une période de dix jours. Moyenne :

Le soir, côté gauche, 101° F. ; côté droit, 105° F.

Le matin, côté gauche, 100°36 F., côté droit, 99°76 F.

« A l'état physiologique, dit Charteris, il n'existe certainement pas des différences semblables. Dans les cas de fièvre typhoïde qui peuvent simuler la phthisie, j'ai trouvé la température à peu près égale des deux côtés, de 99°4 F. le matin, et 101°2 F. le soir et au moment de la convalescence, de 98° F. le matin, et 99°6 F. le soir. »

Alexander Aldowie[1], étudiant la différence entre les températures axillaires de ses malades dans 42 cas de phthisie, est arrivé aux conclusions suivantes :

Le nombre total des observations a été de 880, et la différence moyenne entre les deux régions axillaires a été de 0°63 F. Le côté droit a été plus élevé que le gauche dans 388 cas ; le gauche plus élevé que le droit dans 337 : les deux côtés ont présenté la même température dans 105 cas ; 437 observations ont été prises le matin, et ont donné une différence moyenne de 0°68 F. ; les 443 autres, prises le soir, ont donné un écart de 0°58 F. : Dans 62 observations, il y a eu plus d'un degré de différence entre les deux côtés ; dans 22 cas, deux degrés ou plus ; 5 fois, il y a eu jusqu'à 3° F.

On devait s'attendre, dit cet auteur, à ce que la différence fut plus sensible dans les cas où la température dépassait la normale, les résultats cliniques ne confirment pas cette théorie.

I. — *Cas de tuberculose au début.* — Le nombre de cas de cette classe observés par Aldowie a été de trois, et le nombre des expériences de 70. Chez deux des malades la respiration était légèrement rude dans les deux sommets ; chez le troisième on ne découvrit de bruits respiratoires anormaux que sous la clavicule droite. La différence moyenne

1. ALEXANDER ALDOWIE. *De la différence entre les températures axillaires des deux côtés dans la phthisie. Medical Times and Gazette*, 1878, vol. II, p. 269.

entre les deux températures axillaires a été de 0°93 F. Dans les deux cas où les deux sommets étaient malades, le côté droit a été plus élevé que le gauche dans 26 observations, le gauche plus élevé dans 9 ; les deux côtés égaux dans deux cas. Dans les cas où le stéthoscope révélait une lésion du sommet droit seul, la température a été plus élevée dans l'aisselle droite que dans la gauche, 11 fois; plus élevée dans la gauche que dans la droite, 17 fois; égale des deux côtés, 5 fois.

2. — *Cas de tubercules crus et de tubercules ramollis.* — (*a*) Les deux poumons également affectés, 7 cas sont compris dans ce groupe ; la température a été prise sous les deux bras 83 fois, et a donné un écart moyen de 0°59 F. Le côté droit a été plus élevé que le gauche 44 fois; l'inverse a eu lieu 62 fois; les deux côtés ont été égaux 12 fois.

(*b*) Tubercules crus dans un seul sommet, avec respiration normale ou seulement rude dans l'autre : nombre de cas observés, 15; expériences, 175. Différence moyenne, 0°58 F. Chez 11 malades présentant principalement une lésion du sommet droit, la température a été plus élevée dans l'aisselle droite dans 41 observations ; dans la gauche, dans 62 cas ; les deux côtés ont été égaux 19 fois. Dans les 4 autres cas, c'était surtout le poumon gauche qui était affecté, et chez ces malades le côté droit a été plus élevé que le gauche 27 fois, le gauche plus élevé que le droit 21 fois, les deux côtés ont été égaux 5 fois.

III. — *Phthisie avancée.* — *Cavernes dans un poumon ou dans les deux.* — (*a*) Les deux poumons presque également atteints : La température de 11 malades a été prise 368 fois; différence moyenne entre les deux côtés 0°56 F Dans 165 cas, le côté droit a eu une température plus élevée que le gauche ; le contraire a eu lieu 152 fois ; il y a eu égalité 51 fois.

(*b*) Dans cette subdivision on note 6 cas dans lesquels l'excavation d'un seul poumon était avancée ; dans le sommet opposé il n'existait que de la matité ou de la respiration rude. Une différence moyenne entre les deux côtés a été observée dans 184 expériences. Chez 5 des malades, les cavernes étaient situées dans le poumon gauche, et, là encore, la température a été plus élevée dans le côté droit 68 fois; dans le gauche 94 fois, égale 10 fois. Dans un cas, c'était le poumon droit qui était malade ; la température a été plus élevée à droite 6 fois, à gauche 5 fois, égale des deux côtés une fois.

« De l'analyse qui précède, dit A. Aldowie, il résulte que *la température dans la phthisie varie à l'infini, et qu'on ne saurait formuler aucune règle précise relativement aux températures comparées des deux côtés du thorax, à quelque degré que soit la maladie*. Je regrette qu'il y ait eu si peu d'expériences faites au début, dans la période de formation des tubercules, car ce sont les seuls cas où le thermomètre soit nécessaire au diagnostic. C'est parce que, en général, les tuberculeux n'entrent à l'hôpital que lorsque leur affection est bien développée et offre des symptômes indéniables.

« Ces observations ne confirment pas la théorie qui veut que le côté dans lequel la maladie domine ait toujours une température plus élevée que l'autre ; c'est ainsi que le thermomètre a été employé dans 359 cas chez des sujets ayant un des poumons presque sain, l'autre étant affecté dans une grande étendue. Dans 162 cas, la température du côté qui était le plus atteint dépassait celle du côté opposé; mais, dans exactement le même nombre d'observations, le côté qui n'était que légèrement atteint accusait l'élévation de température, les deux côtés restant égaux 35 fois. De plus, la différence moyenne était tout aussi considérable lorsque les deux poumons étaient pris que lorsque la maladie était plus avancée dans l'un que dans l'autre. Dans le premier de ces cas, la moyenne était de 0°58 F., dans le second de 0°54 F.

« La période de crudité des tubercules donne lieu à une élévation de température plus considérable que la période d'excavation : ainsi dans 117 observations de tubercules non ramollis dans un poumon et de cavernes dans l'autre, l'un des côtés avait une température plus élevée dans 76 cas, l'autre dans 27 cas seulement.

« Le côté dans lequel le thermomètre accuse la température la plus élevée le soir, a très souvent une température plus abaissée que l'autre, le matin. »

Dans son Traité de thermométrie médicale, E. Seguin[1] cite des observations de températures axillaires prises des deux côtés dans différents cas de phthisie. Il conclut que ce signe doit être recherché dans cette maladie quoiqu'il ne lui attribue pas la même importance qu'aux symptômes physiques et à la température générale.

En résumé, l'étude de la thermométrie comparée des deux aisselles dans la phthisie pulmonaire ne donne pas d'indications précises qui puissent servir utilement au diagnostic de cette affection.

II. — *Température périphérique du thorax dans la phthisie pulmonaire.*

D'après M. Peter[2], dès qu'il existe des tubercules sur un point, la température locale s'y élève. Dans les cas douteux de tuberculisation pulmonaire, alors qu'on ne perçoit, à l'aide de l'investigation la plus minutieuse comme la plus persistante, qu'une légère différence dans la tonalité et l'élasticité de la région, que de la sécheresse du murmure vésiculaire avec saccade respiratoire, le thermomètre révèle une élévation de température locale qui peut aller de 3 dixièmes de degré à 1°.

L'élévation de la température locale est en général proportionnelle à l'intensité des signes morbides locaux. Il y aurait toujours, d'après cet auteur, parallélisme entre la température et le signe stéthoscopique ou plessimétrique et la lésion anatomique.

Et M. Peter ajoute plus loin :

« La disparité dans l'hyperthermie locale des sommets thoraciques est un des signes les plus probants que je sache de l'existence d'une lésion locale : en effet cette disparité tient nécessairement à des conditions anatomiques et physiolo-

1. E. SEGUIN. *Medical Thermometry and human Temperature* New-York, 1875.

2. PETER. *Bulletin de l'Académie de médecine*, 1878, d. 918 et *Clinique médicale*. T. II, 1879, 71e leçon, p. 427.

giques, actuellement différentes, de portions ordinairement similaires de l'organisme; donc, par conséquent, la température doit être égale, et s'abaisser ou s'élever simultanément et parallèlement si les modifications de la température sont de cause générale.

« Au contraire, si les chiffres thermiques sont dissemblables pour deux espaces homologues et normalement identiques, c'est évidemment que les conditions thermogènes sont changées, et, dans l'espèce, elles ne peuvent l'être que par la tuberculisation, laquelle se développe presque toujours simultanément aux mêmes points des sommets pulmonaires sans y être habituellement symétrique pour le nombre, la profondeur et l'étendue des lésions, d'où la dissemblance possible de l'hyperthermie trophique ou rayonnante et la disparité corrélative des chiffres thermiques révélateurs.

« J'ajoute cependant que pour permettre de conclure, il faut que cette disparité ne soit pas trop fugitive, mais constante; il faut aussi qu'elle ne soit pas trop faible (de deux à trois dixièmes de degré par exemple), mais atteigne ou dépasse cinq dixièmes, ainsi qu'elle soit de 0°5, 0°7, 1°, etc. »

Voici encore quelques conclusions du même observateur :

« L'investigation thermométrique donne un moyen matériel facile et précis de diagnostiquer la tuberculisation pulmonaire.

« Dans la chlorose, la dyspepsie, sans lésion organique, la température du thorax est égale des deux côtés.

« Dans l'hémoptysie, la température s'élève au moment des hémoptysies, reste plus élevée pendant leur durée, puis s'abaisse après leur terminaison, les variations de la température locale pouvant retentir sur la température générale.

« La température pariétale peut être plus élevée que la température générale, principalement dans l'infiltration tuberculeuse fébrile (pneumonie caséeuse).

« La température locale peut servir d'indice et contribuer à rectifier ou à compléter le diagnostic dans les cas douteux de pneumonie caséeuse. Dans la pneumonie franche, le côté absolument sain ne présentant aucune élévation de température et ne se rapprochant pas de la température du côté malade, ce qui n'existe pas dans les cas de pneumonie caséeuse, où il existe généralement des lésions des deux côtés.

« Dans les cas de cavernes pulmonaires, la température est plus élevée du côté de la lésion de 1°5 à 2°5.

« Cette élévation de température tiendrait au travail phlegmasique persistant ulcéreux et sécrétoire, avec hyperémie corrélative qui se produit autour et dans l'intérieur de la caverne.

« Le traitement par les vésicatoires, les cautérisations au fer rouge, etc., abaisse la température locale du côté atteint de tuberculisation. »

Cherchant à interpréter l'élévation de la température locale dans la tuberculose, Peter conclut que toute masse tuberculeuse en pleine évolution devient par sa seule présence un véritable *foyer morbide thermogène*, que l'accumulation du sang, les combustions plus actives, les échanges moléculaires plus intimes, qui se passent autour du point malade, élèvent sa température, que cette hyperthermie va en rayonnant de proche en proche, échauffant les parties voisines, et qu'enfin elle arrive tout simplement et en vertu des lois de l'équilibre de la température à élever le chiffre thermique général de l'individu : qu'en un mot « *ce n'est pas la fièvre qui fait le tubercule, mais le tubercule qui fait la fièvre.* »

Bagnéris [1], élève de Peter, donne les conclusions suivantes sur la température locale dans la tuberculose pulmonaire, conformes à celles de son maître.

1° Tout foyer tuberculeux augmente la température locale

2° L'élévation de la température locale est proportionnelle à l'intensité des signes morbides locaux.

3° La disparité de la température locale morbide dans les régions homologues, est un signe probant de lésions locales.

4° Dans la tuberculose au début, l'hyperthermie locale peut varier de 0°3 à un degré. La température normale étant de 38°8, on observe dans ces cas des chiffres allant de 36°2 à 27°, rarement au delà.

1. BAGNÉRIS. *Des températures morbides locales dans les diverses périodes de la tuberculose pulmonaire.* Thèse de Paris, 1879.

5° Dans la tuberculose confirmée avec lésions peu avancées, l'hyperthermie locale est le plus souvent inférieure à l'hyperthermie générale.

6° Dans la tuberculose à forme infiltrée, les températures morbides locales sont plus élevées que la température axillaire. L'hyperthermie locale est, dans ce cas de plus de 3° et peut atteindre le chiffre énorme de 4°5. Elle est en général, plus élevée de 0°5, 1°, 1°5 que l'hyperthermie axillaire.

7° Dans les cas de pneumothorax chez les tuberculeux, on observe un grand abaissement de la température locale du côté où s'est fait l'épanchement gazeux.

8° Dans l'hémoptysie, la température locale s'élève, reste plus élevée pendant leur durée, puis s'abaisse après leur terminaison.

9° La thermométrie locale permet de fixer le diagnostic dans les cas douteux de tuberculose au début et de chlorose. Dans la chloro-anémie, les températures locales restent normales ; dans la tuberculose au début, il y a toujours hyperthermie locale.

10° La thermométrie locale permet d'expliquer les bons effets et le mode d'action de la révulsion.

Forest[1] donne à la fin de son mémoire les conclusions suivantes conformes à celles que l'on peut tirer de ce travail et qui sont celles que Peter a formulées dans ses Cliniques médicales :

1° Dans un cas douteux de chlorose, le thermomètre permet d'établir un diagnostic certain.

2° Le thermomètre établit le diagnostic différentiel entre une chlorose sans complication et une tuberculose au début.

3° Le thermomètre donne plus de facilité pour faire un traitement rationnel.

4° Dans la chlorose, la température locale des espaces intercostaux est sensiblement égale à la moyenne, tandis que partout où il y a tuberculisation, il y a hyperthermie locale.

5° Dans certains cas de chlorose, s'il y a hypothermie gé-

1. Xavier Forest. *Des températures locales dans la chlorose et la tuberculose au début.* Thèse de Paris, 1880.

nérale, il y a hypothermie locale, tandis que dans la tuberculisation pulmonaire, la température locale des espaces intercostaux supérieurs est toujours plus élevée que la moyenne.

6° Dans le cas d'hyperthermie locale et générale chez une chlorotique, le traitement ferrugineux amenant le retour des règles, détermine une augmentation de température dans l'aisselle, et dans les espaces intercostaux homologues.

7° Dans la tuberculisation pulmonaire commençante, l'élévation locale de la température est généralement proportionnelle à la nature, a l'étendue et à la gravité des lésions.

8° Lorsqu'il n'y a que la respiration saccadée, que les granulations, à l'état naissant, sont grises et demi-transparentes, sans hypérémie circonférentielle et de réaction, la température locale est de 0°5 à 1° et même 1°5 plus élevée que la moyenne (de 36°3 à 36°8 et même 37°3).

Dans certains cas de tuberculisation pulmonaire commençante, la température locale n'est pas seulement plus élevée que la température normale de la région, elle l'est plus que la température de l'aisselle, ce qu'on ne rencontre jamais dans la chlorose.

Dans ses recherches sur la température locale du thorax chez les tuberculeux, Lereboullet[1] est arrivé à cette première conclusion importante que les températures locales mesurées à différents intervalles, dans des conditions absolument identiques et au même niveau, *ne sont pas constantes*. La différence qui n'est jamais inférieure à 0°2 peut dans certaines circonstances atteindre jusqu'à 0°5.

Pour cet auteur, l'élévation thermique locale est en rapport avec l'élévation de la température centrale. Citant les mensurations thermiques pratiquées chez les tuberculeux, M. Lereboullet s'exprime ainsi :

« Tous les chiffres que nous avons recueillis ne nous montrent pas une élévation absolue et constante de la température des sommets chez les individus tuberculeux. Cette élé-

1. LEREBOULLET. *Gazette hebdomadaire de médecine et de chirurgie*, 1878, n° 42, pg 6,66 ·9 .8

vation s'observe en effet même chez les malades non tuberculeux, et elle paraît être en relation avec l'élévation de la température centrale. Dès lors puisque chez les tuberculeux les chiffres constatés au sommet malade sont très variables, il nous paraît impossible de déduire de cette variabilité même, une loi pathologique bien précise. Au contraire, nous croyons avoir reconnu qu'il existait *presque toujours* une différence de température *en faveur du côté malade* ou, dans les cas où les deux sommets étaient atteints, en faveur du côté le plus malade. Ces conclusions sont donc conformes à la loi établie par Peter. Nos résultats ne diffèrent de ceux qu'il a fait connaître qu'à un seul point de vue dont nous ne saurions, il est vrai, dissimuler l'importance. Tandis que Peter constate chez les tuberculeux des différences thermiques très notables entre les deux sommets, les différences que nous donnent les chiffres que nous avons recueillis sont au contraire très minimes, souvent moins élevées que les différences constatées chez les sujets non tuberculeux. »

Et plus loin :

« A côté de ces faits nous en citerons d'autres, infiniment plus rares, nous en convenons, mais qui prouvent que chez les tuberculeux on peut arriver à relever une température *plus élevée du côté sain* que du côté malade.

C'est ainsi que chez un malade qui présente au sommet droit des craquements secs et dont le sommet gauche est parfaitement sain, on trouve successivement, à quelques jours d'intervalle :

Sommet gauche sain.	Sommet droit malade.
37°7	37°4
37°	37°
35°5	34°8
36°9	36°6

Mais en général, et d'une manière à peu près constante, on trouve que la température du côté du malade est plus élevée que celle du côté sain. La moyenne des différences que nous avons constatée à cet égard peut être établie de la manière suivante : En ne tenant compte que des malades atteints de tuberculisation confirmée, souvent fébrile et chez lesquels il n'existait qu'un côté malade, ou bien un côté très gravement atteint et l'autre présentant à peine quelque lésion commençante, nous trouvons comme moyenne de nos températures locales mesurées au sommet :

Sommet sain................	35°88
Sommet malade.............	36°11

En tenant compte, au contraire, de tous les faits observés, de ceux qui présentent une élévation de température peu marquée, voire même une élévation en faveur du côté sain, nous trouvons que la moyenne des différences devient absolument insignifiante, qu'elle ne s'élève même dans une série d'expériences qu'à 0°006 (6 millièmes de degré). Nous ne nous dissimulons point que ces moyennes n'indiquent pas aussi nettement que des chiffres précis et se rapportant à un même malade, la valeur qu'il faut attribuer aux températures locales. Mais nous ferons remarquer aussi qu'il est nécessaire de les indiquer, ne fut-ce que pour faire comprendre la variabilité des résultats obtenus et les causes d'erreurs qui les modifient.

Nous reconnaissons qu'il est très difficile de terminer cet exposé clinique par une conclusion quelconque. Aussi bien nous n'avons point l'intention de conclure. Il nous suffisait de montrer toute la difficulté des recherches analogues à celles que Peter a entreprises, toutes les causes d'erreur qui en peuvent vicier les résultats, toutes les réserves qu'elles exigent, lorsqu'il s'agit de déduire des lois pathogéniques infirmant jusqu'à certain point les principes de pathologie générale qu'on est convenu de considérer comme acceptables. »

Dans un article publié en 1880 dans la *Gazette hebdomadaire*, Lereboullet citant les thèses de deux élèves de Peter, Bagnéris et Forest, sur la température locale du thorax dans la tuberculose et la chlorose, dit « que les observations de ces deux auteurs ne sont pas absolument confirmatives des lois posées par leur maître. »

Lereboullet admet avec Lépine et Brébion « qu'une augmentation de chaleur existe souvent sur la paroi thoracique des phthisiques. Cette augmentation de chaleur rencontrée aussi concurremment sur le bras du même côté, doit être attribuée, *en partie* au moins, à une action vaso-motrice de nature réflexe. »

Brébion[1], arrive dans son mémoire, aux mêmes conclusions que son maître Lépine[2].

Les résultats obtenus ont été variables :

1° Chez quelques malades, il y avait une augmentation sensible de température de chaque côté de la poitrine.

2° Chez d'autres, l'augmentation portait seulement sur un des côtés, le côté opposé restant sain.

3° L'augmentation se faisait à droite et à gauche, mais avec prédominance de l'un des deux côtés.

Le résultat obtenu n'était pas constant, c'est-à-dire qu'une augmentation thermique en faveur d'un des côtés de la cage thoracique pouvait parfaitement, quelques heures après, se trouver du côté opposé.

« Pourquoi, dit Brébion, y a-t-il augmentation de température de la paroi thoracique chez les phthisiques ?

« Pour Peter, cette augmentation thermique est due à l'existence de lésions tuberculeuses du poumon agissant comme foyers thermogènes. Je n'ai pas l'autorité suffisante pour critiquer cette manière de voir. Je me permettrai seulement de faire observer que, jusqu'à présent, on n'a jamais pu constater l'existence de véritables foyers thermogènes pathologiques, c'est-à-dire que les prétendus foyers n'ont jamais présenté une température supérieure à celle du sang artériel. Aussi ne sauraient-ils recevoir le nom de foyers thermogènes. Mais il semble incontestable, ainsi que nous l'a fait remarquer Lépine, qu'un poumon très congestionné laisse échapper par rayonnement une plus grande quantité de chaleur qu'un poumon non congestionné, et, par conséquent, qu'il puisse échauffer la paroi thoracique correspondante.

1. Brébion. *Loco citato*.
2. Lépine. *Société de Biologie*. Séance du 7 février 1880.

Ainsi que Lépine, je ne pense pas que cette explication soit suffisante, car elle ne peut rendre compte de l'élévation de température qui, chez un certain nombre de phthisiques, existe à la face interne du bras, ainsi que l'on peut le voir dans quelques observations. »

Et plus loin :

« Assurément, il est logique d'admettre qu'une hypérémie pulmonaire puisse élever la température de la paroi thoracique, car si la masse du sang contenue dans le poumon est plus considérable, le rayonnement du calorique apporté par ce sang devra être aussi plus considérable.

Mais on ne peut s'expliquer comment une hypérémie pulmonaire élèvera à la fois la température de la paroi thoracique et de la partie interne du bras. Et il semble absolument nécessaire, pour expliquer cette dernière élévation, d'admettre l'existence possible d'une hypérémie cutanée, vraisemblablement réflexe, occupant, dans certains cas, aussi bien la région brachiale interne que la région thoracique, hypérémie signalée autrefois par Lépine (*Mémoires de la Société de biologie*, 1867, p. 133). »

Examinant le résultat de trois autopsies de phthsiques chez lesquels il avait suivi, pendant la vie, la marche de la température locale du thorax, Brébion affirme que la température est plus élevée du côté où les lésions sont les plus récentes. Avec Lépine, il pense que cela tient à ce que la congestion pulmonaire est plus intense du côté où les lésions sont le moins avancées.

En résumé, d'après Brébion :

1° Une augmentation de température existe souvent sur la paroi thoracique des phthisiques Cette augmentation de chaleur, rencontrée aussi, concurremment, sur le bras du même côté, doit être attribuée, en partie au moins, à une action vasomotrice de nature réflexe.

2° Cette augmentation de chaleur est plus considérable du côté où la lésion est de date plus récente, ce qui tient vraisemblablement à ce que la congestion du poumon y est plus intense.

3° La thermométrie locale peut servir au diagnostic de la congestion et indirectement de la phthisie pulmonaire.

D'après Vidal [1] (d'Hyères), dans la tuberculisation pulmonaire, aussitôt qu'un noyau de tubercules entre en évolution et à partir seulement de ce moment, on peut constater une augmentation de la température de la peau correspondante. Cette inflammation persiste pendant tout le temps de la période inflammatoire, pour cesser avec elle, soit que la congestion ait disparu spontanément, soit qu'elle ait été enrayée par des révulsifs, soit enfin que la fonte ait commencé.

L'élévation de la température de la peau correspond si bien à l'inflammation interne qu'il est possible *de dessiner exactement avec le thermomètre le pourtour d'une caverne*, lorsque des tubercules péricaverneux entrent à leur tour en évolution.

Comme M. Vidal, M. Ev. Michel [2] (de Cauterets) a noté l'élévation de la température locale dans la phthisie pulmonaire et a souvent été frappé de ce fait qu'en auscultant on pouvait sentir des foyers partiels et isolés de chaleur ou quelques points circonscrits qui, « si l'on peut dire, *brûlent l'oreille.* »

Von Anrep, s'appuyant sur l'observation suivante, conclut : *au niveau des cavernes, la température périphérique de la paroi thoracique, a une température plus abaissée que dans tout autre point de la poitrine.*

JOUR	1		2		3		4	
	m.	s	m.	s.	m.	s.	m.	s.
Températ. de l'aisselle.	38.2	36,6	37,7	38,7	38.3	39,0	38,8	38,9
Côté droit. du thorax.	36,7	36,4	36,6	36,5	36.8	36,9	36,7	36,6
Côté gauche. du thorax.	36,5	36,6	36.4	36,5	36,7	36.6	36,4	36.3
Caverne	36,0	36,1	36,2	36.0	35,9	36,0	36,1	36,0

Dans une très intéressante observation de tuberculose à marche rapide, Oudin [3] cite le tableau suivant des différentes températures observées :

1. Vidal (d'Hyères). *Note sur les températures morbides locales dans la phthisie pulmonaire. Bull. de l'Académie de médecine*, 1878 p. 966.
2. Evariste Michel (de Cauterets), cité par Peter dans *Clinique médicale*, 1879, t. II, p. 429.
3. Oudin. *Quelques considérations sur les températures pariétales à propos d'un cas de phthisie aiguë.* Thèse de Paris, 1881.

DATES		TEMPÉRATURES			OBSERVATIONS
			PAPIETALES		
JOURS	HEURES	HEURES	gauche	droite	
14 octobre	4 soir	38,	38	37,5	Hémoptysie, vésicatoire.
15 »	9 matin	37,4	36,2	36,3	
	4 soir	37,6	38,2	37,7	
16 »	9 matin	39	39,1	38,5	Hémoptysie.
	2 soir	39,5	39	38,2	Hémoptysie.
	4 »	39,7	»	»	Dyspnée, 40 ventouses.
	5 »	37,2	»	»	
	9 »	38,4	»	»	
	12 »	38,5	37,2	37,4	
17 »	11 matin	38,3	»	»	
	3 soir	37,8	37,5	36,6	Hémoptysie.
18 »	8 matin	37,2	36 8	36,9	
	11 »	38,3	»	»	Nombreux rales, ventouses.
	4 soir	36,8	37,3	36,5	
	8 »	38,2	37	37	
19 »	6 matin	37,2	37,6	36,9	Hémoptysie.
	8 »	37,3	36,5	36,2	
	6 soir	38,4	38,2	38,2	
20 »	4 matin	39,2	38,5	37,8	Râles à droite.
	12 »	38,6	38,2	38,4	
	4 soir	38,6	36,8	37	Hémoptysie de droite.
21 »	8 matin	36 8	36,5	37,6	
	3 soir	38,6	37,4	37,5	Râles à droite.
	7 »	38,6	37,5	37,7	
22 »	7 matin	37,4	36,4	36,8	
	12 »	38	37,5	37,5	Hémoptysie.
	5 soir	37,4	36,8	36,6	
23 »	4 matin	38	37,2	37,4	
	8 »	58	37,4	37,4	
	6 soir	38,4	37,9	38,4	
24 »	8 matin	38,4	37,2	37,4	
	4 soir	38,2	37,7	38,2	
	11 »	38	37,8	38	
25 »	8 matin	37,4	37	37,2	
	9 soir	37,4	36,7	37,2	
26 »	9 matin	37,5	36,6	36,8	
	10 soir	38	37,8	37,2	
27 »	10 matin	38	37,4	37,6	
	3 soir	39,2	37,4	37,4	
	9 »	83	38,6	38,7	
28 »	8 matin	37,4	»	37,2	
	10 soir	38,9	38,2	38,4	
29 »	7 matin	38,2	37,8	37,9	
	11 »	38,5	38,2	38,3	
	8 soir	39,1	38,6	38,5	
30 »	8 matin	38,4	37,8	38,2	Mort.

« Nous voyons, dit M. Oudin, que les lésions tuberculeuses étaient d'abord exclusivement limitées au côté gauche de la poitrine, et que, pendant les six premiers jours que nous avons pris la température, à quelle qu'heure nous l'ayons prise, toujours, sauf pour une fois, un écart d'un dixième, nos nombreux examens nous l'ont montrée plus élevée à gauche qu'à droite.

De ce côté droit nous n'avions observé, jusqu'au 20 octobre, que de temps en temps des râles sibilants ; quand ce jour-là, après avoir constaté à deux reprises dans la journée une différence de température en faveur du poumon droit de deux dixièmes, lorsque nous auscultons, nous percevons au sommet quelques craquemen's fins qui deviennent, le lendemain, très manifestes, en même temps que le malade, qui n'était prévenu en rien, nous affirmait que son hémoptysie venait de droite.

Puis, pendant les cinq jours suivants, alors que les signes physiques marchent de ce côté avec une grande rapidité, c'est toujours ce sommet droit qui nous fournit l'hyperthermie la plus notable, tandis que le sommet gauche, tout en restant beaucoup plus chaud que normalement, l'est moins que le côté le dernier pris.

Après ces cinq jours, c'est-à-dire à partir du 26, il se produit des oscillations constantes en faveur tantôt d'un côté, tantôt de l'autre. Mais alors on avait des râles humides du haut en bas des deux poumons.

Ce que nous révélait d'une façon indiscutable l'auscultation, c'est-à-dire que le sommet gauche était d'abord le seul siège de poussées tuberculeuses, puis, qu'au bout de quelques jours le sommet droit se prenait, présentait des râles de plus en plus gros et abondants, tandis qu'à droite ils restaient les mêmes ; tout cela nous était indiqué d'une façon absolument nette par le thermomètre.

Pendant toute la durée de l'observation, les températures pariétales ont été supérieures à la normale, que nous savons osciller entre 35°5 et 36°. Nous les avons vues le plus souvent varier entre 37 et 38 degrés, quelquefois même dépasser ce chiffre et atteindre 39°1, écart considérable de plus de 3° avec le chiffre physiologique.

L'examen de notre courbe vérifie aussi la loi posée par Peter qu'avant une hémoptysie la température monte pour se tenir élevée pendant le crachement de sang, et ensuite descendre.

Enfin, nous pouvons aussi constater combien les révulsifs cutanés abaissent rapidement la température.

Après le vésicatoire du premier jour, nous voyons la température axillaire descendre de 38° à 37°4 et la température pariétale de 38° et 37°5 à 36°2. De même, après les ventouses, la température axillaire descendit de 39°7 à 37°2 en deux heures ; et à la seconde application, la chaleur axillaire tombe de 58°3 à 36°8, chiffre minimum auquel elle n'arriva qu'une autre fois après une hémoptysie. »

Dans la phthisie pulmonaire, F. Melcop a observé :

1° Sur 12 mensurations, la température axillaire :

6 fois = 50 0/0 égale des deux côtés.
4 fois = 33 3 0/0 plus élevée du côté malade.
2 fois = 16 7 0/0 plus élevée du côté sain.

Il n'y a donc pas de *corrélation constante* entre la température axillaire et la lésion d'un des poumons.

2° La différence moyenne pour l'élévation du côté malade n'est que très peu plus élevée que pour l'élévation du côté sain, à savoir : 0°37 contre 0°25.

3° La température de la peau du thorax a été :

10 fois = 71 4 0/0 plus élevée du côté malade.
2 fois = 14 3 0/0 plus élevée du côté sain.
2 fois = 14 3 0/0 égale des deux côtés.

4° La température moyenne est plus élevée pour l'hyperthermie du côté malade que pour celle du côté sain, à savoir : 1° contre 0°8.

5° L'évolution des produits tuberculeux du poumon a donc une influence sur la température de la peau du thorax, mais cette influence peut être annihilée par d'autres facteurs, *elle n'est nullement constante.*

Contrairement à Anrep qui a signalé un abaissement de température de la peau du thorax au niveau des cavernes pulmonaires, Melcop a trouvé, dans un cas, une élévation de température du côté malade.

M. Sarda[1], donne dans sa thèse, les conclusions suivantes :

1° Toutes les fois qu'il y a des tubercules chez un sujet, il y a hyperthermie locale.

(*a*) Lorsqu'il n'y a encore que des granulations, lorsqu'on n'entend que de la respiration obscure ou de l'expiration prolongée avec inspiration saccadée ou sèche ou ondulée, la surélévation thermique locale est de 0°5 à 1°.

(*b*) Lorsqu'il y a des craquements secs, la surélévation locale est de 1° à 1°5.

(*c*) Lorsqu'il y a des craquements humides, la surélévation thermique locale est plus souvent égale ou inférieure, rarement supérieure à celle qu'on observe avec des craquements secs.

(*d*) Lorsqu'il y a des cavernes sans inflammation péricaverneuse vive, la température locale surpasse à peine la normale de 0°5.

2° La disparité entre les deux sommets, lorsqu'elle atteint au moins un demi-degré, est un signe probant de tuberculose pulmonaire, et permet de diagnostiquer celle-ci de l'anémie, de la chlorose, de la dyspepsie, de l'hypocondrie.

3° La surélévation locale, jusqu'à l'époque des craquements secs inclusivement, est plus considérable du côté où sont les lésions les plus avancées ; lorsqu'il y a des cavernes ou même des craquements humides, il peut y avoir égalité entre les deux côtés ; mais généralement la température locale est plus élevée du côté où sont les lésions les moins anciennes.

4° Les surélévations locales considérables notées par MM. Peter, Bagnéris et Forest, tiennent en partie à l'existence concomitante de la fièvre générale.

5° A partir de la période des craquements secs, la surélévation thermique locale est proportionnelle, plutôt à l'intensité et à l'étendue des lésions qu'à leur nature et à leur gravité.

6° L'hyperthermie locale doit être attribuée aux combustions interstitielles, aux irritations vaso-motrices réflexes, au rayonnement.

1. Sarda. — *Contribution à l'étude des températures périphériques et particulièrement des températures morbides locales dans la phthisie pulmonaire chronique.* — Thèse de médecine de Montpellier. 1882.

2. Les températures locales dans les observations de M. Sarda ont été prises avec *le thermomètre centigrade ordinaire.*

7° Les processus tuberculeux, par suite des excitations vaso-motrices déterminées par l'irritation des nerfs de la région, par suite du retentissement de ces excitations sur le système nerveux ganglionnaire, par suite de la modification que font subir au sang les produits de désassimilation, qui y déterminent des effets pyrogènes, peut élever la température générale; mais la températnre locale ne peut être considérée comme tenant sous sa dépendance les variations de la température générale, qui, lorsqu'elle atteint un chiffre fébrile, élève les températures périphériques, dont elle règle alors les variations.

8° Au cas d'hémoptysie tuberculeuse, il y a hyperthermie locale au point où s'est faite l'hémoptysie.

9° Le thermomètre peut servir au diagnostic de la tuberculose pulmonaire et au traitement du poumon tuberculeux. Plus l'hyperthermie sera considérable, plus active devra être l'action de la thérapeutique employée.

10° Les dérivatifs et les révulsifs abaissent toujours la température locale au cas de tuberculose pulmonaire.

M. Mondon[1] donne, dans sa thèse, les conclusions suivantes;

1° En négligeant les causes d'erreur, qu'on ne peut éviter, on peut, des chiffres observés, déduire qu'au niveau du foyer tuberculeux, on note dans un certain nombre de cas, une température plus élevée que la température normale maxima.

2° Dans certains cas, les cautérisations ponctuées paraissent abaisser la température locale.

Nous avons publié, en 1881, dans une note communiquée à la Société de Biologie, le résultat de nos recherches sur ce sujet.

Voici les conclusions auxquelles nos explorations par la méthode thermo-électrique, pratiquées sur un très grand nombre de tuberculeux, aux différentes périodes de leur maladie, nous ont permis d'arriver :

I. — *Température de la peau du thorax dans la tuberculose pulmonaire.* — 1° Tout foyer tuberculeux n'élève pas *constamment* la température de la paroi correspondante.

1. Mondon. — *Températures locales et phthisie pulmonaire.* — Thèse de médecine de Paris, 1884.

2° L'élévation de la température locale n'est pas *toujours* proportionnelle à l'étendue des lésions.

3° La température pariétale du thorax peut varier à des époques rapprochées, un point qui, comparé au côté opposé, donne une température élevée le soir, peut donner une température plus basse le lendemain au matin.

De là la nécessité de suivre la marche de la température périphérique du thorax pendant plusieurs jours et de prendre des moyennes.

4° Les tuberculeux seuls ne présentent pas des différences de température des deux côtés du thorax, les chlorotiques, et surtout les hystériques, ainsi que nous l'avons noté fréquemment, ont des températures périphériques très différentes des deux côtés du thorax.

5° Dans la phthisie aiguë, dans la phthisie au premier degré et principalement dans les formes congestives avec accès fébriles, hémoptysies, on note très souvent une élévation thermique de 5 à 8 dixièmes de degré environ du côté où siègent principalement les lésions tuberculeuses.

Cette hyperthermie n'est pas localisée au foyer tuberculeux, il existe généralement une hémi-hyperthermie dans toute l'étendue du thorax, souvent aussi marquée dans les points correspondant aux parties saines que dans ceux correspondant aux parties infiltrées. L'élévation de la température locale peut exister à la base du cou, au niveau des dernières côtes, à la limite du thorax et de l'abdomen.

6° Dans les cas de phthisie à la période de ramollissement, dans les formes chroniques et sans fièvre intense, les résultats fournis par la thermométrie locale sont *absolument incertains* et leur constatation ne peut être d'une utilité sérieuse.

Sur 60 cas, 28 fois l'élévation de la température existait du côté le plus atteint ; dans 32 cas du côté le moins malade ; dans 10 cas, la température était égale des deux côtés.

7° Dans la phthisie à la troisième période, les résultats sont peu précis.

Chez les sujets atteints de tubercules infiltrés ou à la période de ramollissement d'un côté et de cavernes de l'autre côté, l'élévation de température se montre généralement du côté le moins malade.

Dans quelques cas, l'élévation de température existe au niveau des cavernes.

Dans ces deux derniers groupes de faits, de même que pour la phthisie au premier degré, l'élévation de température n'est pas localisée à un point ; elle s'observe dans une grande étendue du thorax et non seulement dans les points ou l'auscultation et la percussion permettent de reconnaître les lésions les plus avancées.

8° Dans aucun cas, nous n'avons trouvé la température de la peau du thorax supérieure à la température générale ou axillaire.

En résumé, l'examen de la température périphérique dans la phthisie ne permet d'arriver à aucune règle précise.

Les résultats de la thermométrie des parois du thorax au début de la phthisie donnent seuls quelques indications à peu près constantes.

II. — *De la température comparée des aisselles dans la phthisie.* — De même que pour l'exploration de la température périphérique des parois du thorax, la recherche des températures comparées des aisselles ne donne pas de loi précise.

Dans les phthisies à marche rapide, avec fièvre, la température est généralement plus élevée (de 5 à 6 dixièmes en moyenne) du côté le plus atteint.

Dans les phthisies chroniques, les résultats sont très variables. Les tubercules à l'état infiltré élèvent plus la température de l'aisselle du côté infiltré que de l'aisselle du côté en voie de ramollissement.

La température de l'aisselle du côté atteint de cavernes, comparée à celle de l'aisselle du côté atteint de tubercules en voie de ramollissement est généralement moins élevée.

Quant à la cause de l'hyperthermie thoracique, observée dans quelques cas de tuberculose, le problème est complexe. Nous ne pensons pas cependant qu'il faille attribuer complètement ce phénomène au rayonnement d'un *foyer thermogène*[1] profond ainsi que l'a soutenu M. Peter. On peut admettre

1. Voyez la très intéressante critique de M. Hamelin. — Chronique mensuelle. Revue. *Montpellier médical*, 1880.

tout au plus qu'un poumon congestionné dans une grande étendue perd par rayonnement une quantité assez notable de chaleur pour échauffer la paroi thoracique. Dans les phthisies à marche rapide avec phénomènes congestifs très marqués l'élévation du foyer profond peut contribuer à augmenter la température périphérique du thorax. La théorie peut être soutenue, lorsqu'il s'agit de lésions tuberculeuses au début et localisées dans un point du poumon.

De même que pour la pleurésie et la pneumonie, l'élévation de la température locale nous paraît sous la dépendance de troubles vaso-moteurs et nous nous appuyons pour soutenir cette théorie sur les observations d'hémi-hyperthermie du côté malade que nous avons recueillies en assez grand nombre. Dans plusieurs cas nous avons observé très nettement une élévation de la température locale dans toute l'étendue du thorax du côté malade, et dans des points très éloignés du foyer morbide, au niveau des lombes, de l'abdomen. On ne peut soutenir évidemment dans ces cas, que l'élévation de la température périphérique est due au rayonnement du foyer profond.

Comme conclusion générale, on peut dire : en raison des difficultés d'observation et de l'inconstance des résultats obtenus, la thermométrie locale dans la phthisie ne peut servir utilement, en pratique, au diagnostic de cette affection.

CHAPITRE XI

THERMOMÉTRIE LOCALE DANS LES MALADIES DU CŒUR.

I. — *Température de la région précordiale à l'état physiologique.* — La région du côté gauche du thorax correspondant au cœur présente-t-elle *à l'état physiologique* une température différente de celle des parties voisines ?

J. Davy a obtenu les résultats suivants :

6e côte (sur le cœur)	34°43
6e côte droite.	33°89
Température axillaire.	36°67

Brébion a signalé une élévation de température du thorax du côté gauche et en arrière, tenant, d'après lui, au rayonnement thermique de l'aorte.

Dans nos recherches sur la température de la peau du thorax à l'état normal, nous avons constaté *qu'à la pointe du cœur la température est légèrement plus élevée du côté gauche que dans le point homologue correspondant.*

La température de la région précordiale a l'état normal, est, d'après nos recherches en moyenne, de : 34°.

Nous n'avons jamais observé, sur le trajet de l'aorte en arrière du thorax, une élévation de température.

D'après Sabatier [1], il n'y a pas de donnée absolue sur les rapports de température de la région précordiale et celle

1. Louis Sabatier. *Des températures générale et locale dans les maladies du cœur.* Thèse de médecine de Montpellier, 1882.

du côté opposé, la température physiologique de la région précordiale est de 36°1 en moyenne et est très variable suivant les sujets.

Le maximum se trouve tantôt à droite, tantôt à gauche : la différence est rarement supérieure à 1/2°. Cette diversité de résultats paraît tenir, en partie, à la variabilité des rapports du cœur avec la paroi thoracique, et d'autre part aux changements du point d'application du thermomètre à droite. Mais abstraction faite de ces causes d'erreur, il paraît démontré que la température de la région précordiale et celle de la région symétrique, se comportent entre elles d'une façon très variable.

Cet auteur n'admet pas d'élévation de la température locale du côté gauche dans la région précordiale. « Il résulte de nos investigations, dit-il, que les températures superficielles droite et gauche subissent des variations n'obéissant à aucune règle connue, mais qu'en prenant la moyenne de plusieurs observations, on obtient des chiffres sensiblement égaux. »

II. *Température de la région précordiale. dans les maladies du cœur.* — Nous ne possédons que quelques observations de thermométrie de la région précordiale dans les maladies du cœur.

D'après Peter [1], la *myocardite* élève la température de la région précordiale.

Dans un cas, la température fut prise dans l'aisselle et locodolenti.

Température locodolenti	. . . . .	40°5
axillaire	. . . . .	40°3

« Il existait donc, dit Peter, au niveau du cœur une température supérieure de 2 dixièmes de degré à celle de l'aisselle mais comme nous savons que chez les gens fébricitants la température du thorax est de 39°, pendant qu'il y a 40° dans l'aisselle, il est légitime de conclure que chez notre malade qui avait au thorax 40°5, la température était de 1°2 supérieure à celle de l'aisselle qui était 40°3. »

1. Peter, Société clinique de Paris. *France médicale* 1880, n° 2.

Le Dr Sabatier, dans ses recherches de thermométrie locale du cœur, est arrivé aux conclusions suivantes :

Dans la *péricardite aiguë et subaiguë*, la température superficielle de la région précordiale est augmentée.

La péricardite présente une courbe thermique semblable à celle de la pleurésie.

Quand la température générale est très élevée, par suite de la concomitance d'une autre maladie (rhumatisme polyarticulaire, érysipèle), la température locale lui est inférieure de 5/10 au moins. Mais quand le travail morbide local est très-intense, la température de la région précordiale peut atteindre et même dépasser celle de l'aisselle. — Le maximum de la surélévation dans la péric rdite avec épanchement a lieu pendant la *période de formation*. L'excès de la chaleur précordiale ne dépasse guère 1/2°.

Quand une pleurésie droite coïncide avec une péricardite, on peut, par l'exploration thermométrique, connaître l'intensité relative des deux processus inflammatoires.

Dans l'*Endopéricardite*, la température locale se maintient à un chiffre assez élevé pendant le décours de la maladie, alors que la température générale est revenue à l'état normal.

Dans l'*Endocardite*, la température locale ne subit pas la moindre élévation, et c'est là un moyen de diagnostic d'avec la péricardite.

Dans l *Hypertrophie cardiaque*, la température de la région précordiale est égale et quelquefois inférieure à celle du côté opposé.

La région précordiale peut être le siège d'un excès de température dû à un épanchement pleurétique du même côté.

Les vésicatoires appliqués à la région précordiale maintienne pendant plusieurs jours la température à un niveau supérieur : l'abaissement de la température peut coïncider d'une façon nette avec l'assouplissement de la peau.

« En résumé, dit le Dr Sabatier, l'exploration de la chaleur à la région précordiale peut éclairer le diagnostic ; il faut donc ne pas la négliger et la pratiquer soit avec la main, soit avec des instruments précis. L'importance de cet examen est surtout considérable à la fin de la période aiguë, au moment où la thermométrie axillaire ne révèle rien d'anormal. »

CHAPITRE XII

THERMOMÉTRIE LOCALE DANS LES MALADIES DE L'ESTOMAC ET DE L'ABDOMEN

D'après Leven [1], la température locale de l'estomac à l'état physiologique n'est pas la même à droite et à gauche, il existe des écarts entre ces deux régions de 0°1, parfois un degré. « C'est que l'estomac, dit l'auteur, n'est pas le même organe à droite et à gauche. »

« La température varie aux diverses heures de la journée. A jeun, le thermomètre marque :

A droite.	35°6
A gauche	35°9
Dans l'aisselle.	37°6

« C'est le matin à jeun, que l'estomac est le plus brûlant, le plus irrité. De là, l'explication et du peu d'appétit du matin, et de la souffrance matinale des dyspeptiques. C'est ce qui explique pourquoi avec une indigestion de la veille, le malade ne souffre que le lendemain matin.

« A mesure que l'on se rapproche de midi, la température baisse et est à son minimum à midi (2e repas) :

A gauche	34°9
A droite.	35°1

« Une heure après le repas, elle est à 35°2 à gauche ; à droite, la température reste la même.

1. Leven. *Thermométrie de l'estomac. Bull. de la Société de Biologie.* Séance du 21 juin 1879. *Gazette médicale*, 1879, n°29.

La congestion et partant l'élévation de température, se produit toujours à gauche en premier lieu, puis à droite un certain temps après.

« La troisième heure après le repas, elle atteint à gauche 35°5, avec élévation de 0°2, tandis qu'à droite elle s'élève de 1°4.

« Lorsque la température locale s'élève, la température périphérique s'abaisse; à la troisième heure après le repas, la chaleur axillaire a baissé de 0°4, ce qui explique les frissonnements qui se produisent au moment du travail de la digestion.

« La température de la région hépatique s'élève de la première à la troisième heure.

« Vers la 4e heure après le repas, la chaleur commence à « baisser.

A droite.	34°8
A gauche	34°1

« La chaleur périphérique s'élève vers la troisième heure : « à ce moment arrive la congestion du foie. De là, l'appa- « rition des coliques hépatiques à ce moment.

« A la cinquième heure, il y a plus d'uniformité à droite et « à gauche. C'est vers la troisième heure après le repas que « l'excitation est la plus forte, et c'est aussi à ce moment que « les douleurs se produisent plus intenses chez les dyspep- « tiques.

« Chez ces derniers, les variations de température ne sont « pas les mêmes ; la chaleur est de 36° ou 37° ; 1° ou 2° de « plus qu'à l'état normal. Dans la dilatation, dans le cancer « la température est de 37°, 36°5 à droite et à gauche. »

Leven s'est servi dans ses recherches d'un thermomètre ordinaire, appliqué sur la paroi abdominale et recouvert d'une couche de ouate.

Winternitz [1] introduisant un petit thermomètre à maxima dans l'estomac a pu ainsi mesurer la température de cet organe.

Sous l'influence d'irrigations rectales froides, cet auteur a vu la température de l'estomac descendre de 0°9, 25 minutes

1. W. WINTERNITZ. *Centralbl. für d. med. Wisensch*, p. 420, 1879.

après le début d'une irrigation d'un litre d'eau à 11° et 5 minutes après que cette irrigation était terminée. A ce moment la température de l'aisselle est supérieure à celle de l'estomac.

En 1869, Peter a communiqué à la Société Clinique une observation dans laquelle les températures épigastriques servirent à établir le diagnostic d'un *cancer de l'estomac*.

Il s'agissait dans ce cas d'un malade atteint de dyspepsie et d'amaigrissement progressif, sans vomissements ni tumeur à la région épigastrique. On prit avec soin la température épigastrique et l'on trouva 37°3, tandis que la température axillaire était de 36°8.

A l'autopsie, on trouva un cancer de l'estomac.

L'hyperthermie épigastrique ne se rencontrerait pas, suivant Peter, dans le cas de dyspepsie simple. Dans le cancer stomacal, la température locale s'élève au-dessus de la moyenne qui est de 35°5, et par conséquent, le diagnostic est puissamment éclairé.

Dans un autre cas observé par Peter, la température locale était augmentée de 0°8.

Cuffer a présenté à la même Société (1880) une observation de cancer de l'estomac avec température de la région épigastrique élevée.

D'après M. Peter, l'hyperthermie s'observe dans l'ulcère simple et dans certaines gastrites aiguës.

Dans un cas de cancer de l'estomac que nous avons observé dans le service de Dumontpallier, la température locale au niveau d'une tumeur superficielle était assez notablement élevée (0°6).

Du côté gauche (côté de la tumeur).	36°6	Moyenne de plusieurs explorations.
Côté droit	36°	

Maladies de l'abdomen. — Nous avons signalé dans un précédent chapitre la température locale des diverses régions de la paroi abdominale à l'état physiologique.

Peu de recherches ont été faites sur ce sujet.

Nous devons signaler ici les recherches de Braune[1] qui, dans

1. BRAUNE. *Virchow's Archiv fur path. Anatomie*, 1860. Band XIX, p. 470, 491.

un cas d'anus artificiel, a étudié la température de l'intestin, en introduisant un thermomètre dans le canal intestinal.

Cet auteur a trouvé la température de l'intestin avant le repas du matin et du soir, presque égale (30° R., 29°9 R.), alors que la température de l'aisselle était très variable (le matin 28° R., à midi 29°7 R, le soir 29°6 R.)

La température de l'intestin, d'après cet auteur, est plus élevée que celle de l'aisselle.

Après l'ingestion d'aliments chauds, Braune a noté une élévation notable de la température de la cavité abdominale.

M. Peter[1], dans une communication à l'Académie de médecine en 1869, a démontré que la thermométrie locale de l'abdomen pouvait servir à distinguer l'ascite sans inflammation péritonéale des péritonites chroniques.

Il résulte des recherches de M. Peter que l'*ascite* n'élève pas la température de la paroi abdominale qui est en moyenne de 35°5 sur la ligne médiane de la zone sus-ombilicale. Elle peut même être inférieure à ce chiffre.

Dans la *péritonite chronique*, au contraire, le thermomètre appliqué dans les mêmes points indique une élévation de la température de 1° et plus.

Voici les quatre observations citées par M. Peter :

PREMIÈRE OBSERVATION. — Elle a trait à une péritonite chronique non tuberculeuse par gastrite et épiploïte chroniques chez un homme de 35 ans porteur d'un épanchement abdominal abondant.

L'élévation de la température abdominale permet à M. Peter d'éliminer le diagnostic : ascite proprement dite.

La question se posait ainsi, savoir s'il s'agissait d'une ascite par cirrhose du foie ou d'une péritonite chronique par gastrite chronique ou cancer de l'estomac.

Les températures générales et locales donnaient les chiffres suivants : T. axillaire, 36°5 ; T. de l'hypochondre droit, 36°1. C'est-à-dire qu'il y avait dans l'aisselle un abaissement de 0°5 au-dessous de la température normale due à l'inanition, alors que dans l'hypochondre on trouvait, non pas cet abaissement de 0°5, mais une élévation de 0,8 (ou en réalité de 0°8 + 0°5, c'est-à-dire de

1. PETER. *Températures morbides locales dans les maladies de l'abdomen. Affections du péritoine. Ascite et péritonite. Bulletins de l'Académie de médecine*, 1869, p. 1253.

1°3). Il y avait donc là un foyer thermique local qui devenait un signe diagnostic important et permettait d'éloigner l'idée d'une simple ascite pour admettre une phlegmasie péritonéale chronique dans la région de l'appareil gastro-hépatique.

L'autopsie confirma le diagnostic de M. Peter en montrant une péritonite chronique prédominant dans la région gastrique d'où elle semblait rayonner dans le voisinage. Il existait en même temps une gastrite chronique scléreuse d'origine alcoolique.

Il n'y avait donc pas là une ascite par cirrhose du foie, mais péritonite par rayonnement de l'inflammation de l'estomac au grand épiploon et au péritoine voisin.

L'élévation de la température locale, qui avait été celle de l'inflammation et non de l'hydropisie, avait seule permis de formuler un diagnostic différentiel.

Deuxième observation. — C'est encore l'élévation de la température locale qui permet de distinguer une péritonite chronique tuberculeuse d'une ascite.

Une femme de 33 ans était atteinte d'un épanchement péritonéal abondant diagnostiqué « ascite par cirrhose du foie ». M. Peter pensait, au contraire, à une péritonite chronique tuberculeuse. Pour juger en dernier ressort il fit prendre la température abdominale de la malade le 8 avril 1877 au cinquième jour de son admission à l'hôpital. Le thermomètre marquait 36°7, c'est-à-dire 1°2 de plus que la moyenne, la température axillaire étant 37°.

Dans les jours suivants, on obtint successivement :

9	avril.	36°8 plus élevée de	1°3	que la normale.	
10	—	37°4	—	1°9	—
11	—	36°3	—	0°8	—
12	—	36°5	—	1°	—
13	—	35°5 égale à la normale.			

Mais il faut remarquer que par le fait de l'inanition la température axillaire était tombée le 13 à 34°6, c'est-à-dire plus basse que la normale de 1°4, alors que le même jour la température abdominale était de 35°5 dépassant encore l'axillaire de 0°9.

A l'autopsie, on trouva une péritonite tuberculeuse.

Ce fait remarquable d'une température locale à l'abdomen de 36°5 avec une température axillaire de 34°5, c'est-à-dire une température locale absolument plus élevée de 2° que la température générale, et relativement supérieure de 3°5 à la température axillaire de la malade fut la clé du diagnostic : il montrait l'existence d'un foyer morbide thermogène indiquant non pas une hydropisie mais une phlegmasie chronique du péritoine.

Troisième observation. — Celle-ci appartient à un malade ayant une péritonite cancéreuse qui fut distinguée d'une ascite par la surélévation locale de la température.

Ici encore une élévation locale de 0°8 à 2°, par le fait d'une lésion cancéreuse du péritoine et sécrétion symptomatique, distingua celle-ci de l'extravasation du sérum pas ascite.

Quatrième observation. — Dans cette dernière observation, d'après M. Peter, l'élévation thermique des parois abdominales permet de reconnaître une « péritonite chronique tuberculeuse » chez un homme de 48 ans que l'on croyait atteint de tympanite hystérique.

Pour mettre un terme aux controverses auxquelles prêtaient ce diagnostic chez ce malade, M. Peter fit prendre la température abdominale pensant que s'il s'agissait de péritonite il trouverait de l'hyperthermie, tandis que dans le cas de tympanite nerveuse elle serait normale ou inférieure.

Or, chez ce malade, la température axillaire étant normale, le thermomètre épigastrique marquait 36°6, c'est-à-dire 1°1 au-dessus de la normale. Le diagnostic de péritonite tuberculeuse put ainsi être porté.

Pour comble de démonstration, M. Peter dans une seconde recherche fit appliquer le thermomètre non plus au voisinage de l'estomac et des anses intestinales distendues par des gaz qui naturellement tendaient à contrebalancer l'élévation locale de la température, mais à l'hypogastre où le tympanisme était moindre et où se rassemblent nécessairement les produits inflammatoires,

On vit alors que le thermomètre hypogastrique marquait 37°1, c'est-à-dire 0°4 de plus que la température axillaire qui était de 36°7 et 1°6 de plus que la moyenne abdominale.

De ces observations, Peter tire les conclusions suivantes :

Au point de vue clinique, la surélévation locale de la température en cas de phlegmasie chronique du péritoine fournit un nouveau moyen de diagnostic entre la péritonite chronique et l'ascite (dans l'ascite la température reste normale).

Au point de vue de la pathologie générale, l'ascite n'élève pas la température locale de la paroi, parce qu'il n'y a là qu'un fait physique, l'extravasation, la filtration du sérum du sang à travers les parois veineuses distendues; tandis que la phlegmasie chronique du péritoine élève toujours cette température locale, parce qu'il y a là un acte dynamique, un travail, la sécrétion d'une sérosité fibrineuse.

D'où il suit, qu'en pathologie comme en mécanique, *partout où il y a travail accompli, il y a calorique dégagé.*

En disant que l'ascite n'élève pas la température, il faut ajouter : *tant qu'elle n'a pas été ponctionnée.*

La température locale s'élève beaucoup, en effet, à la suite de la ponction, et cette élévation est presque immédiate; puis elle décroît de jour en jour, et au bout de quelques jours elle revient à son point de départ.

Enfin, si élevée que soit la température abdominale après la ponction, la température axillaire reste invariable et n'est nullement influencée par l'hyperthermie locale.

Dans ses observations de températures locales de l'abdomen dans la fièvre typhoïde, M. Moursou [1] a fréquemment noté une élévation de température d'un des côtés de l'abdomen.

Les lésions pulmonaires dans cette affection retentissent non seulement sur la température thoracique mais encore sur la température de l'abdomen. Il existe dans ces cas des hyperthermies d'un des côtés du corps que nous avons signalé dans les maladies fébriles.

D'après cet auteur, les diverses médications, ipéca, purgatifs, etc., abaissent la température locale de l'abdomen.

1. Moursou. *Recherches sur les températures locales dans la fièvre typhoïde. Journal de thérapeutique de Gubler*, 1882.

CHAPITRE XIII

DE LA TEMPÉRATURE LOCALE DES FOYERS INFLAMMATOIRES.

J. Hunter[1] démontra le premier d'une façon précise que la température s'élève dans les organes enflammés.

Introduisant un thermomètre dans la tunique vaginale d'un malade atteint d'hydrocèle, Hunter constata après l'ouverture de la séreuse une température de 33°3. Le jour suivant, l'inflammation étant bien développée, Hunter fit une nouvelle introduction de thermomètre qui marqua alors 37°08. La température s'était élevée de 3°78.

J. Hunter note avec soin que l'élévation de la température locale de l'organe enflammé ne dépasse pas celle des organes profonds et du sang.

Plus tard, ce célèbre expérimentateur voulant vérifier si la température locale s'élève dans les organes profonds enflammés, pratiqua une incision au côté droit du thorax d'un chien, et par cette incision, il introduisit un thermomètre jusqu'au diaphragme, il nota 38°33 ; le jour suivant il répéta l'introduction de l'instrument de la même manière, il n'y eut pas de changement dans le résultat, c'est-à-dire que la température fut toujours 38°33.

John Hunter concluait de ses expériences que la température s'élève en réalité dans un foyer inflammatoire, en raison de l'afflux du sang intérieur qui apporte une plus grande quantité de chaleur. Un organe qui se trouve imprégné par une suffisante quantité de sang et qui est à l'abri des causes extérieures de refroidissement, n'accuse pas une élévation de température.

« Une inflammation locale, dit Hunter, ne peut élever la

1. J. Hunter. *Works*, t. III, 1837, et J. Hunter. *Leçons sur les principes de la chirurgie : Œuvres complètes.* trad. Richelot. Paris, 1837. t. I, p. 457. — *Traité du sang et de l'inflammation,* t. III, p. 376, 379.

chaleur de la partie au-dessus de la température naturelle de l'animal, et lorsqu'elle a son siège dans les parties dont la température naturelle est inférieure à celle qui existe à la source de la circulation, elle ne l'élève jamais jusqu'à cette dernière. »

Becquerel et Breschet[1] publièrent, en 1835, les observations thermométriques suivantes, prises avec un appareil thermo-électrique.

Chez une jeune fille scrofuleuse dans un état fébrile marqué :

Température	de la bouche	37°5
—	du biceps	32°50
—	d'une tumeur scrofuleuse enflammée, à la base du cou	40°
—	dans une tumeur fongueuse du tissu cellulaire	40°

Chez un autre sujet :

Température de la bouche	36°75
— du biceps	37°
Tumeur fongueuse	37°50
Membrane cellulaire voisine	35°

Ces observations en trop petit nombre ne permettent pas de conclusion, elles ne démontrent pas « que la température des foyers inflammatoires soit plus élevée que la température générale du sang et des centres. » On ne peut considérer en effet la température du biceps ou de la bouche comme indiquant la température centrale ou du sang.

Dans ses expériences, Demarquay[2] étudie l'influence d'une inflammation locale sur la température générale.

Cet auteur pense « qu'une phlegmasie locale est susceptible de produire une élévation de la température générale du corps. Il est même possible, que la température d'une partie enflammée soit supérieure à celle du rectum, prise dans le même moment. »

1. BECQUEREL et BRESCHET. *Second mémoire sur la chaleur animale*. Lu à l'Académie des sciences, 10 août 1835. — *Annales des sciences naturelles*, 1835, 2° série, t. IV, p. 243.

Voyez : GIERSE. *Quænam sit ratio caloris organici partium inflammatione laborantium*, etc. *Diss. inaug. Halle*, 1842.

Voyez aussi : HELMHOLTZ. *Muller's archiv*, 1848, p. 145 ; et LUDWIG. *Physiologie*, édit. 1858.

2. DEMARQUAY. *Recherches expérimentales sur la température animale*. Thèse de Paris, 1847. *Mémoire sur les modifications de la température animale dans quelques maladies chirurgicales. Moniteur des hôpitaux*, 1856, et article *Chaleur du Dictionnaire de médecine et de chirurgie de Jaccoud*.

TABLEAU indiquant les températures comparées des parties enflammées et non enflammées.
(JOHN SIMON et EDMUND MONTGOMERY).

SUJET DE L'OBSERVATION.	POINT OU SONT PLACÉS LES POINTES THERMO-ÉLECTRIQUES		DÉVIATION de l'aiguille indiquant le côte le plus chaud.	NUMÉRO
NATURE ET DATE DE LA BLESSURE. CAUSE DE L'INFLAMMATION.	Pointe réunie avec la moitié ouest du galvano multiplicateur.	Pointe réunie avec la moitié est du galvano multiplicateur.		
Chien avec fracture compliquée de la jambe droite, datant de 72 heures, la température générale s'est élevée de 38°2 à 39°5.	Dans la veine fémorale de la cuisse enflammée.	Dans la veine fémorale du côté opposé.	Ouest.	1
	Dans la veine fémorale de la cuisse enflammée.	Dans l'artère fémorale du côté opposé.	Ouest.	2
	Dans l'artère fémorale de la cuisse enflammée.	Au niveau du foyer inflammatoire.	Est.	3
Chien avec fracture compliquée de la jambe droite, datant de 48 heures, la température générale s'est élevée de 38°1 à 39°3.	Dans l'artère fémorale de la cuisse enflammée.	Dans la veine fémorale de la cuisse enflammée.	Est.	4
	Dans l'artère fémorole de la cuisse enflammée.	Foyer inflammatoire.	Est.	5
	Dans la veine fémorale de la cuisse enflammée.	»	Est.	6
	Dans la veine fémorale de la cuisse enflammée.	Dans la veine fémorale du côté opposé.	Ouest.	7
	Dans l'aorte abdominale.	Partie enflammée.	Est.	8
Chien avec fracture compliquée de la jambe gauche, datant de 19 heures, la température générale s'est élevée de 37°6 à 38°9.	Dans la veine fémorale de la cuisse droite saine.	Dans la veine fémorale de la cuisse gauche enflammée.	Est.	9
	Dans l'artère fémorale de la cuisse droite saine.	»	Est.	10
	Dans les parties enflammées.	Dans l'artère fémorale de la cuisse enflammée.	Ouest.	11
Essai.	Dans l'atmosphère de la chambre.	Entre le pouce et l'index de l'expérimentateur.	Est.	13
	Entre le pouce et l'index de l'expérimentateur.	Dans l'atmosphère.	Ouest.	

John Simon et Edmund Montgomery [1] ont donné dans le tableau précédent le résultat de leurs recherches.

Leurs expériences ont été faites au moyen d'un appareil thermo-électrique.

Les conclusions de ces expériences peuvent se résumer ainsi :

1° *Le sang artériel* arrivant aux parties enflammées est moins chaud que le foyer phlegmasique lui-même. (Exp. 3, 5, 8, 11).

2° *Le sang veineux* d'un membre enflammé, quoique moins chaud (Exp. 6) que le foyer phlegmasique (Exp. 2, 4, 10), à une température plus élevée que celle du sang artériel efférent.

3° *Le sang veineux* d'un membre enflammé est plus chaud que celui du membre sain correspondant (Exp. 1, 7, 9).

John Simon et Ed. Montgomery admettent, d'après cela, que les foyers inflammatoires donnent lieu à une production locale de chaleur, et que le sang veineux qui revient d'une partie enflammée et qui s'est échauffé peut contribuer à élever la température de toute la masse du sang.

Billroth [2], étudiant la température comparée du rectum et du vagin et celle des plaies enflammées chez les chiens, et même chez l'homme, est arrivé aux conclusions suivantes :

Dans quarante-huit examens comparatifs, la température de la plaie ou de la partie enflammée n'a surpassé celle du rectum que deux fois.

D'après cet auteur [3] : « Il est peu probable que dans une plaie ou une partie enflammée il se produise une quantité de cha-

1. John Simon et Edmund Montgomery. *A System of Surgery by Holmes.* 1860 et seconde édition, 1869, vol. I, p. 16.

2. Billroth et Hufschmidt. *Développement de la fièvre par injection de pus. Les foyers inflammatoires n'ont pas une température plus élevée que le rectum. Langenbeck's Arch. für Klin. Chir.* Bd. VI, p. 332, 1864.

3. Billroth. *Beobachtungs-Studien über Wundfieber und accidentelle Wundkrankeiten. Langenbeck's Arch. für Chirurgie* Bd. II, 1862 ; Bd. VI, p. 129, 1864 et Bd. IX, 1867, p. 579, 1872 et *Centralblatt*, 1872.

leur ayant une influence appréciable au thermomètre sur la calorification de la masse du sang et par conséquent nous devons aller à la recherche d'autres causes pour expliquer la fièvre traumatique et inflammatoire. »

Weber [1] est arrivé aux résultats suivants :

Dans douze mensurations prises sur des plaies chez l'homme, la température fut trouvée six fois plus élevée dans la plaie, trois fois plus basse, trois fois la même que dans la bouche et l'aisselle, la différence dans les premiers cas était de 0°6 c. en plus pour la plaie.

Trente et un examens sur des chiens et des lapins ont donné des résultats moins nets, la température n'a été plus élevée dans la plaie que dans neuf cas. « Des causes nombreuses d'erreur expliquent ces divers résultats, et l'on peut comprendre les doutes émis par Billroth ; il semble, cependant, que les résultats négatifs aient moins de valeur que les résultats positifs. »

Weber a répété les expériences de J. Simon et E. Montgomery et est arrivé à des conclusions identiques. Les résultats ont été si constants, que, dans trente-six cas sur trente-neuf, la température des parties enflammées a été plus élevée que dans les parties saines homologues.

Weber a pu ainsi établir les propositions suivantes identiques à celles de J. Simon :

1° Les parties enflammées sont plus chaudes que les parties saines correspondantes ;

2° Le sang artériel qui se distribue aux parties enflammées est moins chaud qu'elles ;

3° Le sang veineux qui revient des parties enflammées est moins chaud que celles-ci, plus chaud que le sang artériel, plus chaud que le sang veineux du côté sain correspondant.

Dans ses expériences sur la température de l'aisselle comparée à celle de l'utérus et du vagin enflammés, Schroëder [2] a noté que :

1. WEBER. *Experimentelle studien über Pyaemie, Septicœmie und Fieber. Deutsche Klinik.* 1864, n° 48 à 51 et 1865, n° 2 à 8. In *Handbuch der Allgemeinen und speciellen Chirurgie.* Vol. I, chap. XX et *Ueber das Fieber im Allgemeinen und das Wundfieber ins besondere Medizinische Jahrbücher*, XIV, Juin 1867.

2. SCHROEDER. *Virchow's Archiv für Pathol. Anat.* Bd. XXXV, p. 253 à 290, 1866.

Toute élévation de la température locale d'un organe enflammé retentit sur la température générale qui s'élève.

La température générale n'est jamais *plus élevée* que la température locale.

Dans ses recherches Schneider[1] a obtenu les résultats suivants, qui confirment les conclusions de Hunter, Billroth, etc.

1er *cas*. — Fistule profonde ; nécrose de l'humérus ; un érysipèle qui a envahi la plus grande partie du bras s'est étendu depuis quelques heures autour de la fistule. La température de la fistule est 38°9 ; celle du rectum 38°9.

2e *cas*. — Lymphadénite aiguë au pli de l'aine. Une petite incision (qui a donné issue à de la sérosité jaunâtre) a été pratiquée pour introduire le thermomètre à deux pouces de profondeur. La température de la plaie est de 38°5 ; celle du rectum de 38°7.

3e *cas*. — Nécrose du maxillaire inférieur ; incision, extraction de séquestre. Il y avait une vive réaction après l'opération. Le premier jour : plaie 37°7 ; rectum 38°. Le deuxième jour : plaie 37°7 ; rectum 37°9. Le troisième jour : plaie 37°6 ; rectum 37°9. Le quatrième jour : plaie 37°9 ; rectum 38°1. Le sixième jour : plaie 37°6 ; rectum 37°9. Le septième jour : plaie 37°4 ; rectum 37°4.

4e *cas*. — Mastite depuis huit jours ; incision ; nouvel abcès ; le thermomètre est introduit dans ce foyer tout récent. Température : plaie 37°6 ; rectum 38°2.

5e *cas*. — Lymphadénite aiguë à l'aine gauche. Le thermomètre maintenu dans l'aine par la flexion forcée de la cuisse marque une température de 38° ; il donne une température aussi élevée dans le pli de l'aine du côté opposé : la température du rectum est de 38°7.

6e *cas*. — Carie profonde de l'os iliaque en trois points, fistule, datant d'un an. Température : fistule 37°6 ; rectum 37°6.

1. SCHNEIDER. *Centralblatt*, 1876.

Des expériences de Jacobson[1] et Bernhardt[2], il résulte que :

1° La température de la peau fortement enflammée ou des muscles dans leurs couches profondes, dans le voisinage des os, n'atteint jamais la température centrale du rectum, du vagin ou de la cavité abdominale. La différence dans les inflammations intenses est de 1° à 2° cent., (dans 5 cas entre 0°5 et 1° c.).

2° La température de la partie enflammée dépasse habituellement celle des parties voisines et saines, mais d'autant moins que le tissu est plus éloigné de la périphérie. Alors que la température de l'oreille enflammée des lapins s'élève de 4° à 5°, elle ne s'élève dans les muscles profonds des extrémités enflammées que de 1° c., 0°5 et dans quelques cas il n'existe aucune élévation.

Les expériences de ces auteurs, sur la température des séreuses enflammées par l'injection de caustiques dans la cavité pleurale ou péritonéale prouvent que la température de ces foyers inflammatoires ne dépasse pas la température prise dans le cœur gauche.

Il n'existe donc pas, d'après ces auteurs, *des foyers de chaleur* pouvant exercer une action sur la température générale et élever la température du sang.

Ces recherches confirment, disent ils, l'opinion de Hunter « qu'une inflammation locale ne peut élever la chaleur d'une partie au-dessus de la température des centres circulatoires. »

Bernhardt et Jacobson se sont servis dans leurs recherches de la méthode thermo-électrique.

Laudien[3] a obtenu, en se servant d'un appareil thermo-électrique et d'un galvanomètre à miroir les conclusions citées plus haut et adoptées par Jacobson.

Les intéressantes recherches de Laudien sont résumées dans le tableau suivant :

1. Jacobson. *Ueber normale und pathologische Localtemperaturen. Virchow's Archiv für Pathol. Anat.* Bd. LI, p. 270, 1870.

2. Bernhardt et Jacobson. *Centralblatt*, 1868, n° 643.

3. Laudien. *Ueber örtliche Wärmeentwicklung bei der Entzündung. Dissert. Konigsberg*, 1869.

NUMÉRO	DATE	ET NOMBRE des mensurations	SUJET	Différence de température ENTRE le foyer inflammatoire et la partie correspondant saine.	(ENTRE) le foyer inflammatoire et le rectum.	APPLICATION DU POINT DE SOUDURE DANS LE FOYER INFLAMMATOIRE.
I	19/2	1	Chien de taille moyenne, le fémur broyé avec une pince 48 heures auparavant, la plaie est cousue Au moment de l'expérience plaie ouverte purulente.	— 1,1 C.	+ 1,1 C.	Au-dessous de la plaie, dans les couches musculaires profondes.
		2	....	0,2		Dans la plaie même.
	20/2	3	Inflammation très prononcée de toute la cuisse, œdème malléolaire.	0		Dans la profondeur des muscles.
	21/2	4	Inflammation et gonflement au plus haut degré. Le thermomètre donne dans le rectum 40°. Les recherches électriques immédiatement après donnent 40°3.	0		Dito
		5	....	0,6	+ 1,2	Dans le voisinage de la plaie.
II	25/2	6	Chien dont le fémur a été fracturé 72 heures auparavant avec une pince. Gonflement très marqué.	— 1,1	+ 1,3	Immédiatement autour de l'os.
	26/2	7	La plaie suppure abondamment.	— 0,2	+ 1	Profondément dans la couche musc.
	27/2	8	Introduction d'une aiguille à travers les muscles abdominaux dans la cavité péritonéale	— 0,2	Cavité abdom. + 1,3 Vagin	Dito
III	8/3	9	Introduction d'une solution de potasse caustique entre les muscles de la cuisse d'une chienne. 48 heures avant l'expérience.	— 0,3	+ 1,8	Dito
	9/3	10	Ulcérations étendues, gangrène du tissu enflammé.	— 1		Dito
	10/3	11		— 1	Cavité abdom. + 2,1	Dito
IV	5/3	12	On a badigeonné 24 heures avant l'expérience, l'oreille d'un chien avec de l'huile de croton, l'oreille saine paraît décolorée et anémique, l'oreille du côté badigeonné est	1,2	+ 0,8	A la base de l'oreille dans le tissu conjonctif sous-cutané.

VI	6/3	15)	Chez un chien la friction avec l'huile de croton, pratiqué 24 heures avant, a provoqué un phlegmon très accentué.	−2,8 jusqu'à −3,2		Derrière l'oreille sous la peau.
VII	7/3	16)	Même procédé, même résultat.	− 1,		Superficiellement sous la peau.
VIII	11/3	17)	Même procédé, même résultat.	−4 jusqu'à −4,8		A la base de l'oreille.
	12/3	18)	Après une hémorrhagie de l'oreille malade par suite du retrait de l'aiguille.	+ 3,1	+ 4,8	Dito
IX	11/3	19)	Même marche mais avec formation d'ampoules.	+ 5,1		Dans le voisinage de l'ampoule.
	12/3	20)	Après un nouveau badigeonnage à l'huile de croton, inflammation très forte sans formation d'ampoules.		+ 1,2	A la base de l'oreille.
	13/3	21)	Nouvelle mensuration.	−0,7 jusqu'à −0,9	+1,2 jusqu'à +1,7	Dito
X	14/3	22)	Grand abcès de l'oreille droite chez un chien provoqué par des frictions répétés à l'huile de croton.	− 0,9	+ 1,8	Dito
XI	19/1	23)	Il a été injecté entre la peau et les muscles de la cuisse d'un chien, 24 heures avant, un mélange d'une partie d'huile de croton et trois parties d'huile de ricin.	− 0,7 jusqu'à − 1,2		Dans le tissu conjonctif sous-cutané.
XII	22/1	24)	Même procédé, même résultat.	−0,2 jusqu'à −0,5	+1,7 jusqu'à + 2	Dito
XIII	1/2	25)	Même procédé, 72 heures après, infiltration purulente de la cuisse.		+ 4,1	Profondément dans les muscles.
XIV	4/2	26)	Même procédé, gangrène de la peau.		+ 0,5	Dito
XV	4/2	27)	Même procédé, même résultat.	− 0,5	+ 0,8	Dito
XVI	17/2	28)	On provoque une brûlure chez un chien en maintenant son membre inférieur dans un bain d'huile à 80°. Erythème très fort. Mensuration 2 heures après.	− 0,96	+ 1,7	Dans le tissu conjonctif sous-cutané.
XVII	17/2	29)	Le fémur est mis à nu, chez un chien, et fracturé avec une pince, la plaie est recousue 24 heures avant l'expérience, inflammation violente.	− 0,96	+ 1,7	Dans le voisinage immédiat de l'os.
XVIII	18/2	30)	Même procédé (Mort de l'animal de l'expérience XVII et XVIII au bout de 36 heures.)	− 0,5	+ 1,2	Dito
XIX	27/2	31)	Chez un chien, une plaie des muscles de la cuisse avec de l'huile de croton.	− 0,2	+ 1,5	Dans la profondeur des muscles.

Remarque. — Le signe (+) signifie que les organes comme : le rectum, le membre sain, etc. qui servent de point de comparaison sont plus chauds que la partie malade. Le signe (—) indique par contre que ces parties saines sont plus froides que le foyer inflammatoire.

Laudien a noté qu'au moment ou dans une partie enflammée, il se produit des infiltrations purulentes étendues, lorsque la plaie communique avec l'atmosphere, le *point correspondant du membre sain*, du côté opposé, présente une température plus élevée.

Alvarenga[1], comparant ses propres recherches à celle des auteurs qui ont étudié la température locale des foyers inflammatoires, conclue :

1° Que la température des parties externes et enflammées est supérieure à celle des parties correspondantes non enflammées, mais inférieure en général, et rarement égale à celle de l'intérieur ou du sang ;

2° Que ce n'est qu'exceptionnellement que la chaleur d'une partie phlogosée est supérieure à celle du sang ou à la température centrale ;

3° Que lorsque cette exception a lieu, la différence entre les deux températures (celle interne et celle de la partie enflammée) est minime.

Huppert[2], dans quelques expériences sur la température de la tunique vaginale comparée à la température générale est arrivé aux conclusions suivantes :

Quelques heures après l'irritation mécanique de la tunique vaginale, la température locale s'élève assez notablement de 1°2 à 2°5, sans qu'elle dépasse la chaleur normale du sang.

En même temps que l'élévation de la température locale, il y a élévation de la température générale. Mais la différence entre la température normale avant l'expérience et la température pendant l'etat fébrile est moins marquée pour la température générale que pour la température locale.

Les variations de la température générale précèdent toujours celles de la température locale, ou bien ces variations se produisent en même temps.

Dans nos expériences pratiquées au Muséum d'histoire naturelle, au Laboratoire de Physiologie générale, nous avons étudié la température locale des foyers inflammatoires. Nous avons d'abord recherché la température locale de la plaie, au moment où celle ci vient d'être produite, et en dehors de tout phénomène inflammatoire. Nous n'avons trouvé dans les auteurs aucun renseignement sur ce point.

Voici les résultats que nous avons obtenus dans une de nos expériences :

1. Da Costa Alvarenga, *Précis de thermométrie clinique générale.* Lisbonne, 1871, et deuxième édition, 1882.

2. Huppert. *Influence des variations locales de la température du corps. Arch. der Heilkunde.* 40e année, heft. I. 2 janvier 1873.

EXPÉRIENCE.

Laboratoire de physiologie générale.

Température locale d'une plaie, au moment et quelque temps après la lésion, au niveau du foyer traumatique, dans les points voisins, dans le membre correspondant, dans le membre opposé sain. — Recherche avec les appareils thermo-électriques.

Chien vigoureux.

Avant l'expérience :

	Côté droit.	Côté gauche
Température des aisselles.	38°8	38°8
1/3 supérieur de la cuisse.	37°6	37°6
Partie moyenne.	37°2	37°2
1/3 inférieur.	36°2	36°2
Jambe 1/3 supérieur.	36°	36°
Au niveau des pattes	28°	28°

Production d'une plaie superficielle, ablation avec des ciseaux de la peau jusqu'au tissu cellulaire sous-cutané dans une étendue de 5 centimètres environ à la partie moyenne de la cuisse droite. Douleur vive.

Deux minutes après l'opération :

	Côté droit. Côté de la plaie.	Côté gauche.
Température des aisselles.	38°8	38°8
1/3 supérieur de la cuisse	37°8	37°2
Partie moyenne (au niveau de la plaie).	37°	37°
Dans les points voisins.	37°	37°
1/3 inférieur	36°8	35°8
Jambe.	36°9	35°6
Au niveau des pattes	28°8	27°6

Au bout de quatre heures :

	Côté droit. Plaie.	Côté gauche.
Température des aisselles.	38°8	38°8
1/3 supérieur de la cuisse	37°7	37°7
Partie moyenne de la cuisse.	37°9	37°4
Au niveau de la plaie	37°9	37°5
Dans les points voisins	37°6	37°5
Jambe.	36°9	36°4
Au niveau des pattes	28°7	28°3

Il résulte de cette expérience et de plusieurs autres semblables, que la température s'abaisse au niveau de la plaie et dans les points voisins, quelques minutes après la production de la plaie.

Elle s'élève dans le membre du côté correspondant à la plaie.

Elle s'abaisse d'abord pour s'élever ensuite au bout de quelques heures dans le membre sain du côté opposé et remonter à son niveau primitif.

Ces résultats sont à rapprocher de ceux obtenus par MM. Brown Séquard et Tholozan, à la suite de l'irritation des nerfs de la peau. (Voir page 520.)

Le lendemain de l'opération (24 heures après la blessure) suppuration légère de la plaie.

	Côté droit.	Côté gauche.
Température des aisselles.	39°	39°
Au niveau de la plaie	38°4	37°6
Au voisinage	38°3	36°6
1/3 supérieur de la cuisse	37°9	37°2
Jambe.	36°9	36°
Au niveau des pattes	29°	28°1
Température rectale.	39°5	

On pratique une cautérisation de la plaie avec le fer rouge. Douleur très vive.

Après la cautérisation :

	Côté droit.	Côté gauche.
Au niveau de la plaie	38°9	37°3
Au voisinage	38°6	37°3
1/3 supérieur de la cuisse	38°	37°
Jambe.	37°	35°8
Au niveau des pattes	29°4	27°8
Température rectale.	39°8	

Au bout de 4 heures :

	Côté droit.	Côté gauche.
Au niveau de la plaie	38°6	37°8
Au voisinage	38°4	37°7
1/3 supérieur de la cuisse	38°	37°4
Jambe	36°8	36°2
Au niveau des pattes	29°2	28°5

L'irritation d'un foyer inflammatoire produit une élévation passagère de la température au niveau du foyer, dans les points voisins, dans le membre correspondant; un abaissement suivi d'une légère élévation dans le membre opposé sain.

Dans plusieurs expériences, nous avons noté les mêmes résultats.

Ces variations thermiques, *dans les membres opposés* à ceux qui présentent des foyers traumatiques ou inflammatoires, variations souvent passagères et qui sont très probablement des effets de contraction ou de dilatation vasculaires sont importants à connaître. Elles doivent entrer en ligne de compte, lorsqu'il s'agit d'apprécier la température des points symétriques opposés à des foyers inflammatoires.

Nos recherches sur la température des foyers inflammatoires comparée à la température générale démontrent que :

La température locale d'un foyer inflammatoire ne dépasse jamais la température générale.

Nous ne citerons que les résultats suivants qui confirment cette proposition.

(Les expériences semblables de Jacobson ont donné les mêmes conclusions.)

Laboratoire de physiologie générale, au Muséum d'histoire naturelle.

	TEMPÉRATURE GÉNÉRALE	Aiguille plongée dans le tissu du cœur. Division de l'échelle du galvanomètre.	Aiguille plongée profondément dans le foyer inflammatoire. Division de l'échelle du galvanomètre.	COTÉ LE PLUS CHAUD. — Division de l'échelle du galvanomètre.
Pleurésie expérimentale[1], chez un chien, développée par l'injection d'huile dans la cavité pleurale droite.				
— Au 5e jour.........	39, 8	29,3 (G.)	28, (G.)	Le cœur est plus chaud de 1°3, division de l'échelle du G.
— Au 8e jour.........	39.	30, (G.)	28,5 (G.)	Cœur plus chaud de 1°51, 10 G..
Pleurésie expérimentale gauche chez un chien (même procédé).				
— Au 10e jour........	38, 8	25,3 (G.)	24,3 (G.)	Le cœur est plus chaud de 1°7 (G.).
— Au 12e jour........	37.	28,2 (G.)	24,2 (G.)	Le cœur est plus chaud de 4° (G.).
Pleurésie expérimentale droite				
— Au 2e jour.........	39.	30,1 (G.)	29,8 (G.)	Le cœur est plus chaud de n°3 10 (G.).
— Au 4e jour.........	39, 8	30 (G.)	29,9 (G.)	Plus chaud de 0°1 10 (G.).
— Au 5e jour.........	39	30 (G.)	28 (G.)	Plus chaud de 2° (G.).
Pleurésie expérimentale gauche.				
— Au 3e jour.........	38, 6	25,3 (G.)	24,8 (G.)	Plus chaud de n°7 10 (G.).
— Au 4e jour.........	38, 7	25,7 (G.)	24 (G.)	Plus chaud de 1°5 (G.).

1 Dans ces pleurésies expérimentales nous avons recherché la température comparée des deux parois du thorax (côté sain et côté atteint de pleurésie), en plongeant des aiguilles thermo-électriques à différentes profondeurs et jusqu'au centre du foyer inflammatoire. Les résultats obtenus n'ont pas été nets et concluants, aussi avons-nous jugé inutile de publier ces expériences.

Dans nos observations sur l'homme nous n'avons trouvé dans aucun de nos cas, la température d'un foyer inflammatoire supérieure à la température centrale.

Comme conclusion générale nous dirons :

La température s'abaisse au niveau de la plaie et dans les points voisins, quelques minutes après la production de cette plaie.

Elle s'élève bientôt du côté correspondant à la plaie.

Elle s'abaisse d'abord pour s'élever ensuite et remonter au niveau normal du côté opposé sain.

La température locale s'élève au niveau des foyers inflammatoires, superficiels ou profonds.

L'élévation est très marquée, lorsque l'inflammation est vive, lorsque le foyer est en communication avec l'air extérieur, lorsqu'il est septique.

La température des tissus enflammés est plus élevée que celle des régions homologues saines.

La température s'élève dans les points voisins du foyer inflammatoire et dans une zone assez étendue.

L'existence d'un foyer inflammatoire d'un côté du corps ne retentit pas seulement sur la température de ce côté mais sur celle du côté opposé.

L'irritation d'un foyer inflammatoire produit une élévation de la température au niveau du foyer et dans les points voisins du côté correspondant ; un abaissement de température suivi d'élévation légère du côté opposé sain.

La température centrale (sang, cœur) est TOUJOURS PLUS ÉLEVÉE *que la température locale d'un foyer inflammatoire.*

Les variations de la température générale précèdent généralement celles de la température locale.

Il n'y a pas un rapport constant entre la température d'un foyer inflammatoire et la température générale.

La température générale peut être élevée alors que la température locale au niveau d'un foyer inflammatoire est à peine marquée.

La température locale peut être élevée au niveau d'un foyer inflammatoire, alors que la température générale n'est pas élevée et reste normale.

(Dans plusieurs observations, après avoir constaté une température élevée au niveau de plaies enflammées, avec élévation de la température générale, la température générale s'abaissant et redevenant normale sous l'influence des pansements de la plaie (pansements antiseptiques), nous avons noté que la température du foyer inflammatoire restait dans quelques cas aussi élevée qu'avant le traitement).

D'après cela, ce n'est pas en s'échauffant par son passage à travers les tissus enflammés que le sang acquiert une température suffisante pour déterminer un état fébrile.

On ne peut admettre avec M. Péter, que certains points voisins de FOYERS THERMOGÈNES *ont une température supérieure à la température centrale et que les variations de la température locale d'un tissu enflammé déterminent et règlent les variations de la température générale.*

CHIAPTRE XIV

TEMPÉRATURE LOCALE DES ABCÈS.

Abcès chauds. — Dans les abcès chauds, avec phénomènes inflammatoires intenses, la température locale, prise au niveau de l'abcès, oscille entre 37°5 et 38°. Dans la cavité de l'abcès, on trouve généralement 38°, 38°5.

Il est à remarquer qu'après l'incision, la température de la peau voisine de l'abcès et la température de la cavité purulente s'abaissent légèrement pour remonter ensuite. Suivant le traitement employé et suivant la marche plus ou moins rapide de l'abcès vers la guérison la température locale est plus ou moins élevée. Dans les vastes abcès avec anfractuosités, traités par l'incision, sans raclage et injection d'acide phénique ou de tout autre agent antiseptique, la température locale se maintient élevée, au voisinage de 38° pendant plusieurs jours.

Il faut noter que dans les tumeurs encéphaloïdes qui peuvent être confondues avec les abcès, la température locale est moins élevée.

Quant aux anévrysmes enflammés, la température locale au niveau de ces tumeurs se rapproche de celle des abcès chauds et la thermométrie locale ne peut être d'aucun secours.

L'observation suivante indique la marche de la température locale dans certaines formes d'abcès chauds dits à répétition :

OBSERVATION. — *Abcès du sein, à répétition (abcès chronique).* — Parizot.

G... (Augustine), 20 ans, entrée le 10 octobre salle Saint-Louis, n° 22. Est accouchée le 24 juillet, a nourri pendant dix à douze jours et n'a pas pu continuer. Le sein droit s'est tuméfié ; il s'est formé un abcès qui s'est ouvert de lui-même. Deux autres abcès ont suivi, qui se sont ouverts dans les mêmes conditions.

Enfin, dans ces derniers temps, un quatrième abcès s'est reproduit et paraît envahir toute la glande mammaire.

11 octobre.	Sein droit.	Sein gauche.	Différence.
Sur la pointe de l'abcès.	35°7	33°8	1°9
Mamelle. Part. supér.	35°4	33°5	1°9
— Part. ext.	35°3	33°4	1°9
— Part. inf.	35°5	33°5	2°
— Part. int.	35°5	33°4	2°1

M. Assaky[1], dans ses recherches sur la température des abcès chauds traités par l'alcool, a obtenu quelques résultats intéressants.

« En rapprochant les résultats de 123 relevés de températures comparées, dit cet auteur, nous croyons pouvoir établir les conclusions générales suivantes :

1° La température cavitaire des abcès chauds sous-cutanés, traités par l'alcool, d'après la méthode de Gosselin varie de 37°5 à 38°5. Elle oscille entre ces deux chiffres, quelle que soit la région qu'occupe l'abcès, quels que soient l'âge et la constitution du sujet qui en est atteint.

2° La température superficielle, cutanée, prise au niveau de l'abcès, toujours plus élevée que la température périphérique prise du côté sain dans un point correspondant à celui de la lésion, excède cette dernière de 0°5 à 2°5. Dans environ la moitié de nos cas, cette différence ne dépassait pas 1° à 1°5.

3° L'hyperthermie tend à disparaître à mesure que l'abcès s'approche de la guérison. Cependant la marche de la température propre de l'abcès est indépendante de la marche de la température générale du corps.

1. ASSAKY. Société de Biologie. Séance du 12 novembre 1881, et *du Traitement des abcès chauds par les injections d'alcool.* (Méthode de M. Gosselin). *Gazette médicale de Paris*, fév. 1882.

« Par le fait de l'injection d'alcool, la température cavitaire subit un abaissement. Lorsqu'on a noté cette température avant et un peu après l'injection (une demi-heure ou une heure), on trouve une différence de 0°5 à 1°, et il ne s'agit pas là de la chute de la température très réelle qu'on observe à la suite de l'ouverture de l'abcès, vu qu'on peut constater cet abaissement à l'occasion d'une injection pratiquée plusieurs jours après l'incision. Par contre, le lendemain, le thermomètre est remonté à la température première et peut même la dépasser d'une fraction de degré. Cette légère élévation nous paraît être en rapport avec les modifications que subissent dans leur nutrition les parties touchées par l'alcool, tandis que la dépression thermique qui la précède est sans doute le produit d'une réfrigération locale, et n'est en somme que l'expression d'un phénomène physique. »

D'après cet auteur, la température des abcès chauds non traités par l'alcool, ne dépasse pas 37°5, 38°5. Ces résultats sont conformes à ceux que nous avons obtenus et que nous avons cités précédemment.

Abcès froid. — Nous n'avons trouvé dans les auteurs aucune indication sur la température locale des abcès froids.

Nous signalerons d'abord nos principales observations, recueillies dans le service de M. Verneuil.

OBSERVATION. — *Abcès froid de la région lombaire, consécutif à une carie vertébrale.* — Service de M. Verneuil.

X..., âgé de 22 ans, abcès froid de la région lombaire, consécutif a une carie vertébrale datant de deux ans.

La peau est saine, pas de rougeur.

Au niveau de l'abcès, l'exploration des deux parties semblables avec les plaques thermo-électriques donne :

Partie supérieure : plus chaud de 4 divisions du galvanomètre du côté de l'abcès.

Moyenne : plus chaud de 3 divisions.

Inférieure : plus chaud de 3 divisions.

Plusieurs explorations donnent les mêmes résultats.

Température moyenne au niveau de l'abcès froid. 34°5

» » du côté sain.... 34°

En résumé, la température locale au niveau de l'abcès

froid *est plus élevée* de 5 dixièmes, que dans le point correspondant du côté opposé.

OBSERVATION. — *Abcès froid de la région lombaire.* — Service de M. Verneuil. — Résumée.

Homme de 28 ans. Ostéite de la région lombaire (7e, 8e et 9e vertèbres) avec gibbosité datant de 2 ans.

Abcès lombaire gauche très volumineux, développement rapide depuis 4 mois.

Moyenne des températures côté de l'abcès, côté gauche. 33°
» » côté droit. 32°5

En résumé, *élévation* de température du côté de l'abcès froid.

OBSERVATION. — *Abcès froid au niveau du triangle de Scarpa, consécutif a un mal de Pott.* — Service de M. Verneuil. — Résumée.

Du côté de l'abcès................ 33°3
Côté sain....................... 32°

En résumé, *élévation* de température du côté de l'abcès froid. Le malade se plaint de douleurs névralgiques dans la région du nerf sciatique du côté de l'abcès. La température locale comparée des deux membres n'indique pas de différence appréciable entre les deux côtés.

OBSERVATION. — Service de M. Verneuil. — Résumée.

H..., 50 ans, tumeur dorsale fluctuante du côté gauche, consécutive a un mal de Pott.

Température générale........................ 38°
Au niveau de l'abcès, côté gauche............ 35°7
Côté sain.................................. 34°2

La température de l'abcès froid est dans ce cas plus *élevée* qu'au niveau de la peau saine du côté correspondant.

OBSERVATION. — *Abcès froid.* — *Mal de Pott.* (Parizot).

R... (Jules), 28 ans, entré salle Saint-Louis, n° 44, le 11 juillet.

Abcès froids ayant débutés : les deux premiers (régions interne et externe de la fesse) au commencement de juillet 1880 : l'autre à la région lombaire quelque temps après. La peau est saine ; pas de traces d'inflammation.

26 septembre.	Côté droit.	Côté gauche.	Différence.
Abcès de la fesse int.	35°1	34°8	0°3
— — ext.	34°5	34°7	0°2

13 décembre.	Côté droit.	Côté gauche.	Différence.
Abcès de la fesse int.	35°4	35°2	0°2
— — ext.	33°9	33°7	0°2

« Notre observation, dit Parizot, concorde, on le voit, avec celles de Redard. »

Dans le cas suivant, la température de la peau était *plus basse* au niveau de l'abcès froid que du côté opposé. Ce résultat, que nous n'avons que très rarement noté, trouve son explication, d'après nous, dans le volume énorme de l'abcès et dans la distension considérable de la peau. Il est évident que dans ce cas, la peau distendue était anémiée, mal nourrie, et il n'est pas par conséquent extraordinaire de la trouver refroidie.

OBSERVATION. — *Abcès froid consécutif à une carie vertébrale lombaire.* — Service de M. Verneuil. — Résumée.

Malade de 64 ans.

Abcès très volumineux au niveau du triangle de Scarpa droit. Peau distendue. Sensation d'élasticité au niveau de l'abcès qui indique une pression assez élevée dans la cavité de l'abcès. Paraplégie. Incontinence d'urine. Tuméfaction au niveau de la 4e et 5e vertèbre dorsale.

Température générale	37°5
Au niveau de l'abcès, côté droit (abcès).	33°9
— côté gauche. . .	34°6

La température locale est *abaissée* au niveau de l'abcès froid.

Il résulte de ces observations que, *dans la grande majorité des cas, les abcès froids présentent une température assez élevée.*

Lorsque l'abcès froid s'est ouvert à l'extérieur et que des phénomènes inflammatoires apparaissent, la température locale de la cavité de l'abcès et de la peau voisine se rapprochent de celle observée dans les abcès chauds.

Étudiée comparativement à la température locale des gommes syphilitiques, la température des abcès froids est notablement plus élevée. D'après nos recherches, *la gomme dite scrofuleuse aurait une température locale plus élevée que la gomme syphilitique.*

Dans plusieurs observations de gommes syphilitiques, la température locale ne s'est pas élevée au-dessus de 31°, 31°5. La gomme scrofuleuse donne, au contraire, fréquemment des températures locales de 32°, 33°.

Il faut signaler qu'au moment de l'ouverture de la gomme et lorsque des accidents inflammatoires apparaissent, la température locale s'élève et la thermométrie ne pourra, à ce moment, servir à établir un diagnostic.

CHAPITRE XV

DE LA THERMOMÉTRIE LOCALE DANS LES LÉSIONS DU SYSTÈME VASCULAIRE.

Ligature des artères. — A la suite de la ligature des artères, Hunter, Burdach, Hodgson, Forster ont noté des modifications de la température du membre correspondant.

Burdach dit que lorsqu'on applique une ligature sur une artère principale, la partie à laquelle elle se distribue se refroidit d'abord et se réchauffe ensuite lorsque les capillaires se développent et reçoivent plus de sang.

Hodgson [1] a insisté sur l'élévation de la température locale observée à la suite des ligatures d'artères.

« L'afflux extraordinaire du sang, dit cet auteur, dans les ramifications les plus déliées après l'oblitération soudaine d'une artère principale, est, en général, suivi d'un accroissement remarquable dans la température du membre. Dans la majorité des cas, immédiatement après l'opération de l'anévrysme, la température du membre malade est au-dessous de celle du reste du corps ; elle augmente au bout de quelques heures, et le second et le troisième jour, elle est de 4 ou 5 degrés plus élevée que celle du membre opposé.

Elle reste dans cet état plusieurs jours, c'est-à-dire pendant tout le temps que les canaux d'anastomose sont dilatés ; elle

1. Hodgson. *Maladies des artères et des veines.* Paris, 1819, trad. par Breschet, t. I, p. 346.

diminue ensuite graduellement et le membre revient à la même température que les autres parties du corps. »

Dans ses expériences, Demarquay [1] a vu que la ligature de l'aorte abdominale ou des artères fémorales chez les animaux abaisse très notablement la température des membres inférieurs.

Broca [2] a signalé, à la suite de la ligature des artères, une période de refroidissement suivie d'une période d'échauffement. La première période peut passer inaperçue et durer très peu de temps.

Sur un sujet auquel il avait lié l'artère fémorale, Broca a trouvé, au bout de 24 heures, les doigts plus chauds du côté de l'opération que du côté sain.

L'élévation qui suit habituellement l'abaissement de température est due, d'après Broca, à la dilatation des vaisseaux capillaires cutanés.

« Je pense, dit Broca, qu'ordinairement, à la suite de la ligature des artères, il y a une première période pendant laquelle la température du membre s'abaisse, et une seconde période pendant laquelle elle s'élève même au-dessus de la normale. Il est certain que la durée de la première période est quelquefois de moins de 24 heures ; mais la durée exacte de cette période de refroidissement n'a été, à ma connaissance, déterminée dans aucun cas. »

D'après Brown-Séquard [3], l'élévation de température observée tient à la fois au rétablissement de la circulation collatérale et à la lésion des filets vaso-moteurs qui entourent l'artère liée.

Dans un cas de ligature de l'artère carotide primitive pour une tumeur pulsatile de l'orbite, Bowman [4] a trouvé, pendant plusieurs jours après l'opération, une différence de température entre les deux côtés de la face. — Le côté correspondant à l'artère liée ayant une température de 2 à 3 degrés plus basse que celle du côté sain

1. DEMARQUAY. *Recherches expérimentales sur la température animale.* Thèse de Paris, 1847.

2. BROCA. *Gazette des Hôpitaux*, 1861, p. 271.

3. BROWN-SÉQUARD. *Des congestions consécutives aux ligatures d'artères. Archives de Physiologie*, 1870, p. 518-19.

4. BOWMAN. *King's College Hospital. Pulsating Tumour of orbit. Ligature of Common Carotid. Recovery. Medical Times and Gazette. Aug. 4*, 1860.

De ces recherches, nous pouvons conclure :

Immédiatement après la ligature d'une artère principale, la température de la partie alimentée par cette artère *s'abaisse*, ce qui tient évidemment à ce que le sang n'arrive plus qu'en petite quantité dans les tissus. Il est à remarquer que si le sang fourni par les collatérales est insuffisant pour nourrir la partie, *l'abaissement de température devient de plus en plus prononcé, et la gangrène se manifeste*. Il y a là une source d'indications précieuses fournies par le thermomètre. On peut suivre en effet, à l'aide des indications de cet instrument, la marche du rétablissement de la circulation dans un membre dont l'artère a été liée, et prévoir les accidents de gangrène qui peuvent survenir.

Après la première période d'*abaissement thermique*, dont la durée est variable, on observe une deuxième période *d'élévation* qui dure deux à trois jours, et la température redevient normale.

Cette élévation thermique, consécutive aux ligatures d'artères, tient au rétablissement de la circulation par les collatérales à l'activité locale et momentanée de la circulation, et peut-être à la lésion de quelques filets vaso-moteurs au niveau du point où l'artère a été liée.

Ligature des veines. — Les expériences déjà anciennes de Demarquay nous donnent des renseignements sur les modifications thermiques qui surviennent dans les membres à la suite de la ligature des veines.

D'après cet auteur, immédiatement après la ligature des veines, la température s'abaisse dans le membre correspondant. Cet abaissement est bien moins notable que celui observé après la ligature des artères.

L'expérience suivante indique les modifications thermiques observées à la suite de la ligature des veines.

EXPÉRIENCE

Laboratoire de physiologie générale.

Ligature de la veine fémorale gauche. — Recherche de la température du membre correspondant avec l'appareil thermo-électrique.

Chien vigoureux.

Immédiatement après la ligature de la veine fémorale, le membre inférieur est plus chaud que celui du côté opposé de 5 à 6 dixièmes. — Il se refroidit ensuite, au bout de quatre minutes, et, comparé au membre droit, il présente une différence de température de 8 dixièmes à un degré après 15 minutes. Le lendemain et les jours suivants, avec l'œdème du membre et la gêne circulatoire, le côté gauche a une température plus élevée de 4 à 5 dixièmes que le côté droit.

Dans plusieurs expériences, nous avons observé les mêmes résultats :

Légère élévation de la température du membre immédiatement après la ligature, bientôt suivie d'un abaissement notable.

Les jours suivants, la température du membre dont la veine principale est liée s'élève.

Température des parties enflammées dans des membres dont les artères et les veines sont liées. — Demarquay[1] a démontré, par de très intéressantes expériences, que l'inflammation produite dans un membre dont l'artère a été liée, ne donne point dans les premiers jours la même température que celle que l'on constate du côté opposé affecté de la même lésion inflammatoire, mais qu'à mesure que la circulation collatérale se développe et que l'inflammation suit son cours, l'équilibre de température se produit d'abord et peut être suivi d'une augmentation du côté où l'artère a été liée.

Dans une autre expérience, après avoir produit une inflammation sur les deux cuisses d'un chien, au moyen d'un seton, Demarquay lie d'un côté la veine, de l'autre l'artère. D'après cet auteur, la ligature de l'artère et de la veine principale d'un membre, bien qu'abaissant, au moment même de l'expérience, la température dans la partie, n'empêche pas que cette température ne croisse avec l'intensité de l'inflammation et le rétablissement de la circulation, et cette diminution plus grande apportée dans la cuisse où l'artère a été liée arrive, au bout de peu de jours, à être sensiblement la même que celle de la partie où la veine a été liée, laquelle

1. DEMARQUAY. *Recherches expérimentales sur la chaleur animale.* Thèse de Paris, 1847.

amène une modification moins grande dans la température que la ligature de l'artère.

De même, d'après le même auteur, la ligature de l'artère seule et de la veine seule n'abaisse pas la température du membre enflammé, et même après la ligature, on peut observer une légère élévation.

Après une période d'abaissement de la température, il se produit une période d'élévation.

Compression des vaisseaux. — On observe dans les cas de compression des vaisseaux, les mêmes phénomènes thermiques qu'à la suite des ligatures des gros vaisseaux.

L'expérience suivante nous démontre l'influence de la compression artérielle sur la température des membres.

EXPÉRIENCE

Laboratoire de physiologie générale au Muséum d'histoire naturelle.

Compression de l'artère fémorale gauche à sa partie supérieure. — Température du membre correspondant — Appareil thermo-électrique.

Chien vigoureux, de taille moyenne.

Avant l'expérience, le galvanomètre marque 25°.

Une aiguille thermo-électrique plonge dans un milieu à température constante à 38°.

L'autre aiguille, placée dans les tissus du membre inférieur gauche, on obtient 34° du G.

Compression digitale de l'artère fémorale gauche pendant trois minutes, on observe 36° du G.

Au bout de 4 minutes. 36°5 du G.
— 5 — 37° du G.
— 8 — 38° du G.

Lorsque l'aiguille placée sur le membre est *refroidie*, elle marche vers 36°, 37°, 40°, etc.

La compression a cessé, l'aiguille du galvanomètre, au bout de 4 minutes, revient à 34°.

Au bout de 15 minutes, l'aiguille du galvanomètre marque 30°.
— de 25 — — — — 25°.

Elle revient ensuite vers 34°.

Il résulte de cette expérience :

Que pendant la compression de l'artère et quelques minutes

après, la température du membre correspondant *s'abaisse* (1° à 1°5 en moyenne), elle *s'élève* ensuite, pendant quelques instants, et redevient normale.

Broca [1] a rapporté une observation remarquable de compression de la fémorale par un anévrysme poplité, dans laquelle on peut suivre les modifications successives de la température de la jambe, toutes les quatre minutes, pendant plus d'une heure, à partir du début de la compression.

« En résumé, dit Broca, la température a baissé pendant 44 minutes, puis elle s'est maintenue au même niveau pendant 6 minutes, et elle a ensuite recommencé à monter. Je ne prétends pas que ces chiffres soient applicables à l'étude des effets de la ligature, car la compression, quelque exacte qu'elle soit, n'intercepte pas complètement le cours du sang : en outre, il est bien difficile qu'elle n'atteigne pas un peu la veine en produisant une stase veineuse qui vient compliquer la question. »

Fischer [2] a remarqué que la compression des principaux vaisseaux d'un membre abaisse d'abord la température, qui s'élève les jours suivants, au moment du développement de la circulation collatérale.

Christiani et Kronecker [3] ont démontré, en se servant d'appareils thermo-électriques très sensibles, que la compression du membre supérieur obtenue à sa racine par la ligature avec une bande élastique, faisait diminuer rapidement la température.

D'après ces auteurs, la compression des artères et des veines produit le même résultat, mais beaucoup plus lentement.

Ce refroidissement notable, signalé par Christiani et Kronecker à la suite des ligatures élastiques des membres, ne s'observe que lorsque la compression est violente et lorsqu'elle dure un temps assez long.

1. Broca. *Anévrysme poplité. Gazette des Hôpitaux*, 1861, p. 271.

2. Fischer. *Ueber compression und Flexion zur Heilung von Aneurysmen und zur stilung von hemorrhagien Prager Vierteljahrschrift für die praktische Heilkunde*. Bd CII p. 304, 1869.

3. Christiani et Kronecker. *Thermische untersuchungen. Archiv. f. Anat. und Phys.*, 1878, p. 334 *Beziehungen zwischen Thermometrie und Plethysmometrie. Loco citato*, p. 336.

Dans plusieurs expériences, nous avons recherché l'influence sur la température d'un membre de la compression de ce membre et de sa ligature à la partie supérieure au moyen de la bande d'Esmach.

Nous ne citerons que le résumé d'une de nos expériences :

EXPÉRIENCE. — *Application de la bande d'Esmach sur le membre inférieur gauche chez un sujet sain. — Observation de la température de ce membre au moyen de l'appareil thermo-électrique.*

1° Ligature du membre à sa partie supérieure au moyen de la bande d'Esmach.

Avant l'expérience, la température est égale des deux côtés.

Au niveau de la jambe gauche :

3 minutes après l'application + 3° du G à droite.
Au bout de 5 minutes + 5° du G à droite.

La déviation de l'aiguille du galvanomètre à droite indique que le côté exploré est *plus chaud* que le côté correspondant.

La ligature est enlevée.

Au bout de 8 minutes + 8° du G à droite.
Au bout de 20 minutes + 3° du G à droite.

La ligature d'un membre à sa racine au moyen d'un lien élastique élève la teupérature de ce membre. L'élévation de température se continue quelque temps après l'éloignement du lien constricteur.

2° Application de la bande d'Esmach suivant le procédé ordinaire, en ayant soin de refouler, au moyen de la bande élastique, le sang de l'extrémité du membre vers sa racine, puis ligature à sa racine.

Compression modérée, battements artériels difficilement perceptibles.

Avant l'expérience, égalité de température des deux côtés.

Au niveau de la jambe gauche (côté de la ligature) :

5 minutes après l'application + 4° du G. a droite.
Au bout de 8 minutes + 8° du G. —

Le lien constricteur est enlevé.

Au bout de 10 minutes + 12° du G à droite.
— 15 — + 14° du G. —
— 20 — + 12° du G. —
— 30 — + 6° du G. —

L'aiguille revient à zéro au bout de une heure et demie.

Pendant l'application de la bande d'Esmach modérément serrée, on constate une élévation de température dans le membre correspondant à la ligature.

L'élévation de température devient très notable après l'éloignement du lien constricteur et se continue pendant une à deux heures.

Dans plusieurs expériences, nous avons noté les mêmes résultats. Nous avons presque toujours constaté ce fait inattendu d'*une élévation de température* pendant l'application de la bande d'Esmach. Nous n'avons que très rarement observé un abaissement de température.

L'*élévation de température* après l'éloignement de la bande indique que le rétablissement de la circulation s'accompagne d'une dilatation des vaisseaux et d'une congestion intense, ce qui est, du reste, confirmé par les hémorrhagies consécutives en nappe, souvent rebelles, qui suivent les opérations sur les membres qui ont été soumis à la bande d'Esmach.

Compression par distension sanguine. — *Stupeur locale.* — Dans les deux observations suivantes de compression des vaisseaux d'un membre par *distension sanguine*, on peut suivre la marche de la température locale. La compression des vaisseaux par un épanchement sanguin considérable a dû contribuer pour une large part aux abaissements de température observés.

OBSERVATION (Résumée). — Service de M. Verneuil. — *Lésion traumatique grave du membre inférieur droit.* — *Stupeur locale.* — *Compression des vaisseaux par distension sanguine.* — *Débridement.* — *Marche de la température locale.*

Astruit, âgé de 35 ans, entré à l'hôpital de la Pitié, salle Michon, 23.

Le 28 octobre étant en état d'ivresse, il tombe sous la roue d'une voiture chargée qui passe obliquement sur la jambe droite à la partie moyenne.

Six heures après son entrée, on constate un gonflement très notable de la jambe droite, principalement marqué à la partie moyenne et postérieure. Vaste ecchymose à ce niveau.

La peau n'est pas déchirée, elle est distendue, violacée, dure.

Les os ne sont pas fracturés.

Tout le membre inférieur droit présente un refroidissement très marqué, perceptible à la main, on ne sent pas les battements de la pédieuse, les orteils sont insensibles.

L'étude de la température locale donne les résultats suivants : (Appareil thermo-électrique et thermomètre).

	Côté droit.	Côté gauche. (sain.)	Différence.
Au niveau du pied et des orteils...	27°6	29°	1°4
Au 1/3 inférieur de la jambe......	27°6	29°	1°4
A la partie moyenne et postérieure.	26°	31°1	5°1
Au niveau de l'ecchymose, à la partie interne de la jambe..........	25°	31°2	6°2
Au 1/3 inférieur de la cuisse..... .	27°	31°5	4°5

Température générale axillaire.... 38°2

— rectale..... 38°8

L'abaissement de température locale du membre inférieure droit est très marqué principalement au niveau de la partie moyenne de la jambe, dans les points ecchymosés. (5° en moyenne.)

Il est à noter que le refroidissement s'étend au 1/3 inférieur de la cuisse.

M. Verneuil diagnostique un épanchement sanguin profond consécutif à une lésion d'une grosse veine ou d'une artère. Pensant que le sang accumulé en grande quantité dans les interstices musculaires et sous la peau doit exercer une compression et produire en partie les phénomènes d'ischémie et la menace de gangrène, M. Verneuil pratique, en dedans et en dehors, à la partie moyenne de la jambe, un large débridement :

Il s'écoule après les incisions de la sérosité et une grande quantité de caillots noirâtres. Pas d'hémorrhagie.

Pansement phéniqué et ouaté. Drainage.

Le soir, la sensibilité est revenue aux orteils, on sent par la palpation une chaleur assez marquée à ce niveau : 28°3

Température axillaire............. 38°

Le lendemain matin, 19 octobre, la température locale est :

	Côté droit.	Côté gauche.	Différence.
Au niveau du gros orteil. (Le thermomètre est placé dans l'interstice du 1er et du 2e orteil)........	36°8	36°2	0°6
Au 1/3 inférieur de la jambe........	34°4	34°2	0°2
A la partie moyenne de la jambe...	35°	34°2	1°2
Au 1/3 supérieur..................	35°	34°	1°
Au 1/3 inférieur de la cuisse.......	34°	34	
Température générale....		38°4	

La température du côté droit, précédemment très abaissée, est en moyenne plus élevée de 1° que celle du côté sain.

La circulation paraît entièrement rétablie dans le membre inférieur droit. La peau distendue et menacée de sphacèle a recouvré en partie ses caractères normaux :

Le 20 octobre, température axillaire, 38°8.

La température de la jambe droite est complètement rétablie.

La circulation locale de la cuisse est :

Moyenne	Côté droit...............	35°9	Différence 0°7
	Côté gauche.............	35°2	

Au niveau des plaies résultant du débridement :

Côté droit...............................	36°2	Différence 1°2
Côté gauche............................	25°	

Le soir, température axillaire............. 39°2

Le 21, le 22, même état.

Le 23, pulvérisation phéniquée, la température générale descend, le 25, à 37°8.

La pulvérisation est continuée les jours suivants.

Température locale :

Cuisse : Partie moyenne	Côté droit....	35°2
	Côté gauche..	35°

Jambe, au niveau des plaies résultant du débridement :

Côté droit.......... 35°

Côté gauche........ 34°2

La plaie se déterge et a un très bon aspect.

Aujourd'hui, 8 octobre, la plaie est en pleine cicatrisation.

Température axillaire.......... 37°2

La température locale des membres inférieurs est sensiblement égale des deux côtés.

L'abaissement de la température est moins marquée dans le

cas suivant. La lésion traumatique est beaucoup moins grave.

Observation. — Service de M. Verneuil. — *Lésion traumatique du membre inférieur droit. — Épanchement sanguin. — Stupeur locale. — Marche de la température locale.*

B..., âgé de 64 ans. Contusion très violente du 1/3 inférieur de la cuisse et du 1/3 supérieur de la jambe par roue de charrette.

Pas de lésion de la peau. Coloration violacée de la peau.

Déformation de la cuisse droite. Épanchement sanguin profond. Fracture probable du fémur.

Fracture au 1/3 supérieur de la jambe. Épanchement sanguin. Distension très notable de la peau. Augmentation de volume du membre.

En palpant le membre inférieur droit, la main éprouve une sensation désagréable de froid, surtout marquée au niveau du pied.

L'étude de la température locale donne les résultats suivants :

	Côté sain.	Côté droit, atteint par le traumatisme.
Au niveau des orteils	23°	18°6
Région tarsienne	27°	23°
Région métatarsienne	27°	25°6
Cou de pied	28°5	26°5
1/3 inférieur de la jambe	29°5	28°
Au niveau de l'épanchement sanguin	30°5	29°
1/3 inférieur de la cuisse	31°	29°
Au niveau de l'épanchement	33°	31°2
Partie inférieure de la cuisse	34°	34°

Dès le lendemain, la température est redevenue normale des deux côtés.

Les jours suivants la température locale s'élève dans le membre inférieur droit, principalement au niveau de l'épanchement.

Au huitième jour, au niveau de l'épanchement sanguin en voie de résorption.

Côté sain	1/3 inférieur de la cuisse 1/3 supérieur de la jambe	Côté droit. Côté de l'épanchement.
32°4		34°8
32°		34°6
32°8		34°5

Dans plusieurs autres cas, nous avons noté l'*élévation* de la température locale au niveau de *foyers sanguins anciens.*

L'élévation de la température s'observe jusqu'au moment de la résorption sanguine.

Les deux observations précédentes nous démontrent que la thermométrie locale peut rendre de grands services dans les cas de lésions traumatiques s'accompagnant de compression des vaisseaux par distension sanguine, dans l'état décrit sous le nom de *stupeur locale*. La marche de la température donne, en effet, des renseignements très utiles sur le degré de gravité du traumatisme, sur le moment où la circulation se rétablit et où toute menace de sphacèle disparait.

La position parait avoir une influence marquée sur la température des membres. Richard expérimentant sur des individus auxquels il faisait tenir un thermomètre à la main pendant dix minutes dans les positions de l'abaissement et de l'élévation est arrivé aux résultats suivants :

Températures.

Age des sujets.	Bras abaissé.	Bras élevé.	Différence.
18	34°	33°4	0°6
16	33°6	32°2	1°4
30	30°3	29°6	0°7
23	38°9	37°9	1°
»	37°8	37°1	0°7
39	37°2	36°4	0°8
40	29°6	29°	0°6
23	35°4	34°8	0°6
33	32°6	32°1	0°5
»	33°7	33°2	0°5

Labit[1] a entrepris des expériences semblables.

« Nous avons opéré, dit-il, sur le membre inférieur placé pendant une heure sur la chaise de Gerdy; la température était prise comparativement et simultanément sur le membre non élevé que nous tenions dans la position horizontale. »

Voici les résultats obtenus :

1. LABIT. *Des phlegmons diffus des membres provoqués par la déclivité*. Thèse de médecine de Paris, 1879.

Températures.

Age des sujets.	Jambe.		Pied.	
	Posit. horiz.	Posit. élevée.	Posit. horiz.	Posit. élevée.
16	30°2	29°2	28°1	27°1
23	29°4	23°6	23°9	23°1
23	29°2	28°2	27°6	25°
23	29°3	28°	21°8	20°2
24	31°	29°6	25°2	24°6
29	29°5	28°7	29°8	29°4
29	29°5	28°6	29°8	28°4

Joh. Meuli[1] a constaté des abaissements de température assez notables péndant l'élévation des membres.

Oblitération des artères. — Embolies.

Dans un cas d'oblitération de l'artère fémorale observé par Broca[2], il y avait, en comparant le membre malade au membre sain : — 2° à la jambe malade; + 2 au niveau de la partie inférieure de la cuisse du même côté et enfin la température était la même des deux côtés au niveau de la partie supérieure de la cuisse.

Broca arriva à cette conclusion que l'oblitération devait siéger au niveau du point où la température était la plus élevée et l'autopsie vint confirmer ce diagnostic.

Dans un second cas, confirmé de même par l'autopsie, il y eut constamment un refroidissement, un abaissement de température dans la jambe malade, variant de — 3°, — 2° à — 1°. Au pli de l'aine, la température était la même de l'un ou de l'autre côté : à la partie interne et inférieure de la cuisse, du côté de la gangrène, il y avait élévation « mais là se produisit un phénomène qui nous parut bien singulier d'abord et dont nous eûmes plus tard l'explication. A la main, l'élévation de température était manifeste ; le thermomètre nous donnait + 0°6. Le thermomètre était fixé à la partie interne de la cuisse ; plus tard, nous l'appliquâmes sur un autre point de la circonférence du membre et nous trouvâmes alors + 2. C'est que de l'un comme de l'autre côté

1. Joh. Meuli. *Les modifications du pouls et de la température par l'élévation des membres.* Thès. inaug. Leipzig, 1881.
2. Broca. *Bulletins de la Société de chirurgie*, 1861. T. II, p. 6-33.

le thermomètre était appliqué sur le trajet de l'artère. Du côté malade, il reposait sur l'artère oblitérée du côté sain, le sang passait dans l'artère entretenant à ce niveau une élévation de température. Aussi, quand on plaçait la boule thermométrique dans d'autres conditions, sur un autre point de la circonférence du membre on trouvait non plus + 0°6 mais + 2°. »

Ce fait vient donc à l'appui du précédent, et permet de tirer cette conclusion très importante *qu'on peut, en étudiant la température dans différents points d'un membre dans lequel une artère est oblitérée, arriver, suivant les variations de température qu'on observe, à diagnostiquer le point où existe l'oblitération.*

Virchow [1] a constaté que, dans les cas d'oblitération artérielle par embolie, il y avait abaissement de température bientôt suivi d'une élévation, tantôt dû au rétablissement de la circulation, tantôt dû à l'inflammation concomitante.

Anévrysmes artériels. — D'après Demarquay, dans les anévrysmes artériels, le membre restant sain, la température locale n'éprouve aucune modification notable.

Dans plusieurs cas, Broca a noté une élévation de température du membre du côté de l'anévrysme.

Dans un cas d'anévrysme artériel poplité, la température du malade, prise sous la langue, étant de 36°9, Broca [2] a noté les chiffres suivants :

	Côté sain.	Côté malade.	Différence.
Entre les orteils.......	28°	31°4	3°4
Sous le mollet.........	31°4	33°8	2°4
Sous le jarret..........	33°8	34°6	0°8

Deux jours après, on a recommencé l'expérience et on a obtenu les mêmes résultats.

Ainsi donc, dans ce cas, le membre est plus chaud du côté de l'anévrysme, et la différence est d'autant plus grande qu'on descend davantage au-dessous de la tumeur.

« C'est bien là la preuve, dit Broca, que l'élévation de la température est due à la congestion des capillaires, et il est

1. Virchow. *De l'embolie. Union médicale*, 1860-1861.
2. Broca. *Bulletin de la Société de chirurgie*. 2e série, 1861. T. II, p. 441 et *Gazette des hôpitaux*, 1861, p. 271.

digne de remarque qu'elle est précisément à son minimum au niveau de l'anévrysme. »

Anévrysmes artérioso-veineux. — Demarquay[1], un des premiers, a constaté une élévation de température de 1° à 2° 1/2 dans les membres affectés d'anévrysme artérioso-veineux. Ce fait observé sur plusieurs malades fut vérifié, il y a une dizaine d'années, par Monneret.

« Il résulte de mes expériences, dit Demarquay, que la ligature de l'artère et de la veine dans un anévrysme artérioso-veineux d'un membre inférieur donne lieu à une élévation de température, tandis que la ligature seule de l'artère principale d'un membre a toujours donné un abaissement de température. »

Henry (de Nantes)[2] rapporte dans sa thèse les deux faits suivants :

Dans un cas d'anévrysme artérioso-veineux de la fémorale gauche, le thermomètre appliqué sur la face interne des mollets indiqua du côté affecté 33° 3/4 et du côté sain 32° 1/4. Il y avait donc élévation de 1° 1/2.

Dans l'autre cas, il s'agissait d'un anévrysme artérioso-veineux du pli du coude droit; le thermomètre placé dans la main marqua à droite 37°3 et à gauche 37°.

Dans l'observation suivante, que nous avons recueillie dans le service de Polaillon, nous avons noté les résultats thermométriques suivants :

OBSERVATION. — *Anévrysme artérioso-veineux de l'axillaire gauche.*

Anévrysme artérioso-veineux de l'axillaire gauche survenu il y a trois mois, par une blessure par balle de revolver de la région axillaire gauche. Polaillon diagnostique au début un anévrysme artérioso-veineux ; il n'y avait pas à ce moment de battement de la radiale, il existait un œdème très marqué de tout le membre s'arrêtant au coude.

Sous l'influence de la compression et de deux cautérisations électriques, la tumeur s'est réduite au volume d'une petite noisette.

1. DEMARQUAY. *Recherches sur les modifications imprimées à la température animale par quelques maladies chirurgicales. Bulletin de l'Académie des sciences*, 29 sept. 1856. T. XLIII, p. 668.

2. HENRY (de Nantes). *De l'anévrysme artérioso-veineux*. Thèse de Paris, 1856.

Très légers mouvements d'expansion. Par une légère compression au niveau de la tumeur on développe le phénomène du thrill. Le pouls radial est perceptible.

L'œdème noté précédemment a disparu.

Le membre supérieur gauche n'a pas diminué de volume, la force y est conservée.

L'exploration thermométrique pratiquée à ce moment, donne les résultats suivants :

Température de la main........	Côté sain..............	30°8
	Côté de l'anévrysme artérioso veineux.......	29°7
Partie moyenne de l'avant-bras.	Côté sain..............	32°6
	Côté malade...........	31°5
Pli du coude....................	Côté sain..............	32°3
	Côté malade...........	31°5
Au voisinage de la tumeur et dans le tiers supérieur du bras.....	Côté sain..............	37°2
	Côté de l'anévrysme...	37°8
Au niveau de la tumeur.........	Côté sain..............	37°
	Côté de l'anévrysme...	37°5

Plusieurs explorations pratiquées à des intervalles de quelques jours avec le thermomètre et les aiguilles thermo-électriques donnent les mêmes résultats.

En résumé, au niveau de l'anévrysme artérioso-veineux et au voisinage, élévation de température de 5 dixièmes de degré.

Le membre du côté de l'anévrysme artérioso-veineux à la période où l'expérience a été faite a une température notablement plus basse que celle du côté opposé.

Cet abaissement de température nous paraît tenir à la gêne de la circulation, apportée dans le membre par la présence de l'anévrysme artérioso-veineux.

L'élévation de la température au voisinage de la tumeur et à la partie supérieure du bras tient, d'après nous au développement de la circulation collatérale.

Anévrysmes cirsoïdes. — Dans les anévrysmes cirsoïdes, la température est plus élevée que celle des parties saines correspondantes.

« La température du membre malade, dit Letenneur [1],

1. Letenneur in Terrier. *Des anévrysmes cirsoïdes.* Thèse de concours pour l'agrégation, 1872.

paraît au toucher plus élevée que celle du côté malade. »

Gosselin, L. Labbé ont noté le même fait.

Dans un cas d'anévrysme cirsoïde de l'oreille, cité par Terrier, et observé par Léon Labbé et Coyne, la température du côté malade (37°6) dépassait celle du côté sain (36°8) de 1° environ.

Tumeurs vasculaires. — La thermométrie locale peut donner d'utiles indications dans les tumeurs vasculaires.

Les tumeurs avec un développement vasculaire notable, celles qui sont riches en artères donnent une température locale élevée.

C'est ainsi que dans un *goître vasculaire* avec battements principalement développé à gauche, le côté droit présentant des dilations veineuses superficielles, nous avons noté :

Côté gauche	36°
Côté droit.	34°2

Gangrène. — Dupuytren [1], parlant de la température dans les parties gangréneuses, s'exprime ainsi :

« Ce n'est pas, comme on pourrait le penser. un froid semblable à celui du cadavre, et qui n'a lieu que parce que la partie mortifiée s'est mise en équilibre de calorique avec l'air ambiant; c'est un froid glacial supérieur au froid cadavérique, au froid que marque le thermomètre exposé à l'air, ou même plongé dans l'eau courante. J'ai fait, il y a longtemps à ce sujet, des expériences nombreuses; le thermomètre, approché de la partie près de tomber en gangrène, descend plus bas que dans les milieux indiqués. »

Les auteurs du *Compendium de médecine* ont blamé avec raison les termes trop peu exacts de l'illustre chirurgien « En effet, l'expression de froid glacial supérieur au froid cadavérique manque de précision; le cadavre, l'air ambiant, l'eau courante ont des températures trop variables pour servir de termes de comparaison dans une observation rigoureuse. »

Nous trouvons, dans le *Compendium de médecine pratique*, t. IV, plusieurs expérimentations réunissant toutes les con-

1. DUPUYTREN. *Leçons orales de clin. chir.*, t. IV; 1834.

ditions de l'exactitude la plus sévère; il s'agit d'une gangrène de la jambe et du pied. « En plaçant le thermomètre sur les parties où la mortification était complète, on put se convaincre que leur température était bien évidemment celle de l'air atmosphérique. »

Dans un cas de gangrène du pied, Henri Roger trouva au niveau de la région atteinte une différence de 16° 1/2 en moins avec la température prise sous l'aisselle du malade, il s'en fallait seulement de 3 degrés que la température du pied fut en équilibre avec celle de l'air ambiant; la chaleur revint peu à peu avec avec l'amélioration survenue dans l'artérite qui avait menacé le membre de sphacèle.

Voici quelques observations de températures locales de gangrène de la bouche, prises par Henri Roger [1] :

	Date de l'ob.	Age.	Resp.	Pouls.	Temp.	Observation.
IV.	5 octobre.	4 ans.	48	128	39° aisselle. 39°6 bouche. 37°25 joue mal^{de}. 36° joue saine.	Gangrène de la bouche au 6e jour, rougeole.
	8 octobre.	—	—	—	36°7 joue mal^{de}. 36° joue saine.	
	11 octobre.	—	26	117	36°25 joue mal^{de}. 35°50 joue saine.	
	14 octobre.	—	28	90	37°25 aisselle. 37°65 bouche. 35°50 joue mal^{de}. 34°50 joue saine.	Guérison.
VII.	16 octobre. (Temp. ext. 16°50)				27° cent^{re} de l'escarre. 33° près de l'escarre. 32°50 joue saine.	Gangrène de la bouche. Mort.
VIII.	24 juillet.	2 ans 1/2.		144	38°4 par. int joue malade. 37°6 joue saine.	Gangrène de la bouche.

Ces observations démontrent qu'au centre de l'escarre, la chaleur vitale tend à disparaître, tandis qu'autour d'elle l'hy-

1. Henri Roger. *L. cit.*, pp. 387-388.

pérémie collatérale, et, à une période plus avancée, l'inflammation éliminatrice entretiennent une élévation de température.

Boinet [1], en 1836, démontre par ses recherches sur la température d'un membre atteint de gangrène comparée à celle du cadavre, que la température d'un membre gangréné, non seulement n'est pas inférieure, ni même égale à celle du cadavre, mais qu'elle lui est supérieure de plusieurs degrés.

Le 18 septembre, dit Boinet, la température du membre a été mesurée de la manière suivante :

Je mesurai d'abord la température de l'amphithéâtre et celle des cadavres qui s'y trouvaient; je trouvai également 12 degrés 1/2 pour l'amphithéâtre et pour les cadavres.

Température de la salle où était la malade, degrés au-dessous de zéro	17°
Température du membre dans la partie gangrénée...	19°
— — dans le point à peu près où la gangrène se terminait et commençait la sensibilité..	21°
Température à un point au-dessus du point où se termine la gangrène (à la moitié de la jambe un peu au-dessus)	24°
Température à deux pouces plus haut, c'est-à-dire environ à la réunion du quart supérieur avec les trois quarts inférieurs	29°
Température au niveau du genou devant la rotule, dans une partie saine	26°
Température du creux du jarret	33°
— de la région inguinale du membre malade.	35°
— — — membre sain......	35°
— de la partie antérieure de la cuisse saine.	35° 1/2
— — — — mal^{de}.	32° 1/2

Le lendemain matin, 5 octobre, 9 heures après la mort, je mesure la température du membre gangréné, celle de la salle, et voici les résultats :

Température du pied et de la partie inférieure de la jambe	15°

1. Boinet. *Observation de gangrène sénile de la jambe gauche; mort; expériences qui prouvent que la température du cadavre est moins élevée que celle du membre sphacèlé. Gazette médicale*, 1836.

Température du point où se trouve la ligne de démarcation des parties malades des parties saines.......	17°
Température au niveau de la jarretière et au-dessus...	18°
— de la salle..............................	15° 1/2

« Il est hors de doute, ajoute Boinet, que le cadavre est toujours plus froid qu'une partie gangrénée ; que cette partie gangrénée n'est pas encore tout-à-fait corps inerte, puisqu'elle conserve une température supérieure à celle du lieu où elle se trouve renfermée. Probablement qu'elle doit cette élévation de température à la chaleur qui est communiquée par les parties voisines qui jouissent encore de toutes leurs forces vitales. »

Les conclusions de Boinet doivent être adoptées et avec M. Raynaud, nous admettons que la température très basse des membres gangrénés ne contredit pas l'existence de mutations chimiques s'accomplissant dans leur épaisseur. La lenteur même des combustions est une première cause de refroidissement. Il y faut ajouter : 1° l'absence de l'injection chaude permanente, représentée par l'abord du sang artériel ; 2° l'évaporation. Cette cause à elle seule peut expliquer un notable abaissement de température.

Dans un cas de gangrène du pied, consécutive à une oblitération de l'aorte abdominale, Broca[1] a trouvé :

Qu'au niveau du genou, *le membre gauche* (du côté de la gangrène) est notablement plus chaud que le droit.

20 juin. Sous les jarrets, à gauche.......	36°5	
— à droite........	33°0	Diff. : 3°5
Derrière les malléoles internes, à gauche......................	28°3	
Derrière les malléoles internes, à droite......................	28°6	Diff. : 0°3

« Ainsi, au niveau du genou, le membre gauche est beaucoup plus chaud que le droit : au niveau du cou de pied, au contraire, il est un peu plus froid. »

Le 13, le sphacèle occupe tout le pied.

Le thermomètre appliqué successivement sous les jarrets

1. BROCA. *Bullet. de la Société de chirurgie*, 1861. t. II, séance du 24 juillet, p. 441.

et sur la face interne des jambes au dessus du niveau du sphacèle, donne les résultats suivants :

Sous les jarrets, à gauche...............	34°6	
— à droite.................	34°8	Diff. : 0°2
A la face interne des jambes, à gauche...	31°8	
— — à droite....	33°6	Diff. : 1°8

« Ainsi le membre gangréné présente maintenant, au lieu d'un excès de chaleur, un léger refroidissement au niveau des genoux, et un refroidissement beaucoup plus marqué au niveau des jambes.

A l'autopsie, on trouve une oblitération des deux iliaques primitives et des deux iliaques externes jusqu'à la naissance des épigastriques ; à partir de l'anneau du troisième adducteur, oblitération à gauche de la fémorale, de la poplité et de la partie supérieure des trois artères de la jambe.

On retrouve dans quelques observations ce fait signalé par Broca : l'élévation, à sa racine, de la température locale du membre atteint de gangrène. Cette hyperthermie s'observe surtout à la période d'élimination. Elle tiendrait, d'après Broca, au choc du sang contre l'obstacle et surtout à la circulation collatérale qui ramène dans le membre une quantité notable de sang.

Dans un cas de gangrène du pied gauche, consécutive à une oblitération artérielle, de la fémorale et de la poplité, Demarquay[1] a noté du côté gangréné :

Face dorsale du pied...........	29°5
Face interne de la jambe........	34°
Face interne de la cuisse........	38°

Du côté sain :

Face dorsale du pied...........	34°
Face interne de la jambe........	35°
Face interne de la cuisse.......	37°

A la racine du membre, le côté gangréné est plus chaud de 1° que le côté sain.

1. DEMARQUAY. *Union médicale*, 30 octobre 1862, n° 128, p. 193. Leçon recueillie par Parmentier.

Dans une autre observation de gangrène consécutive à une oblitération, le même auteur note :

Mollet du membre gangréné, immédiatement au-dessus de la gangrène	34°5
Face interne de la cuisse droite	35°
Face plantaire du pied sain	32°
Mollet sain, face externe	34°5
Face interne de la cuisse	36°
Face interne du mollet sain	35°

L'observation comparative prise sur un individu sain donne les résultats suivants :

Face interne de la cuisse gauche, sur le trajet de la crurale.	34°5
Mollet, face interne	34°5
Pied, face externe	34°

L'étude de la température des membres atteints de gangrène par oblitération artérielle peut devenir un précieux moyen de diagnostic, si l'on considère que dans ces cas et dans les premiers jours de la maladie la température est : *normale au-dessus du point où est situé l'obstacle ; élevée au niveau même de l'obstacle ; abaissée dans la partie du membre située au-dessous de l'obstacle.*

Demarquay[1] a noté ce fait très important *au point de vue du diagnostic*, que *dans gangrene diabétique*, il y avait élévation assez considérable de la température du membre atteint. Cette élévation dure assez longtemps, tant que la gangrène n'a pas pris une extension trop considérable.

Dans un cas de gangrène diabétique du pied, Demarquay trouve :

Pied droit (malade)	36°2
Pied gauche	31°1

Plus tard :

Pied droit (malade)	34°2
Pied gauche	34°5

Phlébite. — Dans un cas de phlébite de la veine fémorale,

1. Demarquay. *Union médicale*, 1863, 21 mars. Leçon recueillie par Parmentier ; Ladevèze. *Quelques considérations sur la gangrène glycoemique.* Thèse Paris, 1867, p. 60.

Monneret[1] a trouvé la jambe malade d'une température de 2° plus élevée que sur le membre sain (38° 1/2 à 36° 1/2).

Dans plusieurs observations de phlébite des gros vaisseaux veineux, nous avons noté une élévation de la température locale du membre pouvant aller de 1° à 2°5.

Varices. — La recherche de la température locale dans les membres atteints de varices présente quelques particularités intéressantes que nous signalons dans l'observation suivante :

OBSERVATION. — *Varices des membres inférieurs. — Recherche de la température du membre atteint de varices pendant son élévation, dans la position horizontale et verticale, pendant la marche.* — Service de M. Verneuil.

X..., âgé de 38 ans.

Nécrose ancienne du fémur gauche, à l'âge de 14 ans, fistules multiples, suppuration, oblitération probable de la veine femorale.

Des varices se sont développées depuis cette époque. Elles sont superficielles, extrêmement volumineuses et occupent toute la jambe et la cuisse gauche, à la partie interne et antérieure.

Du côté droit, il n'y a pas trace de varices.

La transpiration du côté gauche atteint de varices est plus facile et plus abondante que du côté droit.

Les membres étant dans la position horizontale et reposant sur le lit :

Moyenne au niveau des varices de la cuisse.....	32°8
côté sain.....	31°
Moyenne au niveau des varices de la jambe.....	32°
côté sain.....	31°

Température de la peau au niveau des varices, après la marche.

Avant la marche, l'exploration pratiquée dans des points symétrique atteints de varices avec les plaques thermo-électriques, donne une déviation au galvanomètre de + 15 divisions du G.

Différence entre les 2 côtés en chiffres thermométriques 1°5

Après une marche de 6 minutes, les varices se gonflent notablement, exploration des mêmes régions atteintes de varices, on obtient une déviation + 22 divisions du G.

Différence entre les deux côtés. Le côté atteint de varices est est plus chaud.. 2°3

Plusieurs expériences donnent les mêmes résultats.

1. MONNERET. *Compendium de médecine pratique*, t. VIII, 1846, p. 114, art. Température.

Température du côté atteint de varices dans l'élévation, la position horizontale et verticale.

Dans la position horizontale, le malade venant de sortir du lit et ses membres inférieurs exposés à l'air (17°) pendant 2 minutes.

Exploration des régions symétriques atteintes de varices avec les plaques thermo-électriques.

Déviation du galvanomètre + 15° du G.

Différence entre les 2 côtés. Le côté atteint de varices est plus chaud que le côté opposé sain........................ 1°5

Élévation des 2 membres pendant 1/4 d'heure, les veines variqueuses diminuent de volume, l'aiguille du galvanomètre revient lentement vers le zéro et s'arrête après quelques oscillations à + 10° du G et à la fin de l'expérience on obtient + 10° du G. Différence entre les 2 côtés en chiffres thermométriques : 0°8.

Les membres sont remis dans la position horizontale et le côté atteint de varice *se réchauffe* et on constate comme précédemment une déviation de + 15° du G.

Le malade est maintenu debout, les membres placés dans la position verticale et immobile pendant 10 minutes. Les varices se gonflent très notablement, il y a une gêne circulatoire considérable avec fourmillement au niveau des extrémités.

La déviation de l'aiguille du galvanomètre au début de l'expérience étant + 15° du G.

A la fin de l'expérience on n'obtient plus que + 11°.

Différence en chiffres thermométriques des 2 côtés....... 1°

Pendant ces explorations le membre est recouvert par un pantalon assez épais, et on se met ainsi à l'abri des variations thermiques par action de l'air extérieur.

En mettant de nouveau le membre dans la position horizontale on obtient au bout de quelques minutes + 15° du G.

Refroidissement par l'action de l'air extérieur.

Les deux membres étant exposés à l'air par une température de 17° pendant 20 minutes, on observe une diminution de température de la peau des deux membres, mais il existe toujours à la fin de l'expérience une différence de température entre les deux côtés, le membre atteint de varices se refroidit plus rapidement que le membre sain.

Au début de l'expérience :	côté variqueux.......	32°8
	côté sain............	31°
A la fin :	côté variqueux.......	31°
	côté sain............	30°2

En résumé :

La température du membre atteint de varices comparée à

celle du côté sain est plus élevée, en moyenne de 1° à 1°5.

La marche, les mouvements du membre, élèvent assez notablement la température du membre variqueux. L'élévation des membres variqueux, le sang ne s'accumulant pas dans les veines dilatées, provoque un refroidissement marqué.

La position verticale avec immobilité, (les veines se dilatant, la circulation veineuse étant gênée) provoque un refroidissement très notable du membre variqueux.

Sous l'influence de l'exposition, à l'air extérieur (17°), le membre variqueux se refroidit plus rapidement que le membre sain, comparé au côté sain, il présente à la fin de l'expérience (20 à 30 minutes) une élévation de température de quelques dixièmes.

Dans un cas de phlegmon de la jambe gauche survenu chez un malade atteint de varices, depuis vingt ans, et traité par la méthode de Gerdy jeune, M. Labit[1] a observé les résultats suivants :

Températures du 5 avril.

	Côté gauche (malade).	Côté droit.
Jambe........ ...	33°1	32°7
Pied.............	30°4	30°1

Repos, cataplasmes.

Le 7 avril, soir, le membre malade est mis dans une position très élevée (chaise de Gerdy).

Le 8. Dégonflement très appréciable et abaissement de la température locale.

Températures.

	Côté gauche.	Côté droit.
Jambe...........	31°63	23°7
Pied.............	29°6	30°1

Le 9, on enlève la chaise le soir ; guérison complète ; le malade sort deux jours après.

Températures.

	Côté gauche.	Côté droit.
Jambe...........	31°2	32°7
Pied.............	28°6	30°1

Par suite de l'élévation prolongée, on voit la température du membre malade, non seulement revenir au chiffre normal, mais encore, abaissée le 9 avril au-dessous de celle du membre sain.

1. Labit. *Loco citato.* Thèse de médecine de Paris, 1879.

CHAPITRE XVI

THERMOMÉTRIE LOCALE DANS LES LÉSIONS DU SYSTÈME LYMPHATIQUE.

Erysipèle. — La température locale au niveau des parties atteintes d'érysipèle subit des modifications très notables, signalées depuis quelques années par les auteurs.

« Outre l'augmentation de la température générale, dit Henri Roger [1], il y a dans l'érysipèle un notable accroissement de la *température locale.*

Cette chaleur plus vive des régions érysipélateuses comparée à celle des parties saines correspondantes et très sensible à la main : je dirai même que la sensation tactile en donne plus d'idée que le thermomètre.

Voici plusieurs chiffres indicateurs de cette chaleur locale : Chez un enfant de 3 ans 1/2, qui avait subi la trachéotomie. La plaie fut le point de départ d'un érysipèle de toute la partie supérieure du thorax. Un thermomètre plat, appliqué sur la région érysipélateuse, marquait 39°4 ; sur les points non affectés du voisinage, il ne s'élevait qu'à 38°2, la température axillaire étant de 39°8.

Dans un autre cas d'érysipèle de la face, la température de la joue gauche, qui était le centre du mal, dépassait de plus du 1 degré celle des parties voisines.

Enfin chez un enfant atteint d'érysipèle ambulant, le ther-

1. Roger. *Recherches cliniques sur les maladies des enfants.* I, p. 303. Paris, 1872.

momètre, placé successivement sur les deux mollets, marque du côté malade 40°50 et seulement 37°50 du côté sain ; le pouls était à 120 et la température axillaire à 40°90, c'est à dire que, comme dans notre premier fait, la chaleur des parties érysipélateuses était, malgré son accroissement, au-dessous de la chaleur centrale.»

L'observation suivante a été publiée par Alvarenga [1].

OBSERVATION. — *Erysipèle bulleux de la cuisse gauche sur un malade de* 65 *ans.*

Au moment de l'observation, l'érysipèle datait de quinze jours et commençait à décliner,

L'application du thermomètre sur la cuisse malade et ensuite sur le point correspondant de la cuisse saine et dans l'aisselle donna les résultats suivants :

Jours du mois de mai.	POINT D'APPLICATION du THERMOMÈTRE	A 10 h. du matin			A 1 h. du soir		
		Température.	Pouls.	Respiration.	Température.	Pouls.	Respiration.
6e	Aisselle................	37,5			37,6		
	Cuisse malade.........	36,6	88	24	36,8	86	24
	Cuisse saine...........	34,5			35,0		
7e	Aisselle................	37,2			37,0		
	Cuisse malade.........	36,0	72	24	35,0	68	20
	Cuisse saine...........	34,0			35,0		
8e	Aisselle................	37,0			37,2		
	Cuisse malade.........	34,0	64	22	35,0		
	Cuisse saine...........	34,5			35,0		
9e	Aisselle................	37,0			37,3		
	Cuisse malade.........	34,0			35,0	70	22
	Cuisse saine...........	34,0			35,0		

L'érysipèle continua à décliner rapidement et on put le considérer comme éteint le 8 mai, jour auquel la température, prise au matin, descendit de 0°5 au-dessous de celle de la cuisse saine, et

1. ALVARENGA. *Précis de Thermométrie clinique, trad. Papillaud.* Lisbonne, 1871, p. 96, 97.

de 2°6 au-dessous de celle qui avait été constatée le premier jour de l'observation.

Dans nos recherches sur ce sujet, nous avons noté quelques particularités intéressantes.

Au début de l'érysipèle, alors que les altérations de la peau ne sont pas encore très marquées, on peut noter des différences de température très notables de 1°, 1°5 entre la partie malade et la partie saine correspondante.

Dans le voisinage de la plaque érysipélateuse, dans les points qui ne sont pas encore atteints, la température locale est notablement élevée. Dans la variété d'érysipèle dite serpigineux, l'élévation de la température locale peut donner des indications sur les points qui vont être envahis par l'affection.

L'élévation de la température locale s'observe dans des points assez éloignés du foyer principal de l'érysipèle.

Au niveau des engorgements ganglionnaires, au niveau des points menacés de suppuration, la température locale est très élevée.

Dans les cas où l'érysipèle se termine par sphacèle ou par gangrène, cette terminaison peut être annoncée par l'abaissement de température observé au niveau des points destinés à se mortifier.

Il est à remarquer qu'à la période de déclin de l'érysipèle, alors que les phénomènes généraux s'amendent, que la fièvre tombe, la température locale des parties érysipélateuses s'abaisse brusquement et redevient en peu de temps normale. L'observation suivante est un exemple de cette marche particulière de la température locale.

OBSERVATION. — *Érysipèle de la face du côté gauche, consécutif à une plaie du front.* — Service de M. Verneuil.

Au 2e jour, température générale, 40°

Côté gauche de la face..........	37°2
» droit »	33°9

Au 4e jour, l'érysipèle a gagné le côté droit, et s'éteint à gauche, température générale 39°

Côté droit de la face...........	36°2
» gauche »	35°

Au 7e jour, température générale, 38°6

Côté droit de la face............	35°9
» gauche »	35°2

Au 8e jour, les accidents généraux disparaissent,
température générale 37°8
Côté droit de la face............ 35°6
» gauche » .... 35°4

On note dans cette observation, (ce que nous avons observé du reste dans d'autres cas) qu'au moment ou les accidents généraux s'amendent et que la température générale redevient normale, la température locale des parties atteintes descend brusquement devenant presque égale à celle des parties similaires saines.

Lymphangite. — On observe dans la lymphangite aïgue des modifications de la température locale analogues a celles que nous venons de signaler dans l'érysipèle. Les observations suivantes indiquent les modifications thermiques que l'on observe le plus souvent.

Observation. — Lymphangite consécutive à une morsure de rat sur l'articulation de la première avec la seconde phalange du doigt medius de la main droite. — Alvarenga.

L'examen thermo-sphygmo-pnéométrique a donné les résultats suivants :

Jours de la Maladie.	POINT D'APPLICATION du THERMOMÈTRE	De 9 à 10 h. du mat.			De 3 à 4 h. du soir		
		Tempé ature.	Pouls.	Respiration.	Température.	Pouls.	Respiration.
4e	Aisselle................	38,9	68	24	38,5	68	24
	Partie malade..........	37,5			36,7		
	Bras sain.............	35,5			35,2		
5e	Aisselle................	37,6	60	20	37,4	64	18
	Partie malade	36,4			36,4		
	Bras sain..............	34,8			35,6		
6e	Aisselle...............	36,8	44	16			
	Partie malade..........	35,2					
	Bras sain.............	34,1					
7e	Aisselle................	36,0	60	16			
	Partie malade	33,5					
	Bras sain.............	32,5					
8e	Aisselle...............	36,2	68	16			
	Partie malade	33,5					
	Bras sain.............	33,8					

La lymphangite commença à décliner franchement au troisième jour de l'observation (sixième jour de la maladie) ; au cinquième jour de l'observation (huitième de la maladie), tous les phénomènes locaux de l'affection avaient disparus. Aux deux bras, le thermomètre fut appliqué sur des points correspondants ; sur le bras malade, on choisissait pour point d'application la trainée rouge de la peau due à l'angioleucite.

Observation. — *Lymphangite de la main et de l'avant-bras consécutive à une plaie du doigt sur un malade atteint de paralysie agitante.* — Service de M. Verneuil.

Lymphangite au niveau de la main et de l'avant-bras gauches en pleine évolution, au 3e jour.

Température générale.... 38°9

Engorgement ganglionnaire axillaire.

Le tremblement dont est atteint ce malade a notablement augmenté depuis l'apparition de la lymphangite.

Recherche de la température locale avec l'appareil thermo-électrique :

Moyenne des températures locales.	Coté sain.	Côté de la lymphangite.
Au niveau de la main.............	29°	33°
— de l'avant-bras........	30°	32°
— du 1/3 supérieur de l'avant-bras..........	30°	32°
— du bras (il n'existe pas au niveau brun de lymphangite).......	30°	32°
— de la partie interne et supérieure du bras..	38°	37°8

Température axillaire :

Du côté sain.	Du côté gauche (engorgement ganglionnaire).
37°8	38°

La température locale, très élevée du côté de la lymphangite, est due en partie aux mouvements (paralysie agitante) du membre supérieur.

De même que dans nos précédentes observations, la température locale de tout le membre, et dans des points où il n'existe pas de traces extérieures de lymphangite, est plus élevée que du côté sain.

Au niveau de *l'engorgement ganglionnaire axillaire*, la température locale est plus élevée que du côté opposé.

OBSERVATION. — *Lymphangite de la jambe gauche au 7e jour, consécutive à une plaie superficielle.* — Service de M. Verneuil.

La lymphangite est en voie de décroissance.

Température générale.... 38°2

Température au niveau de la lymphangite :

Côté gauche .... 36°5
Côté droit .... 35°

Température au niveau de la cuisse :

Côté gauche .... 35°8
Côté droit .... 35°2

Température au pli de l'aine (engorgement ganglionnaire) :

Côté gauche .... 36°
Côté droit .... 35°6

Les jours suivants, la température descend du côté gauche ; elle est égale des deux côtés le 12e jour.

Dans cette observation, la température locale est non seulement élevée au niveau du foyer de lymphangite, mais encore dans tout le membre inférieur, au niveau de la cuisse, qui ne présente pas cependant de trace extérieure d'inflammation des lymphatiques.

OBSERVATION. — *Ulcère ancien de la jambe gauche.— Lymphangite.* — Service de M. Verneuil.

G..., 39 ans. Ulcère ancien de la jambe gauche. Plaques de lymphangite surtout marquées au niveau de la jambe ; traînées remontant le long de la cuisse. Maladie datant de deux jours.

Recherche de la température au moyen de l'appareil thermo-électrique au niveau des plaques de lymphangite.

Côté gauche malade, 36°, le membre étant découvert pendant cinq minutes.

Température extérieure, 17°.

Côté sain...... 32°8, couvert.
— ...... 32°, découvert.

Au voisinage des plaques de lymphangite, et dans toute l'étendue de la cuisse :

Moyenne : côté malade, 35°2 ; côté sain, 33°5.

Température rectale ..... 37°5
— axillaire.... 36°5

On note, dans cette observation, une différence marquée entre la température comparée des deux membres, suivant que le malade est couvert de ses draps ou découvert. On remarque, en outre, *qu'au voisinage des plaques de lymphangite* et dans une zone assez étendue, la température locale est notablement élevée.

OBSERVATION. — *Abcès consécutif à une lymphangite de l'avant-bras.* — Service de M. Verneuil.

Lymphangite en pleine résolution au 12e jour.

Léger engorgement ganglionnaire au niveau de la région épithrocléenne du côté droit.

Température générale ... 37°9

	Côté droit.	Côté sain.
Au niveau de l'engorgement ganglionnaire..............	30°2	29°5
Le 14e jour	30°8	29°6
Le 18e jour (empâtement, fluctuation, rougeur de la peau)	32°3	29°8

L'abcès ganglionnaire est ouvert.

L'élévation très notable de la température locale observée au niveau de la région épithrocléenne du côté précédemment atteint de lymphangite pouvait faire prévoir la suppuration.

Dans plusieurs cas de lymphangite à la période de résolution, nous avons noté des élévations de température au niveau de points où se formaient plus tard des abcès. La thermométrie locale peut servir au diagnostic de ces abcès.

L'élévation de la température locale, observée dans des points éloignés de la zone où existe la lymphangite superficielle et qui s'observe dans presque toutes les observations que nous venons de citer, nous paraît être due à l'inflammation du réseau lymphatique profond. La thermométrie locale peut donner d'utiles renseignements sur la variété de lymphangite décrite par les auteurs sous le nom de lymphangite profonde.

Adénite aiguë. — La température locale au niveau de l'adénite aiguë s'élève très notablement, en moyenne, de 1°5 à 2°.

Les parties voisines présentent une élévation de la température locale assez notable.

Au moment de la suppuration, la température locale est à son maximum. De même, dans l'adéno-phlegmon, la température locale est très notablement élevée. Dans l'observation suivante, il existait une différence de 2°5 en moyenne entre le côté malade et le côté sain.

OBSERVATION. — *Adéno-phlegmon sous-maxillaire.* — Service de M. Verneuil.

Gonflement rapide des ganglions sous-maxillaires du côté gauche.

Au 3e jour :

	Temp. du côté gauche.	Du côté droit.
Partie moyenne...	37°4	35°8
Plus haut.........	36°	35°8

Température axillaire..... 38°

Au 6e jour, au niveau du point où la peau se ramollit, fluctuation profonde.

Côté gauche.............	37°2
Côté droit...............	36°
Température axillaire....	38°2

L'ouverture de l'abcès est pratiquée au 8e jour.

Adénite chronique. — Dans l'adénite chronique, il existe une élévation de la température locale de 0°5 à 1°, en moyenne.

Lorsque la suppuration survient brusquement, cette terminaison est annoncée par une élévation très considérable de la température locale.

Nous renvoyons aux observations dans lesquelles nous avons signalé la température locale d'engorgements ganglionnaires chroniques.

Nous étudierons, dans le Chapitre : *De la thermométrie locale dans les tumeurs*, les troubles thermiques locaux observés dans les engorgements ganglionnaires accompagnant les tumeurs bénignes ou malignes et dans le lymphadénome et le lympho-sarcome.

CHAPITRE XVII

DE LA TEMPÉRATURE PÉRIPHÉRIQUE DES ARTICULATIONS A L'ÉTAT NORMAL ET PATHOLOGIQUE.

I. — *Température locale des articulations à l'état normal.* — Nous avons recherché, dans un grand nombre d'observations, la température locale de la peau qui recouvre les articulations.

Voici les conclusions auxquelles nous sommes arrivés :

1° *A l'état normal*, la température de la peau qui recouvre les articulations est variable. Suivant la température extérieure, suivant que le membre est protégé ou exposé à l'air libre, on note des variations de 4°, 5°, 6°.

2° A mesure que l'on s'éloigne du tronc, la température locale des articulations diminue.

La moyenne des chiffres obtenus pour les articulations principales, est (Recherche avec les appareils thermo-électriques) :

Articulation du genou......	Face antérieure	33°.
	Face postérieure (creux poplité)	35°5.
Articulation tibio-tarsienne.	Face antérieure	34°.
	Parties latérales	33°5.
	Face postérieure...........	33°5.
Articulation du coude	Face antérieure	35°5.
	Face postérieure au niveau des culs-de-sac	33°.
Articulation du poignet.. ..	Face antérieure	33°.
	Face postérieure	30°5.

3° La température locale des articulations est plus élevée dans le sens de la flexion, et au voisinage des gros vaisseaux, que dans le sens de l'extension.

4° Les mouvements répétés (flexion et extension) pendant 5 à 6 minutes, élèvent localement la température de l'articulation en travail (8/10 à 1°). La température du membre correspondant s'élève dans des points assez éloignés de l'articulation en mouvement, c'est ainsi que les mouvements de l'articulation tibio-tarsienne élèvent la température du membre correspondant jusqu'à sa racine (2° à 4/10e).

II. — *Température locale des articulations à l'état pathologique.* — 1° *A l'état pathologique*, la thermométrie locale ne peut donner des renseignements précis et utiles que dans l'exploration des articulations superficielles.

Les articulations profondes (coxo-fémorale, scapulo-humerale), peuvent être violemment enflammées, alors que la température de la peau qui les recouvre est à peine élevée de 2 à 4 dixièmes de degré.

2° *Dans l'entorse*, la température locale de l'articulation malade s'élève quelques heures après l'accident, atteint son summum du deuxième au quatrième jour, et diminue ensuite.

Dans les cas d'entorse compliquée (épanchement sanguin, arthrite grave), la température reste élevée pendant toute la durée de l'affection.

Dans certains cas, la température reste élevée pendant longtemps, bien que le membre paraisse en apparence à l'état normal. L'élévation de la température est importante à constater ; elle indique la persistance de l'inflammation articulaire, accusée en outre dans quelques cas par de la gêne dans les mouvements, des douleurs.

La recherche de la température locale donnera donc dans les cas *d'entorse chronique*, des renseignements sur l'état de l'articulation et servira, par conséquent, de guide au traitement.

3° *Dans la contusion articulaire*, l'élévation de la température locale est en rapport avec la violence du traumatisme et le degré de l'inflammation articulaire.

4° *Dans les épanchements sanguins articulaires*, la température locale s'élève du troisième au quatrième jour pour rester plus ou moins élevée, suivant la nature de l'arthrite consécutive.

5° *L'arthrite traumatique* s'accompagne d'élévation de température au niveau et au voisinage de l'articulation atteinte (2°, 3°).

Dans les cas où l'articulation *doit suppurer*, l'élévation thermique est très notable et se rapproche de la température générale.

Dans aucune de nos observations, la température locale ne s'est élevée au-dessus de la température générale.

6° *Dans les arthrites aiguës, d'origine rhumatismale, blennorrhagique, puerpérale*, l'élévation thermique locale est très notable.

7° La température, dans ces cas, ne s'élève pas seulement au niveau de l'articulation malade, mais encore dans son *voisinage et même dans tout le membre correspondant.* Le maximum de l'élévation existe au niveau du foyer inflammatoire.

Dans les cas de fièvre intense, la température locale de la peau s'élève et tend à se rapprocher de la température générale ; — c'est ainsi que, dans un cas d'arthrite rhumatismale violente, nous avons obtenu :

Température	du genou malade..	37°3
—	du genou sain.....	36°2
—	générale..........	38°

8° *L'hydarthrose* s'accompagne toujours d'une élévation de température (5 dixièmes à 1°), variable suivant la nature de l'affection.

Dans l'hydarthrose chronique, d'origine rhumatismale, l'élévation varie entre 5 dixièmes et 1°. — Dans l'*hydarthrose traumatique*, elle varie entre 1° et 2° au début de l'affection.

Dans les épanchements articulaires consécutifs à des fractures (hydarthrose consécutive à la fracture du fémur), la température de l'articulation voisine de la fracture s'élève quelques heures après l'apparition de l'épanchement, ce qui indique que, dans ces cas, il existe une contusion ou un ébranlement articulaire avec arthrite et non une simple infiltration de liquide dans l'articulation (voir conclusions 7° et 8°).

9° *Les corps étrangers articulaires* s'accompagnent souvent d'une élévation locale de la température, qui indique la coexistence d'une inflammation articulaire.

10° *Dans les tumeurs blanches*, la température locale donne des renseignements utiles.

Au niveau des fongosités superficielles, la température locale comparée à celle des parties voisines, est plus élevée de 3 à 5 dixièmes.

L'hydarthrose élève moins la température locale que l'arthrite fongueuse.

Au moment *de la formation du pus*, la température de l'articulation s'élève principalement au niveau des fongosités articulaires ou osseuses en voie de transformation purulente.

Autour des trajets fistuleux, la température de la peau, comparée à celle des parties voisines, présente un abaissement thermique.

11° *Dans l'arthrite sèche*, la température locale ne subit pas de variations notables, les élévations observées ne dépassent pas 3 à 4 dixièmes.

12° *Dans les ankyloses anciennes, on trouve souvent des élévations de la température locale de 5 dixièmes à 1°.*

Ces élévations indiquent un certain degré de persistance d'inflammation articulaire. L'étude de la température locale pourra fournir, dans ces cas, d'utiles indications pour le traitement.

Nous citerons, à l'appui de nos conclusions, quelques rares observations trouvées dans les auteurs et nos principales observations personnelles [1] recueillies dans le service de Verneuil.

Dans un cas de rhumatisme mono-articulaire du poignet, survenu chez une enfant délicate et scrofuleuse, avec peu de réaction fébrile, H. Roger[2] trouva la température axillaire de 38°, au niveau du poignet malade 0°5 et dans une seconde expérience, 1° de plus que la jointure saine.

Gassot signale dans les cas de *goutte* chez l'adulte, la chaleur intense que les malades accusent au niveau des parties affectées ; il fait remarquer que l'élévation de température locale, constatée au thermomètre, n'est pas en rapport avec la sensation du malade.

Pendant un accès de goutte, Roger [3] a examiné comparativement la température de la face dorsale des deux pieds, il a trouvé :

Pour le pied sain................. 36°25
Pour le pied malade............... 37°25

Observation. — *Mono-arthrite du poignet. — Températures locales.* — Gassot [4].

B... Augustine, âgée de 23 ans, domestique, entre le 3 février 1872, salle Sainte-Marthe à l'hôpital Beaujon, dans le service de M. Gubler.

La malade souffre du poignet droit.

Sans avoir reçu de coup, sans avoir fait d'effort, elle a ressenti tout d'un coup, la veille au soir, une douleur violente qui lui a fait suspendre son travail.

1. Voyez Nicaise. *Rapport. Bulletins de la Société de Chirurgie*, 1882.
2. Henri Roger. *Loc. cit.*, p. 305.
3. Henri Roger. *Etudes cliniques sur les maladies de l'enfance*, t. I, p. 305, Paris, 1872.
4. Gassot. thès. *Loc. cit.*, 1873, p. 86.

Le 4 février, la douleur s'est accrue, la région est gonflée, les mouvements sont à peu près impossibles.

Frisson la nuit. Un peu de fièvre.

Température axillaire.........................	38°1
» de la région affectée.....	37°5
» » saine correspondante.	36°4

OBSERVATION. — *Rhumatisme articulaire aigu.* — (Dangerville).

B... Léon, tailleur, âgé de 21 ans, entré le 25 octobre 1873, à l'Hôtel-Dieu, salle Saint-Lazare, n° 7.

Le malade qui a déjà eu une atteinte de rhumatisme polyarticulaire a été repris de douleurs cinq jours auparavant.

Un peu diffuses dans toutes les articulations au début, les douleurs se sont bientôt localisées dans le membre supérieur du côté droit.

L'exploration thermométrique donne :

	Côté malade.	Côté sain.	Différence.
Aisselle.......	38°9	38°6	0°3
Coude.........	38°	36°9	1°1
Mains.........	38°1	36°7	1°4

OBSERVATION. — *Entorse tibio-tarsienne droite. — Recherche de la température trois heures après l'accident.* — Service de M. Verneuil. — Résumée.

Trois heures après l'accident :

	Articulation tibio-tarsienne droite.	Gauche.
Au-dessous de la malléole externe.	33°4	32°
Au-dessous de la malléole interne.	32°9	32°
A la partie antérieure.............	32°8	32°
Huit heures après :		
Au-dessous de la malléole externe.	33°5	32°
Au-dessous de la malléole interne.	33°	32°
A la partie antérieure.............	33°	32°
Vingt-quatre heures après :		
Au-dessous de la malléole externe.	33°6	32°
Au-dessous de la malléole interne.	33°2	32°
A la partie antérieure........... .	33°1	32°
Au deuxième jour :		
Au-dessous de la malléole externe.	32°8	32°
Au-dessous de la malléole interne.	32°7	32°
A la partie antérieure.............	32°6	32°
Au huitième jour :		
Au-dessous de la malléole externe.	32°5	32°

Au-dessous de la malléole interne.	32°4	32°
A la partie antérieure.............	32°4	32°

Voir conclusion 2°.

OBSERVATION. — *Entorse tibio-tarsienne du côté gauche datant de trois mois.* — Service de M. Verneuil. — Résumée.

Le malade se plaint de douleurs persistantes au niveau de l'articulation précédemment atteinte d'entorse. Pas de gonflement. Pas de rougeur. Très légère gêne dans les mouvements.

Moyenne des températures :

	Articulation tibio-tarsienne gauche (entorse).	Articulation tibio-tarsienne droite.
Côté externe.	33°8	33°
Côté interne.	33°6	33°3
Partie antér.	33°7	33°2

Voir conclusion 2°.

OBSERVATION. — *Hémo-hydarthrose du genou droit, consécutive à une fracture de la rotule au dix-septième jour.* — Service de M. Verneuil. — Résumée.

Lafon Léon, âgé de 35 ans.

Au dix-septième jour :

	Côté droit hydarthrose.	Côté gauche.
Moyenne des températures pendant plusieurs jours..........................	32°8	31°3

Au quarantième jour, l'hydarthrose a considérablement diminué, cas fibreux de la rotule.

	Côté droit.	Côté gauche.
Moyenne des températures pendant plusieurs jours..........................	31°9	31°

Cinq mois après, l'élévation de la température et l'articulation du genou du côté droit persiste.

	Côté droit.	Côté gauche.
Moyenne...............	31°9	31°

Atrophie très notable de la cuisse, il existe une différence de 2° entre les deux cuisses, la cuisse droite atrophiée a une température plus basse de 2° que celle saine du côté gauche.

Voir conclusion 4°.

OBSERVATION. — *Épanchement articulaire modéré consécutif à une fracture de la rotule du côté droit, au quatre-vingt-dixième jour.* — Service de M. Verneuil. — Résumée.

Arthrite peu marquée.

Moyenne des températures locales :

Genou droit.	Genou gauche.	Différence.
32°5	30°5	2°5

Observation. — *Hydarthrose rhumatismale du genou droit avec distension considérable de la synoviale datant de six mois, chez un homme de vingt-six ans.* — Service de M. Verneuil. — Résumée.

Il n'existe pas de douleur, de rougeur, de phénomènes inflammatoires au niveau du genou malade droit.

Moyenne des résultats thermométriques pendant huit jours :

	Genou droit.	Genou gauche.
Région supérieure	35°	34°
» inférieure	34°8	34°1
» latérale droite	34°9	34°
» latérale gauche	35°	34°
Température axillaire	37°8.	

Voir notre conclusion 8°.

Observation. — *Hydarthrose du genou droit avec distension considérable de la synoviale. — Influence de la ponction sur la marche de la température locale.*

Avant la ponction.

	Genou droit.	Genou gauche.
Température locale moyenne	32°	31°
Température axillaire	37°8	

	Genou droit.	Genou gauche.
2 heures après la ponction	32°8	31°
8 heures après la ponction	33°4	31°
Température axillaire	38°2	
Le lendemain	33°	31°
Le soir	32°8	31°
Au 3e jour	32°8	31°
Au 6e jour	32°7	31°
Au 15e jour, l'épanchement s'est reproduit	32°2	31°

On remarquera dans cette observation l'élévation très notable de l'articulation ponctionnée, quelques heures après la ponction. Cette hyperthermie locale s'est maintenue pendant plusieurs jours.

Observation. — *Hydarthrose du genou gauche, consécutive à un traumatisme de la cuisse.* — Service de M. Verneuil. — Résumée.

Contusion violente à la partie moyenne de la cuisse gauche.

Épanchement sanguin de la cuisse gauche au 2e jour.

Légère hydarthrose du genou gauche datant de 2 jours.

Moyenne des températures au 2e jour et pendant 8 jours :

	Genou gauche (hydarthrose).	Genou droit sain.
Région externe	31°5	30°5
» interne	31°6	30°2
» supérieure	31°5	30°5
» inférieure	31°5	30°5
Température axillaire	37°4	

Au 4e jour, 1/3 inférieur de la cuisse. Au niveau de l'épanchement.

Côté gauche.	Côté sain.
32°	31°5

Voir conclusion 8°.

Observation. — *Hydarthrose consécutive à un épanchement traumatique de la cuisse et du genou gauche au septième jour, chez un homme de 60 ans.* — Service de M. Verneuil. — Résumé.

Le blessé n'a reçu aucun choc sur le genou.

Au 7e jour :

	Côté gauche, (hydarthrose)	Côté droit sain
Région supérieure de l'articulation.	32°	30°6
Région inférieure	32°8	30°8
Région interne	32°	30°6
Région externe	32°	30°7
Température axillaire	37°8	

Le 8, 9, 10, 12. Résultats thermométriques analogues.

Au 18e jour, l'hydarthrose a considérablement diminué, amélioration très notable.

	Côté gauche	Côté droit
Région supérieure de l'articulation.	31°	30°6
Région inférieure	31°8	30°6
Région interne	31°8	30°6
Région externe	31°8	30°6
Température axillaire	37°8	

Le malade sort complètement guéri au 42e jour, la température des deux genoux est sensiblement égale, une très légère élévation, 2 à 3 dixièmes du côté gauche. — (Voir conclusion 8°.)

OBSERVATION. — *Arthrite rhumatismale aiguë du poignet droit datant de 8 jours.* — Service de M. Richet à l'Hôtel-Dieu. — Résumée.

Température axillaire..................	38°	
Température moyenne du poignet droit.	37°8	Diff. 2° 8
— — du côté sain.....	35°	
Au niveau du bras droit................	36°2	4 dixièmes.
— du bras gauche..............	35°8	

On doit remarquer dans cette observation l'élévation très considérable de la température locale qui est presque égale à la température axillaire.

Du côté de l'arthrite, *tout* le membre supérieur présente une élévation de température (de 4 dixièmes au niveau du bras). — (Voir les précédentes observations.)

OBSERVATION. — *Arthrite traumatique péronéo-tibiale supérieure droite avec périostite de l'extrémité supérieure du peroné.* — Service de M. Verneuil. — Résumée.

Il y a 7 jours, coup de pied de cheval au niveau de l'extrémité supérieure du péroné droit. Arthrite de l'articulation péronéo-tibiale supérieure droite et périostite de l'extrémité supérieure du péroné.

Moyenne des températures pendant 6 jours :

	Côté droit	Côté gauche
Au niveau de l'articulation.........	31°4	31°3
Au niveau de l'os douloureux......	31°8	31°5
Température axillaire.............	37°8	

Les jours suivants, la température tend à devenir égale des deux côtés.

OBSERVATION. — *Arthrite fongueuse du genou droit. — Fongosités superficielles à la partie supérieure et externe de l'articulation du côté droit. Immobilisation pendant 2 mois. — Amélioration.* — Service de M. Verneuil. — Résumé.

La maladie a débuté il y a 3 ans. Aggravation depuis 2 mois. Pas de rougeur à la peau. Fongosités superficielles à la partie supérieure et externe de l'articulation du genou droit.

Température axillaire le soir............	38°
— le matin..........	37°8

Moyenne des observations thermométriques pendant 6 jours.

	Côté droit (arthrite)	Côté gauche sain
Région supérieure de l'articulation.	33°	31°

Moyenne inférieure de l'articulation.	32°	31°2
— interne —	32°1	31°
— externe —	32°4	31°

Au niveau de la cuisse, il n'existe pas à ce moment d'atrophie très marquée :

Du côté droit................ 32°
Du côté gauche............... 31°2

Immobilisation pendant 3 mois, amélioration, les fongosités ont diminué de volume.

On obtient :

	Côté droit (arthrite)	Côté gauche sain
Région supérieure de l'articulation.	32°	31°
— inférieure —	31°8	31°
— interne —	31°6	31°
— externe —	31°8	31°

Au niveau de la cuisse côté droit, légère atrophie des muscles :

Du côté droit................ 30°
Du côté gauche.............. 31°

On remarquera que la région de la cuisse droite plus chaude au moment des premières explorations est au contraire plus froide de 1° lorsqu'on explore le membre deux mois plus tard. A ce moment il existait un léger degré d'atrophie. — (Voir conclusions).

Observation. — Parizot. — *Tumeur blanche du genou.* — Service de M. Verneuil.

L... (Honorine), 21 ans, couturière. Entrée salle St-Augustin n° 27, le 21 avril 1880. Antécédents strumeux, ganglions, blépharite, etc. En 1877, chute sur le genou gauche qui, les jours suivants, devint le siège d'un gonflement considérable. Plusieurs traitements furent appliqués sans grands résultats. A son entrée à l'hôpital, on lui applique un appareil amovo-inamovible. Électrisation fréquente. Au bout de quelques jours, une petite tumeur qui disparaît, revient, puis disparaît, pour revenir encore, se montre à la région externe du genou gauche.

Le 20 juillet, on applique deux cautères sur cette région, et on enferme tout le membre dans un appareil ouaté, pendant un mois.

Au début de l'examen de la malade, le genou forme une tumeur sphérique volumineuse avec prédominance à la région externe. La cuisse, et surtout la jambe ont diminué de volume. L'écart de température entre les deux articulations correspondantes est très marqué.

4 septembre.		Genou gauche.	Genou droit.	Différence
Part. int.		34°5	32°5	2°
Part. ext.	Supér.	34°	31°2 moy.	4°
	Moy.	34°8		
	Infér.	35°4		
	Infér. post.	35°5		
	Entre les eschares.	34°5		
	Sur une eschare.	34°5		

15 septembre.	Genou gauche.	Genou droit.	Différence.
Part. ext.	34°	30°6	3°4
Part. int.	33°7	32°7	1°
Part. ant.	33°2	29°1	4°1
8 octobre.	**Genou gauche.**	**Genou droit.**	**Différence.**
Part. ext.	34°	29°1	4°9
Part. ant.	33°	29°1	3°9
Part. int.	33°8	31°1	2°7
Jambe.	30°8	29°8	1°

OBSERVATION. — Parizot. — *Tumeur blanche du genou.* — Service de M. Verneuil.

S... (Eugénie), 22 ans, couturière, entrée le 28 janvier 1880, salle St-Augustin, n° 12. Arthrite fongueuse du genou droit ayant débuté vers le mois de février 1879 à la suite d'une chute. Pas d'antécédents personnels ni antécédents de famille. Par le repos, l'appareil amovo-inamovible, et l'électrisation fréquente, l'état du genou s'est beaucoup amélioré ; mais la marche n'est pas possible sans béquilles.

Au moment où nous prenons la température pour la première fois, l'inflammation est encore assez vive, puisqu'elle se traduit par des différences de plus de 2 degrés d'un côté à l'autre.

2 septembre.	Genou droit.	Genou gauche.	Différence.
Part. ext.	32°8	30°3	2°5
Part. int.	33°7	31°5	2°2
25 septembre.	**Genou droit.**	**Genou gauche.**	**Différence.**
Part. ext.	33°7	30°7	3°
Part. int.	33°7	30°3	3°4
Part. ant.	30°4	31°5	1°1

Dans les premiers jours d'octobre, la malade est envoyée au Vésinet. La marche n'est toujours pas possible sans béquilles.

Elle revient à l'hôpital le 2 novembre. Le genou est à peu près toujours dans le même état. Tout le membre inférieur droit à diminué de volume, et sa température est moins élevée que celle du membre correspondant.

4 novembre.		Côté droit.	Côté gauche.	Différence.
Genou,	Part. int.	33°	30°6	2°4
	Part. ant.	32°3	28°7	3°6
	Part. ext.	31°7	29°	2°7
Cuisse, tiers moy.		31°7	32°2	— 0°5
Jambe, tiers moy.		31°8	32°	— 0°2

21 décembre.	Genou droit.	Genou gauche.	Différence.
Part. ext.	33°7	29°5	4°2
Part. int.	34°5	31°8	2°7
Part. ant.	33°	29°2	3°8
Jambe.	34°1	34°2	— 0°1
Cuisse.	32°	32°7	— 0°7

23 décembre.	Genou droit.	Genou gauche.	Différence.
Part. ext.	33°5	30°4	3°1
Part. int.	34°1	31°	3°1
Part. ant.	33°2	29°2	4°
Jambe.	32°3	32°	0°3
Cuisse.	31°3	33°1	— 0°2

Notre exploration du 21 décembre nous révélant entre les températures des deux articulations symétriques un écart que nous n'avions pas constaté jusqu'alors, nous avons recommencé l'épreuve le surlendemain. Les chiffres se sont maintenus élevés ; et cependant la malade n'accuse pas d'aggravation dans l'état de son genou. Parizot tire de l'examen de ces deux dernières observations des conclusions conformes à celles que nous avons énoncées :

1. La température d'une tumeur blanche en voie d'évolution présente un écart de près de 3 degrès en plus sur la température de l'articulation opposée symétrique.

2. Lorsque la tumeur tend à la suppuration, comme dans l'observation I, où l'on avait agité l'opportunité de la résection, l'écart peut atteindre 4 degrés et même plus. Dans le cas contraire, l'écart diminue peu à peu à mesure que se fait la réparation ; mais il ne disparaît pas complètement. (Conclusion de P. Redard.)

3. L'application locale du thermomètre permet de détermi-

ner les points fongueux ou d'ostéite en voie de transformation purulente. (Conclusion de P. Redard.)

4. Les points fongueux sur lesquels la température est la plus élevée sont situés dans nos deux observations à la partie externe de l'articulation. Ce phénomène est d'autant plus sensible qu'à l'état physiologique, la région interne du genou présente une élévation de température de 6 à 8 dixièmes de degré sur celle de la région externe.

5. Dans la tumeur blanche du genou, la température de tout le membre correspondant paraît légèrement abaissée ; ce qui s'explique du reste par l'atrophie consécutive à cette affection. Dans l'observation I où l'atrophie est également marquée, il y a au contraire une élévation qui pourrait peut-être s'expliquer par ce fait que la malade tient habituellement sa jambe enveloppée de ouate.

6. La température de la région antérieure ou rotulienne à l'état physiologique, est sensiblement moins élevée que celle des parties latérales. A l'état pathologique, elle atteint et dépasse souvent celle de la face interne.

OBSERVATION. — Service de M. Verneuil. — *Fracture du coude. — Ankylose. — Arthrite. — Indications fournies par la thermométrie locale*

Henry (François), âgé de 21 ans.

Bonne santé antérieure. Pas de rhumatismes.

Pas de manifestations scrofuleuses.

Pneumonie il y a trois mois.

Il y a un mois, chute du haut d'une échelle.

Fracture compliquée du coude.

Immobilisation du membre à angle droit pendant 28 jours. Pas d'accidents, pas de douleurs.

Au bout de 28 jours, on enlève l'appareil; gonflement du membre, quelques douleurs. Légers essais de mobilisation, 3 semaines après que l'appareil a été enlevé.

5 jours après ces essais de mobilisation, la température locale de l'articulation comparée à celle du côté sain, est :

	Coude fracturé (côté droit).	Coude sain.
Face antérieure........	35°	33°5,34°
— externe..........	33°5	32°
— postérieure.......	33°	35°
— interne...........	33°	32°

Nouvelle exploration.

	Coude fracturé (côté droit).	Côté sain.
Face antérieure	35°	34°
— externe..........	35°5	32°
— postérieure.......	32°5	32°
— interne...........	32°5	32°

Plusieurs explorations donnent les mêmes résultats.

CONCLUSION. — *La température locale de l'articulation du coude atteint de fracture compliquée il y a 34 jours, est plus élevée de 1°5 en moyenne que celle du côté sain.*

La température locale est plus élevée de 1° en moyenne à la partie antérieure et externe de l'articulation malade que dans les mêmes régions du côté sain.

L'exploration thermométrique indique dans ce cas une persistance de l'inflammation articulaire.

M. Verneuil s'appuyant sur les indications fournies par la thermométrie locale, et jugeant qu'il existait encore dans l'articulation malade une inflammation assez marquée, ajourna toute tentative de mobilisation.

OBSERVATION. — Service de M. Verneuil. — *Anhylose ancienne. — Guérison apparente. — Élévation de température.*

B..., âgé de 38 ans, a souffert pendant quatre ans d'une tumeur blanche de l'articulation du coude droit, terminée par ankylose.

Depuis 1878, le membre est dans la flexion, complètement ankylosé.

Le malade n'éprouve pas de douleur, il n'existe pas de trajets fistuleux.

Atrophie très notable du bras et de l'avant-bras.

L'exploration comparée des deux régions au moyen des plaques thermo-électriques donne :

Face antérieure plus chaude de 10 divisions (G) du côté ankylosé.

— postérieure plus chaude de 12 divisions (G) du côté ankylosé.

La température moyenne est :

Pour le côté ankylosé....	31°4
— sain.........	30°3

Il existe donc une élévation assez notable de la température du côté ankylosé, (malgré l'atrophie), qui indique la persistance d'une inflammation articulaire, que rien extérieurement ne peut faire prévoir.

OBSERVATION (Résumée). — Service de M. Richet à l'Hôtel-Dieu — *Ankylose complète du genou droit à la suite d'un arthrite puerpérale*.

Arthrite puerpérale en mars 1877, il y a quinze mois.

Au moment de l'examen, ankylose complète du genou.

Il n'existe pas de rougeur, de gonflement, de douleur, ni d'autres signes extérieurs d'arthrite.

La malade peut marcher assez facilement.

Température locale moyenne du genou droit .... 35°5
— genou gauche... 34°9

L'élévation de la température locale au niveau du genou ankylosé démontre que l'inflammation articulaire n'a pas encore entièrement disparu.

L'observation suivante de Parizot, est un exemple d'arthrite chronique révélée par l'examen thermométrique.

OBSERVATION. — *Luxation de la rotule en dedans, datant de quarante ans environ. — Arthrite.*

B... (Sylvain), 64 ans, entré le 23 novembre pour contusions diverses L'intérêt que présente ce malade vient d'une luxation de la rotule droite en dedans, sur l'origine et les causes de laquelle le malade, très alcoolique, ne peut donner de renseignements précis. Il dit porter cette infirmité depuis l'âge de 12 ans, et n'en avoir jamais été beaucoup incommodé ; il tire un peu la jambe en marchant ; la flexion se fait dans une très petite étendue.

Il n'existe pas de signes extérieurs d'arthrite, pas de rougeur, etc.

Nous explorons, au moyen du thermomètre, l'articulation du genou, siège de la luxation. et nous trouvons :

30 novembre.	Genou droit.	Genou gauche.	Différence.
Région int.	32°	30°2	1°8
— ant.	31°8	28°5	3°3
— ext.	29°5	29°9	0°4

Ainsi donc bien que la luxation date de quarante ans environ, il existe de l'arthrite chronique accusée par une élévation de la température locale de 3°.

CHAPITRE XVIII

TEMPÉRATURE LOCALE DANS LES FRACTURES

Nous avons recherché la température locale au niveau du cal dans un très grand nombre de fractures. Voici nos conclusions :

Le travail de réparation d'une fracture s'accompagne d'une élévation de la température locale assez marquée au niveau du cal.

Dans les fractures compliquées, dans les foyers de fracture suppurés, cette hyperthermie est très considérable (1° à 2°).

L'hyperthermie s'observe au niveau du cal au deuxième et même au troisième mois.

CHAPITRE XIX

DE LA THERMOMÉTRIE LOCALE DANS LES ATROPHIES DE NATURE CHIRURGICALE. — HYPERTHROPHIES.

I. — *Atrophies.* — De même que dans les atrophies de nature nerveuse les atrophies observées en chirurgie s'accusent par des modifications notables de la température locale. Alors même que l'atrophie est très peu marquée, le thermomètre indique des modifications thermiques et peut ainsi servir au diagnostic et au pronostic.

Nous citerons quelques-unes de nos principales observations :

Observation. — Service de M. Verneuil. — *Atrophie du triceps consécutive à une hydarthrose rhumatismale du genou gauche datant de huit mois.*

Il s'agit dans ce cas d'une hydarthrose du genou gauche, survenue chez un jeune homme robuste.

Au 8e mois, l'hydarthrose a presque complètement disparu, mais il existe une atrophie très prononcée du triceps avec troubles fonctionnels dépendant de cette atrophie.

L'étude de la température donne les résultats suivants :

	Côté gauche atrophié.	Côté droit.
Au niveau du genou............	33°3	33°5
Au tiers inférieur de la cuisse (face antérieure).............	32°3	33°8
Au tiers moyen.................	33°2	34°
Au tiers supérieur...............	34°	34°3

En résumé, au niveau du muscle atrophié, abaissement de température très notable.

Observation (Résumée). — Service de M. Verneuil. — *Fracture de l'humérus gauche au cinquantième jour. — Légère atrophie du membre supérieur gauche.*

	Côté gauche fracturé.	Côté droit.
Au niveau du cal, peu volumineux, non douloureux.................	33°8	34°
Partie supérieure du bras..........	34°	34°4
Partie inférieure....................	33°3	33°9
Partie supérieure de l'avant-bras..	32°	32°3
Partie inférieure de l'avant-bras....	31°6	31°6

En résumé, au niveau du cal d'une fracture au cinquantième jour pas de modification notable de la température, abaissement de la température du membre du côté fracturé sous la dépendance de l'atrophie.

Observation (Résumée). — Service de M. Verneuil. — *Fracture de l'extrémité supérieure du fémur gauche au quatorzième mois. — Atrophie du membre inférieur gauche.*

	Côté gauche atrophié.	Côté droit.
Au tiers supérieur de la cuisse.....	33°5	34°4
Au tiers inférieur..................	32°5	33°8
A la partie moyenne de la jambe...	31°7	32°8
A la partie inférieure de la jambe..	31°	31°4
Au niveau du pied (région dorsale).	27°2	26°5

Observation. — Service de M. Verneuil. — *Atrophie du membre inférieur droit chez un enfant atteint de pied bot varus. — Marche de la température locale.*

L'atrophie est très marquée et a commencé trois mois après la naissance.

Mensuration.

	Côté droit atrophié.	Côté gauche.
Racine de la cuisse..................	38 cent.	43 cent.
Partie moyenne de la cuisse.........	33 c.	41 c.
Partie inférieure de la cuisse........	29 c.	33 c.
Au tiers supérieur de la jambe......	27 c.	29 c.
Partie moyenne de la jambe..........	25 c.	28 c.
Au niveau des malléoles.............	20 c.	21 c.
Au niveau de cou-de-pied............	21 c.	24 c.

Température.

	Côté droit atrophié.	Côté gauche.	Différence.
Au niveau du cou-de-pied....	20°2	25°	4°8
Au niveau des malléoles.....	24°5	26°7	2°2
Partie moyenne de la jambe.	23°6	29°3	5°7
Au tiers supérieur...........	25°	30°	5°
Au tiers inférieur de la cuisse.	29°7	31°	1°3
Partie moyenne.............	28°7	32°	3°3
Racine du membre..........	31°	32°5	1°5

Chez les sujets traités par l'électricité, etc., et chez lesquels l'atrophie tend à disparaître, la température primitivement abaissée, remonte et peut devenir égale des deux côtés. Le thermomètre devient dans ces cas un moyen précieux de contrôle de l'efficacité du traitement employé.

Dans un cas de malformation de l'avant-bras (hémimélie). avec atrophie du bras, Demarquay [1] a trouvé :

Température du membre bien conformé..	34°, 35°.
— — difforme........	30°, 30°.

Broca a signalé l'abaissement de température dans l'atrophie de la demi-face et du demi-crâne dans les cas de torticolis ancien, liée à un obstacle circulatoire par suite de l'inflexion exagérée de la carotide à son entrée dans le crâne du côté malade.

Nous avons fort souvent constaté cet abaissement de température dans des cas de torticolis ancien, mais, ainsi que l'avait prévu M. J. Guérin [2], nous avons trouvé cette anomalie thermique *dans toutes les difformités considérables et anciennes de la colonne vertébrale*, où la compression des parties correspondantes aux concavités des courbures a pour effet constant de les frapper *d'atrophie*, avec gêne de l'innervation et de la circulation.

1. DEMARQUAY. *Vice de conformation de l'avant-bras gauche. Modification importante de la température animale dans la partie lésée. Union médicale*, no 4, p. 357-58, 1865.

2. J. GUÉRIN. *Variations thermiques dans les maladies Bulletin de l'Académie de médecine.* Séance du 13 janvier 1880, p. 30.

II. — *Hypertrophies.* — Si, dans l'atrophie, il existe des abaissements de température ; dans quelques hypertrophies, au contraire, avec dilatation vasculaire, la température s'élève très notablement.

Friedreich [1] cite un cas de d'hypertrophie unilatérale du bras gauche, observé par John Reid [2], dans lequel les artères semblèrent plus développées et les battements plus forts. Le bras paraissait plus chaud, et le thermomètre montra une élévation de température qui atteignit 9° (F.) dans la main et 2° dans l'aisselle.

Dans un autre cas du même auteur d'hypertrophie du pouce et de l'index gauche, les doigts hypertrophiés présentèrent une élévation de température de 2° à 6° (F.). L'artère radiale battait plus fort que du côté opposé. On ne trouva aucune différence pour les artères du bras.

Dans un cas d'inégalité congénitale des deux moitiés latérales du corps, Ollier [3] a trouvé des différences de température entre les deux côtés du corps.

Le côté droit hypertrophié présentait une température beaucoup plus élevée que celle du côté gauche normal.

Cette différence de température pouvait s'apprécier à la main, et tout le membre inférieur gauche présentait dans toute son étendue, et principalement au pied, une température assez basse.

Pendant l'hiver, la malade éprouvait un froid continuel dans la jambe gauche, bien que celle-ci fut bien vêtue, tandis que dans la même saison, la jambe droite, même exposée au contact de l'air, était toujours plus chaude.

Cette différence de calorification doit dépendre, dit Ollier, de l'inégalité du développement du système vasculaire ; le système circulatoire étant chez ce malade certainement plus développé à droite qu'à gauche.

1. Friedreich. *Archiv für Pathologische Anatomie.* Band. XXVIII, p. 474, 1863.

2. John Reid. *Physiol. anat. and. patholog. Researches.* Edinburgh, 1848, p. 401.

3. L. Ollier. *De l'inégalité congénitale des deux moitiés latérales du corps de l'homme. Gazette médicale de Lyon,* 1862, p. 309 et *Journal de Physiologie* de Brown-Séquard, 1867.

La coloration du membre droit est d'un rouge bleuâtre. Lorsqu'on applique le stéthoscope et l'oreille au niveau du triangle de Scarpa sur l'artère fémorale, le battement artériel est tellemeut fort que la tête est soulevée par la vigueur de l'ondée sanguine. A gauche, rien de semblable n'a lieu.

Dans un cas d'hypertrophie de la moitié droite du corps, portant surtout sur le membre inférieur, MM. Trélat et Ch. Monod[1] trouvent qu'avant tout examen thermométrique la main seule constate que le membre inférieur droit est plus chaud que le gauche ; le malade lui-même s'est aperçu qu'en hiver, lorsqu'il a froid, le pied droit est toujours moins froid que le gauche. Un thermomètre placé dans le creux poplité n'accuse cependant à une première exploration que 5 dizièmes de degré de différence à l'avantage du membre droit Un second examen, fait le soir, le malade s'étant levé et ayant marché. porte l'écart à 1° (à droite 36°3, à gauche 35°3), au creux de l'aisselle la différence est presque insensible ; elle n'est que de 2 à 3 dixièmes de degré.

1. U. TRÉLAT et CH. MONOD. *Hypertrophie unilatérale. Archives générales de médecine*, 6e série, t. XIII, p. 536-676. 1869.

CHAPITRE XX

SUR LA TEMPÉRATURE LOCALE DES MEMBRES AMPUTÉS.

Ces recherches de thermométrie locale ont été faites, d'après les conseils de M. Verneuil, dans le but d'élucider la question de la circulation dans les moignons d'amputés.

Nous avons étudié, dans un assez grand nombre de cas, la température des membres amputés à diverses époques et les résultats que nous avons obtenus nous permettent de donner quelques conclusions que nous croyons utiles.

Nous commencerons par citer nos principales observations :

OBSERVATION. — *Amputation de la cuisse droite au 1/3 inférieur. — Légère atrophie du moignon. — Arthrite fongueuse du genou gauche. — Recherche des températures avec l'appareil thermo-électrique. — Abaissement de la température du membre amputé. — Élévation thermique au niveau du genou fongueux.* — Service de M. Verneuil.

B..., 30 ans, a subi, il y a cinq ans et demi, l'amputation de la cuisse droite au tiers inférieur pour une ostéo-arthrite du genou. La cicatrisation a été assez prompte. Le moignon, grêle mais bien conformé, n'a été le siège d'aucune lésion et n'a jamais occasionné de douleurs.

Il y a deux ans, le genou gauche a été pris à son tour d'une ostéo-arthrite qui persiste encore, à la vérité sans suppuration, mais toujours douloureuse, malgré l'immobilisation, les révulsifs et divers autres moyens.

Il y a un an environ, l'articulation huméro-cubitale droite a été envahie à son tour.

L'immobilisation absolue maintenue pendant huit mois sans interruption avec un appareil inamovible, parut de ce côté amener la guérison.

Le sujet, d'une extrême maigreur, n'a pas quitté le lit depuis près de deux ans ; il a des tubercules pulmonaires à l'état stationnaire en ce moment, cependant il digère assez bien et n'a pas de fièvre.

Voici les températures recueillies avec l'appareil thermo-électrique :

Sommet du moignon :

Côté droit.		Côté gauche.	
Sommet du moignon......	28°	Au niveau du genou atteint d'arthrite..............	33°
Partie moyenne de la cuisse du côté du moignon.....	31°5	A la partie inférieure de la cuisse.................	34°
Partie supérieure de la cuisse du côté du moignon	33°	Partie supérieure de la cuisse.................	35°
Sur le trajet des vaisseaux du triangle de Scarpa ...	35°3		35°2

On voit que l'abaissement de la température existe dans toute l'étendue du moignon, mais surtout à son sommet, l'élévation considérable que présente le genou gauche est dû en partie à l'ostéo-arthrite.

OBSERVATION. — *Amputation de cuisse à la partie moyenne. — Exploration thermo-électrique. — Abaissement de la température du membre amputé.* — Service de M. Verneuil.

Mart, Edouard, 59 ans, amputé il y a un an à la partie moyenne de la cuisse droite pour une tumeur blanche du genou avec ostéïte.

La cicatrisation du moignon s'est faite régulièrement. Très légère atrophie du moignon.

L'exploration thermo-électrique donne :

Avec deux aiguilles, l'une appliquée sur le sommet du moignon l'autre au point correspondant, on obtient une déviation à droite de 9° du galvanomètre.

Les deux aiguilles placées plus haut, 7° du G.

A la partie supérieure, déviation à gauche de 1/2° du G.

Cette première recherche indique un abaissement de température assez notable au sommet du moignon, moindre plus haut, une très légère élévation à la racine du membre amputé sur le trajet des vaisseaux.

Sommet du moignon,	3°2.	Côté sain,	32°9.
Partie moyenne,	3°3.	—	34°2.
Racine du membre,	34°9.	—	34°5.

Une légère élévation de la température du membre à sa racine sur le trajet des vaisseaux se retrouve dans l'observation suivante :

Observation. — *Amputation de la jambe droite à la partie moyenne. — Abaissement de la température du membre amputé.* — Service de M. Verneuil.

X..., âgé de 32 ans, amputé de jambe à la partie moyenne par M. Verneuil, il y a un an. — Cicatrisation régulière.

La recherche des températures, au moyen de notre appareil, nous donne les résultats suivants :

Avec les deux aiguilles, une appliquée au sommet du moignon, l'autre au point similaire du côté sain, on obtient une déviation à droite de 7°.

Au niveau du genou, déviation à droite de 6°.

A la racine de la cuisse, au niveau du triangle de Scarpa, sur le trajet des vaisseaux, déviation à gauche de 1°.

Le côté amputé présente donc un abaissement de température au niveau du moignon et au-dessus du genou, une légère élévation à la racine du membre.

La mensuration des températures nous donne :

Au sommet du moignon.	28°3.	Partie correspondante.	29°5.
Plus haut, 3 centimètres	28°2.	Point correspondant ..	29°3.
Au-dessous de la tubérosité antérieure........	26°.	— ..	28°.
Au niveau du genou.....	28°4.	— ..	30°7.
Au-dessous du mollet....	26°4.	— ..	29°.
A la racine de la cuisse.	31°.	— ..	30°4.

Observation. — *Amputation de l'avant-bras gauche au 1/3 supérieur pour une ostéo-arthrite du poignet au 30e jour.* — Résumée.

X..., âgé de 39 ans, atteint d'ostéo-arthrite grave du poignet gauche.

L'amputation de l'avant-bras gauche est décidée.

Avant l'opération, il existait une très légère atrophie du membre supérieur gauche.

Un mois après l'opération, l'atrophie est très marquée.

L'avant-bras du côté gauche amputé au-dessus du moignon, mesure 22 cent.

L'avant-bras du côté gauche, au même niveau, 24 cent.

Moyenne des températures :

	Côté gauche amputé.	Côté droit.
Au niveau du moignon......	28°	30°
Coude.....................	29°	31°2
Partie inférieure du bras....	31°6	32°
Partie supérieure..........	31°6	32°

Observation. — *Amputation de jambe au 1/3 inférieur à la suite d'ostéo-arthrite du pied.* — Service de M. Verneuil. — Résumée.

Roger, 18 ans, amputé de la jambe droite, il y a trois ans. Atrophie assez notable de tout le membre inférieur droit, ayant débuté deux mois après l'opération.

Moyenne des températures :

	Côté droit amputé.	Côté gauche.
Partie moyenne de la jambe...	27°2	29°2
1/3 supérieur................	28°	29°8
Genou.......................	28°	30°
1/3 inférieur de la cuisse	28°4	31°
Partie moyenne..............	29°9	31°2
Partie supérieure.............	30°8	31°4

Dans ce cas, l'abaissement de température existe non seulement au niveau du moignon, mais encore dans toute l'étendue du membre du côté amputé.

Observation. — *Désarticulation scapulo-humérale datant de 6 ans, côté droit.* — Service de M. Verneuil.

Au niveau du moignon.........
— du deltoïde atrophié... } Moyenne des températures, 35°4.
Côté droit.....................

Dans le creux axillaire (côté droit au niveau des vaisseaux), 362.

Côté opposé, moyenne des températures au niveau du deltoïde et de la racine du membre supérieur gauche, 36°4.

Dans le creux, axillaire gauche 37°5.

Observation. — *Amputation de jambe à la partie moyenne.* — *Ulcération ancienne du moignon.*

X..., âgé de 48 ans, amputé de la jambe droite, il y a 1 an et demi, pour une gangrène par artérite. Atrophie très notable du moignon et de tout le membre inférieur de ce côté. Ulcération ancienne au niveau du moignon. La sensibilité à l'extrémité du moignon est conservée,

La partie supérieure de la jambe du côté amputé a 2 cent. de moins que celle du côté sain.

Moyenne des températures :

	Côté droit amputé.	Côté gauche.
Au niveau du moignon.........	27°9	29°
2 cent. au-dessus..............	27°9	29°
Partie supérieure de la jambe..	28°2	29°2
Partie inférieure de la cuisse ..	28°2	29°4
Partie moyenne de la cuisse....	28°	29°5
Partie supérieure de la cuisse..	28°	29°5

En résumé, dans ce cas, un abaissement de température assez notable s'observe dans toute l'étendue du membre amputé.

OBSERVATION (Résumée). — Service de M. Verneuil. — *Amputation de l'avant-bras droit à la partie moyenne pour un épithélioma de la main droite. — Engorgement ganglionnaire de l'aisselle. — Renseignements donnés par l'étude de la température locale.*

Au moment de l'opération, il existait un très léger engorgement des ganglions axillaires. Trois mois après l'opération, le moignon est très légèrement atrophié, complètement cicatrisé, l'engorgement ganglionnaire a augmenté.

	Côté droit amputé.	Côté gauche.
Au tiers supérieur de l'avant-bras...	29°	30°
— inférieur du bras..........	30°2	31°
Partie moyenne....................	32°4	32°3
Partie supérieure..................	33°6	33°
Sous l'aisselle......................	37°8	37°4

En résumé, abaissement de température au niveau du moignon, élévation de température principalement marquée à la racine du membre amputé. Cette hyperthermie était sous la dépendance des ganglions axillaires en voie de développement, elle indiquait la récidive de l'épithélioma qui se montra, en effet, à ce niveau, quelque temps après.

OBSERVATION. — Service de M. Verneuil. — *Sarcome de la jambe droite. — Amputation de cuisse au tiers inférieur. — Récidive danse le moignon au sixième mois.*

Au sixième mois bourgeons sarcomateux au niveau du moignon. Engorgement ganglionnaire de l'aine de ce côté. Légère atrophie du membre amputé :

Moyenne des températures.

	Côté droit amputé.	Côté gauche.
Au niveau du moignon...............	33°6	32°
Au niveau des bourgeons sarcomateux	34°8	33°
A la partie moyenne de la cuisse.....	33°2	33°
A la partie supérieure	33°8	33°

Il est à remarquer que du côté du moignon, bien qu'il existe une atrophie très marquée du membre, la température est beaucoup *plus élevée* que du côté sain. Cette hyperthermie est la conséquence de la récidive sarcomateuse observée au niveau du moignon.

OBSERVATION. — *Température du moignon d'un Lisfranc* (Parizot).

R... (Alix), 27 ans. Entrée, salle Saint-Augustin, n° 24, le 3 janvier 1880.

Au mois de février, sans cause bien définie, lymphangite de la jambe gauche ; gangrène du pied. Amputation de Lisfranc le 12 avril.

Lorsque nous commençons à observer la malade, elle se plaint de fourmillements dans le pied amputé (16 septembre) sensibles surtout le soir pendant une heure. Une plaie consécutive à la lymphagite du mois de février, nous dit-on, persiste encore à la partie postérieure du calcanéum ; mais elle suppure peu.

17 septembre.	Pied gauche.	Pied droit.	Différence.
Rég. ext. Tiers moyen.	32°5	26°9	5°6
Rég. int. —	30°	27°1	2°9
Sur le lambeau.	28°7	26°3	2°4
Région dorsale.	29°5	28°4	1°1

9 décembre.	Pied gauche.	Pied droit.	Différence.
Mall externe.	33°5	32°5	1°
— interne.	33°2	31°4	1°8
Rég. dorsale.	32°7	32°	0°7
Sur le lambeau.	32°3	30°7	1°6

21 décembre.	Pied gauche.	Pied droit.	Différence.
Mall. externe.	26°2	24°2	2°
— interne.	26°	22°5	3°5
Rég. dorsale.	28°3	26°7	1°6
Sur le lambeau.	27°7	21°	6°7

« Les résultats obtenus dans cette observation, dit Parizot, sont contraires à ceux observés par Redard et publiés dans les *Mémoires de chirurgie* par M. Verneuil, (t. II, p. 795. Paris, 1880). Redard a toujours vu l'abaissement de la température des moignons. »

Nous pensons que l'élévation de température, constaté dans ce cas par Parizot, tient à la plaie du calcanéum. Il aurait été intéressant de rechercher s'il n'existait pas chez ce malade quelque foyer d'osteïte ou de suppuration profonde. L'élévation de température indiquait des lésions inflammatoires profondes.

Conclusions. — Nous n'avons pas signalé les modifications de la température locale dans les premiers jours qui suivent l'amputation des membres.

Les résultats obtenus sont faciles à prévoir. Jusqu'au moment de la cicatrisation, élévation de la température plus ou moins marquée suivant la marche de la réunion, très élevée au moment de la formation des abcès, lors de l'apparition des complications (érysipèle, etc.).

Dans les premiers jours, deux à six jours en moyenne, le moignon, comparé au côté homologue sain, présente un abaissement de température de 3° à 4°; de 6° à 8° avant et pendant le sphacèle. La thermométrie locale peut donc dans ces cas fournir des renseignements sur la vitalité des lambeaux.

Après la cicatrisation, la température locale d'un membre amputé est abaissée *dans toute son étendue*, très légèrement élevée à sa racine.

Ces modifications de la température locale peuvent être observées *assez tôt* et nous les avons notées deux mois après l'amputation des membres, elles sont surtout très marquées dans les amputations anciennes. Elles existent dans les amputations des extrémités (main, pied).

L'explication de cette hypothermie locale nous paraît complexe. Elle est due à la diminution notable de l'activité circulatoire du membre observé, liée à la diminution de calibre des vaisseaux, et aussi à l'atrophie des membres très marquée dans plusieurs de nos observations. L'abaissement de température n'est pas lié *seulement* à l'atrophie des membres amputés, car nous avons pu observer très nettement une diminution de la température des membres amputés, dans des points qui n'étaient nullement atrophiés.

L'élévation de température observée à la racine des membres amputés semblerait indiquer qu'à ce niveau les vaisseaux sont dilatées et que la circulation est assez active.

Ces recherches de thermométrie viennent donc confirmer les conclusions des travaux de M. Verneuil [1] et de M Segond [2] sur la diminution du calibre des vaisseaux dans les membres amputés.

En résumé, quelques mois après l'amputation d'un membre, deux mois en moyenne, la température locale s'abaisse dans toute l'étendue du membre amputé, elle s'élève très légèrement à sa racine.

Les exceptions à cette règle s'observent dans les maladies du moignon. C'est ainsi que dans la névrite avec troubles trophiques, dans les ulcérations rebelles, dans les récidives dans le moignon (cancer, sarcomes, etc.) la température locale, au lieu de s'abaisser, *s'élève*. Les indications de la thermométrie dans ces cas sont précieuses à enregistrer, elles peuvent guider le chirurgien dans le pronostic et la thérapeutique.

1. VERNEUIL. *Mémoires de chirurgie*. Paris, 1880, t. II, p. 780, 823.
2. P. SEGOND. *Etude sur les modifications du calibre des vaisseaux dans les membres amputés*. *Revue de Chirurgie* Août-Septembre 1882.

CHAPITRE XXI

DE LA THERMOMÉTRIE LOCALE DANS LES TUMEURS.

Dans nos recherches bibliographiques nous n'avons trouvé aucun renseignement sur la mesure de la température locale des tumeurs. De Haen cite cependant un cas de cancer du sein, avec élévation de la température locale.

Chez une femme atteinte d'un cancer du sein, Becquerel et Breschet[1] ont trouvé :

Température	de la bouche................	36°60
—	du cancer....................	36°60
—	des fongosités exubérantes..	36°60
—	du muscle biceps brachial...	36°60

Sarcomes. — M. Estlander[2], dans un très intéressant mémoire, après avoir rappelé la fréquence des sarcomes, la rapidité de leur développement, la promptitude avec laquelle ils envahissent souvent tout l'organisme, s'étonne de n'avoir nulle part trouvé mention d'un de leurs caractères qui paraît constant, savoir : *l'élévation de température qu'ils déterminent lorsqu'ils acquièrent rapidement un grand volume.*

Il cite, à l'appui de ses opinions, les faits suivants :

1. Becquerel et Breschet. *Second mémoire sur la chaleur animale.* Lu à l'Académie des sciences, 10 août 1835 *Annales des sciences naturelles*, 7e série, 1835.

2. Estlander. *Nordkist medicinisktArkiv.* Band IX, nz. 4, 1877 ; et Verneuil. *Fièvre symptomatique des néoplasmes. Revue mensuelle de médecine et de chirurgie*, février 1878.

Observation. — *Sarcome du bassin. — Thermométrie locale.* (Estlander.)

Femme, 28 ans, bonne santé antérieure. A la fin d'une grossesse, douleurs dans la jambe droite qui deviennent de plus en plus vives après l'accouchement.

Entrée à l'hôpital 20 février 1874, dans un état satisfaisant et sans affection viscérale apparente.

Vers la partie inférieure du ventre, au niveau de la crête iliaque droite, tumeur volumineuse, mal limitée, ferme au toucher et à surface bosselée ; la peau, libre et mobile est sillonnée de grosses veines dilatées.

La pression exercée sur la tumeur est douloureuse.

L'exploration thermométrique donne les résultats suivants :

Surface de la tumeur........................	37°8
Point correspondant du côté sain...........	36°8

Un nouvel examen répété le lendemain, donne les mêmes résultats.

L'affection fait des progrès rapides, et la mort survient le 25 mai.

Autopsie. — Le sarcome s'étend en arrière jusqu'au sacrum, en avant au-dessus de l'arcade crurale. Une moitié de l'os iliaque est hypertrophiée, l'autre raréfiée et en partie détruite.

Dépôts secondaires dans les poumons et les reins.

Observation. — *Ostéo-sarcome de la jambe. — Thermométrie locale.* (Estlander).

Garçon, 19 ans. Apparition, il y a deux ans, d'une saillie siégeant un peu au-dessus de la partie moyenne du tibia. Accroissement progressif de la tumeur, qui, du volume d'un œuf de poule au printemps de 1874, devient grosse comme le poing en juillet, et à partir de ce moment, se développe rapidement en s'accompagnant de vives douleurs.

Entrée à l'hôpital le 11 mai 1875, état général bon. La tumeur est inégale, de consistance variable ; étendue du voisinage de la rotule à celui du pied, entourant la jambe, elle est un peu plus saillante en avant qu'en arrière.

Voici les dimensions :

De haut en bas........	25 cent.
D'avant en arrière.....	18 —
Circonférence	75 —

Peau rouge, distendue, non adhérente cependant, œdème du pied Ganglions inguinaux, légèrement augmentés de volume.

Température à la surface de la tumeur....................	37°2
— au point correspondant de l'autre membre...	36°

Amputation de la cuisse. Guérison sans accident.

La tumeur était un mélange d'ostéome, d'enchondrome et de sarcome fuso-cellulaire. L'enchondrome prédominait.

Observation. — *Ostéo-sarcome du genou. — Thermométrie locale.* (Estlander.)

Homme, 32 ans. Il y a deux ans que son genou droit devenait raide et volumineux. Le massage essayé n'eut aucun résultat. Entré à l'hôpital le 22 février 1876. Bonne constitution, pas d'affection viscérale. Au-dessus en avant et en dedans du genou, tumeur adhérente au fémur, inégale, recouverte d'une mince couche osseuse, pulsatile, mais diminuant à peine de volume par la compression. Les mouvements du genou sont indolents, mais un peu limités. Ganglions de l'aine volumineux.

Température à la surface de la tumeur....................	38°3
— au point correspondant de l'autre côté.......	38°
— dans l'aisselle..............................	39°

Le lendemain, nouvelle exploration :

Surface de la tumeur.....	38°
Côté opposé..............	36°5
Dans l'aisselle...........	38°

Dès lors, le doute sur la nature de la tumeur n'est plus possible. C'est un ostéo-sarcome fortement vasculaire. Comme les ganglions qui sont pris peuvent être enlevés sans difficulté, l'amputation de la cuisse est proposée. Le malade la refuse.

Observation. — *Sarcome du tibia. — Thermométrie locale.* (Estlander.)

Veuve, 60 ans. Découvre, il y a 7 ou 8 ans, à la partie antérieure de la jambe droite, une petite tumeur fixée au tibia. En septembre 1875, cette tumeur devint douloureuse et prit le volume d'une petite pomme. Les ganglions inguinaux avaient grossi. Le 10 février 1876, l'engorgement des ganglions a augmenté : on propose l'ablation de la tumeur de la jambe et des ganglions; le malade refuse.

Elle revient le 11 mai; la tumeur s'était beaucoup accrue : elle avait le volume des deux poings : elle était molle et presque fluctuante, recouverte d'un tégument aminci, ulcéré au sommet; pas de suppuration entre la peau et la tumeur.

Température à la surface de la tumeur.................. 38°1
— au point correspondant du côté opposé.... 37°
— aisselle.................................. 37°8

Dans l'aine au-dessus et au-dessous de l'arcade crurale, plusieurs ganglions volumineux.

Le 15 mai, désarticulation du genou, par le procédé Gritti, et ablation des ganglions de l'aine. Guérison facile. État général excellent au 1er août, mais bientôt la santé s'altéra : il y eût de l'amaigrissement, de la fièvre, plus tard des convulsions et du coma. La mort survint le 1er septembre. Noyaux encéphaloïdes, dans les poumons et le foie. La tumeur primitive était un sarcome à cellules fusiformes, parti du bord antérieur du tibia et propagé jusqu'au canal médullaire.

Observation. — *Sarcome du thorax. — Thermométrie locale.* — (Estlander).

Paysan, 30 ans : brûlé dans son enfance à la partie antérieure du thorax. A 20 ans, apparait dans la cicatrice une tumeur qui présentait à la fin de 1875 le volume d'une pomme de terre. Depuis cette époque, accroissement très rapide. Ulcération à la surface. Hémorrhagies abondantes. Entré à l'hôpital, le 21 juin 1876. Le malade est solidement bâti : son état général est satisfaisant. La tumeur présente 18 centimètres de circonférence et 9 centimètres 1/2 de hauteur. Elle est cylindrique, bombée, de consistance ferme.

Température à sa surface.............................. 38°7
— au point correspondant du côté opposé.... 37°1
— dans l'aisselle........................... 38°7

L'extirpation est faite. Deux jours plus tard la température redevient normale. La tumeur était un sarcome à cellules rondes.

Observation. — *Enchondro-sarcome de la mâchoire inférieure. — Thermométrie locale.* (Estlander.)

Femme, 41 ans : bonne constitution, état général satisfaisant. Au printemps de 1876, la 4e molaire de la branche droite du maxillaire inférieur fait saillie et quoique saine, tombe spontanément ; vers l'angle de la mâchoire, sur la face externe de l'os, apparait une tumeur grosse comme la moitié d'un œuf de poule. Les 3e et 5e molaires sont mobiles, la gencive est soulevée par une tumeur de consistance ferme.

Deux ganglions sous-maxillaires sont pris.

Température à la surface de la tumeur.................. 37°5
— du côté opposé............................ 36°7

Une seconde exploration donne les mêmes différences. Résection de la moitié de la mâchoire ; ablation des ganglions. 3 jours après, état général satisfaisant. Tout fait espérer une guérison rapide.

La tumeur était un mélange de sarcome à cellules fusiformes et de chondrome.

Dans un cas très intéressant, Cauchois[1] a obtenu des résultats qui confirment ceux de Estlander.

Observation. — *Sarcome du bras. — Marche de la température locale.*

Mlle X..., 25 ans, habitant la campagne, entre à l'Hôtel-Dieu de Rouen vers le milieu du mois d'août dernier, pour une tumeur du bras droit.

C'est dans les derniers jours du mois de mars de cette même année que Mlle X... a ressenti dans le petit doigt de la main droite, ainsi que sur le bord interne de l'annulaire, des fourmillements continus. Elle découvrit alors à la face interne du bras, vers la partie moyenne et dans les masses musculaires mêmes, une petite tumeur qui, dès ce jour, a fixé son attention et n'a cessé de s'accroître. Cet accroissement s'est fait très rapidement, puisque cinq mois après, c'est-à-dire au moment où nous observons la malade, le bras au niveau de la partie la plus saillante, semble avoir triplé de volume. La tumeur s'est développée sans accompagnement de douleurs, en ne provoquant que quelques tiraillements douloureux de l'avant-bras (face antérieure).

Elle fait donc saillie surtout à la face interne du bras, empiétant à la fois sur les faces antérieure et postérieure. A ce niveau, le bras offre dans ses deux tiers inférieurs un gonflement énorme, de consistance ferme, celle que donne en général tout gonflement musculaire, et sensiblement la même dans tous les points, diffus sur ses limites et paraissant occuper toute l'épaisseur des parties molles, sans adhérence avec l'os. La peau est saine, un peu rouge et vascularisée seulement sur un point limité à la région la plus saillante. La pression sur la tumeur est douloureuse. Les mouvements du bras et de l'avant-bras sont notablement gênés et douloureux (tiraillements des muscles et des nerfs). Il existe un ganglion gros comme une noix dans la paroi interne de l'aisselle. L'élévation locale de la température est appréciable à la main ; les

1. Cauchois (de Rouen). — *Note sur la température locale des néoplasmes*, 1878. *Revue mensuelle de médecine et de chirurgie*, p. 763.

pulsations des artères radiale et cubitale sont sensiblement les mêmes des deux côtés; la circulation veineuse et lymphatique parait gênée, car les doigts et la main sont le siège d'un œdème bien manifeste. Aucune altération de la sensibilité des doigts, main, avant-bras.

La santé générale ne parait pas avoir encore souffert, sauf l'appétit diminué depuis quelques temps, mais les couleurs des joues sont encore des plus fraiches, et l'embonpoint général est resté le même.

Aucune cause locale ne saurait être invoquée pour expliquer le développement de cette tumeur; et il n'existe point d'antécédents de famille, à la connaissance de la malade.

« J'arrive maintenant aux observations intéressantes à consigner, celles relatives à la température.

J'ai toujours pris la température le matin seulement, successivement dans les deux aisselles, avec le thermomètre laissé de chaque côté le même temps en place, et voici le tableau que je puis dresser :

Dates.	Aisselle droite. (Côté de la tumeur.)	Aisselle gauche.
27 août...............	37°9	37°6
30 —	38°2	37°5
1er septembre	38°4	37°7

Le même jour, 1er septembre, j'ai appliqué le réservoir de mon thermomètre sur la partie la plus saillante de la tumeur, en le recouvrant d'ouate et le maintenant à l'aide d'une bande roulée par dessus l'ouate; la même application a été faite au point correspondant du bras gauche et j'ai obtenu les résultats suivants :

	Bras droit. (Tumeur.)	Bras gauche.
Température locale.........	37°8	35°5

La malade a quitté l'Hôtel-Dieu dès le 3 septembre, le chirurgien n'ayant pas cru devoir proposer une intervention. Elle est retournée dans sa campagne, et conséquemment je n'ai pu continuer mes recherches. »

On doit remarquer, dans cette observation, l'élévation de la température axillaire, dans un point voisin de la tumeur. On peut, en effet, observer souvent l'élévation de la température locale dans des points assez éloignés des tumeurs.

Dans un grand nombre d'observations, nous avons constaté l'élévation de température locale au niveau des sarcomes. Nous ne citerons que nos principaux cas.

OBSERVATION. — *Sarcome du dos.* — *Thermométrie locale.* — Service de M. Verneuil. — Résumée.

Tumeur datant de 15 ans. Opération. Récidive. La tumeur a le volume d'un œuf, adhérente à la peau profonde.

Diagnostic : Sarcome.

Température générale		....	37°7
Au niveau du sarcome		....	38°
—	—	....	38°3
—	—	....	38°2
Du côté opposé en divers points du thorax		....	36°5
—	—	—	36°8

La température au niveau du sarcome est plus élevée en moyenne de 2° que celle du côté opposé sain.

OBSERVATION. — *Sarcome de la mamelle.* — *Marche rapide.* — *Température locale élevée.* — Service de M. Verneuil. — Résumée.

Jeune fille de 22 ans, 26 juin 1880. La tumeur a commencé à se développer après l'accouchement.

Elle a acquis bientôt au bout de 6 mois un volume assez notable.

Les ganglions axillaires du côté de la tumeur sont volumineux, indurés.

Certains chirurgiens pensent que l'on a affaire dans ce cas à un abcès chronique de la mamelle. M. Verneuil en présence de la dureté de la tumeur, de la rougeur de la peau et de l'élévation de la température locale constatée à la main, diagnostique un sarcome.

Température	générale	37°
—	au niveau de la tumeur	36°8
—	du côté opposé	36°

L'opération confirme ce diagnostic.

La thermométrie locale, en indiquant une température plus élevée que celle que l'on constate habituellement dans les abcès chroniques a fourni des éléments utiles pour le diagnostic.

OBSERVATION. — *Lympho-sarcome de la région cervicale à marche rapide.* — *Termométrie locale.* — Service de M. Verneuil.

Il s'agit, dans ce cas, d'un homme de 59 ans, présentant dans toute la région cervicale, principalement du côté gauche, d'énormes masses ganglionnaires en voie d'accroissement très rapide depuis six mois. M. Verneuil diagnostique un lympho-sarcome et nous engage à étudier la température locale dans ce cas.

La température générale est élevée à 38°7.

Plusieurs explorations avec le thermomètre et les appareils thermo-électriques nous donnent les résultats suivants :

En moyenne :

Du côté gauche, au niveau d'une masse ganglionnaire très développée, 37°9.

Côté opposé, 37°1.

Au niveau d'une masse dans le creux sus-sternal, 37°5.

La température de la région cervicale chez un individu sain et sans fièvre est en moyenne 36°.

Observation. — *Lympho-sarcome de la région axillaire gauche à marche rapide chez un jeune homme de 26 ans. — Thermométrie locale.* — Service de M. Verneuil.

La tumeur axillaire gauche, qui avait d'abord le volume d'une noisette, a aujourd'hui le volume d'une poire.

Dans la région sus-claviculaire et cervicale, petites masses ganglionnaires dures, mobiles.

L'exploration de la température de la tumeur de l'aisselle gauche avec l'appareil thermo-électrique et le thermomètre donne en moyenne :

Du côté gauche........ 37°7 } Différence, 1°2.
Du côté droit.......... 36°5 }

Au niveau de la région claviculaire et axillaire, pas de différence de température.

La température générale a oscillé pendant plusieurs jours entre 38° et 38°5.

On doit noter, dans ces deux observations, l'élévation de la température générale. Cette hyperthermie a durée, chez les deux malades, plusieurs jours. Cette fièvre symptomatique des néoplasmes, étudiée par M. Verneuil, se rencontre dans les sarcomes à marche rapide et c'est dans ce cas que la température locale subit une élévation très notable. Nous avons pu vérifier le fait plusieurs fois.

Épithélioma.—Carcinome.—La température locale dans l'épithélioma s'élève assez notablement, mais elle n'atteint les chiffres observés dans le sarcome que dans les formes végétantes, à marche rapide.

Dans l'observation suivante, l'élévation de la température est assez notable.

OBSERVATION. — *Epithélioma de la mamelle gauche à marche rapide. — Engorgement ganglionnaire.* — Service de M. Verneuil. — Résumée.

La tumeur a commencé il y a huit mois.

Du côté de l'aisselle gauche, au niveau d'un engorgement ganglionnaire assez notable, 37°2.

Du côté sain, 36°9.

Moyenne des températures au niveau de la tumeur mammaire gauche, rouge : 36°6.

Du côté sain, 34°.

Température générale : moyenne, 38°.

Dans plusieurs observations, nous avons noté une élévation de température au niveau de la tumeur variant entre 2 dixièmes et 1°.

Squirrhe. — Dans les tumeurs dites squirrheuses, dans les formes à marche lente, avec atrophie de la tumeur, la température locale ne subit aucune modification. Dans plusieurs cas de squirrhes atrophiques de la mamelle, nous avons noté un abaissement de la température.

L'observation suivante prouve notre assertion.

OBSERVATION. — *Squirrhe de la mamelle à marche lente.— Engorgement ganglionnaire. — Abaissement de la température du côté de la tumeur.* — Service de M. Verneuil.

Tumeur très dure, irrégulière, du côté gauche, assez volumineuse, à marche lente, non vasculaire, adhérente à la peau, ayant débuté il y a cinq ans.

Petites tumeurs ganglionnaires dures dans la région axillaire gauche.

Température axillaire du côté gauche. 37°5
— du côté droit sain....... 37°

Moyenne des températures au niveau de la tumeur avec l'appareil thermo-électrique et le thermomètre :

Du côté de la tumeur (côté gauche)..... 36°
Côté sain .... 36°8

En résumé, au niveau des tumeurs ganglionnaires de l'aisselle, légère élévation thermique.

La tumeur présente une température *moins élevée* que dans les points similaires de la mamelle saine du côté opposé.

Dans les observations suivantes, recueillies dans le service de M. Verneuil, on note une très légère élévation de la température du côté de la tumeur.

OBSERVATION. — *Squirrhe du sein droit à marche lente. — Thermométrie locale.*

M... (Annette), 60 ans, entrée le 7 octobre, salle Saint-Augustin, n° 3. Squirrhe du sein droit, ayant débuté, il y a quatre ans, par un petit noyau bosselé qui resta stationnaire jusqu'au mois de juin dernier. A ce moment, la tumeur grossit peu à peu, mais sensiblement, pour atteindre, au commencement d'octobre, la grosseur d'un petit œuf de poule : elle s'ulcère alors, et donne pendant quelques jours un léger suintement sanguin. A l'entrée à l'hôpital, ce suintement s'est arrêté. L'état général est bon. Pas de ganglions axillaires.

8 octobre.	Sein droit.	Sein gauche.	Différence.
En dedans,	34°8	34°6	0°2
En dehors,	34°8	34°6	0°2
Au milieu,	34°8	34°	0°8

Le diagnostic a été confirmé par l'opération.

OBSERVATION. — *Squirrhe du sein gauche, à marche assez rapide. — Thermométrie locale.*

M... (Augustine), 37 ans, entrée le 4 novembre, salle Saint-Augustin, n° 29. Tumeur du sein gauche, ayant débuté il y a un an. Cette tumeur, de la grosseur d'un pois au début, s'est accrue peu à peu pour arriver à la grosseur d'un œuf de poule. Peau peu adhérente à la tumeur, bosselures peu marquées : pas d'ulcération superficielle. Ganglions axillaires.

5 novembre.		Sein gauche.	Sein droit.	Différence.
Sur la tumeur.	En haut,	36°5	35°5	1°
—	En bas,	36°5	35°4	1°1

Le diagnostic a été confirmé par l'opération.

Adénomes. — La température locale au niveau des adénomes ne subit pas de modification ; dans certaines tumeurs *à développement rapide*, on peut noter exceptionnellement une élévation de température allant jusqu'à 1°, ainsi que le prouve l'observation suivante :

OBSERVATION. — *Adénome du sein à marche rapide.* — Service de M. Verneuil.

G..., Marie, âgée de 22 ans. Tumeur gauche ayant pris un développement rapide depuis trois mois, non adhérente à la peau. Compression ouatée. Pas d'engorgement ganglionnaire.

Température axillaire gauche .... 37°5
— — droite .... 37°3

Au niveau de la tumeur :

Côté gauche.	Côté droit.
35°4	34°5
35°	34°8
35°2	34°5
35°4	34°7

L'opération confirme le diagnostic.

Dans ce cas, la différence de température entre le côté sain et le côté malade est assez notable, bien que l'on n'ait pas affaire à une tumeur vasculaire sarcomateuse; cette élévation thermique tient en partie, dans ce cas, à la position superficielle et au développement rapide de la tumeur.

Fibromes. — Enchondromes. — Au niveau des fibromes, des enchondromes, la température locale n'est pas modifiée elle est, au contraire, généralement abaissée de quelques dixièmes. Nous devons cependant citer un cas de fibrome intra-pariétal de la paroi abdominale sans lésion du péritoine, à développement rapide, étudié par Nicaise au péritoine et qui présentait localement une élévation très considérable de la température, Il ne s'agissait pas, dans ce cas, d'un fibrome pur, mais d'un fibro-sarcome.

Lipome. — L'observation suivante, empruntée à Parizot, donne des renseignements sur la température locale au niveau des lipomes :

OBSERVATION. — *Lipome de la région sus-claviculaire gauche. — Abaissement de la température locale au niveau de la tumeur.*

L... (Elise), 49 ans. Entrée salle Saint-Augustin, n° 3, le 22 septembre. Il y a quinze mois qu'un petit noyau de la grosseur d'un pois s'est montré dans la région sus-claviculaire gauche. Accroissement très lent. En 1879, la tumeur a atteint le volume

1. NICAISE. *Tumeurs fibreuses du tronc. Revue mensuelle de médecine et de chirurgie*, 1878, t. II, p. 755.

d'un petit œuf de poule. Depuis la fin de juillet, elle a doublé, puis triplé de volume. Elle ne produit aucune gêne pour la respiration ni pour la déglutition.

23 septembre.	Côté gauche.	Côté droit.	Différence.
Sur la tumeur :			
En dedans,	33°7	36°3	2°6
En dehors,	34°2	35°8	1°6
En bas,	32°4		
En haut,	35°4		
Au milieu,	32°5	35°5	3°

L'ablation a eu lieu le 25 septembre. La malade sort complètement guérie le 8 octobre.

Dans plusieurs observations de lipomes, nous avons toujours trouvé un abaissement de la température locale au niveau de la tumeur. Ce résultat est important à connaître, si on considère que les tumeurs que l'on peut confondre avec le lipome (abcès froids, etc.), donnent des élévations de température locale.

Kystes. — Les kystes simples non enflammés donnent un abaissement de température locale.

Les kystes développés aux dépens des tumeurs, ainsi que cela s'observe pour la mamelle, s'accompagnent d'élévation de température, et c'est là un point utile à connaître pour le diagnostic.

Nous renvoyons, pour l'étude de la température locale dans les tumeurs vasculaires et érectiles, au chapitre de la Thermométrie locale dans les lésions vasculaires.

Conclusion. — Les *conclusions* de cette étude de la température locale dans les tumeurs peuvent se résumer ainsi :

1° Les tumeurs a développement rapide, telles que les sarcomes, carcinomes, épithéliomes, s'accompagnent d'une *élévation* de température locale de 1° en moyenne.

2° Les tumeurs à marche lente ne s'accompagnent pas, au contraire, de modification de la température, à moins qu'il ne survienne un trouble dans leur évolution, tel que : inflammation, ramollissement aigu, suppuration.

3° L'hyperthermie se constate non seulement au niveau de la tumeur, mais dans une zone assez étendue.

4° L'hyperthermie locale marche le plus souvent parallèlement avec l'hyperthermie générale (fièvre symptomatique),

5° Le squirrhe à marche lente présente une température locale abaissée.

6° L'adénome à marche rapide présente une légère élévation de température.

7° Les fibromes purs, les enchondromes, les lipomes, les kystes sont caractérisés par une température locale basse.

8° L'étude de la température locale dans les tumeurs peut donner d'utiles indications pour le diagnostic et le pronostic.

On peut dire, d'une façon générale, *que les tumeurs caractérisées par l'hyperthermie locale sont des tumeurs malignes.* Le pronostic est d'autant plus grave que la température est plus élevée, l'élévation locale notable indiquant une tumeur devant se développer très rapidement, et, par conséquent, maligne.

Quant à la cause de l'élévation de la température locale, elle ne doit pas être recherchée dans l'inflammation de la peau, mais bien plutôt dans les phénomènes de combustion, de genèse rapide des nouveaux éléments (Estlander), et surtout dans la richesse en vaisseaux des tumeurs.

CHAPITRE XXII

THERMOMÉTRIE LOCALE DANS QUELQUES MALADIES DU TESTICULE.

OBSERVATION. — *Hydrocèle datant de 6 ans, chez un malade de 30 ans.* — Service de M. le Dr Polaillon. — Résumée.

Température axillaire.......................... 37°5
Au niveau de l'hydrocèle en plusieurs points
moyenne.. 32°3
Du côté sain...................................... 33°5

Dans plusieurs observations d'hydrocèle nous avons noté, un abaissement assez marqué du côté de la tumeur. Après la ponction et l'injection iodée, la température locale s'élève pendant plusieurs jours de 2° à 3° pour redevenir normale au moment de la guérison.

Ces observations confirment les recherches de M. Huppert[1] qui a constaté la température peu élevée du liquide de l'hydrocèle.

OBSERVATION. — *Varicocèle prononcé à gauche, chez un homme de 28 ans, pas d'atrophie du testicule du côté du varicocèle.* — Service de M. Verneuil.

Exploration avec le thermomètre et les plaques thermo-électriques de la peau au niveau du cordon spermatique et du testicule.

Moyenne des chiffres obtenus :

Cordon au niveau de l'anneau inguinal externe :
Côté du varicocèle.............................. 37°
Côté sain.. 35°5

Cordon spermatique partie moyenne :
Côté du varicocèle.............................. 36°
Côté sain.. 34°8

1. M. HUPPERT, *Arch. der Heilkunde*, 1873.

Plus bas côté du varicocèle........... 35°
Côté sain.............................. 36°2

Au niveau de l'épididyme :

Côté du varicocèle .... 35°
Côté sain.............................. 35°8
Testicule du côté du varicocèle en divers points, moyenne............... 36°5
Du côté sain........................... 35°

En résumé, la température au niveau du varicocèle est *plus élevée* de 1° à 0°5 qu'au niveau du cordon sain.

Le testicule du côté du varicocèle présente dans ce cas une élévation de 5 dixièmes.

Dans plusieurs cas nous avons obtenu les mêmes résultats. Dans des varicocèles anciens très volumineux avec atrophie du testicule, la température du testicule comparée à celle du côté sain était abaissée de 1° à 1°5.

La température au niveau du cordon variqueux était, de même que dans les cas précédents, notablement élevée.

OBSERVATION. — *Orchite du côté droit sur un individu de 24 ans. Maladie datant de 4 jours.* Alvarenga [1].

L'examen de la température, du pouls et de la respiration donne les résultats suivants :

Jours de la maladie.	PARTIES EXPLORÉES	A 10 h. du matin			A 4 h. du soir		
		Température.	Pouls.	Respiration.	Température.	Pouls.	Respiration.
4°	Aisselle...............	37,1	60	16	37,1	62	16
	Testicule malade.......	36,7			36,7		
	Testicule sain..........	36,4			36,4		
5°	Aisselle...............	37,0	62	16	37,0	62	16
	Testicule malade.......	36,6			36,6		
	Testicule sain..........	36,4			36,4		
6°	Aisselle...............	37,0	60	16	37,0	60	16
	Testicule malade.......	36,4			36,4		
	Testicule sain..........	36,4			36,2		

1. ALVARENGA. *Précis de thermométrie clinique*, trad. PAPILLAUD. Lisbonne, 1871, 2° édition, 1882, p. 93-94.

Au dernier jour mentionné (3e d'observation et 6e de la maladie), le testicule ne présentait déjà plus de symptômes d'inflammation.

OBSERVATION. — *Épididymite blennorrhagique, du côté droit.* — Service de M. Verneuil. — Résumée.

Au 2e jour, phénomènes inflammatoires très marqués.

	Côté droit.	Côté gauche.
Partie inférieure (queue de l'épididyme).	35°	33°5
Moyenne et antérieure................	35°1	33°1
Supérieure (tête de l'épididyme)........	34°9	33°7
Partie moyenne et postérieure de l'épididyme..............................	35°3	33°7
Sur le cordon.........................	35°2	34°9
Au 3e jour.		
Partie inférieure......................	34°8	33°6
Moyenne et antérieure................	35°	33°1
Supérieure...........................	34°8	33°5
Partie moyenne et postérieure..........	35°	33°8
Sur le cordon.........................	35°	34°8
Au 6e jour (résolution).		
Partie inférieure......................	33°9	33°
Moyenne et antérieure................	34°	33°
Supérieure...........................	34°	33°2
Partie moyenne et postérieure..........	34°	33°
Sur le cordon.........................	34°5	34°

OBSERVATION. — *Épididymite tuberculeuse gauche à marche rapide chez un tuberculeux.* — Résumée.

Le malade ne s'est aperçu du gonflement de l'épididyme du côté gauche qu'il y a quinze jours.

Épididyme très gonflé à gauche. Testicule gauche, très atrophié, douloureux. La peau n'est pas adhérente, il n'y a pas d'hydrocèle.

Légère induration de l'épididyme droite :

Température axillaire : 37°8.

Moyenne de plusieurs explorations thermométriques :

	Côté gauche.	Côté droit.
Queue de l'épididyme.............	35°	34°2
Tête de l'épididyme...............	35°	33°5
	35°2	34°
Testicule partie moyenne.........	34°	33°5

OBSERVATION. — *Orchite et épididymite tuberculeuses.*— Service de M. Polaillon, salle Saint-Gabriel, 35. — Résumée.

P..., âgé de 23 ans. Testicule gauche induré ; pas d'atrophie. Épididyme considérablement augmenté de volume, avec des noyaux indurés dans toute son étendue, principalement à la base. Canal déférent induré. Pas de rougeur à la peau.

Testicule droit et épididyme sains.

Exploration avec l'appareil thermo-électrique :

Queue de l'épididyme plus chaude du côté malade, de 8 divisions du galvanomètre

Partie moyenne du testicule induré plus chaude de 10 divisions.

Au niveau de la tête, plus chaude de 5 divisions.

Au niveau du cordon, plus chaude de 2 divisions.

Températures comparées :

	Côté sain.	Côté malade.
Queue de l'épididyme	33°8	35°8
Partie moyenne du testicule induré	34°	36°
Au niveau de la tête	33°4	35°4
Au niveau du cordon	33°	35°
Huit jours après, nouvelle exploration :		
Queue de l'épididyme	33°3	35°3
Partie moyenne du testicule induré	33°6	35°6
Au niveau de la tête	32°9	34°9
Au niveau du cordon	32°5	34°2

En résumé, dans ce cas, il existe une élévation de température dans toute la région scrotale du côté où siège une orchi-épididymite tuberculeuse.

Dans plusieurs observations nous avons constaté l'élévation de la température au niveau de foyers tuberculeux épididymaires.

Dans les autres variétés de tumeur du testicule et notamment dans le cancer, la température locale subit les modifications que nous avons indiquées dans notre chapitre précédent : Thermométrie locale des tumeurs.

CHAPITRE XXIII

DE LA THERMOMÉTRIE UTÉRINE ET VAGINALE A L'ÉTAT NORMAL ET PATHOLOGIQUE.

I. Thermométrie utérine et vaginale pendant la menstruation la grossesse et l'accouchement.

II. Thermométrie de l'utérus et du vagin dans les maladies de ces organes.

La *menstruation* élève la température vaginale et utérine de quelques dixièmes de degrés. Ce fait ressort d'observations précises publiées par Fricke[1] (de Hambourg). Cet auteur a comparé dans de nombreux cas la température axillaire à la température vaginale avant et après la menstruation, et il a constamment noté dans ce dernier cas une légère élévation thermique du vagin et de l'utérus.

D'après Granville, (*Home Lectures*, t. V qui s'est occupé un des premiers de la température utérine chez la femme *grosse*, la température de l'utérus s'élèverait notablement après l'accouchement.

Gavarret a observé dans un cas que le thermomètre introduit dans le vagin d'une brebis stérile marquait 39°85, dans un autre cas, le vagin d'une brebis présentait au moment de mettre bas une température de 39°9, pendant la parturition 40°, après l'accouchement 40°5.

1. FRICKE (de Hambourg). *Zeitschrift für d. gesamte Med.* Heft. 3. Hamburg, 1838.

Bærensprung[1] par ses mensurations thermiques a établi que le développement du poulet s'accompagne d'une élévation de température. Ces premières expériences jointes à d'autres faites sur les fœtus de lapin, celles pratiquées sur les femmes enceintes, le conduisirent à cette conclusion, *que l'enfant contenu dans l'utérus a une température plus élevée que celle de la mère.*

Schæffer[2] en 1863, soutint dans sa thèse la même conclusion.

D'après Schrœder[3], la température de l'utérus en gestation est supérieure à celle du vagin de 0°19 en moyenne et à celle de l'aisselle de 0°29.

D'après Winckel, la différence entre la température de l'utérus et du vagin serait 0°13 à 0°19.

S'appuyant sur ce que la température du fœtus est supérieure à celle de la mère, et que la température de l'utérus est supérieure à celle du vagin, Cohnstein[4] recommande la thermométrie utérine dans le but d'établir le diagnostic de grossesse, et de savoir si l'enfant est vivant ou non.

Dans les cas ou l'enfant est mort, dit Cohnstein, l'utérus ne recevant pas la chaleur produite par le fœtus vivant, offre une température abaissée.

Schroeder en effet a trouvé chez une femme enceinte dont l'enfant était mort depuis dix-sept heures, la température de l'utérus supérieure de 0°2 seulement à celle de l'aisselle, tandis que lorsque l'enfant vit, la différence est de 0°383 pendant le travail, de 0°29 pendant la grossesse et de 0°10 au minimum.

D'après Cohnstein, la comparaison de la température utérine a celle du vagin ou de l'aisselle permet de porter un jugement sur la vie de l'enfant. Si la température est égale ou inférieure à celle du vagin, l'enfant est mort. Si la température utérine est supérieure à celle du vagin, plusieurs mensurations sont nécessaires avant de conclure, car la diminution de chaleur du fœtus peut être graduelle.

1. Bærensprung. *Muller's Archiv*, 1851.
2. Schæffer. *Diss. inaug. Greisfwald*, 1863.
3. Schrœder. *Virchow's Archiv*, Band XXXV, p. 261-265, 1866.
4. Cohnstein. *Von Leben und Tode der Frucht. Archiv für Gynækologie.* Bd. IV. pp. 547-49, 1872.

Si deux ou trois heures après avoir constaté une température utérine élevée, on trouve un abaissement, on peut en conclure que le fœtus est mort.

« Si la température de l'utérus, relativement élevée par rapport à celle des autres organes internes, dit Cohnstein, est due à la chaleur propre du fœtus vivant, la constatation par le thermomètre de cette élévation de température est une preuve de l'existence de la grossesse preuve d'une grande valeur dans les trois premiers mois, époque à laquelle manquent les autres signes. L'expérience a démontré que l'introduction prudente du thermomètre dans la cavité de l'utérus gravide entre la paroi utérine et les membranes, n'entraîne aucun accident.

Pendant *l'accouchement*, la thermométrie est possible même dans les présentations du crâne. Si le col est dilaté et la tête engagée, il suffit de prendre la température du vagin qui formant cavité contenant le fœtus, se met assez exactement à la température de ce dernier. La thermométrie utérine sera plus facile dans les présentations inclinées et dans celles du siège et de la face, que dans les présentations du crâne. »

Fehling [1] dans un grand nombre d'observations a vérifié les faits indiqués par Cohnstein.

Dans douze cas ou la température utérine avait été inférieure à celle du vagin, les enfants étaient morts.

Dans quelques cas ou la température utérine était supérieure à celle du vagin de 0°15 à 0°30, les enfants étaient vivants.

Schlesinger [2] conteste les résultats de Cohnstein [3] et Fehling et cherche à établir que la température de l'utérus même à l'état normal et en dehors de la grossesse, est supérieure à celle du vagin.

Nous pensons que dans les observations citées par cet auteur il s'agissait d'utérus malades, enflammés et dont la température n'était pas normale. Cohnstein s'est du reste assuré au

1. FEHLING. *Klinische Beobachtungen über den Einfluss der todten Frucht auf die Mutter. Arch. für Gynækologie.* T. VII, p. 143 1874.
2. SCHLESINGER. *Ueber thermometrie des uterus und ihre diagnostische Bedeutung. Wien. med Wochenschrift.* 1874, p. 427.
3. COHNSTEIN. *Die Thermometrie des Uterus. Virchow's Archiv.* Bd. LXII, p. 141, 1874 et *Schmidt's Jahrbucher.* Bd. CLXV, pp. 37-38, 1875.

moyen d'aiguilles thermo-électriques que chez les lapines en dehors de la gravidité, il n'existe pas de différence entre la température utérine et celle du vagin.

Comme conclusion des recherches des derniers auteurs que nous venons de citer, on peut dire avec Marduel[1], auteur d'une analyse importante sur ce sujet :

Que l'existence d'une température utérine supérieure à celle du vagin, en dehors de certains cas pathologiques, est un signe de grossesse, avec enfant vivant.

Dans le cours de la grossesse, la constatation d'une température utérine égale à celle du vagin indique la probabilité de la mort du fœtus.

Dans une grossesse avérée, une température utérine inférieure à la température vaginale annonce sûrement la mort de l'enfant.

D'après le professeur Peter [2], la température intra-utérine après l'*accouchement* peut s'élever sans qu'il y ait surélévation de la température axillaire, et chez la femme à terme, la température utérine semble ne pas influencer la température générale.

Au contraire, dans quelques cas où Peter a pu prendre la température axillaire et utérine, avant et après l'accouchement, il a trouvé une légère surélévation axillaire en même temps que la surélévation utérine ; la surélévation utérine dépassant néanmoins l'axillaire de 0°2.

« Ces recherches sembleraient prouver, dit cet auteur, que l'acte de la parturition élève la température générale ainsi que la température utérine, et qu'il place aussi au moins momentanément, l'organisme entier comme l'utérus dans un état d'hyperthermie favorable à la genèse de l'inflammation. »

« Dans seize cas, la moyenne de la température utérine après l'accouchement fut de 38°2 exactement : 38°17, c'est-à-dire que cette moyenne fut de 0°7 plus élevée que la moyenne normale, et de 0°5 plus élevée qu'avant l'accouchement.

1. P. Marduel. *De la Thermométrie utérine comme moyen de diagnostic de la grossesse, ainsi que de la vie du fœtus, d'après les travaux de Cohnstein, Fehling, Schlesinger et Alexeff. Lyon médical*, n° 44. T. XXIII, 1876.

2. Peter. *Leçons de clinique médicale*. T. II, 1879, p. p. 692-710.

« Le travail utérin élève donc la température utérine. De même, la température axillaire peut brusquement s'élever bien que la parturition s'accomplisse physiologiquement. »

D'après Peter, après l'accouchement, et lorsqu'il existe des accidents morbides, la température intra-utérine s'élève, mais il est à remarquer, qu'en général, au cas de fièvre puerpérale, la surélévation thermique relative est plus considérable dans l'aisselle que dans l'utérus au début des accidents, ce qui démontre, d'après Peter, que l'état général précède et prime la lésion locale.

Quand le traumatisme utérin a été le point de départ des accidents, la surélévation utérine dépasse au début comme pendant la durée des accidents la surélévation axillaire.

Comme conclusion principale de ses recherches, Peter admet que l'hyperthermie utérine chez la femme grosse ou accouchée la prédispose à la puerpéralité et aux affections utérines.

Nous devons faire remarquer que toutes les recherches de thermométrie utérine que nous venons de citer ont une certaine importance scientifique, mais elles ne nous paraissent pas devoir être recommandées dans la pratique. Contrairement aux auteurs allemands, nous pensons qu'il peut survenir des accidents graves et l'avortement à la suite d'introductions répétées de thermomètres dans la cavité utérine pendant la grossesse et après l'accouchement.

II. *Thermométrie de l'utérus et du vagin dans les maladies de ces organes.* — Cohnstein a trouvé la température utérine supérieure à celle du vagin dans l'endométrite aiguë, dans la métrite aiguë, la para et périmétrite, les excoriations et les ulcérations de la surface interne des lèvres du col.

Dans les fibromes utérins, dans les infarctus utérins chroniques, dans les tumeurs ovariennes, dans les cas d'augmentation de volume du bas ventre par accumulation de graisse, la température de l'utérus, contrairement à ce que l'on observe dans la grossesse, reste égale ou inférieure à celle du vagin. La thermométrie dans les cas douteux rendra de grands services.

Des recherches de quelques auteurs, il résulte que dans les

cas d'hématocèle, la température de l'utérus et des culs de sacs utéro-vaginaux s'*abaisse*.

Dans les cas d'hématocèle compliqués de pelvi-péritonite, la température n'atteint jamais les chiffres observés dans les pelvi-péritonites franches.

D'après Braun [1] (de Vienne) la température locale de l'utérus ne s'élève dans l'hématocèle retro-utérine que lorsque cette affection se complique de péritonite.

Martineau signale l'élévation de la température locale au niveau de la région abdominale dans l'adéno-phlegmon du ligament large et pelvi-utérin, dans l'adéno pelvi-péritonite.

D'après Martineau [2] la température de l'utérus dans les cas de mérite aiguë, sub aiguë et même chronique est plus élevée que celle du vagin et que la température genérale du corps.

1. Braun. *Œsterr. Zeitschr. für prakt. Heilkunde.* 1864.
2. Martineau. *France médicale.* 1879, n° 42-44.

CHAPITRE XXIV

DE LA TEMPÉRATURE LOCALE DU SEIN APRÈS L'ACCOUCHEMENT.

D'après nos recherches, la température locale de la région mammaire oscille en moyenne entre 33°5 et 34°5.

Voici les résultats des observations de température locale du sein à l'état normal, obtenus par Chatelet [1].

Age.	Température.	Age.	Température.
20	34°3	18	32°3
17	33°3	28	34°3
26	32°4	16	35°
48	32°5	17	32°5
27	33°8	50	32°
42	32°7	16	33°5
24	32°8	23	34°
48	33°6	28	32°4
20	34°8	18	35°4
19	35°	20	32°2
62°	32°2	32	33°7

La température normale du sein varie, comme on le voit par le tableau ci-dessus, dit cet auteur, dans des limites assez éloignées : chez une jeune fille de dix-sept ans, elle est de 32°5, et chez une autre de seize ans, elle est de 35°. Cependant, nous remarquons que cette température est en général moins élevée chez les vieilles femmes ; ainsi nous avons les

1. CHATELET. *Etudes sur la température locale du sein après l'accouchement.* Thèse de Paris, 1884.

chiffres de 32°5, 32°7, 32°2, et même 32° chez des mala des âgées de 48, 42, 62 et 50 ans.

D'après Chatelet, la température locale du sein à l'état normal et de non-activité est en moyenne de 33°5.

D'après Cauvet[1] dans les premiers jours qui suivent l'accouchement, la température locale du sein oscille dans une limite assez étendue, le minimum est 37° et le maximum 39°6.

« La température mammaire, dit-il, est, en général plus élevée, surtout au moment de la montée du lait, que la température axillaire. » Et plus loin : « quand aux relations qui peuvent exister entre la température mammaire et l'abondance du lait, si elles sont un peu plus étroites que celles qui existent entre cette même abondance et la température axillaire elles restent cependant peu manifestes. »

Les conclusions suivantes de Chatelet, diffèrent assez notablement de celles de Cauvet :

1° L'établissement de la sécrétion lactée détermine au niveau des seins une élévation de température qui peut atteindre 2° et même 3°.

2° Il existe des relations évidentes entre la température du sein et la sécrétion du lait, celle-là étant d'autant plus élevée que celle-ci est plus abondante.

3° Quand, le second ou le troisième jour après l'accouchement, la température locale du sein atteint et dépasse 36°, qu'elle se maintient au-dessus de ce chiffre, les huit ou neuf premiers jours de la lactation, on peut affirmer que le lait sera abondant.

4° La sécrétion lactée sera nulle ou très peu abondante, quand le thermomètre reste au-dessous de 36° ou qu'il ne se maintient pas à ce chiffre.

5° La montée du lait n'a aucune influence sur la température générale. La fièvre de lait n'existe pas.

6° La température générale, au contraire, a une influence notable sur la température lecale des seins.

Cauvet s'est servi dans ses recherches d'un thermomètre à cuvette plate, offrant au sein une surface représentée par un cercle d'un centimètre et demi de rayon et que l'on

1. CAUVET. *De la montée du lait.* Thèse de Paris, 1884.

appliquait sur la région du sein pendant dix minutes environ.

Chatelet applique dans ses observations le thermomètre de Constantin Paul.

Les thermomètres employés par ces deux auteurs, nous paraissent exposer à des erreurs et de là les chiffres thermométriques différents qu'ils ont obtenus.

CHAPITRE XXV

THERMOMÉTRIE LOCALE DANS LES MALADIES DES YEUX

Nous ne possédons que quelques observations sur ce sujet Gradenigo, Galezowski, sont les seuls opthalmologistes, qui ne se soit occupés de cette question. Les intéressantes recherches de ces auteurs ont donné des résultats utiles à connaître.

Dès 1876, le professeur Gradenigo recherchait la température de l'œil à l'état normal et pathologique. Gradenigo a bien voulu nous autoriser à publier le résultat de ses observations pour la plupart encore inédites.

D'après cet auteur, la température de l'œil, a l'état normal, varie entre 36°5 et 37°.

Cette température, d'après Gradenigo, est inférieure à la température réelle de l'œil, l'évaporation continuelle des larmes et l'irradiation expliquent cet abaissement. Il est possible en effet de constater un abaissement soudain de la température, toutes les fois que la présence de l'instrument a provoqué une abondante sécrétion de larmes.

D'après Galezowski, la température de l'œil varie entre 36°7 et 36°5.

Gradenigo fait remarquer que les modifications notables de la température s'observent principalement dans les affections des membranes externes de l'œil. L'élévation de la température est surtout marquée au début des conjonctivites dans le stade hypérémique.

On peut noter une différence de 1° entre les deux yeux.

Dans le dernier stade de l'affection au moment où la *purulence* s'établit, (bien que les symptômes observés soient souvent très graves), la température s'abaisse notablement et reste stationnaire.

S'appuyant sur un grand nombre d'observations, Gradenigo pense que l'augmentation de température que l'on note dans les inflammations oculaires ne dépend pas uniquement de l'hypérémie et d'un apport plus considérable de sang dans l'organe. C'est ainsi que dans les conjonctivites purulentes qui s'accompagnent d'une hypérémie considérable, la température de l'œil malade diffère à peine de quelques dixièmes de celle de l'œil sain, tandis que dans les formes exsudatives et dipthéritiques, dans lesquelles les vaisseaux comprimés par l'exsudat sont exsangues, la température de l'œil atteint s'élève très notablement et peut atteindre 40°.

Dans les conjonctivites catarrhales chroniques, avec hypérémie de la conjonctive, du tarse, excoriation de la peau des paupières, la température observée n'est pas en rapport avec le degré de l'hypérémie. De même dans les conjonctévites miasmatiques avec ardeur et sensation de cuisson, la température observée n'est pas en rapport avec l'hypérémie.

Dans la période aiguë des dacryocystites. l'élévation de température du côté malade égale celle que l'on note dans l'érysipèle et peut s'observer 11°, à un degré moindre cependant, du côté de l'œil sain.

Dans les catarrhes chroniques du sac lacrymal l'augmentation de la température est peu notable.

Dans les ulcères de la cornée, sans douleur, ni photophobie il peut exister des élévations de température assez marquées. Dans un cas cité par Gradenigo, la réaction étant très modérée, l'œil malade avait 37°2, l'œil sain 36°.

Dans une autre observation d'ulcère de la cornée étendu avec kératocèle, injection conjonctivale vive, l'œil atteint avait 38°8, l'œil sain 37°6.

Une nouvelle exploration pratiquée après l'ouverture du kératocèle, l'injection conjonctivale étant moindre et l'amélioration très-marquée donne pour l'œil sain 36°2 pour l'œil malade 37°3.

Dans ses observations de température dans les maladies de la cornée. Galezowski a obtenus les résultats suivants :

Madame P..., 23 ans. Kératite interstitielle gauche, 37°6.

Madame V..., 40 ans. Ulcère superficiel de la cornée gauche, 37°.

M. Pierre, 60 ans. Abcès moléculaire central de la cornée gauche avec hypopyon datant de trois mois, 38°.

Mademoiselle Bouteiller, 25 ans. Kératite interstitielle superficielle gauche, 38°2.

Madame Blémont, 68 ans. Dégénérescence grise de la cornée 36°4.

Mademoiselle Tacite, 19 ans. Abcès périphérique de la cornée gauche : température oculaire, 38°6 ; température générale, 37°8.

Mademoiselle Guillemette, 16 ans. Phlyctène de la cornée droite ; température oculaire, 38° ; température générale, 37°5.

M. Galezowski, de meme que Gradenigo soutient que l'élévation de température est surtout marquée dans les affections des membranes externes, les lésions des membranes internes (iris. etc.) s'accompagnent de modifications thermiques beaucoup moins marquées.

Cette proposition est démontrée par les résultats contenus dans les deux tableaux suivants :

1er *Tableau thermométrique oculaire par le Dr Galezowski.*

Conjonctivite aiguë catarrhale	38°7 à 39°
Conjonctivite granuleuse	37°7 à 37°9
Iritis séreuse	37°5
Iridochoroïdite plastique	37°6
Glaucome aigu	36°8

2e *Tableau de thermométrie oculaire par Despagnet, chef de clinique de M. Galezowski.*

M. Durosoir, 44 ans. Kérato-conjonctivite granuleuse avant et après cautérisation	37°6
M. Brunelay, 27 ans. Conjonctivite catarrhale aigue pour les deux yeux	38°8
M. Guibault, 46 ans. Ulcère rongeant cornée gauche après paracentèse	37°2
Mlle Fettré, 30 ans. Kératite ponctuée gauche	36°8
Mme Chaffain, 30 ans. Conjonctivite granuleuse	36°8

« Si l'on compare ces deux tableaux entre eux, dit M. Galezowski, on voit qu'il existe une certaine analogie et que la conjonctivite catarrhale amène une élévation de température plus grande que les autres affections oculaires. »

La thermométrie oculaire peut rendre de très grands services en permettant d'apprécier le moment, le degré de la réaction après les traumatismes.

Gradenigo a noté, à la suite des traumatismes oculaires accidentels ou opérations une augmentation de température, variant suivant la nature, la gravité de la blessure. Dans les cas heureux, cette réaction n'est pas intense. Lorsqu'au contraire la fièvre *locale* est très vive, il y a danger. L'exploration thermométrique peut fournir dans ces conditions de précieux renseignements en indiquant une thérapeutique plus ou moins énergique.

Ainsi que nous l'avons signalé en décrivant le thermomètre employé par Gradenigo, il n'y a aucun inconvénient à se servir de cet instrument, même dans les traumatismes graves de l'œil. Il suffit de baisser légèrement la paupière inférieure et de glisser l'instrument entre les deux faces de la conjonctive, pendant que l'on ordonne au malade de regarder en haut, afin d'éviter tout contact du réservoir du thermomètre avec le bulbe. Si le thermomètre indique un degré élevé, il faut examiner immédiatement et attentivement l'œil blessé.

Dans une observation de corps étranger (fer de la cornée. avec réaction vive, la température de l'œil sain était de 36°9 celle de l'œil malade 37°4.

L'instillation d'atropine dans un œil élève la température de l'organe. Dans plusieurs observations citées par Gradenigo, la température de l'œil dans lequel on pratique une instillation d'atropine ou d'ésérine, s'élève rapidement (au bout d'une 1/2 heure environ) de 2, 4 et 5 dixièmes,

Le glaucome, donne lieu à une élévation de température locale. Il serait intéressant d'étudier soigneusement la température locale de l'œil dans cette affection, en raison des indications pronostiques et thérapeutiques que cette étude pourrait fournir.

En résumé, les recherches des auteurs que nous venons de

citer nous démontrent l'utilité de la thermométrie locale en opthalmologie.

Les variations de la température peuvent donner des indications pronostiques précieuses, et nous recommandons surtout l'usage du thermomètre à la suite des traumatismes de l'œil.

CHAPITRE XXVI

DE LA THERMOMÉTRIE LOCALE DANS LES MALADIES DE L'OREILLE.

A l'état normal, la température du conduit auditif externe est peu variable.

D'après Mendel, le conduit auditif présente en moyenne 0°2 de moins que l'aisselle.

D'après Albers, de Bonn, la température derrière l'oreille est de 29 R. (36°25 c.).

D'après Gassot, le pavillon de l'oreille a en moyenne 31°.

Dans nos recherches nous avons constaté que la température du conduit auditif externe varie entre 37° et 37°2, suivant la profondeur à laquelle on introduit le réservoir du thermomètre.

D'après Flintner[1], la température des deux conduits auditifs chez un homme sain et bien portant est rigoureusement la même. Une augmentation ou une diminution de 0°1 à 0°2 dans un des conduits indique un processus morbide siégeant d'un côté.

Entre la température de l'aisselle et celle du conduit auditif, il y a en moyenne 0°5 de différence ; pour le rectum cette différence est de 1°. Ce sont là, d'après Flintner, des rapports constants.

Sous l'influence des agents extérieurs, la température du conduit auditif externe est soumise à de notables variations.

1. Flintner. *Thermométrie de l'oreille.* Thèse inaugurale. Berlin, 1883.

C'est ainsi que Winternitz[1] appliquant des compresses trempées dans l'eau glacée sur les parties antérieures du cou a constaté un abaissement très notable de la température du conduit auditif, qu'il attribue à la contraction de la carotide. La colonne d'un thermomètre introduit dans le conduit auditif avait baissé au bout de cinq minutes de 0°5, au bout d'un quart d'heure de 0°1, au bout de vingt-cinq minutes de 0°2, au bout d'une demi-heure de 0°25. Quarante minutes après l'enlèvement des compresses, la température du conduit était de 0°5 plus faible qu'avant leur application.

Les inflammations de l'oreille externe s'accompagnent d'élévations de températures plus ou moins marquées suivant le degré de l'inflammation.

Flintner a noté que dans ces cas, il n'existe plus que 0°5 à 0°3 entre la température du rectum et celle de l'oreille atteinte.

Très rarement, la température locale dépasse la température générale.

Pendant l'*otite intermittente*, la température du conduit auditif peut être plus élevée que la température axillaire. Dans un cas Weber-Liel[2] a trouvé de 38° à 39° dans le conduit auditif, alors que la température axillaire était de 37°. Ce fait nous paraît tout à fait exceptionnel.

D'après Flintner, dans l'inflammation unilatérale de l'oreille interne, la différence entre la température de l'oreille malade et celle de l'oreille saine est beaucoup moins marquée que lorsqu'il s'agit des phlegmasies de l'oreille externe et moyenne (0°3 à 0°4).

Il est à remarquer que dans toute inflammation unilatérale, l'ascension de la température de l'oreille saine est relativement plus marquée que l'ascension de la température générale. Ce fait démontre évidemment la grande sympathie qui existe entre les deux appareils de l'ouïe.

Les recherches de Flintner ont porté sur cent individus sains et sur cent-dix-sept sujets atteints de maladies d'oreille.

1. Winternitz. *Hydrothérapie*. Vienne, 1er vol. p, 77, 1877.
2. Voyez V. Urbantschitsch. *Traité des maladies des oreilles*. Vienne ; trad. française, Paris, 1881.

CHAPITRE XXVII

THERMOMÉTRIE LOCALE DANS LES MALADIES DE LA PEAU

L'étude de la température locale dans les maladies de la peau a été presque complètement négligée par les dermatologistes et les traités spéciaux ne donnent aucun renseignement précis sur ce sujet.

Nous avons déjà signalé les modifications thermiques observés à la suite des irritations cutanées, et dans l'érysipèle, la lymphangite (voir p. 638).

Les agents irritants, rubéfiants et vésicants appliqués sur la peau des individus sains amènent une élévation de température qui dure plusieurs jours.

Nos expériences confirment celles de MM. Grasset [1] et Blaise qui ont vu, contrairement à Wunderlich, que l'application des vésicatoires sur un membre élève la température non seulement au point d'application, mais dans les zones voisines et dans tout le membre.

Il serait intéressant de rechercher s'il n'existe pas des modifications de température sur le membre ou le côté opposé sain se produisant dans les premiers jours qui suivent l'application du vésicatoire.

La différence de température entre le membre sain et le membre sur lequel on applique le vésicatoire est de 0°3 à 1°.

1. GRASSET. *Note sur quelques particularités de l'action esthésiogène des vésicatoires. Journal de thérap.* 1880, n°14.

L'élévation de température s'observe pendant les premiers jours qui suivent l'application du vésicatoire, elle disparait avant que la peau ait repris son état normal.

L'application de teinture d'iode sur la peau s'accompagne au bout de 12 heures environ d'une élévation de température de 4 à 8 dixièmes en moyenne qui persiste pendant plusieurs jours.

Le membre sur lequel on fait les applications s'élève de 2 à 4 dixièmes en moyenne.

Le collodion abaisse très notablement la température locale des parties sur lesquelles il est appliqué.

D'après N, Raducan [1] le collodion appliqué en badigeonnages sur toute la surface cutanée répondant soit au péritoine, soit aux deux plèvres, abaisse notablement la température centrale.

Les expériences d'Alvarenga [2] ont démontré que les applications de silicate de potasse produisent un abaissement de température de la peau saine dans les points ou le médicament est appliqué variant de 0°1 à 5°.

Le même abaissement de la température s'observe lorsque le médicament est appliqué sur des parties atteintes d'érysipèles.

« L'abaissement de la température locale, après l'application du silicate de potasse, dit Alvarenga, est un fait général. Chez quelques individus, l'abaissement est très sensible (5°1), chez d'autres très léger (0°1), l'abaissement moyen de tous les examens thermométriques étant de 0°67.

Dans les maladies de la peau, caractérisées par l'hypérémie et l'inflammation, la température locale de la peau s'élève sensiblement.

L'erythème, l'urticaire, l'herpès, l'eczéma à la période aigu les rosecoles, les fièvres éruptives à la période d'éruption s'accompagnent d'une élévation de la température locale souvent assez notable.

1. N. Raducan. *Contribution à l'étude de l'action du collodion sur la température*. Thèse de Paris, 1879.

2. Alvarenga. *Do Silicato de potassa no tratamento da erysipela.* Lisboa, 1875.

William Squire [1] a noté une température de 97° F (36°2) au niveau de la peau de l'abdomen dans un cas de fièvre scarlatine, alors que la température rectale était 105° F 2 (40° 6).

Hering [2] a noté, après la vaccination, que la température locale s'abaissait au point de la piqûre d'un 1/2 degré au maximum et s'élevait ensuite jusqu'au soir du 4e jour : la différence en plus est de près de 1°, comparativement au bras sain.

Dans les affections cutanées avec hypérémies passives ou avec anémie, il existe, d'après Hébra, des abaissements de température très marqués.

1. W. Squire. *On high Local température. Lancet*, décemb. 81.
2. Hering. *Jahrbuch fur Kinderheilkunde*. Vienne, 1857.

ERRATA

Page 80, ligne 1, en bas. *Au lieu de* : 2,5 Duret, *lisez* : 2. Duret.

Page 91, ligne 9, en haut. *Supprimez* : après.

Page 165, ligne 14, en haut. *Lisez* : (page 249).

Page 176, ligne 4, en haut. *Au lieu de* : dans, *lisez* : de.

Page 213, ligne 9, en bas. Mettez la virgule après : normale.

Page 285, ligne 24, en haut. *Au lieu de* : prend, *lisez* : rend.

Page 286, ligne 10, en haut. *Supprimez* : sur ce sujet.

Page 286, ligne 11, en bas. *Au lieu de* : Sarva, *lisez* : Sarda.

Page 287, ligne 7, en haut. *Au lieu de* : Hunkiarbeyen lan, *lisez* : Hunkiarbéyendian.

Page 290, ligne 7, en haut. *Au lieu de* : employait, *lisez* : employé.

Page 317, ligne 1, en haut. *Au lieu de* : des, *lisez* : les.

Page 320, ligne 11, en bas. *Au lieu de* : ce, *lisez* : le.

TABLE DES MATIÈRES

PREMIÈRE PARTIE

ABAISSEMENTS DE TEMPÉRATURE. — ALGIDITÉ CENTRALE.

Pages.

CHAPITRE I. — De la température à l'état normal. — Variations. — Influence de l'âge 1

CHAPITRE II. — De la température axillaire comparée à la température rectale 15

CHAPITRE III. — Des fluctuations morbides de la chaleur animale au-dessous du niveau normal 18

CHAPITRE IV. — I. Action du froid extérieur. — Résistance au froid chez l'homme. — II. Des abaissements de température sous l'influence des bains, de l'immobilité, du balancement.......... 22

CHAPITRE V. — De l'inanition. — De son influence sur la température. 39

CHAPITRE VI. — Influence des hémorrhagies sur la température. 44

CHAPITRE VII. — Anémie, chlorose. — Maladies chroniques. — Cachexies. — Diabète.......... 56

CHAPITRE VIII. — Des abaissements de température dans les maladies du cœur 59

CHAPITRE IX. — Abaissement de la température dans les maladies de l'appareil respiratoire 63

Pages.

Chapitre X. — Abaissements de température dans les maladies de l'appareil digestif. — Maladies du foie............ 67

Chapitre XI. — Abaissements de température dans les affections rénales, l'urémie.................................. 73

Chapitre XII. — Des abaissements de température dans les lésions du système nerveux.............................. 79

I. Lésions du système nerveux central................. 79

Lésions traumatiquesde l'encéphale, 81. — Lésions pathologiques de l'encéphale, 86. — Maladies mentales, 96. — Influence de l'état moral,................................ 101

Lésions expérimentales de la moelle épinière, 103. — Lésions traumatiques de la moelle épinière, 109. — Lésions pathologiques de la moelle épinière........................ 111

II. Lésions du système nerveux périphérique............ 112

Chapitre XIII. — Des abaissements de température après les grands traumatismes.. 118

Chapitre XIV. — De la température dans les lésions de l'abdomen. — Plaies pénétrantes. — Étranglements. — Hernies........... 157

Chapitre XV. — Des abaissements de température dans les plaies pénétrantes de poitrine.............................. 172

Chapitre XVI. — Des abaissements de température dans les brûlures. — Suppression des fonctions de la peau................. 174

Chapitre XVII. — De la valeur des abaissements de température dans les fièvres. — Rémissions. — Du collapsus............ 181

Chapitre XVIII. — Des rémissions. — Valeur des abaissements relatifs de la température dans les maladies fébriles........... 192

Chapitre XIX. — Fièvre intermittente. — Fièvres dites algides. 195

Chapitre XX. — De la température dans le choléra........... 203

Chapitre XXI. — Des abaissements de température dans les maladies des enfants.. 214

Chapitre XXII. — De l'influence des foyers inflammatoires sur la marche de la température des maladies algides............ 230

Chapitre XXIII. — Des abaissements de la température dans les intoxications.. 236

Chapitre XXIV. — Résumé des indications pronostiques et diagnostiques fournies par les abaissements de température et l'algidité. 273

Chapitre XXV. — Traitement de l'algidité et des abaissements de température.. 279

DEUXIÈME PARTIE

THERMOMÉTRIE LOCALE

Pages.

Chapitre I. — Introduction. — Historique.................. 283

Chapitre II. — Technique de la thermométrie locale. — Thermomètres. — Appareils thermo-électriques..................... 288

Thermomètres de Walferdin, de Colin, de Cl. Bernard, 291 ; therm. à surface de Ed. Seguin, 294 ; de Kuchenmeister, 294 ; de Laborde, 294 ; de Dupré, 295 ; de Mortimer Granville, 295 ; therm. de contact de Lépine, 296 ; therm. de Lépine, Peter, Burq, etc., 296 ; de Mills et Leffmann, de Mattson, 297 ; de B. v. Anrep, 298 ; d'Aug. Voisin, 299 ; de Constantin Paul, 301.

Des thermomètres dans la recherche des températures thoraciques. — Ceinture thermométrique de Sabatier, 304.

Thermomètres oculaires, 307.

Thermomètres employés dans la recherche des températures de l'utérus, 308.

Thermomètres métalliques, 309.

Thermoscopes, 311.

Thermographes à liquide, 314.

Appréciation des thermomètres employés pour l'étude de la température locale, valeur des différents instruments proposés, 316 ; des précautions à prendre dans leur application, 320.

Appareils thermo-électriques. App. Becquerel, 324 ; app. à tempér. constante, 328 ; de Becquerel, 329 ; de Dujardin, de Lille, 332 ; à température fixe, de d'Arsonval, 335 ; de Helmholz, 337 ; plaques thermo-électriques de Gavarret, 338 ; thermo-électriques de Béclard, 340 ; de Hankel, 340 ; de Wiedemann, de Jacobson, 343 ; de Claude Bernard, 344 ; sondes thermo-électriques de d'Arsonval, 347 ; app. thermo-électriques de Lombard, 350 ; de Gassot, 355 ; de Redard, 356. Appréciation des appareils thermo-électriques dans l'étude de la température locale ; leur supériorité sur les thermomètres. Quels sont les appareils à adopter en clinique? 361.

Pages.

CHAPITRE III. — Topographie thermique. — Ses variations à l'état physiologique. — Influence des agents extérieurs 363

De la différence de température entre les deux côtés du corps à l'état normal, 390. — Influence des variations de la température extérieure. — Refroidissement de la peau par l'action de l'air à une basse température, 394. — Refroidissement de la peau au contact de la glace, de la neige, 395. — Refroidissement du corps par l'eau. — Action de la pluie. — Des aspersions et du bain froid. — Fourrures, plumages, vêtements, 395. — Température de la peau pendant la sueur; temp. de la peau dans un milieu à temp. élevée, 398. — Temp. périphérique sous l'influence des mouvements et de la contraction musculaire, 401. — Temp. de la peau dans des points éloignés pendant une contraction violente, 402. — Temp. de la peau recouvrant un muscle en état de contraction tétanique. 404.

CHAPITRE IV. — Température périphérique dans les maladies fébriles 406

CHAPITRE V. — Température péricrânienne à l'état physiologique. 417

CHAPITRE VI. — Températures péricrâniennes morbides....... 436

I. Hémorrhagie cérébrale, 436. — II. Ramollissement cérébral, 436. III. — Tumeurs cérébrales, sclérose cérébrale, 444. — IV. Méningite tuberculeuse, 445. — V. Thermométrie péricranienne chez les aliénés, 446.

CHAPITRE VII. — Température des membres chez les malades atteints d'hémiplégie récente ou ancienne. — Anesthésies. — Hémianesthésies.. 453

Troubles hémithermiques indépendants de l'hémianesthésie et de l'hémiplégie, 473. — Des troubles hémithermiques dans l'hémichorée, chez les aliénés, dans l'hystérie, 478 ; dans la paralysie agitante, infantile, l'atrophie musculaire, 480.

CHAPITRE VIII. — Recherches expérimentales. — Lésions cérébrales et médullaires.. 482

CHAPITRE IX. — De la thermométrie locale dans les lésions du système nerveux périphérique en médecine et en chirurgie. — Section des nerfs. Recherches expérimentales............. 492

Température locale après la section de gros troncs nerveux chez l'homme, 495. — Section incomplète des nerfs mixtes, 498. — Contusion des nerfs, 501. — Elongation des nerfs mixtes, 507. — Compression des nerfs, 510. — Electrisation des nerfs mixtes, 513. — Congestion des nerfs, congélation, 519. —

Pages.

Irritation des nerfs de la peau, 520. — Irritation des nerfs mixtes, névrite, zona, 521. — Thermométrie locale dans les paralysies des nerfs périphériques, 523. — Nerf grand sympathique cervical, 524. — Paralysie vaso-motrice des extrémités ou érytromélalgie, 531. — Troubles thermiques dans l'asphyxie locale et la gangrène symétrique des extrémités, 538.

Chapitre X. — Température périphérique du thorax......... 540

I. A l'état normal, 540; chez la femme pendant la grossesse et l'accouchement, 549. — II. A l'état pathologique. 550 : dans la pneumonie, la pleurésie et la congestion pulmonaire, 550 ; dans l'hydropneumothorax, 577.

Suite au Chapitre X. — Thermométrie locale dans la phthisie pulmonaire. 579

I. Temp. comp. des deux aisselles, 579. — II. Temp. périphérique du thorax, 583.

Chapitre XI. — Thermométrie locale dans les maladies du cœur. 601.

Chapitre XII. — Thermométrie locale dans les maladies de l'estomac et de l'abdomen.. 604

Chapitre XIII. — De la température locale des foyers inflammatoires. 611

Chapitre XIV. — De la température locale dans les abcès..... 627

Chapitre XV. — De la température locale dans les lésions du système vasculaire.. 633

Ligature des artères, 633. — Ligature des veines, 635. — Compression des vaisseaux, 637. — Oblitération des artères, embolies, 645. — Anévrysmes artériels, 646. — Anévrysmes artérioso-veineux, 647. — Anévrysmes cirsoïdes, 648. — Tumeurs vasculaires, 649. — Gangrène, 649. — Varices, 655.

Chapitre XVI. — Thermométrie locale dans les lésions du système lymphatique.. 658

Erysipèle, 658, — Lymphangite, 661. — Adénite aiguë, 664. — Adénite chronique, 665.

Chapitre XVII. — De la température périphérique des articulations à l'état normal et pathologique.......................... 666

Chapitre XVIII. — Température locale dans les fractures..... 681

Chapitre XIX. — De la thermométrie locale dans les atrophies de nature chirurgicale. — Hypertrophies.................... 682

17 decembre 9

Pages.

Chapitre XX. — De la température locale des membres amputés. 687

Chapitre XXI. — De la thermométrie locale dans les tumeurs. 695

Chapitre XXII. — Thermométrie dans quelques affections du testicule, 708

Chapitre XXIII. — Thermométrie utérine et vaginale à l'état normal et pathologique.......................... 712

Chapitre XXIV. — De la température locale du sein après l'accouchement.. 718

Chapitre XXV. — Thermométrie locale dans les maladies des yeux 721

Chapitre XXVI. — De la thermométrie locale dans les maladies de l'oreille.. 726

Chapitre XXVII. — De la température locale dans les maladies de la peau.. 729

FIN DE LA TABLE DES MATIÈRES.

SAINT-QUENTIN. — IMPRIMERIE J. MOUREAU ET FILS.

LIBRAIRIE J.-B. BAILLIÈRE et FILS

ALVARENGA. — **Précis de thermométrie clinique générale.** 1882, in-8. 397 pages........ 12 fr.

BERNARD (Cl.). — **Leçons de physiologie opératoire.** 1879, 1 vol. in-8 avec figures, noires et col........ 8 fr.

— **Leçons sur la physiologie et la pathologie du système nerveux.** 1858, 2 vol. in-8, avec figures........ 14 fr.

— **Leçons sur les anesthésiques et sur l'asphyxie.** 1875, 1 vol. in-8, 536 p. avec figures........ 7 fr.

— **Leçons sur la chaleur animale,** sur les effets de la effets de la chaleur et sur la fièvre. 1876, 1 vol. in-8 avec fig. 7 fr.

BOUCHUT. — **Nouveaux éléments de pathologie générale.** 1882, 1 vol. in-8 de XII-980 pages, 245 figures........ 16 fr.

DESPRÉS (A.). — **La Chirurgie journalière;** leçons de clinique chirurgicale. 1881, gr. in-8 de 804 pages, avec 45 figures.... 12 fr.

GILLETTE. — **Chirurgie journalière des hôpitaux de Paris,** répertoire de thérapeutique chirurgicale. 1877, 1 vol. in-8 de 772 p., avec 662 figures, cart........ 12 fr.

GUÉGUEN (A.). — **Étude sur la marche de la température dans les fièvres intermittentes** et fièvres éphémères. 1878, in-8, 53 pages, avec planches graphiques........ 5 fr.

GUYON (F.). — **Éléments de chirurgie clinique,** comprenant le diagnostic chirurgical, les opérations en général, l'hygi[illegible] traitement des blessés et des opérés. 1873, 1 vol. in-8 de xx[illegible] 6[illegible] p., avec 63 figures........ [illegible] fr.

HALLOPEAU. — **Traité élémentaire de pathologie générale,** comprenant la pathologie et la physiologie pathologique. 1884, in-8 de 723 pages avec figures dans le texte........ 11 fr.

KUSS et DUVAL. — **Cours de physiologie.** 1883, 1 vol. in-18 de VIII-686 pages, avec 201 figures, cart........ 8 fr.

LANNOIS (M.). — **Paralysie vaso-motrice des extrémités** ou Eythromélalgie. 1880, in-8, 71 pages........ 1 fr. 50

LAVERAN et TEISSIER. — **Nouveaux éléments de pathologie et de clinique médicales,** par A. Laveran, professeur à l'Ecole de médecine militaire du Val-de-Grace, et J. Teissier, professeur à la Faculté de médecine de Lyon. *Deuxième édition.* 1883, 2 vol. petit in-8 avec figures. Ouvrage complet........ 15 fr.

LE BEC. — **Précis de médecine opératoire,** aide-mémoire de l'élève et du praticien, par E. Le Bec, prosecteur de l'amphithéâtre des hôpitaux. 1885, in-18 avec 420 figures........ 6 fr.

LORAIN. — **Études de médecine clinique,** faites avec l'aide de la méthode graphique et des appareils enregistreurs. [illegible] **pouls,** ses variations et ses formes diverses dans les maladies. 1870, gr. in-8 de 372 pages avec 488 figures........ [illegible]0 fr.

— **Études de médecine clinique. De la Température** du corps humain et de ses variations dans les diverses maladies. 1877, 2 vol. gr. in-8, avec figures et portait........ 30 fr.

PARISOT (P.). — **Recherches sur le pouls** dans le cours de la convalescence, et la rechute de la fièvre typhoïde. 1884, gr. in-8 avec 6 planches hors texte en photolithographie........ 3 fr.

PETER (M.). — **Traité clinique et pratique des maladies du cœur** et de la crosse de l'aorte. 1883, in-8 de 844 pages avec 54 fig., et 4 planches chromolithographiées........ 18 fr.

WUNDT. — **Traité élémentaire de physique médicale,** traduit avec de nombreuses additions, par le docteur Imbert, professeur à l'Ecole supérieure de pharmacie de Montpellier. 2e édition. 1884, 1 vol. in-8 de 704 p. avec 396 figures y compris 1 planche en chromolithographie........ 12 fr.

SAINT-QUENTIN. — IMPRIMERIE J. MOUREAU ET FILS

www.ingramcontent.com/pod-product-compliance
Ingram Content Group UK Ltd.
Pitfield, Milton Keynes, MK11 3LW, UK
UKHW011959240726
13965UKWH00001B/37